U0177350

编　委　会

主　编　叶铭汉　陆　埮　张焕乔　张肇西　赵政国

编　委　（按姓氏笔画排序）

马余刚（上海应用物理研究所）　叶沿林（北京大学）

叶铭汉（高能物理研究所）　任中洲（南京大学）

庄鹏飞（清华大学）　陆　埮（紫金山天文台）

李卫国（高能物理研究所）　邹冰松（理论物理研究所）

张焕乔（中国原子能科学研究院）　张新民（高能物理研究所）

张肇西（理论物理研究所）　郑志鹏（高能物理研究所）

赵政国（中国科学技术大学）　徐瑚珊（近代物理研究所）

黄　涛（高能物理研究所）　谢去病（山东大学）

物理学名家名作译丛

八木浩辅　初田哲男　三明康郎　著
王　群　马余刚　庄鹏飞　译

夸克胶子等离子体

从大爆炸到小爆炸

Quark-Gluon Plasma

From Big Bang to Little Bang

中国科学技术大学出版社

安徽省版权局著作权合同登记号:第 121414031 号

Quark-Gluon Plasma: From Big Bang to Little Bang, first edition by K. Yagi, T. Hatsuda, Y. Miake
first published by Cambridge University Press 2005.
All rights reserved.
This simplified Chinese edition for the People's Republic of China is published by arrangement with Cambridge University Press Inc., New York, United States.
© Cambridge University Press & University of Science and Technology of China Press 2016
This book is in copyright. No reproduction of any part may take place without the written permission of Cambridge University Press and University of Science and Technology of China Press.
This edition is for sale in the People's Republic of China (excluding Hong Kong SAR, Macau SAR and Taiwan Province) only.
此版本仅限在中华人民共和国境内(不包括香港、澳门特别行政区及台湾地区)销售。

图书在版编目(CIP)数据

夸克胶子等离子体:从大爆炸到小爆炸/(日)八木浩辅,(日)初田哲男,(日)三明康郎著;王群,马余刚,庄鹏飞译.—合肥:中国科学技术大学出版社,2016.3(2022.8重印)
(当代科学技术基础理论与前沿问题研究丛书:物理学名家名作译丛)
"十二五"国家重点图书出版规划项目
书名原文:Quark-Gluon Plasma: From Big Bang to Little Bang
ISBN 978-7-312-03718-4

Ⅰ.夸… Ⅱ.①八… ②初… ③三… ④王… ⑤马… ⑥庄… Ⅲ.夸克—胶子—等离子体 Ⅳ.O572.33

中国版本图书馆 CIP 数据核字(2015)第 193047 号

出版 中国科学技术大学出版社
安徽省合肥市金寨路 96 号,230026
http://press.ustc.edu.cn
http://shop109383220.taobao.com
印刷 安徽国文彩印有限公司
发行 中国科学技术大学出版社
开本 710 mm×1000 mm 1/16
印张 28.5
字数 591 千
版次 2016 年 3 月第 1 版
印次 2022 年 8 月第 2 次印刷
定价 88.00 元

内容简介

夸克胶子等离子体(QGP)是大爆炸模型中早期宇宙所处的状态，它的性质对于宇宙的演化过程有着重要影响。人们可以在实验室中让接近光速的相向运动的两束重离子对撞来产生夸克胶子等离子体，从而定量地研究它的产生机制和性质。经过多年的努力，物理学家已经建立了系统描述夸克胶子等离子体的物理理论，也建设了若干大型实验装置如相对论重离子对撞机(RHIC)和大型强子对撞机(LHC)等来产生夸克胶子等离子体和研究其物理性质。在该领域中耕耘了几十年的八木浩辅、初田哲男和三明康郎三位教授，系统地总结了近年来的理论和实验进展，汇聚成本书，这是一本高能核物理和相关领域研究者和学生的重要参考书，尤其有助于青年研究者在较短时间内对夸克胶子等离子体物理有全面和深入浅出的认识。

本书适合用作研究生和高年级本科生的教材。内容主要分为3个部分，分别讨论夸克胶子等离子体的基本概念、天体物理中的夸克胶子等离子体和相对论重离子碰撞中的夸克胶子等离子体。译者是在此领域工作多年的资深学者。

中文版序言

很高兴给我们的著作《夸克胶子等离子体: 从大爆炸到小爆炸》(剑桥大学出版社, 2005 年初版, 2008 年再版) 的中文版写序言。三位翻译者——中国科学技术大学的王群教授、中国科学院上海应用物理研究所的马余刚教授和清华大学的庄鹏飞教授在翻译英文版的过程中付出了艰辛的努力, 我们对他们表示诚挚的感谢。

近年来, 高能重离子碰撞中的夸克胶子等离子体和夸克物质、早期宇宙和致密星物理的研究领域有许多重要进展。我们的中国同行对这个领域的理论和实验发展做出了广泛的科学贡献。此领域是粒子物理、核物理和天体物理的交叉学科, 我们希望此中文版能给对此领域感兴趣的中国学生和研究人员提供有益的基础知识。

Kohsuke YAGI
八木浩辅

Tetsuo HATSUDA
初田哲男

Yasuo MIAKE
三明康郎

2014年1月24日

译者序言

1974 年, 李政道等人首次提出通过把高能量密度或高核子密度的物质存储在一个较大的体积内, 物理真空的破缺对称性可以得到瞬间的恢复, 也许能产生出核子物质的一个新形态。随后有研究者提出高能高核子密度可以用高能重离子碰撞来实现。在如此高能高密的极端条件下, 可以使不同核子里的夸克胶子溢出并在较大距离内共存, 使核子的外壳不复存在, 这就意味着核物质发生了退禁闭相变, 产生的新物态后来被叫作夸克胶子等离子体或夸克物质。高温情形下的退禁闭相变在格点量子色动力学的计算中已得到证实。根据现代宇宙学, 高温夸克物质也是大爆炸几个微秒后宇宙所处的状态, 探索和研究高温夸克物质能加深我们对质量和禁闭的起源及早期宇宙的认识, 具有重大的科学意义。产生和研究夸克物质这种新物态, 是高能重离子碰撞实验的主要科学目标, 比如正在运行的美国布鲁克海文国家实验室 (BNL) 的相对论重离子碰撞实验 (RHIC) 和欧洲核子研究中心 (CERN) 大型强子对撞机 (LHC) 上的重离子碰撞实验, 以及未来将在德国重离子研究实验室 (GSI) 建造的 FAIR 装置上的 CBM 实验等。

近十年来, 我国在夸克胶子等离子体和夸克物质研究领域有了长足的发展, 涌现了一批活跃在前沿的优秀中青年学者, 他们在理论和实验的各研究方向上取得了一系列瞩目的成果。不断有青年人进入此领域, 研究队伍正在成长和扩大。我国的青年学生、学者在学习和研究中主要参考英文文献和书籍, 中文文献和参考书非常缺乏, 有些青年学者特别需要基础的中文参考书或教科书, 以帮助他们尽快进入研究课题或在研究中快速查阅相关基础知识。本书的英文版是理想的参考书之一, 内容全面, 讲解细致, 既适合作研究生教材, 也适合作为研究人员的参考书。借中国科学技术大学出版社的国际学术著作翻译计划实施之机, 我们将此书翻译成中文, 希望对我国青年学生、学者在学习本领域基础知识和进入研究课题上有所帮助, 也希望它成为本领域研究人员经常查阅的中文参考书。本书采用中文 Latex 排版, 公式美观大方, 改善了读者阅读科学书籍的感受, 符合世界科学书籍出版规范, 易于修改和维护。

我们感谢中国科学技术大学高能核物理理论组的博士后、研究生和本科生在编译本书过程中付出的辛勤劳动, 其中邓建、方仁洪、胡启鹏、刘娟、庞锦毅、庞龙刚、浦实、王金诚、徐浩洁参与了部分章节的初始翻译和校对, 夏晓亮和贾拓参与了部分章节的校对。我们感谢上海应用物理研究所的李薇和田健参与了部分章节的初始翻译。我们特别感谢中国科学技术大学的宋玉坤博士, 他负责本书的全面编辑校对和修改润色工作, 特别是他输入了全书的所有编号公式, 付出了大量时间和精力。我们感谢原作者提供了所有插图的源文件, 为我们处理插图节省了不少精力。我们还要感谢中国科学技术大学出版社对本书出版的支持。

在本书即将完成之际, 我们收到一个不幸的消息: 原书作者之一八木浩辅 (Kohsuke Yagi) 教授, 因病于 2014 年 5 月 18 日逝世, 终年 79 岁。八木浩辅教授曾任 1997 年 Quark Matter 大会主席。我们对八木教授的逝世表示沉痛的哀悼。八木教授生前非常希望看到本书中文版的面世, 本书的付梓与发行将告慰八木教授的在天之灵。

由于时间和精力所限, 本书出现一些错误在所难免, 恳请读者谅解。我们设立了一个勘误邮件地址 (erratum.qgp@gmail.com), 希望读者指正书中的错误并告知我们, 我们将在本书再版时更正, 并表示感谢。

王　群　马余刚　庄鹏飞

2015 年 6 月 8 日

前　言

现代物理学有两个基本观念：一个是建立在定域规范不变性原理基础上的基本粒子标准模型，另一个是基于广义相对论的大爆炸宇宙学标准模型。这两个观念为人们回答以下两个问题提供了线索：(1) 什么是物质的基本构成单元？(2) 物质在何时形成？本书的主要议题“夸克胶子等离子体”(QGP) 与这两个问题密切相关。事实上，夸克胶子等离子体就是物质的原初状态，在宇宙诞生后的几微秒内形成，是宇宙中各种元素的源头。

众所周知，强相互作用基本粒子 (夸克和胶子) 的动力学是由量子色动力学 (QCD) 描述的。根据 QCD，由质子和中子构成的普通核物质在高温高压下发生相变，当温度高于 10^{12} K 时，核物质转变为热夸克胶子等离子体，当密度大于 10^{12} kg/cm^3 时，核物质转变为冷夸克等离子体。这两种相变有可能在早期宇宙或致密星核心中发生。现在已经可以在实验室里利用重离子加速器实现高能核核碰撞以产生热密火球或小爆炸，我们期待核子在核核的剧烈碰撞中熔解出其组分，形成夸克胶子等离子体。

本书旨在介绍有关 QGP 这种原初物态的物理知识，读者仅需具备基本粒子物理、核物理、凝聚态物理和天体物理的一些有限的背景知识即可。本书特别针对物理学科的高年级本科生和低年级研究生，他们可以是上述领域的，也可以是加速器科学和计算机科学领域的。此外，作者希望本书也能成为已经在上述领域工作的研究人员的参考书。

第 1 章是引言，讲述了 QGP 的基本物理和寻找或发现夸克胶子等离子体的纵览, 着重阐述了研究早期宇宙结构 (大爆炸) 和 QGP 结构 (小爆炸) 的常用方法。

正文分为 3 个部分:

第 1 部分是关于 QGP 物理和 QCD 相变的背景理论知识。这部分可以独立于其他部分, 介绍了现代规范场理论与应用 (如 QCD 中的色禁闭、渐近自由和手征对称性破坏等)、热场理论和格点规范理论基础以及相变与临界现象。

第 2 部分讨论 QGP 对宇宙学和恒星结构的影响。这部分结合爱因斯坦的广义相对论讨论了热膨胀宇宙和致密星（中子星和夸克星）的物理。对于黎曼空间、爱因斯坦方程、史瓦西解等知识了解很少的读者可以参考附录 D 的内容。

第 3 部分概述了相对论性和超相对论性核核碰撞的物理知识。此类碰撞是实验室中产生和探测 QGP 和 QCD 相变的唯一途径, 介绍了相对论流体力学和相对论动理学, 它们是研究碰撞中产生的热密物质的主要理论工具。在讨论了 QGP 的各种实验信号之后, 对固定靶核核碰撞实验做了总结; 随后介绍了世界上第一个相对论性重离子对撞机 (布鲁克海文国家实验室) 上取得的引人瞩目的实验结果, 着重点放在 QGP 的实验证据方面; 此外, 也讨论了高能重离子碰撞实验的探测器及其特殊功能。

本书涵盖的范围广泛, 从基础知识到前沿进展, 从理论到实验, 从宇宙大爆炸和致密星到地球上的小爆炸实验等。作者假定读者已经熟悉中级水平的量子力学、量子场论的基本方法、统计热力学和狭义相对论, 包括狄拉克方程。尽管如此, 作者仍概括了这些领域足够和必要的基础知识, 使本书尽可能成为独立参考书。为此, 作者在 8 个附录里列出了本书中一些关键步骤的证明和推导, 而且在大部分章节的结尾还设置了总共约 160 个练习题。

作者并不是要提供一本关于 QGP 的完整参考书：书中仅包含了对学生特别有用的内容。读者可以在最近几届“国际夸克物质大会”会议文集中找到这个领域更广泛和最新的进展：海德堡 (1996)、筑波 (1997)、都灵 (1999)、布鲁克海文—石溪 (2001)、南特 (2002) 和伯

克利 (2004)。

本书原始手稿的部分内容已经在筑波大学和东京大学给研究生开的系列讲座中使用。作者要感谢参加这些讲座的学生。作者还要感谢 Homer E. Conzett 仔细阅读了部分手稿并提出很多关于语法和写作风格的建议。作者还希望表达对剑桥大学出版社编辑的谢意，他们是：Simon Capelin, Tamsin van Essen, Vince Higgs 和 Irene Pizzie, 作者同他们建立了愉快的工作关系。感谢我们的许多朋友和同事，特别是：Masayuki Asakawa, Gordon Baym, Hirotsugu Fujii, Machiko Hatsuda, Tetsufumi Hirano, Kazunori Itakura, Teiji Kunihiro, Tetsuo Matsui, Berndt Muller, Shoji Nagamiya, Atsushi Nakamura, Yasushi Nara, Satoshi Ozaki, Shoichi Sasaki 和 Hideo Suganuma, 他们中有的给作者提供了数据，有的参与了有益的讨论。

夸克胶子等离子体是 QCD 的主要研究领域之一，发展迅速。尽管如此，作者仍希望本书可以长期作为介绍此领域基本概念的入门书，使读者没有太大困难就可以进入前沿研究。

虽然本书主要是关于 QGP 物理的教科书，根据本科生/研究生课程的需要，对教学内容或主题也推荐其他选择。(1) 对规范场论导论课程，我们建议以下内容和次序：第 2 章、第 4 章、第 5 章、第 6 章。(2) 对高等统计力学和相变课程，我们建议：第 3 章、第 4 章、第 5 章、第 6 章、第 7 章、第 12 章。(3) 对广义相对论在宇宙和致密星结构中应用的课程，我们建议：附录 D、第 8 章、第 9 章。(4) 对高等核物理或强子物理课程，我们建议：第 1 章、附录 E、第 9 章、第 10 章、第 11 章、第 13 章、第 14 章、第 15 章、第 16 章、第 17 章。

我们要感谢美国天文学会 (American Astronomical Society) 出版的《天体物理》杂志 (The Astrophysical Journal) 允许我们复制和使用图 8.2, 9.2 和 9.3；感谢美国物理学会 (American Physical Society) 出版的《物理评论》(Physical Reviews)、《物理评论快报》(Physical Review Letters) 和《现代物理评论》(Reviews of Modern Physics) 允许我们复制和使用图 3.4, 3.5, 4.10, 5.8, 5.9, 7.6, 8.3, 8.4, 8.10, 13.6, 14.4(b), 15.2, 15.3, 15.12, 16.4, 16.6(a), 16.7, 16.8, 16.9, 16.12, 16.14,

16.15, 16.16, 16.18(a), 16.19, 16.20 和 l7.4(b)；感谢斯普林格出版社 (Springer-Verlag) 出版的《欧洲物理》杂志 (The European Physical Journal) 允许我们复制和使用图 15.4, 15.5, 15.6 和 15.11(a)；感谢爱斯维尔科学出版社 (Elsevier Science Publishers B.V.) 出版的《核物理》(Nuclear Physics)、《物理快报》(Physics Letters)、《物理报告》(Physics Reports) 和《核物理仪器和方法》(Nuclear Instruments and Methods in Physics Research) 允许我们复制和使用图 3.3, 5.7, 7.3, 7.5, 10.1, 14.9, 15.7, 15.9, 15.10, 15.11(b), 16.3, 16.4, 16.5, 16.10, 16.11, 16.16(b), 16.17, 17.2, 17.4(a) 和 17.7；感谢斯普林格出版社 (Springer-Verlag) 出版的《物理学和天文学讲义》(Lecture Notes in Physics and Astronomy and Astrophysics Library) 允许我们复制和使用图 3.6 和 9.6；感谢英国物理学会 (Institute of Physics) 出版的《高能物理》杂志 (Journal of High Energy Physics) 和《物理》杂志 (Journal of Physics) 允许我们复制和使用图 13.2；感谢世界科学出版社 (World Scientific) 出版的《高能物理进展高级丛书》(Advanced Series on Directions in High Energy Physics) 允许我们复制和使用图 15.8。在每个图的标题中我们给出了出处，我们感谢图作者允许我们复制、使用或修改这些图。

虽然作者努力避免概念和打字错误，仍担心书中有疏漏。打字错误和更正将在如下网页上列出：http://utkhii.px.tsukuba.ac.jp/cupbook/。读者可以向上述网页提出书中其他错误或发表评论，作者向他们表示感谢。

作者很高兴本书能在世界物理年的 2005 年出版，在 100 年前，爱因斯坦发表了他的 3 篇伟大著作，阐述了光的粒子性、布朗运动的分子理论和狭义相对论。

目　　次

第 2 部分 天体物理中的夸克胶子等离子体

第 1 章　夸克胶子等离子体是什么

在这一章中, 我们简要介绍量子色动力学 (QCD)、夸克胶子等离子体 (QGP)、QCD 中的退禁闭和手征对称性恢复相变以及早期宇宙和大爆炸宇宙学、致密星结构和相对论重离子碰撞中的 QGP 信号。本章使用没有任何数学含义的示意图形式, 给出在实验室里发现的夸克胶子等离子体 (小爆炸) 的物理绘景, 强调了研究早期宇宙 (大爆炸) 的方法同样适用于小爆炸。在本章内引出的问题将在后面的章节详细阐明。

1.1　QCD 渐近自由和禁闭

氢原子是由一个电子和一个质子构成的 (图 1.1)。在当前实验分辨能力下电子被认为是一个点粒子, 而质子是由三个夸克组成的复合粒子。夸克是费米子, 不仅带有味自由度即上 (u)、下 (d)、奇异 (s)、粲 (c)、底 (b)、顶 (t), 而且带有颜色自由度即红 (R)、蓝 (B)、绿 (G)。实验中找不到孤立的带颜色的粒子, 这意味着夸克总是被束缚在颜色单态的复合粒子 (强子) 内。重子 (Λ, Σ, $\cdots$, 质子或中子, 见附录 H) 由三个价夸克构成, 介子 (π, ρ, K, J/Ψ, $\cdots$, 见表 H.2) 由夸克和反夸克构成。它们是最简单的强子, 但是多夸克强子也是可以存在的。

色自由度的概念和关于色的量子动力学最初是由 Nambu (1966) 提出的, 现在叫作量子色动力学 (QCD), 见第 2 章。QCD 是量子电动力学 (QED) (Brown, 1995) 的推广, 而 QED 是带电粒子和电磁场的量子理论。在 QCD (QED) 中有一个自旋为 1 的规范玻色子胶子 (光子) 作为夸克 (带电粒子) 之间相互作用的媒介粒子, 见表 1.1。虽然 QCD 和 QED 看起来相似, 但是有一个关键的区别: 光子是电中性的, 它并不传递电荷, 而胶子并不是色中性的。胶子本身携带颜色这个事实与非阿贝尔规范场或杨-米尔斯 (Yang-Mills) 场 (Yang and Mills, 1954) 的基本性质相关。非阿贝尔的意思是非对易性, 比如 $AB \neq BA$, 它存在于 QCD 的色 SU(3) 代数中, 但是 QED 的 U(1) 代数就不是这样的。

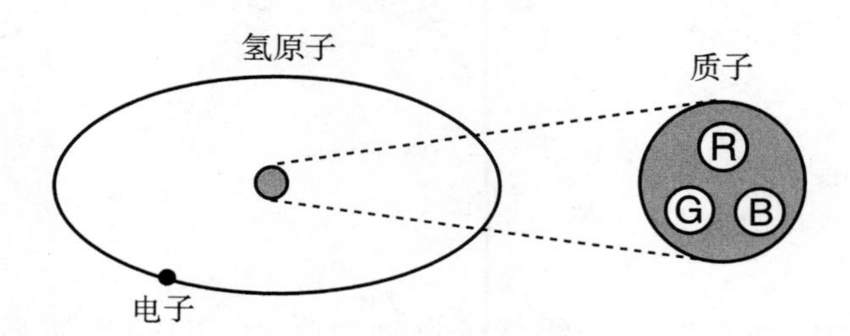

图 1.1　氢原子 (H) 示意图

质子是复合粒子, 是由带 R、B、G 三种颜色的三个夸克通过色规范场 (胶子) 的耦合而构成的; 氢原子和质子的特征尺寸分别是 10^{-10} m 和 10^{-15} m

表 1.1　QED 和 QCD 的区别

	QED	QCD
费米子	带电轻子	夸克
	如 e^-, e^+	$q^\beta, \bar{q}^\beta$ ($\beta = $R,B,G)
规范玻色子	光子 (γ)	胶子 (g)
	A_μ	A_μ^a ($a = 1, 2, \cdots, 8$)
规范群	U(1)	SU(3)
荷	电荷 (e)	色荷 (g)
耦合强度	$\alpha = \dfrac{e^2}{4\pi\hbar c} = O(10^{-2})$	$\alpha_s = \dfrac{g^2}{4\pi\hbar c} = O(1)$

量子色动力学是夸克和胶子的动力学, 有两个重要特征。在高能量时夸克和胶子的相互作用较弱, 即所谓的渐近自由 (Gross and Wilczek (1973), Politzer (1973) 和 't Hooft (1985))。在低能量时夸克和胶子的相互作用较强, 导致色禁闭 (Wilson, 1974), 见第 2 章。渐近自由是非阿贝尔规范理论的一个独特性质, 与色荷的反屏蔽相关。因为规范场本身就带色荷, 一个裸色荷被周围的胶子场稀释。因此当穿过周围胶子云探测这个裸色荷时, 就会发现色荷越来越小。这和 QED 的情形形成鲜明对比: 一个裸电荷被电子-正电子对所包围。图 1.2 显示 QCD (QED) 有效或跑动耦合常数的反屏蔽 (屏蔽) 特征。随着特征长度减小或者能量标度增加, QCD 的耦合强度减小。这就是为什么我们期望在高温下存在 QGP 的

原因, 因为平均热能量高使夸克胶子相互作用变弱, 见第 3、4 章。

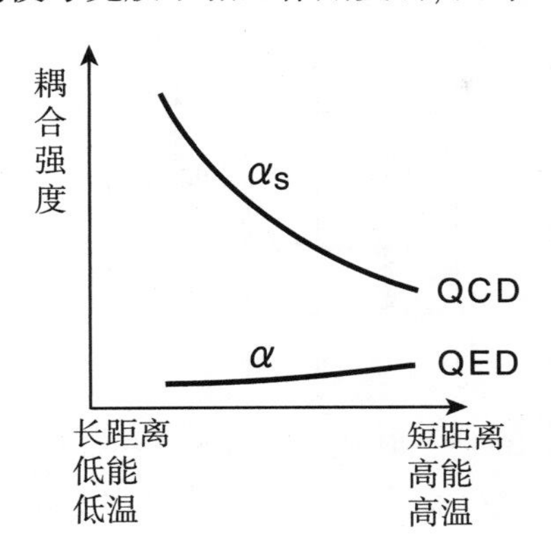

图 1.2　QCD(QED) 的耦合常数 α_s 随距离、能标和温度的变化关系

图 1.2 还表明, 在长距离或低能时, 量子色动力学的相互作用变得更强。这就是色禁闭的信号。事实上, 夸克和反夸克之间的唯象势在长距离时是随其间隔线性增加的, 如图 1.3(a) 所示。因此, 即使我们试图分离夸克和反夸克, 它们不可能被分开。在现实中, 如果夸克和反夸克之间的距离超出临界值, 势能就会变得足够大, 使得新的夸克、反夸克对在真空中激发出来, 原来的一对夸克、反夸克就成为两对。这样, 在 QCD 中夸克总是禁闭在强子里而不能孤立存在。这个特性如图 1.3(b)、图 1.3(c) 所示。

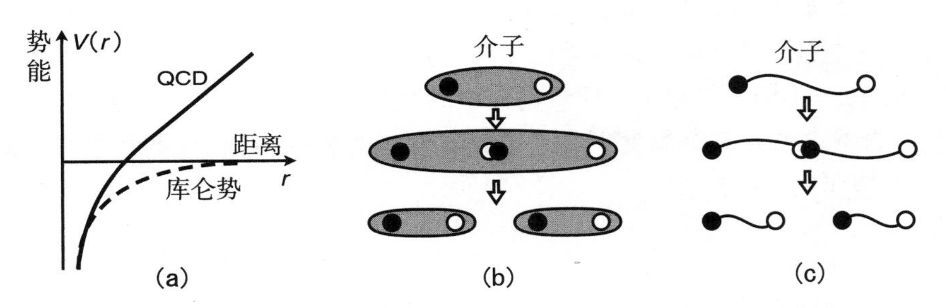

图 1.3　(a) QCD 中夸克、反夸克之间的相互作用势 (实线) 关于距离的函数及其与库仑势 (虚线) 的比较;(b) QCD 的夸克禁闭机制, 阴影区域表示胶子场;(c) 胶子构型可近似成张力为常数的弦, 如果距离足够大, 弦就会断裂

由于 QCD 耦合常数 α_s 随距离增大而增大, 我们遇到技术困难, 即我们不能采用微扰方法。Wilson 格点规范理论 (Wilson, 1974) 可以用来克服这个困难。它把连续的四维时空离散化成为晶格, 像在晶体里那样, 夸克占据晶格的节点, 规范场占据晶格连线或链接 (图 1.4), 见第 5 章。通过这种格点离散化, 我们可以利用蒙特卡罗数值模拟求解 QCD。结果证实, 夸克、反夸克之间的势能确实正比于其长度。这个结果与夸克相互作用势的弦模型符合, 表明禁闭概念的合理性。

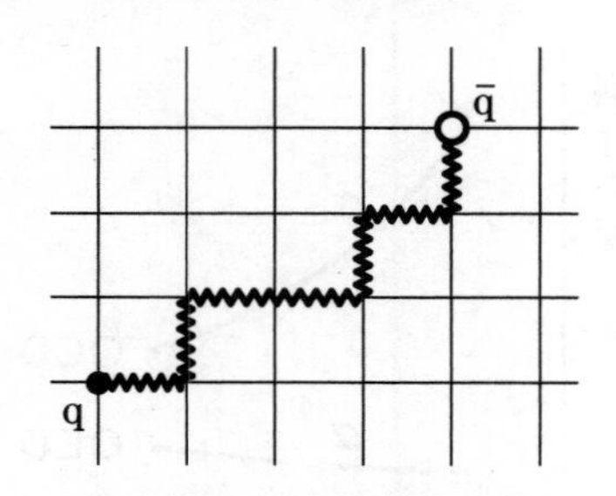

图 1.4 时空格点上的夸克和胶子

夸克定义在格子节点上, 胶子定义在格子连接线上

1.2 QCD 手征对称性破缺

QCD 的另一个重要性质是在低能强耦合情形下的手征对称性[①]的动力学破缺, 参见第 6 章。南部 (Nambu, 1960; Nambu and Jona-Lasinio, 1961a, b) 首先认识到, 与金属超导体 (Bardeen, Cooper and Schrieffer, 1957) 类似, 强相互作用的 QCD 真空是一个 "相对论超导体", 序参量是夸克-反夸克的凝聚, 其大小由真空期望值 $\langle \bar{q}q \rangle$ 决定。轻强子的质量与非零的序参量密切相关[②]。类似于金属超导体, 我们自然希望在某个温度下有一个到正常相的相变, 在相变期间凝聚和粒子谱将有剧烈变化 (第 7 章)。

1.3 夸克胶子等离子体的产生

从图 1.2 所示的渐近自由可以直接推断出有两种方法能够产生夸克胶子等离子体 (QGP)。

① 手征来自希腊语 "chiro"(手), 在这里指左手和右手的差别。

② 序参数的概念首次由朗道 (Landau) 在 1937 年建立相变的一般理论时引入 (参见 Landau and Lifshitz, 1980, 第 14 章)。后来它被用于描述各种现象, 如超导和超流。

(1) 高温下产生 QGP 的方法 (图 1.5(a))。我们假定在一个固定体积内加热 QCD 真空。在低温时, 强子如 π 介子、K 介子等从真空中热激发出来。请注意, 因为低能色禁闭, 只有色中性粒子可以被激发出来。由于强子的尺寸大致相同 (约 1 fm), 在温度达到一个临界值 T_c 时, 强子开始互相重叠。超过这个临界温度 T_c, 强子系统就分解成夸克和胶子系统 (QGP)。注意, 在这样产生的 QGP 中, 夸克数等于反夸克数。多种格点 QCD 模型的蒙特卡罗模拟给出 $T_c = 150 \sim 200$ MeV (见第 3、5 章)。虽然与太阳的中心温度 (1.5×10^7 K $= 1.3$ keV) 相比这是非常高的温度, 但它是强子相互作用的典型能标并可以在实验室实现 (见第 10 章)。

有限温度的量子色动力学相变如果涉及动力学对称性自发破缺和恢复, 它可以由序参量和其相应的 Ginzburg-Landau (GL) 势即朗道函数来描写。我们将看到色 SU(3) 规范群的中心对称性 (见第 5 章) 和夸克全局手征对称性 (见第 6 章) 这样的例子。图 1.6 显示 GL 势 V 作为序参量 ϕ 的函数。在图中也可以看出对于二阶相变 V 的最低值关于温度 T 的变化行为。

(2) 高密度下产生 QGP 的方法 (图 1.5(b))。我们把大量重子放在有活塞的圆柱体内, 然后绝热压缩系统并保持零温。直至重子密度达到一个临界值 ρ_c 时, 重子开始重叠并解离成为简并的夸克物质。这样产生的夸克物质带有高重子密度并满足 $n_q \gg n_{\bar{q}}$。模型计算表明 ρ_c 是正常核物质密度 $\rho_{\rm nm}$ 的数倍, 这里 $\rho_{\rm nm} = 0.16\ {\rm fm}^{-3}$ 是正常核物质密度 (见第 9 章)。

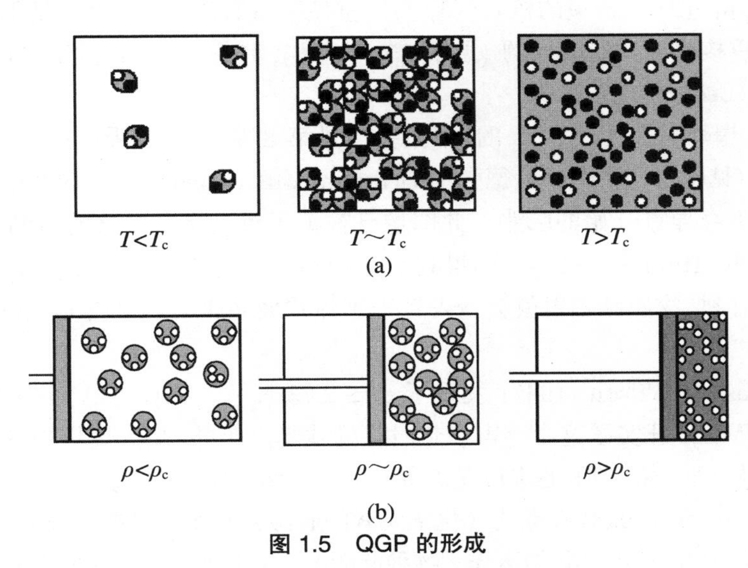

图 1.5　QGP 的形成

(a) 高温 (T); (b) 高重子密度 (ρ)

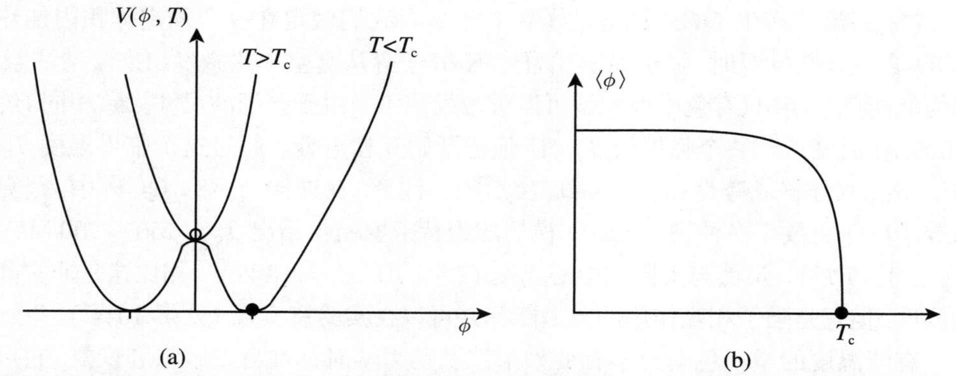

图 1.6 (a) 从 Ginzburg-Landau 势 $V(\phi,T)$ 可以显示在 $T=T_c$ 的二级相变; (b) 序参量 $\langle\phi\rangle$ 随温度 T 的变化行为

1.4 在哪里可以找到夸克胶子等离子体

基于高温和高密两个方案, 我们应该期望在三个地方找到夸克胶子等离子体: (1) 早期宇宙; (2) 致密星的核心; (3) 高能重核碰撞的初态。最后的情形是正在进行的高能重核碰撞实验的目的 (见第 15、16 章), 其想法是 20 世纪 70 年代中期提出来的 (Lee, 1975)。

(1) 大爆炸后大约 10^{-5} s 的早期宇宙 (见第 8 章)。根据爱因斯坦 (Einstein) 引力方程 (见附录 D) 的弗里德曼 (Friedmann) 解 (Friedmann, 1922), 宇宙经历了从零时刻奇异点开始的膨胀。此图像已被关于遥远星系红移的哈勃 (Hubble) 定律所证实 (Hubble, 1929)。如果我们把现在正在膨胀的宇宙沿时间反向外推到大爆炸时刻, 物质和辐射就会变得越来越热并最终成为一个被 Gamow 命名的"原初火球"。

Penzias 和 Wilson (1965) 发现了 $T\simeq 2.73\ \mathrm{K}\sim 3\times10^{-4}\ \mathrm{eV}$ 的宇宙微波背景辐射 (CMB), 证实了这个宇宙炽热时代的残光。此外, 热大爆炸理论解释了宇宙中轻元素 (氘、氦、锂) 的丰度是原始核合成的结果。这种想法最初是 Alpher, Bethe 和 Gamow (1948) 在题为《化学元素的起源》的文章里提出来的, 这使我们想起达尔文在 1859 年出版的著作《物种起源》。如果我们沿时间反方向进一步追溯到宇宙大爆炸后的 $10^{-5}\sim10^{-4}$ s, 宇宙可能经历过温度为 $T=150\sim200$ MeV 的 QCD 相变和 $T=200$ GeV 的电弱相变, 如图 1.7 所示。

此外, 由 COBE (Cosmic Background Explorer) 和 WMAP (Wilkinson

Microwave Anisotropy Probe, 见 Bennett, et al. (2003)) 发现的宇宙温度的微小涨落表明存在早期加速膨胀时期, 在此期间宇宙经历了指数性的扩张 (Kazanas, 1980; Guth, 1981; Sato, 1981a, b; Peebles, 1993)。

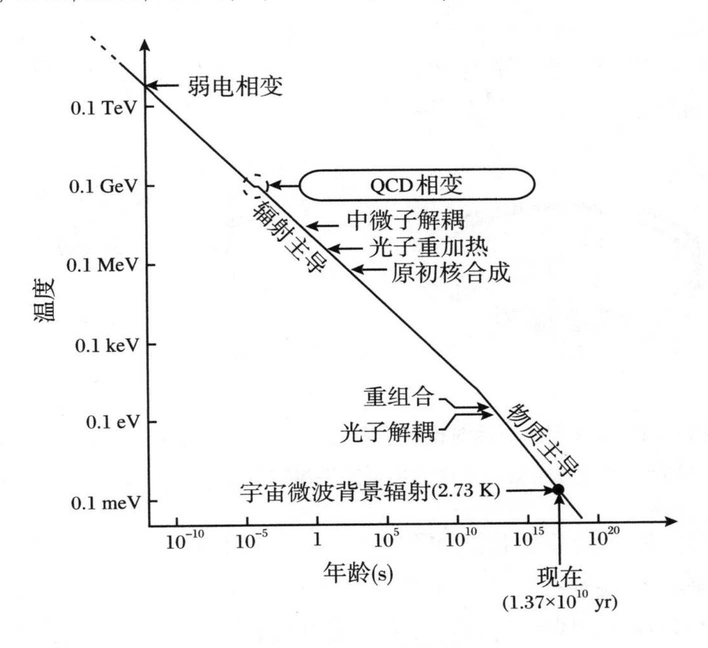

图 1.7　宇宙的演化

宇宙的温度作为从宇宙创始时刻开始的时间的函数 (0.1 GeV$\simeq1.1605\times10^{12}$ K)

(2) 致密星如中子星和夸克星的核心 (见第 9 章)。致密星有三个可能的稳定分支: 白矮星、中子星和夸克星。白矮星完全是由电子和原子核构成的, 中子星的主要成分是液态中子、一些质子和电子。第一颗中子星是 1967 年作为脉冲星发现的 (Hewish, et al., 1968)。如果中子星的中心密度达到 $5\sim10\rho_{\rm nm}$, 有相当大的概率中子会熔化成为冷夸克物质, 如图 1.5(b) 所示。也有一种可能性就是有相等数目的 u, d, s 夸克组成的夸克物质 (奇异夸克物质) 成为物质的稳定基态, 这叫作奇异夸克物质假设。如果此假设为真, 完全由奇异夸克物质构成的夸克星就成为可能。为了阐明这些致密星的结构, 我们需要联立求解从爱因斯坦方程得到的 Oppenheimer-Volkoff (OV) 方程 (Oppenheimer and Volkoff, 1939) 和致密物质的状态方程 (见附录 D)。

(3) 重离子加速器实现的相对论核-核碰撞产生的 "小爆炸" 的初始阶段 (见第 10 章)。假设我们把重核如金核 ($A=197$) 加速到相对论或极端相对论能量, 并让它们对头相撞, 如图 1.8 所示。在这样高的相对论能量下, 因洛伦兹 (Lorentz) 收缩原子核成为 "圆饼" 状。当每核子的质心系能量超过 100 GeV 时, 碰撞的原子核趋于彼此穿过, 原子核后方产生的物质具有高能量密度和温度, 但具有低重子密度 (图 1.8(a))。在布鲁克海文国家实验室 (BNL) 的相对论重离子对撞机 (RHIC) 和在欧洲核子研究中心 (CERN) 的大型强子对撞机 (LHC) 为我们提供这种条件 (见第 16 章)。另一方面, 在每核子能量达到几个到几十个千兆电子伏特 (GeV) 时, 碰撞核趋于互相阻挡留住对方 (图 1.8(b))。在这种情况下, 不仅可以产生高温而且也可以产生高重子密度。

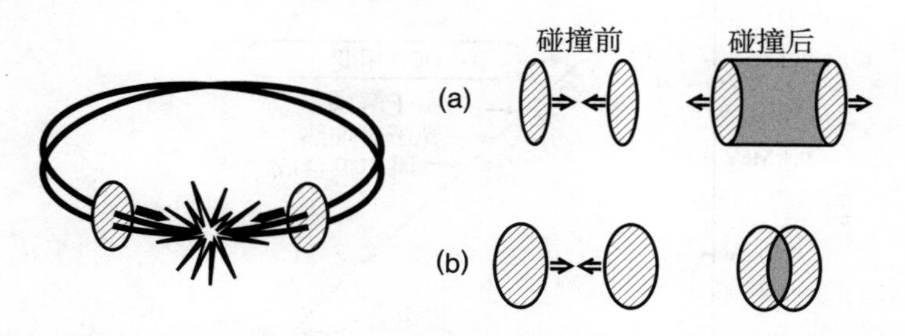

图 1.8 (a) 使用对撞型加速器通过相对论核-核碰撞产生高温夸克胶子等离子体; (b) 通过比 (a) 低的能量的碰撞形成高重子密度的夸克胶子等离子体

一个 QCD 物质的简要相图如图 1.9 所示, 它以温度 T 作为纵轴, 以重子密度 ρ 作为横轴。可能存在的 QCD 相以及临界线、临界点的精确位置是正在积极研究的课题。事实上, 揭示 QCD 相结构是目前和今后在热密量子色动力学领域的理论和实验研究的核心目标之一。

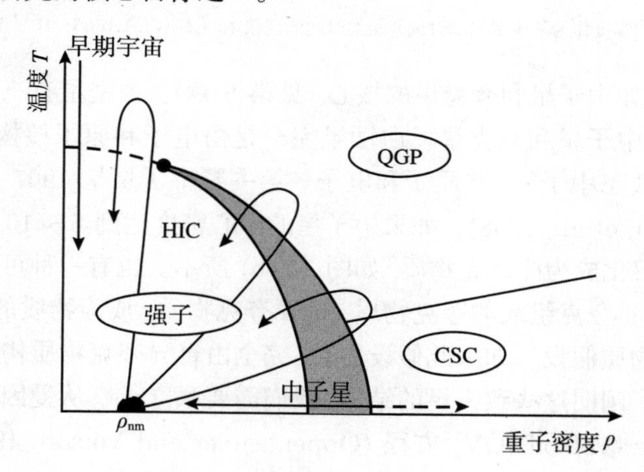

图 1.9 QCD 相图的示意图

"Hadron"、"QGP" 和 "CSC" 分别表示强子相、夸克胶子等离子体相和色超导相, $\rho_{\rm nm}$ 是正常核物质的重子密度。我们可能在以下几个地方找到 QCD 的各种相: 早期宇宙 (高温等离子体)、中子星内部 (高密等离子体) 和重离子碰撞 (HIC) (高温高密夸克物质)

1.5　相对论重离子碰撞产生 QGP 的信号

相对论重离子碰撞是动力学过程, 其特征空间和时间尺度分别为 10 fm 和 10 fm/c。夸克胶子等离子体即使在碰撞的初始阶段产生, 也会通过膨胀和发射多种辐射而迅速冷却, 并经过 QCD 相变成为强子气体, 然后系统最终分解成为许多色中性强子 (见第 11、12 和 13 章)。因此, 为了探测夸克胶子等离子体, 我们需要观测在其生命期间发射的尽可能多的粒子或辐射, 然后利用观测数据重建出最初形成的夸克胶子等离子体。这与探测早期宇宙相似, 它是通过测量其残余, 如宇宙微波背景辐射和元素丰度等来实现的 (图 1.10)。

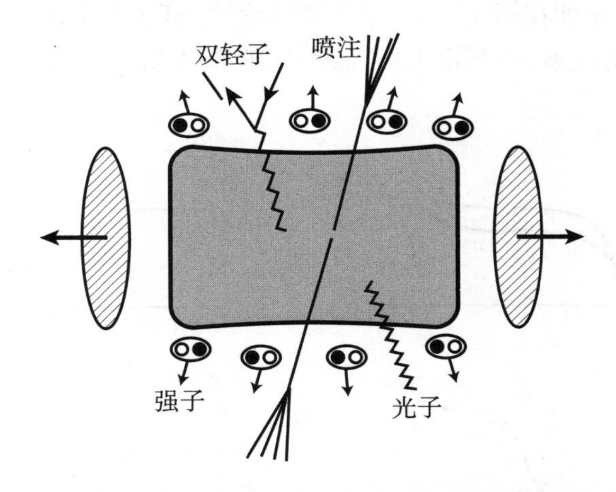

图 1.10　在极端相对论重离子对心碰撞中产生的热夸克强子物质发射的粒子和辐射

夸克胶子等离子体各种信号及其与实际数据的联系将在第 14、15 和 16 章里详细讨论。为抓住 QCD 相变信号的基本思想, 我们在图 1.11 中说明了各种可能的候选信号, 这些信号依赖于在相对论核-核碰撞中原初产生的 “火球” 的能量密度 ε。在实验上, 横向能量 $\mathrm{d}E_{\mathrm{T}}/\mathrm{d}y$ 可以在电磁量能器里测量 (见第 17 章), 它与能量密度 ε 密切相关。

下面的信号对应于图 1.11((a)∼ (j))。

(1) 在相变时熵密度的跳变引起的强子平均横动量的二次上升 (图 1.11(a))。

(2) 用全同强子的粒子干涉学测量火球大小 (Hanbury-Brown-Twiss 效应)(图 1.11(b))。

(3) 夸克胶子等离子体中奇异粒子和粲粒子的产额增强 (图 1.11(c))。

(4) 夸克胶子等离子体中反粒子的产额增强 (图 1.11(d))。

(5) 各向异性初始状态的早期热化导致的强子椭圆流增强 (图 1.11(e))。

(6) 守恒荷逐个事例涨落的压低 (图 1.11(f))。

(7) 在夸克胶子等离子体中由于部分子能量损失导致的高横动量强子的压低 (图 1.11(g))。

(8) 在夸克胶子等离子体中由于颜色德拜 (Debye) 屏蔽导致的重介子 (J/Ψ, Ψ', Υ, Υ') 性质的改变 (图 1.11(h))。

(9) 由于手征对称性恢复导致的轻矢量介子质量和宽度的改变 (图 1.11(i))。

(10) 解禁闭的 QCD 等离子体中热光子和热双轻子发射增强 (图 1.11(j))。

显然, 实际情况并非如图 1.11 所示的那么简单, 因为各种背景往往掩盖了可能的信号。同时, 在理论上有迹象表明, 夸克胶子等离子体并不是由自由夸克胶子组成的简单气体, 而是一个强耦合系统, 这可能会修正图 1.11 所示信号的一些基本观念。然而, 正如在第 15、16 章所要讨论的, SPS 和 RHIC 能区的大量数据提供了很有希望的线索, 以帮助人们确定 QGP 的本质。

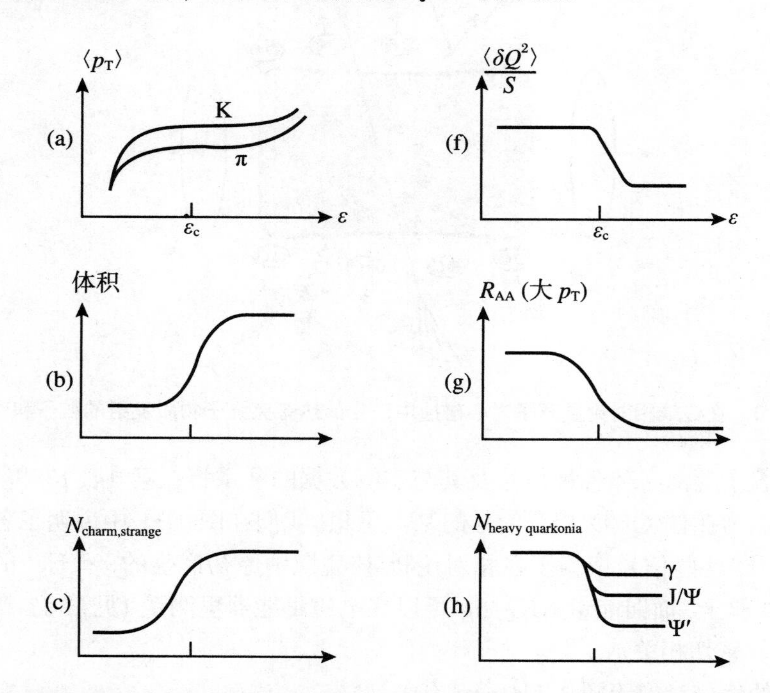

图 1.11 一些观测量与相对论重离子碰撞的中心能量密度 ε 的函数依赖关系, 它们是 QCD 相变的可能信号

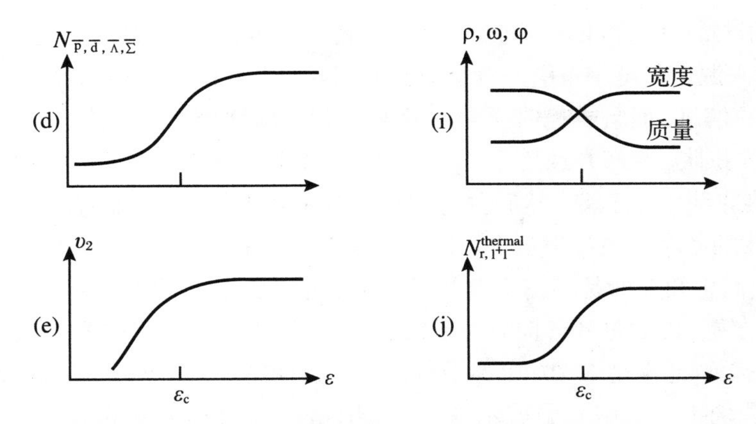

图 1.11　一些观测量与相对论重离子碰撞的中心能量密度 ε 的函数依赖关系, 它们是 QCD 相变的可能信号 (续)

ε 与每单位快度的横能 $\mathrm{d}E_\mathrm{T}/\mathrm{d}y$ 相关联, ε_c 是夸克胶子等离子体预计出现的临界能量密度; 此图源于 S. Nagamiya 经修改而得; 对于图 1.11(a)~(j) 的解释见正文

1.6　相对论重离子碰撞实验纵览

研究“宇宙大爆炸”的卫星观测实验和研究“小爆炸”的相对论重离子碰撞实验是非常类似的, 不仅在于它们的终极目标, 也在于分析数据的方式。其相似性如图 1.12 所示并总结如下:

(1) 我们并不确切地知道宇宙的初始状态。事实上, 这是目前宇宙学里最具挑战性的问题。一个有希望的图像是宇宙在约 10^{-35} s 内以指数方式膨胀 (加速膨胀) 的图像。由于驱动膨胀的标量场的能量转换成热能, 热宇宙时期开始于加速膨胀之后。在相对论重离子碰撞中, 碰撞时刻的初始条件也是不清楚的。色玻璃凝聚态 (CGC) 是一个相干的高度激发的胶子态, 是在大约 10^{-24} s 时刻的一个可能的初始状态, 然后粒子产生导致 CGC 退相干并开启热化即夸克胶子等离子体阶段。

(2) 一旦宇宙加速膨胀时代结束, 系统就变得热化了, 随后缓慢膨胀的宇宙可以由弗里德曼方程及适当的物质和辐射状态方程描述。在小爆炸中, 局部热化的等离子体的膨胀最初是由朗道 (Landau) (1953) 引入的相对论流体力学定律支配的。如果等离子体内的组分粒子的相互作用足够强, 我们可以使用理想流体假设, 从而简化流体力学方程。

(3) 宇宙膨胀、冷却并经历了几个相变, 比如弱电和 QCD 相变等。最终, 中微子和光子与物质脱离耦合 (冻结) 成为宇宙中微子背景 (CνB) 和宇宙微波背景 (CMB) 的来源。甚至宇宙引力背景 (CGB) 也可以产生。这些背景不仅携带了热宇宙时代的信息, 而且也携带了热时代之前初始状态的信息。在小爆炸情形中, 系统也同样膨胀、冷却并经历了 QCD 相变。等离子最后经历了化学冻结 (化学解耦) 和热冻结 (热解耦), 然后分解为许多强子。不仅强子, 而且双轻子、光子、喷注从膨胀的各个阶段产生出来。这些都携带了关于热时代和初始条件的信息。

(4) 我们想知道的是宇宙大爆炸或小爆炸早期的物质状态。宇宙大爆炸导致的微波背景辐射的数据和各向异性是以如下方式处理的。我们首先定义一些关键的宇宙学参数 (通常是 8~10 个参数), 比如初始密度涨落、宇宙学常数、哈勃常数等。然后我们把从求解光子玻尔兹曼 (Boltzmann) 方程得到的微波背景辐射的理论计算结果与观测数据做详细比较 (比如, CMBFAST 就是一个为此目的开发的快速数值计算程序)。这样做我们就可以建立沟通过去发生的事情与现在所观测的结果之间的桥梁。通过这种方式, WMAP 提供了许多宇宙学参数的非常精确的测量 (详见表 8.1)。研究小爆炸的策略是相似的。我们首先定义一些关键参数, 比如初始能量密度及其分布、初始热化时间、冻结温度等; 然后求解全三维相对论流体力学模拟程序, 把这些参数与大量实验数据关联在一起。在理想流体的假设下, 这样的精确研究已经开始变得可能 (Hirano and Nara, 2004)。

	大爆炸	小爆炸
初态	暴涨? (10^{-35} s)	色玻璃凝聚? (10^{-24} s)
热化	暴涨子衰变?	退相干?
膨胀	$R^{\mu\nu}-\frac{1}{2}Rg^{\mu\nu}=8\pi GT^{\mu\nu}$ 	$\partial_\mu T^{\mu\nu}=0$; $\partial_\mu j^\mu_{\mathrm{B}}=0$ 
冻结	对于光子, T=2.73 K (对于中微子, T=1.95 K)	$T_{\mathrm{chem}}\simeq 170$ MeV; $T_{\mathrm{therm}}\simeq 120$ MeV
观测量	CMB 和各向异性 (CνB 、CGB 和各向异性)	集体流及其各向异性, 强子、喷注、轻子、光子
关键参数	8 ~ 10 个宇宙学参数 • 初始密度涨落 • 宇宙学常数 Λ 等	等离子体参数 • 初始能量密度 • 热化时间等
演化程序	CMBFAST	3 维流体力学模型

图 1.12 宇宙大爆炸和小爆炸的物理及数据的比较

爱因斯坦和朗道的头像取自: http://www-groups.dcs.st-and.ac.uk/history/index.html

图 1.13 从过去、现在和将来的实验设施方面比较了大爆炸和小爆炸研究的

异同。由 NASA 在 1989 年发起的 COBE 卫星实验 (CERN 的 SPS 实验开始于 1987 年) 揭示了宇宙初始状态的激动人心的证据 (重离子碰撞)。由 NASA 在 2001 年发起的 WMAP 卫星实验 (BNL 的 RHIC 实验开始于 2000 年) 提供了宇宙初创状态的更好的图像并开创了精确宇宙学时代 (精确 QGP 物理)。普朗克 (Planck) 卫星计划由 ESA 于 2007 年发射 (CERN 的 LHC 实验将于 2007 年运行), 这些实验设施预期将揭示宇宙的初始状态和暗能量的起源 (热 QGP 的初始状态和动力学)。[①]

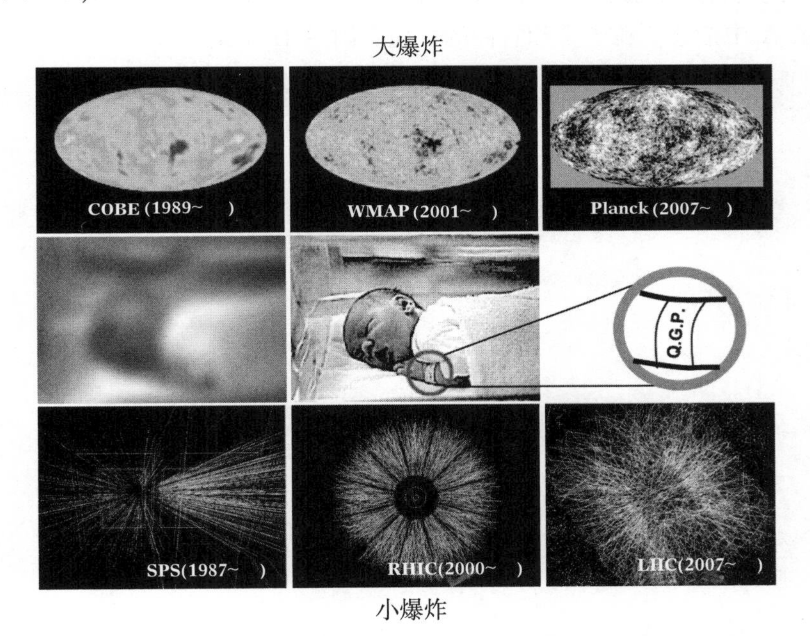

图 1.13　用于研究宇宙大爆炸和小爆炸的过去、现在和将来的实验设施

COBE、WMAP 和婴儿的图片取自 http://map.gsfc.nasa.gov/index.html (获 NASA/WMAP 科学团队授权); 普朗克的模拟图片取自 http://www.rssd.esa.int (获 NASA/WMAP 科学团队授权); SPS 和 LHC 的图片来自 CERN, 取自 http://cdsweb.cern.ch (获 CERN 授权)

① Planck 卫星已于 2009 年发射升空, LHC 实验也从 2008 年开始运行。——译者注

1.7 自然单位和粒子数据

本书使用自然单位制 $\hbar = c = 1$。另外我们设玻尔兹曼常数 $k_{\rm B}$ 为 1。该单位制在附录 A 中描述。粒子表和它们的性质在附录 H 中给出。

夸克胶子等离子体的基本概念

第 2 章　QCD 简介

在本章中, 我们将勾勒出量子色动力学 (QCD) 的基本概念, 包括其经典和量子结构、对称性和真空结构, 为以后相关内容做基础。另外, 我们也归纳了 QCD 的各种非微扰方法。

2.1　QCD 经典作用量

经典 QCD 拉氏密度包含夸克和胶子场作为基本的自由度, 同时, 它具有一个局域 $\mathrm{SU_c(3)}$颜色对称性 (Nambu, 1966)。对于一个质量为 m 的夸克来说, 拉格朗日密度为

$$\mathcal{L}_{\mathrm{cl}} = \bar{q}^{\alpha}(\mathrm{i}\not{D}_{\alpha\beta} - m\delta_{\alpha\beta})q^{\beta} - \frac{1}{4}F^{a}_{\mu\nu}F^{\mu\nu}_{a} \tag{2.1}$$

夸克 (胶子) 场 $q^{\alpha}(A^{a}_{\mu})$ 属于 $\mathrm{SU_c(3)}$ 颜色 3 重态 (8 重态)。因此, α 取 1 到 3, a 取 1 到 8。注意, 除非另有说明, 假设重复指标代表求和。

我们定义 $\not{D} \sim \gamma^{\mu}D_{\mu}$, 这里 D_{μ} 是作用在颜色 3 重态夸克场的协变微商:

$$D_{\mu} \equiv \partial_{\mu} + \mathrm{i}gt^{a}A^{a}_{\mu} \tag{2.2}$$

这里 g 是 QCD 无量纲耦合常数。 t^{a} 是 $\mathrm{SU_c(3)}$ 李代数的基础表示(见附录 B.3), 是无迹的 3×3 的厄米矩阵, 它满足下列对易关系和归一化条件:

$$[t^{a}, t^{b}] = \mathrm{i}f_{abc}t^{c}, \quad \mathrm{tr}(t^{a}t^{b}) = \frac{1}{2}\delta^{ab} \tag{2.3}$$

t^a 和 f_{abc}(结构常数) 的具体形式及其一些基本关系在附录 B.3 中给出。为了以后使用上的方便, 我们也定义作用在颜色 8 重态场的协变导数:

$$\mathcal{D}_\mu \equiv \partial_\mu + \mathrm{i}gT^a A^a_\mu \tag{2.4}$$

这里 T^a 是无迹的 8×8 的厄米矩阵, 构成 $\mathrm{SU_c}(3)$ 李代数的伴随表示, 其定义式为 $(T^a)_{bc} = -\mathrm{i}f_{abc}$。更多关于 T^a 的关系式参见附录 B.3。

胶子场强张量定义如下:

$$F^a_{\mu\nu} = \partial_\mu A^a_\nu - \partial_\nu A^a_\mu - gf_{abc}A^b_\mu A^c_\nu \tag{2.5}$$

引进 $A_\mu \equiv t^a A^a_\mu$ 和 $F_{\mu\nu} \equiv t^a F^a_{\mu\nu}$, 我们可以简化 (2.5) 式如下:

$$F_{\mu\nu} = \partial_\mu A_\nu - \partial_\nu A_\mu + \mathrm{i}g[A_\mu, A_\nu] = \frac{-\mathrm{i}}{g}[D_\mu, D_\nu] \tag{2.6}$$

色电场和色磁场可以仿照标准电磁场来定义:

$$E^i = F^{i0}, \quad B^i = -\frac{1}{2}\epsilon_{ijk}F^{jk} \tag{2.7}$$

这里 ϵ_{ijk} 是完全反对称张量且 $\epsilon_{123} = 1$。经典运动方程从 (2.1) 式立即可以得到

$$(\mathrm{i}\not{D} - m)q = 0 \tag{2.8}$$

$$[D_\nu, F^{\nu\mu}] = g\mathrm{j}^\mu \quad 或 \quad \mathcal{D}^{ab}_\nu F^{\nu\mu}_b = g\mathrm{j}^\mu_a \tag{2.9}$$

这里 $\mathrm{j}^\mu = t^a \mathrm{j}^\mu_a$, $\mathrm{j}^\mu_a = \bar{q}\gamma^\mu t^a q$。这两个方程分别是夸克和胶子的狄拉克 (Dirac) 方程和杨-米尔斯方程(见习题 2.1)。

拉氏密度 (2.1) 式在 $\mathrm{SU_c}(3)$ 规范变换下是不变的 (见习题 2.2(2)):

$$q(x) \to V(x)q(x), \quad gA_\mu(x) \to V(x)(gA_\mu(x) - \mathrm{i}\partial_\mu)V^\dagger(x) \tag{2.10}$$

这里 $V(x) \equiv \exp(-\mathrm{i}\theta^a(x)t^a)$。规范不变性的证明需要考虑到 $F_{\mu\nu}$ 和 D_μ 的变换是协变的:

$$F_{\mu\nu}(x) \to V(x)F_{\mu\nu}(x)V^\dagger(x), \quad D_\mu(x) \to V(x)D_\mu(x)V^\dagger(x) \tag{2.11}$$

在无穷小规范变换下, 场的小增量由下式给出:

$$\delta q(x) = -\mathrm{i}\theta(x)q(x), \quad \delta(gA_\mu(x)) = [D_\mu, \theta(x)] \tag{2.12}$$

这里 $\theta = t^a\theta^a$。第二式也可以写成 $\delta(gA^a_\mu(x)) = \mathcal{D}^{ab}_\mu \theta^b(x)$。

原则上, (2.1) 式也可以包含一项规范不变项 $\epsilon_{\mu\nu\lambda\rho}F_a^{\mu\nu}F_a^{\lambda\rho} \propto E_i^a B_a^i$。这项的存在破坏了时间反演不变性或 CP (电荷共轭和宇称) 不变性。虽然中子电偶极矩的测量没有显示出在强作用里 CP 破坏的迹象, 此项不存在的根本原因仍然不清楚, 这个问题被称作强 CP 问题。

由于规范不变性, 诸如 $A_\mu^a A_a^\mu$ 等项是不允许出现的, 因此胶子是无质量的。另一方面, 规范对称性并不限制夸克质量, 它们实际上是有限的, 见附录 H 的表 H.1。更进一步地说, 不同味道的夸克 (u 夸克、d 夸克、s 夸克、c 夸克、b 夸克、t 夸克), 其质量也不同。对 N_f 味夸克, 我们把 (2.1) 式中的夸克场 q(质量为 m) 写为具有 N_f 个分量的矢量 (是一个 $N_f \times N_f$ 矩阵)。在标准模型中, 夸克质量的起源归于夸克场和 Higgs 场的 Yukawa 耦合。但是为什么存在这么多夸克质量且它们差别如此之大, 从几个 MeV 到 175 GeV, 是不清楚的。

2.2 QCD 量子化

(2.1) 式中的经典拉氏密度 $\mathcal{L}_{\rm cl}$ 并没有告诉我们低能 QCD 的真正动力学。这与量子电动力学 (QED) 的情形正好相反, 在我们的日常生活中, 麦克斯韦 (Maxwell) 方程组 (QED 的经典极限) 有着广泛的应用。QCD 和 QED 的基本区别在于 QCD(QED) 低能量子效应变得 (不) 重要。为了明显地看出这个差别, 我们需要量子化 QCD 和研究其真空极化效应。对 QCD 量子化和重整化的更完整的讨论, 见 Ynduráin (1993) 和 Muta (1998) 的著作。

规范理论的量子化有许多方式。本书使用费曼 (Feynman) 的泛函量子化方案, 最适用于建立与经典极限的联系以及研究 QCD 量子特性的数值模拟。另外一种有用的量子化方案是协变的正则算子形式体系 (Kugo and Ojima, 1979)。

在泛函量子化方法中, 首先定义带有外源 J 的配分函数:

$$Z[J] = \langle 0+|0-\rangle_J = \int [\mathrm{d}A\,\mathrm{d}\bar{q}\,\mathrm{d}q]\,\mathrm{e}^{\mathrm{i}\int \mathrm{d}^4x(\mathcal{L}_{\rm cl}+J\Phi)} \tag{2.13}$$

$Z[J]$ 的物理意义是从 $t \to -\infty$ 的真空到 $t \to \infty$ 的真空的跃迁振幅。泛函积分是针对作为 c-数的场 $A_\mu^a(x)$ 和作为 Grassmann 数的场 q^α 和 $\bar{q}^\alpha$ 进行的。外源定义为 $J\Phi = \bar{\eta}q + \bar{q}\eta + j_a^\mu A_\mu^a$, 这里 η 和 $\bar{\eta}$ 是两个独立的 Grassmann 外源场, j_a^μ 是一个 c-数外源场。

注意 $Z[0]$ 显然是规范不变的, 因为积分测度和作用量都是规范不变的 (见习题 2.2(2))。因此, 每一个规范场有无限多的等价场与其通过规范变换相联系。此外, 它们以相同的权重贡献到 $Z[0]$, 从而导致一个无穷大的泛函积分。避免重复计数, 我们需要固定规范条件使我们在众多等价场中只选取一个有代表性的场。这种情况如图 2.1 所示。注意, 如果泛函积分是在离散的时空格点上数值进行的 (Wilson, 1974; Creutz, 1985), 此规范固定就不是必需的。这被称为格点量子色动力学模拟, 将在第 5 章进一步讨论。

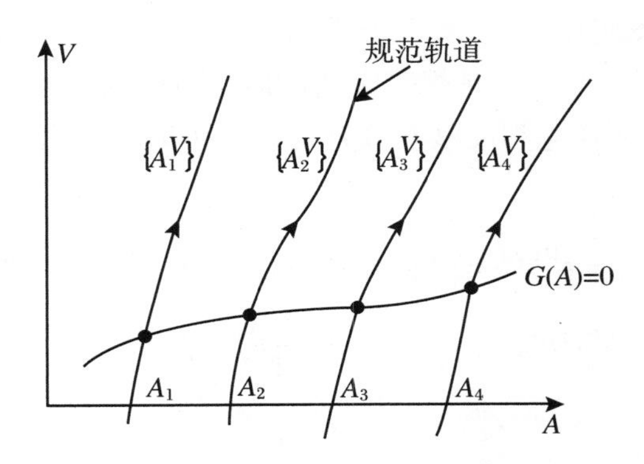

图 2.1　规范轨迹与规范固定条件 $G(A)=0$

规范固定的一个比较简洁的做法是在 (2.13) 式中插入一个数值为 1 的积分 (Faddeev and Popov, 1967):

$$1=\int[\mathrm{d}V]\,\Delta_{\mathrm{FP}}[A]\,\delta(G(A^V)) \tag{2.14}$$

这里 $A^V=VAV^\dagger$, $G(A)$ 是规范固定函数, $\Delta_{\mathrm{FP}}[A]$ 是使积分为 1 的 Faddeev-Popov 雅可比行列式, $\mathrm{d}V$ 是群空间的不变测度 (Haar 测度), 它满足 $\mathrm{d}(VV')=\mathrm{d}(V'V)=\mathrm{d}V$ (Creutz, 1985; Gilmore, 1994) (见习题 5.2)。

把 (2.14) 式代入 (2.13) 式并反向规范转动, 我们得到

$$Z[0]=\left(\int[\mathrm{d}V]\right)\times\int[\mathrm{d}A\,\mathrm{d}\bar{q}\,\mathrm{d}q]\,\Delta_{\mathrm{FP}}[A]\,\delta(G(A))\,\mathrm{e}^{\mathrm{i}\int\mathrm{d}^4x\mathcal{L}_{\mathrm{cl}}} \tag{2.15}$$

注意,$\delta(G(A))$ 从图 2.1 众多规范轨道中简单地选取了一个代表规范。 $\Delta_{\mathrm{FP}}[A]$ 的具体表达式为

$$\Delta_{\mathrm{FP}}[A]=\det\left.\frac{\delta G(A^V)}{\delta V}\right|_{V=1} \tag{2.16}$$

这里行列式是带有色和时空指标的。

(2.15) 式右边的第一个因子是有限的规范体积乘以时空体积, 是无穷大量。因为这个因子仅仅是 $Z[J]$ 分离出来的相乘因子, 我们可以忽略它而不会影响场乘积的真空期望值即格林函数。

G 的选择是任意的，只要它能挑出有代表性的场。比较常见的有：轴规范 ($G=n^{\mu}A_{\mu}$，这里 $n^2<0$)，光锥规范 ($G=n^{\mu}A_{\mu}$，这里 $n^2=0$)，Fock-Schwinger 规范 ($G=x^{\mu}A_{\mu}$)，库仑规范 ($G=\partial^i A_i$)，瞬时规范 ($G=A_0$) 和协变规范

$$G(A)=\partial^{\mu}A_{\mu}-f(x) \tag{2.17}$$

这里 $f(x)$ 是时空的任意函数 (见习题 2.2(3))。

在 (2.17) 式，我们可以在 $Z[0]$ 上乘以一个单位常数，$1=\int[\mathrm{d}f]\mathrm{e}^{-\mathrm{i}f^2/2\xi}$，以此可以把 $f(x)$ 积掉。这里 ξ 是规范常数。通过引进两个独立的 Grassmann 场 $c^a(x)$ 和 $\bar{c}^a(x)$，分别叫作鬼和反鬼场，FP 行列式可以指数化。这样我们就得到下面的最后形式

$$Z[J]=\mathrm{e}^{\mathrm{i}W[J]}=\int[\mathrm{d}A\,\mathrm{d}\bar{q}\,\mathrm{d}q][\mathrm{d}\bar{c}\,\mathrm{d}c]\,\mathrm{e}^{\mathrm{i}\int\mathrm{d}^4x(\mathcal{L}+J\Phi)} \tag{2.18}$$

$$\begin{aligned}\mathcal{L}=&\bar{q}^{\alpha}(\mathrm{i}\not{D}_{\alpha\beta}-m\delta_{\alpha\beta})q^{\beta}-\frac{1}{4}F^a_{\mu\nu}F^{\mu\nu}_a\\&-\bar{c}_a\partial^{\mu}\mathcal{D}^{ab}_{\mu}c_b-\frac{1}{2\xi}(\partial^{\mu}A^a_{\mu})^2\end{aligned} \tag{2.19}$$

虽然规范固定的拉氏密度 $\mathcal{L}$ 在经典规范变换 (2.10) 式下不再不变，它在 Becchi-Rouet-Stora-Tyutin (BRST) 变换δ_{BRST} 下具有量子规范不变性 (Becchi, et al., 1976; Iofa and Tyutin, 1976)，见习题 2.2(4)。此变换为

$$\delta_{\mathrm{BRST}}q=-\mathrm{i}g\lambda cq,\quad \delta_{\mathrm{BRST}}A_{\mu}=\lambda[D_{\mu},c] \tag{2.20}$$

$$\delta_{\mathrm{BRST}}\bar{c}=-\lambda\xi^{-1}\partial^{\mu}A_{\mu},\quad \delta_{\mathrm{BRST}}c=-\frac{\mathrm{i}}{2}g\lambda[c,c] \tag{2.21}$$

这里 $c=c^at^a$，λ 是与时空无关的 Grassmann 数。(2.20) 式中的变换可以从 (2.12) 式通过替换 $\theta\to g\lambda c$ 得到。BRST 变换是幂零的，即 $\boldsymbol{\delta}^2_{\mathrm{BRST}}=0$，其中 $\delta_{\mathrm{BRST}}\equiv\lambda\boldsymbol{\delta}_{\mathrm{BRST}}$。基于 BRST 变换，QCD 的正则量子化可以漂亮的方式实现 (Kugo and Ojima, 1979)。

从 (2.19) 式出发，可以通过把拉氏量分解成自由部分和相互作用部分建立微扰理论计算 $Z[J]$ 和 $W[J]$:

$$\mathcal{L}=\mathcal{L}_0+\mathcal{L}_{\mathrm{int}} \tag{2.22}$$

这里 $\mathcal{L}_0$ 可以由 $\mathcal{L}$ 通过设 $g=0$ 而得到。欧氏时空的费曼规则将在第 4 章给出。注意 $Z[J]$ 是全格林函数的生成泛函，而 $W[J]$ 是单粒子不可约 (1PI) 格林函数的生成泛函。我们也可以通过勒让德变换 $\Gamma[\varphi]=W[J]-J\varphi$ 引进有效作用量 $\Gamma[\varphi]$，这里 $\varphi\equiv\delta W/\delta J$；$\Gamma[\varphi]$ 是 1PI 正则顶角的生成泛函。我们将在第 6 章讨论与二级相变关联的临界现象时给出详细内容。

2.3　QCD 重整化

在场论中, 微扰理论计算的量子修正 (圈图) 存在由高动量中间态引起的紫外发散。在 QCD 等可重整场论中, 这些发散总是可以和拉氏量中的裸参数吸收合并成为重整化参数的。

发散被重整化时的能量标度被称为重整化点, 在本书中用 κ 表示; κ 是一个任意参数。任何观察量, 比如质子质量和 π 介子衰变常数等不依赖于 κ, 而重整化的耦合常数 g、夸克质量 m 和规范参数 ξ 等依赖于 κ。

QCD 的重整化可以一般地总结为 (2.18) 式的配分函数, 可以通过重新定义参数而成为有限的量, 即

$$Z[J_{\mathrm{B}};g_{\mathrm{B}},m_{\mathrm{B}},\xi_{\mathrm{B}}]=Z[J(\kappa);g(\kappa),m(\kappa),\xi(\kappa);\kappa] \tag{2.23}$$

这里带有 B 下标的量是裸参数。外场 J_{B} 也被看作是一个裸参数。裸量和重整化量的精确关系将在第 6 章中详细讨论。因为 (2.23) 式左手边是独立于 κ 的, 则 Z 满足

$$\kappa\frac{\mathrm{d}}{\mathrm{d}\kappa}Z=0 \tag{2.24}$$

通过对上述主方程取 J 的导数就可以得到格林函数的重整化群方程。

为了在微扰论中理解 κ 的意义, 让我们考虑在高质心系能量 $\sqrt{s}$ 的 $\mathrm{e}^+\mathrm{e}^-$ 湮灭成为强子的过程。对 $\mathrm{e}^+\mathrm{e}^-\to\mathrm{q}\bar{\mathrm{q}}$(无质量夸克) 的微扰计算得到如下截面:

$$\sigma(s)=\sigma_0(s)\left[1+c_1(\sqrt{s}/\kappa)\frac{\alpha_{\mathrm{s}}(\kappa)}{\pi}+c_2(\sqrt{s}/\kappa)\left(\frac{\alpha_{\mathrm{s}}(\kappa)}{\pi}\right)^2+\cdots\right] \tag{2.25}$$

在此公式中, $\sigma_0(s)=(4\pi\alpha^2/3s)\cdot 3\cdot Q_q^2$ 是产生带电荷 Q_q 的一对无质量夸克的最低阶截面, 见 14.3.1 节。因子 $\alpha_{\mathrm{s}}\equiv g^2/4\pi$ $(\alpha\equiv e^2/4\pi)$ 是强 (电磁) 相互作用精细结构常数。 c_1 恰好等于 1, 但是一般地 $c_{i\geqslant 2}$ 依赖于 $\sqrt{s}/\kappa$。

截面是一个观测量, 不可能依赖于 κ, 但是在微扰论里这是逐阶保证的。为了使 (2.25) 式中的高阶修正有良好的行为, 我们可以做选择, 比如 $\kappa=\sqrt{s}$, 这样 c_i 中在 $\sqrt{s}\gg\kappa$ 条件下的大 log 项就会消失。同时, $\alpha_{\mathrm{s}}(\kappa)$ 成为跑动耦合常数 $\alpha_{\mathrm{s}}(\sqrt{s})$, 在 QCD 中它随着 s 增大而减小, 这点我们随后会证明。这样会使微扰序列在高能区域有良好的行为。

我们将在第 4 章看到, 高温 T 下的夸克胶子等离子体中无质量夸克和胶子的自由能密度有如下形式:

$$f(T)=-\frac{8\pi^2}{45}T^4\left[f_0+f_2\frac{\alpha_s(\kappa)}{\pi}+f_3\left(\frac{\alpha_s(\kappa)}{\pi}\right)^{3/2}\right.$$
$$\left.\cdot f_4\left(\ln\frac{\pi T}{\kappa},\ln\alpha_s(\kappa)\right)\left(\frac{\alpha_s(\kappa)}{\pi}\right)^2+\cdots\right] \tag{2.26}$$

因子 $f(T)|_{\alpha_s\to 0}$ 称为 Stefan-Boltzmann 极限, 它包含了无相互作用的夸克胶子气体的贡献。系数 f_0, f_2 和 f_3 是与 κ 无关的常数, 而 $f_{i\geqslant 4}$ 则依赖于 $\ln(\kappa/\pi T)$ 或 $\ln\alpha_s(\kappa)$。通过选取适当的参数取值, 如 $\kappa\sim\pi T$, 可以压制由 $T\gg\kappa$ 引起的大 log 项, 从而使得微扰序列有良好的收敛行为。 f_i 的具体形式由 (4.111)~(4.115) 式给出。

2.3.1 跑动耦合常数

跑动耦合常数作为 κ 函数的行为是什么? 这可以从流方程的解中找到答案:

$$\kappa\frac{\partial g}{\partial\kappa}=\beta \tag{2.27}$$

方程的右手边叫作 β 函数, 如果 g 足够小, 可以用微扰理论计算它。如果我们采取维数正规化的修正的最小减除方案 ($\overline{\text{MS}}$), 所有计算就会变得特别简单。在此方案下, β 仅依赖于 g 且有如下展开形式:

$$\beta(g)=-\beta_0 g^3-\beta_1 g^5+\cdots \tag{2.28}$$

$$\beta_0=\frac{1}{(4\pi)^2}\left(11-\frac{2}{3}N_f\right),\quad \beta_1=\frac{1}{(4\pi)^4}\left(102-\frac{38}{3}N_f\right) \tag{2.29}$$

因子 β_0 和 β_1 是与减除方案无关的, 并且对 $N_f\leqslant 8$ 两者都是正的。一个负的 β 与 (2.27) 式意味着 $g(\kappa)$ 随 κ 增加而减小, 此性质叫作紫外渐近自由(Gross and Wilczek, 1973; Politzer, 1973; 't Hooft, 1985)。注意, QED 的 β 函数有如下形式: $\beta(e)=e^3/(12\pi^2)+e^5/(64\pi^4)+\cdots$, 可以看出 $e(\kappa)$ 随 κ 增加而增加。在 4 维时空的可重整的量子场论中, 只有非阿贝尔规范理论是渐近自由的 (Coleman and Gross, 1973)。

保留最低阶 β_0 和 β_1 项, 可以直接抽取 $g(\kappa)$ 的如下具体形式:

$$\alpha_s(\kappa)=\frac{1}{4\pi\beta_0\ln(\kappa^2/\Lambda^2_{\text{QCD}})}\left[1-\frac{\beta_1}{\beta_0^2}\frac{\ln(\ln(\kappa^2/\Lambda^2_{\text{QCD}}))}{\ln(\kappa^2/\Lambda^2_{\text{QCD}})}+\cdots\right] \tag{2.30}$$

这里 Λ_{QCD}称为 QCD 标度参数, 可由实验确定。因为它与微分方程 (2.27) 式的积分参数有关, 与 κ 无关 (见习题 2.3)。

在使用 Λ_{QCD} 时, 需要指定减除方案和活动味道数, 比如 $\Lambda_{\text{QCD}}^{(N_f=5)}=(217\pm 24)$ MeV (Eidelman, et al., 2004)。(2.30) 式告诉我们跑动耦合常数随 κ 增加以对数方式减小。只要 κ 足够大, 我们使用微扰理论就是合适的。但这并不意味着在大 κ 时以 g 作级数展开是收敛的, 而是意味着展开级数最多是渐近的。由数个实验确定的跑动耦合常数如图 2.2 所示。在 κ 典型数值处的精细结构常数 α_{s} 的数值如下:

$$\alpha_{\text{s}}(100\ \text{GeV})=0.1156\pm0.0020,\quad \alpha_{\text{s}}(10\ \text{GeV})=0.1762\pm0.0048$$
$$\alpha_{\text{s}}(2\ \text{GeV})=0.300\pm0.015,\quad \alpha_{\text{s}}(1\ \text{GeV})=0.50\pm0.06 \tag{2.31}$$

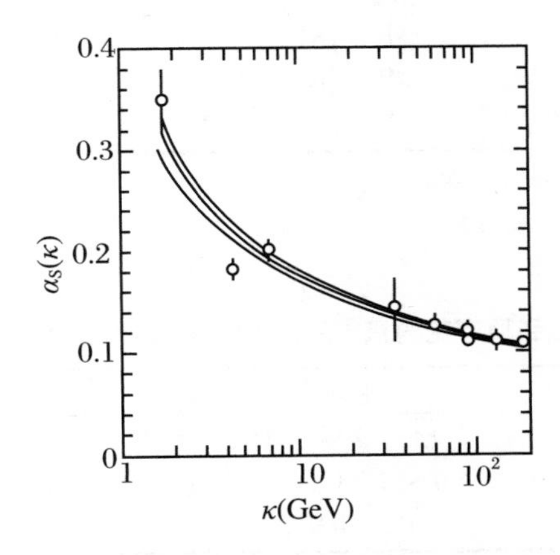

图 2.2　综合各种过程得到的跑动耦合常数

这些过程包括: τ 衰变、 Υ 衰变、深度非弹性散射、 e^+e^- 湮灭和 Z 玻色子共振形状和宽度;

此图取自 Eidelman, et al.(2004)

夸克质量 m 是与耦合常数 g 相似的一个参数。它满足流方程

$$\kappa\frac{\mathrm{d}}{\mathrm{d}\kappa}m=-\gamma_m(g)m \tag{2.32}$$

$$\gamma_m(g)=\gamma_{m0}g^2+\gamma_{m1}g^4+\cdots,\quad \gamma_{m0}=\frac{8}{(4\pi)^2} \tag{2.33}$$

在领头阶此方程的解有如下形式:

$$m(\kappa)=\frac{\bar{m}}{\left(\dfrac{1}{2}\ln(\kappa^2/\Lambda_{\text{QCD}}^2)\right)^{\gamma_{m0}/2\beta_0}} \tag{2.34}$$

这里 $\bar{m}$ 是 (2.32) 式的积分常数且与 κ 无关 (见习题 2.4)。因为 $\gamma_{m0}/2\beta_0 = 12/(33-2N_f)$, 所以只要 $\beta<0$, 跑动质量 $m(\kappa)$ 随 κ 的增加而以对数方式减小。注意 $m(\kappa)$ 仅仅是一个 QCD 参数, 它不对应于传播子极点的位置。虽然夸克是禁闭的, 其非微扰全传播子中没有极点, 但至少我们可以在微扰理论里引进一个在壳质量, 这叫作极点质量 $m_{\rm pole}$, 它在重夸克现象学中很有用。跑动质量和极点质量在微扰理论的领头阶中有如下关系: $m_{\rm pole} = m(\kappa = m)(1 + (4/3)(\alpha_{\rm s}(\kappa = m)/\pi) + \cdots)$。轻夸克 (u, d, s) 的跑动质量和它们的比率在表 2.1 中简要列出。重夸克 (c, b, t) 的跑动质量和极点质量在表 2.2 中简要列出。更详尽和更新的列表可以在文献中找到 (Eidelman, et al., 2004)。

表 2.1 $\overline{\rm MS}$ 方案下的跑动夸克质量以及标度无关的质量比

$m_{\rm u,d,s}(\kappa = 1\ {\rm GeV}) \simeq 1.35 m_{\rm u,d,s}(\kappa = 2\ {\rm GeV})$

	跑动质量 [a]	质量比 [b]
上夸克 $m_{\rm u}$	$1.5 \sim 4.5$ MeV ($\kappa = 2$ GeV)	$m_{\rm u}/m_{\rm d} = 0.553 \pm 0.043$
下夸克 $m_{\rm d}$	$5.0 \sim 8.5$ MeV ($\kappa = 2$ GeV)	
奇异夸克 $m_{\rm s}$	$80 \sim 155$ MeV ($\kappa = 2$ GeV)	$m_{\rm s}/m_{\rm d} = 18.9 \pm 0.8$

a 数据来自 Eidelman, et al. (2004);

b 数据来自 Leutwyler (2001a)。

表 2.2 粲夸克、底夸克和顶夸克的极点质量 (右) 和它们在 $\overline{\rm MS}$ 方案下的跑动质量 (左)

	跑动质量 [a]	极点质量 [a]
粲夸克 $m_{\rm c}$	$1.0 \sim 1.4$ GeV ($\kappa = m_{\rm c}$)	$1.5 \sim 1.8$ GeV
底夸克 $m_{\rm b}$	$4.0 \sim 4.5$ GeV ($\kappa = m_{\rm b}$)	$4.6 \sim 5.1$ GeV
顶夸克 $m_{\rm t}$	~ 175 GeV ($\kappa = m_{\rm t}$)	~ 175 GeV

a 数据来自 Eidelman, et al. (2004)。

2.3.2 渐近自由的更多内容

在 QED (QCD) 中真空极化屏蔽 (反屏蔽) 测试电 (色) 荷。屏蔽 (反屏蔽) 可以解释成有效电 (色) 荷, 它是测试电 (色) 荷与诱导电 (色) 荷之和, 并且越靠近测试电 (色) 荷, 有效电 (色) 荷就越大 (小)。如果用真空的介电常数 ϵ 并与电介质做类比, 则 $\epsilon > 1$ (< 1) 对应于屏蔽 (反屏蔽)。

这个直觉图像通过研究 QCD 真空在外色电场的介电常数 ϵ (Hughes, 1981) 和在外色磁场的磁导率 μ (Nielsen, 1981; Huang, 1992) 而确立。因为洛伦兹不变性要求 $\epsilon\mu = 1$, 这是两个等价的物理描述方式, 即屏蔽条件 $\epsilon > 1$ (反屏蔽条件

$\epsilon<1$) 对应于抗磁性条件 $\mu<1$ (顺磁性条件 $\mu>1$)。

让我们考虑在均匀磁场里的真空能量密度 $\varepsilon_{\rm vac}$, 它与带有裸电荷 e_0 和自旋 S $(=0,1/2,1)$ 的无质量粒子耦合。求出均匀外磁场下的朗道能级并对零点涨落求和, 我们就得到如下公式:

$$\varepsilon_{\rm vac}(B)\simeq\left(\frac{1}{2}-\frac{b(S)}{2}e_0^2\ln\frac{\Lambda^2}{e_0B}\right)B^2\equiv\frac{1}{2\mu(B)}B^2 \tag{2.35}$$

这里 Λ 是真空涨落的紫外截断参数, $\mu(B)$ 可解释为真空的磁导率。我们也可以引入磁化率, $\chi(B)=1-\mu(B)$。零点涨落的系数由下式给出:

$$b(S)=\frac{(-1)^{2S}}{8\pi^2}\left[(2S)^2-\frac{1}{3}\right] \tag{2.36}$$

它有一个简单的解释。(2.36) 式的右边第一项是从泡利 (Pauli) 顺磁性得来的, 即粒子自旋顺着外磁场的方向排列; 第二项是从朗道抗磁性得来的, 与在外磁场中带点粒子的轨道运动有关; 符号因子 $(-1)^{2S}$ 反映粒子统计 (对玻色子其零点能为正, 对费米子其零点能为负)。此公式说明, $S=1$ 的玻色子导致顺磁性 $(\mu>1)$, $S=0$ 的玻色子和 $S=1/2$ 的费米子导致抗磁性 $(\mu<1)$。

如果我们仿照标准电磁学定义一个有效的耦合常数 $e^2(\sqrt{B})=e_0^2/\epsilon=\mu e_0^2$, $b(S)$ 和 β 函数的关系就变得清晰了。然后可以直接看出 $\kappa\partial e/\partial\kappa=-b(S)e^3$, 这里 $\kappa=\sqrt{B}$, 此式显示 b 就是 β 函数的一阶系数 β_0, 如 (2.28) 式所定义。

为了与 QCD 做定量比较, B 可以看作外色磁场。它与 $S=1$ 和 $S=1/2$ 场的耦合是分别由胶子自作用与胶子-夸克耦合产生的。计入相应的色因子与味因子, 我们就得到渐近自由的熟悉公式:

$$\beta_0({\rm QCD})=\frac{3}{2}b(S=1)+\frac{N_f}{2}b\left(S=\frac{1}{2}\right)=\frac{1}{(4\pi)^2}\left(11-\frac{2N_f}{3}\right) \tag{2.37}$$

因此我们发现胶子自旋和胶子自作用使 QCD 真空的行为像一个顺磁性物质。这个结果与洛伦兹不变性意味着 QCD 真空表现出色荷的反屏蔽效应。对于一个有限温度和密度的系统, 因为物质的存在, 情况有所改变。事实上, 夸克胶子等离子体显示出色荷的屏蔽效应而不是反屏蔽效应, 这将在第 4 章中讨论。

总结一下, 我们发现跑动耦合常数 g 在高能时变小, 这叫作紫外 (UV) 渐近自由。在此情形下, 适当的 κ 一旦选定, 微扰理论在高能时就变得越来越可靠。另一方面, 在低能时, g 变大, 因此微扰理论不再可靠。此特征是色禁闭的起源并被称为红外 (IR) 奴役。紫外 (UV) 渐近自由与红外 (IR) 奴役是一个硬币的两面。

2.4 QCD 的整体对称性

除了 $SU(3)_c$ 局域规范对称性, 经典拉氏密度 (2.1) 式有其他整体对称性, 比如手征对称性和伸缩对称性。

2.4.1 手征对称性

作为手征性算子 γ_5 的两个本征态, 其本征值为 ±1, 我们引进左旋和右旋的夸克:

$$q_{\mathrm{L}}=\frac{1}{2}(1-\gamma_5)q,\quad q_{\mathrm{R}}=\frac{1}{2}(1+\gamma_5)q \tag{2.38}$$

对于无质量夸克, 手征性等价于螺旋度 $\boldsymbol{\sigma}\cdot\hat{\boldsymbol{p}}$。现在我们考虑有 N_f 味的 QCD, 我们把夸克场写成一个有 N_f 个分量的矢量:

$$^{t}q=(\mathrm{u},\ \mathrm{d},\ \mathrm{s},\ \cdots) \tag{2.39}$$

那么夸克质量 m 就变成一个 $N_f\times N_f$ 的矩阵, $\mathcal{L}_{\mathrm{cl}}$ 可以分解成为

$$\mathcal{L}_{\mathrm{cl}}=\mathcal{L}_{\mathrm{cl}}(q_{\mathrm{L}},A)+\mathcal{L}_{\mathrm{cl}}(q_{\mathrm{R}},A)-(\bar{q}_{\mathrm{L}}mq_{\mathrm{R}}+\bar{q}_{\mathrm{R}}mq_{\mathrm{L}}) \tag{2.40}$$

从这个表达式可以清楚看到 (2.1) 式的 $\mathcal{L}_{\mathrm{cl}}$ 和 (2.19) 式的 $\mathcal{L}$ 在 $m=0$ 时, 在 $U_{\mathrm{L}}(N_f)\times U_{\mathrm{R}}(N_f)$ 整体变换下不变:

$$q_{\mathrm{L}}\to\mathrm{e}^{-\mathrm{i}\lambda^j\theta^j_{\mathrm{L}}}q_{\mathrm{L}},\quad q_{\mathrm{R}}\to\mathrm{e}^{-\mathrm{i}\lambda^j\theta^j_{\mathrm{R}}}q_{\mathrm{R}} \tag{2.41}$$

这里 $\theta^j_{\mathrm{L,R}}$ $(j=0,1,\cdots,N_f^2-1)$ 是不依赖于时空的参数, 且有 $\lambda^0=\sqrt{2/N_f}$, $\lambda^j=2t^j$ $(j=1,\cdots,N_f^2-1)$, 这叫作手征对称性。

也可以方便地定义如下矢量和轴矢量变换

$$q\to\mathrm{e}^{-\mathrm{i}\lambda^j\theta^j_{\mathrm{V}}}q,\quad q\to\mathrm{e}^{-\mathrm{i}\lambda^j\theta^j_{\mathrm{A}}\gamma_5}q \tag{2.42}$$

这里 $\theta_{\mathrm{V}}=\theta_{\mathrm{L}}=\theta_{\mathrm{R}}$ 和 $\theta_{\mathrm{A}}=-\theta_{\mathrm{L}}=\theta_{\mathrm{R}}$。上面包含两个 U(1) 变换: 与重子数相对应的 $\mathrm{U_B}(1)$ $(\theta^j_{\mathrm{V}}\propto\delta^{j0}$, $\theta^j_{\mathrm{A}}=0)$ 和与味单态轴矢量转动相对应的 $\mathrm{U_A}(1)$ $(\theta^j_{\mathrm{V}}=0$, $\theta^j_{\mathrm{A}}\propto\delta^{j0})$。

根据联系对称性和守恒律的诺特 (Noether) 定理, 矢量和轴矢量流 $J_\mu^j = \bar{q}\gamma_\mu\lambda^j q$ 和 $J_{\mu 5}^j = \bar{q}\gamma_\mu\gamma_5\lambda^j q$ 有如下关系式 (见习题 2.6):

$$\partial^\mu J_\mu^j = \mathrm{i}\bar{q}[m, \lambda^j]q, \quad j = 0, \cdots, N_f^2 - 1 \tag{2.43}$$

$$\partial^\mu J_{\mu 5}^j = \mathrm{i}\bar{q}\{m, \lambda^j\}\gamma_5 q, \quad j = 1, \cdots, N_f^2 - 1 \tag{2.44}$$

$$\partial^\mu J_{\mu 5}^0 = \sqrt{2/N_f}\left(2\mathrm{i}\bar{q}m\gamma_5 q - 2N_f \frac{g^2}{32\pi^2} F_a^{\mu\nu}\tilde{F}_{\mu\nu}^a\right) \tag{2.45}$$

这里 $\tilde{F}_{\mu\nu}^a \equiv \frac{1}{2}\epsilon_{\mu\nu\lambda\rho}F_a^{\lambda\rho}$ $(\epsilon_{0123} = 1)$ 是对偶场强。从 (2.45) 式可以看到, 味单态的轴矢量流 $J_{\mu 5}^0$ 的守恒不仅被夸克质量矩阵 m 破坏, 而且也被轴矢反常的量子效应破坏 (Bertlemann, 1996)。从泛函路径积分的观点看, 此破缺来源于在 $\mathrm{U_A}(1)$ 变换下路径积分测度 $[\mathrm{d}\bar{q}\mathrm{d}q]$ 的改变 (Fujikawa, 1980a, b)(见习题 2.7)。

2.4.2 伸缩对称性

考虑标度变换

$$q(x) \to \sigma^{3/2}q(\sigma x), \quad A_\mu^a(x) \to \sigma A_\mu^a(\sigma x) \tag{2.46}$$

这里 σ 是依赖于时空的参数。注意在手征极限下 $m = 0$, $\mathcal{L}_{\mathrm{cl}}$ 在 (2.46) 式的变换下保持不变。但是此对称性明显地被量子效应破坏, 我们因此得到

$$\partial_\mu \Delta^\mu = T_\mu^\mu = \frac{\beta}{2g}F_{\mu\nu}^a F_a^{\mu\nu} + (1 + \gamma_m)\sum_q \bar{q}m_q q \tag{2.47}$$

这里 $T_{\mu\nu}$ 是能动量张量, Δ_μ 是由 $x_\nu T^{\nu\mu}$ 所定义的伸缩流。(2.47) 式的右边显示如果 $g \neq 0$ 则伸缩流不守恒。因为它与能动量张量的迹相关, 这叫作迹反常 (Collins, et al., 1977; Nielsen, 1977)。关于一个启发式的推导, 见习题 2.8。

2.5 QCD 真空性质

因为 QCD 耦合常数 g 在红外区域变得很大, 夸克和胶子的低能相互作用是非微扰的。结果是 QCD 真空获得一个非平庸的结构, 比如夸克和胶子凝聚。

用 QCD 求和规则分析粲夸克偶素的质量谱 (Shifman, et al., 1979; Colangelo and Khodjamirian, 2001) 得出胶子有非微扰凝聚:

$$\left\langle \frac{\alpha_s}{\pi} F^a_{\mu\nu} F^{\mu\nu}_a \right\rangle_{\text{vac}} \sim (300\ \text{MeV})^4 \tag{2.48}$$

如果结合 (2.47) 式中的迹反常来看, 这是一个有趣的物理结果。首先, 根据洛伦兹不变性, 能动量张量的真空期望值可以写作 $\langle T^{\mu\nu}\rangle_{\text{vac}} = \varepsilon_{\text{vac}} g^{\mu\nu}$, 这里 ε_{vac} 是 QCD 真空的能量密度。为简单起见, 取手征极限 $m=0$, 则 $\beta(g)$ 可以展开到领头级, 得

$$\begin{aligned}\varepsilon_{\text{vac}} &\simeq -\frac{11-2N_f/3}{32} \left\langle \frac{\alpha_s}{\pi} F^a_{\mu\nu} F^{\mu\nu}_a \right\rangle_{\text{vac}} \\ &\simeq -0.3\ \text{GeV} \cdot \text{fm}^{-3}\end{aligned} \tag{2.49}$$

即 QCD 真空的能量密度小于微扰真空的能量密度。通常人们引入袋常数 B 表示真空能量密度 $\varepsilon_{\text{vac}} = -B$, 其历史原因将在 2.6 节解释。色禁闭一定与非微扰真空的胶子结构相联系。虽然有许多寻找这些联系的尝试, 但是至今没有满意和清晰的解释。我们在微扰理论里遇到的反屏蔽效应 ($\epsilon < 1$ 和 $\mu > 1$) 已经是色禁闭的信号。实际上, QCD 真空可以很好地用理想反介电物质或等价地用理想顺磁性物质来描述:

$$\varepsilon_{\text{vac}} = 0, \quad \mu_{\text{vac}} = \infty \tag{2.50}$$

QCD 真空的夸克结构又如何呢? 从手征对称性得到的 Gell-Mann-Oakes-Renner(GOR) 关系式如下:

$$f_\pi^2 m_{\pi^\pm}^2 = -\hat{m}\langle \bar{u}u + \bar{d}d\rangle_{\text{vac}} + O(\hat{m}^2) \tag{2.51}$$

$$f_\pi^2 m_{\pi^0}^2 = -\langle m_u \bar{u}u + m_d \bar{d}d\rangle_{\text{vac}} + O(\hat{m}^2) \tag{2.52}$$

这里 $\hat{m} = (m_u + m_d)/2$ 是 u 和 d 夸克的平均质量, f_π (=93 MeV) 是 π 介子的衰变常数, $m_{\pi^\pm} \simeq 140$ MeV ($m_{\pi^0} \simeq 135$ MeV) 是带电 (中性)π 介子质量。用表 2.1 的夸克质量, 我们得到

$$\hat{m}(\kappa = 1\ \text{GeV}) \sim 5.6\ \text{MeV}$$

和

$$\langle(\bar{u}u + \bar{d}d)/2\rangle_{\text{vac}} \sim -(250\ \text{MeV})^3 \quad 在\ \kappa = 1\ \text{GeV}处 \tag{2.53}$$

这意味着 QCD 真空中存在夸克-反夸克凝聚。Nambu 注意到手征对称性破缺与金属中库珀配对和超导的相似性, 从而提出了手征对称性的动力学破缺理论(Nambu and Jona-Lasinio, 1961a, b)。

因为 $\bar{q}q(=\bar{q}_{\mathrm{L}}q_{\mathrm{R}}+\bar{q}_{\mathrm{R}}q_{\mathrm{L}})$ 在 (2.41) 式的 $\mathrm{SU_L}(N_f)\times\mathrm{SU_R}(N_f)$ 变换下不是不变的, 因此它可以作为手征对称性的动力学破缺的序参量。实际上 QCD 真空的动力学破缺方式是

$$\mathrm{SU_L}(N_f)\times\mathrm{SU_R}(N_f)\to\mathrm{SU_V}(N_f) \tag{2.54}$$

这里 $\mathrm{SU_V}(N_f)$ 是真空的剩余矢量变换对称性。在极高温度下, 手征对称性会得到恢复, 这将在第 6 章中讨论。在极高重子密度下, 系统呈现一个不一样的对称性破缺方式 (如色超导), 这将在第 9 章中讨论。

QCD 真空的能量密度作为序参量的函数看起来如图 14.4 所示。它在"酒瓶"的底部有一个最小值并破坏对称性。$\langle q\bar{q}\rangle$ 的幅度涨落消耗能量, 它对应于一个有质量的激发, 叫作 σ 介子 (Hatsuda and Kunihiro, 2001)。另一方面, $\langle q\bar{q}\rangle$ 的相位涨落在手征极限下不消耗能量对应于无质量的 π 介子。此论断可以更严格些, 这就是著名的 Nambu-Goldstone 定理 (见习题 2.9(1))。

2.6　非微扰 QCD 的研究方法

已经有几种 QCD 模型, 比如袋模型、势模型和 Nambu-Jona-Lasinio 模型。虽然我们需要保持谨慎, 不能把这些模型外推到超出其适用范围, 但它们揭示出 QCD 非微扰区域的一些关键特征, 因此相当有用。与 QCD 联系比较紧密的方法有 QCD 求和规则和手征微扰理论。另外, 在时空格点上对 QCD 做直接数值模拟在最近数年已经成为一个极其有用的工具。我们将在下面的内容中简要地介绍这些方法。

2.6.1　袋模型

强子可以被看作浸在非微扰 QCD 真空的口袋里 (Chodos, et al., 1974)。为了实现禁闭使色荷不泄漏到口袋外面, 需要对夸克胶子引进一个特殊的边界条件。在口袋内部假设不存在凝聚并且夸克和胶子是微扰的。模型的一个直观的示意如图 2.3 所示。

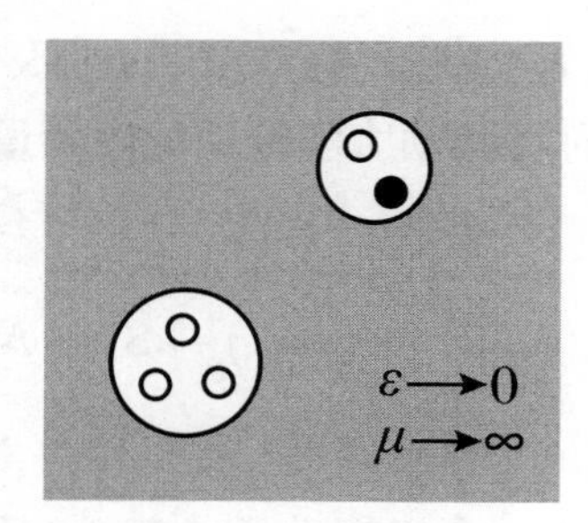

图 2.3 具备完美的反介电性质 (完美顺磁性) 的非微扰 QCD真空中的重子与介子袋模型图像

在袋模型中, 质子质量为

$$M_{\mathrm{p}}=\frac{3x}{R_{\mathrm{bag}}}+\frac{4\pi}{3}BR_{\mathrm{bag}}^{3}+\cdots \tag{2.55}$$

这里 R_{bag} 是球形口袋的半径。x/R_{bag} 是禁闭在口袋里的每个夸克的动能 (对无质量夸克的最低能量有 $x\sim 2.04$)。正比于袋常数 B 的项是口袋的体积能, 它代表在非微扰真空中产生一个微扰区域所耗费的能量。这样 $-B$ 可由 (2.49) 式给出。(2.55) 式中的 "…" 包含袋中夸克相互作用的贡献、球形腔中的 Casimir 能量、袋周围的介子云效应等。

通过适当的选择袋常数, 袋模型可以很好地描述 u, d 和 s 夸克构成的轻强子的质量谱。用 (2.48)~(2.49) 式给出的估计结合定义 $B=-\varepsilon_{\mathrm{vac}}$ 得到

$$B\sim(220\ \mathrm{MeV})^{4} \tag{2.56}$$

此值将在第 3 章用到, 以构建强子相和夸克胶子相的相变的框架模型。

2.6.2 势模型

对于重夸克 (如粲夸克和底夸克) 组成的强子的描述, 具有静态夸克势的非相对论薛定谔方程是一个很好的理论出发点。当价夸克的运动比夸克之间交换的胶子的特征频率慢得多的时候, 势模型的图像是成立的。 $q\bar{q}$ 现象学势的一个典型形式是库仑势加线性势:

$$V_{q\bar{q}}(R)=-\frac{a}{R}+KR+\cdots \tag{2.57}$$

这里 R 是夸克与反夸克之间的距离, K 是弦张力, 它表示夸克禁闭势的强度。其经验值由拟合粲夸克偶素和底夸克偶素的谱 (Bali, 2001) 得到

$$K\simeq(0.42\ \mathrm{GeV})^{2}=0.9\ \mathrm{GeV}\cdot\mathrm{fm}^{-1} \tag{2.58}$$

这个值与从轻介子 Regge 轨迹得到的值一致。在微扰论中, 库仑项 $-a/R$ 的系数为 $a=4\alpha_s/3$。(2.57) 式中省略的项代表相对论修正, 比如, 超精细结构项、自旋轨道耦合项等。势模型在有限温度下的重夸克束缚态中的应用将在第 7 章中讨论。

并没有先验的原因使我们相信势模型对轻夸克强子也成立。但是它确实在描述轻强子质量谱和电磁性质方面取得了显著的现象学上的成功 (De Rujula et al., 1975), 如果假设 u, d 和 s 夸克具有结构夸克质量

$$M_{\mathrm{u,\,d}} \sim 340\ \mathrm{MeV} \quad 和 \quad M_{\mathrm{s}} \sim 540\ \mathrm{MeV} \tag{2.59}$$

这些值比在表 2.1 中列出的流夸克质量 m_q 要大得多。 M_q 可以通过诸如拟合轻重子磁矩这样的方法来确定, 它被认为是通过手征对称性动力学破缺而产生的。

2.6.3 NJL 模型

此模型的拉氏量基于 QCD 的手征对称性的关键特性 (Vogl and Weise, 1991; Klevansky, 1992; Hatsuda and Kunihiro, 1994)。对 N_f 味夸克, NJL 模型拉氏量的典型表达式为 (Nambu and Jona-Lasinio, 1961a, b)

$$\mathcal{L}_{\mathrm{NJL}} = \bar{q}(\mathrm{i}\gamma_\mu\partial^\mu - m)q + \frac{g_{\mathrm{NJL}}}{2}\sum_{j=0}^{N_f^2-1}\left[(\bar{q}\lambda^j q)^2 + (\bar{q}\mathrm{i}\gamma_5\lambda^j q)^2\right] \tag{2.60}$$

(2.60) 式包含了夸克的运动学项和一个手征对称的四费米子相互作用项, 其耦合常数 g_{NJL} 具有量纲。当 g_{NJL} 超过临界值时, 手征对称性会发生动力学自发破缺 ($\langle\bar{q}q\rangle_{\mathrm{vac}} \neq 0$)。另外, (2.59) 式中的结构夸克质量 M_q 是由动力学产生的:

$$M_q = m_q - 2g_{\mathrm{NJL}}\langle\bar{q}q\rangle_{\mathrm{vac}} \tag{2.61}$$

可以通过引入额外项 $\det_{k,l}\bar{q}_k(1+\gamma_5)q_l + \mathrm{h.c.}$。推广此模型以包含 $\mathrm{U_A}(1)$ 轴反常, 此额外项叫作 Kobayashi-Maskawa-'t Hooft 顶角 ('t Hooft, 1986; Hatsuda and Kunihiro, 1994)。

这个模型可以很直接地用于研究高温和高重子密度下的手征对称性破坏和恢复。这个简单的模型竟然可以描述真实世界中 QCD 相图的关键特征, 对如此不可思议之事, 我们将于第 6 章做更深入讨论。

2.6.4 手征微扰理论

因为手征对称性的动力学破缺, 作为 Nambu-Goldstone 玻色子的 π 介子成为最轻的强子。因此我们可以引进仅由 π 介子构成的系统配分函数 $Z[0]$ 作为低能 QCD 的有效描述 (Weinberg, 1979; Gasser and Leutwyler, 1984, 1985):

$$Z[0] = \int [\mathrm{d}U]\, \mathrm{e}^{\mathrm{i}\int \mathrm{d}^4x\, (\mathcal{L}^{(2)}(U)+\mathcal{L}^{(4)}(U)+\mathcal{L}^{(6)}(U)+\cdots)} \tag{2.62}$$

这里 $U(x)$ 是 $\mathrm{SU}(N_f)$ 空间的场, 并由 π 介子场给出 $U=\exp(\mathrm{i}\lambda^j\pi^j)$, 这里 $j=1\sim N_f^2-1$。

有效拉氏量中的每一项都是根据微商数目及 π 介子质量与手征对称性破缺的典型能标之比 $\Lambda_\chi = 4\pi f_\pi/\sqrt{N_f}$ 的数目展开的, 即 $\mathcal{L}^{(l)}(U)\sim O((m_\pi/\Lambda_\chi)^{l_1}(\partial/\Lambda_\chi)^{l_2})$, 这里 $l_1+l_2=l$。洛伦兹不变性、局域性和手征对称性是我们构造 $\mathcal{L}^{(l)}(U)$ 的一般约束。比如, $\mathcal{L}^{(2)}$ 由下式给出:

$$\mathcal{L}^{(2)} = \frac{f^2}{4}\mathrm{tr}\left(\partial_\mu U \partial^\mu U^\dagger + h^\dagger U + U^\dagger h\right) \tag{2.63}$$

这里 tr 作用于味空间。 $\mathcal{L}^{(l)}$ 的自由参数, 比如 (2.63) 式中的 f 和 g, 是通过输入实验数据由手征微扰展开逐级确定的。一旦这些参数确定了, 我们就可以对其他物理量做系统的预言了 (Leutwyler, 2001b)。在第 7 章中将显示这个方法在分析强子的热性质及其相互作用时也是有用的, 虽然其适用性限于低温 (Gerber and Leutwyler, 1989)。

2.6.5 QCD 求和规则

这个方法把强子性质与 QCD 真空的夸克和胶子凝聚联系起来。这个方法是量子力学里 Thomas-Reiche-Kuhn 求和规则的推广, 通过此方法可以在态矢量的完备性基础上导出许多求和规则 (Ring and Schuck, 2000)。在 QCD 中, 色散关系和 Wilson 算符乘积展开是导出求和规则所必需的基本要素 (Shifman, et al., 1979)。例如, 在动量空间中的电磁流的编时关联函数满足下面的经减除了的色散关系:

$$\Pi(q^2) = \frac{1}{\pi}\int_0^\infty \frac{\rho(s)}{s-q^2-\mathrm{i}\delta}\mathrm{d}s - \text{减除项} \tag{2.64}$$

这里等式右边的最后的因子是使积分有限的减除项; $\rho(s) = \mathrm{Im}\Pi(s)$ 包含与电磁流耦合的强子谱的所有信息, 所以它叫作谱函数(见 4.4 节)。把等式两边按 $1/q^2$ 在深度欧氏区域 $(q^2 \to -\infty)$ 做渐近展开, 我们可以把 $\rho(s)$ 的一些积分与真空凝聚联系起来。

假设谱函数在小 s 区域有尖锐的共振, 在大 s 区域有平滑的连续区, 通过真空凝聚的适当取值, 我们可以较高精度抽取强子的质量、耦合常数和电磁性质等参数 (Colangelo and Khodjamirian, 2001)。推广此方法到有限温度和密度也是可能的, 它对建立谱积分与介质里凝聚的联系是有用的 (Hatsuda and Lee, 1992; Hatsuda, et al., 1993)。

2.6.6 格点 QCD

格点 QCD 的关键概念是在格点 $x_i = an_i$ 上对欧氏时空 x_i $(i = 1,2,3,4)$ 做离散化, 这里 a 是格点常数。这样就可以在用 n 标记的格点上定义夸克场 $q(n)$, 在用 n 和 μ 标记的格点链接上定义胶子场 $U_\mu(n) = \exp(\mathrm{i}agA_\mu(n))$。格点常数 a 可以作为以规范不变的形式正规化该理论的一个自然的紫外截断 (Wilson, 1974)。

格点上的 QCD 配分函数可以概括地写成离散形式:

$$Z[0] = \int \prod_{n,\mu} [\mathrm{d}U_\mu(n)\mathrm{d}\bar{q}(n)\mathrm{d}q(n)]\mathrm{e}^{-[S_\mathrm{g}(U)+S_\mathrm{q}(q,\bar{q},U)]} \tag{2.65}$$

其中, 胶子作用量 S_g 和夸克作用量 S_q 的具体形式将在第 5 章给出。可以发展一个系统展开方法, 比如格点上的弱耦合和强耦合展开。我们可以用重要性抽样法对 (2.65) 式直接进行数值积分 (Creutz, 1985)。因为最近计算机计算能力的提高和理论的发展, 格点 QCD 模拟已经成为从第一性原理出发求解 QCD 的一个最强有力的工具。

在有限温度 QCD 相变方面已经做了大量的格点 QCD 工作 (Karsch, 2002)。比如, 对无质量 u 和 d 夸克 $(N_f = 2)$ 系统, 抽取临界温度 T_c 和临界能量密度 $\varepsilon_\mathrm{crit}$ 为

$$T_\mathrm{c} \sim 175\ \mathrm{MeV}, \quad \varepsilon_\mathrm{crit} \sim 1\ \mathrm{GeV\cdot fm^{-3}} \tag{2.66}$$

我们将在第 5 章中讨论格点 QCD 及其应用的详细内容。

习　题

2.1 经典的 Yang-Mills 方程。

从 (2.1) 式中的经典拉格朗日密度 $\mathcal{L}_{\rm cl}$ 出发推导经典运动方程 (2.8) 和 (2.9) 式。

2.2 规范不变性。

(1) 证明在 (2.10) 式规范变换下 $\mathcal{L}_{\rm cl}$ 是不变的。

(2) 证明在 (2.10) 式规范变换下测度 $[{\rm d}A][{\rm d}\bar{q}{\rm d}q]$ 是不变的。

(3) 在 (2.17) 式协变规范条件下推导 Faddeev-Popov 行列式 $\varDelta_{\rm FP}[A]$ 的显式形式。在轴规范下结论又是怎样的?

(4) 证明 (2.19) 式中的 $\mathcal{L}$ 在 (2.20) 和 (2.21) 式中的 BRST 变换下是不变的。

2.3 跑动的耦合和标度参数。

(1) 在 β 函数的领头阶近似下, 即 $\beta(g)=-\beta_0 g^3$, 求解流方程 (2.27) 式。并证明, 当不考虑 lnln 项时, (2.30) 式确实是方程 (2.27) 的解。

(2) 在领头阶近似下推导重整化标度 κ 和 QCD 标度参数之间的关系:

$$\varLambda_{\rm QCD}=\kappa\exp(-1/2\beta_0 g^2)$$

(3) 取 β 函数的次领头级近似, 即 $\beta(g)=-\beta_0 g^3-\beta_1 g^5$, 重复上面的推导。

2.4 跑动的质量。

在领头阶近似下, 即 $\gamma_m(g)=\gamma_{m0}g^2$, 求解流方程 (2.32), 并证明 (2.34) 式是此方程的解。

2.5 泡利磁性和朗道磁性。

泡利顺磁性起源于磁场中电子的自旋极化, 而朗道抗磁性起源于磁场中电子的回旋运动。参考固体物理教材, 推导这两种磁化率的关系: $\chi_{\rm Landau}=-\chi_{\rm Pauli}/3<0$。

2.6 诺特 (Noether) 定理。

(2.18) 式中的配分函数 $Z[J=0]$ 在变量变换 $q(x)\to q'(x)$ 下是不变的。做类似于 (2.42) 式那样含有时空依赖参数 $\theta^j_{\rm V,A}(x)$ 的变量变换, 并要求 $Z[J=0]$ 在此变换下是不变的, 由此推导矢量流和轴矢流的部分守恒律即 (2.43) 和 (2.44) 式。这就是用泛函积分推导诺特定理的方法。

2.7 **轴矢反常**。

在变量变换下小心地定义泛函测度 $[\mathrm{d}\bar{q}\mathrm{d}q]$ 的雅可比行列式 (称为 Fujikawa 雅可比行列式), 并用狄拉克算符 $\mathrm{i}\not{D}$ 的本征函数展开夸克场, 证明味单态的轴矢流散度存在反常项, 即 (2.45) 式 (Fujikawa, 1980a, b)。

2.8 **迹反常**。

现在我们用一种启发式的方法来推导迹反常方程 (2.47) 式 (严格推导见 Collins, et al., 1977 和 Nielsen, 1977)。为了简单起见, 我们在手征极限 $m=0$ 下考虑 (2.47) 式的真空期望值。

(1) 未作规范固定的规范场配分函数是

$$Z=\mathrm{e}^{\mathrm{i}W}=\int[\mathrm{d}\bar{A}]\mathrm{e}^{-\frac{\mathrm{i}}{4g^2}\bar{F}^2}$$

上式中 QCD 耦合常数 g 已经被吸收到规范场里了, 即 $\bar{A}^a_\mu\equiv gA^a_\mu$, $\bar{F}^a_{\mu\nu}\equiv gF^a_{\mu\nu}$。证明 W 与真空能量密度 $\varepsilon_{\mathrm{vac}}$ 的关系为 $W=-\varepsilon_{\mathrm{vac}}V_4$, 其中 V_4 为 4 维时空体积。对 Z 求关于 g 的微商, 证明 $\partial\varepsilon_{\mathrm{vac}}/\partial g=\langle\bar{F}^2\rangle/(-2g^3)$。

(2) 配分函数在重整化群 (RG) 变换下的不变性。(2.24) 式或者 $\varepsilon_{\mathrm{vac}}$ 的 RG 不变性表明 $\kappa\mathrm{d}\varepsilon_{\mathrm{vac}}/\mathrm{d}\kappa=(\kappa\partial/\partial\kappa+\beta\partial/\partial g)\varepsilon_{\mathrm{vac}}=0$。利用 $\varepsilon_{\mathrm{vac}}$ 的质量量纲为 4 的事实, 证明这个关系式将导致 $\partial\varepsilon_{\mathrm{vac}}/\partial g=-(4/\beta)\langle\varepsilon_{\mathrm{vac}}\rangle$。

(3) 由于真空的洛伦兹不变性, 能动量张量的迹与 $\varepsilon_{\mathrm{vac}}$ 的关系为 $\langle T^\mu_\mu\rangle=4\varepsilon_{\mathrm{vac}}$ (见 2.5 节)。将这个关系与 (1) 和 (2) 的结果结合起来考虑, 推导关系式 $\langle T^\mu_\mu\rangle=(\beta/2g^3)\langle\bar{F}^2\rangle=(\beta/2g)\langle F^2\rangle$。

2.9 **Nambu-Goldstone 定理和软 π 介子定理**。

(1) 考虑 (2.44) 式中轴矢流 $J^a_{5\mu}$ 的矩阵元:

$$\langle 0|J^a_{5\mu}|\pi^b(k)\rangle\equiv\mathrm{i}f_\pi k_\mu\mathrm{e}^{-\mathrm{i}k\cdot x}\delta^{ab}$$

上式中 a、b 是味指标, 取值为从 1 到 N_f^2-1; $|0\rangle$ 为真空态, 归一化为 $\langle 0|0\rangle=1$, 单 π 介子态取协变归一化条件, $\langle\pi^a(k)|\pi^b(k')\rangle=2E(k)\delta^{ab}(2\pi)^3\delta^3(k-k')$, 且式中 $E(k)=\sqrt{\boldsymbol{k}^2+m_\pi^2}$。因子 $f_\pi(\simeq 93\ \mathrm{MeV})$ 是 π 介子的衰变常数, 因为前面定义的矩阵元会出现在 π 介子弱衰变过程 (如 $\pi^-\to\mu^-+\bar{\nu}_\mu$) 的计算中。考虑手征极限, 此时流夸克质量 (m) 均为零。通过轴矢流守恒证明 $f_\pi m_\pi=0$ 成立。如果 π 介子是存在的并且与轴矢流的耦合强度不为零, 则在 $m=0$ 时, π 介子的质量也为零。这就是对 Nambu-Goldstone 定理的最简单的证明。对有限温度系统在一般情况下对这个定理的证明见 7.2.2 节。

(2) 从矩阵元 $\langle 0|\mathrm{T}J^a_{5\mu}(x)\hat{O}(y)|0\rangle$ 出发在手征极限 $(m=0)$ 下证明软 π 介子定理:

$$\lim_{k\to 0}\langle\pi^a(k)|\hat{O}|0\rangle=\frac{-\mathrm{i}}{f_\pi}\langle 0|[Q^a_5,\hat{O}]|0\rangle$$

其中 $\hat{O}$ 是在时空点 y 的任意算符，T 是编时乘积算符，$Q_5^a(=\int d^3xJ_{5,0}^a)$ 是轴荷算符。把上述的证明方法推广到任意的矩阵元上，$\langle\alpha|\mathrm{T}J_{5\mu}^a(x)\hat{O}(y)|\beta\rangle$，并研究当矩阵元两端的态矢为重子态时需要注意哪些地方。更多的细节可参考 Weinberg (1996) 的第 19 章。

(3) 考虑矩阵元 $\langle\pi^a(k=0)|\hat{H}_{\mathrm{QCD}}|\pi^b(k=0)\rangle$，其中 $\hat{H}_{\mathrm{QCD}}$ 是 QCD 的哈密顿量。利用软 π 介子定理推导 (2.51) 和 (2.52) 式中的 Gell-mann-Oakes-Renner 关系。必须注意到这两点：如果不考虑质量项 $\int d^3x\bar{q}(x)mq(x)$，$\hat{H}_{\mathrm{QCD}}$ 与 Q_5^a 对易；我们一直在使用态矢量的协变归一化条件。

第 3 章　夸克强子相变的物理

在低温 (T) 和低重子数密度 (ρ) 条件下, QCD 具有手征对称性动力学破缺和禁闭性质, 它们与 QCD 真空的非微扰结构密切相关, 正如我们在第 2 章讨论的。另一方面, 如果温度 T 或 $\rho^{1/3}$ 远大于 QCD 标度参数 $\Lambda_{\rm QCD} \sim 200$ MeV, (2.30) 式中的 QCD 跑动耦合常数 $\alpha_{\rm s}$ ($\kappa \sim T, \rho^{1/3}$) 会变小。此外, 长程色电力会受到等离子体屏蔽而成为短程的。这就是系统在 T 和 (或)$\rho^{1/3} \gg \Lambda_{\rm QCD}$ 下表现为弱相互作用的夸克胶子气体 (即夸克胶子等离子体 (QGP)) 的原因所在。

上述讨论表明, QCD 真空在一定温度 T 和密度 ρ 下发生相变。事实上, QCD 的各种模型方法和数值模拟强烈表明存在一个从强子相到夸克胶子相的转变, 并与年龄为 $\sim 10^{-5}$ s、温度为 $T \sim 170\ {\rm MeV} \sim 10^{12}$ K 的早期宇宙状态有关, 以及与密度为 $\rho \sim n\rho_{\rm nm} \sim 10^{12}\ {\rm kg \cdot cm^{-3}}$ 的中子星深内部的物质形态有关。此相变和物态也可以在相对论核-核碰撞中实现。这些实验包括欧洲核子研究中心 (CERN) 的超级质子同步加速器 (SPS) 和布鲁克海文国家实验室 (BNL) 的相对论重离子对撞机 (RHIC), 以及最近运行的欧洲核子研究中心 (CERN) 的大型强子对撞机 (LHC)。

在这一章, 我们讨论在热环境下夸克强子相变的基本概念 ($T \gg \rho^{1/3}, \Lambda_{\rm QCD}$)。在致密环境下的相变主要针对致密星物理, 这将在第 9 章中讨论。

3.1 热力学的基本知识

在本节中, 我们根据标准教科书比如 Landau and Lifshitz (1980), 简要地总结统计和热力学的基本关系。对于一个体积为 V、温度为 T 和化学势为 μ 的统计系统, 我们引入自然单位 $k_{\mathrm{B}}=\hbar=c=1$ 下的巨正则密度算符 $\hat{\rho}$、巨正则配分函数 $Z(T,V,\mu)$和巨正则势 $\varOmega(T,V,\mu)$:

$$\hat{\rho}=\frac{1}{Z}\,\mathrm{e}^{-(\hat{H}-\mu\hat{N})/T} \tag{3.1}$$

$$\begin{aligned}Z(T,V,\mu)&=\mathrm{Tr}\,\mathrm{e}^{-(\hat{H}-\mu\hat{N})/T}\\&=\sum_{n}\langle n|\mathrm{e}^{-(\hat{H}-\mu\hat{N})/T}|n\rangle\equiv\mathrm{e}^{-\varOmega(T,V,\mu)/T}\end{aligned} \tag{3.2}$$

其中 $\hat{H}$ 和 $\hat{N}$ 分别是哈密顿算符和粒子数算符。迹是对用 n 标记的量子态完备集上取的, 据此定义 $\mathrm{Tr}\hat{\rho}=1$ 成立。我们可以引入熵算符

$$\hat{S}=-\ln\hat{\rho} \tag{3.3}$$

因为一个任意算符的热平均 $\hat{O}$ 为 $\langle\hat{O}\rangle=\mathrm{Tr}[\hat{\rho}\hat{O}]$, 平均能量 E、平均粒子数 N 和平均熵 S 由下式给出:

$$E=\langle\hat{H}\rangle,\quad N=\langle\hat{N}\rangle,\quad S=\langle\hat{S}\rangle=-\mathrm{Tr}[\hat{\rho}\ln\hat{\rho}] \tag{3.4}$$

结合 (3.2) 和 (3.4) 式, 则得到下面热力学关系:

$$\varOmega(T,V,\mu)=E-TS-\mu N \tag{3.5}$$

$$\mathrm{d}\varOmega=-S\,\mathrm{d}T-P\,\mathrm{d}V-N\,\mathrm{d}\mu \tag{3.6}$$

$$\mathrm{d}E=T\,\mathrm{d}S-P\,\mathrm{d}V+\mu\,\mathrm{d}N \tag{3.7}$$

(3.5) 和 (3.6) 式是由 S 的定义和压强的定义 $P=-\mathrm{d}\varOmega/\mathrm{d}V|_{T,\mu}$ 得到的。(3.7) 式叫作热力学第一定律, 是 (3.5) 和 (3.6) 式的直接结果 (见习题 3.1(1))。

考虑一个固定粒子数和压强的系统, 引入亥姆霍兹 (Helmholtz) 自由能 $F(T,V,N)$ 和吉布斯 (Gibbs) 自由能 $G(T,P,N)$ 是有用的。它们与巨势 $\varOmega(T,V,\mu)$ 的区别仅限于它们的独立变量, 因此可以通过 $\varOmega(T,V,\mu)$ 的勒让德 (Legendre) 变

换得到

$$F(T,V,N) = \Omega + \mu N = E - TS \tag{3.8}$$

$$\mathrm{d}F(T,V,N) = -S\,\mathrm{d}T - P\,\mathrm{d}V + \mu\,\mathrm{d}N \tag{3.9}$$

$$G(T,P,N) = F + PV \tag{3.10}$$

$$\mathrm{d}G(T,P,N) = -S\,\mathrm{d}T + V\,\mathrm{d}P + \mu\,\mathrm{d}N \tag{3.11}$$

因为 $\Omega(T,V,\mu)(G(T,P,N))$ 只有一个外延变量 $V(N)$, 它必线性依赖于 $V(N)$, 则其系数是强度量并由 (3.6) 式 ((3.11) 式) 抽取

$$\Omega = -PV, \quad G = \mu N \tag{3.12}$$

可见 Gibbs-Duhem 关系(即 $S\mathrm{d}T - V\mathrm{d}P + N\mathrm{d}\mu = 0$) 是 (3.6) 和 (3.12) 式的直接结果。

对于一个空间均匀系统, 引入和使用能量密度 $\varepsilon = E/V$、粒子数密度 $n = N/V$ 和熵密度 $s = S/V$ 是方便的, 则据 (3.12) 式, (3.5)~(3.7) 式可以写成下面的形式:

$$-P = \varepsilon - Ts - \mu n \tag{3.13}$$

$$\mathrm{d}P = s\,\mathrm{d}T + n\,\mathrm{d}\mu \tag{3.14}$$

$$\mathrm{d}\varepsilon = T\,\mathrm{d}s + \mu\,\mathrm{d}n \tag{3.15}$$

下面的关系式也是有用的 (见习题 3.1(2)):

$$\begin{aligned} \varepsilon &= \frac{T}{V}\left(\left.\frac{\partial \ln Z}{\partial \ln T}\right|_{V,\mu} + \left.\frac{\partial \ln Z}{\partial \ln \mu}\right|_{V,T}\right), \quad P = T\left.\frac{\partial \ln Z}{\partial V}\right|_{T,\mu} \\ s &= \frac{1}{V}\left(1 + \frac{\partial}{\partial \ln T}\right)\ln Z\bigg|_{V,\mu} \end{aligned} \tag{3.16}$$

根据热力学第二定律(熵增原理), 在自变量固定的条件下, 亥姆霍兹自由能 $F(T,V,N)$ 在平衡态取极小。类似的结论也适用于 $G(T,P,N)$ 和 $\Omega(T,V,\mu)$。例如, 考虑一个与热库 (以 “res” 标记) 耦合的温度为 T 的系统 (以 “sys” 标记), 假如在固定 V_{sys} 和 N_{sys} 的条件下, “sys” 的能量偏离平衡值一个无穷小量 δE_{sys}, 因为能量守恒 $\delta E_{\text{sys}} = -\delta E_{\text{res}}$ 和热力学第二定律 $\delta S_{\text{sys}} + \delta S_{\text{res}} \leqslant 0$, 我们得到

$$\delta F_{\text{sys}} = \delta(E_{\text{sys}} - TS_{\text{sys}}) = -T\delta(S_{\text{sys}} + S_{\text{res}}) \geqslant 0 \tag{3.17}$$

即亥姆霍兹自由能在平衡态取极小值。类似的证明对于 G (固定 T,P,N) 和 Ω (固定 T,V,μ) 也成立 (见习题 3.2(1))。

我们也可以在热力学第二定律基础上研究系统的稳定性。由此产生的关系式被称为热力学不等式。除此之外, 一些有用的关系式是

$$C_{\rm P} \geqslant C_{\rm V} \geqslant 0, \quad \kappa_{\rm T} \geqslant 0 \tag{3.18}$$

其中 $C_{\rm V} = T\partial S/\partial T|_{V,N}$ ($C_{\rm P} = T\partial S/\partial T|_{P,N}$) 是固定体积 (压强) 下的比热, $\kappa_{\rm T} = -(1/V)\partial V/\partial P|_{T,N}$ 是绝热压缩系数 (见习题 3.2(2))。

如果系统的温度接近零, 在配分函数 Z 的求和中只有少数的量子态, 从而热力学第三定律成立, 即 $S = -\partial\Omega/\partial T$ 在 $T \to 0$ 时趋于一个有限常数。

如果两个热力学系统 I 和 II 有热接触和化学接触, 平衡条件写成如下形式:

$$P_{\rm I} = P_{\rm II}, \quad T_{\rm I} = T_{\rm II}, \quad \mu_{\rm I} = \mu_{\rm II} \tag{3.19}$$

这些条件都是在固定总体积、能量和粒子数的条件下, 即 $\mathrm{d}V_{\rm I} + \mathrm{d}V_{\rm II} = 0$, $\mathrm{d}E_{\rm I} + \mathrm{d}E_{\rm II} = 0$, $\mathrm{d}N_{\rm I} + \mathrm{d}N_{\rm II} = 0$, 使总熵 $S_{\rm I} + S_{\rm II}$ 最大化而得到的 (见习题 3.3(1))。

如果有如 $\mathrm{A} + \mathrm{B} \to \mathrm{C}$ (或等价的 $\mathrm{A} + \mathrm{B} - \mathrm{C} = 0$) 的化学反应发生, 那么 (3.19) 式的最后一个条件应该修改。一般的反应可以是 (见习题 3.3(2))

$$\nu_1 \mathrm{A}_1 + \nu_2 \mathrm{A}_2 + \cdots = \sum_j \nu_j \mathrm{A}_j = 0 \tag{3.20}$$

其中 A_j $(j = 1, 2, \cdots)$ 标记不同粒子, ν_j 标记参与反应的粒子数目 (带适当符号)。例如, 对于反应 $2\mathrm{p} + 2\mathrm{n} \longleftrightarrow {}^4\mathrm{He}$, 我们有 $\mathrm{A}_1 = \mathrm{p}$, $\mathrm{A}_2 = \mathrm{n}$, $\mathrm{A}_3 = {}^4\mathrm{He}$ 和 $\nu_1 = \nu_2 = 2$, $\nu_3 = -1$。化学平衡的条件就变成

$$\sum_j \nu_j \mu_j = 0 \tag{3.21}$$

其中 μ_j 是第 j 种粒子的化学势。这叫作广义质量作用定律。在第 9 章将考虑冷夸克物质和冷中子物质的相平衡。这种情况涉及的反应是 $3q \longleftrightarrow \mathrm{N}$(核子), 化学平衡条件是 $3\mu_q = \mu_{\rm N}$。

3.2　无相互作用系统

无相互作用的带质量和内部自由度 d 的玻色子的巨正则配分函数由下式给出

$$Z_{\mathrm{B}}=\prod_{k}\left(\sum_{l=0}^{\infty}\mathrm{e}^{-l(E(k)-\mu)/T}\right)^{d}=\prod_{k}\left(1-\mathrm{e}^{-(E(k)-\mu)/T}\right)^{-d} \tag{3.22}$$

在这里, 乘积是对所有可能的动量态进行的; l 是每个量子态的占有数, $E(k)=\sqrt{\boldsymbol{k}^2+m^2}$。对于反粒子, μ 要替换为 $-\mu$; 只要 $\mu\leqslant m$, (3.22) 式中的因子 Z_{B} 就是有限的。$\mu=m$ 的情形与玻色-爱因斯坦 (Bose-Einstein) 凝聚 (BEC) 有关, 在原子系统, BEC 无论在实验上还是在理论上都是活跃的研究领域 (Pethick and Smith, 2001)。

当 $\mu=0$ 时, 巨势由下式给出

$$\frac{\Omega_{\mathrm{B}}(T,V,0)}{V}=d\int\frac{\mathrm{d}^3k}{(2\pi)^3}T\ln\left(1-\mathrm{e}^{-E(k)/T}\right) \tag{3.23}$$

$$=-d\int\frac{\mathrm{d}^3k}{(2\pi)^3}\frac{1}{3}\boldsymbol{v}\cdot\boldsymbol{k}\frac{1}{\mathrm{e}^{E(k)/T}-1} \tag{3.24}$$

$$\xrightarrow[m=0]{}-d\frac{\pi^4}{90}T^4 \tag{3.25}$$

其中 $\boldsymbol{v}=\partial E/\partial\boldsymbol{k}=\boldsymbol{k}/E$ 是粒子速度。由 (3.24) 式得到压强 $P(=-\Omega/V)$ 的一个直观解释: 它是垂直于容器壁的单位面积在单位时间内所受到的平均动量传递。(3.25) 式是从习题 3.4(1) 的积分式得到的。黑体辐射的光子 (Stefan-Boltzmann 定律) 对应于 (3.25) 式的 $d=2$(两个偏振方向) 的情形, 从 (3.25) 式可以直接得到压力 P、能量密度 ε 和熵密度 s。

无相互作用的带质量和内部自由度 d 的费米子的巨正则配分函数由下式给出

$$Z_{\mathrm{F}}=\prod_{k}\left(\sum_{l=0,1}\mathrm{e}^{-l(E(k)-\mu)/T}\right)^{d}=\prod_{k}\left(1+\mathrm{e}^{-(E(k)-\mu)/T}\right)^{d} \tag{3.26}$$

其中 d 包括自旋态数和其他内部自由度数。对于反粒子 μ 要替换为 $-\mu$。当

$\mu=0$ 时, 巨势可以写为

$$\frac{\Omega_{\mathrm{F}}(T,V,0)}{V}=-d\int\frac{\mathrm{d}^3k}{(2\pi)^3}T\ln\left(1+\mathrm{e}^{-E(k)/T}\right) \tag{3.27}$$

$$=-d\int\frac{\mathrm{d}^3k}{(2\pi)^3}\frac{1}{3}\boldsymbol{v}\cdot\boldsymbol{k}\frac{1}{\mathrm{e}^{E(k)/T}+1} \tag{3.28}$$

$$\xrightarrow[m=0]{}-d\frac{7}{8}\frac{\pi^4}{90}T^4 \tag{3.29}$$

这就是费米子的 Stefan-Boltzmann 定律, 其中 (3.29) 式中的因子 7/8 反映出一个事实: 对于固定的 $E(k)$ 和零化学势 $\mu=0$ 的情形, 玻色-爱因斯坦 (Bose-Einstein) 分布 n_{B} 的数值比费米-狄拉克 (Fermi-Dirac) 分布 n_{F} 的数值大 (见习题 3.4(2)):

$$n_{\mathrm{B}}(k)=\frac{1}{\mathrm{e}^{(E(k)-\mu)/T}-1},\quad n_{\mathrm{F}}(k)=\frac{1}{\mathrm{e}^{(E(k)-\mu)/T}+1} \tag{3.30}$$

3.3 强子弦和解禁闭

在有限温度 T 发生的解禁闭相变可以从强子弦的性质出发来解释。要看到这一点, 让我们先回忆一下关于有限温度相变的能量-熵观点 (Goldenfeld, 1992)。考虑亥姆霍兹自由能 $F=E-TS$, 在低温下, F 由内能 E 主导, 即系统倾向于处于能量 E 较小的有序态。另一方面, 在高温下, F 由熵部分 $-TS$ 主导, 即系统倾向于处于熵较大的无序态。这意味着在有序态和无序态之间应该在某一温度 T 处存在一个相变。

让我们把这个观点应用到强子的弦图像中 (图 3.1) 并证明存在一个解禁闭相变 (Patel, 1984)。为简单起见, 我们考虑一条张力为 K 的开弦。为了能让计算可行, 我们把 D-维空间离散化成点距为 a 的立方格点。弦定义在格点连接上, 其配分函数由下式给出

$$Z=\sum_L\sum_{\mathrm{config}}\exp\left(-\frac{LKa}{T}\right) \tag{3.31}$$

其中我们假设弦的一端与某个格点相连, 求和是对弦长为 La 的所有可能的弦构形进行的。

因为定义在格点上的弦可以作为一个无回溯随机行走过程, 长度为 L 的弦数

目近似为 $(2D-1)^L$。所以我们有

$$Z=\sum_L \exp\left[-\frac{1}{T}(LKa-LT\ln(2D-1))\right] \tag{3.32}$$

开弦的自由能由下式给出

$$F=E-TS=LKa-TL\ln(2D-1) \tag{3.33}$$

随着 T 的增加, 由弦涨落引起的熵的贡献开始增加, 配分函数 Z 在下面温度处出现奇异:

$$T_{\rm c}=\frac{Ka}{\ln(2D-1)} \tag{3.34}$$

这就是相变的一个信号。有效弦张力可以定义为

$$K_{\rm eff}=K-\frac{T}{a}\ln(2D-1) \tag{3.35}$$

并如图 3.1 所示。因为 $K_{\rm eff}$ 随 T 趋于 $T_{\rm c}$ 而减小, 在接近临界点时, 连接开弦端点的 q 和 $\bar{q}$ 失去关联, 这意味着在 $T_{\rm c}$ 处发生转变到夸克胶子等离子体的相变。取 $D=3$, $K=0.9\ \text{GeV}\cdot\text{fm}^{-1}$((2.58) 式), 并取, 比如说, $a=0.5$ fm, 我们就得到 $T_{\rm c}\simeq 280$ MeV。在这里我们没有考虑因 $q\bar{q}$ 热激发引起的弦断裂, 这个效应会降低 $T_{\rm c}$。

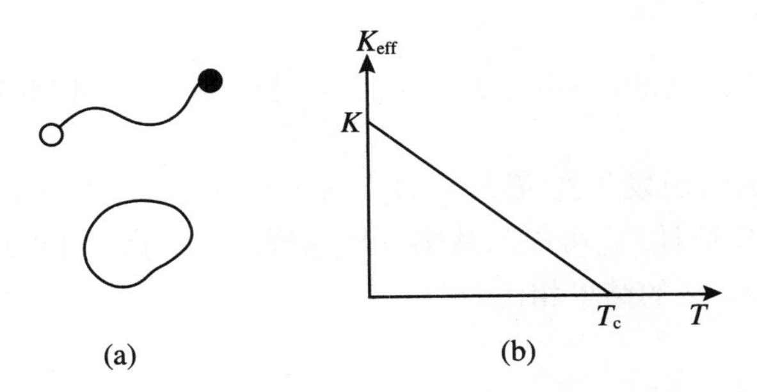

图 3.1　(a) 开弦对应于 $q\bar{q}$ 介子, 闭弦对应于胶球; (b) 有效弦张力 $K_{\rm eff}$ 作为 T 的函数

3.4　强子的渗析

在 3.3 节的讨论中, 我们忽略了在有限温度 T 从真空中激发出 $q\bar{q}$ 对的动力学效应。图 1.5 给出了在有限温度 T 下发生的 QCD 相变的一个直观图像。在低

温下, 只有 π 介子 (最轻的强子) 才能被热激发出来。随着温度的增加, 质量大的强子也被激发出来。由于强子是复合粒子并具有有限的大小 (例如 π 介子电荷半径约是 0.65 fm), 在一定的温度下热强子开始彼此重叠, 所以系统成为一个颜色导体 (Baym, 1979; Celik, et al., 1980)。

为了使这个渗析模型稍微定量化, 我们首先计算在有限 T 下的 π 介子数密度 $n_\pi(T)$。为简单起见我们考虑无质量 π 介子气, 采用玻色-爱因斯坦 (Bose-Einstein) 分布, 我们得到介子数密度:

$$n_\pi(T) = 3\int \frac{\mathrm{d}^3k}{(2\pi)^3}\frac{1}{\mathrm{e}^{k/T}-1} = \frac{3\zeta(3)}{\pi^2}T^3 \tag{3.36}$$

(3.36) 式的右边因子 3 代表三种 π 介子 (π^+,π^-,π^0), $\zeta(3)\simeq 1.202$ 是黎曼 (Riemann)ζ 函数值。为了获得最终的表达式, 我们已经使用了习题 3.4(1) 中的 $I_4^-(0)$ 的积分公式。

我们进一步假定, 一个具有半径为 $R_\pi(\simeq 0.65$ fm) 的 π 介子占据体积 $V_\pi = (4\pi)/3R_\pi^3$。在经典穿透性球的渗析问题中, 这些球随机分布在三个空间维度 (连续渗析)(Isichenko, 1992; Stauffer and Aharony, 1994), 粒子临界密度乘以球体体积约为 0.35, 它远远小于紧密堆积的情况。把它应用到我们现在的从色绝缘体到色导体过渡的渗析过程, 临界温度由下式给出

$$n_\pi(T_\mathrm{c})\cdot V_\pi = 0.35 \quad \rightarrow \quad T_\mathrm{c} = \left(\frac{0.35\pi}{4\zeta(3)}\right)^{1/3}\frac{1}{R_\pi} \simeq 186 \text{ MeV} \tag{3.37}$$

注意, 紧密堆积的情况发生在 $T_\mathrm{cp} = 1.4T_\mathrm{c} \simeq 263$ MeV。虽然 (3.37) 式是根据简单模型而做的粗糙估计, 它可以与从第一性原理出发的格点 QCD 模拟所得到的 (2.66) 式对于 $N_f = 2$ 的结果相比。

3.5 袋模型的状态方程

到目前为止, 我们已经看到了两个玩具模型可用于描述从低温一侧接近临界点的情形。为了同时描述低温和高温相, 我们在本节讨论基于袋模型的方法。在 2.6 节中我们已经简要介绍了袋模型的基本思想。

下面我们来简单地取手征极限 ($m_q = 0$)。强子相的主要激发是无质量的介子, 而夸克胶子等离子体的主要激发是无质量的夸克和胶子。在极低的温度下

$T \ll \Lambda_{\rm QCD}$, π 介子的特征动量小, 介子之间的相互作用以 $T/(4\pi f_\pi)$ 的幂次被抑制 ((2.62) 式)。在极高温度下, 夸克和胶子的特征动量大, 由于渐近自由, 跑动耦合常数 $\alpha_{\rm s}$ ($\kappa \sim T$) 变弱。因此, 在低温 (高温) 极限下, 作为第一级近似, 可以假设一个自由的 π 介子气 (自由夸克胶子气)。

无质量 π 介子系统的压强、能量密度、熵密度可由 (3.25) 式中的巨势给出

$$P_{\rm H} = d_\pi \frac{\pi^2}{90} T^4 \tag{3.38}$$

$$\varepsilon_{\rm H} = 3 d_\pi \frac{\pi^2}{90} T^4 \tag{3.39}$$

$$s_{\rm H} = 4 d_\pi \frac{\pi^2}{90} T^3 \tag{3.40}$$

其中, 如第 2 章所述, d_π 是 N_f 味的无质量南部-戈德斯通 (Nambu-Goldstone) 玻色子的数目:

$$d_\pi = N_f^2 - 1 \tag{3.41}$$

因为 (3.38)~(3.40) 式决定了系统的热力学性质, 它们被称为状态方程 (EOS)。

在夸克胶子等离子体相, 我们得到

$$P_{\rm QGP} = d_{\rm QGP} \frac{\pi^2}{90} T^4 - B \tag{3.42}$$

$$\varepsilon_{\rm QGP} = 3 d_{\rm QGP} \frac{\pi^2}{90} T^4 + B \tag{3.43}$$

$$s_{\rm QGP} = 4 d_{\rm QGP} \frac{\pi^2}{90} T^3 \tag{3.44}$$

其中 $d_{\rm QGP}$ 是在 QGP 相中的夸克和胶子的有效简并因子:

$$d_{\rm QGP} = d_{\rm g} + \frac{7}{8} d_{\rm q} \tag{3.45}$$

$$d_{\rm g} = 2_{\rm spin} \times (N_c^2 - 1) \tag{3.46}$$

$$d_{\rm q} = 2_{\rm spin} \times 2_{\rm q\bar{q}} \times N_c \times N_f \tag{3.47}$$

其中 (3.45) 式中的因子 7/8 来自统计的差别, 见 (3.25) 和 (3.29) 式。

参数 B 就是在第 2 章 (2.56) 式中引入的袋常数。它其实反映了真实 QCD 真空和微扰 QCD 真空的能量密度之差: $B = \varepsilon_{\rm pert} - \varepsilon_{\rm vac} > 0$。由于在零温度和零密度时真空的洛伦兹不变性, 能量动量张量的真空期待值由下式给出 $\langle T^{\mu\nu} \rangle = {\rm diag}(\varepsilon, P, P, P) \propto g^{\mu\nu}$。因此, B 也表示压力差: $B = P_{\rm vac} - P_{\rm pert}$。除非涉及广义相对论, 可以很方便地把 B 归入强子相或 QGP 相的巨势中。我们选择把它归入 QGP 相中, 这样, 巨势在零温度时归一为零。在表 3.1 中, 我们总结了

$N_c = 3$ 和 $N_f = 0,2,3,4$ 时的 d_π 和 d_{QGP}。从强子相到 QGP 相, 因为色自由度的释放, 简并因子提高了一个数量级。

表 3.1 不同粒子和 QGP 的有效简并因子

N_f	0	2	3	4
d_π	0	3	8	15
d_g	16	16	16	16
d_q	0	24	36	48
d_{QGP}	16	37	47.5	58

d_π、d_q 和 d_g 分别表示 π 介子、夸克和胶子的简并因子, d_{QGP} 表示有 N_f 种味道无质量夸克的 QGP 的简并因子, 颜色数 $N_c = 3$。

我们现在描述袋模型中的相变。图 3.2(a) 显示两相的压强作为 T 的函数。带箭头的线表示 P 的实际行为。因为 $B > 0$, 在低温下强子相的压强大于 QGP 相的压强。在另一方面, 因为 QGP 相的简并因子更大, $d_{\text{QGP}} \gg d_\pi$, 在高温下有利于 QGP 相的产生。从相平衡条件 (3.19) 式可以求得零化学势条件下的临界点

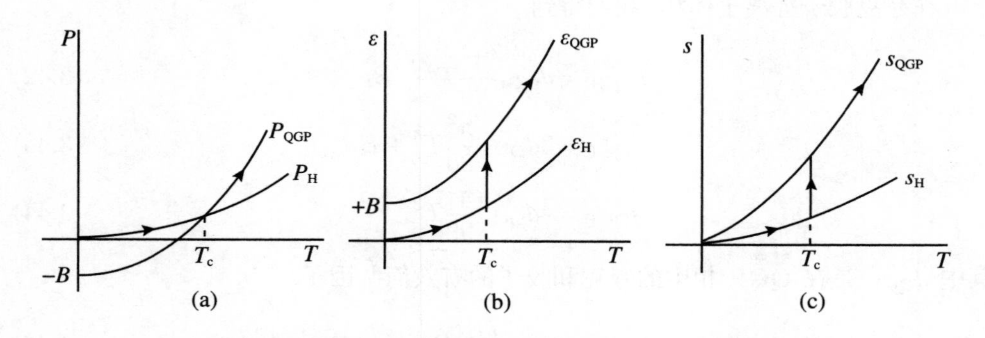

图 3.2 有限温度和零化学势条件下的袋模型的状态方程

(a) 压强; (b) 能量密度; (c) 熵密度; 箭头指示系统随温度绝热增加而演化的方向

$$P_{\text{H}}(T_c) = P_{\text{QGP}}(T_c) \tag{3.48}$$

并导致

$$T_c^4 = \frac{90}{\pi^2}\frac{B}{d_{\text{QGP}} - d_\pi} \tag{3.49}$$

根据 (2.56) 式, 取 $B^{1/4} \sim 220\,\text{MeV}$ 并取 $N_c = 3$, 我们得到 $T_c(N_f = 2) \sim 160\,\text{MeV}$, 这可以与从第一性原理出发的格点 QCD 模拟的结果 (2.66) 式相比 (见习题 3.6)。

能量密度和熵密度作为 T 的函数如图 3.2(b)、(c) 所示, 从图中可以看到它们在 T_c 处的跳变。这是一级相变的特征, 即巨势的对其自变量 (比如 T) 的导数在相边界上不连续。在当前情形下, 熵密度 $s=\partial P/\partial T$ 在 $T=T_c$ 处不连续。更多关于相变的一般理论的讨论见第 6 章。

在 T_c 处释放的潜热L 为

$$\begin{aligned} L &\equiv T_c\big(s_{\mathrm{QGP}}(T_c)-s_{\mathrm{H}}(T_c)\big) \\ &= \varepsilon_{\mathrm{QGP}}(T_c)-\varepsilon_{\mathrm{H}}(T_c) \\ &= 4B \end{aligned} \tag{3.50}$$

因为 $L\gg\varepsilon_{\mathrm{H}}(T_c)$, 产生 QGP 的临界能量密度由下式估计:

$$\varepsilon_{\mathrm{crit}}\equiv\varepsilon_{\mathrm{QGP}}(T_c)\sim 4B\sim 1.2\ \mathrm{GeV\cdot fm^{-3}} \tag{3.51}$$

它比正常核物质能量密度 $\varepsilon_{\mathrm{nm}}\simeq 0.15\,\mathrm{GeV\cdot fm^{-3}}$ 大 1 个量级, 见 (11.3) 式。

虽然袋模型似乎抓住了相变的本质特征, 但是它完全忽略了粒子之间的相互作用。这种相互作用可以在微扰理论里考虑, 至少在极低温度下可以使用手征微扰理论, 在极高温度下使用微扰 QCD。然而, 临界点附近的物理很可能因非微扰相互作用而改变很多。要更严格地描述临界点附近的现象, 需要用格点 QCD 模拟 (将在第 5 章中讨论) 和重整化群方法 (将在第 6 章中讨论)。

3.6 Hagedorn 极限温度

只要 T 远小于 π 介子衰变常数 $f_\pi=93\,\mathrm{MeV}$, 在第 2 章中讨论的手征微扰理论就提供了改进 (3.38)~(3.40) 式中状态方程的一个系统的方法。这是有可能的, 因为无质量 π 介子的特征动量 $k\sim 3T$ 在手征极限下可以构造一个小的无量纲参数 $k/(4\pi f_\pi)\sim T/(4f_\pi)$。我们在这里只引用在手征极限下当 $N_f=2$ 时的次领头级的计算结果 (Gerber and Leutwyler, 1989):

$$P_{\mathrm{H}}/P_{\mathrm{SB}}=1+\frac{T^4}{36f_\pi^4}\ln\frac{\Lambda_{\mathrm{p}}}{T}+O(T^6) \tag{3.52}$$

$$\varepsilon_{\mathrm{H}}/\varepsilon_{\mathrm{SB}}=1+\frac{T^4}{108f_\pi^4}\left(7\ln\frac{\Lambda_{\mathrm{p}}}{T}-1\right)+O(T^6) \tag{3.53}$$

$$s_{\mathrm{H}}/s_{\mathrm{SB}}=1+\frac{T^4}{144f_\pi^4}\left(8\ln\frac{\Lambda_{\mathrm{p}}}{T}-1\right)+O(T^6) \tag{3.54}$$

其中 P_{SB}、$\varepsilon_{\mathrm{SB}}$ 和 s_{SB} 是 (3.38)~(3.40) 式给出的领头级的 Stefan-Boltzmann 状态方程, $\Lambda_{\mathrm{p}}(=275\pm65\,\mathrm{MeV})$ 是与 ππ 散射相关的量。

当温度超过 100 MeV 时, 比 π 介子重的强子开始变得重要了。可以用 $n(T)/T^3$ 对此贡献做一个粗略的估计 (强子数密度除以 T^3), 如图 3.3 所示。图中忽略了强子间的相互作用。"重共振态" 表示除了 π、K、η、ρ 和 ω 之外的所有强子 (见附录 H)。虽然 π 介子是 $T<100\,\mathrm{MeV}$ 时唯一相关的激发, 其他贡献在 $T>160\,\mathrm{MeV}$ 时开始占主导。

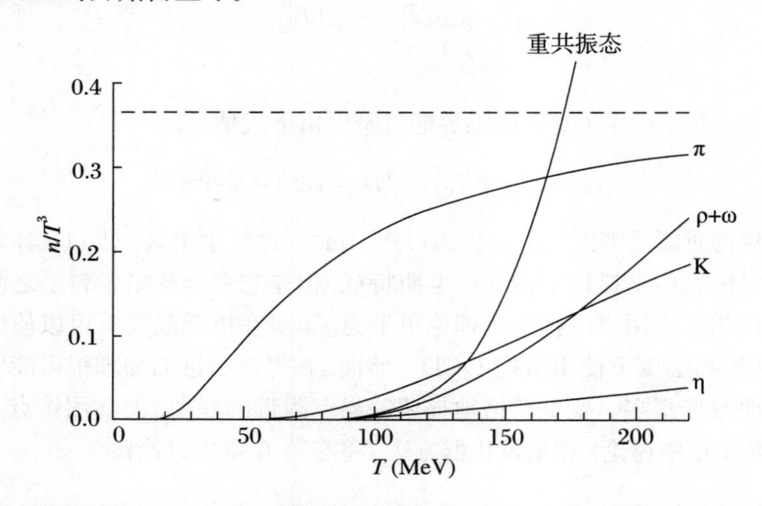

图 3.3 利用有限温度下的玻色-爱因斯坦分布和费米-狄拉克分布计算得到的强子数密度

虚线来自无质量 π 介子的贡献; 图片取自文献 Gerber and Leutwyler(1989)

一个自然的问题的是: 为什么许多质量大的强子可以在高温下被激发出来? 其原因是, 质量为 M 的强子的态密度 $\tau(M)$ 随着 M 的增加而呈指数形式增加, 这就补偿了玻尔兹曼抑制因子 $\exp(-M/T)$(Hagedorn, 1985)。

$$\tau(M\to\infty) \quad \to \quad \frac{c}{M^a}\mathrm{e}^{+M/T_0} \tag{3.55}$$

$$n_{\mathrm{tot}}(T)=\int_0^\infty \mathrm{d}M\, n(T;M)\,\tau(M) \tag{3.56}$$

这里 $n_{\mathrm{tot}}(T)$ 是系统中强子的总数密度, $n(T;M)$ 是质量为 M 的强子的数密度。从所观测到的强子谱拟合可得 $a=2\sim3$, $T_0=150\sim200\,\mathrm{MeV}$。在 $T\sim T_0$ 时, 我们不能再忽略大质量强子了。事实上, 当 $T>T_0$ 时, (3.56) 式中的积分是发散的, 即 T_0 被认为是强子气体的最终温度。即使我们从外部输入热量到系统中, 热量也被消耗用于激发共振态, 并不能使温度上升。这就是所谓的 Hagedorn 极限温度。在 QCD 中, 我们能够超越这个极限温度, 因为强子有一个有限的大小, 并且可能互相重叠形成夸克胶子等离子体。这就是我们在 3.4 节讨论的渗析。

3.7 状态方程的参数化形式

在本节中, 我们试图建立一个超出袋模型的状态方程用来研究有限温度 QCD 相变的一般特征 (Asakawa and Hatsuda, 1997)。在这里, 一个关键的事实是, 压强和能量密度与熵密度有如下简单关系:

$$P(T)=\int_0^T s(t)\,\mathrm{d}t \tag{3.57}$$

$$\varepsilon(T)=Ts(T)-P(T) \tag{3.58}$$

其中, $P(T)$ 被归一化为 $P(T=0)=0$; 也可以从 $s(T)$ 得到声速c_s, 如附录 G.1 所示:

$$c_\mathrm{s}^2=\frac{\partial P}{\partial\varepsilon}=\left[\frac{\partial\ln s(T)}{\partial\ln T}\right]^{-1} \tag{3.59}$$

因此, 如果可以给出 $s(T)$ 的一个合理的参数化形式, 其他量就可以自动得到。最简单的满足热力学不等式 $\partial s(T)/\partial T\geqslant 0$ 和热力学第三定律 $s(T\to 0)\to \text{const.}$ 的参数化形式是

$$s(T)=f(T)s_\mathrm{H}(T)+(1-f(T))s_\mathrm{QGP}(T) \tag{3.60}$$

$$f(T)=\frac{1}{2}[1-\tanh((T-T_\mathrm{c})/\varGamma)] \tag{3.61}$$

这里 $s_\mathrm{H}(T)=4\mathrm{d}_\pi(\pi^2/90)T^3$ ($s_\mathrm{QGP}(T)=4d_\mathrm{QGP}(\pi^2/90)T^3$) 是低 (高) 温极限下的无相互作用的 π 介子气 (夸克胶子等离子体) 的熵密度; 在温度间隙 $|T-T_\mathrm{c}|<\varGamma$, $s(T)$ 呈现跳变行为。

(3.57)、(3.58) 式结合 (3.60) 式所得到的状态方程与袋模型状态方程 (3.38)~(3.44) 式相比具有几个优点: ① 袋常数 B 等唯象学参数没有必要引入; ② 不仅一级相变而且连续渡越都可以用热力学的统一方式来处理。

如图 3.4(a) 显示 $\varepsilon(T)/T^4$ 和 $3P(T)/T^4$ 作为 T 的函数, 其中 $\varGamma/T_\mathrm{c}=0.05$ 和 $N_f=2$ (见习题 3.7)。注意, 在 T_c 之上, $3P(T)/T^4$ 增长非常缓慢, 因为 $P(T)$ 作为 $s(T)$ 的积分在 T_c 处不可能连续。另一方面, $\varepsilon(T)/T^4$ 在 T_c 附近随温度很快升高, 反映出 $s(T)$ 在 T_c 处的急剧增大的事实。图 3.4(b) 显示从 (3.59) 式计算得到的手征极限下的 c_s^2(实线)。因为 $P(\varepsilon)$ 是在临界点附近的 T 的缓慢 (快速) 变

化的函数, 声速在这个区域变慢。这就是 c_s^2 在 $|T-T_c|<\Gamma$ 的狭窄区域突然下降的原因。在远离 T_c 的区域, c_s 趋于一个相对论的极限值 $1/\sqrt{3}$。图 3.4(b) 中的虚线是有限夸克质量情形, 这时声速在零温时趋于零。

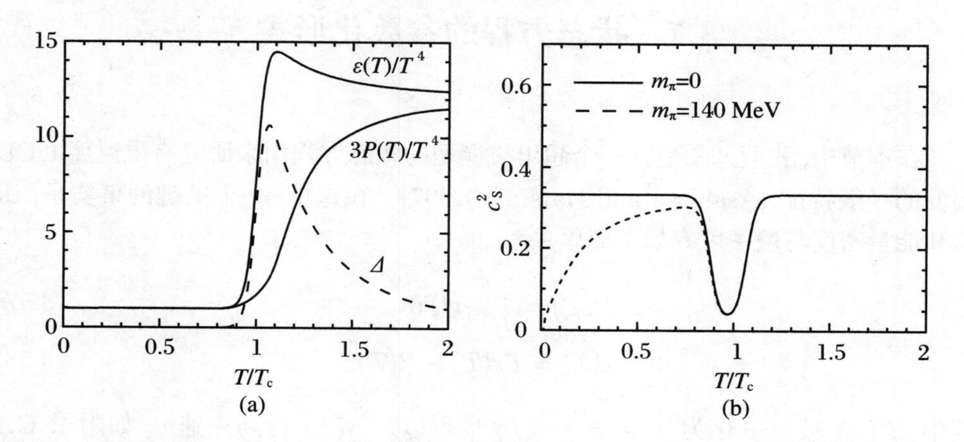

图 3.4 (a) 从参数化的熵密度 (3.60) 式得到的 $\varepsilon(T)/T^4$ 和 $3P(T)/T^4$, 这里取 $\Gamma/T_c=0.05$ 和 $N_f=2$; 虚线显示的是 $\Delta\equiv(\varepsilon-3P)/T^4$; (b) 从同样的熵密度参数化形式得到的声速平方, 其作为 T 的函数

此图摘选自 Asakawa and Hatsuda (1997)

我们将在 3.8 节研究和解释从格点 QCD 模拟得到的状态方程, 上面讨论的关于相变的一般特征给了我们一个很好的引导。

3.8 格点状态方程

QCD 相变的最终研究方法是定义在大小为 L、格点常数为 a 的欧氏时空格子上的数值模拟。基于在 $\mathrm{SU_c}(2)$Yang-Mills 理论中的寻找有限温度退禁闭相变的最初尝试 (Kuti, et al., 1981; McLerran and Svetitsky, 1981a), 现在已经在数值计算技术和计算能力方面有许多改进。下面要给出格点状态方程的一些最新结果。格点 QCD 基本公式体系的更详细内容将在第 5 章中给出。

图 3.5 显示 $\mathrm{SU_c}(3)$ 纯杨-米尔斯 (Yang-Mills) 理论(无费米子规范理论或等价地取 $N_f=0$) 的 ε/T^4 和 $3P/T^4$ (Okamoto, et al., 1999)。该曲线的行为类似于在 3.7 节中讨论的; ε/T^4 在 T_c 以下被抑制, 并在一个狭窄的温度间隔区域表现

出一个大的跳跃; 而 $3P/T^4$ 在 T_c 附近有一个平滑渡越。

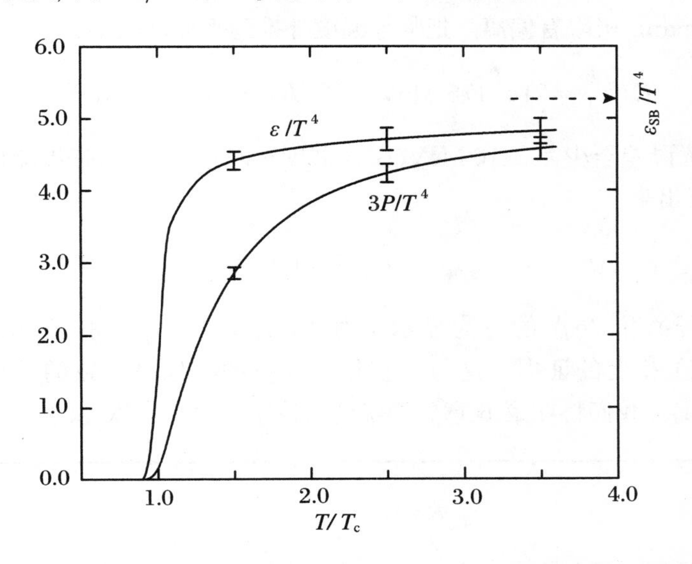

图 3.5　蒙特卡罗 (Monte Carlo) 模拟得到的纯杨-米尔斯 (Yang-Mills) 规范理论的状态方程; 误差来源于蒙特卡罗模拟的统计误差和由外推到无穷大体积与连续极限引入的系统误差; 虚箭头指出了能量密度的 Stefan-Boltzmann 极限

此图摘选自 Okamoto, et al. (1999)

在纯杨-米尔斯理论中, 质量大的胶球 (质量超过 1 GeV) 只能在低于 T_c 时被激发。因此, ε 和 P 比 π 介子气预期要受到更多抑制。在 T_c 以上, 系统被认为处在解禁闭的胶子等离子体。图 3.5 中的箭头显示了无相互作用的胶子气体的 Stefan-Boltzmann 极限 $\varepsilon_{\rm SB}/T^4$。 ε/T^4 偏离箭头处的 SB 极限表明胶子在 T_c 以上存在相互作用。虽然从图 3.5 来看相变的级别是不清楚的, 有限大小标度分析表明相变是一级的, 所以 ε 有不连续的跳变 (Fukugita, et al., 1989, 1990)。这里标度分析是指研究观测量对于格点体积的依赖关系。这确实符合来自纯杨-米尔斯理论的中心对称性观点(Yaffe and Svetitsky, 1982) 的预期。我们将在第 5 章回到这点。相变的临界温度为 $T_c/\sqrt{K} \simeq 0.650$, 其中 K 是弦张力 (Okamoto, et al., 1999)。取 (2.58) 式的 K 值, 我们得到

$$T_c(N_f=0) \simeq 273 \text{ MeV} \tag{3.62}$$

其统计误差和系统误差在百分之一的量级。

图 3.6 显示了具有动力学夸克 ($N_f \neq 0$) 的格点 QCD 模拟结果 (Karsch, 2002)。计算图中数据点所使用的夸克质量为: 对于 $N_f=2$, $m_{\rm u,d}/T=0.4$; 对于 $N_f=3$, $m_{\rm u,d,s}/T=0.4$; 对于 $N_f=2+1$, $m_{\rm u,d}/T=0.4$, $m_{\rm s}/T=1.0$。能量密度

在 T_c 时的跳变对以上三种情况都可以看到, 也可以看到在高温下能量密度与 Stefan-Boltzmann 极限有偏离。把临界温度外推到手征极限 ($m_q = 0$) 为

$$T_c(N_f = 2) \simeq 175 \text{ MeV}, \quad T_c(N_f = 3) \simeq 155 \text{ MeV} \tag{3.63}$$

其统计和系统误差至少是 ±10 MeV(在本书撰写时)。对应的临界能量密度可以从图 3.6 中读出来

$$\varepsilon_{\text{crit}} \sim 1 \text{ GeV} \cdot \text{fm}^{-3} \tag{3.64}$$

格点上的手征凝聚 $\langle \bar{q}q \rangle$ 的行为显示了对于 $N_f = 2$ ($N_f = 3$) 在 $m_q = 0$ 时存在二级 (一级) 相变的证据。这与重整化群分析的结果是一致的 (Pisarski and Wilczek, 1984)。我们将在第 6 章更详细地讨论手征对称性恢复的物理原理。

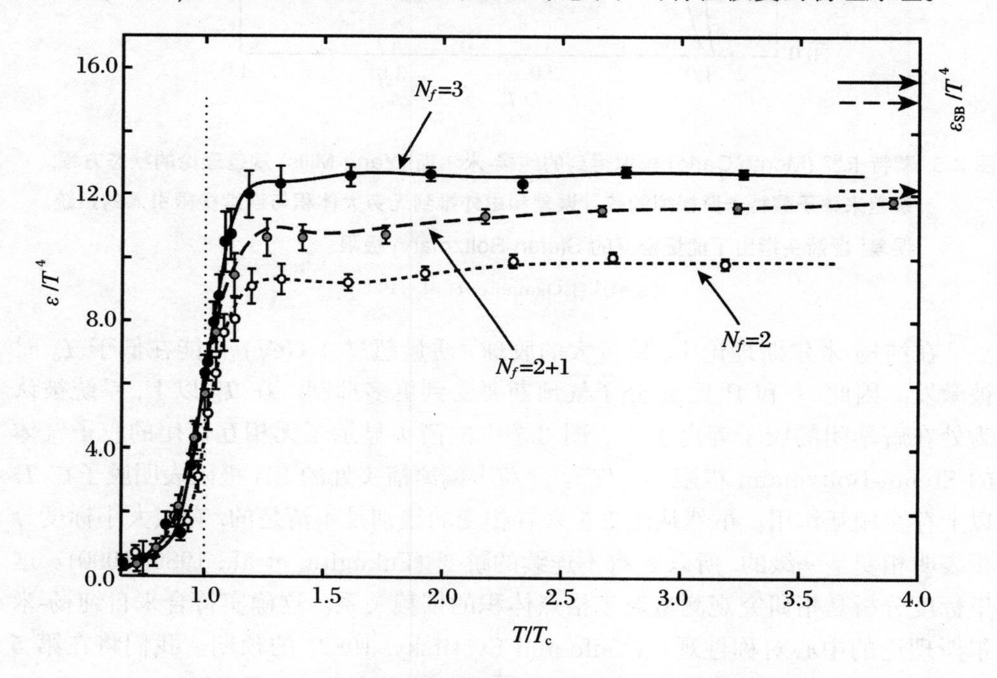

图 3.6 格点蒙特卡罗模拟得到的 QCD 的能量密度

此图摘选自 Karsch (2002)

令人惊奇的是, 在前面的章节中讨论的袋模型状态方程及参数化形式的状态方程抓住了本节所示的格点 QCD 结果的基本特征。寻找热 QCD 的状态方程是研究早期宇宙物质和相对论重离子碰撞物质的一个关键步骤。爱因斯坦方程 (相对论流体力学方程) 决定了前者 (后者) 的热等离子体的时空演化, 更多内容将在第 8 章 (第 11 章) 中讨论。

习 题

3.1 热力学关系。

(1) 从 (3.2) 式出发, 推导 (3.5)~(3.7) 式。

(2) 推导 (3.16) 式中的关系式。

3.2 热力学稳定性。

(1) 将 (3.17) 式中 $\delta F_{\text{sys}} \geqslant 0$ 的证明推广到巨热力学势 Ω 和吉布斯自由能 G 上。

(2) 推导 (3.18) 式中的热力学不等式。

3.3 相平衡。

(1) 利用 $\delta(S_{\text{I}}+S_{\text{II}})$ 和热力学第一定律 ((3.7) 式), 推导相平衡条件 (3.19) 式。

(2) 在固定 T 和 V 下, 利用亥姆霍兹自由能 F 推导质量作用定律 (3.21) 式。

3.4 玻色积分和费米积分。

考虑如下积分:

$$I_{n+1}^{\pm}(y)=\frac{1}{\Gamma(n+1)}\int_0^{\infty}\mathrm{d}x\frac{x^n}{(x^2+y^2)^{1/2}}\frac{1}{\mathrm{e}^{(x^2+y^2)^{1/2}}\pm 1}$$

其中 $\Gamma(n)=(n-1)!$ 是伽马函数。

(1) 取 $y=0$, 说明以下公式对于整数 $n(\geqslant 2)$ 成立:

$$I_{n+1}^{\pm}(0)=\frac{1}{n}\zeta(n)a_n^{\pm}$$

其中 $a_n^+=1-2^{1-n}, a_n^-=1$。注意 $\zeta(n)$ 是黎曼 ζ-函数, $\zeta(n)=\sum\limits_{j=1}^{\infty}j^{-n}$, 其中 $\zeta(2)=\pi^2/6$, $\zeta(3)=1.202$, $\zeta(4)=\pi^4/90$, $\zeta(5)=1.037$, $\cdots$。对于 $n=1$, 有显式表达式 $I_2^+(0)=\ln 2$。

(2) 说明 (3.29) 和 (3.45) 式中的 7/8 的因子来自于以上公式中的比例 a_4^+/a_4^-。

(3) 推导递推关系 $\mathrm{d}I_{n+1}^{\pm}(y)/\mathrm{d}y=-(y/n)I_{n-1}^{\pm}(y)$。利用这个关系推导出巨热力学势关于 m/T 的高温展开 (Kapusta, 1989):

$$\Omega_{\text{B}}(T,V,0)/V=-d\left[\frac{\pi^2}{90}T^4-\frac{m^2T^2}{24}+\frac{m^3T}{12\pi}+\frac{m^4}{64\pi^2}\left(\ln\left(\frac{m^2}{(4\pi T)^2}\right)+C\right)+\cdots\right]$$

$$\Omega_{\mathrm{F}}(T,V,0)/V=-\frac{7}{8}d\left[\frac{\pi^2}{90}T^4-\frac{m^2T^2}{42}-\frac{m^4}{56\pi^2}\left(\ln\left(\frac{m^2}{(\pi T)^2}\right)+C\right)+\cdots\right]$$

其中 $C=2\gamma-3/2\simeq-0.346$, 欧拉 (Euler) 常数 γ 定义为

$$\gamma=\lim_{n\to\infty}\left(\sum_{k=1}^{n}\frac{1}{k}-\ln n\right)=\sum_{n=2}^{\infty}(-1)^n\frac{\zeta(n)}{n}=0.5772156649\cdots$$

3.5 有限温度下的波动弦。

对一条闭合弦, 估算其配分函数 (3.31) 式。如果有需要可查阅综述 (Chandrasekhar, 1943) 得到闭合弦的熵。

3.6 口袋模型的临界温度。

(1) 在 (3.49) 式的口袋模型中, 推导出临界温度 T_{c}。

(2) 取 $N_c=3$ 并假设口袋常数 B 和 N_f 无关, 研究 T_{c} 作为 N_f 的一个函数的性质。

3.7 熵密度求状态方程。

利用熵密度的参数化形式 (3.60) 和 (3.61) 式重新得到图 3.4。

第 4 章 有限温度场论

在本章中, 我们总结了热微扰理论的基本思想及其在高温 QCD 中的应用。我们首先使用虚时 (Matsubara) 公式体系推导有限温度下的费曼规则。这对研究夸克胶子等离子体的静态和动态性质是必要的。

在第 3 章, 我们假设高温下的夸克胶子系统是非相互作用气体, 并依此推导出其状态方程。但是, 在实际情况中, 由于 QCD 的相互作用, 等离子体组分的特性被改变了, 它们发展出集体激发如等离激元 (类胶子模式) 和费米等离激元 (类夸克模式)。在硬热圈 (HTL) 近似的基础上, 我们导出这些等离子体准粒子的色散关系, 并证明它们在热环境中获得量级为 $O(gT)$ 的有效质量。HTL 近似和 HTL 重求和是热微扰理论体系的两个最重要的组成部分。

虽然热微扰理论在低阶很有效, 但是众所周知它在高阶失效。这是由胶子磁场部分的红外属性导致的。作为这种现象的一个例子, 我们讨论了在高温下夸克胶子等离子体的压强。

研究等离子体动力学性质的另一种方法是动理学理论, 在这个理论中, 可以建立并自洽求解等离子体组分的“硬”集体模式与“软”集体模式的耦合方程。特别地, 动理学理论可以给出硬热圈的一个简单且直观的推导, 硬热圈原先是通过费曼图的方法导出的。

4.1 Z 的路径积分表示

从 t_{I} 时刻的态 $|m\rangle$ 到 t_{F} 时刻的态 $|n\rangle$ 的跃迁振幅由下式给出:

$$K_{nm}(t_{\mathrm{F}},t_{\mathrm{I}})=\langle n|\mathrm{e}^{-i\hat{H}(t_{\mathrm{F}}-t_{\mathrm{I}})}|m\rangle \tag{4.1}$$

通过离散化时间间隔 $t_{\mathrm{I}}<t<t_{\mathrm{F}}$ 和插入如附录 C 所示的完备集可得此振幅的路径积分表示。另一方面, 在第 3 章引进的巨正则配分函数 Z 由下式给出:

$$Z=\sum_{n}\langle n|\mathrm{e}^{(-\hat{H}-\mu\hat{N})/T}|n\rangle \tag{4.2}$$

(4.2) 式可以从 (4.1) 式通过以下替换得到: $t_{\mathrm{F}}\to t_{\mathrm{I}}-\mathrm{i}/T$, $\hat{H}\to\hat{H}-\mu\hat{N}$ 和 $|m\rangle\to|n\rangle$。对于路径积分表示, 我们需要在复时间平面 ($t=\mathrm{Re}t+\mathrm{iIm}t$) 内取一条连接初态时刻和末态时刻的路径 C。有一个约束就是: C 上的 $\mathrm{Im}t$ 不能是增函数 (Mills, 1969; Landsman and van Weert, 1987) (见习题 4.1)。具有此性质的一个典型路径如图 4.1 所示, 这里把 t_{I} 取为原点。

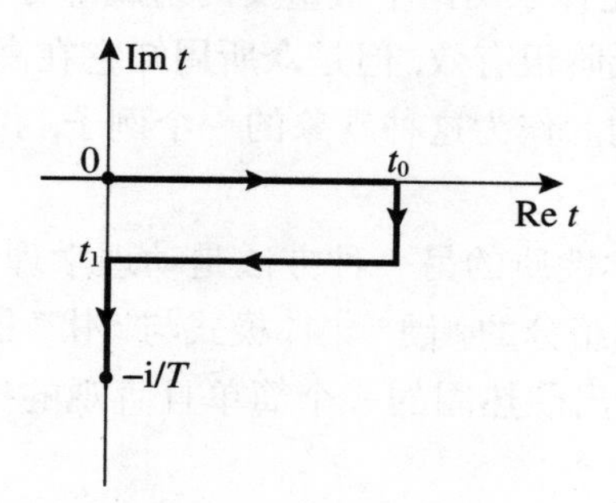

图 4.1 复时间平面上的一个典型路径

一个特别有用的路径是在虚轴上连接 $t_{\mathrm{I}}=0$ 到 $t_{\mathrm{F}}=-\mathrm{i}/T$ 的直线 (对应于图 4.1 上 $t_0=0$ 的情形)。我们称之为 Matsubara 路径, 因为它对应于 Matsubara (1955) 和 Ezawa, et al.(1957) 所发展的关于 Z 的虚时算符体系。另一个有用的路径是图 4.1 中的 $t_0>0$ 和 $t_1=-\mathrm{i}/(2T)$ 的情形, 它对应于 Takahashi and Umezawa (1996) 发展的双场算符体系 (热场动力学)。因为 Matsubara 路径可以由一个实参数 $\tau(0\leqslant\tau\leqslant 1/T)$ 来描述, 对于一个单分量标量场 ϕ, 其配分函数由

下式给出:

$$Z=\int[\mathrm{d}\phi]\,\mathrm{e}^{-\int_0^{1/T}\mathrm{d}\tau\int\mathrm{d}^3x\,\mathcal{L}_{\mathrm{E}}(\phi(\tau,\boldsymbol{x}),\partial\phi(\tau,\boldsymbol{x}))} \tag{4.3}$$

其中 $\phi(\tau,\boldsymbol{x})$ 和 $\mathcal{L}_{\mathrm{E}}$ 分别是定义在欧氏时空的标量场和拉氏密度。因为初态和末态必须相同, 如 (4.2) 式所示, 所以对 ϕ 积分的边界条件取为 $\phi(1/T,\boldsymbol{x})=\phi(0,\boldsymbol{x})$。

(4.3) 式可以解释为一个 4 维板上的场论。其空间大小是无限的, 而时间尺度是 $1/T$, 如图 4.2 所示。 $T\to 0$ 的极限对应于零温欧氏场论。(4.3) 式和闵氏时空中具有实时 t 和拉氏量 $\mathcal{L}_{\mathrm{M}}$ 的配分函数之间存在明确的形式化对应: 通过如下替换 $t\to -\mathrm{i}\tau$, $\phi(t,\boldsymbol{x})\to\phi(\tau,\boldsymbol{x})$ 和 $\mathcal{L}_{\mathrm{M}}\to-\mathcal{L}_{\mathrm{E}}$, 可以从后者得到前者。对于费米场 $\psi(\tau,\boldsymbol{x})$, 时间边界条件应取为反周期的 $\psi(1/T,\boldsymbol{x})=-\psi(0,\boldsymbol{x})$。这来源于 (4.2) 式中的用 Grassmann 变量表示的迹的一个不寻常性质。

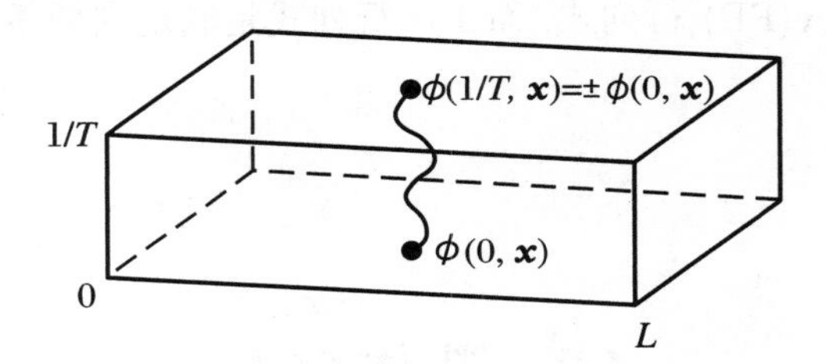

图 4.2 欧氏时空体积元

体积元的空间尺寸为 L, 虚时长度为 $1/T$; 在虚时方向上,

玻色场 (费米场) 满足周期性 (反周期性) 边界条件

如果我们接受 (2.18) 和 (2.19) 式中真空到真空的振幅的形式化对应, 直接推广 (4.3) 式就可以得到 QCD 的巨正则配分函数。首先为方便, 引进只有下标的欧氏矢量:

$$\begin{aligned}
&(x_\mu)_{\mathrm{E}}=(\tau,\boldsymbol{x}), && (\partial_\mu)_{\mathrm{E}}=(\partial_\tau,\boldsymbol{\nabla})\\
&(\gamma_\mu)_{\mathrm{E}}=(\gamma_4=\mathrm{i}\gamma^0,\boldsymbol{\gamma}), && (A^a_\mu)_{\mathrm{E}}=(A_4=\mathrm{i}A^0,\boldsymbol{A}^a)\\
&(D_\mu)_{\mathrm{E}}=(\partial_\mu-\mathrm{i}gt^aA^a_\mu)_{\mathrm{E}}, && (\mathcal{D}_\mu)_{\mathrm{E}}=(\partial_\mu-\mathrm{i}gT^aA^a_\mu)_{\mathrm{E}}\\
&(F_{\mu\nu})_{\mathrm{E}}=\frac{\mathrm{i}}{g}([D_\mu,D_\nu])_{\mathrm{E}}
\end{aligned} \tag{4.4}$$

其中 $\{(\gamma_\mu)_{\mathrm{E}},(\gamma_\nu)_{\mathrm{E}}\}=-2\delta_{\mu\nu}$。注意在式 (4.4) 中 g 前的符号与闵氏时空的表达式 (2.2)、(2.4)、(2.6) 相反, 这是因为 $(D_i)_{\mathrm{E}}\equiv(D^i)_{\mathrm{M}}$。

在 (2.18)、(2.19) 式中做替换 $t\to-\mathrm{i}\tau$ 并使用 (4.4) 式中的变量, 我们得到

$$Z=\int[\mathrm{d}A\,\mathrm{d}\bar{q}\,\mathrm{d}q\,\mathrm{d}\bar{c}\,\mathrm{d}c]\mathrm{e}^{-\int_0^{1/T}\mathrm{d}\tau\int\mathrm{d}^3x\,\mathcal{L}} \tag{4.5}$$

$$\mathcal{L}=\bar{q}(-\mathrm{i}\gamma_\mu D_\mu+m+\mathrm{i}\gamma_4\mu)q+\frac{1}{4}F_{\mu\nu}F_{\mu\nu}+\bar{c}\partial_\mu\mathcal{D}_\mu c+\frac{1}{2\xi}(\partial_\mu A_\mu)^2 \tag{4.6}$$

为简化表达式, 这里我们省略了下标 E、颜色和旋量指标。在 (4.6) 式中, 为了完整性起见我们引进了夸克化学势 μ。

所需要的边界条件如下:

$$q(1/T,\boldsymbol{x})=-q(0,\boldsymbol{x}),\quad \bar{q}(1/T,\boldsymbol{x})=-\bar{q}(0,\boldsymbol{x}) \tag{4.7}$$

$$A_\mu(1/T,\boldsymbol{x})=A_\mu(0,\boldsymbol{x}) \tag{4.8}$$

$$c(1/T,\boldsymbol{x})=c(0,\boldsymbol{x}),\quad \bar{c}(1/T,\boldsymbol{x})=\bar{c}(0,\boldsymbol{x}) \tag{4.9}$$

虽然鬼场是 Grassmann 场, 它们满足周期边界条件。这是因为引进鬼场是为了指数化 Faddeev-Popov(FP) 行列式, 而 FP 行列式是满足周期条件的规范场 A_μ 的函数。

4.2 黑体辐射

让我们尝试从 QCD 配分函数得到无相互作用夸克胶子系统在温度 T 时的黑体辐射公式。在 (4.6) 式的 $\mathcal{L}$ 中设 $g=0$ 并取费曼规范 ($\xi=1$), $\mathcal{L}$ 有如下形式:

$$\mathcal{L}_0=\bar{q}(-\mathrm{i}\gamma\cdot\partial+m+\mathrm{i}\gamma_4\mu)q-\frac{1}{2}A_\mu\partial^2A_\mu+\bar{c}\partial^2c \tag{4.10}$$

则配分函数 Z_0 中的高斯积分(见附录 C) 的结果为

$$Z_0\sim\left[\left(\frac{1}{\sqrt{\det\partial^2}}\right)^4\cdot(\det\partial^2)\right]^{N_c^2-1}\cdot\left[\det\left(-\mathrm{i}\gamma\cdot\tilde{\partial}+m\right)\right]^{N_cN_f} \tag{4.11}$$

$$\sim\left[\left(\frac{1}{\sqrt{\det\partial^2}}\right)^{4-2}\right]^{N_c^2-1}\cdot\left[\det\left(-\mathrm{i}\gamma\cdot\tilde{\partial}+m\right)\right]^{N_cN_f} \tag{4.12}$$

其中 det 是泛函空间的行列式, ∂ 作用在泛函空间, 且有 $\tilde{\partial}_\nu=\partial_\nu-\mu\delta_{\nu4}$。(4.11) 式中第一、第二、第三个 det 分别来自胶子、鬼和夸克场的泛函积分。(4.12) 式显示出鬼场正确地抵消了胶子的非物理自由度使胶子有两个物理极化态: 2 (物理规范场)=4 (全规范场)−2(鬼场)。

现在我们把场量傅里叶变换到动量空间来计算 Z_0:

$$\phi(\tau,\boldsymbol{x})=\sqrt{\frac{1}{V/T}}\sum_{n=-\infty}^{+\infty}\sum_{\boldsymbol{k}}\mathrm{e}^{\mathrm{i}(k_4\tau+\boldsymbol{k}\cdot\boldsymbol{x})}\phi_n(\boldsymbol{k}) \tag{4.13}$$

其中 ϕ 表示胶子场、鬼场或夸克场。因子 V/T 是欧氏时空盒子的体积。注意 k_4 取分立值 (Matsubara 频率), 这是因为盒子在虚时方向上是有限的。依赖于边界条件, 我们得到

$$-k_4\equiv\begin{cases}\omega_n=2n\pi T, & \text{胶子和鬼粒子}\\ \nu_n=(2n+1)\pi T, & \text{夸克}\end{cases} \tag{4.14}$$

其中 n 取整数值。 k_4 前的负号仅仅是一个约定。注意 $A_{\mu,n}(\boldsymbol{k})=A_{\mu,-n}(-\boldsymbol{k})$, 因为 $A_\mu(\tau,\boldsymbol{x})$ 是实的。

路径积分的测度如下:

$$\begin{aligned}[\mathrm{d}A\,\mathrm{d}\bar{q}\,\mathrm{d}q\,\mathrm{d}\bar{c}\,\mathrm{d}c]&\equiv\mathcal{N}\prod_{\tau,\boldsymbol{x}}\mathrm{d}A_\mu\cdot\mathrm{d}\bar{c}\cdot\mathrm{d}c\cdot\mathrm{d}\bar{q}\cdot\mathrm{d}q\\&=\mathcal{N}J\prod_{n,\boldsymbol{k}}\mathrm{d}A_{\mu,n}(\boldsymbol{k})\cdot\mathrm{d}\bar{c}_n(\boldsymbol{k})\cdot\mathrm{d}c_n(\boldsymbol{k})\cdot\mathrm{d}\bar{q}_n(\boldsymbol{k})\cdot\mathrm{d}q_n(\boldsymbol{k})\end{aligned} \tag{4.15}$$

其中 $\mathcal{N}$ 是常数, J 是从 $\phi(\tau,\boldsymbol{x})$ 到 $\phi_n(\boldsymbol{k})$ 的变量变换带来的雅可比行列式。于是我们得到

$$\begin{aligned}Z_0=&\mathcal{N}J\prod_{n,\boldsymbol{k}}\Big[\int\mathrm{d}A_{\mu,n}(\boldsymbol{k})\,\mathrm{e}^{-\frac{1}{2}A_{\mu,n}(\boldsymbol{k})(\omega_n^2+\boldsymbol{k}^2)A_{\mu,n}(\boldsymbol{k})}\\&\times\int\mathrm{d}\bar{c}_n(\boldsymbol{k})\mathrm{d}c_n(\boldsymbol{k})\,\mathrm{e}^{-\bar{c}(\boldsymbol{k})(\omega_n^2+\boldsymbol{k}^2)c_n(\boldsymbol{k})}\\&\times\int\mathrm{d}\bar{q}_n(\boldsymbol{k})\mathrm{d}q_n(\boldsymbol{k})\,\mathrm{e}^{-\bar{q}_n(\boldsymbol{k})(-\gamma_4(\nu_n-\mathrm{i}\mu)+\boldsymbol{\gamma}\cdot\boldsymbol{k}+m)q_n(\boldsymbol{k})}\Big]\end{aligned} \tag{4.16}$$

$$\begin{aligned}=&\mathcal{N}'\prod_{n,\boldsymbol{k}}[(\omega_n^2+\boldsymbol{k}^2)]^{-(N_c^2-1)}\\&\times[((\nu_n-\mathrm{i}\mu)^2+\boldsymbol{k}^2+m^2)]^{2N_cN_f}\end{aligned} \tag{4.17}$$

其中 $\mathcal{N}'=\mathcal{N}\times J\times$(高斯积分常数)。

为了计算 (4.17) 式, 我们对 $\ln Z_0$ 求 $E_{\mathrm{g}}=|\boldsymbol{k}|$ 和 $E_{\mathrm{q}}=\sqrt{\boldsymbol{k}^2+m^2}$ 的导数并使用下面的公式对 n 求和:

$$\sum_{n=-\infty}^{+\infty}\frac{1}{a^2+\bar{n}^2}=\frac{\pi}{2a}\times\begin{cases}\coth(\pi a/2), & \text{对于}\,\bar{n}=2n\\ \tanh(\pi a/2), & \text{对于}\,\bar{n}=2n+1\end{cases} \tag{4.18}$$

对 E_{g} 和 E_{q} 做积分, 我们得到

$$\begin{aligned}\Omega_0(T,V,\mu) =& -T\ln Z_0\\ =& V\int\frac{\mathrm{d}^3k}{(2\pi)^3}\Bigg[2(N_c^2-1)\left(\frac{E_{\mathrm{g}}(\boldsymbol{k})}{2}+T\ln(1-\mathrm{e}^{-E_{\mathrm{g}}(\boldsymbol{k})/T})\right)\\ &+2N_cN_f\left(-\frac{E_{\mathrm{q}}(\boldsymbol{k})}{2}-T\ln(1+\mathrm{e}^{-(E_{\mathrm{q}}(\boldsymbol{k})-\mu)/T})\right)\\ &+2N_cN_f\left(-\frac{E_{\mathrm{q}}(\boldsymbol{k})}{2}-T\ln(1+\mathrm{e}^{-(E_{\mathrm{q}}(\boldsymbol{k})+\mu)/T})\right)\Bigg]\end{aligned} \tag{4.19}$$

在 (4.19) 式中, $2(N_c^2-1)=$(自旋)×(色) 和 $2N_cN_f=$(自旋)×(色)×(味) 分别是胶子和夸克的简并度。 $E_{\mathrm{g}}(\boldsymbol{k})/2$ 和 $-E_{\mathrm{g}}(\boldsymbol{k})/2$ 是零点能。含 ln 的项是自由夸克和胶子的熵。对积分测度及 $\mathcal{N}$ 和 J 的仔细处理表明 (4.19) 式不会出现积分常数, 见习题 4.2。

4.3 有限 T 和 μ 的微扰理论

为了能超出领头级并计入热和量子涨落, 我们需要建立微扰理论的公式体系。我们首先将拉氏密度分解成自由和相互作用部分:

$$S=\int_0^{1/T}\mathrm{d}\tau\int\mathrm{d}^3x(\mathcal{L}_0+\mathcal{L}_{\mathrm{I}})=S_0+S_{\mathrm{I}} \tag{4.20}$$

则 $\ln Z$ 可以展开为

$$\frac{Z}{Z_0}=\frac{\sum_{n=0}^{\infty}\frac{1}{n!}\int[\mathrm{d}\phi](-S_{\mathrm{I}})^n\mathrm{e}^{-S_0}}{\int[\mathrm{d}\phi]\mathrm{e}^{-S_0}} \tag{4.21}$$

$$\equiv\sum_{n=0}^{\infty}\frac{1}{n!}\langle(-S_{\mathrm{I}})^n\rangle_0=\exp\left[\sum_{n=1}^{\infty}\frac{1}{n!}\langle(-S_{\mathrm{I}})^n\rangle_0^{\mathrm{c}}\right] \tag{4.22}$$

其中 $[\mathrm{d}\phi]$ 是 $[\mathrm{d}A\,\mathrm{d}\bar{q}\,\mathrm{d}q\,\mathrm{d}\bar{c}\,\mathrm{d}c]$ 的简写。注意 $\langle(-S_{\mathrm{I}})^n\rangle_0$ 是关于自由作用量 S_0 的热平均。$\langle(-S_{\mathrm{I}})^n\rangle_0^{\mathrm{c}}$ 是 $\langle(-S_{\mathrm{I}})^n\rangle_0$ 的费曼图中的连通部分。根据链接集团定理, 所有非连通费曼图是从连通图的指数化得到的 (见习题 4.3)。

可以用同样的方式对算符 $\hat{O}$ 的期望值做微扰展开:

$$\langle\hat{O}\rangle = \frac{\int[\mathrm{d}\phi]\,\hat{O}\,\mathrm{e}^{-S}}{\int[\mathrm{d}\phi]\mathrm{e}^{-S}} \tag{4.23}$$

$$= \sum_{n=0}^{\infty}\frac{1}{n!}\frac{\langle\hat{O}\cdot(-S_{\mathrm{I}})^n\rangle_0}{Z/Z_0} = \sum_{n=0}^{\infty}\frac{1}{n!}\langle\hat{O}\cdot(-S_{\mathrm{I}})^n\rangle_0^{\mathrm{c}} \tag{4.24}$$

在 QCD 中, 我们将在 (4.34)~(4.36) 式中看到 $-\mathcal{L}_{\mathrm{I}}$ 包含耦合常数的不同幂次 $O(g)$ 和 $O(g^2)$ 的项。因此我们需要重新组织 (4.24) 式中的展开以得到关于 g 的展开形式。

4.3.1 自由传播子

为了建立费曼规则, 我们首先需要通过 S_0 定义自由传播子。例如, 在费曼规范下坐标空间中的胶子传播子如下式:

$$\begin{aligned}
D^0_{\mu\nu}(x-y) =&\langle A_\mu(x)A_\nu(y)\rangle_0\\
=&Z_0^{-1}\int[\mathrm{d}A]A_\mu(x)A_\nu(y)\mathrm{e}^{-\int_0^{1/T}\mathrm{d}^4z\left[-\frac{1}{2}A_\lambda(z)\partial^2A_\lambda(z)\right]}\\
=&Z_0^{-1}\left[\frac{\delta}{\delta J_\mu(x)}\frac{\delta}{\delta J_\mu(y)}\int[\mathrm{d}A]\mathrm{e}^{-\int_0^{1/T}\mathrm{d}^4z\left(-\frac{1}{2}A_\lambda\partial^2A_\lambda-J_\lambda A_\lambda\right)}\right]_{J\to 0}\\
=&\left[\frac{\delta}{\delta J_\mu(x)}\frac{\delta}{\delta J_\mu(y)}\mathrm{e}^{-\int\mathrm{d}^4z\left(\frac{1}{2}J_\lambda\frac{1}{\partial^2}J_\lambda\right)}\right]_{J\to 0}\\
=&-\frac{1}{\partial^2}\delta^4(x-y)
\end{aligned}\tag{4.25}$$

其中, 中间步骤引进的外源 J 最后要取为零。动量空间的传播子则由傅里叶变换得到。如果 $\phi(x)$ 是 τ 的周期 (反周期) 函数, 其傅里叶变换如下式:

$$\phi(\tau,\boldsymbol{x}) = T\sum_n\int\frac{\mathrm{d}^3q}{(2\pi)^3}\mathrm{e}^{\mathrm{i}q_4\tau+\mathrm{i}\boldsymbol{q}\cdot\boldsymbol{x}}\phi(q_4,\boldsymbol{q}) \tag{4.26}$$

其中根据 (4.14) 式, $q_4=-\omega_n$ 或者 $-\nu_n$。为简化记号, 坐标空间和动量空间都用同样的符号 ϕ 表示, 以其自变量来作区分。

我们先引入欧氏时空的 4-矢量

$$Q_\mu = (q_4,\boldsymbol{q}) = (-\omega_n\text{或}-\nu_n,\boldsymbol{q}) \tag{4.27}$$

$$\bar{Q}_\mu = (q_4+\mathrm{i}\mu,\boldsymbol{q}) = (-\nu_n+\mathrm{i}\mu,\boldsymbol{q}) \tag{4.28}$$

在协变规范下的动量空间的胶子传播子成为

$$D^0_{\mu\nu}(Q)=\frac{1}{Q^2}\left(\delta_{\mu\nu}-(1-\xi)\frac{Q_\mu Q_\nu}{Q^2}\right) \tag{4.29}$$

其中 $Q^2=\omega_n^2+\boldsymbol{q}^2$。

通过引进 Grassmann 外场，我们可以用相似的方法得到夸克和鬼场的坐标空间的传播子

$$S^0(x-y)=\langle q(x)\bar{q}(y)\rangle_0=\frac{1}{-\mathrm{i}\gamma\cdot\partial+m}\delta^4(x-y) \tag{4.30}$$

$$G^0(x-y)=\langle c(x)\bar{c}(y)\rangle_0=\frac{1}{\partial^2}\delta^4(x-y) \tag{4.31}$$

以及动量空间的传播子

$$S^0(Q)=\frac{1}{-\gamma_4(\nu_n-\mathrm{i}\mu)+\boldsymbol{\gamma}\cdot\boldsymbol{q}+m}=\frac{1}{\gamma\cdot\tilde{Q}+m} \tag{4.32}$$

$$G^0(Q)=\frac{-1}{\omega_n^2+\boldsymbol{q}^2}=\frac{-1}{Q^2} \tag{4.33}$$

4.3.2 顶角

从 $\mathcal{L}_\mathrm{I}=\mathcal{L}-\mathcal{L}_0$ 的定义式中可以容易地得到夸克-胶子、胶子-胶子和鬼-胶子顶角:

$$-\mathcal{L}_\mathrm{I}=+g\bar{q}\gamma_\mu t^a A^a_\mu q \tag{4.34}$$

$$-gf_{abc}(\partial_\mu A^a_\nu)A^b_\mu A^c_\nu+\frac{g^2}{4}f_{abc}f_{ade}A^b_\mu A^c_\nu A^d_\mu A^e_\nu \tag{4.35}$$

$$+gf_{abc}(\partial_\mu\bar{c})A^b_\mu c^c \tag{4.36}$$

在动量空间这些顶角成为如下形式:

$$qq\mathrm{g}:+g\gamma_\mu(t^a)_{ji} \tag{4.37}$$

$$\mathrm{ggg}:+\mathrm{i}gf_{abc}[\delta_{\mu\nu}(K-P)_\rho+\delta_{\nu\rho}(P-Q)_\mu+\delta_{\rho\mu}(Q-K)_\nu] \tag{4.38}$$

$$\begin{aligned}\mathrm{gggg}:-g^2[&f_{abe}f_{cde}(\delta_{\mu\rho}\delta_{\nu\sigma}-\delta_{\mu\sigma}\delta_{\nu\rho})\\&+((b,\nu)\longleftrightarrow(c,\rho))+((b,\nu)\longleftrightarrow(d,\sigma))]\end{aligned} \tag{4.39}$$

$$cc\mathrm{g}:-\mathrm{i}gP_\mu f_{abc} \tag{4.40}$$

在以上顶角中已经计入了 (4.21)、(4.23) 式中 $-S_\mathrm{I}$ 的整体负号。

图 4.3 总结了上述传播子与顶角，动量、自旋和色指标已做适当标记。

传播子

$$\frac{1}{\gamma\cdot\tilde{Q}+m}$$

$$\frac{1}{Q^2}\left(\delta_{\mu\nu}-(1-\xi)\frac{Q_\mu Q_\nu}{Q^2}\right)$$

$$\frac{-1}{Q^2}$$

顶角

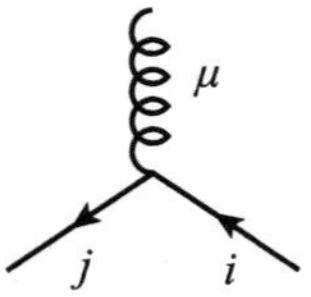

μ　j　i

$$g\gamma_\mu(t^a)_{ji}$$

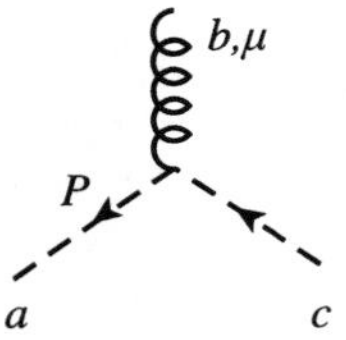

b,μ　P　a　c

$$-\mathrm{i}gP_\mu f_{abc}$$

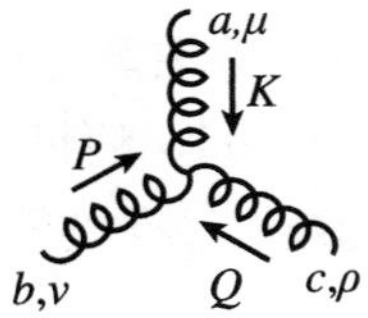

a,μ　K　P　b,ν　Q　c,ρ

$$\mathrm{i}gf_{abc}[\delta_{\mu\nu}(K-P)_\rho+\delta_{\nu\rho}(P-Q)_\mu+\delta_{\rho\mu}(Q-K)_\nu]$$

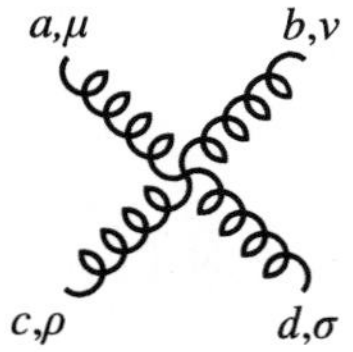

a,μ　b,ν　c,ρ　d,σ

$$-g^2\begin{bmatrix} f_{abe}f_{cde}(\delta_{\mu\rho}\delta_{\nu\sigma}-\delta_{\mu\sigma}\delta_{\nu\rho}) \\ +f_{ace}f_{bde}(\delta_{\mu\nu}\delta_{\rho\sigma}-\delta_{\mu\sigma}\delta_{\nu\rho}) \\ +f_{ade}f_{bce}(\delta_{\mu\nu}\delta_{\rho\sigma}-\delta_{\mu\rho}\delta_{\nu\sigma}) \end{bmatrix}$$

图 4.3　有限温度下的 QCD 费曼规则

胶子 (螺旋线) 和鬼 (虚线) 的四动量定义为 $Q_\mu=(q_4,\boldsymbol{q})=(-\omega_n,\boldsymbol{q})$; 夸克 (实线) 的四动量定义为

$Q_\mu=(q_4,\boldsymbol{q})=(-\nu_n,\boldsymbol{q})$ 和 $\tilde{Q}_\mu=(q_4+\mathrm{i}\mu,\boldsymbol{q})=(-\nu_n+\mathrm{i}\mu,\boldsymbol{q})$

4.3.3　费曼规则

所有组件就绪, 我们可以写出费曼规则了。

(1) 画出给定 g 的幂次的所有拓扑独立的连通图。

(2) 对每条内线指派图 4.3 所示的自由传播子。

(3) 对每个顶角指派图 4.3 所示的顶角因子和动量守恒因子:

$$T(2\pi)^3\delta^4\left(\sum_i P_\mu^i\right) \tag{4.41}$$

其中 δ^4 是对 Matsubara 频率的 Kronecker-δ 符号和对 3-动量的 Dirac-δ 函数的缩写。

(4) 每一个夸克和鬼场圈都有一个负号和相应的对称因子。

(5) 完成对内线动量的积分

$$T\sum_n\int\frac{\mathrm{d}^3k}{(2\pi)^3}\equiv\int(\mathrm{d}K) \tag{4.42}$$

4.4 实时格林函数

在 4.3 节建立的虚时微扰理论对计算热力学势和其他静态量尤其有用。另一方面, 为研究等离子体的动力学量, 我们需要考虑在各种边界条件下的实时格林函数。我们首先引进海森堡表象下的定义于实时 (t) 和虚时 (τ) 的算符 $\hat{O}$

$$\hat{O}(t,\boldsymbol{x}) = \mathrm{e}^{\mathrm{i}(\hat{H}-\mu\hat{N})t}\hat{O}_{\mathrm{S}}(\boldsymbol{x})\mathrm{e}^{-\mathrm{i}(\hat{H}-\mu\hat{N})t} \tag{4.43}$$

$$\hat{O}(\tau,\boldsymbol{x}) = \mathrm{e}^{(\hat{H}-\mu\hat{N})\tau}\hat{O}_{\mathrm{S}}(\boldsymbol{x})\mathrm{e}^{-(\hat{H}-\mu\hat{N})\tau} \tag{4.44}$$

这里 $\hat{O}_{\mathrm{S}}$ 是薛定谔表象下的算符。

算符 $\hat{O}_1$ 和 $\hat{O}_2$ 的延迟 (R)、超前 (A)、因果 (T) 和虚时 (T_τ) 乘积分别定义为

$$\mathrm{R}\hat{O}_1(t,\boldsymbol{x})\hat{O}_2(0) = \theta(t)[\hat{O}_1(t,\boldsymbol{x}),\hat{O}_2(0)]_{\mp} \tag{4.45}$$

$$\mathrm{A}\hat{O}_1(t,\boldsymbol{x})\hat{O}_2(0) = -\theta(-t)[\hat{O}_1(t,\boldsymbol{x}),\hat{O}_2(0)]_{\mp} \tag{4.46}$$

$$\mathrm{T}\hat{O}_1(t,\boldsymbol{x})\hat{O}_2(0) = \theta(t)\hat{O}_1(t,\boldsymbol{x})\hat{O}_2(0)\pm\theta(-t)\hat{O}_2(0)\hat{O}_1(t,\boldsymbol{x}) \tag{4.47}$$

$$\mathrm{T}_\tau\hat{O}_1(\tau,\boldsymbol{x})\hat{O}_2(0) = \theta(\tau)\hat{O}_1(\tau,\boldsymbol{x})\hat{O}_2(0)\pm\theta(-\tau)\hat{O}_2(0)\hat{O}_1(\tau,\boldsymbol{x}) \tag{4.48}$$

这里 $[\ ,\ ]_{\mp}$ 表示对易子 (反对易子)。如果 $\hat{O}_1$ 和 $\hat{O}_2$ 都是玻色 (费米) 算符, (4.45)~(4.48) 式中取上面 (下面) 的符号。

这些乘积的热平均叫作延迟、超前、因果 (Feynman) 和虚时 (Matsubara) 格林函数, 并分别记作 $\mathcal{G}^{\mathrm{R}}(t,\boldsymbol{x})$, $\mathcal{G}^{\mathrm{A}}(t,\boldsymbol{x})$, $\mathcal{G}^{\mathrm{F}}(t,\boldsymbol{x})$ 和 $\mathcal{G}(\tau,\boldsymbol{x})$。例如

$$\mathcal{G}^{\mathrm{R}}(t,\boldsymbol{x}) = \mathrm{i}\ \mathrm{Tr}\left[\mathrm{e}^{-(\hat{H}-\mu\hat{N})/T}\mathrm{R}\hat{O}_1(t,\boldsymbol{x})\hat{O}_2(0)\right]/Z \tag{4.49}$$

$$
\begin{aligned}
&\equiv \int \frac{\mathrm{d}^4 k}{(2\pi)^4} \mathcal{G}^{\mathrm{R}}(k^0, \boldsymbol{k}) \mathrm{e}^{-\mathrm{i}k_0 t + \mathrm{i}\boldsymbol{k}\cdot\boldsymbol{x}} \\
\mathcal{G}(\tau, \boldsymbol{x}) &= \mathrm{Tr}\left[\mathrm{e}^{-(\hat{H}-\mu\hat{N})/T} \mathrm{T}_\tau \hat{O}_1(\tau, \boldsymbol{x}) \hat{O}_2(0)\right] / Z \qquad (4.50) \\
&\equiv T \sum_n \int \frac{\mathrm{d}^3 k}{(2\pi)^3} \mathcal{G}(k_4, \boldsymbol{k}) \mathrm{e}^{\mathrm{i}k_4\tau + \mathrm{i}\boldsymbol{k}\cdot\boldsymbol{x}}
\end{aligned}
$$

其中 $k_4 = -\omega_n(-\nu_n)$; 类似地, 可以定义 $\mathcal{G}^{\mathrm{A}}(k^0, \boldsymbol{k})$ 和 $\mathcal{G}^{\mathrm{F}}(k^4, \boldsymbol{k})$。

为了显示延迟和虚时格林函数的关系, 我们在 (4.49) 式中插入一个完备集

$$
\begin{aligned}
\mathcal{G}^{\mathrm{R}}(\omega, \boldsymbol{q}) = &\mathrm{i} \int \mathrm{d}^4 x\, \mathrm{e}^{-\mathrm{i}\omega t + \mathrm{i}\boldsymbol{q}\cdot\boldsymbol{x}} \theta(t) \sum_{n,m} \frac{\mathrm{e}^{-(E_n - \mu N_n)/T}}{Z} \\
&\times \left[\langle n|\hat{O}_1(0)|m\rangle \langle m|\hat{O}_2(0)|n\rangle \mathrm{e}^{-\mathrm{i}\omega_{mn} t + \mathrm{i}\boldsymbol{P}_{mn}\cdot\boldsymbol{x}} \right. \\
&\left. \mp \langle n|\hat{O}_2(0)|m\rangle \langle m|\hat{O}_1(0)|n\rangle \mathrm{e}^{\mathrm{i}\omega_{mn} t - \mathrm{i}\boldsymbol{P}_{mn}\cdot\boldsymbol{x}} \right] \qquad (4.51)
\end{aligned}
$$

其中 $(\omega_{mn}, \boldsymbol{P}_{mn}) = (E_m - E_n - \mu(N_m - N_n), \boldsymbol{P}_m - \boldsymbol{P}_n)$。

对 $\delta > 0$ 应用恒等式

$$
\int_0^\infty \mathrm{e}^{\mathrm{i}(z+\mathrm{i}\delta)t}\, \mathrm{d}t = \frac{\mathrm{i}}{z + \mathrm{i}\delta} \qquad (4.52)
$$

并比较实部和虚部, 我们立即得到如下谱表示或色散关系:

$$
\mathcal{G}^{\mathrm{R}}(\omega, \boldsymbol{q}) = \int_{-\infty}^{+\infty} \frac{\rho(\omega', \boldsymbol{q})}{\omega' - \omega - \mathrm{i}\delta} \mathrm{d}\omega' \qquad (4.53)
$$

其中谱函数为

$$
\begin{aligned}
\rho(\omega, \boldsymbol{q}) &= \frac{1}{\pi} \mathrm{Im}\, \mathcal{G}^{\mathrm{R}}(\omega, \boldsymbol{q}) \qquad (4.54) \\
&= (2\pi)^3 \sum_{n,m} \frac{\mathrm{e}^{-(E_n - \mu N_n)/T}}{Z} \langle n|\hat{O}_1(0)|m\rangle \langle m|\hat{O}_2(0)|n\rangle \\
&\quad \times (1 \mp \mathrm{e}^{-\omega_{mn}/T}) \delta(\omega - \omega_{mn}) \delta^3(\boldsymbol{q} - \boldsymbol{P}_{mn}) \qquad (4.55)
\end{aligned}
$$

我们这里隐含假设 (4.53) 式中的谱积分收敛。如果这不成立, 我们需要对 ω 重复取微分直到积分收敛为止。这种情况下得到的谱表示有时被称作减除色散关系。

谱函数 ρ 有如下有用的性质:

$$
\rho(\omega, \boldsymbol{q}) = \rho_{1\leftrightarrow 2}(-\omega, -\boldsymbol{q}) \qquad (4.56)
$$

其中 $\rho_{1\leftrightarrow 2}(\omega, \boldsymbol{q})$ 是交换 $\hat{O}_1$ 和 $\hat{O}_2$ 得到的谱函数。

虚时格林函数的谱表示 $\mathcal{G}$ 也可以通过在 (4.50) 式中插入一个完备集得到

$$\mathcal{G}(q_4,\boldsymbol{q})=\int_{-\infty}^{\infty}\frac{\rho(\omega',\boldsymbol{q})}{\omega'-\mathrm{i}\omega_n(\mathrm{i}\nu_n)}\mathrm{d}\omega' \tag{4.57}$$

超前格林函数的谱表示可以由 (4.53) 式通过 $\delta\to-\delta$ 变换得到。而且易得如下关系式:

$$\mathcal{G}^{\mathrm{F}}(\omega,\boldsymbol{q})=\frac{1}{1\mp\mathrm{e}^{-\omega/T}}[\mathcal{G}^{\mathrm{R}}(\omega,\boldsymbol{q})\mp\mathrm{e}^{-\omega/T}\mathcal{G}^{\mathrm{A}}(\omega,\boldsymbol{q})] \tag{4.58}$$

注意 $\mathcal{G}^{\mathrm{R}}$, $\mathcal{G}^{\mathrm{A}}$ 和 $\mathcal{G}^{\mathrm{F}}$ 仅在虚部上有区别。(4.53) 式表明 $\mathcal{G}^{\mathrm{R}}(\mathcal{G}^{\mathrm{A}})$ 在复 ω 面的上 (下) 半平面是解析的, 而 (4.58) 式表明 $\mathcal{G}^{\mathrm{F}}$ 在全平面上有极点和割线。

比较 (4.53) 和 (4.57) 式, 我们可以看到一旦知道 $\mathcal{G}^{R,A}$ 就能得到 $\mathcal{G}$:

$$\text{对于}\mathrm{Im}\ \omega>0,\quad \mathcal{G}^{\mathrm{R}}(\omega\to\mathrm{i}\omega_n(\mathrm{i}\nu_n),\boldsymbol{q})=\mathcal{G}(q_4,\boldsymbol{q}) \tag{4.59}$$

$$\text{对于}\mathrm{Im}\ \omega<0,\quad \mathcal{G}^{\mathrm{A}}(\omega\to\mathrm{i}\omega_n(\mathrm{i}\nu_n),\boldsymbol{q})=\mathcal{G}(q_4,\boldsymbol{q}) \tag{4.60}$$

假设 $\mathcal{G}^{\mathrm{R}}(\omega,\boldsymbol{q})(\mathcal{G}^{\mathrm{A}}(\omega,\boldsymbol{q}))$ 在复 ω 平面的上 (下) 半平面解析且对大 $|\omega|$ 其增长不快于 $\mathrm{e}^{\pi|\omega|}$。在此情况下, 根据 Carlson 定理(Titchmarsh, 1932) 可以证明 $\mathcal{G}^{\mathrm{R}}(\omega,\boldsymbol{q})(\mathcal{G}^{\mathrm{A}}(\omega,\boldsymbol{q}))$ 是 $\mathcal{G}$ 在上 (下) 半平面的唯一的解析延拓 (见习题 4.4)。因为 $\mathcal{G}$ 可以用微扰理论系统地计算, 如 4.3 节所示, 我们可以从虚时的函数中抽取实时格林函数 (Abrikosov, et al., 1959; Fradkin, 1959; Baym and Mermin, 1961)。关于此结果到 n 点函数的推广, 请参考 Baier and Niegawa(1994)。

获得实时格林函数的另一种方法是不借助解析延拓而直接在实时间上建立微扰理论。这种情况下, 需要适当选取图 4.1 中的复时间路径。有兴趣的读者可以详细参考 Mills (1969), Landsman and van Weert (1987), Takahashi and Umezawa (1996)。

在本节中发展的实时格林函数和谱函数方法将会应用到下面几节和第 7 章。

4.5 高温零化学势的胶子传播子

作为热微扰理论的一个应用, 让我们考虑高温且零重子化学势 $\mu=0$ 情形下的胶子自能。自能定义为全胶子传播子 $D_{\mu\nu}$ 和自由传播子 $D^0_{\mu\nu}$ 之差:

$$(D_{\mu\nu}(Q))^{-1}=(D^0_{\mu\nu}(Q))^{-1}+\Pi_{\mu\nu}(Q) \tag{4.61}$$

或者等价地, $D = D^0 - D^0 \Pi D^0 + D^0 \Pi D^0 \Pi D^0 + \cdots$, 如图 4.4 所示。在 g^2 阶的自能图如图 4.5 所示。在本节, 我们将着重讨论硬热圈 (HTL) 近似, 其中假设 T 在圈图里是主导的能标。这意味着我们需要抽取出 $\Pi_{\mu\nu}$ 中正比于 g^2T^2 的贡献。

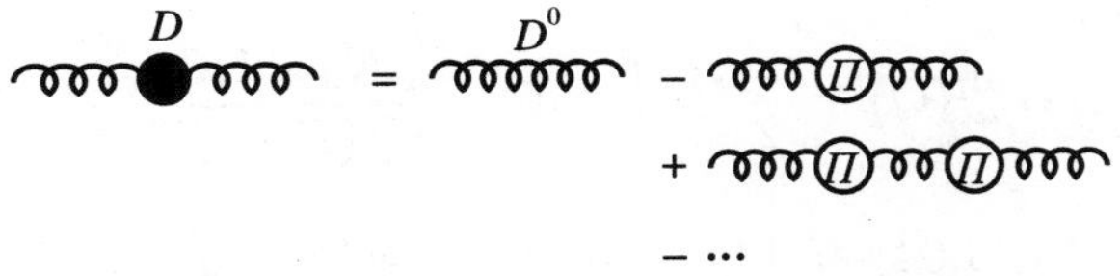

图 4.4　由自由传播子 D^0 和单粒子不可约自能 Π 构成的胶子完全传播子 D

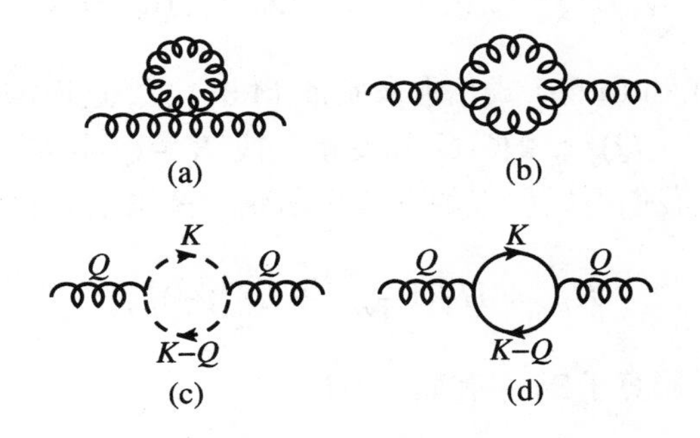

图 4.5　胶子的单圈自能

(a) 和 (b) 胶子圈, (c) 鬼圈和 (d) 夸克圈

作为示例, 让我们考虑图 4.5(c) 所示的鬼圈,

$$\Pi^{(\mathrm{c})}_{\mu\nu}(Q) \simeq (-)(-)\int (\mathrm{d}K)(\mathrm{i}gK_\mu)(\mathrm{i}gK_\nu)(-N_c)\frac{-1}{K^2}\frac{-1}{(K-Q)^2} \tag{4.62}$$

$$= g^2 N_c \int (\mathrm{d}K)\frac{K_\mu K_\nu}{K^2(K-Q)^2} \tag{4.63}$$

其中 $Q_\mu = (q_4, \boldsymbol{q}) = (-\omega_l, \boldsymbol{q})$, 并且 $K_\mu = (k_4, \boldsymbol{k}) = (-\omega_n, \boldsymbol{k})$。(4.62) 式右边的第一个负号来自于 (4.61) 式的定义, 第二个负号来自于鬼圈。为了在积分中提取领头的高温贡献, 我们在鬼-鬼-胶子顶角中把 $K_\mu - Q_\mu$ 近似成 K_μ。这里读者可能会质疑为什么对离散的时间分量我们也做 $K \gg Q$ 的近似。实际上, 此近似只有在解析延拓到实频率上才成立, $\mathrm{i}\omega_l \to \omega$。因子 $-N_c$ 来自于色求和 $f_{abc}f_{cba'} = -N_c\delta_{aa'}$, 它可以由伴随表示的二阶 Casimir 算符求得, $(T^aT^a)_{bc} = C_{\mathrm{A}}\delta_{bc}$, 其中 $(T^a)_{bc} = -\mathrm{i}f_{abc}$ 和 $C_{\mathrm{A}} = N_c$(见附录 B.3)。

完成硬热圈近似下的图 4.5(a) 和 4.5(b) 的类似计算后, 我们发现在 $\Pi^{(a+b)}_{\mu\nu}(Q)$

中规范参数 ξ 消失了 (见习题 4.5)。把 (a), (b), (c) 三个贡献相加, 我们得到

$$\Pi_{\mu\nu}^{(\mathrm{a+b+c})}(Q) \simeq -g^2 N_c \int (\mathrm{d}K) \frac{4K_\mu K_\nu - 2K^2\delta_{\mu\nu}}{K^2(K-Q)^2} \tag{4.64}$$

其中 $K_\mu = (k_4, \boldsymbol{k}) = (-\omega_n, \boldsymbol{k})$。夸克圈的贡献也可以类似地得到 (见习题 4.5)

$$\Pi_{\mu\nu}^{(\mathrm{d})}(Q) \simeq \frac{g^2}{2} N_f \int (\mathrm{d}K) \frac{8K_\mu K_\nu - 4K^2\delta_{\mu\nu}}{K^2(K-Q)^2} \tag{4.65}$$

硬热圈近似下的 (4.64) 和 (4.65) 式有两个显著特征。第一, $\Pi_{\mu\nu}^{(\mathrm{a+b+c})}(Q)$ 和 $\Pi_{\mu\nu}^{(\mathrm{d})}(Q)$ 不包含规范参数 ξ, 因此它们是规范无关的。第二, 它们都是守恒的,

$$Q_\mu \Pi_{\mu\nu}^{(\mathrm{a+b+c})}(Q) = 0, \quad Q_\mu \Pi_{\mu\nu}^{(\mathrm{d})}(Q) = 0 \tag{4.66}$$

可以用 Q_μ 与 (4.64) 和 (4.65) 式相乘来验证 (4.66) 式, 这里需使用在硬热圈近似下的关系式 $K^2 - (K-Q)^2 \simeq 2K\cdot Q$ 和变量变换 $K - Q \to K$。

因为 (4.66) 式, 我们可以引入如下两个不变的自能 Π_T 和 Π_L:

$$\Pi_{\mu\nu} = \Pi_\mathrm{T}(\mathrm{P_T})_{\mu\nu} + \Pi_\mathrm{L}(\mathrm{P_L})_{\mu\nu} \tag{4.67}$$

这里欧氏时空里的投影算子$\mathrm{P_{T,L}}$ 有如下性质①:

$$Q_\mu(\mathrm{P_T})_{\mu\nu} = Q_\mu(\mathrm{P_L})_{\mu\nu} = 0 \tag{4.68}$$

$$(\mathrm{P_T})^2 = \mathrm{P_T}, \quad (\mathrm{P_L})^2 = \mathrm{P_L}, \quad \mathrm{P_T P_L} = \mathrm{P_L P_T} = 0 \tag{4.69}$$

$$(\mathrm{P_T} + \mathrm{P_L})_{\mu\nu} = \delta_{\mu\nu} - \frac{Q_\mu Q_\nu}{Q^2} \tag{4.70}$$

$$(\mathrm{P_T})_{ij} = \delta_{ij} - \frac{Q_i Q_j}{q^2}, \quad (\mathrm{P_T})_{44} = (\mathrm{P_T})_{4j} = (\mathrm{P_T})_{j4} = 0 \tag{4.71}$$

其中 $q \equiv |\boldsymbol{q}|$。因此我们有如下关系式:

$$\Pi_\mathrm{L} = \frac{Q^2}{q^2}\Pi_{44}, \quad \Pi_\mathrm{T} = \frac{1}{2}(\Pi_{\mu\mu} - \Pi_\mathrm{L}) \tag{4.72}$$

硬热圈近似下取协变规范的胶子传播子由下式给出

$${}^*D_{\mu\nu}(Q) = \frac{(\mathrm{P_T})_{\mu\nu}}{Q^2 + \Pi_\mathrm{T}} + \frac{(\mathrm{P_L})_{\mu\nu}}{Q^2 + \Pi_\mathrm{L}} + \xi\frac{Q_\mu Q_\nu}{Q^4} \tag{4.73}$$

这里 $D_{\mu\nu}$ 的左上标 $*$ 表示这是硬热圈近似的结果。

① 作为对照, 闵氏时空中的投影算子可以通过类似的方法定义: $(\mathrm{P_T})_{ij} = -g_{ij} - q_i q_j/|\boldsymbol{q}|^2$; $(\mathrm{P_T})_{0j} = (\mathrm{P_T})_{i0} = (\mathrm{P_T})_{00} = 0$; $(\mathrm{P_L})_{\mu\nu} + (\mathrm{P_T})_{\mu\nu} = -g_{\mu\nu} + q_\mu q_\nu/q_\lambda^2$。

$\Pi_{\mu\mu}$ 和 Π_{44} 的计算如下。例如, 从 (4.64) 式可得

$$\Pi_{\mu\mu}^{(\mathrm{a+b+c})}=4g^2N_cI_1,\quad \Pi_{44}^{(\mathrm{a+b+c})}=4g^2N_c(I_2-I_1/2) \tag{4.74}$$

其中

$$I_1=\int(\mathrm{d}K)\frac{1}{K^2},\quad I_2=\int(\mathrm{d}K)\frac{k^2}{K^2(K-Q)^2} \tag{4.75}$$

用习题 4.6 的公式, 我们可以完成 Matsubara 频率求和而得到带有玻色因子 $n_{\mathrm{B}}=1/(\mathrm{e}^{k/T}-1)$ 的积分。积分 I_1 的计算如下:

$$I_1=T\sum_n\int\frac{\mathrm{d}^3k}{(2\pi)^3}\frac{1}{\omega_n^2+k^2} \tag{4.76}$$

$$\rightarrow\frac{-2}{2\pi\mathrm{i}}\int\frac{\mathrm{d}^3k}{(2\pi)^3}\int_{-\mathrm{i}\infty+\delta}^{\mathrm{i}\infty+\delta}\mathrm{d}k_0\frac{1}{k_0^2-k^2}\frac{1}{\mathrm{e}^{\beta k_0}-1} \tag{4.77}$$

$$=\frac{1}{2\pi^2}\int_0^\infty\mathrm{d}k\,k\,n_{\mathrm{B}}(k)=\frac{T^2}{12} \tag{4.78}$$

这里我们只挑选了高温下的领头项并应用了习题 3.4 中的积分 $I_3^-(0)$。真空极化对圈积分的贡献不正比于 T^2, 所以可以通过重整化而吸收掉。直接用 (4.18) 式可以得到同样的结果。

对 I_2, 我们计算得

$$I_2=T\sum_n\int\frac{\mathrm{d}^3k}{(2\pi)^3}\frac{k^2}{(\omega_n^2+k^2)[(\omega_n-\omega_l)^2+|\boldsymbol{k}-\boldsymbol{q}|^2]} \tag{4.79}$$

$$\rightarrow-\int\frac{\mathrm{d}^3k}{(2\pi)^3}\frac{k^2}{4E_1E_2}\left[\left(\frac{1}{E_1-E_2+\mathrm{i}\omega_l}-\frac{1}{E_1+E_2+\mathrm{i}\omega_l}\right)n_{\mathrm{B}}(E_1)\right.$$
$$\left.+(E_1\longleftrightarrow E_2,\omega_l\longleftrightarrow-\omega_l)n_{\mathrm{B}}(E_2)\right] \tag{4.80}$$

其中 $E_1\equiv|\boldsymbol{k}|$ 和 $E_2\equiv|\boldsymbol{k}-\boldsymbol{q}|$。同样, 我们只保留了依赖于 T 的项。(4.80) 式中有两个 $O(T^2)$ 项。一项正比于 $n_{\mathrm{B}}(E_1)+n_{\mathrm{B}}(E_2)\sim 2n_{\mathrm{B}}(k)$, 另一项正比于 $n_{\mathrm{B}}(E_1)-n_{\mathrm{B}}(E_2)\sim(E_1-E_2)\partial n_{\mathrm{B}}/\partial k$, 其中 $E_1-E_2\sim k-(k-q\cos\theta)=q\cos\theta$。因此, 我们有

$$I_2=-\frac{1}{8\pi^2}\int_0^\infty\mathrm{d}k\,k^2\int_{-1}^1\mathrm{d}y\left[\frac{y}{y+\mathrm{i}\omega_l/q}\frac{\partial n_{\mathrm{B}}(k)}{\partial k}-\frac{1}{k}n_{\mathrm{B}}(k)\right] \tag{4.81}$$

$$=\frac{I_1}{2}\cdot\left(3-\frac{\mathrm{i}\omega_l}{q}\ln\left|\frac{\mathrm{i}\omega_l/q+1}{\mathrm{i}\omega_l/q-1}\right|\right) \tag{4.82}$$

综合上面公式并对闵氏四动量 $Q^\mu=(\omega,\boldsymbol{q})$ 做解析延拓 $\mathrm{i}\omega_l\rightarrow\omega+\mathrm{i}\delta$, 我们得到

$${}^*D_{\mu\nu}^{\mathrm{R}}=\frac{-(\mathrm{P_T})_{\mu\nu}}{Q^2-\Pi_{\mathrm{T}}}+\frac{-(\mathrm{P_L})_{\mu\nu}}{Q^2-\Pi_{\mathrm{L}}}+\xi\frac{Q_\mu Q_\nu}{Q^4} \tag{4.83}$$

其中

$$\Pi_{\mathrm{L}}(Q)=-\omega_{\mathrm{D}}^2\frac{Q^2}{q^2}(1-F(\omega/q)) \tag{4.84}$$

$$\Pi_{\mathrm{T}}(Q)=\frac{\omega_{\mathrm{D}}^2}{2}\left[1+\frac{Q^2}{q^2}(1-F(\omega/q))\right] \tag{4.85}$$

$$F(x)=\frac{x}{2}\left[\ln\left|\frac{x+1}{x-1}\right|-\mathrm{i}\pi\theta(1-|x|)\right] \tag{4.86}$$

注意 $F(x)$ 在 $|x|<1$ 处有一条割线, 在此间隔内有虚部; ω_{D} 是德拜 (Debye) 屏蔽质量

$$\omega_{\mathrm{D}}^2=\frac{1}{3}g^2T^2\left(N_c+\frac{1}{2}N_f\right)\quad \text{(QCD)} \tag{4.87}$$

$$=\frac{1}{3}e^2T^2\quad \text{(QED)} \tag{4.88}$$

在静止的温度为 T 的均匀介质中, 洛伦兹不变性只余下 3 维空间中的 $O(3)$ 旋转对称性。因此, 非解析的比率, 比如 ω/q, 可以出现在自能中。这导致两个极限 $\omega\to 0$ 和 $q\to 0$ 不对易。

让我们考虑类时区域 $(\omega>q)$ 的胶子。长波极限 (ω=有限值, $q=0$) 对应于 $x\to\infty$。因为 $F(x\to\infty)\to 1+1/(3x^2)+1/(5x^4)+\cdots$, 我们得到

$$\Pi_{\mathrm{L,T}}(\omega,q=0)=\frac{1}{3}\omega_{\mathrm{D}}^2\equiv\omega_{\mathrm{pl}}^2 \tag{4.89}$$

$${}^*D_{\mathrm{L,T}}^{\mathrm{R}}(\omega,q=0)=[\omega^2-\omega_{\mathrm{pl}}^2]^{-1} \tag{4.90}$$

其中 ${}^*D_{\mathrm{L,T}}^{\mathrm{R}}(Q)\equiv[Q^2-\Pi_{\mathrm{L,T}}(Q)]^{-1}$。这意味着在热等离子体中非静态胶子涨落 (包括横模和纵模) 以如下特征频率 (等离子体频率) 震荡

$$\omega_{\mathrm{pl}}=\frac{1}{\sqrt{3}}\omega_{\mathrm{D}} \tag{4.91}$$

现在我们考虑有限 q 这类更一般情形。胶子传播子的极点位置由下面方程确定:

$$Q^2=\Pi_{\mathrm{L}}(\omega,q),\quad Q^2=\Pi_{\mathrm{T}}(\omega,q) \tag{4.92}$$

(4.92) 式在类时区域 $\omega>q$ 有实解, 我们称之为等离子体震荡或等离激元。对 $q\ll\omega_{\mathrm{D}}$, 有

$$\omega^2=\omega_{\mathrm{pl}}^2+\frac{3}{5}q^2+\cdots\quad \text{(纵向模式)} \tag{4.93}$$

$$\omega^2=\omega_{\mathrm{pl}}^2+\frac{6}{5}q^2+\cdots\quad \text{(横向模式)} \tag{4.94}$$

另一方面, 对大 q $(\omega \ll q \ll T)$, 两个模式都趋于类光区域 $\omega \simeq q$。类时区域 $(\omega > q)$ 的色散关系如图 4.6(a) 中的实线所示。

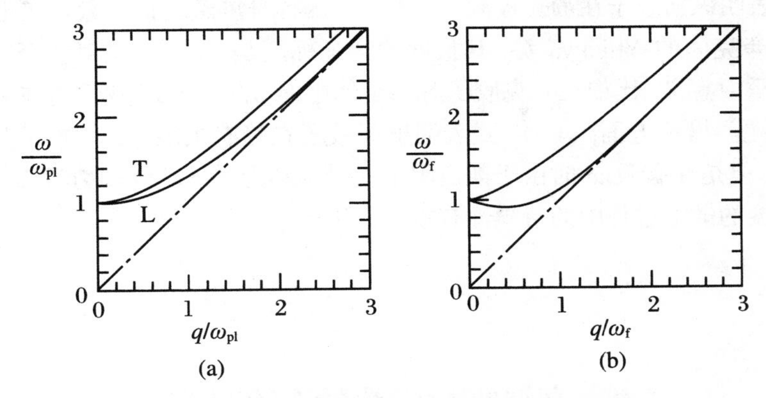

图 4.6　硬热圈近似下的胶子 (a) 和夸克 (b) 的色散关系

T 和 L 分别代表恒向和纵向模式

在类空区域 $(\omega < q)$, 自能有虚部, 因为 (4.86) 式中的 $F(x)$ 在 $|x| < 1$ 的区域是复的。虚部的物理来源是简单的。考虑图 4.7, 一个带有四动量 $(\omega, \boldsymbol{q})$ 的胶子被等离子体中的无质量成分粒子所散射。由于能动量守恒, 此散射发生的条件是

$$\omega^2 - \boldsymbol{q}^2 = (k_0 - p_0)^2 - (\boldsymbol{k} - \boldsymbol{q})^2 = -2pk(1 - \cos\theta) \leqslant 0 \tag{4.95}$$

其中 θ 是 $\boldsymbol{p}$ 和 $\boldsymbol{k}$ 的夹角。这是与从共振模式到等离子成分粒子的能量传输相关联的一种衰减, 叫作朗道阻尼。在硬热圈近似下, 等离激元处于类时区域。因此, 它们不会受到朗道阻尼的影响而表现为长寿命的准粒子。但是, 在高阶时, 阻尼是通过等离激元和其他等离子体成分粒子的散射而发生的, 我们将在 4.7 节讨论这个问题。

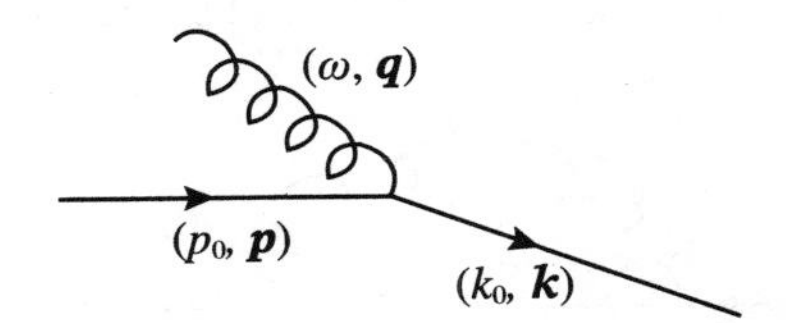

图 4.7　朗道阻尼对应的费曼图

其中一个类空的胶子被一个等离子体的热成分粒子吸收

由于朗道阻尼, 在静态极限附近 $\omega \ll q$ $(x \to 0)$ 且在 x 的领头阶, HTL 传播子由下式给出:

$$^*D_{\mathrm{L}}^{\mathrm{R}}(\omega \ll q, q) = \left(q^2 + \omega_{\mathrm{D}}^2 + \mathrm{i}\frac{\pi\omega_{\mathrm{D}}^2}{2}\frac{\omega}{q}\right)^{-1} \tag{4.96}$$

$$^{*}D_{\mathrm{T}}^{\mathrm{R}}(\omega \ll q,q) = \left(q^2 - \mathrm{i}\frac{\pi\omega_{\mathrm{D}}^2}{4}\frac{\omega}{q}\right)^{-1} \tag{4.97}$$

(4.96) 式表明纵向胶子在静态极限 ($\omega = 0$) 下因德拜屏蔽获得质量。在坐标空间, 这导致重夸克间的 Yukawa 势, 其长度的特征标度是 $1/\omega_{\mathrm{D}}$。这对重夸克束缚态的性质有重要意义, 比如在夸克胶子等离子体中的 J/ψ 和 Υ, 我们将在第 7 章中讨论此课题。另一方面, (4.97) 式表明横向胶子在静态极限 ($\omega = 0$) 下是无质量和长程的, 但是在有限 ω 时由于朗道阻尼而受到动力学屏蔽。动力学屏蔽对处理横胶子交换的散射过程中的奇异性有重要作用。

4.6 高温零化学势的夸克传播子

对于图 4.8 所示的费米子图, 也可以做 HTL 近似下的类似计算。零化学势情况下的夸克自能由下式给出:

$$\Sigma(Q) = S(Q)^{-1} - S_0(Q)^{-1} \tag{4.98}$$

$$\simeq -g^2 C_{\mathrm{F}} \int (\mathrm{d}K)\gamma_\mu(\gamma\cdot K)\gamma_\mu \frac{1}{K^2(Q+K)^2} \tag{4.99}$$

其中 $Q_\mu = (q_4, \boldsymbol{q}) = (-\nu_l, \boldsymbol{q})$, $K_\mu = (k_4, \boldsymbol{k}) = (-\omega_n, \boldsymbol{k})$, $C_{\mathrm{F}} = (N_c^2 - 1)/(2N_c) = 4/3$ 是基础表示中定义为 $(t^a t^a)_{ij} = C_{\mathrm{F}}\delta_{ij}$ 的二阶 Casimir 不变量 (见附录 B.3)。对于 QED 中无质量费米子的自能, 我们可以在 (4.99) 式中把 g 替换成 e, 并把 C_{F} 替换成 1。(4.99) 式的分子已经做了 $K \gg Q$ 的 HTL 近似。另外, 胶子传播子的规范部分 $-(1-\xi)K_\mu K_\nu/K^4$ 在此近似下无贡献 (见习题 4.7(1))。

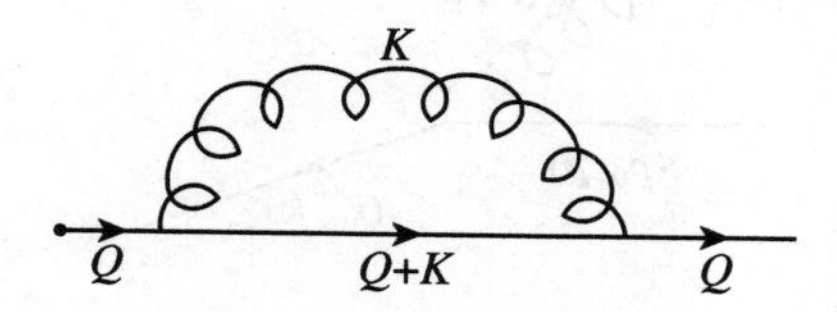

图 4.8 等离子体中夸克的单圈自能图

以与胶子传播子相同方式完成积分并进行闵氏空间的解析延拓 $\mathrm{i}\nu_l \to q^0 + \mathrm{i}\delta$ ($-\mathrm{i}\gamma_4 = \gamma^0$ 和 $Q^\mu = (q^0, \boldsymbol{q})$), 我们得到 HTL 近似下的夸克延迟传播子, $^{*}S^{\mathrm{R}}(Q) = -[\gamma\cdot Q - \Sigma(Q)]^{-1}$, 其中夸克自能由下式给出 (见习题 4.7(2)):

$$\Sigma(\omega, q) = a(\omega, q)\gamma^0 + b(\omega, q)\boldsymbol{\gamma}\cdot\hat{\boldsymbol{q}} \tag{4.100}$$

$$a(\omega,q)=\frac{\omega_{\mathrm{f}}^{2}}{\omega}F(\omega/q) \tag{4.101}$$

$$b(\omega,q)=\frac{\omega_{\mathrm{f}}^{2}}{q}[1-F(\omega/q)] \tag{4.102}$$

因子 ω_{f} 是热等离子体的费米子特征频率:

$$\omega_{\mathrm{f}}^{2}=\frac{g^{2}}{8}C_{\mathrm{F}}T^{2}\quad(\mathrm{QCD}) \tag{4.103}$$

$$=\frac{e^{2}}{8}T^{2}\quad(\mathrm{QED}) \tag{4.104}$$

由传播子 ${}^{*}S^{\mathrm{R}}(Q)$ 的极点定义的共振模式叫作 plasmino (费米等离激元), 它是等离激元的费米子对应 (Klimov, 1981; Weldon, 1982)。 plasmino 在小动量区 ($q\ll\omega_{\mathrm{f}}$) 和大动量区 ($\omega_{\mathrm{f}}\ll q\ll T$) 的色散关系可以通过取 $F(x)$ 的极限 $x\to\infty$ 和 $x\to0$ 得到。正能解的行为是

$$\omega\simeq\omega_{\mathrm{f}}\pm\frac{1}{3}q\quad(q\text{小时}) \tag{4.105}$$

$$\simeq q\quad(q\text{大时}) \tag{4.106}$$

负能解可由正能解通过 $\omega\to-\omega$ 替换得到。

在 q 的一般区域中, 正能 plasmino 的色散关系如图 4.6(b) 所示。一个有趣的特征是下面分支的速度 $v_{\mathrm{f}}=\partial\omega/\partial q$ 会随 q 的增大而变号。还要注意非零能隙 $\omega(q=0)=\pm\omega_{\mathrm{f}}$ 并不意味着手征对称性的破坏。实际上, (4.100) 式的自能正比于 γ^{μ}, 因此它是手征对称的, $[\Sigma,\gamma_{5}]=0$。

4.7 HTL 重求和

硬热圈 (HTL) 不仅出现在自能中, 比如 $\Pi_{\mathrm{L,T}}$ 和 Σ, 也存在于顶角中。实际上, 已经证明了具有 n 个胶子外线的顶角以及具有 $n-2$ 个胶子和 2 个夸克外线的顶角有 $O(T^{2})$ 阶的 HTL 贡献 (Braaten and Pisarski, 1990a)。并且这些顶角可以归纳为虚时的 HTL 有效拉氏量 (Braaten and Pisarski, 1992b; Frenkel and Taylor, 1992):

$$\mathcal{L}_{\mathrm{HTL}}=\omega_{\mathrm{f}}^{2}\int\frac{\mathrm{d}\Omega}{4\pi}\bar{q}\frac{\gamma\cdot v}{-\mathrm{i}v\cdot D}q+\frac{1}{2}\omega_{\mathrm{D}}^{2}\,\mathrm{tr}\int\frac{\mathrm{d}\Omega}{4\pi}F_{\mu\lambda}\frac{v_{\lambda}v_{\rho}}{(v\cdot\mathcal{D})^{2}}F_{\mu\rho} \tag{4.107}$$

其中 $v_\mu=(\mathrm{i},\boldsymbol{v})$ 且 $\boldsymbol{v}^2=1$, $\int \mathrm{d}\Omega$ 是 $\boldsymbol{v}$ 的角度的积分, $F_{\mu\nu}=F^a_{\mu\nu}t^a$, tr 作用在色指标上, 因子 D 和 $\mathcal{D}$ 是在 (4.4) 式定义的欧氏时空的协变导数, ω_f 和 ω_D 分别由 (4.103) 和 (4.87) 式定义。对 (4.107) 式做 g 的展开并转到动量空间, 在领头阶可得 $\Pi_{\mathrm{L,T}}$ 和 Σ, 高阶贡献即给出 HTL 顶角 (见习题 4.8)。$\mathcal{L}_{\mathrm{HTL}}$ 的一个重要性质是它的规范不变性。这就是前面几节中在 HTL 近似下计算胶子和夸克传播子时其规范参数依赖性消失的原因。另外, 在位置空间, $\mathcal{L}_{\mathrm{HTL}}$ 是非定域的。

对于动量 $q\sim T$ 的硬粒子, 与 (2.1) 式中的经典拉氏量 $\mathcal{L}_{\mathrm{cl}}$ 相比, $\mathcal{L}_{\mathrm{HTL}}$ 中的 HTL 贡献以 g 的幂次被压低。另一方面, 对于动量 $q\sim gT$ 的软粒子, $\mathcal{L}_{\mathrm{HTL}}$ 和 $\mathcal{L}_{\mathrm{cl}}$ 是同阶量, 因为 $\omega_\mathrm{f}^2/\partial\sim(gT)^2/(gT)\sim\partial$ 和 $\omega_\mathrm{D}^2/\partial^2\sim(gT)^2/(gT)^2\sim 1$。因此, 对于软粒子, 需要通过定义含有 HTL 贡献的有效传播子和顶角来重新组织微扰理论的拉氏量, 这个操作叫作 HTL 重求和 (Braaten and Pisarski, 1990a)。经典拉氏量可以写为如下形式:

$$\mathcal{L}_{\mathrm{cl}}=(\mathcal{L}_{\mathrm{cl}}+\mathcal{L}_{\mathrm{HTL}})-\mathcal{L}_{\mathrm{HTL}}=\mathcal{L}_{\mathrm{eff}}-\mathcal{L}_{\mathrm{HTL}} \tag{4.108}$$

其中 $\mathcal{L}_{\mathrm{eff}}$ 定义了有效传播子和顶角, 而 $-\mathcal{L}_{\mathrm{HTL}}$ 避免了对同一贡献的双重计数。历史上, HTL 重求和在计算胶子 (夸克) 的衰减率 $\gamma(q)$ 时有过重要作用, 这里 $\gamma(q)$ 定义为胶子 (夸克) 传播子极点的虚部: $\omega=\omega(q)-\mathrm{i}\gamma(q)$(Braaten and Pisarski, 1990b, 1992a)。例如, 对于 $N_f=0$ 时静止胶子的衰减率可由计算如图 4.9 所示的费曼图得到

$$\gamma_\mathrm{g}(q=0)\simeq 1.1N_c\alpha_\mathrm{s}T \tag{4.109}$$

而 $N_f=2$ 时静止夸克的衰减率为 $\gamma_\mathrm{q}(q=0)\simeq 1.4C_\mathrm{F}\alpha_\mathrm{s}T$。关于 HTL 更多的详细讨论和应用, 可参见 Thoma (1995), Le Bellac (1996), Kraemmer and Rebhan (2004)。

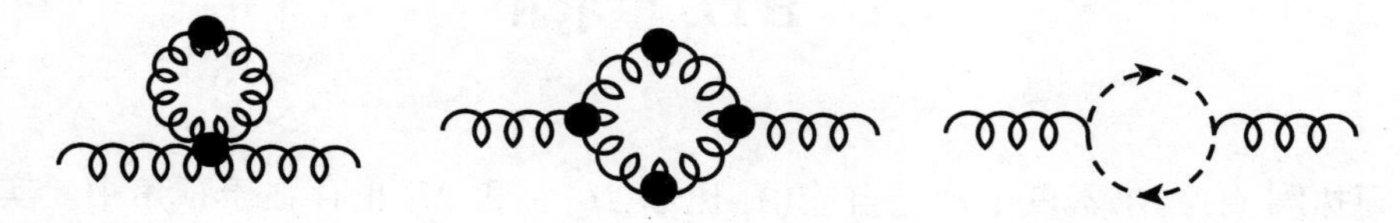

图 4.9 重求和之后的微扰论中软胶子自能图

填充圆点表示 HTL 重求和理论中的有效传播子与节点

4.8　压强的微扰计算 —— 展开到 $O(g^5)$

我们现在研究在高温和零化学势情形下怎样计算夸克胶子等离子体的热力学量。其中, 压强 $P(T)=-\Omega(T,V)/V$ 是基本量, 可以通过计算无外腿的连通费曼图得到 (见习题 4.3)。这里我们概括 N_f 种味道无质量费米子在 $\overline{\text{MS}}$ 方案下精确到 $O(g^5)$ 的计算结果如下:

$$P(T)\simeq\frac{8\pi^2}{45}T^4\Big[c_0+c_2\bar{g}^2(\kappa)+c_3\bar{g}^3(\kappa)+c_4\left(\ln\frac{\kappa}{T},\ln\bar{g}\right)\bar{g}^4(\kappa)+c_5\left(\ln\frac{\kappa}{T}\right)\bar{g}^5(\kappa)\Big] \tag{4.110}$$

其中 κ 是重整化标度, $\bar{g}^2\equiv g^2/(4\pi^2)=\alpha_s/\pi$。

我们定义 Stefan-Boltzmann(SB) 极限下的自由能 $f_{SB}\equiv -c_0(8\pi^2/45)T^4$。Shuryak (1978a) 和 Kapusta (1979) 分别计算得到了系数 c_2 和 c_3, Arnold and Zhai (1995) 计算得到了系数 c_4, Zhai and Kastening (1995) 以及 Braaten and Nieto (1996a) 计算得到了系数 c_5。另外, Kajantie, et al. (2003) 计算得到了 $\bar{g}^6\ln\bar{g}$ 的系数。这些系数的数值为

$$c_0=1+\frac{21}{32}N_f \tag{4.111}$$

$$c_2=-\frac{15}{4}\left(1+\frac{5}{12}N_f\right) \tag{4.112}$$

$$c_3=30\left(1+\frac{1}{6}N_f\right)^{3/2} \tag{4.113}$$

$$\begin{aligned}c_4=&237.2+15.97N_f-0.4150N_f^2\\&+\frac{135}{2}\left(1+\frac{1}{6}N_f\right)\ln\left[\bar{g}^2\left(1+\frac{1}{6}N_f\right)\right]\\&-\frac{165}{8}\left(1+\frac{5}{12}N_f\right)\left(1-\frac{2}{33}N_f\right)\ln\left(\frac{\kappa}{2\pi T}\right)\end{aligned} \tag{4.114}$$

$$\begin{aligned}c_5=&\left(1+\frac{1}{6}N_f\right)^{1/2}\Big[-799.2-21.96N_f-1.926N_f^2\\&+\frac{495}{2}\left(1+\frac{1}{6}N_f\right)\left(1-\frac{2}{33}N_f\right)\ln\left(\frac{\kappa}{2\pi T}\right)\Big]\end{aligned} \tag{4.115}$$

朴素的微扰理论对应着图 4.3 所示的费曼规则。它所给出的压强展开式中只有 $\bar{g}$ 的偶数幂次的贡献。因为无质量胶子传播子，这种朴素的展开在 $O(\bar{g}^4)$ 以上幂次出现红外发散。通过考虑纵向胶子传播子的德拜屏蔽来重新组织微扰展开级数可以解决这个问题。这对应着将某一类图做重求和进而得到 (4.110) 式的非解析项，比如 $|g|^3$, $g^4\ln\bar{g}$, $|g|^5$ 等。类似物理根源的非解析项例子亦出现在强电解质的 Debye-Hückel 经典理论 (Debye and Hückel, 1923) 和关联电子系统的 Gell-Mann-Brueckner 重求和理论中 (Gell-Mann and Brueckner, 1957)。

非解析项的存在也意味着展开的收敛半径为零且最多是一个渐近级数。(粗略地讲，如果 $F_n(x)\equiv\sum_{i=1}^{n}f_i(x)$ 是 $F(x)$ 在 $x=0$ 处的一个渐近展开，则在固定 n 且 $x\to 0$ 时 $F_n(x)$ 是 $F(x)$ 的一个好的近似。另一方面，如果 $F_n(x)$ 是收敛的，在固定 x 且 $n\to\infty$ 时它是 $F(x)$ 的一个好的近似。) 渐近行为在量子力学和量子场论的许多问题的高阶项中普遍存在 (Le Guillou and Zinn-Justin, 1990)。

为了验证 (4.110) 式的可靠性，让我们定义一个无量纲比值

$$R\equiv\frac{P(T)}{P_{\rm SB}(T)} \tag{4.116}$$

其中 $P_{\rm SB}(T)$ 是 SB 极限 $(g\to 0)$ 下的压强。如图 4.10(a) 所示，R 是 $\alpha_{\rm s}\equiv g^2/4\pi$ 的一个函数，这里我们取 $N_f=4$; κ 取为 $2\pi T$，这样 c_4 和 c_5 里的大 log 项受到抑制。图 4.10(a) 中的实线显示了到 $O(g^n)$ $(n=2,3,4,5)$ 级的 R 值。显然，如果 $\alpha_{\rm s}$ 较大，R 在 $R=1$ 处附近振荡。

图 4.10(b) 显示了 $\alpha_{\rm s}$ 随温度 T 的变化，它是通过求解流方程 (2.27) 式得到的，方程的求解利用了 (2.29) 式中两圈 β-函数并取 $N_f=4$，边界条件取为 $\alpha_{\rm s}(\kappa=5\ {\rm GeV})=0.21$。$\alpha_{\rm s}$ 的取值范围 $0.2<\alpha_{\rm s}<0.4$ 对应于温度范围 $1\ {\rm GeV}>T>0.15\ {\rm GeV}$，这对应着 RHIC 和 LHC 的相对论重离子碰撞实验产生夸克胶子等离子体所能达到的范围。在这个区域内，$P(T)$ 的微扰展开急剧振荡，如图 4.10(a) 所示，这个展开严格来说是不可靠的。也就是说，(4.110) 式的渐近展开只有在 $\alpha_{\rm s}<0.1$ 时才可靠，这对应于 $T>O(10^2)$ GeV。

尽管以上事实对于微扰理论是正确的，但是非微扰格点 QCD 模拟 (图 3.5 和图 3.6) 表明在 $T>(2\sim 3)T_{\rm c}$ 时压强与 SB 极限值的偏离不超过 20%。这给我们以希望：即使在 $T\sim T_{\rm c}$，微扰展开级数的进一步重求和有可能得到可靠的结果。为此研究人员提出了很多方法，比如 Padé近似、优化的微扰理论、HTL 重求和微扰理论等。关于这些方法的更多细节，请参见 Kraemmer and Rebhan (2004)。

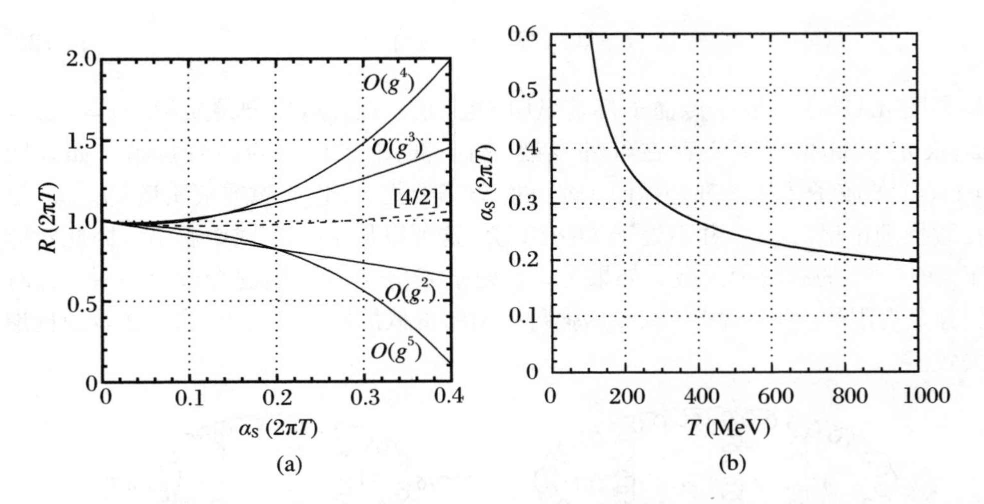

图 4.10 (a) 实线表示微扰压强 $P(T)$ 与 Stefan–Boltzmann 极限压强 $P_{\mathrm{SB}}(T)$ 的比值 R, 不同线表示计算精度到 $O(g^n)$ 阶 (n=2, 3, 4, 5), 虚线是从微扰级数构造的 Padé近似结果得到的 R 值; (b) 两圈 β 函数和 $N_f=4$ 情况下跑动耦合常数随温度 T 变化的曲线

图片取自文献 Hatsuda(1997)

4.9　$O(g^6)$ 贡献的红外问题

到目前为止, 我们已经讨论了压强到 $O(g^5)$ 阶的微扰展开。众所周知, 按照 g 的微扰展开在 $O(g^6)$ 阶失效, 即使考虑了纵向胶子的德拜屏蔽, 红外发散问题依然存在。

要明确看出这个问题, 让我们来考察图 4.11 所示的费曼图, Linde (1980) 最早讨论了这个问题。该费曼图具有 $(l+1)$ 个圈、$2l$ 个顶点和 $3l$ 个传播子。由于红外奇异性可能产生于处于零 Matsubara 频率 $(\omega_n=0)$ 的传播子, 图中压强的主要贡献可以概括为

$$P_{(2l)} \sim g^{2l}\left(T\int_m^T \mathrm{d}^3k\right)^{l+1}\left(\frac{1}{k^2}\right)^{3l} k^{2l} \tag{4.117}$$

式中引入红外正规子 m 和紫外截断 T 使积分正规化。最后一个因子 k^{2l} 来自含一个导数的 ggg 顶角 (见 (4.38) 式)。

上述表达式的行为依赖于圈的数目:

$$l<3: g^{2l}T^4 \tag{4.118}$$

$$l=3: g^6T^4\ln^4(T/m) \tag{4.119}$$

$$l>3: g^6T^4(g^2T/m)^{l-3} \tag{4.120}$$

如果图 4.11(a) 的胶子传播子都是纵向 (电) 的, m 可取成德拜质量, $m=m_{\rm el}=\omega_{\rm D}\propto gT$。此情况下不存在红外发散, 高阶圈图给出 g 的高阶贡献。如果图 4.11(a) 的胶子传播子都是横向 (磁) 的, 就需要把 m 设成磁屏蔽质量 $m_{\rm mag}$。但在微扰理论里, $m_{\rm mag}$ 并不处于 $O(gT)$ 阶, 这可以从 (4.97) 式中看出。因此对应于 $O(g^{n\geqslant 6})$ 的高阶项发散。如果 $m_{\rm mag}$ 处于 $O(g^2T)$ 阶, 情况会改善一些。此时压强是有限的, 但是对于 $l>3$, 压强每一项的贡献都处于相同阶, 这意味着微扰论失效。

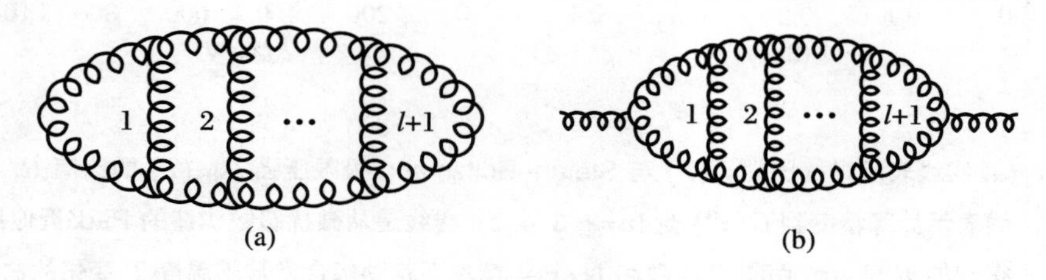

图 4.11 压强 (a) 和自能 (b) 的一个 $(l+1)$ 圈图

相同的红外发散问题也出现在 $m^2_{\rm mag}$ 的微扰计算中。考虑图 4.11(b) 的费曼图, 除了外线, 它与图 4.11(a) 相似。类比 (4.117) 式, 红外计数表明微扰论在 $O(g^4)$ 阶开始失效:

$$l=1: g^4T^2\ln^2(T/m) \tag{4.121}$$

$$l>1: g^4T^2(g^2T/m)^{l-1} \tag{4.122}$$

QCD 微扰论中与横向 (磁) 胶子紧密相关的红外问题, 至今未被解决。不清楚是否能发展出一套系统的重求和方法来解决这个问题。解决这个问题的另一条路径 (Braaten and Nieto, 1996b) 是引进中间动量截断 $\Lambda_{\rm el}\sim gT$ 和 $\Lambda_{\rm mag}\sim g^2T$ 来将压强分解为三部分:

$$P(T)/T^4=p_{\rm el}(g;\Lambda_{\rm el})+p_{\rm mag}(g;\Lambda_{\rm el},\Lambda_{\rm mag})g^3+p_{\rm g}(g;\Lambda_{\rm mag})g^6 \tag{4.123}$$

注意 $p_{\rm el}$ 包含硬动量 $(k>\Lambda_{\rm el})$ 的贡献, 而 $p_{\rm mag}$ 包含软动量 $(\Lambda_{\rm el}>k>\Lambda_{\rm mag})$ 的贡献。动量截断存在使得 $p_{\rm el}$ 和 $p_{\rm mag}$ 不再存在红外问题, 可以微扰计算到 g 的任意高阶。到 $O(g^5)$, $p_{\rm el}(g)+p_{\rm mag}(g)g^3$ 可以得到已有的结果, 即 (4.110) 式, (4.111)~(4.115) 式。最后一项 $p_{\rm g}$ 只能用非微扰方法计算, 比如格点 QCD 模拟。它包含超软动量 $(\Lambda_{\rm mag}>k)$ 的贡献。

4.10　QED 等离子体中的德拜屏蔽

本节中我们以相对论性的热 QED 等离子体作为例子给出德拜屏蔽的一个半经典推导。后面几个小节中我们将其推广到时间依赖情形和 QCD 情形。此推导与 Debye and Hückel(1923) 的经典工作很相似, 也可参见 Fetter and Walecka (1971)。

我们从麦克斯韦方程出发,

$$\partial_\nu F^{\nu\mu}(x) = j^\mu(x) \tag{4.124}$$

对于不含时间依赖的情形, (4.124) 式的 $\mu = 0$ 分量就是高斯定律,

$$\boldsymbol{\nabla} \cdot \boldsymbol{E}(\boldsymbol{x}) = -\boldsymbol{\nabla}^2 \phi(\boldsymbol{x}) = j^0(\boldsymbol{x}) = \rho_{\text{ind}}(\boldsymbol{x}) + \rho_{\text{ext}}(\boldsymbol{x}) \tag{4.125}$$

其中 ρ_{ext} 是外源的电荷密度, ρ_{ind} 是外源诱导出来的电荷密度。

我们假设系统由相等数目的电子和正电子组成, 并处于热平衡态, 其温度远大于电子质量 (相对论等离子体)。那么, 在忽略电子质量 m_{e} 的情况下, 受到标量势 $\phi(\boldsymbol{x})$ 的影响, 诱导电荷密度可以写成扭曲了的费米-狄拉克分布 $n_\pm(\boldsymbol{p},\boldsymbol{x})$ 之差:

$$\rho_{\text{ind}}(\boldsymbol{x}) \simeq 2e \int \frac{\mathrm{d}^3 k}{(2\pi)^3} [n_+(\boldsymbol{p},\boldsymbol{x}) - n_-(\boldsymbol{p},\boldsymbol{x})] \tag{4.126}$$

$$n_\pm(\boldsymbol{p},\boldsymbol{x}) \equiv \frac{1}{\mathrm{e}^{(|\boldsymbol{p}| \pm e\phi(\boldsymbol{x}))/T} + 1} \tag{4.127}$$

(4.126) 式右边的因子 2 来自于两个自旋态。(4.126)、(4.127) 式的正确使用需要假设系统是静态和无碰撞的, 我们将在 4.11 节中讨论。

$\phi(\boldsymbol{x})$ 场需要从 (4.125)、(4.126) 式自洽地解出。假设 $T \gg e\phi$ 并把 (4.127) 式线性化, 我们得到

$$\rho_{\text{ind}}(\boldsymbol{x}) \simeq 4e^2\phi(\boldsymbol{x}) \int \frac{\mathrm{d}^3 p}{(2\pi)^3} \frac{\mathrm{d}n_{\text{F}}(p)}{\mathrm{d}p} \tag{4.128}$$

$$= -\frac{e^2 T^2}{3} \phi(\boldsymbol{x}) \tag{4.129}$$

其中 $n_{\rm F} \equiv n_{\pm}|_{\phi=0}$ 是标准的费米-狄拉克分布, 并且使用了下面的积分 (见习题 3.4(1)):

$$\int \frac{{\rm d}^3 p}{(2\pi)^3} \frac{{\rm d}n_{\rm F}(p)}{{\rm d}p} = -\frac{T^2}{\pi^2} \int_0^\infty {\rm d}x \frac{x}{{\rm e}^x+1} = -\frac{T^2}{12} \tag{4.130}$$

于是 (4.125) 式中的高斯定律变成

$$(-\nabla^2 + \omega_{\rm D}^2)\phi(\boldsymbol{x}) = \rho_{\rm ext}(\boldsymbol{x}), \quad 其中\omega_{\rm D} = \frac{1}{\sqrt{3}} eT \tag{4.131}$$

式中 ω_D 就是我们在 (4.88) 式遇到的德拜屏蔽质量。

为了看出 $\omega_{\rm D}$ 的物理含义, 让我们考虑一个重的外源处于原点并带有电荷 $Q_{\rm ext} > 0$: $\rho_{\rm ext} = Q_{\rm ext}\delta^3(\boldsymbol{x})$。则标量势和诱导电荷分别为

$$\phi(\boldsymbol{x}) = \frac{Q_{\rm ext}}{4\pi R} {\rm e}^{-\omega_{\rm D} R}, \quad \rho_{\rm ind}(\boldsymbol{x}) = -\frac{\omega_{\rm D}^2 Q_{\rm ext}}{4\pi R} {\rm e}^{-\omega_{\rm D} R} \tag{4.132}$$

这意味着在介质中正电荷周围诱导出一个负电荷分布, 图 4.12 示意了一个有限大小外源的情形。两个外电荷 $Q_{\rm ext}$ 和 $-Q_{\rm ext}$ 之间的势 $V(r)$ 是被屏蔽的, 屏蔽的特征长度就是 $\lambda_{\rm D} = 1/\omega_{\rm D}$:

$$V(R) = -\frac{Q_{\rm ext}^2}{4\pi R} {\rm e}^{-\omega_{\rm D} R} \tag{4.133}$$

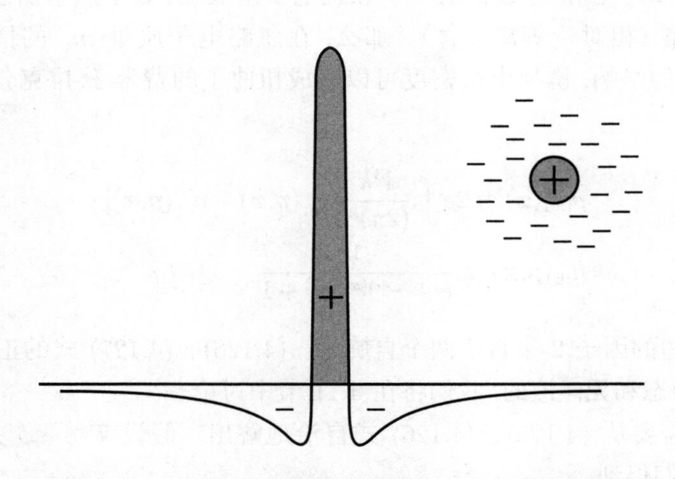

图 4.12 外源正电荷引起的等离子体粒子的德拜屏蔽

对于有时间依赖的等离子体振荡, 可以做类似的经典推导 (Tonks and Langmuir, 1929; Fetter and Walecka, 1971)。这里对此不再赘述, 我们将讨论适用于更一般情形的 Vlasov 方程。

4.11 QED 等离子体的 Vlasov 方程

再次考虑相对论性的 QED 等离子体和含时空依赖的分布函数 $n_{\pm}(\boldsymbol{p},x)$, 其中 $x^{\mu}=(t,x)$。Vlasov 方程是在缓慢变化 (软) 的电磁场中的等离子体粒子分布函数所满足的一组方程:

$$\partial_{\nu}F^{\nu\mu}(x)=j^{\mu}_{\text{ind}}(x)+j^{\mu}_{\text{ext}}(x) \tag{4.134}$$

$$j^{\mu}_{\text{ind}}(x)=2e\int\frac{\mathrm{d}^3p}{(2\pi)^3}\,v^{\mu}\,[n_{+}(\boldsymbol{p},x)-n_{-}(\boldsymbol{p},x)] \tag{4.135}$$

$$[v_{\mu}\partial^{\mu}_{x}\pm e(\boldsymbol{E}(x)+\boldsymbol{v}\times\boldsymbol{B}(x))\cdot\boldsymbol{\nabla}_{\boldsymbol{p}}]n_{\pm}(\boldsymbol{p},x)=0 \tag{4.136}$$

其中

$$v^{\mu}=(1,\boldsymbol{v}) \tag{4.137}$$

这里 $\boldsymbol{v}$ 是相对论等离子体粒子的群速度, $\boldsymbol{v}=\mathrm{d}E/\mathrm{d}\boldsymbol{p}=\boldsymbol{p}/|\boldsymbol{p}|\equiv\hat{\boldsymbol{p}}$。注意 $v_{\mu}\partial^{\mu}_{x}\equiv v\cdot\partial_{x}=\partial_{t}+\boldsymbol{v}\cdot\boldsymbol{\nabla}$。

(4.134) 和 (4.135) 式是 (4.125) 和 (4.126) 式的直接推广。(4.136) 式描述受到电磁平均场影响的粒子在相空间里的运动。它对应于无碰撞的玻尔兹曼方程, 我们将在第 12 章里讨论。

(4.134)~(4.136) 式构成自洽的方程组。我们首先做与 (4.127) 式类似的假设求解 (4.136) 式:

$$n_{\pm}(\boldsymbol{p},x)=n_{\mathrm{F}}(|\boldsymbol{p}|\pm e\Phi(x,\boldsymbol{v})) \tag{4.138}$$

其中 $\Phi(x,\boldsymbol{v})$ 是在静态条件下与标量势 $\phi(x)$ 相似的势函数。把 (4.138) 式代入 (4.136) 式, 我们得到

$$v\cdot\partial_{x}\Phi(x,\boldsymbol{v})=-\boldsymbol{v}\cdot\boldsymbol{E}(x) \tag{4.139}$$

这里磁场不贡献, 因为 $\boldsymbol{v}\cdot(\boldsymbol{v}\times\boldsymbol{B})=0$。

如果分布函数的涨落 $\delta n_{\pm}(\boldsymbol{p},x)=n_{\pm}(\boldsymbol{p},x)-n_{\mathrm{F}}(x)$ 是小量, 我们可以有

$$\delta n_{\pm}(\boldsymbol{p},x)\simeq\pm e\Phi(x,\boldsymbol{v})\frac{\partial n_{\mathrm{F}}(p)}{\partial p} \tag{4.140}$$

则在相同近似下 (4.135) 式中的诱导流由下式给出:

$$j_{\mathrm{ind}}^{\mu}(x) \simeq -\omega_{\mathrm{D}}^{2}\int\frac{\mathrm{d}\Omega}{4\pi}v^{\mu}\varPhi(x,\boldsymbol{v}) \tag{4.141}$$

(4.139) 式中的势函数 $\varPhi$ 在取以下边界条件 (无穷时间之前不存在平均场)

$$\delta n_{\pm}(\boldsymbol{p},x)|_{t\to-\infty}\to n_{\mathrm{F}}(p) \tag{4.142}$$

之后可以显式地求解出来:

$$\varPhi(x,\boldsymbol{v}) = -\int_{-\infty}^{t}\mathrm{d}t'\,\boldsymbol{v}\cdot\boldsymbol{E}(t',\boldsymbol{x}-\boldsymbol{v}(t-t')) \tag{4.143}$$

$$= -\int_{0}^{\infty}\mathrm{d}\tau\,\mathrm{e}^{-\delta\tau}\boldsymbol{v}\cdot\boldsymbol{E}(x-v\tau) \tag{4.144}$$

这里 δ 是一个小的正数, 其作用等价于条件 $\boldsymbol{E}\ (t\to-\infty,\boldsymbol{x})\to\boldsymbol{0}$。(4.143) 式中的积分就是在时间间隔 $-\infty\to t$ 里作用在具有恒定速度 $\boldsymbol{v}$ 的粒子上的功。

应用 $\boldsymbol{E}=-\boldsymbol{\nabla}A_0-\partial_t\boldsymbol{A}$, (4.141) 式右边的诱导流 j_{μ}^{ind} 可以在坐标和动量空间中写出

$$j_{\mathrm{ind}}^{\mu}(x)=\int\mathrm{d}^4y\,\varPi^{\mu\nu}(x-y)A_{\nu}(y),\quad j_{\mathrm{ind}}^{\mu}(Q)=\varPi^{\mu\nu}(Q)A_{\nu}(Q) \tag{4.145}$$

其中 $Q^{\mu}=(\omega,\boldsymbol{q})$。

使用下面的公式:

$$\int\mathrm{d}^4x\,\mathrm{e}^{\mathrm{i}Qx}\int_0^{\infty}\mathrm{d}\tau\,\mathrm{e}^{-\delta\tau}f(x-v\tau)=\frac{\mathrm{i}f(Q)}{v\cdot Q+\mathrm{i}\delta} \tag{4.146}$$

我们得到

$$\varPi_{\mu\nu}(Q)=-\omega_{\mathrm{D}}^2\left[\delta_{\mu0}\delta_{\nu0}-\omega\int\frac{\mathrm{d}\Omega}{4\pi}\frac{v_{\mu}v_{\nu}}{v\cdot Q+\mathrm{i}\delta}\right] \tag{4.147}$$

式中 $\int\mathrm{d}\Omega$ 是对 $\boldsymbol{v}$ 的空间角度的积分。角度积分完成之后, 易见 $\varPi^{\mu\nu}(Q)$ 等价于 HTL 近似下光子的推迟自能, 即 (4.67)、(4.84)、(4.85) 和 (4.88) 式。

如我们之前所见, $\omega\to0$ 和 $\boldsymbol{q}\to0$ 两个极限不能互换:

$$\varPi_{\mu\nu}(0,\boldsymbol{q})=-\omega_{\mathrm{D}}^2\delta_{\mu0}\delta_{\nu0},\quad \varPi_{\mu\nu}(0,\boldsymbol{0})=-\omega_{\mathrm{pl}}^2\delta_{\mu i}\delta_{\nu j} \tag{4.148}$$

上式由在 (4.147) 式中使用角平均 $\int v_iv_j\mathrm{d}\Omega/(4\pi)=\delta_{ij}/3$ 而直接得到。因此, 对于一个静态场 $A_{\mu}(\boldsymbol{x})$, 我们有诱导电流 $j_{\mu}^{\mathrm{ind}}(\boldsymbol{x})=-\omega_{\mathrm{D}}^2\delta_{\mu0}A_0(\boldsymbol{x})$, 而对于一个均匀场 $A_{\mu}(t)$, 我们有 $j_{\mu}^{\mathrm{ind}}(\boldsymbol{x})=\omega_{\mathrm{pl}}^2\delta_{\mu i}A_i(t)$。

现在把上述诱导电流代入麦克斯韦方程 (4.134), 取 $j_\mu^{\text{ext}}=0$, 对于静态场的情形, 我们得到

$$(-\nabla^2+\omega_{\text{D}}^2)\boldsymbol{E}(\boldsymbol{x})=0,\quad -\nabla^2\boldsymbol{B}(\boldsymbol{x})=0 \tag{4.149}$$

这表明在等离子体里电场 (磁场) 是屏蔽 (非屏蔽) 的。在非静态但均匀的情形下, 我们得到

$$(\partial_t^2-\omega_{\text{pl}}^2)\boldsymbol{E}(t)=0,\quad (\partial_t^2-\omega_{\text{pl}}^2)\boldsymbol{B}(t)=0 \tag{4.150}$$

即在等离子体中电场和磁场都按同一频率 ω_{pl} 震荡。对 ω 和 $\boldsymbol{q}$ 为有限值的电磁波的传播, 我们需要求解耦合的 Vlasov 方程 (见习题 4.10)。

4.12　QCD 等离子体的 Vlasov 方程

前面关于 QED 的 Vlasov 方程的讨论可以推广到 QCD 情形。在 Kadanoff-Baym 公式体系 (Kadanoff and Baym, 1962) 下对 QCD 的 Vlasov 方程的详细推导, 可参见 Blaizot and Iancu (2002)。这里我们只列出最后结果并着重于与 QED 的相似性。

考虑软胶子平均场与等离子体中的硬粒子 (夸克与胶子) 相互作用, QCD 的 Vlasov 方程的协变和线性形式如下:

$$[D_\nu,F^{\nu\mu}(x)]^a=j_{\text{ind}}^{\mu,a} \tag{4.151}$$

$$j_{\text{ind}}^{\mu,a}=-\omega_{\text{D}}^2\int\frac{\mathrm{d}\Omega}{4\pi}v^\mu\Phi^a(x,\boldsymbol{v}) \tag{4.152}$$

$$[v\cdot D_x,\Phi(x,\boldsymbol{v})]^a=-\boldsymbol{v}\cdot\boldsymbol{E}^a(x) \tag{4.153}$$

$$\delta n_\pm^a(\boldsymbol{p},x)=\pm g\Phi^a(x,\boldsymbol{v})\frac{\mathrm{d}n_{\text{F}}}{\mathrm{d}p} \tag{4.154}$$

$$\delta N^a(\boldsymbol{p},x)=g\Phi^a(x,\boldsymbol{v})\frac{\mathrm{d}n_{\text{B}}}{\mathrm{d}p} \tag{4.155}$$

这里 $n_\pm^a$ 和 N^a 分别是夸克和胶子的分布函数, $D_\mu=\partial_\mu+\mathrm{i}gt^aA_\mu^a$ 是作用到 $F_{\mu\nu}\equiv F_{\mu\nu}^a t^a$ 上的协变导数, $\Phi=\Phi^a t^a$。

(4.151) 式是具有外源色荷流的 Yang-Mills 方程, 与 QED 等离子体中的麦克斯韦方程 (4.134) 相似。但是方程右边的诱导色荷流 $j_{\text{ind}}^{\mu,a}$ 包含夸克和胶子的贡献,

因为它们都携带色荷。(4.152) 和 (4.153) 式分别类似于 (4.141) 和 (4.139) 式。夸克和胶子平衡态分布的微小涨落 (4.154) 和 (4.155) 式则类似于 (4.140) 式。

方程式 (4.153) 的解可以参考 (4.143) 式得到

$$\varPhi^a(x,\boldsymbol{v}) = -\int_0^\infty \mathrm{d}\tau\, \mathrm{e}^{-\delta\tau} U^{ab}(x, x-v\tau)\boldsymbol{v}\cdot\boldsymbol{E}^b(x-v\tau) \tag{4.156}$$

其中 U 是 Wilson 线, 它定义为规范场的路序乘积, 即

$$U(x,x-v\tau) = \mathrm{P}\exp\left(-\mathrm{i}g\int_0^\tau \mathrm{d}t\, v\cdot A(x-v(\tau-t))\right) \tag{4.157}$$

因为 $A_\mu = A_\mu^a t^a$ 是矩阵且对于 $x\neq y$ 有 $[A_\mu(x), A_\mu(y)]\neq 0$, 我们需要路程编序算符 P。在定域规范变换下, 我们有 $U(x,y)\to V(x)U(x,y)V^\dagger(y)$。因此 $\boldsymbol{\varPhi}^a$ 和 $\boldsymbol{E}^a$ 在规范变换下具有协变性。

QCD 的 $\varPhi^a$ 和 QED 的 $\varPhi$ 之间的关键差别是: 由于 Wilson 线 U^{ab}, $\varPhi^a$ 是规范场的非线性函数。以 A_μ 展开 U, 我们得到

$$j_{\mathrm{ind}}^{\mu,a} = \varPi_{ab}^{\mu\nu}A_\nu^b + \frac{1}{2}\varGamma_{abc}^{\mu\nu\lambda}A_\nu^b A_\lambda^c + \cdots \tag{4.158}$$

$\varPi$ 和 $\varGamma$ 等系数等价于从 (4.107) 式得到的 HTL 自能和顶角 (见习题 4.8)。于是我们就有两种等价的推导 HTL 的方法: 费曼图方法和动理学方法。关于动理学方法的更多讨论和应用, 请参见综述 Blaizot and Iancu (2002)。

习　题

4.1 复时路径。

考虑定义在复数时间 t 上的一个实标量场 $\hat\phi(t,\boldsymbol{x}) = \mathrm{e}^{\mathrm{i}\hat H t}\hat\phi(0,\boldsymbol{x})\mathrm{e}^{-\mathrm{i}\hat H t}$。定义沿复数时间路径 C 的编时乘积为

$$\mathrm{T}_C\,\hat\phi(x_1)\,\hat\phi(x_2) = \theta(s_1-s_2)\hat\phi(x_1)\hat\phi(x_2) + \theta(s_2-s_1)\hat\phi(x_2)\hat\phi(x_1)$$

上式中 $x_1=(t_1,\boldsymbol{x_1})$, $x_2=(t_2,\boldsymbol{x_2})$, 其中 $t_{1,2}\in C$。C 上的每个点 t 均由一个实参数 s 标记, s 在从初始时刻 t_I 到最终时刻 t_F 演化的过程中均匀增加。证明: 如果算符 $\mathrm{T}_C\hat\phi(x_1)\hat\phi(x_2)$ 的热力学平均是有良好定义的量, 则 $\mathrm{Im}\,t$ $(t\in C)$ 不能是 s 的增函数。

4.2 **量子力学中的巨势。**

取有限温度 T 下量子力学中的谐振子, 小心地处理路径积分测度, 证明 (4.19) 式中的巨势 Ω_0 中没有积分常数。

4.3 **连通集团定理。**

让我们利用复制技巧 (Negele and Orland, 1998) 证明巨势 $\Omega=-T\ln Z$ 的连通集团定理。

(1) 导出下列等式:

$$\ln\left(\frac{Z}{Z_0}\right)=\lim_{x\to 0}\frac{\mathrm{d}(Z/Z_0)^x}{\mathrm{d}x}$$

(2) 证明 $(Z/Z_0)^l$ 的路径积分表达式是通过引入场 ϕ 的 l 重复制 ϕ_σ ($\sigma=1,2,\cdots,l$) 而导出的 (不同的复制场之间不发生相互作用)。

(3) 证明 $(Z/Z_0)^l$ 的连通费曼图包含因子 l, 而非连通图包含因子 l^2 或者 l 的更高幂次。然后证明 $\ln(Z/Z_0)$ 仅包含连通图。

4.4 **Carlson 定理与推迟格林函数。**

这个定理如下所述 (见 Titchmarsh (1932) 的 5.8 节)。考虑正则函数 $f(z)$, $\mathrm{Re}z\geqslant 0$。假定对 $\mathrm{Re}z\geqslant 0$ 函数有界 $|f(z)|<M\mathrm{e}^{k|z|}$, 其中 M 为常数且 $k<\pi$; 同时假定对于 $z=0,1,2,\cdots$ 有 $f(z)=0$。那么, $f(z)$ 恒等于 0, 即 $f(z)=0$。利用这个定理, 证明虚时格林函数 $\mathcal{G}(q_4,\boldsymbol{q})$ 到推迟格林函数 $\mathcal{G}^{\mathrm{R}}(\omega,\boldsymbol{q})$ (超前格林函数 $\mathcal{G}^{\mathrm{A}}(\omega,\boldsymbol{q})$) 在上半 (下半)$\omega$-平面的解析延拓是唯一的。

4.5 **有限温度下的胶子自能。**

在硬热圈 (HTL) 近似下计算图 4.5(a)、4.5(b)、4.5(d) 并导出 (4.64) 和 (4.65) 式。

4.6 **Matsubara 求和。**

(1) 证明对玻色子 ($\omega_n=2n\pi T$) 下列求和公式成立:

$$\begin{aligned}T\sum_{n=-\infty}^{+\infty}f(k_0=\mathrm{i}\omega_n)=&\frac{T}{2\pi\mathrm{i}}\oint_C \mathrm{d}k_0\, f(k_0)\frac{1}{2T}\coth(k_0/2T)\\=&\frac{1}{2\pi\mathrm{i}}\int_{-\mathrm{i}\infty}^{+\mathrm{i}\infty}\mathrm{d}k_0[f(k_0)+f(-k_0)]/2\\&+\frac{1}{2\pi\mathrm{i}}\int_{-\mathrm{i}\infty+\delta}^{+\mathrm{i}\infty+\delta}[f(k_0)+f(-k_0)]\frac{1}{\mathrm{e}^{k_0/T}-1}\end{aligned}$$

上式中 C 为 k_0-平面内环绕虚轴的路径, 假定 $f(k_0)$ 沿虚轴没有奇点。最后的表达式分为真空部分和 T 依赖部分。

(2) 证明对费米子 $(\nu_n=(2n+1)\pi T)$ 有下列求和公式:

$$
\begin{aligned}
T\sum_{n=-\infty}^{+\infty} f(k_0=\mathrm{i}\nu_n+\mu)=&-\frac{1}{2\pi\mathrm{i}}\int_{-\mathrm{i}\infty+\mu+\delta}^{+\mathrm{i}\infty+\mu+\delta}\mathrm{d}k_0\, f(k_0)\frac{1}{\mathrm{e}^{(k_0-\mu)/T}+1}\\
&-\frac{1}{2\pi\mathrm{i}}\int_{-\mathrm{i}\infty+\mu-\delta}^{+\mathrm{i}\infty+\mu-\delta}\mathrm{d}k_0\, f(k_0)\frac{1}{\mathrm{e}^{-(k_0-\mu)/T}+1}\\
&+\frac{1}{2\pi\mathrm{i}}\oint_{\Gamma}\mathrm{d}k_0\, f(k_0)+\frac{1}{2\pi\mathrm{i}}\int_{-\mathrm{i}\infty}^{+\mathrm{i}\infty}\mathrm{d}k_0\, f(k_0)
\end{aligned}
$$

上式中 Γ 是 k_0-平面内的长方形路径: $0-\mathrm{i}\infty\to\mu-\mathrm{i}\infty\to\mu+\mathrm{i}\infty\to 0+\mathrm{i}\infty\to 0-\mathrm{i}\infty$。上式右手边最后一项是与 T 和 μ 无关的真空贡献。

4.7 **有限温度下的夸克自能。**

(1) 在硬热圈 (HTL) 近似下计算图 4.8 并导出 (4.99) 式; 证明 $\Sigma(Q)$ 不依赖于规范参数。

(2) 利用习题 4.6 中的公式计算 (4.99) 式中的积分并导出公式 (4.100)~(4.102)。

4.8 **硬热圈 (HTL) 顶角。**

(1) 从 (4.107) 式中导出下列 HTL 自能, 仅保留耦合常数的领头项并解析延拓到闵氏时空:

$$
\Pi_{\mu\nu}(Q)=-\omega_{\mathrm{D}}^2\left[\delta_{\mu0}\delta_{\nu0}-\omega\int\frac{\mathrm{d}\Omega}{4\pi}\frac{v_\mu v_\nu}{v\cdot Q+\mathrm{i}\delta}\right]
$$

$$
\Sigma(Q)=\omega_{\mathrm{f}}^2\int\frac{\mathrm{d}\Omega}{4\pi}\frac{\gamma\cdot v}{v\cdot Q+\mathrm{i}\delta}
$$

上式中 $Q^\mu=(\omega,\boldsymbol{q})$, $v^\mu=(1,\boldsymbol{v})$ 且 $\boldsymbol{v}^2=1$。证明上述表达式等价于 (4.84)、(4.85)、(4.100) 式。

(2) 将 (4.107) 式以 g 为参数展开且推导动量空间 HTL 顶角的一般形式。

4.9 **欧拉级数的 Padé 近似。**

一个形式幂级数 $f(z)=\sum_{N=0}^{\infty}c_N z^N$ 的 $[L/M]$-Padé 近似式定义为: $f(z)=[L/M]+O(z^{L+M+1})$, 其中

$$
[L/M]\equiv\frac{a_0+a_1z+\cdots+a_Lz^L}{b_0+b_1z+\cdots+b_Mz^M}
$$

在不考虑公共因子的前提下, $[L/M]$-Padé 近似式是唯一满足其泰勒展开到 z^{L+M} 阶与原级数 $f(x)$ 一致的有理分式。考虑下列积分及其在 $\arg(z)\neq\pm\pi$ 时的渐近展开式 (欧拉级数):

$$
E(z)=\int_0^\infty\frac{\mathrm{e}^{-t}}{1+zt}\mathrm{d}t
$$

$$\simeq 1 - z + 2!\, z^2 - 3!\, z^3 + 4!\, z^4 - 5!\, z^5 + \cdots$$

$E(z)$ 沿负实 z 轴有一支割线。因此, 欧拉级数的收敛半径为零, 但上式是已知的唯一的渐近展开式。

(1) 画出欧拉级数在不同 N 值下随正的实 z 变化的函数曲线; 然后与数值积分得到的 $E(z)$ 做比较, 了解此级数的渐近性质。

(2) 对不同 M 值构造欧拉级数的 $[M/M]$-Padé 近似表达式, 与数值积分得到的 $E(z)$ 做比较。已知满足 $L - M \geqslant -1$ 的 $[L/M]$-Padé 近似表达式在 $-\pi < \arg(z) < \pi$ 时收敛到 $E(z)$。更多细节参见 Baker and Graves-Morris (1996) 的第 5 章。

4.10 **介电常数。**

定义电位移矢量 $\boldsymbol{D}$: $\boldsymbol{D} = \boldsymbol{E} + \boldsymbol{P}$, 其中 $\boldsymbol{P}$ 是极化矢量, 满足 $\partial \boldsymbol{P}/\partial t = \boldsymbol{j}_{\text{ind}}$ 和 $\boldsymbol{\nabla} \cdot \boldsymbol{P} = -j^0_{\text{ind}}$。则动量空间的介电张量 ϵ_{kl} 通过下式定义: $D_k(\omega, \boldsymbol{q}) = \epsilon_{kl}(\omega, \boldsymbol{q}) E_l(\omega, \boldsymbol{q})$。也可以引入介电张量的纵向和横向分量: $\epsilon_{kl} = (\delta_{kl} - \hat{q}_k \hat{q}_l)\, \epsilon_{\text{T}} + \hat{q}_k \hat{q}_l \epsilon_{\text{L}}$。

(1) 导出介电常数 $\epsilon_{\text{T,L}}$ 与 (4.84) 和 (4.85) 式中自能的关系。

$$\epsilon_{\text{L}} = 1 - \frac{\Pi_{\text{L}}}{\omega^2 - \boldsymbol{q}^2}, \quad \epsilon_{\text{T}} = 1 - \frac{\Pi_{\text{T}}}{\omega^2} \tag{4.159}$$

(2) 画出上述介电常数的实部和虚部, 讨论在各种频率和动量区域内等离子体的介电性质。

第 5 章 QCD 相变的格点规范理论

在第 4 章, 我们利用微扰论 (以 QCD 耦合常数 g 为小参数做展开) 研究了高温下 QCD 的性质。虽然我们借此对夸克胶子等离子体 (QGP) 的定性性质有了很多了解, 但微扰方法本身仍然存在一些不足。首先, 因为相变过程本质上是非微扰的, 所以微扰论无法揭示相变的物理; 其次, 即使在高温下微扰论也有自身的问题, 详见 4.9 节。1974 年, Wilson 等人最先提出了威力强大的格点 QCD方法, 可以克服这些困难。该方法的核心理念是在时空格子上定义 QCD。格点 QCD 方法简捷, 可以对紫外发散进行规范不变的正规化, 也能够进行非微扰数值计算。本章我们将介绍格点 QCD 的基本概念, 然后应用该方法研究 QCD 相变的物理。

5.1 格点 QCD 基础

5.1.1 Wilson 线

在格点上定义规范场仅将标准的 QCD 作用量离散化是不够的。为了在时空格点上保持规范不变性, 我们需要用到一个特殊的 (且自然的) 规范场基本变量, 它叫作规范链接变量。

让我们首先从连续时空的规范理论出发, 考虑一个连接欧氏空间中的两点 y_μ 和 x_μ 的路径 P, 如图 5.1(a) 所示。该路径的坐标变量用 $z_\mu(s)$ 来表示, 且有 $z_\mu(s=0)=y_\mu$ 和 $z_\mu(s=1)=x_\mu$。下面定义规范场的路径编序积分:

$$U_P(x,y;A)=P\exp\left(\mathrm{i}g\int_P \mathrm{d}z_\mu A_\mu\right)=P\exp\left(\mathrm{i}g\int_0^1 \mathrm{d}s\lambda_\mu A_\mu\right)$$

$$= \sum_{0}^{\infty} \frac{(\mathrm{i}g)^n}{n!} \int_0^1 \mathrm{d}s_1 \mathrm{d}s_2 \cdots \mathrm{d}s_n P[\lambda \cdot A(s_1) \cdots \lambda \cdot A(s_n)] \tag{5.1}$$

其中 $\lambda_\mu = \mathrm{d}z_\mu/\mathrm{d}s$。其中路径排序算符 P 是对时间排序算符 T 的推广, 引入它是因为 $A_\mu = A_\mu^a t^a$ 是色空间的矩阵。$U_P(x,y;A)$ 被称作 Wilson 线或者 Schwinger 线, 它的数学表达式与量子力学中用于描述相互作用的时间演化算符相似:

$$U(t,t') = T\exp\left(-\mathrm{i}\int_{t'}^{t} H_{\mathrm{I}}(s)\mathrm{d}s\right) \tag{5.2}$$

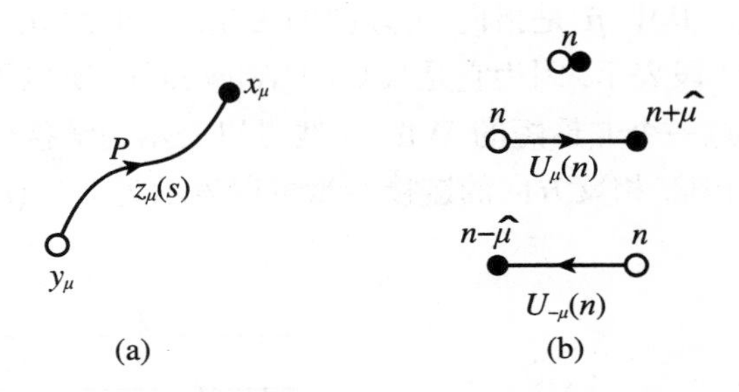

图 5.1　(a) 欧氏空间的 Wilson 线; (b) 规范不变的基本夸克双线性项

由 Wilson 线 U_P 的定义式可以证明它具有以下性质 (见习题 5.1):

(1) 它可以在积分路径上的任意点分解成两项或者多项乘积的形式:

$$U_P(x,y;A) = U_{P_2}(x,z(s);A)U_{P_1}(z(s),y;A) \tag{5.3}$$

(2) 满足如下的微分方程:

$$\frac{\mathrm{d}}{\mathrm{d}s}U_P(z(s),y;A) = [\mathrm{i}g\lambda_\mu(s)A_\mu(z(s))]U_P(z(s),y;A) \tag{5.4}$$

(3) 局域规范变换下满足协变性:

$$U_P(x,y;A) \to U_P(x,y;A^V) = V(x)U_P(x,y;A)V^\dagger(y) \tag{5.5}$$

其中欧氏时空的局域规范变换形式为 $A_\mu^V(x) = V(x)[A_\mu(x) + (\mathrm{i}/g)\partial_\mu]V^\dagger(x)$。

Wilson 线是定义非局域规范不变量的有用工具。在后面的讨论中, 我们将看到规范不变的夸克场双线性项 $\bar{q}(x)U_P(x,y;A)q(y)$ 和规范不变的 Wilson 圈 $\mathrm{tr}U_P(x,x;A)$ 是重要的物理量 (tr 是对色空间求迹), 我们将会看到它们确实是定义格点 QCD 作用量的构造单元。

5.1.2 格点上的胶子

考虑一个 4 维空间中的超立方格点，格点间距为 a。我们将每个格点标记为 n_μ，它与欧氏空间坐标之间的关系为 $x_\mu = an_\mu$，如图 5.2 所示。最短的 Wilson 线是连接相邻格点 n 和 $n+\hat{\mu}$ 的线：

$$U_\mu(n) = \exp(\mathrm{i}gaA_\mu(n)) \tag{5.6}$$

它被称作链接变量。其中 $\hat{\mu}$ 是指向 μ 方向的矢量，大小为 a。图 5.2 中，$U_\mu(n)$ 由连接两点的有向线段表示，因为它是最短的 Wilson 线，所以可以略去路径编序算符 P。格点上任意一个非最短的 Wilson 线可以表示为链接变量的乘积。因为 $U_\mu(n)$ 是一个幺正矩阵，相反方向的链接变量可以表示为 $U_{-\mu}(n+\hat{\mu}) = [U_\mu(n)]^\dagger$。

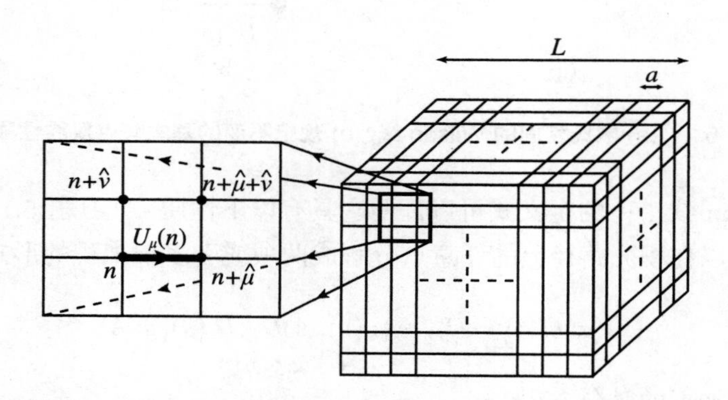

图 5.2 欧氏时空中的一个超立体格点，其格点常数是 a，格点大小是 L；夸克场 $q(n)$(胶子场 $U_\mu(n)$) 定义在格点 (格点链接) 上

我们可以在格点上定义一个最小的闭合圈：

$$U_{\mu\nu}(n) = U_\nu^\dagger(n)U_\mu^\dagger(n+\hat{\nu})U_\nu(n+\hat{\mu})U_\mu(n) \tag{5.7}$$

在局域规范变换下它是协变的，即 $U_{\mu\nu}(n) \to U_{\mu\nu}^V(n) = V(n)U_{\mu\nu}(n)V^\dagger(n)$。当在连续极限下 $(a\to 0)$，它趋于场强张量：

$$U_{\mu\nu}(n) - 1 \underset{a\to 0}{\longrightarrow} \mathrm{i}a^2 gF_{\mu\nu}(n) \tag{5.8}$$

这个性质可以由 Baker-Campbell-Hausdorff 公式 $\exp A \exp B = \exp(A+B+[A,B]/2+\cdots)$ 导出。

$\mathrm{tr}U_{\mu\nu}(n)$ 是最小的规范不变量 (最小的 Wilson 圈), 被称作元格 (plaquette)。基于这个概念我们构造胶子的规范不变作用量:

$$S_{\mathrm{g}}=\frac{2N_c}{g^2}\sum_{\mathrm{p}}\left[1-\frac{1}{N_c}\mathrm{Re}\,\mathrm{tr}\,U_{\mu\nu}(n)\right] \tag{5.9}$$

$$\xrightarrow[a\to 0]{}\frac{1}{4}\int \mathrm{d}^4x\left[F_{\mu\nu}^b(x)\right]^2 \tag{5.10}$$

其中 $\sum\limits_{\mathrm{p}}$ 表示对所有在一定方向上的元格求和, 即

$$\sum_{\mathrm{p}}=\sum_n\sum_{1\leqslant\mu<\nu\leqslant 4}=\frac{1}{2}\sum_n\sum_{1\leqslant\mu\neq\nu\leqslant 4} \tag{5.11}$$

可以看出, 当 a 很小时有 $a^4\sum\limits_n\simeq\int\mathrm{d}^4x$。

胶子格点作用量 S_{g} 的形式并不是唯一的, 可以加上任意一个在连续极限趋于 0 的项。这个特征可以用于改进趋于连续极限的速度。包含非最小项的格点作用量又被叫作改进作用量, 可以在一个相对粗的格点中得到数值模拟的精确结果。更详细的讨论参见 Kronfeld (2002)。

5.1.3 格点上的费米子

与胶子的情形类似, 我们首先要寻找一个夸克场构成的小尺度规范不变量。仅考虑相邻格子之间的耦合, 存在以下三个量 (图 5.1(b)):

$$\bar{q}(n)q(n),\quad \bar{q}(n+\hat{\mu})U_\mu(n)q(n),\quad \bar{q}(n-\hat{\mu})U_{-\mu}(n)q(n) \tag{5.12}$$

在上面给出的项中可以插入任意的 γ 矩阵, 且不会破坏色规范不变性。基于这些项的特殊组合可得 Wilson 费米子作用量,

$$\begin{aligned}S_{\mathrm{W}}&=a^4\sum_n\left[m\bar{q}(n)q(n)-\frac{1}{2a}\sum_\mu\bar{q}(n+\hat{\mu})\Gamma_\mu U_\mu(n)q(n)\right.\\&\left.\quad-\frac{r}{2a}\sum_\mu(\bar{q}(n+\hat{\mu})U_\mu(n)q(n)-\bar{q}(n)q(n))\right]\\&\equiv a^4\sum_{n',n}\bar{q}(n')(m\delta_{n',n}+D_{\mathrm{W}}(n',n;r))q(n)\end{aligned} \tag{5.13}$$

其中 Wilson 狄拉克算子如下:

$$D_{\mathrm{W}}(n',n;r)=-\frac{1}{2a}\sum_\mu[\delta_{n',n+\hat{\mu}}(r+\Gamma_\mu)U_\mu(n)-r\delta_{n',n}] \tag{5.14}$$

对 μ 的求和包括正方向和负方向, 即 $\sum_{\mu}=\sum_{\mu=\pm1,\pm2,\pm3,\pm4}$。$\Gamma_\mu$ 是厄米的 γ 矩阵, 满足 $\Gamma_\mu^\dagger=\Gamma_\mu$ 和 $\Gamma_{-\mu}=-\Gamma_\mu$, 并且 $\{\Gamma_\mu,\Gamma_\nu\}=2\delta_{\mu\nu}$。它们与 (4.4) 式中的欧氏空间的 γ 矩阵的关系是 $\Gamma_\mu=-\mathrm{i}(\gamma_\mu)_{\mathrm{E}}$, 详见附录 B.1。

取 (5.13) 式的连续极限并应用 $(f(x+a)-f(x-a))/2a=f'(x)+O(a^2)$ 和 $(f(x+a)+f(x-a)-2f(x))/a^2=f''(x)+O(a^2)$, 我们得到

$$S_{\mathrm{W}}\xrightarrow[a\to0]{}\int\mathrm{d}^4x\bar{q}(x)\left(m-\mathrm{i}\gamma\cdot D-\frac{ar}{2}D^2\right)q(x) \tag{5.15}$$

其中, m 是夸克质量, 参数 r 决定了高阶导数项的大小, 在连续极限下它趋于零。

在作用量 S_{W} 中引入参数 r 是为了避免格点上费米子倍增的困难。为了看到这一点, 考虑自由的费米子 ($U_\mu(n)=1$), 对 (5.13) 式做傅里叶变换 (F.T.): $S(p)=[\mathrm{F.T.}(m\delta_{n',n}+D_{\mathrm{W}}(n',n;r))]^{-1}$。若时空是无限大的, 我们得到

$$S(p)^{-1}=m(p)+\mathrm{i}\sum_{\mu>0}\bar{p}_\mu\Gamma_\mu \tag{5.16}$$

$$m(p)=m+\frac{r}{a}\sum_{\mu>0}(1-\cos(p_\mu a)) \tag{5.17}$$

其中 p_μ 是限制在第一布里渊 (Brillouin) 区中的连续动量, $-\pi/a\leqslant p_\mu\leqslant\pi/a$ 且 $\bar{p}_\mu=a^{-1}\sin(p_\mu a)$。事实上 $S(p)$ 就是格点上欧氏空间的费米子传播子, $m(p)$ 是依赖于动量的费米子有效质量。

可以看出当 $p_\mu a=(0,0,0,0),(\pi,0,0,0),(\pi,\pi,0,0),(\pi,\pi,\pi,0)$ 时有 $\sin(p_\mu a)=0$, 因此当 $r=0$ 时有 $2^4=16$ 个简并费米子。这就是所谓的费米子倍增的困难。关于这一点 Nielsen and Ninomiya(1981a, b) 提出了一个 no-go(不可行) 定理, 即如果格点上费米子的作用量具有以下性质, 那么费米子倍增的困难总是存在的: (1) 夸克场是双线性的; (2) 平移变换不变; (3) 厄米性 (闵氏时空下); (4) 时空局域性; (5) 精确的手征对称性。利用 Poincaré-Hopf 定理可以给出该定理简化的证明, 详见 Karsten(1981)。

如果 D_{W} 中 $r\neq0$, (5.17) 式右边第二项会导致 16 个简并费米子的质量劈裂

$$m(p)\simeq\begin{cases}m, & \forall p_\mu\to0\\ m+\dfrac{2r}{a}N_\pi, & \exists p_\mu\to\pi/a\end{cases} \tag{5.18}$$

其中 N_π $(=1,2,3,4)$ 是 $p_\mu a$ 中 π 的个数。这意味着我们可以只选择一个质量约为零的轻费米子, 当 r 为正的时候其他 15 个费米子的质量都是 $O(1/a)$ 的量级。这样做付出的代价是对于一个有限的 a, 非零的 r 会明显破坏手征对称性, $\{\gamma_5,D_{\mathrm{W}}\}\neq0$, S_{W} 只具有 $\mathrm{SU_V}(N_f)\times\mathrm{U_B}(1)$ 对称性 (见习题 5.3(1))。这样, 通过破坏条件 (5) 就避开了 Nielsen-Ninomiya 定理。

避免费米子倍增困难的另一种方案是摇摆 (staggered) 费米子方法, 在此方法里, 16 个倍增项可以看作 4 分量狄拉克旋量乘以 4 种味道 (Susskind, 1977)。虽然具有剩余对称性 $\mathrm{U_V}(N_f/4)\times \mathrm{U_A}(N_f/4)$, 这样仍会明显破坏手征对称性。

公式 (5.13) 中的 Wilson 费米子作用量可以用下面的公式方便地表示:

$$S_{\mathrm{W}}=\sum_{n',n}\bar{\psi}(n')F_{\mathrm{W}}(n',n)\psi(n) \tag{5.19}$$

$$F_{\mathrm{W}}(n',n)=\delta_{n',n}-\kappa\sum_{\mu}\delta_{n',n+\hat{\mu}}(r+\Gamma_{\mu})U_{\mu}(n) \tag{5.20}$$

这里我们将夸克场重新定义为 $\psi=a^{3/2}q/\sqrt{2\kappa}$, 其中 $\kappa=[2(ma+4r)^{-1}]$ 是跳跃因子。当夸克质量 m 大, 则 κ 小, 跳跃到相邻格子的概率就被压制。

正因为在有限格点间距 a 时, Wilson 费米子的手征对称性被 r 明显地破坏, 当我们研究体系的手征特性时需要小心, 例如在讨论动力学手征对称性破缺、Nambu-Goldstone 玻色子和有限温度的手征相变时。我们可以定义一个广义的手征变换, 它在有限 a 时保持精确的对称性, 当 $a\to 0$ 时这种变换会回归到通常的手征变换。

考虑如下的变换:

$$q\to \mathrm{e}^{-\mathrm{i}\theta_{\mathrm{A}}\hat{\gamma}_5}q,\quad \bar{q}\to \bar{q}\mathrm{e}^{-\mathrm{i}\theta_{\mathrm{A}}\gamma_5} \tag{5.21}$$

$$\hat{\gamma}_5=\gamma_5(1-2aD_{\mathrm{GW}}) \tag{5.22}$$

当 $a\to 0$ 时就是标准的赝标变换。注意 (5.22) 式中的 D_{GW} 是一个广义狄拉克算子, 在 (5.21) 式的变换下, 当 a 有限时 $\bar{q}D_{\mathrm{GW}}q$ 是不变的:

$$\gamma_5 D_{\mathrm{GW}}+D_{\mathrm{GW}}\hat{\gamma}_5=0 \tag{5.23}$$

这个关系式也可写为 $\{\gamma_5,D_{\mathrm{GW}}\}=2aD_{\mathrm{GW}}\gamma_5 D_{\mathrm{GW}}$, 它被称作 Ginsparg-Wilson 关系(Ginsparg and Wilson, 1982)。

D_{GW} 的精确表达式可如下构造 (见习题 5.3(2)):

$$D_{\mathrm{GW}}=\frac{1}{2a}\left(1+\frac{X}{\sqrt{X^{\dagger}X}}\right) \tag{5.24}$$

$$X\equiv D_{\mathrm{W}}^{(r=1)}-m_0 \tag{5.25}$$

其中 m_0a 是一个无量纲的参数, 阶数为 $O(1)$。与 (5.13) 式中的 Wilson 费米子的 m 含义不同, m_0 与费米子物理质量没有直接的关系, 这一点从 (5.25) 式右边的负号可以很显然地看出。但是如果在 $0<m_0a<2$ 区间中取值, 有限 a 情形下

当 $N_\pi = 0$ 时会有一个精确的无质量模式, 其他 15 个模式都存在一个较大的质量, $(2/a)(2N_\pi - m_0 a) > 0$(见习题 5.3(3))。

值得注意的是由于修改的手征对称性变换, $D_{\rm GW}$ 破坏了 no-go 定理中的第 (5) 个条件。这种新的格点费米子与 5 维时空中的畴壁费米子(domain-wall 费米子) 都是目前理论和数值领域的热门研究对象 (Neuberger, 2001; Lüscher, 2002)。

5.1.4 格点配分函数

我们已经构造出基于规范不变量的格点作用量, 下面我们要对其进行量子化。这可以直接通过关于夸克和胶子场的泛函积分实现。由于规范场是由群元 U 表示的, 合适的测度 (measure) 是 Haar 测度$\mathrm{d}U$(见习题 5.2)。完整的配分函数由下式给出:

$$
\begin{aligned}
Z &= \int [\mathrm{d}U][\mathrm{d}\bar{\psi}\,\mathrm{d}\psi]\,\mathrm{e}^{-S_{\rm g}(U)-S_{\rm q}(\bar{\psi},\psi,U)} \\
&= \int [\mathrm{d}U]\,\mathrm{Det}\,F[U]\,\mathrm{e}^{-S_{\rm g}(U)}
\end{aligned}
\tag{5.26}
$$

其中胶子作用量 $S_{\rm g}$ 由公式 (5.9) 给出, 而费米子作用量 S_q 的一般形式为 $S_{\rm q} = \sum_{n'n} \bar{\psi}(n')F(n',n)\psi(n)$ (对于 Wilson 费米子, $F = F_{\rm W}$)。(5.26) 式中的 Det 是对 F 的所有角标作用的, 包括色、味、自旋和时空坐标。由于 F 是 U 的泛函, Det F 表示在一个任意的规范场背景下的夸克圈贡献, 如图 5.3 所示。

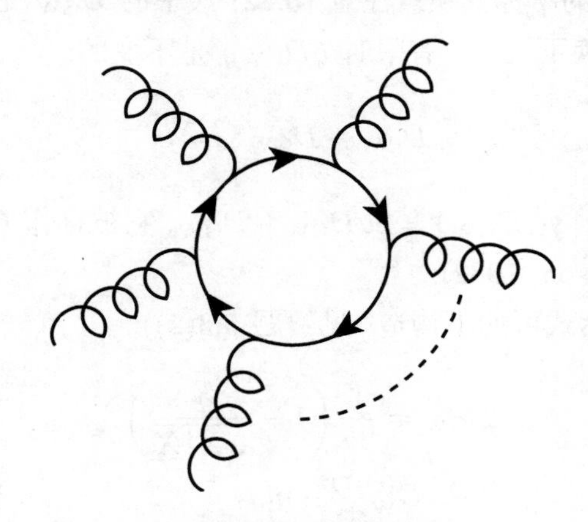

图 5.3 胶子背景中的费米子行列式 Det F

取 $\mathrm{Det}F[U] =$ 常数, 它被称作淬火 (quenched) 近似, 即所有夸克-反夸克激发都被忽略了。通过对跳跃参数展开是处理 Wilson 费米子的一种有效的近似方法, 其中 $\mathrm{Det}\,F_{\mathrm{W}}$ 和其他量 (如费米子传播子 F_{W}^{-1}) 都可以展开为 κ 的多项式。注意这种展开方法只对重夸克有效, 因为 $\kappa=[2(ma+4r)^{-1}]$。

关于 $1/g^2$ 的强耦合展开和关于 g 的弱耦合展开也是研究配分函数 Z 的有效途径, 我们后面将讨论这些展开方法与夸克禁闭和渐近标度行为之间的联系。

5.2 Wilson 圈

QCD 真空是否会导致夸克禁闭可以通过研究 Wilson 圈这种非局域算子的期望值来验证 (Wilson, 1974)。考虑闵氏空间中非微扰 QCD 真空里的一个重夸克和其反夸克。这个夸克对的规范不变算子可以写为 $\mathcal{M}(x,y)=\bar{Q}(x)\gamma U_p(x,y;A)Q(y)$, 其中 $Q(x)$ 是质量为 m_{Q} 的重夸克, γ 是任意的 γ 矩阵, $U_p(x,y;A)$ 是闵氏空间的 Wilson 线。夸克对的质量可以从关联函数抽取:

$$I=\left\langle\mathcal{M}(y',x')\mathcal{M}^{\dagger}(x,y)\right\rangle \tag{5.27}$$

其中 $x_0=y_0=0$, $y_0'=x_0'=\mathcal{T}>0$, $|\boldsymbol{x}-\boldsymbol{y}|=R$; $\langle\cdots\rangle$ 是闵氏空间中对不考虑虚夸克圈的 QCD 配分函数取平均 (淬火近似)。

在重夸克质量 m_{Q} 的领头阶, 夸克动量的空间部分可以被忽略, 其夸克传播子 $S(x',x)=\langle Q(x')\bar{Q}(x)\rangle$ 满足

$$\left[\gamma_0\left(\mathrm{i}\frac{\partial}{\partial x_0'}-gA_0(x')\right)-m_{\mathrm{Q}}\right]S(x',x)=\delta^4(x',x) \tag{5.28}$$

这个一阶微分方程可以很容易如下求解 (见习题 5.4):

$$\begin{aligned}\mathrm{i}S(x',x)=&\,U_P(x',x;A_0)\delta^3(\boldsymbol{x}'-\boldsymbol{x})\\&\times[\theta(x_0'-x_0)\mathrm{e}^{-\mathrm{i}m_{\mathrm{Q}}(x_0'-x_0)}\Lambda_++\theta(x_0-x_0')\mathrm{e}^{\mathrm{i}m_{\mathrm{Q}}(x_0'-x_0)}\Lambda_-]\end{aligned} \tag{5.29}$$

其中 $\Lambda_\pm=(1\pm\gamma_0)/2$ 是正负能量投影算子。边界条件取为正 (负) 能夸克传播子沿时间轴正 (反) 向传播。由于 m_{Q} 很大, 正反夸克在空间中并不运动, 只在 A_0 的影响下随时间振动。

用 (5.29) 式我们可以对 (5.27) 式进行估算:

$$I\propto\mathrm{tr}_{\mathrm{s}}(\Lambda_-\gamma\Lambda_+\bar{\gamma})\mathrm{e}^{-2\mathrm{i}m_{\mathrm{Q}}\mathcal{T}}\left\langle\mathrm{tr}\,P\,\mathrm{e}^{-\mathrm{i}g\oint_C\mathrm{d}z_\mu A^\mu(z)}\right\rangle \tag{5.30}$$

$$\propto\exp[-\mathrm{i}(2m_{\mathrm{Q}}+V(R))\mathcal{T}] \tag{5.31}$$

其中 C 是闵氏空间中如图 5.4 所示的积分路径, $\bar{\gamma}=\gamma_0\gamma^\dagger\gamma_0$, $\mathrm{tr_s(tr)}$ 是对自旋 (颜色) 空间中的矩阵求迹。当 (5.31) 式中指数上的 $\mathcal{T}$ 较大时, 我们只取领头阶的贡献。指数上的 $2m_{\mathrm{Q}}+V(R)$ 是间距为 R 的夸克和反夸克的总能量; 故 $V(R)$ 是势能 (Brown and Weisberger, 1979; Eichten and Feinberg, 1981)。

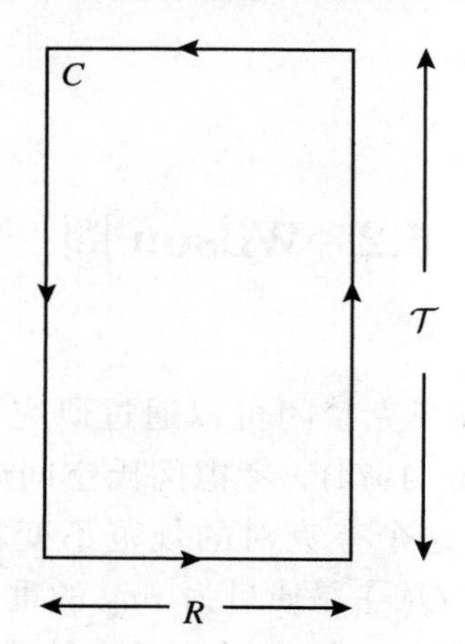

图 5.4 具有时间 (空间) 尺寸 $\mathcal{T}(R)$ 的矩形 Wilson 圈,
围道 C 可以定义在闵氏空间或欧氏空间中

将 (5.30) 式中的最后一个因子延拓到欧氏空间, 我们得到如下形式的 Wilson 圈:

$$\langle W(C)\rangle \equiv \left\langle \mathrm{tr\,P\,e}^{-\mathrm{i}g\oint_C \mathrm{d}z_\mu A^\mu}\right\rangle \tag{5.32}$$

$$\propto \mathrm{e}^{-V(R)\mathcal{T}} \simeq \exp\left[-\left(KR+b+\frac{c}{R}+\cdots\right)\mathcal{T}\right] \tag{5.33}$$

其中我们取了一个矩形的路径, 如图 5.4 所示, 并在 (5.33) 式中取极限 $\mathcal{T}\gg R\to\infty$。

由于 $V(R)$ 是 Q 和 $\bar{Q}$ 之间的一个势, $K\neq 0$ 说明存在一个类似于弦的线性禁闭势。同时它还反映了 Wilson 圈的面积律$\langle W(C)\rangle\sim\exp(-KA)$, 其中 $A=R\times\mathcal{T}$ 就是指路径 C 所围成的面积。在完整的 QCD 理论中, 由于距离增加时可能会激发 $\mathrm{q\bar{q}}$ 并导致弦的断裂 $\mathrm{Q\bar{Q}}\to(\mathrm{Q\bar{q}})(\mathrm{q\bar{Q}})$, 因而线性势会趋于平坦。

在格点上, Wilson 圈可以写成在路径 C 上的链接变量的乘积:

$$\langle W(C)\rangle = \langle \mathrm{tr}\prod_{\mathrm{link}\in C} U_\mu(n)\rangle \tag{5.34}$$

一般来说, $Q\bar{Q}$ 势作为 R 的函数可以定义为以下的形式:

$$V(R) = -\lim_{\mathcal{T}\to\infty}\left[\frac{1}{\mathcal{T}}\ln\langle W(C)\rangle\right]_{\mathcal{T}\gg R} \tag{5.35}$$

可以证明在大距离时 $V(R)$ 上升不会比 R 快 (Seiler, 1978)。$\langle W(C)\rangle$ 以参数 g 做弱耦合微扰展开在任意有限阶都没有面积律, 而以参数 $1/g$ 做强耦合展开在领头阶则有面积律 (5.3 节)。在淬火近似下的格点非微扰数值计算清晰表明在强耦合区域和弱耦合区域都支持线性增加势 $V(R)$(图 5.7)。

5.3 强耦合展开和禁闭效应

我们来计算在强耦合极限 $g\to\infty$ 下的 Wilson 圈。由于 $S_{\rm g}$ 正比于 $1/g^2$, 我们可以做展开 $\exp(-S_{\rm g})=1-S_{\rm g}+S_{\rm g}^2/2+\cdots$, 得到

$$\langle W(C)\rangle=\frac{1}{Z}\int[\mathrm{d}U]\ \mathrm{tr}\prod_{\mathrm{link}\in C}U_\mu(n)\sum_{l=0}^{\infty}\frac{1}{l!}(-S_{\rm g})^l \tag{5.36}$$

只需下面的三个积分即可得到强耦合下 $\langle W(C)\rangle$ 的领头阶贡献

$$\int\mathrm{d}U=1,\quad \int\mathrm{d}U\,U_{ij}=0,\quad \int\mathrm{d}U\,U_{ij}U^{\dagger}_{kl}=\frac{1}{N_c}\delta_{il}\delta_{jk} \tag{5.37}$$

其中 $U_{ij}(i,j=1,2,\cdots,N_c)$ 是一个 $\mathrm{SU}(N_c)$ 矩阵 (Creutz, 1985) (见习题 5.2(5))。有一个关键特性: 在 (5.36) 式的 $1/g^2$ 的领头阶, 从 Wilson 圈得到的所有 U 和从 $(-S_{\rm g})^l$ 得到的所有 $U^\dagger$ 都是成对出现的。这表明 Wilson 圈的表面被最小数目的元格铺满, 如图 5.5 所示。最小表面以外的结构都是 $1/g^2$ 的高阶项。

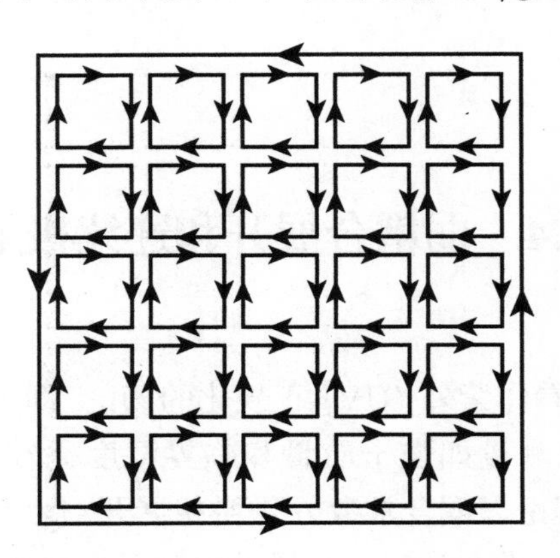

图 5.5　在强耦合极限下, 由元格拼成的 Wilson 圈的最小表面

在计算 (5.36) 式的分子时, 所有的元格都贡献了一个 $1/g^2$。所有链接上的积

分都贡献了一个因子 $1/N_c$, 在每个格点上的色因子收缩提供了一个因子 N_c。另一方面, (5.36) 式分母中的 Z 在领头阶是归一的。

因此, 在强耦合展开的最低阶, 我们得到如下公式:

$$\frac{1}{N_c}\langle W(C)\rangle \underset{g^2\to\infty}{\longrightarrow} \frac{1}{N_c}\cdot\left(\frac{1}{g^2}\right)^{N_{\text{plaq}}}\cdot\left(\frac{1}{N_c}\right)^{N_{\text{link}}}\cdot N_c^{N_{\text{site}}} \tag{5.38}$$

$$=\left(\frac{1}{N_c g^2}\right)^{R\mathcal{T}/a^2} = \exp\left(-\frac{\ln N_c g^2}{a^2}R\mathcal{T}\right) \tag{5.39}$$

其中我们应用了关系式 $N_{\text{link}}-N_{\text{site}}+1=N_{\text{plaq}}$ 并且有 $N_{\text{plaq}}a^2=R\mathcal{T}$ (C 所包含的面积)。由于它反映了面积律, 这就证明了强耦合下的禁闭效应。由此得到的线性增加势是

$$V(R)=KR, \quad \text{其中} Ka^2=\ln(N_c g^2) \tag{5.40}$$

如果我们要考虑强耦合展开的高阶贡献, 我们也要考虑"粗糙"表面的情形。然而禁闭特征对于小 $1/g^2$ 微扰是稳定的。事实上存在这样一个定理: g 足够大时, 对于所有时空维度的紧致规范群, 强耦合展开都会收敛和显示禁闭特征 (Osterwalder and Seiler, 1978)。

一个显然的问题是, 在 QCD 的弱耦合区域禁闭特征是否仍然存在呢? 对于紧致的 QED (用 U(1) 链接变量表示的量子电动力学), 强耦合禁闭相会转变到弱耦合的非禁闭库仑相 (Guth, 1980)。另一方面, 在 4 维时空 $N_c=3$ 的 QCD 中, 在没有相变的情形下禁闭相被认为仍然存在于弱耦合区域。格点数值计算结果有力地支持了这一点。但是仍然缺少对这一特性的严格解析证明, 这也是量子场论领域的一个最具挑战性的问题之一。

5.4 弱耦合展开和连续极限

格点 QCD 也可以看作紫外 (UV) 正规化的场论, 即坐标空间中的格点截断。将格点 QCD 预言与观测量如强子质量和临界温度比较, 我们需要取连续极限 $a\to 0$。若我们对格点理论以耦合常数 g 做微扰展开, 规范作用量 S_{g} 和测度 $[\mathrm{d}U]$ 中的展开 $U_\mu(n)=1+\mathrm{i}gaA_\mu(n)+\cdots$ 会导致出现无穷多的顶角。但是我们知道理论是可重整的, 所有在 $a\to 0$ 时的紫外发散都可以吸收到耦合常数和质量里, 所以物理观测量都是与 a 无关的 (Reisz, 1989)。

有限 a 情形下的格点 QCD 可以视为在一个特征长度 a 上的有效场论。此时, $g(a)$ 可理解为特征长度 a 上的有效耦合常数, 波长小于 a 的量子涨落都被积掉了。如果 a 足够小, 由于渐近自由 $g\ (a \to 0) \to 0$, 关于耦合常数 g 的微扰展开理论是可靠的, 我们将会讨论这一点。

因为当夸克质量为零时, 格点间距是理论的唯一有量纲的参数, 任意一个格点观测量 $\mathcal{O}$ 都可以写成如下形式:

$$\mathcal{O} = a^{-d} G(g(a)) \tag{5.41}$$

其中 d 是 $\mathcal{O}$ 的质量量纲, G 是 g 的一个无量纲函数。如果 $\mathcal{O}$ 是一个物理量, 如强子质量或者弦张力, 则它不依赖于 a 且满足如下方程:

$$a\frac{\mathrm{d}\mathcal{O}}{\mathrm{d}a} = \left(a\frac{\partial}{\partial a} - \beta_{\mathrm{LAT}}\frac{\partial}{\partial g}\right)\mathcal{O} = 0 \tag{5.42}$$

$$\beta_{\mathrm{LAT}}(g) = -a\frac{\mathrm{d}g(a)}{\mathrm{d}a} = -\beta_0 g^3 - \beta_1 g^5 + \cdots \tag{5.43}$$

对公式 (5.42) 积分可得

$$G(g) = \exp\left(-d\int^g \frac{\mathrm{d}g'}{\beta_{\mathrm{LAT}}(g')}\right) \tag{5.44}$$

当 a 非常小时, 我们可以对重夸克势的短程部分应用格点微扰论得到 β_{LAT}。我们知道 (5.43) 式右边的前两项与理论如何正规化是无关的 (包括动量截断法、Pauli-Villers 正规化、格点截断、维数正规化, 等等)。这称作 $\beta_{0,1}$ 的正规化方案无关性(见习题 5.5; Muta(1998) 的 5.3 节)。因此, 我们可以对比 (5.43) 和 (2.29) 式确定 $\beta_{0,1}$。

对 (5.43) 式积分可得

$$a = \Lambda_{\mathrm{LAT}}^{-1} \cdot \exp\left(-\frac{1}{2\beta_0 g^2}\right) \cdot (\beta_0 g^2)^{-\beta_1/(2\beta_0^2)} \cdot (1 + O(g^2)) \tag{5.45}$$

这反映了格点上的有效耦合是 a 的递减函数 $g\ (a \to 0) \to 0$, 即渐近自由特性: Λ_{LAT} 是根据实验结果输入的格点标度参数。将 $g(a)$ 用 a 和 Λ_{LAT} 表示是有用的:

$$\frac{1}{g^2(a)} = \beta_0 \ln\left(\frac{1}{a^2\Lambda_{\mathrm{LAT}}^2}\right) + \frac{\beta_1}{\beta_0}\ln\ln\left(\frac{1}{a^2\Lambda_{\mathrm{LAT}}^2}\right) + \cdots \tag{5.46}$$

通过对同一个物理量在不同正规化方案下进行微扰计算, 我们可以找到 Λ_{LAT} 与 $\Lambda_{\overline{\mathrm{MS}}}$ 之间的关系式。后者在很多高能过程的实验结果中可以得到。另外一种抽取 Λ_{LAT} 的途径是直接对某一个物理量 (如弦张力、强子质量、强力质量劈裂等) 进行数值模拟, 然后将其与实验结果对比。

比如, 弦张力的量纲是质量平方 $(d=2)$, 它的无量纲形式为

$$Ka^2 = C_K \exp\left(-\frac{1}{\beta_0 g^2}\right)(\beta_0 g^2)^{-\beta_1/\beta_0^2} \tag{5.47}$$

其中 C_K 是依赖于 g 的无量纲的数值计算常数。因此, $g\sim 0$ 时物理量的函数形式受到严格的约束。这被称作渐近标度, 可以用于检验体系是否足够地趋于连续极限。图 5.6 简明地展示了无量纲的弦张力 Ka^2 从 (5.40) 式的强耦合区域连续渡越到 (5.47) 式的渐近标度区域。

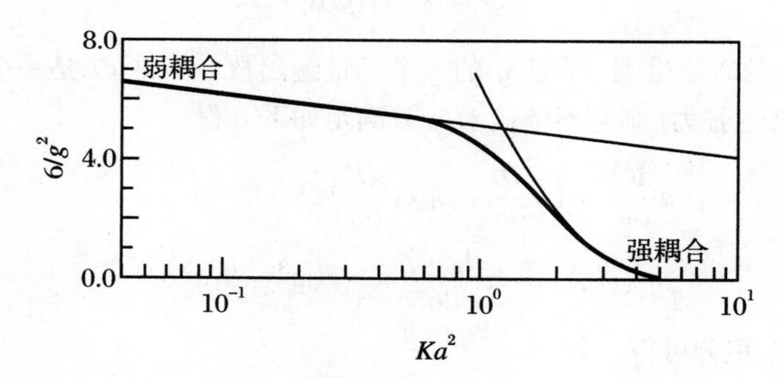

图 5.6 无量纲化的弦张力 Ka^2 从强耦合区域 $1/g^2\sim 0$ 连续过渡到弱耦合 (渐近标度) 区域 $1/g^2\sim\infty$

5.5 蒙特卡罗模拟

假设我们将每个空间方向 (时间方向) 划分成 $N_\mathrm{s}(N_\mathrm{t})$ 个格点, 则这些格点的链接总数为 $N_\mathrm{s}^3\times N_\mathrm{t}\times 4$。对一个中等大小的格点阵列 $N_\mathrm{s}=N_\mathrm{t}=32$, 胶子积分的总数为

$$\left(N_\mathrm{s}^3\times N_\mathrm{t}\times 4\right)_\mathrm{links}\times 8_\mathrm{color}\sim 3\times 10^7 \tag{5.48}$$

对于如此大维数的积分, 像辛普森、高斯积分等这些传统的数值积分方法几乎无法处理。而通过统计方法求解的蒙特卡罗积分法处理这种积分则非常有效。对于急剧变化的被积函数, 需要利用重要性抽样 (IS)来改善积分精度, 这样快速变化部分要比缓变部分获得更多的抽样。

在淬火近似下 ((5.26) 式中 $\mathrm{Det}F=1$) 基于重要性抽样的蒙特卡罗积分包括两个步骤。

(1) 产生一列规范构型

$$U^{(1)} \to U^{(2)} \to \cdots \to U^{(N)} \tag{5.49}$$

其中 $U^{(i)}$ 是格点上的一组链接变量, 设置其以 $W[U] = Z^{-1}\exp(-S_{\rm g}(U))$ 的概率出现。

(2) 利用 (5.49) 式生成的规范构型来计算任意算符 $A(U)$ 的期待值:

$$\langle A\rangle = \frac{1}{N}\sum_{n=1}^{N} A^{(n)} \pm \sqrt{\frac{\sigma^2}{N}} \tag{5.50}$$

其中 $A^{(n)} = A(U^{(n)})$ 以及统计方差

$$\sigma^2 = \frac{1}{N}\sum_{n=1}^{N}\langle A^{(n)} - \langle A\rangle\rangle^2 \tag{5.51}$$

通过马尔科夫 (Markov) 过程可以在 (1) 中产生新的抽样 $U \to U'$(叫作更新), 其定义如下:

$$W'[U'] = \sum_{U} W[U]P(U \to U') \tag{5.52}$$

$$① \quad \sum_{U'} P(U \to U') = 1 \tag{5.53}$$

$$② \quad P(U \to U') > 0\ (\text{强遍历性}) \tag{5.54}$$

$$③ \quad \sum_{U} W[U] = 1 \tag{5.55}$$

这里 $P(U \to U')$ 是 U' 在 U 之后被接受的概率。通过对初始分布 W_0 连续的更新处理, 我们期待得到一个唯一的平衡分布 $W_{\rm eq}$。因此 $W_{\rm eq}$ 成为一个不动点: $W_{\rm eq}[U'] = \sum\limits_{U} W_{\rm eq}[U]P(U \to U')$, 使 P 导致平衡分布的充分条件是细致平衡条件:

$$W_{\rm eq}[U]P(U \to U') = W_{\rm eq}[U']P(U' \to U) \tag{5.56}$$

更新处理的典型方法是 Metropolis 算法 (Metropolis, et al., 1953) 和热库 (heat-bath) 算法 (Creutz, 1985)

$$P(U \to U') = \begin{cases} \min(1, {\rm e}^{-\left(S_{\rm g}(U') - S_{\rm g}(U)\right)}), & \text{Metropolis} \\ {\rm e}^{-S_{\rm g}(U')}, & \text{热库} \end{cases} \tag{5.57}$$

这里我们忽略了不重要的归一化因子。很明显这两种算法都满足细致平衡条件 (5.56) 式，并导致平衡态的“玻尔兹曼”分布 $W_{\mathrm{eq}}[U] \propto \mathrm{e}^{-S_{\mathrm{g}}}$。在这两种算法中，更新处理过程都是一步步进行的。首先从一个构型 U 开始，根据上述规则改变一个单一链接变量，然后改变下一个链接变量，如此重复操作。一次全盘更新对应着改变所有的链接变量。通过多次全盘更新规范构型就变成了服从玻尔兹曼分布。

对于包含动力学夸克的全 QCD 模拟，我们还需要额外处理 (5.26) 式中的费米子行列式 $\mathrm{Det}F[U]$。一些近似处理方法如赝费米子方法和混合蒙卡模拟等都被开发出来。对于全 QCD 模拟的这些算法的详细讨论，可以参考 Montvay 和 Münster 书中的第 7 章。

对于想进一步了解格点 QCD 的基础和应用的读者，可以参考相关讲义 (Ukawa, 1995; Gupta, 1999; Di Pierro, 2000) 和书籍 (Creutz, 1985; Montvay and Münster, 1997; Smit, 2002)。对于想从事 QCD 蒙特卡罗模拟的读者，可以下载一些基础的程序和工具包。

下面我们给出在淬灭近似下通过蒙特卡罗模拟得到的一些高精度结果。

5.5.1 重味夸克和反夸克之间的势

图 5.7 的数据显示了无量纲的 $Q\bar{Q}$ 势

$$[V(R) - V(R_0)] \times R_0 \tag{5.58}$$

随 R/R_0 变化的函数形式，是由 (5.35) 式的 Wilson 圈的蒙特卡罗模拟得到的 (Bali, 2001)。其中 R 是夸克间的距离，R_0 叫作 Sommer 标度，其定义为

$$R^2 \frac{\mathrm{d}V(R)}{\mathrm{d}R}\bigg|_{R=R_0} = 1.65 \tag{5.59}$$

不同的耦合常数 $g(a)$ 的模拟对应于不同格点间距 a。可以固定后者，如选取 $R_0 \simeq 0.5$ fm，其值取自底夸克偶素现象学。在图 5.7 中，$a = 0.094$ fm (正方形点：$6/g^2 = 6.0$)，$a = 0.069$ fm(圆形点：$6/g^2 = 6.2$) 以及 $a = 0.051$ fm(三角形点：$6/g^2 = 6.4$)。

图 5.7 清楚地显示重味夸克势在长距离处有一个线性禁闭部分，而短距离处有一个排斥的库仑相互作用。蒙特卡罗模拟的结果不仅在定性上，并且在定量上符合一个经验的线性势加库仑势 $V(r) = Kr - b/r + \mathrm{const}$，这里取 $b = 0.295$，如图 5.7 中的实线所示。图 5.7 的蒙特卡罗结果显示 $Q\bar{Q}$ 势对 a 没有明显的依赖。

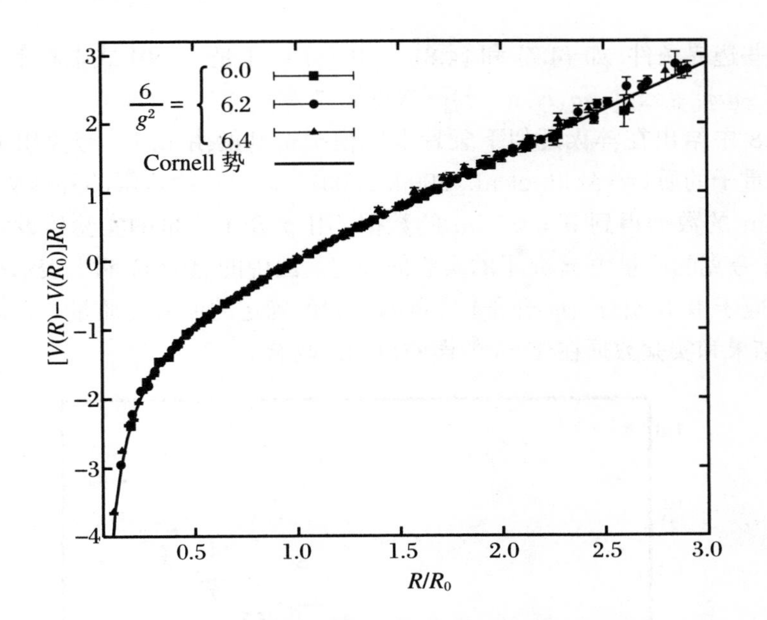

图 5.7　无量纲的 $Q\bar{Q}$ 势随无量纲夸克反夸克间距 R/R_0 的变化关系

R_0 为 Sommer 标度, 由 (5.59) 式定义; 不同的记号表示不同的格点耦合常数 $g(a)$, 也即不同的格点间隔; 虚线表示经验的 Cornell 势 (线性部分 + 库仑部分); 取自 Bali (2001)

5.5.2　轻夸克的质量谱

介子和重子的质量可以直接通过格点计算求得而不需要借助于夸克之间的势。这对于那些轻夸克 (u, d, s) 组成的强子特别重要, 因为这些轻夸克的内部运动具有高度的相对论性。即使对于重夸克束缚态, 如粲夸克偶素和底夸克偶素, 也可以直接计算它们的质量, 其重要性不仅在于其本身, 也在于确定流夸克质量以及得到强相互作用耦合常数。

在淬火近似下的强子质量计算方案如下: 考虑一个定域的介子算符, $\mathcal{M}(x)=\bar{q}(x)\gamma q(x)$, 其中 γ 是任意的 γ 矩阵。在欧几里得空间这个算符的关联函数定义为

$$D(\tau)=\int \mathrm{d}^3x\langle\mathcal{M}(\tau,\boldsymbol{x})\mathcal{M}^\dagger(0)\rangle \underset{\tau\to\infty}{\longrightarrow} |Z|^2\mathrm{e}^{-m\tau} \tag{5.60}$$

这里 $m(Z)$ 是最轻的束缚态的质量 (极点的留数), 和算符 $\mathcal{M}$ 具有相同的量子数。积分 $\int\mathrm{d}^3x$ 给出束缚态在零动量处的投影。因此, 如果格点的时间分量是无穷大, 则强子质量可以通过如下形式抽取 $m=-(1/\tau)\ln D(\tau)|_{\tau\to\infty}$。但是在实际模拟中, 格点的时空体积都是有限的, $0\leqslant\tau\leqslant N_{\mathrm{t}}a$ 和 $0\leqslant|x|\leqslant N_{\mathrm{s}}a$。所以我们需

要加上一些边界条件，如 (4.7) 和 (4.8) 式中所示。于是 (5.60) 式中右手边的指数变成 $\exp[-m\tau]+\exp[-m(N_\tau a-\tau)]$ (参见第 7 章)。

图 5.8 中给出在淬火近似下蒙特卡罗模拟得到的由 u,d,s 夸克组成的低质量介子和重子的质量 (Aoki, et al., 2000, 2003)。通过连续极限的外推法，可以由 $a=0.05$ fm 的数据得到 $a=0.1$ fm 的数据 (用 ρ 介子质量的实验值设定格点标度)。u,d 夸克的质量由 π 介子的实验值确定。图中的黑 (白) 圈点表示的格点计算结果对应于由 K 介子 (ϕ 介子) 质量的实验值确定的 s 夸克质量。在淬火近似下，模拟结果和实验数据在 11% 的误差范围内吻合。

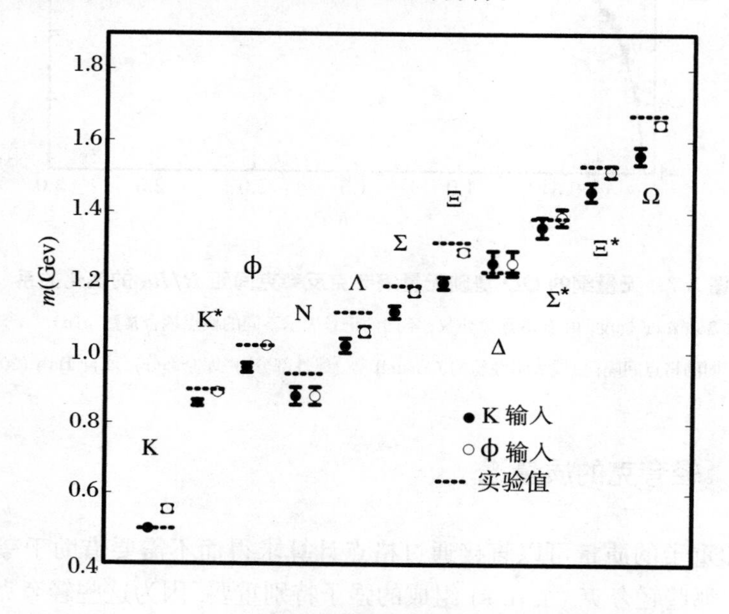

图 5.8 由 u, d, s 夸克组成的低质量介子和重子的质量

横虚线代表实验值，黑圆点和白圆点代表格点 QCD 在淬火近似下的结果；取自 Aoki, et al. (2001)

图 5.9 显示在淬火近似下蒙特卡罗模拟得到的 $c\bar{c}$ 束缚态 (粲夸克偶素) 的质量谱 (Okamoto, et al., 2002)。通过连续极限的外推法，可以由 $a=0.07$ fm 的数据得到 $a=0.2$ fm 的数据 (自旋平均的 1S 和 1P 态的质量差用于设定格点标度)。c 夸克的质量由自旋平均的 1S 态的质量确定。模拟结果和实验数据至少在每一个量子数的基态上符合得很好。

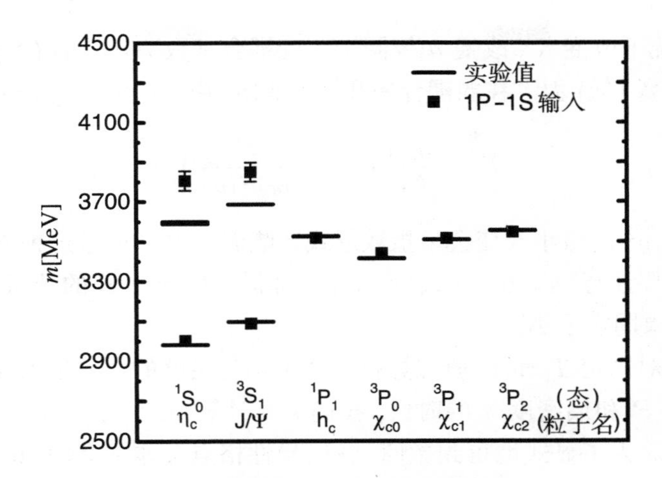

图 5.9　低质量粲夸克偶素质量谱 (见表 7.1)

横线代表质量实验值, 黑方块代表格点 QCD 在淬火近似下的结果; 每个态都由自旋 s、轨道角动量 L 以及总角动量 J 来表示, 记作 $^{2s+1}L_J$; 取自 Okamoto, et al. (2002)

5.6　有限温度的格点 QCD

我们在第 4 章中讨论过, 有限温度场论可以定义在一个有限时间长度的空间体积上 (图 4.2)。如图 5.2 所示, 考虑一个超立方格点阵列, 格点间隔为 a。则温度 T 和箱子的空间体积 V 为

$$T^{-1}=N_{\rm t}a,\quad V=(N_{\rm s}a)^3 \tag{5.61}$$

其中 $N_{\rm t}(N_{\rm s})$ 是时间 (空间) 方向上的格点数。零温极限对应于一个对称格点 $N_{\rm t}=N_{\rm s}\to\infty$。

链接变量和夸克场分别满足周期性和反周期性边界条件 ((4.7) 和 (4.8) 式):

$$U_\mu(n_4+N_{\rm t},\boldsymbol{n})=U_\mu(n_4,\boldsymbol{n}),\quad \psi(n_4+N_{\rm t},\boldsymbol{n})=-\psi(n_4,\boldsymbol{n}) \tag{5.62}$$

热力学关系只有在热力学极限 $V^{1/3}\gg T^{-1}$ 或与其等价的 $N_{\rm s}\gg N_{\rm t}$ 的情况下才成立。当然在取连续近似 $(a\to 0)$ 和固定物理温度 T 时, $N_{\rm t}$ 应该同时设置成大数。

有两种不同的方法改变格点中的温度。最简单的方法是固定 a 和 $N_{\rm s}$ 并改变 $N_{\rm t}$, 但是这种方法只能离散地改变 T。另一种方法是假设 $N_{\rm s}$ 足够大, 在 $N_{\rm t}$ 和

$N_{\rm s}$ 固定的情况下改变 a。改变 a 等同于改变耦合常数 $g(a)$: 小 (大)$g(a)$ 对应于小 (大)a 以及高 (低) 温。在弱耦合展开的领头阶, 由 (5.45) 和 (5.61) 式导出

$$T \simeq \frac{\Lambda_{\rm LAT}}{N_{\rm t}} \exp\left(\frac{1}{2\beta_0 g^2(a)}\right) \tag{5.63}$$

从中可以看出 g^2 的微小改变会呈指数形式影响温度 T。通过这种方法可以连续地改变 T。需要注意, 如 (5.61) 式所示, g 的降低不仅导致 T 的升高, 而且还导致 V 的降低 (如果固定了 $N_{\rm s,t}$)。

以上方法对固定 T 和 V 研究算符的热平均是足够的。但是当我们计算能量密度 ε、压强 P 和熵密度 s 的时候, 我们需要计算 $\ln Z$ 对 T 和 V 的微商, 如 (3.16) 式所示。为了显式地得到微商, 各向异性格点会非常有用, 即时间间隔 $a_{\rm t}$ 和空间间隔 $a_{\rm s}$ 不同:

$$T^{-1} = N_{\rm t} a_{\rm t}, \quad V = (N_{\rm s} a_{\rm s})^3, \quad \zeta \equiv \frac{a_{\rm s}}{a_{\rm t}} \neq 1 \tag{5.64}$$

其中 ζ 称作各向异性参数。这种处理的代价是 (5.9) 和 (5.13) 式的作用量需要做相应的改变, 即耦合常数 ($g_{\rm t}$, $g_{\rm s}$, $\kappa_{\rm t}$ 和 $\kappa_{\rm s}$) 的数目翻倍。

各向同性格点计算热力学量的另一种方法是积分法。不把压强本身写成某些算符的期待值, 而把其关于一系列耦合常数的微商写成热期待值。因此, 压强可以由一个路径参量 $\vec{\eta}$ 的线积分重新构造:

$$\begin{aligned} P &= \frac{T}{V}\ln Z = \frac{T}{V}\int_{\eta_0}^{\eta} {\rm d}\vec{\eta}\frac{\partial \ln Z}{\partial \vec{\eta}} + P_0 \\ &= -\frac{T}{V}\int_{\eta_0}^{\eta} {\rm d}\vec{\eta}\left\langle \frac{\partial (S_{\rm g}+S_q)}{\partial \vec{\eta}} \right\rangle + P_0 \end{aligned} \tag{5.65}$$

假设积分变量是 $\vec{\eta}$ 的平滑函数 (适用于有限大小的格点), 线积分不依赖于起始点 η_0 与终点 η 之间的路径的选择。3.7 节中讨论的压强可看作熵积分是积分法的一个 $\eta = T$ 的例子。一旦我们得到了压强 P, 只要系统接近热力学极限 $N_{\rm s} \gg N_{\rm t}$, 通过热力学关系 $s = \partial P/\partial T$ 和 $\varepsilon + P = sT$ 可以很容易得到能量密度和熵密度。

需要注意的是, 淬火近似下得到的 P 和 ε (图 3.5) 和全 QCD 模拟得到的 P 和 ε(图 3.6) 都是由积分方法计算的。这些图显示在 $N_f = 0$、温度在大约 273 MeV 以及 $N_f = 2$、温度在大约 175 MeV 时, 能量密度随温度快速变化。这是由强子相转变到色自由度解禁闭的夸克胶子等离子体相的一个很明显的证据。

5.7　$N_f = 0$ 的 QCD 禁闭-解禁闭转变

对于没有动力学夸克 ($N_f = 0$) 的 $\mathrm{SU}(N_c)$ 规范理论, QCD 相变可以由分立对称性 $\mathrm{Z}(N_c)$ 来描述 (Polyakov, 1978)。这个对称性在低温禁闭相保持, 而在高温解禁闭相自发破缺。对于有 N_f 个轻味道夸克的全 QCD, $\mathrm{Z}(N_c)$ 就不再是好的对称性了, 而连续的 $\mathrm{SU_L}(N_f)\times\mathrm{SU_R}(N_f)$ 手征对称性扮演着关键角色, 详见第 6 章的讨论。

在这一节, 我们考虑 $N_f = 0$ 的 QCD, 基于 $\mathrm{Z}(N_c)$ 对称性讨论禁闭-解禁闭相变。作为初步练习, 我们首先考虑连续时空和有限温度 T 下的 QED 并考察其规范结构。关键特性是, 尽管规范场 $A_\mu(\tau,\boldsymbol{x})$ 在时间方向上是周期性的, 其规范变换并不一定具有这种周期性。例如, 考虑如下的非周期性规范变换:

$$V(\tau+1/T,\boldsymbol{x}) = \mathrm{e}^{\mathrm{i}\theta}V(\tau,\boldsymbol{x}) \tag{5.66}$$

其中 θ 是与时空无关的常量。在如下规范变换下 A_μ 的周期性将被保持:

$$\begin{aligned} gA_\mu^V(\tau+1/T,\boldsymbol{x}) &= V(\tau+1/T,\boldsymbol{x})\left[gA_\mu(\tau+1/T,\boldsymbol{x})+\mathrm{i}\partial_\mu\right]V^\dagger(\tau+1/T,\boldsymbol{x}) \\ &= gA_\mu^V(\tau,\boldsymbol{x})+\partial_\mu\theta = gA_\mu^V(\tau,\boldsymbol{x}) \end{aligned} \tag{5.67}$$

这意味着即使在一个非周期性的规范变换下, QED 的作用量仍然可以保持不变。另一方面, 下面的非定域的 Polyakov 线, 在 (5.66) 式的变换下将会改变:

$$L(\boldsymbol{x}) = \exp\left[\mathrm{i}g\int_0^{1/T}\mathrm{d}\tau A_4(\tau,\boldsymbol{x})\right] \tag{5.68}$$

$$\to V(1/T,\boldsymbol{x})L(\boldsymbol{x})V^\dagger(0,\boldsymbol{x}) = \mathrm{e}^{\mathrm{i}\theta}L(\boldsymbol{x}) \tag{5.69}$$

同样地, 我们来看 $\mathrm{SU}(N_c)$ 规范理论的如下非周期性规范变换的结构:

$$V(\tau+1/T,\boldsymbol{x}) = zV(\tau,\boldsymbol{x}) \tag{5.70}$$

因为 V 是 $\mathrm{SU}(N_c)$ 群的一个元素, 所以 z 必须满足

$$zz^\dagger = 1,\quad \det z = 1 \tag{5.71}$$

规范场 A_μ 的周期性条件意味着

$$gA_\mu^V(\tau+1/T,\boldsymbol{x}) = V(\tau+1/T,\boldsymbol{x})\left[gA_\mu(\tau+1/T,\boldsymbol{x})+\mathrm{i}\partial_\mu\right]V^\dagger(\tau+1/T,\boldsymbol{x})$$

$$= gzA_\mu^V(\tau, \boldsymbol{x})z^\dagger + \mathrm{i}z\partial_\mu z^\dagger = gA_\mu^V(\tau, \boldsymbol{x}) \tag{5.72}$$

最后一个等号成立的条件是

$$zGz^\dagger = G, \quad z\partial_\mu z^\dagger = 0 \tag{5.73}$$

其中 G 是 $\mathrm{SU}(N_c)$ 群的任意一个元素。注意 z 满足 (5.71) 和 (5.73) 式并有以下形式:

$$z = \mathrm{e}^{2\pi\mathrm{i}n/N_c} \cdot 1 \equiv z \cdot 1 \ (n = 0, 1, 2, \cdots, N_c - 1) \tag{5.74}$$

其中 $zz^* = 1$ 以及 $z^{N_c} = 1$。这些 z 形成 $\mathrm{SU}(N_c)$ 群的分立子群, 且与 $\mathrm{SU}(N_c)$ 中的所有元素对易。这被称作 $\mathrm{SU}(N_c)$ 群的“中心”, 记作 $\mathrm{Z}(N_c)$。

在 (5.70) 式的非周期性规范变换下, 规范场呈现周期性, 因此作用量不变。然而如下定义的 Polyakov 线则不是不变量

$$\begin{aligned} L(\boldsymbol{x}) &= \frac{1}{N_c} \mathrm{tr}\, \mathrm{P} \exp\left[\mathrm{i}g \int_0^{1/T} \mathrm{d}\tau A_4(\tau, \boldsymbol{x})\right] \equiv \mathrm{tr}\, \Omega(\boldsymbol{x}) \\ &\to \mathrm{tr}\left[V(1/T, \boldsymbol{x})\Omega(\boldsymbol{x})V^\dagger(0, \boldsymbol{x})\right] = zL(\boldsymbol{x}) \end{aligned} \tag{5.75}$$

(5.70) 式的变换 V 以及它对规范场的作用在格点中可以显式地表示出来。首先考虑在时间边界 $V(n_4 = N_\mathrm{t}, \boldsymbol{n}) = z$ 以及 $V(n_4 \neq N_\mathrm{t}, \boldsymbol{n}) = 1$ 的非周期性规范变换。然后对固定时间片段 $n_4 = l$ 的链接变量做适当的周期性变换, 得到 (如图 5.10 所示):

$$U_4(n_4 = l, \boldsymbol{n}) \to zU_4(n_4 = l, \boldsymbol{n}) \tag{5.76}$$

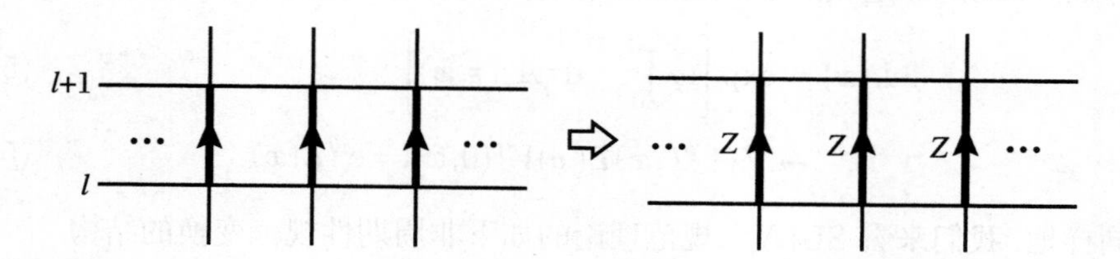

图 5.10 非周期性规范变换作用于时间的链接变量

因为规范作用量 S_g 在格点中总是包含 U_4 和 U_{-4} 的乘积, 所以它在 (5.76) 式变换下不变, 这也是应该的。另一方面, 在格点版本的 Polyakov 线按如下形式变换:

$$L(\boldsymbol{x}) = \frac{1}{N_c} \mathrm{tr} \prod_{n_4=0}^{N_\mathrm{t}-1} U_4(n_4, \boldsymbol{x}) \to zL(\boldsymbol{x}) \tag{5.77}$$

因此 $L(\boldsymbol{x})$ 可以作为与纯规范作用量的 $\mathrm{Z}(N_c)$ 对称性相关联的序参量。一个有限的 $L(\boldsymbol{x})$ 期待值意味着 $\mathrm{Z}(N_c)$ 对称性的自发破缺。

$L(\boldsymbol{x})$ 的物理意义是什么呢? 它可以解释成在系统中的坐标 $\boldsymbol{x}$ 处放置一个无限重的重味夸克的配分函数。此重味夸克可以看成是确定系统 (无动力学夸克) 处在禁闭相还是解禁闭相的探针。为了更明确地看到这一点, 我们来回忆重味夸克场 $\hat{\Psi}(\tau,\boldsymbol{x}) \equiv \mathrm{e}^{-m_{\mathrm{Q}}\tau}\hat{\psi}(\tau,\boldsymbol{x})$ (只包括狄拉克旋量的上半部分) 的运动方程

$$\left(\mathrm{i}\frac{\partial}{\partial\tau} + gA_4(\tau,\boldsymbol{x})\right)\hat{\psi}(\tau,\boldsymbol{x}) = 0 \tag{5.78}$$

这个静态狄拉克方程的解为

$$\hat{\psi}(1/T,\boldsymbol{x}) = \Omega(\boldsymbol{x})\hat{\psi}(0,\boldsymbol{x}) \tag{5.79}$$

现在考虑重味夸克处在空间点 $\boldsymbol{x}$ 的配分函数。它可以由 $\hat{H}_{\mathrm{g}}$(等价于 QCD 哈密顿量的 Yang-Mills 部分) 和 $\hat{H}_{\mathrm{Q}}$(等价于 $\hat{H}_{\mathrm{g}}+$ 静态夸克) 给出①

$$\begin{aligned}
Z_{\mathrm{Q}}/Z_{\mathrm{g}} &= \mathrm{e}^{-[F_{\mathrm{Q}}(T,V)-F_{\mathrm{g}}(T,V)]/T} \\
&\equiv \frac{1}{N_c}\sum_{a=1}^{N_c}\sum_{n}\langle n|\hat{\psi}^a(0,\boldsymbol{x})\mathrm{e}^{-\hat{H}_{\mathrm{Q}}/T}\hat{\psi}^{\dagger a}(0,\boldsymbol{x})|n\rangle/Z_{\mathrm{g}} \\
&= \frac{1}{N_c}\sum_{a=1}^{N_c}\sum_{n}\langle n|\mathrm{e}^{-\hat{H}_{\mathrm{Q}}/T}\hat{\psi}^a(1/T,\boldsymbol{x})\hat{\psi}^{\dagger a}(0,\boldsymbol{x})|n\rangle/Z_{\mathrm{g}} \\
&= \frac{1}{N_c}\mathrm{Tr}\left[\mathrm{e}^{-\hat{H}_{\mathrm{g}}/T}\mathrm{tr}\,\Omega(\boldsymbol{x})\right]/Z_{\mathrm{g}} = \langle L(\boldsymbol{x})\rangle
\end{aligned} \tag{5.80}$$

这里 $|n\rangle$ 为 $\hat{H}_{\mathrm{g}}$ 本征态的完备集, $Z_{\mathrm{g}}(F_{\mathrm{g}})$ 为没有重味夸克的规范场的配分函数 (自由能)。我们在 Z_{Q} 的定义里引入了色平均因子 $1/N_c$。

在禁闭相, 单个夸克的自由能是无穷大, 因此 $\langle L(\boldsymbol{x})\rangle = 0$。另一方面, 在解禁闭相, F_{Q} 和 $\langle L(\boldsymbol{x})\rangle$ 都是有限的。所以 $\langle L(\boldsymbol{x})\rangle$ 可以看作禁闭-解禁闭转变的序参量。表 5.1 总结了 F_{Q} 和 $\langle L(\boldsymbol{x})\rangle$ 在各个相的取值。在强耦合格点理论里讨论了高温下解禁闭相的存在性 (Polyakov, 1978; Susskind, 1979)。后来有人严格证明了在空间维数 $d \geqslant 3$ 的 $\mathrm{SU}(N_c)$ 和 $U(N_c)$ 格点规范理论中, 存在高温解禁闭相变 (Borgs and Seiler, 1983a, b)。

图 5.11 给出了 $\langle L\rangle$ 随温度变化的示意图。 $N_f = 0$ 的 QCD 的两种情况如下: 连续 (二级) 相变, 其序参量是一个连续但在相变临界点不可导的函数; 一级

① 即使在有动力学夸克的情况下, 重味夸克的自由能与 Polyakov 线相关。这可以通过在 (5.80) 式中做如下的替换看出来: $\hat{H}_{\mathrm{g}} \to \hat{H}$(有动力学夸克的 QCD 哈密顿量的本征态 $|n\rangle$) 以及 $\hat{F}_{\mathrm{g}} \to \hat{F}$(有动力学夸克的 QCD 自由能)。但是在这种情况下, $\hat{H}$ 并没有 $\mathrm{Z}(N_c)$ 对称性, 当然 $\langle L(\boldsymbol{x})\rangle$ 也不能被看作序参量。

相变, 其序参量本身在相变临界点不连续。这两种情况中哪一个会发生依赖于色自由度的数目: 当 $N_c=2$ 时, 发生二级相变; 当 $N_c=3$ 时, 发生一级相变。导致这两种不同情况的原因将在 5.8 节中讨论。

表 5.1 没有动力学夸克 ($N_f=0$) 的 $\mathrm{SU}(N_c)$ 规范理论的禁闭-解禁闭相变

	禁闭相	解禁闭相
T	$T<T_\mathrm{c}$	$T>T_\mathrm{c}$
F_Q	∞	有限
$\langle L\rangle$	0	有限
$\mathrm{Z}(N_c)$ 对称性	未破缺	自发破缺

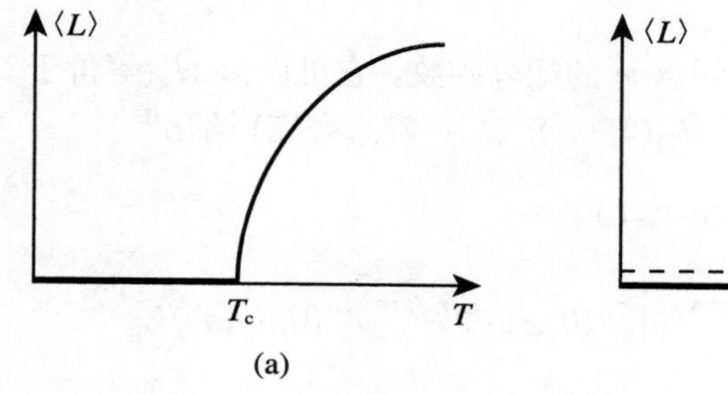

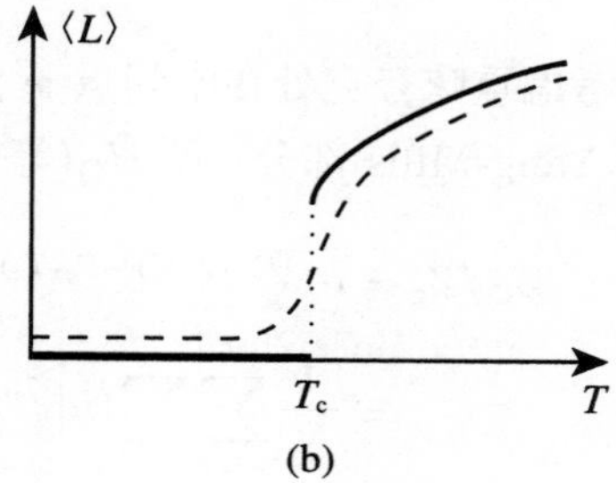

图 5.11 在不同情况下 Polyakov 线 $|\langle L\rangle|$ 随温度变化的示意图

(a) 二级相变 ($c=h=0$); (b) 实线: 一级相变 ($c\neq 0,\ h=0$), 虚线: 平滑过渡 ($c\neq 0,\ h>h_c$)

5.8 $N_f=0$ 情况的相变级次

首先我们就此给出一个启发式的讨论, 解释为什么在 $N_c=3$ 情况下禁闭-解禁闭转变是一级相变 (Yaffe and Svetitsky, 1982)。定义如下 Polaykov 线的有效作用量:

$$Z=\int[\mathrm{d}A]\,\mathrm{e}^{-S_\mathrm{g}(A)}\int[\mathrm{d}L]\prod_{\boldsymbol{x}}\delta\Big(L(\boldsymbol{x})-\mathrm{tr}\,\mathrm{P}\,\mathrm{e}^{\mathrm{i}g\int_0^{1/T}A_4(\tau,\boldsymbol{x})\mathrm{d}\tau}\Big) \tag{5.81}$$

$$\equiv\int[\mathrm{d}L]\,\mathrm{e}^{-S_\mathrm{eff}(L)} \tag{5.82}$$

其中有效作用量必须有 Z(3) 对称性, $S_{\text{eff}}(zL)=zS_{\text{eff}}(L)$。假设 S_{eff} 可以展开为 L 和 L 导数的泰勒级数, 我们得到一般的有效作用量 (表 6.1)

$$S_{\text{eff}}(L)\simeq\int \mathrm{d}^3x\left[\frac{1}{2}(\boldsymbol{\nabla}L^*)(\boldsymbol{\nabla}L)+V(L)\right] \tag{5.83}$$

$$V(L)=\frac{a}{2}L^*L-\frac{c}{3}\mathrm{Re}\ (L^3)+\frac{b}{4}(L^*L)^2+O(L^5) \tag{5.84}$$

其中 $|L|^2$ 和 L^3 在 Z(3) 变换下保持不变, 因为 $zz^*=1$ 和 $z^3=1$。 a,b,c 这些系数在原则上可以通过数值求解关于 A 的积分而得到, 但是我们不去确定它们, 留待下面讨论。

考虑 L 为实场且在空间各处相等的情况, 寻找势 $V(L)$ 的最小值。我们假设 a 随着温度的降低由负变为正, 而 b 和 c 的符号与温度无关 $(b,c>0)$。因为存在 L^3 项, $V(L)$ 关于 $L=0$ 是反对称的。所以简并的最小值出现在 $a=c^2/4b$ $(T=T_{\text{c}})$, 这也是会有一级相变的原因, 如图 5.11(b) 中的实线所示。另一方面, 由于在 $N_c=2$ 的情况下, 只有 L 的偶数幂是允许的, 只要 L^4 的系数在穿越相变点温度的时候不改变符号, 我们就得到一个二级相变, 如图 5.11(a) 中的实线所示 (但是, 仍然存在 L^4 项符号改变导致一级相变的可能, 这时需要考虑 L^6 项才能使系统稳定)。

首先通过蒙特卡罗模拟证明在 $N_f=2$ 时存在相变的是 Kuti, et al.(1981), McLerran and Svetitsky (1981a) 和 Engels, et al.(1981)。随后, 在 $N_c=3$ $(N_c=2)$ 的情况下出现一级 (二级) 相变也通过有限标度分析的蒙特卡罗模拟建立起来 (Fukugita, et al., 1989, 1990), 确定相变的级次比确定存在相变更加困难。两相共存且序参量在 T_{c} 不连续是一级相变的直接信号。但是在有限体积的格点计算中, 这个信号变得模糊。这时, 观察量依赖于格点体积的有限标度分析会提供更详细的相变级次的信息 (Fukugita, et al., 1989, 1990; Ukawa, 1995)。

5.9　动力学夸克的影响

在 5.8 节中我们忽略了动力学夸克的影响。一旦引入它们, 格点作用量的 $\mathrm{Z}(N_c)$ 对称性就被明显地破坏。这是因为狄拉克算符包含一个类时链接 $U_4(n)$, 与其厄米共轭无关。因此 $U_4(n)\rightarrow zU_4(n)$ 将不再是对称的。这种对称性破缺在大夸克质量下很小。事实上, 在跳跃参数展开中, 最低阶的动力学夸克引起的对

称性破缺贡献给出 $V(L)$ 的修正如下:

$$V(L) \to V(L) - h\text{Re}\ (L) \tag{5.85}$$

这里 $h \propto \kappa^{N_t}$, 其中 κ 为跳跃参数。这个额外项类似于在自旋系统中引入外磁场 (Bank and Ukawa, 1983)。只需要简单的代数运算就可以证明存在一个临界的 h_c, 对于 $h < h_c$ 为一级相变, 而对于 $h > h_c$ 为平滑过渡 (假设 $c > 0, b > 0$ 以及 $h > 0$)。典型的 Polyakov 线在 $h > h_c$ 下的平滑过渡行为如图 5.11(b) 中的虚线所示。

在轻动力学夸克情形下, 因为 $\mathrm{Z}(N_c)$ 对称性会破缺得非常严重, 这时 κ 非常大, 使我们不能在小夸克质量情形下讨论禁闭-解禁闭转变。这在物理上是可理解的, 因为即使在零温情况下也会存在 $\mathrm{q\bar{q}}$ 对屏蔽色荷。由于 $\mathrm{q\bar{q}}$ 对引起的弦碎裂, 重味夸克间的势在长距离时也不能线性增加。对于轻动力学夸克情形, 在有限温度下, 更合适讨论手征对称性的动力学破缺及其恢复。这将在第 6 章中详细讨论。

5.10 有限化学势的影响

这一节, 我们考虑在格点配分函数中存在有限化学势 μ 的情况。如 (4.6) 式所示, μ 是以 $\mathcal{L}_q = \bar{q}F(U;\mu)q$ 的形式引入连续极限下欧氏空间的拉氏量的, 其中

$$\begin{aligned} F(U;\mu) &= -\mathrm{i}\gamma\cdot D + m + \mathrm{i}\mu\gamma_4 = \Gamma\cdot D + m - \mu\Gamma_4 \\ &= \Gamma_4(\partial_4 - \mathrm{i}(gA_4 - \mathrm{i}\mu)) + \boldsymbol{\Gamma}\cdot\boldsymbol{D} + m \end{aligned} \tag{5.86}$$

这里 $\gamma(\Gamma)$ 表示反厄米 (厄米) 的 γ 矩阵。注意 $F(U;\mu)$ 具有如下性质 (见习题 5.6):

$$[F(U;\mu)]^\dagger = \gamma_5 F(U;-\mu)\gamma_5, \quad [\text{Det}\, F(U;\mu)]^* = \text{Det}\, F(U;-\mu) \tag{5.87}$$

(5.86) 式的最后一个等号意味着化学势的行为类似于虚的规范势时间分量: $gA_4 \to gA_4 - \mathrm{i}\mu$。因此, 在 (5.13)、(5.14) 和 (5.20) 式中做如下代换 (Hasenfratz and Karsch, 1983), 就可以在格点中自然地引进 μ:

$$U_{\pm 4}(n) = \mathrm{e}^{\pm \mathrm{i}agA_4(n)} \to \mathrm{e}^{\pm a\mu}U_{\pm 4}(n) \tag{5.88}$$

尽管化学势的引入非常简单, 但是对有限化学势 QCD 的蒙特卡罗模拟从一开始 (Nakamura, 1984) 就是一个巨大的挑战。原因就在于 (5.26) 式的费米行列式。在 $N_c = 3$ 的情况下, (5.26) 式的 $\mathrm{Det}\, F(U;\mu)$ 是复数 ((5.87) 式), 造成在不同规范构型之间存在相当严重的抵消 (复相位问题)。这需要规范构型的数目随空间体积呈指数增长:$N \sim \mathrm{e}^{cV/T}$, 其中 c 是一个正常数。对凝聚态物理和核物理的费米子系统, 其蒙特卡罗模拟也存在相同的状况 (例如参见习题 5.7)。

对于 $\mu = 0$, $\mathrm{Det}\, F(U;\mu)$ 为实数, 由于其可正可负, 仍然存在符号问题。但是, 对于偶数味道数且夸克质量简并的系统, 符号问题不出现, 因为我们有 $[\mathrm{Det}\, F(U;\mu)]^{N_f}$。同样, 对于重质量夸克, $m \gg \mu$, 行列式几乎不改变符号, 所以无害。这些好的性质在有限化学势情形下丧失了。

目前人们提出了许多处理有限化学势 QCD 的近似方法。一个例子是重加权法, 这种方法通过重新组织 $\mathrm{Det}\, F(U;\mu)\exp(-S_{\mathrm{g}}(U))$ 来增强符号效应。另一种方法限于小 μ, 其对 $\mathrm{Det}\, F(U;\mu)$ 作 μ 的泰勒展开, 并计算 $\mu = 0$ 处的展开系数。还有一种方法是引入虚化学势, $\mu_{\mathrm{I}} = -\mathrm{i}\mu$(这样就没有复相位问题), 最后解析延拓回到实化学势。更多详细讨论参见 Muroya, et al. (2003) 以及 Makamura, et al. (2004)。关于手征相变中 μ 的有趣作用, 参见 6.13.5 节。

习　题

5.1 **Wilson 线的性质。**

(1) 我们知道时间演化算符 $U(t,t')$ 在相互作用表象满足方程 $\mathrm{i}\partial_t U(t,t') = H_{\mathrm{I}}(t)U(t,t')$。求解这个方程, 并证明解可以写成如 (5.2) 式的形式。

(2) 类比 $U(t,t')$ 和 Wilson 线 $U_P(x,y;A)$, 证明 (5.3) 和 (5.4) 式。

(3) 通过分解 $U_P(x,y;A)$ 为一系列路径为 $z_\mu(s)$ 的短 Wilson 线的乘积来证明 (5.5) 式。试着用另一种方法来证明 (5.5) 式, 即证明 (5.5) 式是如下方程的唯一解:

$$\lambda_\mu(s) D_\mu(A^V) U_P(x,y;A^V) = 0$$

5.2 **Haar 测度。**

考虑对群元素的积分, $g \in G$, 则在群流型上平移积分变量将不改变积分结果 (Creutz, 1985; Gilmore, 1994)。左右 Haar 测度分别定义为如下积分:

$$\int \mathrm{d}g_{\mathrm{L}}\, f(g'g) = \int \mathrm{d}g_{\mathrm{L}}\, f(g), \quad \int \mathrm{d}g_{\mathrm{R}}\, f(g'g) = \int \mathrm{d}g_{\mathrm{R}}\, f(g)$$

其中 g' 为群 G 中的任意元素。

(1) 如果 G 是一个紧致李群, 群元素可以参数化并在一个封闭区间内变换, ① 除了一个常数因子, Harr 测度是唯一的。② 左右 Harr 测度相同: $\mathrm{d}g_{\mathrm{L}} = \mathrm{d}g_{\mathrm{R}} \equiv \mathrm{d}g$。常数因子可以通过 $\int \mathrm{d}g 1 = 1$ 来确定。假设唯一性条件①, 证明性质②。

(2) 设 n 为紧致李群 G 的流型的维数, 群元素参数化为 $g(\theta_i)$ $(i = 1, 2, \cdots, n)$。则不变积分可以写成 n 维的积分形式

$$\int \mathrm{d}g\, f(g) = \mathcal{N} \int \mathrm{d}\theta\, J(\theta)\, f(g(\theta))$$

其中 $\mathcal{N}$ 是归一化常数。通过群元素的乘法规则 $g(\theta''(\theta\theta')) = g(\theta)g(\theta')$, 得到 $J(\theta)$ 的形式为

$$J(\theta) = \left| \det_{i,j} \partial\theta''(\theta,\theta')/\partial\theta' \right|^{-1}_{\theta'=0}$$

(3) 考虑群 G 的度规张量 $M_{ij} = \mathrm{tr}(L_i L_j) = \mathrm{tr}(R_i R_j)$, 其中 $L_i = g^{-1}(\partial_i g)$, $R_i = (\partial_i g)g^{-1}$, $\partial_i = \partial/\partial\theta_i$。通过 $J(\theta)$ 和 $\det M$ 的关系, 给出不变积分的另一种表达式

$$\int \mathrm{d}g\, f(g) = \mathcal{N} \int \mathrm{d}\theta |\det_{i,j} M|^{1/2} f(g(\theta))$$

其中 $\mathcal{N}$ 为另一个归一化常数。

(4) 推导 U(1) 群和 SU(2) 群的 Harr 测度。

(5) 通过不变积分的性质证明 (5.37) 式中 SU(N) 群的关系。参考 Creutz (1985) 的第 8 章, 推导 SU(N) 群积分的一般形式。

5.3 格点上的狄拉克算符。

(1) 推导 Wilson 的狄拉克算符 D_{W} 在 $r \neq 0$ 时不与 γ_5 反对易: $\{\gamma_5, D_{\mathrm{W}}\} \neq 0$。尝试说明这意味着在有限 a 条件下 $\bar{\psi} D_{\mathrm{W}} \psi$ 显式的破坏了手征对称性。

(2) 证明 (5.24) 式的 D_{GW} 满足 Ginsparg-Wilson 关系 (5.23) 式以及 γ_5 的厄米性 $\gamma_5 D_{\mathrm{GW}}^{\dagger} \gamma_5 = D_{\mathrm{GW}}$。

(3) 用类似于 (5.18) 式的方式分析

$$m_0(p) = m_0 - \frac{1}{a} \sum_{\mu>0} (1 - \cos(p_\mu a))$$

证明 $m_0(p) \simeq m_0$ $({}^{\forall} p_\mu \to 0)$ 和 $m_0(p) \simeq m_0 - 2N_\pi/a$ $({}^{\exists} p_\mu \to \pi/a)$。把它们代入到 D_{GW} 的定义式, 证明对于 $0 < m_0 a < 2$, 费米子谱只有 1 个零质量模式和 15 个正定的大质量模式 $\frac{2}{a}(2N_\pi - m_0 a)$。

5.4 闵氏空间中重味夸克的传播子。

通过假设 $S(x', x) = S_{\mathrm{t}}(x'_0, x_0) S_{\mathrm{s}}(x', x)$, 推导 $S_{\mathrm{t}}(x'_0, x_0)$ 所满足的方程。在如下边界条件求解此方程: 正 (负) 夸克顺 (逆) 着时间轴传播。

5.5 **β 和 β_1 不依赖于正规化方案。**

如果我们计算一个无量纲的物理量, 比如在两种不同正规化方案 (比如维数正规化和格点正规化) 中计算短距离部分的重味夸克势 $V(R)$ 乘以 R, 我们得到恒等式

$$g_{\overline{\text{MS}}}(1/a) = g_{\text{LAT}}(a) Z(g_{\text{LAT}}(a))$$

其中

$$Z(g_{\text{LAT}}(a)) = 1 + d_1 g_{\text{LAT}}^2(a) + d_2 g_{\text{LAT}}^4(a) + \cdots$$

应用 β 定义和其展开形式 $\beta = -\beta_0 g^3 - \beta_1 g^5 + \cdots$, 在两个正规化方案中证明 $\beta_0^{\overline{\text{MS}}} = \beta_0^{\text{LAT}}$, $\beta_1^{\overline{\text{MS}}} = \beta_1^{\text{LAT}}$。

5.6 **有限化学势情形下的费米行列式。**

(1) 证明 (5.87) 式。

(2) 利用恒等式 $[U_\nu]^* = \sigma_2 U_\nu \sigma_2$ 证明: 只有在 $N_c = 2$ 时, $\text{Det}\, F(U;\mu)$ 才是实数, 其中 σ_2 是色空间的 2×2 的泡利矩阵。

5.7 **符号问题。**

考虑一个简单的配分函数形式

$$Z = \sum_{\{\phi(x)=\pm 1\}} \text{sign}(\phi) \text{e}^{-S[\phi]}$$

其中 ϕ 为场变量且在各个点只取 ± 1 两个值, 假定 S 是正的。算符 $O(\phi)$ 的期待值写作 $\langle O(\phi)\rangle = \langle O(\phi)\text{sign}(\phi)\rangle_0 / \langle \text{sign}(\phi)\rangle_0$, 其中 $\langle\cdot\rangle_0$ 表示配分函数在没有符号因子下的平均值 Z_0。

(1) 证明分母为

$$\langle \text{sign}(\phi)\rangle_0 = \text{e}^{-(f-f_0)V/T}$$

其中 $f(f_0)$ 是对应于 $Z(Z_0)$ 的自由能密度, V 是空间体积, T 是温度。由于 $f > f_0$, 在热力学极限 $V\to\infty$ 下, 分母会变为非常小的指数。

(2) 为了在蒙特卡罗模拟中取得好的精度, $\text{sign}(\phi)$ 与其平均值 $\langle \text{sign}(\phi)\rangle_0$ 的偏差必须非常小, 如 (5.55) 式所示。证明此条件是 N(蒙特卡罗抽样数) 的如下关系给出的:

$$N \gg \text{e}^{2(f-f_0)V/T}$$

在大空间体积的情况下, 这个量变得非常大。这就是复相位问题和符号问题的核心所在。

第 6 章 手征相变

正如我们在 2.4.1 节中所看到的, 当夸克质量为零时, QCD 的拉氏量在 $\mathrm{SU_L}(N_f)\times\mathrm{SU_R}(N_f)$ 的手征转动下不变, 但算符 $\bar{q}q=\bar{q}_\mathrm{L}q_\mathrm{R}+\bar{q}_\mathrm{R}q_\mathrm{L}$ 在此转动下并非不变。因此该算符的热力学平均值 $\langle\bar{q}q\rangle$ 是手征对称性在有限温度时动力学破缺的一个 (但不是唯一的) 度量:

$$\langle\bar{q}q\rangle=0:\text{Wigner 相} \tag{6.1}$$

$$\langle\bar{q}q\rangle\neq 0:\text{Nambu-Goldstone 相 (NG 相)} \tag{6.2}$$

随着温度的升高, $\mathrm{q\bar{q}}$ 配对逐渐被热涨落解离, 从而使得体系最终发生从 NG 相到 Wigner 相的相变。这个过程与金属型超导体中发生的相变类似, 那里的序参量是电子间的配对 $\langle e_\uparrow e_\downarrow\rangle$。实际上, 手征对称性动力学破缺的概念最初正是类比 BCS 超导理论 (Nambu and Jona-Lasinio, 1961a, b) 引进的。同样地, 在这里扮演着与外磁场相同角色的夸克质量项 $m\bar{q}q$ 明显破坏了手征对称性。

有几个有趣的问题需要回答。(1) 手征相变的临界温度 T_c 是多少? (2) 手征相变的级次是多少? (3) 和手征相变相关的哪些现象是可观测的? 我们在本章考察前两个问题, 第三个问题留到第 7 章讨论。

6.1 热 / 密物质中的 $\langle\bar{q}q\rangle$

我们从 QCD 的配分函数出发:

$$Z=\mathrm{Tr}\left[\mathrm{e}^{-\hat{K}_\mathrm{QCD}/T}\right]=\mathrm{e}^{-\Omega(T,V,\mu)/T}=\mathrm{e}^{P(T,\mu)V/T} \tag{6.3}$$

$$\hat{K}_{\text{QCD}} = \hat{H}_{\text{QCD}}(m_{\text{q}}=0) + \sum_{\text{q}=\text{u,d,s},\cdots} \int \mathrm{d}^3 x \bar{q}(m_{\text{q}} - \mu_{\text{q}}\gamma_0) q \tag{6.4}$$

其中 $m_{\text{q}}(\mu_{\text{q}})$ 为每一味夸克的质量 (化学势)。我们很容易得到

$$\langle \bar{q}q \rangle = -\frac{\partial P(T,\mu)}{\partial m_{\text{q}}} \tag{6.5}$$

6.1.1 高温展开

当 $\mu_{\text{q}}=0$ 且 $m_{\text{q}} \simeq 0$ 时, (6.5) 式的右边可以在高温和低温极限下计算出来。

当 T 足够高时, 体系会趋于由自由夸克和胶子组成的 Stefan-Boltzmann 气体。从而 $\mu_{\text{q}}=0$ 时的总压强可以写为这两者之和 $P(T) = P_{\text{gluon}}(T) + P_{\text{quark}}(T)$。由于夸克质量仅出现在 $P_{\text{quark}}(T)$ 中, 所以我们把它明显地写出来, 为 $\sum_{\text{q}} P_{\text{q}}(T;m_{\text{q}})$, 对于每一味夸克有

$$P_{\text{q}}(T;m_{\text{q}}) = 4N_c \int \frac{\mathrm{d}^3 k}{(2\pi)^3} T \ln\left(1 + \mathrm{e}^{-E_{\text{q}}(k)/T}\right) \tag{6.6}$$

$$\simeq 4N_c \frac{7}{8}\left[\frac{\pi^2}{90}T^4 - \frac{1}{42}m_{\text{q}}^2 T^2 - \frac{1}{56\pi^2} m_{\text{q}}^4 \left(\ln\left(\frac{m_{\text{q}}^2}{(\pi T)^2}\right) + C\right) + \cdots\right] \tag{6.7}$$

其中 $E_{\text{q}}(k) = (k^2 + m_{\text{q}}^2)^{1/2}$, $C = 2\gamma - 3/2 \simeq -0.346$, $\gamma \simeq 0.577$ 为欧拉常数。为了得到 (6.7) 式, 我们用到了在习题 3.4(3) 中给出的以 m_{q}/T 展开的费米子的表达式。

由于在 (6.7) 式中不包含 m_{q} 的线性项, 手征极限下 $(m_{\text{q}} \approx 0)$ $\langle \bar{q}q \rangle$ 在高温时为零。虽然在这里这一结论仅仅是基于自由的夸克胶子气体得到的, 但从微扰论的角度出发容易看到, 该结论对于相互作用的夸克和胶子也同样成立。这是因为夸克-胶子顶角并不会改变手征行为 (亦即 q_{L} 和 q_{R} 之间的跃迁是禁戒的), 因此当 $m_{\text{q}}=0$ 时, $\bar{q}q = \bar{q}_{\text{L}} q_{\text{R}} + \bar{q}_{\text{R}} q_{\text{L}}$ 的平均值在微扰计算的任意阶均为零。

6.1.2 低温展开

当 $\mu_{\text{q}}=0$ 且 T 足够低时, 体系由相互作用较弱的 π 介子气体组成。总压强可以分解为 $P(T) = P_{\pi}(T) + P_{\text{vac}}$。由定义可得 $\langle \bar{q}q \rangle_{\text{vac}} = -\partial P_{\text{vac}}/\partial m_{\text{q}}$。另一方面, 在低温时 $P_{\pi}(T)$ 可以通过手征微扰论计算得到 ((2.62) 式的欧氏形式) (Gerber and Leutwyler, 1989)

$$
\mathrm{e}^{P_\pi(T)V/T}=\int[\mathrm{d}U]\,\mathrm{e}^{-\int_0^{1/T}\mathrm{d}^4x\,(\mathcal{L}^{(2)}(U)+\mathcal{L}^{(4)}(U)+\mathcal{L}^{(6)}(U)+\cdots)} \tag{6.8}
$$

利用 GOR 关系 (2.51)、(2.52) 式, 我们将变量从 m_{q} 变为 m_π, 从而得到

$$
\frac{\langle\bar{q}q\rangle}{\langle\bar{q}q\rangle_{\mathrm{vac}}}=1+\frac{1}{f_\pi^2}\frac{\partial P_\pi(T)}{\partial m_\pi^2}\bigg|_{m_\pi\to 0} \tag{6.9}
$$

$$
=1-\frac{T^2}{8f_\pi^2}-\frac{1}{6}\left(\frac{T^2}{8f_\pi^2}\right)^2-\frac{16}{9}\left(\frac{T^2}{8f_\pi^2}\right)^3\ln\left(\frac{\Lambda_q}{T}\right)+O(T^8) \tag{6.10}
$$

其中 $\Lambda_{\mathrm{q}}=(470\pm 110\ \mathrm{MeV})$ 是实验上从 $I=0$ 和 D 波散射道的 π-π 散射长度得到的参数 (Gerber and Leutwyler, 1989)。(6.10) 式中的 $O(T^2)$ 的贡献完全源于无相互作用的 π 介子气体。因此该项的系数也可以通过与 (6.7) 式相似的方法来得到, 其中要用到习题 3.4(3) 中给出的对于玻色子的公式。

低温的结果 (6.10) 式和高温的展开式明确表明了手征凝聚将随着 T 的增加而逐渐减小, 最终在足够高的温度下完全熔解, 即手征对称性得到恢复。手征对称性在足够高的温度下将得到恢复这一结论, 可以在 $N_c=2$ 的无质量动力学费米子的格点规范理论中得到严格的证明 (Tomboulis and Yaffe, 1984, 1985)。

在 6.2 节中, 我们将通过 QCD 的低能有效模型, Nambu-Jona-Lasinio (NJL) 模型 ((2.60) 式) 的计算来揭示有限温度下手征对称性恢复背后的物理。

6.2 NJL 模型

描述两味 ($N_f=2$) 夸克的最简单的欧氏时空的 NJL 模型 (Nambu and Jona-Lasinio, 1961a, b; Hatsuda, Kunihiro, 1994) 为

$$
\mathcal{L}_{\mathrm{NJL}}=\bar{q}(-\mathrm{i}\gamma_\mu\partial_\mu+m)q-\frac{G^2}{2\Lambda^2}[(\bar{q}q)^2+(\bar{q}\mathrm{i}\gamma_5\boldsymbol{\tau}q)^2] \tag{6.11}
$$

其中 ${}^tq(x)=(u(x),d(x))$, $m=\mathrm{diag}(m_{\mathrm{u}},m_{\mathrm{d}})=m\cdot 1$。这里为简单起见, 我们假设了同位旋对称性, 即 $m_{\mathrm{u}}=m_{\mathrm{d}}$。注意, G 是无量纲的耦合常数, 它表征的是标量道 ($(I,J^P)=(0,0^+)$) 和赝标量道 ($(I,J^P)=(1,0^-)$) 的 $q\bar{q}$ 吸引相互作用大小; Λ^{-1} 是 $\bar{q}q$ 的特征相互作用长度, 小于该长度的相互作用可以用时空中的点相互作用来近似, 如图 6.1 所示。这里我们假设 G^2 是 $O(1/N_c)$ 的, 从而动能项和相互作用项都是 $O(N_c)$ 的。

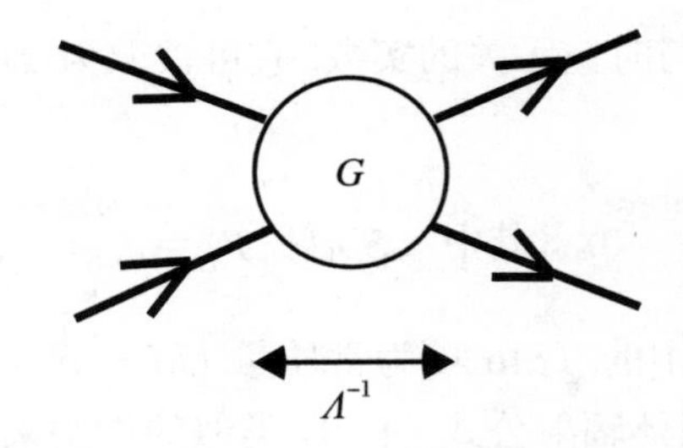

图 6.1　NJL 模型中的四费米相互作用

在坐标表象下相互作用的范围为 $O(\Lambda^{-1}) \sim 0.2$ fm

(6.11) 式具有整体的 $\mathrm{SU_L}(2)\times\mathrm{SU_R}(2)\times\mathrm{U_B}(1)$ 对称性, 但破坏了 $\mathrm{U_A}(1)$ 的对称性。 $\mathrm{U_A}(1)$ 对称性的破坏是 2.4.1 节中所讨论过的 $\mathrm{U_A}(1)$ 轴矢反常的具体实现 (见习题 6.1)。有限温度且零化学势的配分函数为

$$Z_{\mathrm{NJL}} = \int [\mathrm{d}\bar{d}\,\mathrm{d}q]\,\mathrm{e}^{-\int_0^{1/T}\mathrm{d}\tau\int\mathrm{d}^3x\mathcal{L}_{\mathrm{NJL}}} \tag{6.12}$$

$$= \int [\mathrm{d}\bar{d}\,\mathrm{d}q][\mathrm{d}\Sigma]\,\mathrm{e}^{-\int_0^{1/T}\mathrm{d}\tau\int\mathrm{d}^3x\left[\bar{q}(-\mathrm{i}\gamma\cdot\partial+m+G\Sigma)q+\frac{\Lambda^2}{2}\Sigma\Sigma^\dagger\right]} \tag{6.13}$$

$$\equiv \int [\mathrm{d}\Sigma]\,\mathrm{e}^{-S_{\mathrm{eff}}(\Sigma;T)} \tag{6.14}$$

其中玻色场 $\Sigma(x)(=\sigma(x)+\mathrm{i}\gamma_5\boldsymbol{\tau}\cdot\boldsymbol{\pi}(x))$ 是同位旋空间中的 2×2 的矩阵, 且 $[\mathrm{d}\Sigma]=[\mathrm{d}\sigma\,\mathrm{d}\boldsymbol{\pi}]$。

从 (6.12) 式到 (6.13) 式, 利用了高斯积分的矩阵形式, 或者 Hubbard-Stratnovich 变换 (见附录 C)

$$\mathrm{e}^{\frac{1}{2}y^2} = \int_{-\infty}^{+\infty}\frac{\mathrm{d}z}{\sqrt{2\pi}}\mathrm{e}^{-\frac{1}{2}z^2\pm zy} \tag{6.15}$$

这使得我们可以通过替换 $y\to(\bar{q}q,\bar{q}\mathrm{i}\gamma_5\boldsymbol{\tau}q)$ 和 $z\to(\sigma,\boldsymbol{\pi})$ 将四费米子的相互作用变换为夸克场的双线性型 (见习题 6.2)。

计算 (6.13) 式中的 Grassmann 变量的积分 $[\mathrm{d}\bar{q}\,\mathrm{d}q]$(见附录 C.3), 并利用矩阵恒等式 $\det A=\exp(\mathrm{Tr}\ln A)$, 我们得到 (6.14) 式中的有效作用量的明显形式如下:

$$S_{\mathrm{eff}}(\Sigma;T) = -\mathrm{Tr}\ln(-\mathrm{i}\gamma\cdot\partial+m+G\Sigma) + \int_0^{1/T}\mathrm{d}\tau\int\mathrm{d}^3x\left(\frac{\Lambda^2}{2}\Sigma(x)\Sigma(x)^\dagger\right) \tag{6.16}$$

这里 Tr 表示对颜色、味道、自旋和时空坐标求迹。

我们在平均场近似下用 (6.16) 式计算 (6.14) 式中的积分, 该近似假设积分的主要贡献源于满足 $\delta S_{\mathrm{eff}}/\delta\Sigma(x)=0$ 的稳定解 (在当前的模型中, 该假设在大 N_c

时成立)。若该稳定解为与时空无关的实数, 它可被取为 $\Sigma(x)=\Sigma^\dagger(x)=\sigma$。这样稳定条件等价于

$$\partial f_{\text{eff}}/\partial\sigma=0, \quad 其中 \quad S_{\text{eff}}(\sigma;T)\equiv f_{\text{eff}}(\sigma;T)V/T \tag{6.17}$$

在这种情形下, (6.16) 式中的 Tr ln 项为常质量 ($M=m+G\sigma$) 的费米子的贡献。该贡献可以通过与计算黑体辐射公式 (4.19) 类似的方法来得到

$$f_{\text{eff}}(\sigma;T)=\frac{\Lambda^2}{2}\sigma^2+\int\frac{\mathrm{d}^3k}{(2\pi)^3}\left[\frac{-d_{\mathrm{q}}E(k)}{2}-d_{\mathrm{q}}T\ln\left(1+\mathrm{e}^{-E(k)/T}\right)\right] \tag{6.18}$$

其中 $E(k)=\sqrt{\boldsymbol{k}^2+(m+G\sigma)^2}$, $d_{\mathrm{q}}(=2_{\text{spin}}\times 2_{\bar{q}q}\times N_c\times N_f=24)$ 为 (3.47) 式中所引入的夸克简并度。

(6.18) 式右边的第一项为源于 (6.11) 式中的四费米子作用项的相互作用能。(6.18) 式中积分的第一项为费米子的零点能, 即 $-E/2$ 乘以夸克和反夸克的简并度。它也可以被解释为在狄拉克海中的夸克的总能量, 其中 $-E$ 和 $d_{\mathrm{q}}/2$ 分别为负能海中的夸克能量和夸克简并度。(6.18) 式中的最后一项则与热激发的夸克的熵 $(-Ts)$ 相联系。因此自由能具有预期的形式 $f_{\text{eff}}=\varepsilon-Ts$。我们定义 $\bar{\sigma}$ 为 $f_{\text{eff}}(\sigma;T)$ 的最小值。

类比于 BCS 超导理论中的类似方程, (6.17) 式 $\partial f_{\text{eff}}/\partial\sigma=0$ 被称为能隙方程。在手征极限下 $(m=0)$ 夸克动力学质量 (组分夸克质量)M_{q} 和手征凝聚 $\langle\bar{q}q\rangle$ 与 $\bar{\sigma}$ 有如下联系:

$$M_{\mathrm{q}}=G\bar{\sigma}, \quad \langle\bar{u}u+\bar{d}d\rangle=-\frac{\Lambda^2}{G}\bar{\sigma} \tag{6.19}$$

6.2.1 $T=0$ 时的动力学对称性破缺

首先我们来看看 NJL 模型中在 $T=0$ 和 $m=0$ 时手征对称性的动力学破缺如何发生。这可以从 (6.18) 式出发来加以分析。

由于 NJL 模型是在低能标 (小于 Λ) 下构造的, 我们将对动量的积分区间限制在 $|\boldsymbol{k}|\leqslant\Lambda$。更进一步地, 我们将所有带量纲的量用 Λ 来标度, 并且在本节和下一节中将 f_{eff}/Λ^4 简记为 f_{eff}。这样我们得到

$$\begin{aligned}f_{\text{eff}}(\sigma;0)=&-\frac{d_{\mathrm{q}}}{16\pi^2}+\frac{1}{2}\left(\frac{1}{G^2}-\frac{1}{G_{\mathrm{c}}^2}\right)(G\sigma)^2\\&+\frac{d_{\mathrm{q}}}{64\pi^2}(G\sigma)^4\ln\left(\frac{4}{(G\sigma)^2\sqrt{\mathrm{e}}}\right)+O(\sigma^6)\end{aligned} \tag{6.20}$$

这里我们已将自由能的表达式在 $\sigma \sim 0$ 附近展开, 并且记

$$G_{\mathrm{c}} = \pi\sqrt{\frac{8}{d_{\mathrm{q}}}} \tag{6.21}$$

(6.20) 式中 σ^2 项的系数在 $G = G_{\mathrm{c}}$ 时变号。这导致了从 Wigner 相到 NG 相的二级相变

$$G \leqslant G_{\mathrm{c}} \to \bar{\sigma} = 0 : \text{Wigner 相} \tag{6.22}$$

$$G > G_{\mathrm{c}} \to \bar{\sigma} \neq 0 : \text{NG 相} \tag{6.23}$$

从 (6.20) 式可以得到能隙方程为

$$\frac{G_{\mathrm{c}}^2}{G^2} \simeq 1 - \frac{1}{2}(G\sigma)^2 \ln\left(\frac{4}{(G\sigma)^2 e}\right) \tag{6.24}$$

该方程的解可用 Lambert 函数 $W(z)$ (满足 $We^W = z$(Corless, et al., 1996)) 来表示。它在临界点的渐近形式为 (见习题 6.3)

$$\bar{\sigma} \propto \sqrt{\frac{G^2 - G_{\mathrm{c}}^2}{-\ln(G^2 - G_{\mathrm{c}}^2)}} \quad (G \searrow G_{\mathrm{c}}) \tag{6.25}$$

图 6.2(a) 给出了 $\bar{\sigma}$ 作为 G 的函数的示意图。

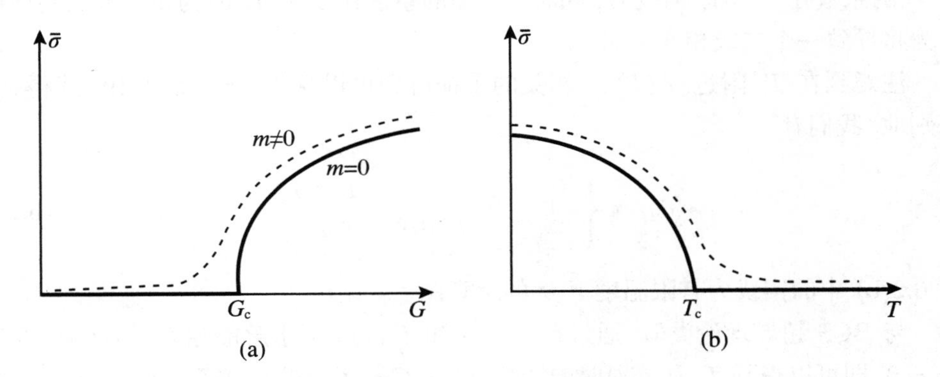

图 6.2　手征凝聚 $\bar{\sigma}$

(a) 零温时随 G 变化的行为, (b) $G > G_{\mathrm{c}}$ 时随温度变化的行为; 实线: $m = 0$; 虚线: 小且非零的 m

6.2.2 $T \neq 0$ 时的对称性恢复

考虑 $G > G_{\rm c}$ 的情形, 当 $T = 0$ 时体系处于 NG 相。正如 6.1 节中所讨论的, 我们期望当温度升高时手征对称性会恢复。

如果相变是二级的, 有限温时的凝聚 $\bar{\sigma}(T)$ 为 T 的连续函数。在临界点 $T \sim T_{\rm c}$ 附近它将趋于零。注意到这一点, 我们可以将自由能 (6.18) 式, 按 σ/Λ 和 σ/T 来展开①。利用习题 3.4(3) 中所给出的高温展开式, 并且注意到如 6.2.1 节中所有的带量纲的量均用 Λ 标度, 我们得到

$$f_{\rm eff}(\sigma;T) = -\frac{d_{\rm q}}{16\pi^2} - d_{\rm q}\frac{7}{8}\frac{\pi^2}{90}T^4 + \frac{d_{\rm q}}{48}\left(T^2 - T_{\rm c}^2\right)(G\sigma)^2 + \frac{d_{\rm q}}{64\pi^2}(G\sigma)^4\left[\ln\left(\frac{1}{(\pi T)^2}\right) + C\right] + O(\sigma^6) \tag{6.26}$$

其中

$$T_{\rm c} = \sqrt{\frac{24}{d_{\rm q}}\left(\frac{1}{G_{\rm c}^2} - \frac{1}{G^2}\right)} \tag{6.27}$$

(6.26) 式右边的与 T^4 成正比的项代表了无质量夸克的 Stefan-Boltzmann 值。σ^2 项的系数在 $T = T_{\rm c}$ 时变号, 同时, σ^4 项的系数在 $T \ll T_{\rm c}$ 时为正。系数的这种行为将导致一个二级相变。

注意到在 $T_{\rm c}$ 附近, $\bar{\sigma}(T)$ 和相关的手征凝聚可以从 (6.26) 和 (6.19) 式得到。特别地, 我们有

$$\langle \bar{q}q \rangle \propto \begin{cases} 0, & T \geqslant T_{\rm c} \\ -(T^2 - T_{\rm c}^2)^{1/2}, & T < T_{\rm c} \end{cases} \tag{6.28}$$

图 6.2(b) 中的实线为有限温度下 $\bar{\sigma}$ 的示意图。

与 BCS 超导理论类似, 通过在 $T = 0$ 和 $T = T_{\rm c}$ 下求解能隙方程 $\partial f_{\rm eff}(\sigma,T)/\partial\sigma = 0$, 即可以得到 $T_{\rm c}$ 和零温时的能隙 $M_0 = G\bar{\sigma}$ $(T = 0)$ 的关系。由于 $\Lambda \gg \sigma, T$, 我们有 (见习题 6.4(1))

$$T_{\rm c} \simeq \frac{\sqrt{3}}{\pi}M_0 = 0.55M_0 \tag{6.29}$$

取动力学质量的典型值 M $(T = 0) \sim 300$ 到 350 MeV, 我们得到 $T_{\rm c} \sim 165$ 到 190 MeV。这个结果数值上与格点 QCD 计算结果吻合。

---

① 动量截断对 (6.18) 式中的熵的贡献为 $O({\rm e}^{-\Lambda/T})$, 当 $\Lambda \gg T$ 时它是被指数压制的。

如 6.1 节中所提到的, 非零的夸克质量扮演着外磁场的角色。实际上, 这个二级相变的级次会被推到更高, 正如图 6.2(a) 和 (b) 中的虚线所示。这一点可以在 NJL 模型中得到证实 (见习题 6.4(2))。

6.3　平均场理论和朗道函数

通过将 $f_{\text{eff}}(\sigma,T)$ 在临界点附近按 σ 展开, 我们可以忽略动力学细节而进行一般性的讨论。这里讨论三种有趣的情况 (它们都将在以后的 QCD 的讨论中出现): 二级相变、一级相变和三相点临界行为。在本节中, 我们用平均场方法处理这三种情形, 而忽略序参量的平均值附近的涨落。在以后的章节中将讨论超出平均场理论。关于凝聚态物理中的相变和临界行为的讨论可以参见 Goldenfeld (1992)。

6.3.1　相变级次

考虑热力学极限下的配分函数,

$$Z = \mathrm{e}^{-\Omega(K)} = \mathrm{e}^{P(K)V}$$

其中 $1/T$ 已被吸收到 Ω 和 P 的定义当中; $K = \{K_I\}$ 是广义参数的集合, 如温度、化学势、耦合常数、外场等。我们假设压强 $P(K)$ 在参数空间中连续, 但不必解析。定义相边界为参数空间的点、线和面, 在该边界上 $P(K)$ 沿某一个参数 K_I 不解析①。根据相边界上的 $\partial P(K)/\partial K_I$ 的不连续的种类, 相变被划分为一级相变和连续相变:

$$\text{一级相变, 如果}\frac{\partial P(K)}{\partial K_I}\text{不连续;} \tag{6.30}$$

$$\text{连续相变, 如果}\frac{\partial P(K)}{\partial K_I}\text{连续。} \tag{6.31}$$

因为历史上的原因, 连续相变有时也被称为二级相变, 在以下的讨论中我们将遵循这一传统①。

① $P(K)$ 关于 K 的连续性和凸性可以在我们之后碰到的许多例子中得到显式的证明 (Goldenfeld, 1992)。

① 在最初的 Ehrenfest 关于相变的分类中, n 级相变对应于 $\partial^n P/\partial K^n$ 的不连续。这样的定义在现代视角看来略有不妥, 因为导数可能是发散的而不仅仅是不连续的。一个典型的例子是二维 Ising 模型的比热。

利用序参量场 $\sigma(x)$ 配分函数可以写为

$$Z=\int[\mathrm{d}\sigma]\,\mathrm{e}^{-S_{\mathrm{eff}}(\sigma(x);K)} \tag{6.32}$$

其中 $S_{\mathrm{eff}}(\sigma(x);K)$ 称为朗道泛函。要注意的是 σ 不一定是原始哈密顿量中出现的基本场。例如在 6.2 节中出现的 NJL 模型中, $q(x)$ 和 $\bar{q}(x)$ 是基本场, 而 $\Sigma(x)$ 是泛函积分中引入的辅助场。

在相变的平均场理论中, 这个积分由 $S_{\mathrm{eff}}(\sigma(x);K)$ 的最小值主导, 最小值附近的涨落可以忽略。更进一步地, 对于一个均匀体系, $S_{\mathrm{eff}}(\sigma(x);K)$ 可以用与时空无关的序参量 σ 的函数 $\mathcal{L}_{\mathrm{eff}}(\sigma;K)V$ 来代替。$\mathcal{L}_{\mathrm{eff}}(\sigma;K)V$ 被称作朗道函数。下面为了研究相变的一般性质, 我们将 $\mathcal{L}_{\mathrm{eff}}(\sigma;K)$ 按 σ 的幂来展开:

$$\mathcal{L}_{\mathrm{eff}}(\sigma;K)=\sum_n a_n(K)\sigma^n \tag{6.33}$$

其中 $a_n(K)$ 是广义参数 K 的函数①。

在 6.3.2~6.3.4 节我们将讨论 (6.33) 式描写的三种典型相变行为。它们的明显形式和与自旋体系及 QCD 的联系总结在表 6.1 中。

表 6.1 拥有不同相变行为的三类系统

$\mathcal{L}_{\mathrm{eff}}$	自旋系统 d=3	QCD
(图 6.3(a)) 二级, $\frac{a}{2}\sigma^2+\frac{b}{4}\sigma^4-h\sigma$, (a,h) 为参数	Ising 模型 $\begin{cases}\sigma\sim M\\(a,h)\longleftrightarrow(T,H)\end{cases}$	$N_c=3,\ N_f=2$ $\begin{cases}\sigma\sim\langle\bar{u}u+\bar{d}d\rangle\\(a,h)\longleftrightarrow(T,m_{\mathrm{ud}})\end{cases}$
		$N_c=2,\ N_f=0$ $\begin{cases}\sigma\sim\langle L\rangle\\(a,h)\longleftrightarrow(T,1/m_{\mathrm{Q}})\end{cases}$
(图 6.3(b)) 一级, $\frac{a}{2}\sigma^2-\frac{c}{3}\sigma^3+\frac{b}{4}\sigma^4-h\sigma$, (a,h) 为参数	Z(3)Potts 模型 $\begin{cases}\sigma\sim M\\(a,h)\longleftrightarrow(T,H)\end{cases}$	$N_c=3,\ N_f=3$ $\begin{cases}\sigma\sim\langle\bar{u}u+\bar{d}d+\bar{s}s\rangle\\(a,h)\longleftrightarrow(T,m_{\mathrm{uds}})\end{cases}$
		$N_c=3,\ N_f=0$ $\begin{cases}\sigma\sim\langle L\rangle\\(a,h)\longleftrightarrow(T,1/m_{\mathrm{Q}})\end{cases}$

① 我们不考虑 $L_{\mathrm{eff}}(\sigma;K)$ 和 $S_{\mathrm{eff}}(\sigma(x);K)$ 中非解析的项。因为它们来自于粗粒化过程, 是通过积掉大于红外截断 Λ 的硬 (短波) 自由度来得到的。反过来, 我们在 (6.32) 式中积掉软 (长波) 自由度时, 这个 Lambda 也作为紫外截断。

续表

$\mathcal{L}_{\text{eff}}$	自旋系统 d=3	QCD
(图 6.5) 三相临界行为, $\frac{a}{2}\sigma^2+\frac{b}{4}\sigma^4+\frac{c}{6}\sigma^6-h\sigma$, (a,b,h) 为参数	变磁体模型 $\begin{cases}\sigma\sim\tilde{M}\\(a,b,h)\longleftrightarrow(T,H,\tilde{H})\end{cases}$	$N_c=3,\ N_f=2+1$ $\begin{cases}\sigma\sim\langle\bar{u}u+\bar{d}d\rangle\\(a,b,h)\longleftrightarrow(T,m_s,m_{ud})\\(a,b,h)\longleftrightarrow(T,\mu,m_{ud})\end{cases}$

三种典型的朗道函数 $\mathcal{L}_{\text{eff}}$: 二级相变、一级相变和具有三相临界行为的情形。相应的例子为三维空间的自旋体系和 QCD。对于自旋体系 $M(\tilde{M})$ 代表了磁化强度 (交错磁化强度); $H(\tilde{H})$ 为外磁场 (交错磁场)。对于 QCD, $\langle\bar{q}q\rangle$ $(q=\text{u},\text{d},\text{s})$ 为夸克凝聚, $\langle L\rangle$ 为 Polyakov 圈。我们定义 $m_{\text{ud}}=m_{\text{u}}=m_{\text{d}}$(两味轻夸克简并) 和 $m_{\text{uds}}=m_{\text{u}}=m_{\text{d}}=m_{\text{s}}$(三味轻夸克简并); m_{Q} 为重夸克质量, μ 为夸克化学势。记号 $(a,b)\longleftrightarrow(T,H)$ 表示在临界点附近 a 和 b 是 T 和 H 的线性组合。

6.3.2 二级相变

考虑 (6.33) 式截断到 $n=4$ 的朗道函数, 且不考虑 $n=3$ 的项

$$\mathcal{L}_{\text{eff}}=\frac{1}{2}a\sigma^2+\frac{1}{4}b\sigma^4-h\sigma \tag{6.34}$$

我们假设

$$a=a_t t\equiv a_t\frac{T-T_c}{T_c}\quad(a_t>0) \tag{6.35}$$

$$b>0,\quad h\geqslant 0 \tag{6.36}$$

图 6.3(a) 的上图为 $h=0$ 在不同温度下的朗道函数 $\mathcal{L}_{\text{eff}}$ 的行为。

(6.34) 式的稳定条件 $\partial\mathcal{L}_{\text{eff}}/\partial\sigma=0$ 为

$$a\sigma+b\sigma^3=h \tag{6.37}$$

这个方程的解对应于 $h=0$ 时 $\mathcal{L}_{\text{eff}}$ 的最小值, 为

$$\bar{\sigma}|_{h=0}=\begin{cases}0, & T\geqslant T_c\\ \pm\left(-\dfrac{a}{b}\right)^{1/2}, & T<T_c\end{cases} \tag{6.38}$$

$\bar{\sigma}$ 随温度的变化行为如图 6.3(a) 的下图所示。

体系的比热容为

$$C_{\text{V}}(T,h=0)=-T\left.\frac{\partial^2\mathcal{L}_{\text{eff}}(\bar{\sigma};T)}{\partial T^2}\right|_{h=0}=\begin{cases}0, & T\geqslant T_c\\ \dfrac{a_t^2}{2b}\dfrac{T}{T_c^2}, & T<T_c\end{cases} \tag{6.39}$$

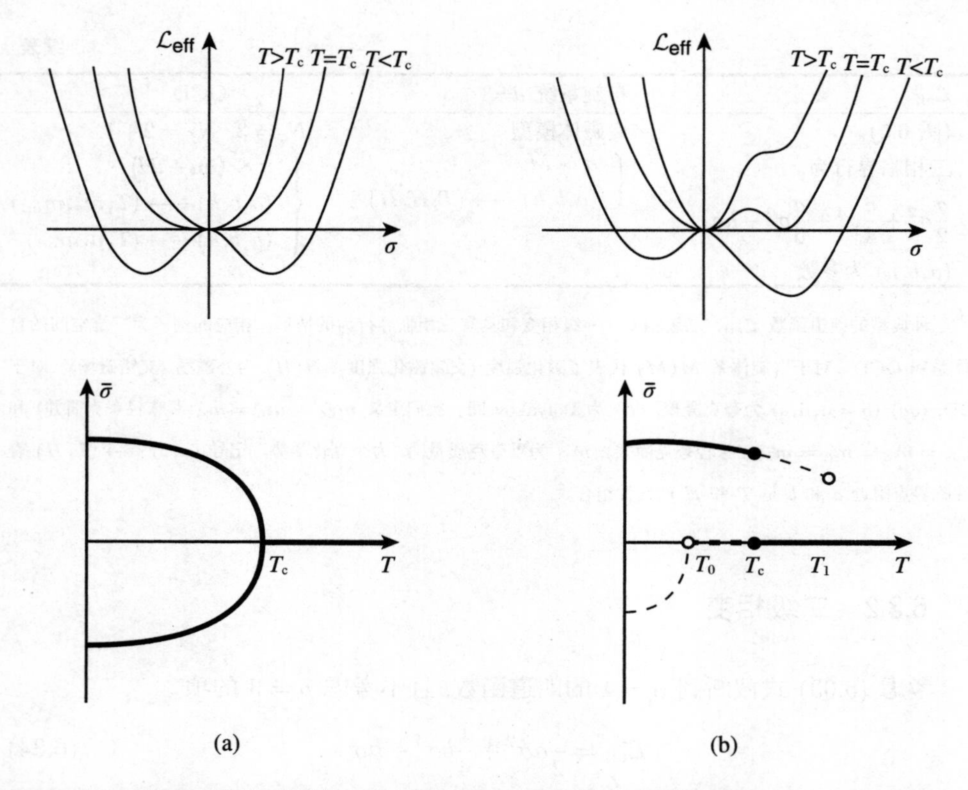

图 6.3 (a) 二级相变的朗道函数 $\mathcal{L}_{\text{eff}}$(上图), $h=0$ 时全局和局部极小点 ((6.34) 式) 的行为 (下图); (b) 三次方相互作用所致的一级相变朗道函数 (上图), $h=0$ 时全局和局部极小点 ((6.37) 式) 的行为 (下图); 虚线代表亚稳态

有限外场 h 一般会将二级相变软化为由低温相到高温相的连续过渡。对于 $h\neq 0$(不失一般性取 $h>0$), 我们得到

$$\bar{\sigma}(T=T_c,h)=\left(\frac{h}{b}\right)^{1/3} \tag{6.40}$$

其中 $T=T_c$ 对应于 (6.35) 式中的 $a=0$。静态磁化率为

$$\chi_T(T,h)|_{h=0}=\left.\frac{\partial\bar{\sigma}}{\partial h}\right|_{h=0}=\begin{cases}\dfrac{1}{a}\sim|T-T_c|^{-1}, & T\geqslant T_c\\ \dfrac{1}{-2a}\sim|T-T_c|^{-1}, & T<T_c\end{cases} \tag{6.41}$$

其行为如图 6.4 中的 $h=0$ 和 $h\neq 0$ 曲线所示。

如果我们如下定义临界点附近的临界指数:

$$\bar{\sigma}(T\to T_c^-,h=0)\sim|T-T_c|^{\beta} \tag{6.42}$$

$$C_{\rm V}(T \to T_{\rm c}^{\pm}, h = 0) \sim |T - T_{\rm c}|^{-\alpha_{\pm}} \tag{6.43}$$

$$\bar{\sigma}(T = T_{\rm c}, h \to 0) \sim h^{1/\delta} \tag{6.44}$$

$$\chi_{\rm T}(T \to T_{\rm c}^{\pm}, h = 0) \sim |T - T_{\rm c}|^{-\gamma_{\pm}} \tag{6.45}$$

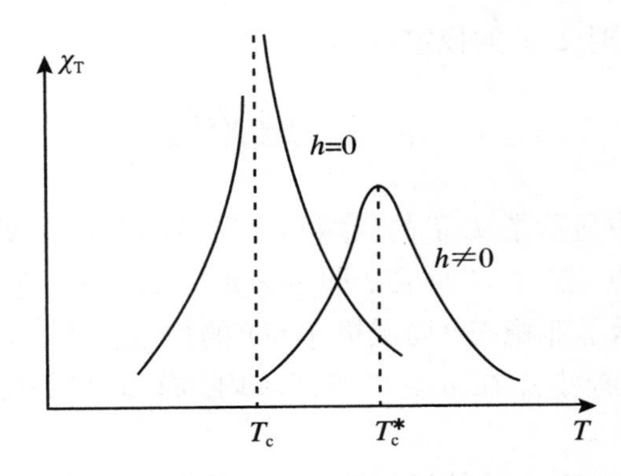

图 6.4　$h = 0$ 和 $h \neq 0$ 时磁化率随温度的变化行为; $T_c(T_c^*)$ 是临界 (准临界) 温度

我们将得到

$$\alpha_{\pm} = 0, \quad \beta = 1/2, \quad \gamma_{\pm} = 1, \quad \delta = 3 \tag{6.46}$$

平均场理论得到的临界指数并不依赖于空间维数和动力学细节。

$b > 0$ 和不包含三次方项 σ^3, 是得到 (6.46) 式的两个关键条件。如果这两个条件之一不满足, 则其他可能性将会出现, 这些将在 6.3.3 节和 6.3.4 节中讨论。

朗道理论的结论将会被平均场附近的涨落修正。首先, 涨落可能会将二级相变修正为一级或抹消相变。其次, 即使二级相变的性质没有被破坏, 临界指数也要偏离 (6.46) 式的平均场的数值。临界指数的偏离依赖于空间维数和系统的内禀对称性。这是因为涨落本质上正是依赖于这些条件的。

6.3.3　三次方相互作用导致的一级相变

考虑一个保留至 $n = 4$ 的所有项的朗道函数 (6.33) 式

$$\mathcal{L}_{\rm eff} = \frac{1}{2}a\sigma^2 - \frac{1}{3}c\sigma^3 + \frac{1}{4}b\sigma^4 - h\sigma \tag{6.47}$$

其中我们假设

$$a = a_t t \equiv a_t \frac{T - T_0}{T_0} \quad (a_t > 0) \tag{6.48}$$

$$b>0, \quad c>0, \quad h \geqslant 0 \tag{6.49}$$

在图 6.3(b) 的上图中画出了 $h=0$ 下取不同 a 值时的 $\mathcal{L}_{\mathrm{eff}}$。在当前情形下,临界温度 T_{c} 不是 T_0, 而是自由能出现两个相同极小值时的温度, 这一点已经在图 6.3(b) 的上图中画出。

容易得到 $h=0$ 时 $\mathcal{L}_{\mathrm{eff}}$ 的稳定解

$$\bar{\sigma}=0 \quad 和 \quad \bar{\sigma}=\frac{c \pm \sqrt{c^2-4ab}}{2b} \tag{6.50}$$

在图 6.3(b) 的下图中显示了 $\mathcal{L}_{\mathrm{eff}}$ 的局域和全局极小点随温度的变化行为。实线代表的是全局极小点, 在 $T=T_{\mathrm{c}}$ 处, 即 $a=a_{\mathrm{c}}=2c^2/9b$, 它经历了一个不连续的突变。虚线则显示了亚稳态 (局域极小点) 的位置。当 $T_0<T<T_1$ $(0<a<a_{\mathrm{ms}}=c^2/4b)$ 时局域极小点在 $\sigma \geqslant 0$ 的区域内, 而当 $T<T_0$ $(a<0)$ 时它落在 $\sigma<0$ 区域。

这个一级相变在一个小的外场扰动下是稳定的。但是随着 h 的进一步增大,它最终将因为稳定条件 $a\sigma+b\sigma^3-c\sigma^2=h$ $(b>0)$ 而消失, 因为此条件对大 h 只有一个解。

6.3.4 六次相互作用下的三相临界行为

考虑截断到 $n=6$ 且没有 $n=3,5$ 项的朗道函数 (6.33) 式

$$\mathcal{L}_{\mathrm{eff}}=\frac{1}{2}a\sigma^2+\frac{1}{4}b\sigma^4+\frac{1}{6}c\sigma^6-h\sigma \tag{6.51}$$

其中我们假设了 $c>0$, 以使 $\mathcal{L}_{\mathrm{eff}}$ 对大 $|\sigma|$ 有下界。则 a 和 b 均可以变号, 并可以参数化为如下形式:

$$a=a_t t+a_s s, \quad b=b_t t+b_s s \tag{6.52}$$

$$t=\frac{T-T_{\mathrm{c}}}{T_{\mathrm{c}}}, \quad s=\frac{S-S_{\mathrm{c}}}{S_{\mathrm{c}}} \tag{6.53}$$

$(a,b)=(0,0)$ 点被称为三相临界点 (TCP), 该名称的来历后面将会给出。体系在 TCP 周围的行为被约化温度 t 和另一个独立参数 s 控制。这种情形在很多体系中都可以得到实现, 比如 ^{3}He-^{4}He 的混合物、多组分流体、变磁体等 (Lawire and Sarnach, 1984)。在 QCD 中温度和重子化学势的线性组合扮演了 t 和 s 的角色。当然也可以考虑温度和奇异夸克质量的线性组合作为 t 和 s。

在图 6.5(a) 中画出了 (a,b) 平面的相结构和在 $h=0$ 下相应的 $\mathcal{L}_{\text{eff}}$ 的形态。TCP 落在原点 $a=b=0$ 上。$h=0$ 下 $\mathcal{L}_{\text{eff}}$ 的稳定解为

$$\bar{\sigma}=0, \quad \bar{\sigma}^2=\frac{-b\pm\sqrt{b^2-4ac}}{2c} \tag{6.54}$$

从图 6.5(a) 中可以看到两条临界线: 二级相变线 (实线, $b>0$) 和一级相变线 (实线, $b<0$), 它们在 TCP 处光滑地连接起来。它们可以如下刻画:

$$\text{二级相变线: } b>0, \quad a=0 \tag{6.55}$$

$$\text{一级相变线: } b<0, \quad a=\frac{3b^2}{16c} \tag{6.56}$$

在一级相变线周围, 存在一个亚稳态 ($\mathcal{L}_{\text{eff}}$ 的局域极小点) 区域。该区域夹在两条虚线 ($a=0,b<0$ 和 $a=b^2/4c,b<0$) 之间。亚稳态的存在是一级相变的一般特点, 即一级相变是由于多个局域极小点的竞争所产生的。

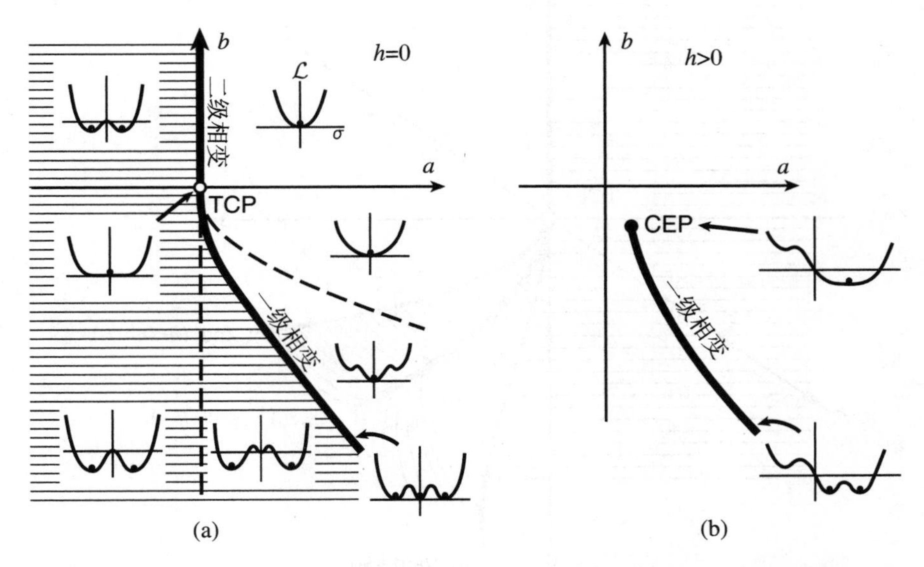

图 6.5　(a) 刻画三相临界行为 ($h=0$) 的相图, 实线为一级或二级相变, 一级相变临界线两边的虚线内存在亚稳态, 阴影区为对称性破缺相; (b) $h\neq 0$ 一级相变线在临界终止点 (CEP) 处终止

下面我们引入一个外场 $h\neq 0$。正如我们在 6.3.2 节中所看到的, 二级相变在小的 h 下是不稳定的。一级相变关于 h 相对稳定, 但这种稳定性在足够大的 h (>0) 或足够小的 b (<0) 下消失。即当 $h\neq 0$ 时二级临界线将消失而一级临界线则稍有偏移, 如图 6.5(b) 所示。一级相变线的端点被称作临界终止点 (CEP)。在 CEP 处 $\bar{\sigma}$ 将表现为二级相变, 它是连续的但不解析 (见习题 6.5)。从 $\mathcal{L}_{\text{eff}}$ 的

角度来看, 原本位于 $\sigma > 0$ 的两个极小点塌缩成一个最小点而形成了 CEP。随着 $|h|$ 进一步增加, CEP 将越来越远离 TCP。

在 3 维的参数空间 (a,b,h) 中, TCP 位于 $(a,b,h)=(0,0,0)$。当 $(a,b,h)=(0,b>0,0)$ 时, 如我们在图 6.5(a) 中所看到的, 存在一条标准的二级临界线。当 $b<0$ 时, 所有的 CEP 形成两条起始于 TCP 的二级临界线: 一条沿负 b 和正 h 方向, 另一条则沿负 b 和负 h 方向。

图 6.6 为上述情形的示意图。该图在 $h=0$ 处的截面即为图 6.5(a), 而沿 $h \neq 0$ 的截面即为图 6.5(b)。图 6.6 中的斜阴影面为一级临界面 (一级相变在此处发生)。同时三条二级临界线交汇于 $(a,b,h)=(0,0,0)$ 处。这正是将该点称作三相临界点的原因。

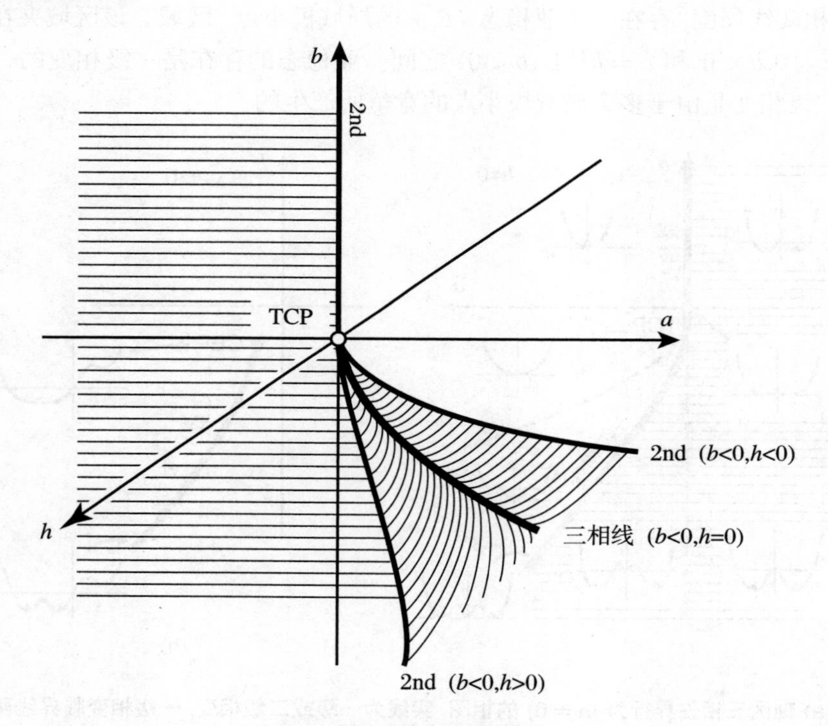

图 6.6 三维空间 (a,b,h) 的相图

在 $b<0$ 的区域从 TCP 处伸出一个翼状区域 (斜阴影区); 翼状区的中央为三相线 $(h=0)$; 三相线由三相点构成, 在其上三相共存

在 (a,b,h) 平面, 斜阴影面的边界 (由所有的 CEP 组成的二级相变线) 是由 $\mathcal{L}_{\text{eff}}$ 的 “平坦” 条件来决定的:

$$\frac{\partial^n \mathcal{L}_{\text{eff}}}{\partial \sigma^n}=0 \quad (n=1,2,3) \tag{6.57}$$

这个条件等价于

$$a = 5c\sigma^4, \quad b = -\frac{10}{3}c\sigma^2, \quad h = \frac{8}{3}c\sigma^5 \tag{6.58}$$

消去 σ, 我们得到

$$\pm h = \frac{8c}{3}\left(\frac{a}{5c}\right)^{5/4} = \frac{8c}{3}\left(\frac{-3b}{10c}\right)^{5/2} \quad (a \geqslant 0, b \leqslant 0) \tag{6.59}$$

通过引入截断到 σ^n 阶的朗道函数, 我们也可以像上面一样定义 n 级相临界点。

6.4　空间非均匀性和关联

在 d 维空间的体系中, 我们引入一个小的非均匀外场 $h(\vec{x})$。这使得序参量也是空间非均匀的: $\sigma(\vec{x})$, 其中 $\vec{x} = (x_1, x_2, \cdots, x_d)$。在这种情形下我们要研究的是朗道泛函 $S_{\text{eff}}(\sigma(\vec{x}); K)$。考虑有一个小的空间非均匀性的二级相变, 我们为此引入朗道泛函

$$S_{\text{eff}} = \int \mathrm{d}^d x \left[\frac{1}{2}(\boldsymbol{\nabla}\sigma(\vec{x}))^2 + \frac{a}{2}\sigma(\vec{x})^2 + \frac{b}{4}\sigma(\vec{x})^4 - h(\vec{x})\sigma(\vec{x})\right] \tag{6.60}$$

局域序参量满足

$$\langle\sigma(\vec{x})\rangle = \frac{\delta \ln Z}{\delta h(\vec{x})} \tag{6.61}$$

序参量 $\sigma(\vec{x})$ 的空间关联函数则定义了动力学磁化率

$$\chi(\vec{x}, \vec{x}') = \frac{\delta\langle\sigma(\vec{x})\rangle}{\delta h(\vec{x}')} = \langle\sigma(\vec{x})\sigma(\vec{x}')\rangle - \langle\sigma(\vec{x})\rangle\langle\sigma(\vec{x}')\rangle \tag{6.62}$$

它与均匀情况的静态磁化率 ((6.41) 式) 通过 $\chi(\vec{x}, \vec{x}) = V \cdot \chi_{\mathrm{T}}(T, h)$ 相联系, 其中 V 是 d 维空间的体积。

平均场近似下, $\langle\sigma(\vec{x})\rangle$ 由稳定性条件 $\delta S_{\text{eff}}/\delta\sigma(\vec{x}) = 0$ 决定。对于小的外场, 即 $h \to 0$, 我们得到 $\chi(\vec{x}, \vec{x}')$ 所满足的线性方程

$$\left[-\boldsymbol{\nabla}_x^2 + \xi^{-2}\right]\chi(\vec{x} - \vec{x}') = \delta(\vec{x} - \vec{x}') \tag{6.63}$$

关联长度为

$$\xi = (a + 3b\bar{\sigma}^2)^{-1/2} = \begin{cases} \xi_+(T \geqslant T_{\mathrm{c}}) = a^{-1/2} \\ \xi_-(T < T_{\mathrm{c}}) = (-2a)^{-1/2} \end{cases} \tag{6.64}$$

其中 $\bar{\sigma}$ 为均匀情形下朗道函数最小值处的序参量, 如 (6.38) 式给出。

对 $\chi(\vec{x}-\vec{x}')$ 做傅里叶变换

$$\chi(\vec{k})=\frac{1}{\vec{k}^2+\xi_{\pm}^{-2}}\xrightarrow[T\to T_{\rm c}]{}\frac{1}{\vec{k}^2} \tag{6.65}$$

如果如下定义另外两个临界指数:

$$\xi_{\pm}(T\to T_{\rm c}^{\pm})\propto|T-T_{\rm c}|^{-\nu_{\pm}} \tag{6.66}$$

$$\chi(\vec{x}-\vec{x}')|_{T=T_{\rm c}}\propto\frac{1}{|\vec{x}-\vec{x}'|^{d-2+\eta}} \tag{6.67}$$

平均场理论给出

$$\nu_{\pm}=1/2,\quad \eta=0 \tag{6.68}$$

对于 $d=3$ 的情况, $\chi(\vec{x}-\vec{x}')$ 具有 Yukawa 形式

$$\chi(\vec{x}-\vec{x}')|_{d=3}=\frac{1}{4\pi}\frac{1}{|\vec{x}-\vec{x}'|}{\rm e}^{-|\vec{x}-\vec{x}'|/\xi_{\pm}} \tag{6.69}$$

该形式表明在二级相变临界点附近, 空间关联趋于长程, 这是因为关联长度 ξ 变大。而对于一级相变, 这一点并不成立, 因为在一级相变临界点处关联长度仍为有限值。

6.5 临界涨落和 Ginzburg 区域

在 6.4 节中我们看到了序参量的空间涨落 $\sigma(\vec{x})$ 是如何在系统的二级相变临界点附近变成长程关联或变“软”的。由于这样的软涨落 (软模式)很容易被热激发, 它们可能会影响到配分函数和二级相变的性质。在 QCD 中 π 介子和它的手征伴随粒子 (通常被称作 σ 介子) 即为这些软模式。

涨落的影响是依赖于空间维数 d、内禀自由度和理论的对称性的。因此一旦计入了涨落的影响, 平均场的结论将会被修正。其主要结果总结如下:

(1) 对于 $d\leqslant d_{\rm LC}$(低临界维数), 即使在 $T\to 0$ 的情形下, 动力学对称性破缺也不会发生 (Mermin-Wagner-Coleman 定理, Mermin and Wagner, 1966; Coleman, 1973)。这是因为一般来讲涨落会随着维数的降低而变大。对于维数 d 比较小的情况, 在空间中涨落的方向是受局限的。这一结果将使其更易于破坏系统的长程

序。另一方面对于比较大的 d 来说，涨落的影响将被各个空间方向稀释从而变弱。长程序消失的那个维数被称为低临界维数 d_{LC}。对于仅具有离散对称性的伊辛 (Ising) 模型，$d_{\mathrm{LC}}=1$。而对于具有连续对称性的模型如海森堡模型，$d_{\mathrm{LC}}=2$。

(2) 对于 $d>d_{\mathrm{LC}}$，在非零的 T_{c} 处发生相变。相变级次受到热涨落影响。即使平均场理论预言的是二级相变，涨落也可能将其修正为一级相变 (涨落诱导的一级相变)。典型的例子有：有多个序参量和多个耦合常数的情形和耦合到规范场的情形。在 QCD 中对应于前者的例子是三味无质量夸克的手征相变 (Pisarski and Wilczek, 1984)，这一点将在后面讨论。在 QCD 中对应于后者的例子是色超导相变，在该体系中色超导体与热胶子耦合和普通金属超导体与热光子耦合相似 (Halperin, et al., 1974; Amit, 1984)。

(3) 当 $d>d_{\mathrm{LC}}$ 时，即使涨落的影响比较微弱而使得二级相变不被破坏，临界指数依然可以在 $d<d_{\mathrm{UC}}$ 时得到显著的修正，此处 d_{UC} 为高临界维数。原始的微扰论因为 d_{UC} 以下的红外发散而失效。如我们将会看到的，(6.60) 式的模型有 $d_{\mathrm{UC}}=4$。这时系统地处理此情形的技术之一为重整化群方法并结合 ϵ 展开 (按 $\epsilon=d_{\mathrm{UC}}-d$ 展开)，该方法将在 6.6 节中详细讨论。

为了计算高临界维数 d_{UC} 我们采取原始微扰论的方法，以 (6.60) 式为例：

$$Z=\int[\mathrm{d}\sigma]\,\mathrm{e}^{-S_{\mathrm{eff}}} \tag{6.70}$$

$$S_{\mathrm{eff}}=\int \mathrm{d}^d x\left[\frac{1}{2}(\boldsymbol{\nabla}_x\sigma)^2+\frac{1}{2}a\sigma^2+\frac{1}{4}b\sigma^4\right] \tag{6.71}$$

为简单起见，我们考虑 $a>0$ $(T>T_{\mathrm{c}})$ 的情形。引入无量纲的长度标度 $\vec{r}$，无量纲的场变量 ρ 和无量纲的耦合常数 b'。它们通过关联长度$\xi=1/\sqrt{a}$ 定义为

$$\vec{x}=\xi\vec{r},\quad \sigma^2=\xi^{2-d}\rho^2,\quad b'=b\xi^{4-d} \tag{6.72}$$

这样我们得到

$$S_{\mathrm{eff}}=\int \mathrm{d}^d r\left[\frac{1}{2}(\boldsymbol{\nabla}_r\rho)^2+\frac{1}{2}\rho^2+\frac{1}{4}b'\rho^4\right] \tag{6.73}$$

将 ρ 的四次方项视为相互作用建立微扰展开。无量纲的微扰展开参数为 b'。由于 ξ 在临界点附近将变大，我们得到

$$b'=b\xi^{4-d}\to\begin{cases}0, & d>4\\ \infty, & d<4\end{cases} \tag{6.74}$$

可见原始的微扰论将在空间维数低于 4 时失效，同时 $d>4$ 时的微扰展开是有意义的 (至少在渐近展开意义上)。所以在该模型中 $d_{\mathrm{UC}}=4$。

微扰论失效的物理原因可以从标度之前的作用量看出来。无论耦合常数 b 多小, 在临界点附近的软涨落 (“质量” 为 $a = 1/\xi^2$) 将在高阶修正中导致严重的红外发散。

利用 b' 我们可以估计出涨落变得重要的温度区域。 $b' > O(1)$ 的条件可以重新表述为

$$|t| = \frac{|T - T_{\mathrm{c}}|}{T_{\mathrm{c}}} < \frac{b^2}{a_t} \quad (\text{对于} d = 3) \tag{6.75}$$

其中定义 $a = a_t t$。该条件刻画了涨落效应变得显著的临界区域 (Ginzburg 区域) (Ginzburg, 1961)。临界区域的大小强烈地依赖于具体的体系: 比如 $d = 3$ 时弱耦合的 BCS 超导体的临界区域十分狭窄, 而自旋体系和 ^{4}He 超流体的临界区域则比较宽 (Goldenfeld, 1992)。

6.6 重整化群和 ϵ 展开

正如我们在 6.5 节中看到的, 对于仅有二次方和四次方项的朗道泛函 (6.71) 式, 在 $d < 4$ 时, 二级相变临界点附近将会出现严重的红外发散。用重整化群 (RG) 方法和维数正规化可以处理该问题 (Wilson and Kogut, 1974; Zinn-Justin, 2002)。

在维数正规化方案中空间维数 d 被解析延拓到一个与连续参数 ϵ 相关的非整数值上:

$$d = 4 - \epsilon \tag{6.76}$$

其中 ϵ 是一个小的展开参数, 在计算的最后将被取为 1。

下面我们将概括基于 ϵ 展开的 RG 方法的基本思想, 之后我们将该思想用于研究 ϕ^4 模型的二级相变。该方法也可以用于探寻一级相变的信号。在 6.13 节中将讨论 QCD 的手征相变。

6.6.1 $4-\epsilon$ 维度下的重整化

我们研究 d 维欧氏空间的单分量 ϕ^4 模型:

$$Z=\int[\mathrm{d}\phi_{\mathrm{B}}]\mathrm{e}^{-S_{\mathrm{eff}}}$$

$$S_{\mathrm{eff}}=\int\mathrm{d}^d x\left[\frac{1}{2}(\partial_\mu\phi_{\mathrm{B}}(x))^2+\frac{a_{\mathrm{B}}}{2}\phi_{\mathrm{B}}^2(x)+\frac{b_{\mathrm{B}}}{4!}\phi_{\mathrm{B}}^4(x)-h_{\mathrm{B}}(x)\phi_{\mathrm{B}}(x)\right] \tag{6.77}$$

该模型与 (6.60) 式的模型等价, 这一点可以通过如下替换得到: $\sigma(x)\to\phi_{\mathrm{B}}(x)$, $a\to a_{\mathrm{B}}$, $b\to b_{\mathrm{B}}/6$ 和 $h\to h_{\mathrm{B}}$。下标 B 表示裸 (未重整) 的参数和场量。

重整化的基本思想是通过重新编排微扰论以使得高动量 (短程) 涨落的贡献被吸收到重新定义的参数当中去。为了这一目的我们引进如下的定义:

$$a_{\mathrm{B}}=z_a\,a,\quad b_{\mathrm{B}}=z_b\,b\,\kappa^{\epsilon},\quad h_{\mathrm{B}}(x)=z_h\,h(x) \tag{6.78}$$

其中 $z_{a,b,h}$ 称为重整化常数[①]。(6.78) 式中引入的标度 κ 为一个任意的带量纲的参数, 它的引入是为了使重整化的耦合常数 b 在 d 维是无量纲的。

由于 (6.78) 式仅是对耦合常数的重定义, 配分函数不变

$$Z[h_{\mathrm{B}},a_{\mathrm{B}},b_{\mathrm{B}}]=Z[h,a,b|\kappa] \tag{6.79}$$

我们的目标是将与裸耦合常数 $(h_{\mathrm{B}},a_{\mathrm{B}},b_{\mathrm{B}})$ 相关的微扰序列 (出现各种发散) 转化为与重整化的耦合常数 (h,a,b) 相关的微扰序列 (发散消除)。

出现在 (6.77) 式中的场量 $\phi_{\mathrm{B}}(x)$ 为积分变量, 它是与裸外场 $h_{\mathrm{B}}(x)$ 共轭的。我们引入与重整化的外场 $h(x)$ 共轭的重整化的场量 $\phi(x)$:

$$\phi_{\mathrm{B}}(x)=z_h^{-1}\phi(x) \tag{6.80}$$

注意到在文献中 z_h^{-1} 常被定义为 $\sqrt{z_\phi}$。

由于 κ 是任意的, 我们得到

$$\kappa\frac{\mathrm{d}}{\mathrm{d}\kappa}Z[h,a,b|\kappa]=0 \tag{6.81}$$

这即是重整化群的主方程 (Brown, 1995)。这里的 “群” 是指通过积掉高动量涨落来构造有效低能理论的程序形成的一个群。严格来讲, 它是一个半群, 因为该过程与粗粒化相关是不可逆的。

---

① 严格地讲, 我们需要另一个重整化常数, 它是 S_{eff} 中的常数项或可称为 “宇宙学常数”, 但是它不会在下面的讨论中明显出现。

由于重整化的耦合常数 a,b 和 h 的定义与能标 κ 有关, 它们是 κ 的隐函数。因此主方程可以表示为

$$\left(\mathcal{D}+\beta_h\int \mathrm{d}^d x\, h(x)\frac{\delta}{\delta h(x)}\right)Z[h,a,b|\kappa]=0 \tag{6.82}$$

$$\mathcal{D}\equiv\kappa\frac{\partial}{\partial\kappa}+a\beta_a\frac{\partial}{\partial a}+\beta_b\frac{\partial}{\partial b} \tag{6.83}$$

其中

$$\kappa\frac{\mathrm{d}a}{\mathrm{d}\kappa}=a\beta_a(b,\epsilon),\quad \kappa\frac{\mathrm{d}b}{\mathrm{d}\kappa}=\beta_b(b,\epsilon) \tag{6.84}$$

$$\kappa\frac{\mathrm{d}h(x)}{\mathrm{d}\kappa}=h(x)\beta_h(b,\epsilon),\quad \kappa\frac{\mathrm{d}\phi(x)}{\mathrm{d}\kappa}=-\phi(x)\beta_h(b,\epsilon) \tag{6.85}$$

在 (6.84) 和 (6.85) 式中出现的因子 β_i $(i=a,b,h)$ 为控制耦合常数 (κ 的函数) 的重整化群 (RG) 流方程 的 “速度”。注意到裸的耦合常数与 κ 无关: $\mathrm{d}(a_\mathrm{B},b_\mathrm{B},h_\mathrm{B})/\mathrm{d}\kappa=0$。

在这里做以下的说明是适宜的。最小减除方案下的维数正规化使得重整化的耦合常数仅能将领头阶奇点 $1/\epsilon^n$ $(\epsilon\sim 0)$ 吸收掉。在该情形下, 可以证明无量纲的重整化常数 z_i 与 a 是无关的 (Muta, 1998) (质量无关的重整化)①:

$$z_i(b,\epsilon)=1+\sum_{n=1}^{\infty}\frac{z_i^{(n)}(b)}{\epsilon^n}\quad (i=a,b,h) \tag{6.86}$$

因此在该方案下 “速度” 参数 β_i 同样是与 a 无关的。更进一步, 利用裸耦合常数的 κ 无关性和 β 的定义, 可以得到 (见习题 6.6)

$$\beta_i(b,\epsilon)=-\epsilon b\delta_{ib}+\beta_i(b)\quad (i=a,b,h) \tag{6.87}$$

亦即 ϵ 仅出现在 $\beta_b(b,\epsilon)$ 的第一项。在下面的讨论中, 我们将沿用这一方案。

6.6.2 跑动耦合常数

我们利用 κ 的标度变换来引入跑动耦合常数和跑动的场量

$$\begin{aligned}&\bar{b}(s)=b(\mathrm{e}^s\kappa),\quad \bar{a}(s)=a(\mathrm{e}^s\kappa)\\&\bar{h}(x;s)=h(x;\mathrm{e}^s\kappa),\quad \bar{\phi}(x;s)=\phi(x;\mathrm{e}^s\kappa)\end{aligned} \tag{6.88}$$

① 有量纲的耦合常数 a 只可能通过 $\ln(\kappa^2/a)$ 进入 z_i。但是这样的项, 比如 $(\ln\kappa^2)/\epsilon$, 总会被下一阶的图的抵销项所消去, 所以它不会出现。

利用 β 函数的定义式 (6.87), 流方程 (6.84) 和 (6.85) 式可以写为

$$\frac{\mathrm{d}\bar{b}(s)}{\mathrm{d}s}=\beta_b(\bar{b}(s),\epsilon) \tag{6.89}$$

$$\bar{a}(s)=a\exp\left(\int_0^s \mathrm{d}s'\beta_a(\bar{b}(s'))\right) \tag{6.90}$$

$$\bar{h}(x;s)=h(x)\exp\left(\int_0^s \mathrm{d}s'\beta_h(\bar{b}(s'))\right) \tag{6.91}$$

$$\bar{\phi}(x;s)=\phi(x)\exp\left(-\int_0^s \mathrm{d}s'\beta_h(\bar{b}(s'))\right) \tag{6.92}$$

定义初始条件为 $s=0$ 时, $b\equiv\bar{b}(0)$, $a\equiv\bar{a}(0)$, $h(x)\equiv\bar{h}(x;0)$ 和 $\phi(x)\equiv\bar{\phi}(x;0)$。

如果我们可以微扰地计算 β 函数, 耦合常数的非微扰行为可以通过求解上述方程来得到。该过程可以解释为构建微扰解的覆盖 (Ei, et al., 2000)。

6.6.3 顶角函数

配分函数 Z 是格林函数的生成泛函:

$$\begin{aligned}G^{(n)}(x_1,\cdots,x_n)&=\langle\phi(x_1)\cdots\phi(x_n)\rangle\\&=\frac{1}{Z[h]}\left(\frac{\delta}{\delta h(x_1)}\cdots\frac{\delta}{\delta h(x_n)}\right)Z[h]\bigg|_{h=0}\end{aligned} \tag{6.93}$$

同时, 根据连接集团定理 (见习题 4.3), 巨配分函数 $\Omega[h]=-\ln Z[h]$ 为连通格林函数的生成泛函

$$\begin{aligned}G_{\mathrm{c}}^{(n)}(x_1,\cdots,x_n)&=\langle\phi(x_1)\cdots\phi(x_n)\rangle_{\mathrm{c}}\\&=-\left(\frac{\delta}{\delta h(x_1)}\cdots\frac{\delta}{\delta h(x_n)}\right)\Omega[h]\bigg|_{h=0}\end{aligned} \tag{6.94}$$

作 Ω 的勒让德变换引入顶角函数 Γ 是方便的:

$$\Gamma[\varphi]\equiv\Omega[h]+\int\mathrm{d}^dx\,h(x)\varphi(x) \tag{6.95}$$

$$\varphi(x)\equiv\langle\phi(x)\rangle=-\frac{\delta\Omega[h]}{\delta h(x)}$$

根据定义式, 顶角函数关于 “经典” 场量 $\varphi(x)$ 的变分为

$$h(x)=\frac{\delta\Gamma[\varphi]}{\delta\varphi(x)} \tag{6.96}$$

顶角函数可以形式地展开为 $\varphi(x)$ 的级数

$$\Gamma[\varphi]=\sum_{n=0}^{\infty}\frac{1}{n!}\int\mathrm{d}^dx_1\cdots\mathrm{d}^dx_n\,\varphi(x_1)\cdots\varphi(x_n)\Gamma^{(n)}(x_1,\cdots,x_n) \tag{6.97}$$

展开系数 $\Gamma^{(n)}(x_1,\cdots,x_n)$ 为单粒子不可约 (1PI) 的 n 点顶角。这里的 "1PI" 表示相应的费曼图不能通过切断一条内线被分为两部分。这里的 "顶角" 表明所有外线均被截掉 (见习题 6.7)。例如两点顶角为

$$\Gamma^{(2)} = \frac{\delta^2 \Gamma[\varphi]}{\delta\varphi\delta\varphi} = \frac{\delta h}{\delta\varphi} \tag{6.98}$$

$$= [\langle\phi\phi\rangle - \langle\phi\rangle\langle\phi\rangle]^{-1} = [G_{\rm c}^{(2)}]^{-1} = \frac{G_{\rm c}^{(2)}}{G_{\rm c}^{(2)}G_{\rm c}^{(2)}} \tag{6.99}$$

我们看到 $\Gamma^{(2)}$ 为连通格林函数的逆。在最后一个等号中已将它写为截掉两条外腿的两点格林函数。图 6.7 中画出了 ϕ^4 模型的 $\Gamma^{(2)}$ 和 $\Gamma^{(4)}$。

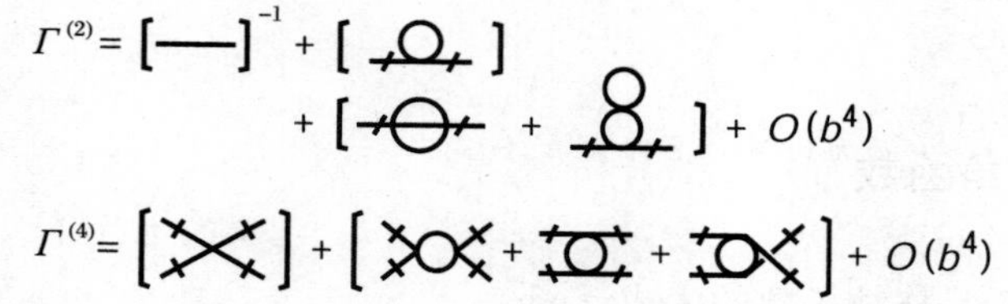

图 6.7 ϕ^4 模型中到 $O(b^2)$ 的 1PI 的两点和四点顶角, 短斜线代表截掉外线

6.6.4 顶角函数的重整化群方程

一般的格林函数的重整化群 (RG) 方程是 Z 的 RG 不变性的结果, 如 (6.81) 式或等价的 (6.82) 式所示。联合 (6.82) 和 (6.93) 式立即得到

$$(\mathcal{D} + n\beta_h)G^{(n)}(x_1,\cdots,x_n;a,b|\kappa) = 0 \tag{6.100}$$

(6.81) 式和 Γ 的定义式也表明 $\Gamma[\varphi,a,b|\kappa]$ 是 RG 不变的: $\kappa {\rm d}\Gamma/{\rm d}\kappa = 0$, 这可以写为

$$\left(\mathcal{D} - \beta_h \int {\rm d}^d x\, \varphi(x) \frac{\delta}{\delta\varphi(x)}\right) \Gamma[\varphi;a,b|\kappa] = 0 \tag{6.101}$$

$$(\mathcal{D} - n\beta_h)\Gamma^{(n)}(x_1,\cdots,x_n;a,b|\kappa) = 0 \tag{6.102}$$

更进一步地, 关于 "磁场"h 的 RG 方程可以通过 (6.102) 和 (6.96) 式得到

$$\left[\mathcal{D} - \beta_h \int {\rm d}^d x \left(1 + \varphi(x)\frac{\delta}{\delta\varphi(x)}\right)\right] h(x) = 0 \tag{6.103}$$

6.7 β_i 的微扰计算

将 (6.77) 式中的作用量 S_{eff} 改写为下边的形式, 我们得到用重整化的耦合常数 b 展开的微扰论

$$S_{\text{eff}}=\int \mathrm{d}^d x\left[\frac{1}{2}(\partial_\mu\phi(x))^2+\frac{a}{2}\phi^2(x)+\frac{b\kappa^\epsilon}{4!}\phi^4(x)-h(x)\phi(x)\right]+S_{\text{CT}} \tag{6.104}$$

其中 S_{CT} 为抵消项, 它可以通过利用 (6.78) 式把上面的朗道泛函与 (6.77) 式给出的 S_{eff} 比较来确定。

为了计算 β_i 的领头阶, 动量空间中的一圈两点顶角函数 (外动量为 0) 可以从图 6.7 做如下的计算:

$$\Gamma^{(2)}(p=0)\simeq a+\frac{1}{2}b\kappa^\epsilon\int\frac{\mathrm{d}^d q}{(2\pi)^d}\frac{1}{q^2+a}+a\frac{z_a^{(1)}}{\epsilon} \tag{6.105}$$

$$=a\left(1-\frac{b}{16\pi^2\epsilon}+\frac{z_a^{(1)}}{\epsilon}\right)+\text{有限项} \tag{6.106}$$

其中积分号前的 1/2 因子的来源为: $1/2=(1/4!)\times{}_4C_2\times{}_2C_1$。为了将正比于 $1/\epsilon$ 的最奇异的项分离出来, 我们用到了习题 6.8 中的积分公式。

类似地, 零外动量的一圈四点顶角为

$$\Gamma^{(4)}(p_i=0)\simeq b\kappa^\epsilon\left(1-\frac{3}{2}b\kappa^\epsilon\int\frac{\mathrm{d}^d q}{(2\pi)^d}\frac{1}{(q^2+a)^2}+\frac{z_b^{(1)}}{\epsilon}\right) \tag{6.107}$$

$$=b\kappa^\epsilon\left(1-\frac{3b}{16\pi^2\epsilon}+\frac{z_b^{(1)}}{\epsilon}\right)+\text{有限项} \tag{6.108}$$

其中积分号前的 3/2 因子的来源为: $3/2=(1/2)\times(1/4!)^2\times({}_4C_2)^2\times 2\times 4!$。另外一个得到上述结果的更简单的方法见习题 6.9。

在 $\epsilon\to 0$ 时的一个大的修正被吸收到了 $z_{a,b}$ 中, 我们得到

$$a_{\text{B}}\simeq\left(1+\frac{b}{16\pi^2}\frac{1}{\epsilon}\right)a,\quad b_{\text{B}}\simeq\left(1+\frac{3b}{16\pi^2}\frac{1}{\epsilon}\right)b\kappa^\epsilon \tag{6.109}$$

在一圈修正下有 $h_{\text{B}}=h$。这导致 β_i 的一圈修正为

$$\beta_a(b)=\frac{1}{16\pi^2}b,\quad \beta_b(b)=\frac{3}{16\pi^2}b^2,\quad \beta_h(b)=0 \tag{6.110}$$

6.8 重整化群方程和不动点

顶角函数 Γ 和配分函数 Z 均不依赖于 κ。这是由于未重整的理论与任意能标 κ 无关。换句话说，理论中的所有耦合常数联合起来将使 Z 和 Γ 与 κ 无关。

注意到这一事实和利用量纲分析，我们可以比较不同动量和耦合常数在共同的 κ 下的格林函数，然后我们将利用重整化耦合常数的流方程分析格林函数的紫外和红外行为。在高能基本粒子碰撞过程中，我们的主要兴趣在于散射振幅的紫外行为。但另一方面，在二级相变的临界现象的研究中，人们更关注于各种可观测量的长波 (红外) 行为。在上述两种情形中重整化群的分析都扮演了关键的角色。

6.8.1 量纲分析和重整化群方程的解

我们首先计算在 d 维空间中基本耦合常数和场量的量纲，

$$[a]=\mathrm{E}^2,\quad [b]=\mathrm{E}^0,\quad [h]=\mathrm{E}^{\frac{d}{2}+1},\quad [\phi]=\mathrm{E}^{\frac{d}{2}-1} \tag{6.111}$$

其中 E 是具有能量量纲的标度。因为 $[\Gamma[\varphi]]=[\Omega[h]]=\mathrm{E}^0$，我们得到

$$[G^{(n)}(x)]=\mathrm{E}^{\left(\frac{d}{2}-1\right)n},\quad [\Gamma^{(n)}(x)]=\mathrm{E}^{\left(\frac{d}{2}+1\right)n} \tag{6.112}$$

从此开始，我们将 $(x_1,\cdots,x_n)$ 简记为 x。

我们通过傅里叶变换定义动量空间中的格林函数和顶角函数为

$$\begin{aligned}&(2\pi)^d\delta^{(d)}(k_1+\cdots+k_n)\Gamma^{(n)}(k)\\&\quad\equiv\int \mathrm{d}^dx_1\cdots\mathrm{d}^dx_n\mathrm{e}^{-\mathrm{i}(k_1x_1+\cdots+k_nx_n)}\Gamma^{(n)}(x)\end{aligned} \tag{6.113}$$

为简单起见，其中坐标 (动量) 空间中的 Γ 仅由它的变量 $x(k)$ 来标记。我们得到

$$[G^{(n)}(k)]=\mathrm{E}^{d-\left(\frac{d}{2}+1\right)n},\quad [\Gamma^{(n)}(k)]=\mathrm{E}^{d-\left(\frac{d}{2}-1\right)n} \tag{6.114}$$

以上分析中得到的量纲称为正则量纲。为了后面分析的方便，我们定义 $h(x),G^{(n)}(k)$ 和 $\Gamma^{(n)}(k)$ 的正则量纲为

$$d_h=\frac{d}{2}+1 \tag{6.115}$$

$$d_G = d - \left(\frac{d}{2}+1\right)n, \quad d_\Gamma = d - \left(\frac{d}{2}-1\right)n \tag{6.116}$$

将所有的拥有非零量纲的物理量统一标度为 $\mathrm{E} \to \lambda \mathrm{E}$。通过量纲计算得到

$$\Gamma[\varphi, a, b|\kappa] = \Gamma\left[\frac{\varphi}{\lambda^{d/2-1}}, \frac{a}{\lambda^2}, b\left|\frac{\kappa}{\lambda}\right.\right] \tag{6.117}$$

$$\Gamma^{(n)}(k; a, b|\kappa) = \lambda^{d_\Gamma}\Gamma^{(n)}\left(\frac{k}{\lambda}; \frac{a}{\lambda^2}, b\left|\frac{\kappa}{\lambda}\right.\right) \tag{6.118}$$

对于 $G^{(n)}(k)$ 通过替换 $d_\Gamma \to d_G$ 可以得到与 (6.118) 式相似的结果。

下面我们将从以上的量纲分析求得 RG 方程 (6.102) 式的解。我们从方程的原始形式而不是偏微分形式出发

$$\Gamma[\varphi(x;\kappa), a(\kappa), b(\kappa)|\kappa] = \Gamma[\varphi(x;\kappa'), a(\kappa'), b(\kappa')|\kappa'] \tag{6.119}$$

取 $\kappa' = \mathrm{e}^s\kappa$ $(\equiv \lambda\kappa)$ 并利用量纲分析 (6.117) 式, 我们得到

$$\Gamma[\varphi(x), a, b|\kappa] = \Gamma[\bar{\varphi}(x;s)\mathrm{e}^{-s(d/2-1)}, \bar{a}(s)\mathrm{e}^{-2s}, \bar{b}(s)|\kappa] \tag{6.120}$$

对 (6.119) 式两边做 $\varphi(x;\kappa)$ 的微分, 并利用 (6.92) 式, 得

$$\begin{aligned}&\Gamma^{(n)}(k; a, b|\kappa)\\ &\quad = \mathrm{e}^{sd_\Gamma - n\int_0^s \beta_h(\bar{b}(s'))\mathrm{d}s'}\cdot\Gamma^{(n)}(k\mathrm{e}^{-s}; \bar{a}(s)\mathrm{e}^{-2s}, \bar{b}(s)|\kappa)\end{aligned} \tag{6.121}$$

如前所述, 重整化群将不同能标 κ 的顶角函数联系了起来。而量纲分析将这种联系转化为同一能标 κ 下不同动量和耦合常数的关系。这一点在 (6.121) 式中可以清楚地看到。

与 (6.121) 式类似, 关于“磁场”的 RG 方程 (6.103) 式的解为

$$\begin{aligned}&h(\varphi(x), a, b|\kappa)\\ &\quad = \mathrm{e}^{sd_h - \int_0^s \beta_h(\bar{b}(s'))\mathrm{d}s'}\cdot h(\bar{\varphi}(x;s)\mathrm{e}^{-s(d/2-1)}, \bar{a}(s)\mathrm{e}^{-2s}, \bar{b}(s)|\kappa)\end{aligned} \tag{6.122}$$

6.8.2　重整化群的流

通过定义 $k = \mathrm{e}^s p$, (6.121) 式可以稍作改写为

$$\Gamma^{(n)}(\mathrm{e}^s p; a, b|\kappa) = \mathrm{e}^{sd_\Gamma - n\int_0^s \beta_h \mathrm{d}s'}\cdot\Gamma^{(n)}(p; \bar{a}(s)\mathrm{e}^{-2s}, \bar{b}(s)|\kappa) \tag{6.123}$$

其中紫外 (红外) 极限对应于 $s \to +\infty$ $(-\infty)$。这两个极限下的物理行为主要由等式右边的耦合常数 $\bar{b}(s)$ 和 $\bar{a}(s)\mathrm{e}^{-2s}$ 所控制。

我们首先考察 $\bar{b}(s)$ 的行为。若存在某个耦合值 b^*, 在此处跑动“速度”消失 $\beta_b(b^*,\epsilon)=0$。这样的 b^* 称为重整化群流的不动点 (FPs)。例如, 在 ϕ^4 模型的最低阶, (6.110) 式给出

$$\beta_b(b,\epsilon)=-\epsilon b+\beta_b(b)=-\epsilon b+Ab^2 \tag{6.124}$$

其中 $A=3/16\pi^2$。可以看到对于 $\epsilon>0$ $(d<4)$ 的情况, 体系中存在两个不动点

$$b^*=0, \quad b^*=A^{-1}\epsilon \tag{6.125}$$

前者被称为高斯不动点 b^*_{G}, 后者被称作 Wilson-Fisher 不动点 b^*_{WF}。

如图 6.8(a) 所示, β_b 在 $0<\bar{b}<b^*_{\mathrm{WF}}$ $(b^*_{\mathrm{WF}}<\bar{b})$ 内为负 (正)。结合流方程 $\mathrm{d}\bar{b}/\mathrm{d}s=\beta_b(\bar{b},\epsilon)$, 我们可以看到 Wilson-Fisher 不动点在 $s\to-\infty$ (红外极限) 下是“吸引”的, 而在 $s\to+\infty$(紫外极限) 下是“排斥”的。图 6.8(b) 中画出了耦合常数 $\bar{b}(s)$ 作为 s 的函数图像。可以看到 $\bar{b}(s)$ 的任何正的初始值都将在红外极限下流动到 b^*_{WF}。

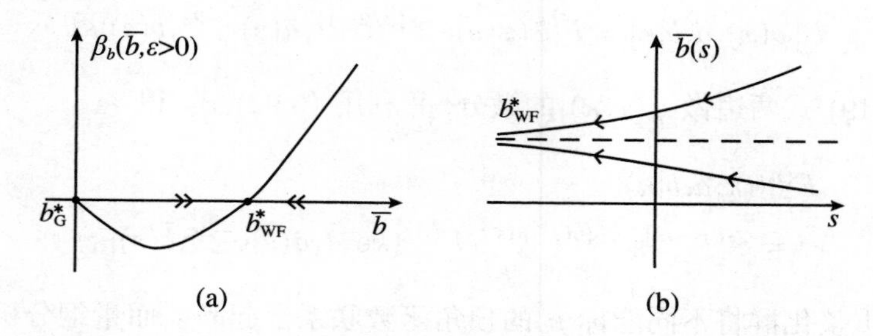

图 6.8 (a) $d<4$ 时的 ϕ^4 模型的 β_b 随跑动耦合常数 $\bar{b}$ 变化的行为, 双箭头指出了 IR 极限下 $\bar{b}$ 的流动方向; (b) $d<4$ 时跑动耦合常数随标度参数 s 变化的行为, 箭头指出了 IR 极限下 $\bar{b}$ 的流动方向

对于 $\epsilon=0$ $(d=4)$ 的情形, (6.125) 式中的两个不动点将融合为一个不动点 $b^*=0$。该点是红外吸引和紫外排斥的。在图 6.9 中画出了 $\beta(\bar{b})$ 和 $\bar{b}(s)$ 在这种条件下的行为。这种情形被称为“红外渐近自由”, 即在红外区域跑动耦合常数趋于 0。如果当 $d=4$ 时 $\beta(\bar{b})$ 的符号与图 6.9(a) 中的情况相反, 即为“紫外渐近自由”。在这种情形下, 基于 $\bar{b}(s)$ 的微扰论将在紫外区收敛得越来越好。可以证明仅在 Yang-Mills 理论中跑动耦合常数具有这样的性质 (Coleman and Gross, 1973)。

现在我们考察 2 维平面 $(\bar{a}\mathrm{e}^{-2s},\bar{b})$ 上的重整化群的流。假设 $\bar{a}(s)$ 的流并不会定性地改变指数衰减行为 e^{-2s}(在 ϵ 展开下该结论成立), 我们可以总结出如图 6.10 中 $d<4$ 时流的行为。在 2 维平面上高斯不动点沿任意方向均是不稳定的。Wilson-Fisher 不动点在水平方向上是吸引的, 在垂直方向上是排斥的, 即它是该平面上的一个鞍点。

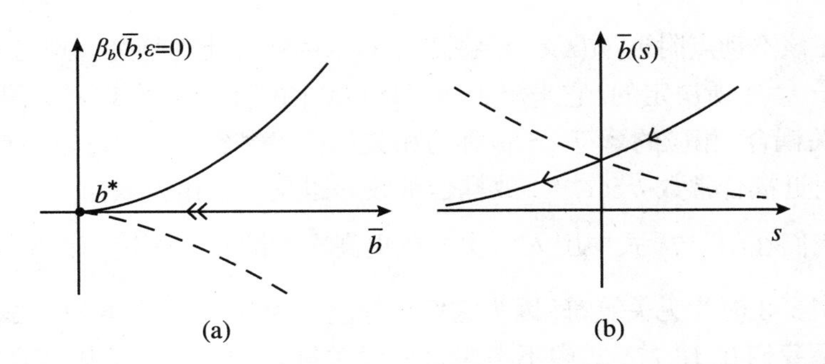

图 6.9 (a) 实线为 $d=4$ 时的 ϕ^4 模型的 β_b 随跑动耦合常数 $\bar{b}$ 变化的行为, 双箭头指出了 IR 极限下 $\bar{b}$ 的流动方向, 虚线为紫外自由理论 β_b 的示意图, 如 Yang-Mills 理论; (b) $d=4$ 时跑动耦合常数随标度参数 s 变化的行为, 箭头指出了 IR 极限下 $\bar{b}$ 的流动方向

图 6.10 中由 $\bar{a}=0$ 刻画的曲线称为临界线, 在这条线上, 关联长度 $\xi\sim|\bar{a}|^{-1/2}$ 发散。 b^*_{WF} 为临界线上的稳定不动点, 重整化群流将流向该点。如果存在多个耦合常数 $\bar{b}_l(s)$ $(l=1,2,\cdots)$, $\bar{a}=0$ 就定义了一个临界超曲面。在临界曲面上将有可能出现多个稳定不动点, 每个不动点有各自的重整化群流吸引区域, 且决定该区域的物理行为。这种情况将在以后讨论。同时也有可能出现不存在稳定不动点的情况, 这时重整化群流将不会出现汇聚的轨迹。这是一级相变的信号, 该情形将在 6.11 节中讨论。

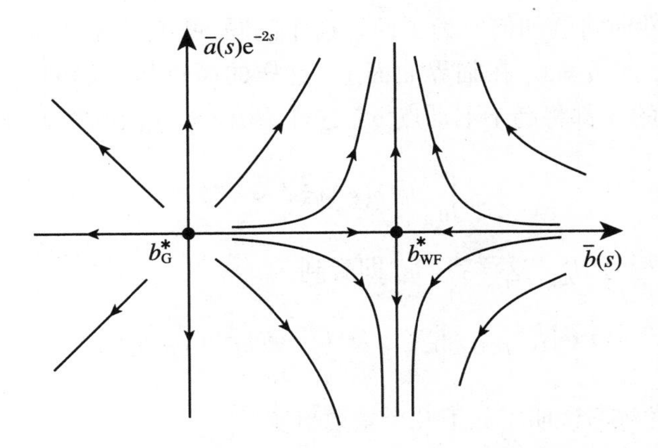

图 6.10 在 $(\bar{a}\mathrm{e}^{-2s},\bar{b})$ 平面, $d<4$ 时的 ϕ^4 模型在 IR 极限下 $s\to-\infty$ 的 RG 流

高斯不动点为非稳定不动点, Wilson-Fisher 不动点为鞍点

对于给定的不动点可以定义相关、无关和临界耦合。所谓相关耦合是被重整化群的作用所放大的耦合常数, 而无关耦合则被减小趋于 0。临界耦合是不被重整化群所改变的耦合常数。为了明显地看到这些定义, 我们考察图 6.10 中的高斯

不动点。在该不动点附近, $\bar{a}(s)\mathrm{e}^{-2s}$ 将随着 $s\to-\infty$ 而迅速增加。这是由 (6.121) 式中的因子 e^{-2s} 所决定的, 它来源于 (6.118) 式中的标度因子 $1/\lambda^2$。因此耦合常数 a 为相关耦合, 相应的算符 ϕ^2 被称为相关算符。由于当 $4-d=\epsilon>0$ 时, 在高斯不动点附近耦合常数 $\bar{b}\propto\mathrm{e}^{-\epsilon s}$, 故耦合常数 b 也是一个相关耦合。

如果我们在 (6.77) 式中引入六次方或更高次方的相互作用, 如 $\sum_{n=3}^{\infty}c_n\phi^{2n}$, 则 $c_{n\geqslant3}$ 将在 $d>3$ 时为无关算符, 因为它们的标度行为为 $\lambda=\mathrm{e}^s$((6.118) 式) 的正幂次。这正是我们在 (6.77) 式中不考虑这些无关耦合的原因。临界耦合的例子是 $d=4$ 时高斯不动点附近的耦合常数 b。在树图 (零圈图) 级, 它是临界耦合, 而在一圈图级, 它将变为无关耦合, 图 6.9(b) 中显示了这一点。

6.9 标度律和普适性

6.9.1 临界点的标度律

如果在临界曲面上存在一个如图 6.10 所示的红外稳定不动点 b^*, 顶角函数的红外区域的性质将会如何? 为了回答这个问题, 我们首先考虑 “临界” 的或是无质量的理论, 即 $a=0$, 在临界曲面上, 这样的简化是正确的。在红外极限下, $s\to-\infty$, 任何的 b 都将趋于不动点 b^*, 这样 (6.123) 式前的因子可以估算为

$$\int_0^s\beta_h(\bar{b}(s'))\mathrm{d}s'\sim s\beta_h^* \tag{6.126}$$

其中 $\beta_h(b^*)$ 简写为 β_h^*。这样我们立即看到

$$\Gamma^{(n)}(\mathrm{e}^s p;0,b|\kappa)\to\mathrm{e}^{s(d_\Gamma-n\beta_h^*)}\Gamma^{(n)}(p;0,b^*|\kappa) \tag{6.127}$$

这个简单的练习说明了如下几个重要事实:

(1) 在临界点 $(a=0)$ 处的长波物理被红外不动点 b^* 所完全控制。在临界曲面上任何有不同耦合取值 b 的理论都具有由 b^* 决定的同样的临界性质, 只要它们都处于同一个吸引不动点 b^* 的稳定区。这是所谓 “普适律” 的一种具体实现。

(2) 即使对于没有有量纲参数的临界理论, 一个正则维数为 d_Γ 的朴素的标度因子将得到一个如 $n\beta_h^*$ 的修正。这个指数因子称为 “反常维数”。其原因为: 总是存在一个隐量纲标度 κ。

(3) 由于 b^* 是方程 $\beta_b(b,\epsilon)=-\epsilon b+\beta_b(b)$ 的解, 并且 $\beta_b(b)$ 的级数展开的第一项为 b^2, 于是 b^* 可以用“小”参量 ϵ 的首项为 $O(\epsilon)$ 的级数来展开。对于 $d=3$ 的情形, 它至多是一个渐近序列, 但可以用标准的重求和技术如 Borel 和 Padé 方法来改进。

为了进一步地说明第 (2) 点, 我们考虑当 $s\to-\infty$ 时的两点顶角函数

$$\Gamma^{(2)}(\mathrm{e}^s p;0,b^*|\kappa)=\mathrm{e}^{s(2-2\beta_h^*)}\Gamma^{(2)}(p;0,b^*|\kappa) \tag{6.128}$$

由于仅有的带量纲的参数为 p 和 κ, (6.128) 式意味着

$$\Gamma^{(2)}(p;0,b^*|\kappa)\propto\kappa^{2\beta_h^*}\cdot p^{2-2\beta_h^*} \tag{6.129}$$

从这里可以明显看到反常维数 $-2\beta_h^*$ 来源于 κ 的存在。

两点顶角函数与两点连通格林函数相关: $G_{\mathrm{c}}^{(2)}(p)=[\Gamma^{(2)}(p)]^{-1}$。在 d 维中作 $1/p^{2-2\beta_h^*}$ 的傅里叶变换, 在 $T=T_{\mathrm{c}}$ 时, 我们得到

$$G_{\mathrm{c}}^{(2)}(x)\sim\frac{1}{x^{d-2+\eta}},\quad \eta=2\beta_h^* \tag{6.130}$$

这里 η 是在 6.4 节中由 (6.67) 式定义的临界指数。此处它直接与红外不动点的反常维数相关。

6.9.2 临界点附近的标度律

考虑温度略高于 T_{c} 的情况, 这等价于考虑 a 取一个小的正值 $0<a/\kappa^2\ll1$。在 (6.121) 式中对于固定的 κ, s 仍是任意的。于是我们可以选取 s, 以使得无量纲比例 $\bar{a}(s)\mathrm{e}^{-2s}/\kappa^2=1$ 成立。在图 6.10 中这些条件对应于重整化群流的轨迹从十分靠近临界线 (x 轴) 出发而通过 Wilson-Fisher 不动点。这样关于 $\bar{a}(s)$ 的重整化群方程 (6.90) 式给出

$$\mathrm{e}^s\simeq\left(\frac{a}{\kappa^2}\right)^{\nu_+}\quad 其中\quad \nu_+=(2-\beta_a^*)^{-1} \tag{6.131}$$

为简化记号, 选取适当的单位制使得 $\kappa=1$, 我们得到

$$\Gamma^{(n)}(k;a,b|1)\xrightarrow[a\to0]{}a^{\nu_+(d_\Gamma-n\beta_h^*)}g_+(ka^{-v_+},b^*) \tag{6.132}$$

其中 $g_+(ka^{-\nu_+},b^*)\equiv\Gamma^{(n)}(ka^{-\nu_+};1,b^*|1)$。

因为仅有因子 $ka^{-\nu_+}$ 出现在顶角函数中, 它的傅里叶变换应为 xa^{ν_+} 的函数, 在 T_{c} 以上的关联长度 ξ_+ 为

$$\xi_+\sim a^{-\nu_+}\sim(T-T_{\mathrm{c}})^{-\nu_+} \tag{6.133}$$

可见, 关联长度的临界行为被 Wilson-Fisher 不动点的 β 函数唯一确定。

正如 (6.62) 式所示, T_c 以上的动力学磁化率由两点格林函数的行为定义。因此它也与两点顶角函数相关, 如 (6.99) 式所示。取 (6.132) 式中 $n=2$ 和 $k=0$, 我们得到

$$\Gamma^{(2)}(k;a,b|1)\to a^{2\nu_+(1-\beta_h^*)}g_+(0,b^*)\sim(T-T_\mathrm{c})^{\gamma_+} \tag{6.134}$$

这导致

$$\gamma_+=\frac{2-2\beta_h^*}{2-\beta_a^*}=\nu_+(2-\eta) \tag{6.135}$$

6.10 磁物态方程

为研究 T_c 以下的临界指数, 我们需要首先求解 (6.122) 式 ($h=$ 常数) 来确定 φ 的平衡态的值。为简化起见, 取 $\bar{\varphi}/(\kappa\mathrm{e}^s)^{d/2-1}=1$ 和 $\varphi/\kappa^{d/2-1}\ll 1$。联合 $\bar{\varphi}$ 的 RG 方程 (6.92) 式, 得到

$$\mathrm{e}^s\sim\left(\frac{\varphi}{\kappa^{d/2-1}}\right)^{\frac{2}{d-2+2\beta_h^*}} \tag{6.136}$$

该式给出了磁物态方程 (EOS)

$$h(\varphi,a,b|1)\simeq\varphi^\delta f(a\varphi^{-1/\beta},b^*) \tag{6.137}$$

其中

$$\delta=\frac{d+2-2\beta_h^*}{d-2+2\beta_h^*}=\frac{d+2-\eta}{d-2+\eta} \tag{6.138}$$

$$\beta=\frac{1}{2}\frac{d-2+2\beta_h^*}{2-\beta_a^*}=\frac{1}{2}\nu(d-2+\eta) \tag{6.139}$$

我们考虑 $h=0$ 时 $T<T_\mathrm{c}$ 的情形。(6.137) 式的非平庸解对应着 $f(z)$ 的零点, 这导致

$$\varphi\sim(-a)^\beta\sim(T_\mathrm{c}-T)^\beta \tag{6.140}$$

因此, 在 (6.139) 式中的 β 即为 (6.42) 式所定义的临界指数。对于 $T=T_\mathrm{c}$ ($a=0$), (6.137) 式给出 $h\sim\varphi^\delta$。因此 (6.138) 式中的 δ 与 (6.44) 式的定义相同。要注意到朗道平均场理论给出 $\delta=3$, $\beta=1/2$ 以及 $f(z)=b/6+z$(见习题 6.10(1))。

因为上面导出的磁物态方程在 T_c 以上和以下均有效, 我们可以导出静磁化率 $\gamma_\pm$ 的表达式, 它满足 $\chi_T(T,0) = (\partial\varphi/\partial h)_{h=0} \sim |T-T_c|^{-\gamma_\pm}$(见习题 6.10(2)):

$$\gamma_- = \gamma_+ = \beta(\delta - 1) \tag{6.141}$$

要注意的是 (6.141) 式中的第一个等式仅对单分量的理论成立。对于形如 O(N) 的 ϕ^4 的多分量的连续对称性的理论, γ_- 没有定义, 这是由于该磁化率将由于 Nambu-Goldstone 玻色子的贡献而发散。

当 $T < T_c$ 时, 磁物态方程的解为 $\varphi \neq 0$, 顶角函数 $\Gamma[\varphi]$ 可以在其平衡态的值附近展开:

$$\Gamma_\varphi^{(n)}(x;a,b|\kappa) = \left(\frac{\delta}{\delta\varphi(x_1)}\cdots\frac{\delta}{\delta\varphi(x_n)}\right)\Gamma[\varphi(x),a,b|\kappa]\Big|_{\varphi(x)=\varphi} \tag{6.142}$$

利用 $\varphi \sim (-a)^\beta$, 按照与推导磁物态方程同样的步骤, 可以得到

$$\Gamma_\varphi^{(n)}(k;a,b|1) \sim (-1)^{2\nu_+ + d - n\beta} g_-(k(-a)^{-\nu_+}, b^*) \tag{6.143}$$

因此

$$\nu_- = \nu_+, \quad \gamma_- = \gamma_+ = \nu_+(2-\eta) \tag{6.144}$$

同样地, 第一个等式 $\nu_- = \nu_+$ 和 $\gamma_- = \gamma_+$ 仅对单分量理论成立。

最后, 我们简要地讨论一下临界指数 $\alpha_\pm$, 它刻画了比热的奇异性。利用比热的定义和 $\Gamma^{(0)}$ 在 T_c 以上和以下的行为 (如 (6.132) 和 (6.143) 式所示), 我们得到

$$C_V \propto \frac{\partial^2 \Gamma^{(0)}}{\partial a^2} \sim |a|^{-(2-d\nu_+)} \tag{6.145}$$

因此, 我们有

$$\alpha_\pm = 2 - d\nu_+ \tag{6.146}$$

表 6.2 总结了目前利用 RG 方法所得到的标度关系和临界指数的定义。所有的临界指数都与 Wilson-Fisher 不动点相关。

表 6.2 RG 方法得到的标度关系和单分量 ϕ^4 模型中各临界指数的定义

标度关系	临界指数	
$\alpha=2-d\nu$	$C_{\rm V}\sim\|T-T_{\rm c}\|^{-\alpha}$	$T\sim T_{\rm c},h=0$
$\beta=\frac{1}{2}\nu(d-2+\eta)$	$\varphi\sim\|T-T_{\rm c}\|^{\beta}$	$T\nearrow T_{\rm c},h=0$
$\gamma=\nu(2-\eta)$	$\chi_{\rm T}\sim\|T-T_{\rm c}\|^{-\gamma}$	$T\sim T_{\rm c},h=0$
$\delta=(d+2-\eta)(d-2+\eta)^{-1}$	$\varphi\sim h^{1/\delta}$	$T=T_{\rm c},h\sim 0$
$(\alpha+2\beta+\gamma=2)$		
$\nu=(2-\beta_a(b^*))^{-1}$	$\xi\sim\|T-T_{\rm c}\|^{-\nu}$	$T\sim T_{\rm c},h=0$
$\eta=2\beta_h(b^*)$	$\chi\sim\|\vec{x}-\vec{x}'\|^{-(d-2+\eta)}$	$T=T_{\rm c},h=0$

6.11 不动点的稳定性

当存在多个无量纲的耦合常数 $\boldsymbol{b}=(b_1,\cdots,b_n)$ 时, 我们需要考虑以 $a=0$ 定义的多维临界超曲面上的重整化群流。该流满足

$$\frac{\mathrm{d}\bar{\boldsymbol{b}}(s)}{\mathrm{d}s}=\boldsymbol{\beta}(\boldsymbol{b}(s),\epsilon) \tag{6.147}$$

假设我们找到一个不动点解满足 $\boldsymbol{\beta}=\boldsymbol{0}$①, 让我们来研究它的稳定性。将 $\boldsymbol{\beta}$ 在不动点附近线性化:

$$\frac{\mathrm{d}\bar{\boldsymbol{b}}(s)}{\mathrm{d}s}\sim\boldsymbol{\Omega}\cdot\bar{\boldsymbol{b}}(s),\quad(\boldsymbol{\Omega})_{ll'}=\left.\frac{\partial\beta_l}{\partial\bar{b}_{l'}}\right|_{\bar{\boldsymbol{b}}=\boldsymbol{b}^*} \tag{6.148}$$

其中 $\boldsymbol{\Omega}$ 是 $n\times n$ 稳定性矩阵, 但它不必是对称的。考虑以下的特殊情形, $\boldsymbol{\Omega}$ 有 n 个独立的本征矢 $\bar{B}_l(s)$, 相应的本征值为 ω_l。这样 $\boldsymbol{\Omega}$ 可以被对角化为 $\boldsymbol{P\Omega P}^{-1}=\mathrm{diag}(\omega_1,\cdots,\omega_n)$, 然后可以导出

$$\bar{B}_l(s)=(\boldsymbol{P}\cdot\bar{\boldsymbol{b}}(s))_l=\mathrm{e}^{s\omega_l} \tag{6.149}$$

因此, 在红外极限下 $s\to-\infty$, 不动点 $\boldsymbol{b}^*$ 在临界超曲面上沿 $\mathrm{Re}\,\omega_l>0$ ($\mathrm{Re}\,\omega_l<0$) 方向是稳定 (不稳定) 的。

---

① 不同于单耦合常数的情形, 其他流的性质, 如极限环和各态历经行为原则上是可能出现的。但是在这里我们不考虑这些情况。

要指出的是, 没有稳定不动点的情形也是存在的, 这时流的轨迹为发散状。这表明可能存在由涨落导致的一级相变 (Iacobson and Amit, 1981; Amit, 1984)。我们将在 $N_f \geqslant 3$ 的 QCD 中遇到这样的情况。

6.12　O(N) 对称的 ϕ^4 模型的临界指数

在本节中, 我们将利用 ϵ-展开给出 O(N) 对称的 ϕ^4 模型的临界指数。其中 O(N) 是 N 维内禀空间的旋转对称性。该模型是 (6.77) 式的推广, 将原来的 ϕ 场用具有 N 个分量的场 $\vec{\phi}=(\phi_0,\phi_1,\cdots,\phi_{N-1})$ 来代替, O(N) 对称的相互作用为 $(\vec{\phi}^2)^2$

$$S_{\text{eff}} = \int \mathrm{d}^d x \left[\frac{1}{2}(\partial\vec{\phi})^2 + \frac{a}{2}\vec{\phi}^2 + \frac{b}{4!}\vec{\phi}^4\right] \tag{6.150}$$

对耦合常数和场的重定义可以用 (6.78) 式相似的方式做到。

我们概括一圈图的 β 函数的结果如下 (见习题 6.9(3)):

$$\beta_b(g,\epsilon) = g\left[-\epsilon + \frac{N+8}{6}g + O(g^2)\right] \tag{6.151}$$

$$\beta_a(g) = \frac{N+2}{6}g + O(g^2) \tag{6.152}$$

$$\beta_h(g) = O(g^2) \tag{6.153}$$

其中 g 定义为

$$g \equiv b\frac{S_d}{(2\pi)^d}, \quad S_d \equiv \frac{2\pi^{d/2}}{\Gamma(d/2)} \tag{6.154}$$

S_d 为欧氏 d 维单位球体的表面积 (见习题 6.8), $(2\pi)^d$ 源于动量积分的测度。

从 (6.151) 式, 我们马上得到

$$g^* = \frac{6}{N+8}\epsilon \tag{6.155}$$

现在可以直接计算 $\nu=(2-\beta_a(g^*))^{-1}$ 和 $\eta = 2\beta_h(g^*)$。所有其他的临界指数可以通过查阅表 6.2 中的标度关系得到。因为 g^* 是 $O(\epsilon)$ 阶的, 不动点附近的 β 函数和临界指数都可以用 ϵ 展开。以此方式得到的 $O(\epsilon)$ 阶的临界指数总结在表 6.3 的第三列, 第二列则是平均场理论的结果。如同我们之前所讨论的, 平均场理论得到临界指数不依赖于空间维数 d 或内禀自由度 N。但 ϵ 展开的结果引入了依赖于 d 和 N 的修正。

表 6.3 具有 O(N) 对称性的 ϕ^4 模型的临界指数

指数	MF	ϵ 展开，精确到 $O(\epsilon)$ 阶	ϵ 展开 (N=4)，已重求和	MC(N=4)，$d=3$
α	0	$-\frac{N-4}{2(N+8)}\epsilon$	−0.211(24)	−0.247(6)
β	$\frac{1}{2}$	$\frac{1}{2}-\frac{3}{2(N+8)}\epsilon$	0.382(4)	0.388(1)
γ	1	$1+\frac{N+2}{2(N+8)}\epsilon$	1.447(16)	1.471(4)
δ	3	$3+\epsilon$	4.792(19)	4.789(5)
ν	$\frac{1}{2}$	$\frac{1}{2}+\frac{N+2}{4(N+8)}\epsilon$	0.737(8)	0.749(2)
η	0	0	0.0360(40)	0.0365(10)
ω	−	$+\epsilon$	0.795(30)	0.765

MF 和 MC 分别表示平均场理论和蒙特卡罗方法。括号中的数字为最后位数字的标准误差；ω 为 Wilson-Fisher 不动点处稳定性矩阵 $\boldsymbol{\Omega}$ 的本征值 (见 6.11 节)。

ϵ 展开的高阶修正表明它至多是个渐近展开。这表明该序列必须通过适当的重求和来得到对于 $\epsilon\to 1$ 可靠的结果。表 6.3 中的第四列为 O(4) 的 ϕ^4 理论的七圈计算的重求和结果 (Zinn-Justin, 2001)。这些结果与第五列中蒙特卡罗模拟的结果 (Hasenbusch, 2001) 符合得很好。关于不同模型中的临界指数的理论计算的更进一步的细节，以及它们与数值和实验结果的比较，参见 Pelissetto and Vicari (2002)。

表 6.3 中的 $N=4$ 的结果对我们尤其重要。这是由于两味无质量夸克的 QCD 具有手征对称性，$\mathrm{SU_L}(2)\times\mathrm{SU_R}(2)\simeq\mathrm{O}(4)$，它与 $d=3$ 的具有 O(4) 对称性的 ϕ^4 模型有相同的普适类。

6.13 有限温度下 QCD 的手征相变

我们考虑手征相变临界点附近的 QCD 有效理论。

对于无质量 N_f 味夸克的 QCD，其经典拉氏量具有大的对称性：

$$\mathrm{G}=\mathrm{SU_L}(N_f)\times\mathrm{SU_R}(N_f)\times\mathrm{U_A}(1)\times\mathrm{U_B}(1)\times\mathrm{SU_c}(3) \tag{6.156}$$

我们关注于手征对称性的动力学破缺和恢复, 且假设 $\mathrm{U_B}(1)\times\mathrm{SU_c}(3)$ 部分没有被破坏。该假设将在高重子密度的色超导体中遭到破坏。我们将在第 9 章中讨论这一点。

我们引入手征对称性的序参量, 它是一个 $N_f\times N_f$ 的矩阵且在 $\mathrm{U_B}(1)\times\mathrm{SU_c}(3)$ 的变换下为单态:

$$\Phi_{ij}\sim\frac{1}{2}\bar{q}^j(1-\gamma_5)q^i=\bar{q}^j_{\mathrm{R}}q^i_{\mathrm{L}} \tag{6.157}$$

其中 i 和 j 为味道指标。该序参量在 $\mathrm{SU_L}(N_f)\times\mathrm{SU_R}(N_f)\times\mathrm{U_A}(1)$ 的变换下的行为是

$$\Phi\to\mathrm{e}^{\mathrm{i}\alpha}V_{\mathrm{L}}\Phi V_{\mathrm{R}}^{\dagger} \tag{6.158}$$

这里 $V_{\mathrm{L}}(V_{\mathrm{R}})$ 是 $\mathrm{SU_L}(N_f)\,(\mathrm{SU_R}(N_f))$ 的群元, α 为 $\mathrm{U_A}(1)$ 的旋转角。左手和右手夸克在相同变换下的行为是

$$q_{\mathrm{L}}\to\mathrm{e}^{-\mathrm{i}\frac{\alpha}{2}}V_{\mathrm{L}}q_{\mathrm{L}},\quad q_{\mathrm{R}}\to\mathrm{e}^{+\mathrm{i}\frac{\alpha}{2}}V_{\mathrm{R}}q_{\mathrm{R}} \tag{6.159}$$

如果手征对称性被动力学破坏, Φ 的热平均为非零。

Φ 的如下分解形式将在后面的讨论中用到

$$\Phi=\sum_{a=0}^{N_f^2-1}\Phi^a\frac{\lambda^a}{\sqrt{2}}\quad 其中\quad \Phi^a=S^a+\mathrm{i}P^a \tag{6.160}$$

$t^a=\lambda^a/2\,(a=1,2,\cdots,N_f^2-1)$、 $t^0\equiv\sqrt{1/(2N_f)}$ 为 $\mathrm{U}(N_f)$ 的基础表示的生成元 (见附录 B.3)。注意到 $S^a\,(P^a)$ 为厄米场, 它们有 N_f^2 个偶 (奇) 宇称的分量。对于 $N_f=2$, $P^{1,2,3}$ 对应于 π 介子场 $\pi^{1,2,3}$。

6.13.1 QCD 的朗道泛函

受普适性讨论的启发, 我们利用序参量场 Φ 构造朗道泛函 $S_{\mathrm{eff}}=\int\mathrm{d}^dx\mathcal{L}_{\mathrm{eff}}$, $\mathcal{L}_{\mathrm{eff}}$ 具有和 QCD 拉氏量相同的对称性, 并可以在临界点附近用 Φ 来展开, 其形式为 (Pisarski and Wilczek, 1984)

$$\begin{aligned}\mathcal{L}_{\mathrm{eff}}=&\frac{1}{2}\,\mathrm{tr}\,\partial\Phi^{\dagger}\partial\Phi+\frac{a}{2}\,\mathrm{tr}\Phi^{\dagger}\Phi+\frac{b_1}{4!}\left(\mathrm{tr}\Phi^{\dagger}\Phi\right)^2+\frac{b_2}{4!}\mathrm{tr}\left(\Phi^{\dagger}\Phi\right)^2\\&-\frac{c}{2}\left(\det\Phi+\det\Phi^{\dagger}\right)-\frac{1}{2}\mathrm{tr}\,h\left(\Phi+\Phi^{\dagger}\right)\end{aligned} \tag{6.161}$$

其中 tr 和 det 均作用在味指标上。(6.161) 式的右边前四项具有 $\mathrm{SU_L}(N_f) \times \mathrm{SU_R}(N_f) \times \mathrm{U_A}(1)$ 对称性。第五项具有行列式结构, 它是最低维地满足 $\mathrm{SU_L}(N_f) \times \mathrm{SU_R}(N_f)$ 对称性但破坏 $\mathrm{U_A}(1)$ 对称性的算符; 该项保证了 QCD 中的轴矢反常 (见第 2 章), 它是由 Kobayashi and Maskawa (1970) 和 't Hooft (1986) 首次引进的。(6.161) 式的最后一项源于夸克质量, $h \propto \mathrm{diag}(m_{\mathrm{u}}, m_{\mathrm{d}}, m_{\mathrm{s}}, \cdots)$, 它明显破坏了 $\mathrm{SU_L}(N_f) \times \mathrm{SU_R}(N_f)$ 和 $\mathrm{U_A}(1)$ 对称性。

如果体系呈现二级相变, 在临界点 Φ 场将为软模式且具有发散的关联长度。具有有限关联长度的硬模式将在路径积分中被积掉并仅影响系数 a, b_1, b_2, c 和 h。是否存在洛伦兹矢量的软模式 (比如矢量介子) 是一个非平庸的问题 (Harada and Yamawaki, 2003)。在这里我们假设软模式都是洛伦兹标量。

6.13.2 没有轴矢反常的无质量 QCD

为了逐步地研究 $\mathcal{L}_{\mathrm{eff}}$ 的相结构, 我们首先考察 (6.161) 式中 $c = 0$ 和 $h = 0$ 的情况。在该情形下, $\mathcal{L}_{\mathrm{eff}}$ 具有 $\mathrm{SU_L}(N_f) \times \mathrm{SU_R}(N_f) \times \mathrm{U_A}(1)$ 的对称性。

对于很大的 Φ 值, 如果 $b_1 + b_2/N_f > 0$ 和 $b_2 > 0$, 则 $\mathcal{L}_{\mathrm{eff}}$ 有下界 (见习题 6.11)。在这样的条件下, 在平均场理论里 a 的符号改变导致二级相变。在 (6.161) 式中设 $c = h = 0$ 并用 S^0 $(= \Phi^0)$ 改写, 所得结果与 (6.34) 式比较后, 上述结论便很容易得到。

但是, 一旦将 Φ 的热涨落考虑进来, 相变级次便可能改变。为了看到这一点, 我们用耦合常数 $g_{1,2} = b_{1,2} S_d/(2\pi)^d$ 表示直到次领头阶的 β 函数

$$\beta_1 = -\epsilon g_1 + \frac{N_f^2 + 4}{3} g_1^2 + \frac{4N_f}{3} g_1 g_2 + g_2^2 \tag{6.162}$$

$$\beta_2 = -\epsilon g_2 + 2 g_1 g_2 + \frac{2N_f}{3} g_2^2 \tag{6.163}$$

这些是一圈有效作用量的结果, 计算是在相变点处 $a = 0$ 进行的, 其中四点顶角正比于 b_1, b_2(见习题 6.9(4))。

对于不同的味道数, (6.162) 和 (6.163) 式具有不同的重整化群流。

(1) $N_f = 1$ 的情形。在此情形下, (6.161) 式 (有 $c = h = 0$) 等价于 6.12 节中讨论的具有单耦合常数 $b \equiv b_1 + b_2$ 和 O(2) 对称性的 ϕ^4 模型。很容易看到不动点 $g^* = 3\epsilon/5$ 是红外稳定的。这即表示相变是二级的, 临界指数为表 6.3 中所给出的 $N = 2$ 的情形。

(2) $N_f \geqslant 2$ 的情形。在此情形下, b_1 和 b_2 为独立的耦合常数, (6.161) 式 (有 $c = h = 0$) 具有 $\mathrm{SU_L}(N_f) \times \mathrm{SU_R}(N_f) \times \mathrm{U_A}(1)$ 对称性。存在两个 $\beta_1 = \beta_2 = 0$ 的

解: $g^* = (0,0)$ 和 $g^* = (3\epsilon/(N_f^2+4),0)$。

如同我们在 6.11 节中所讨论的, 稳定性矩阵 $\boldsymbol{\Omega}_{ll'}(=\partial\beta_l/\partial g_{l'})$ 的特征值 ω_l 决定了不动点是否红外稳定。通过简单的代数计算, 我们得到

$$(\omega_1,\epsilon_2) = \begin{cases} (-\epsilon,-\epsilon), & \text{对于} g^* = (0,0) \\ \left(\epsilon, -\dfrac{N_f^2-2}{N_f^2+4}\epsilon\right), & \text{对于} g^* = \left(\dfrac{3}{N_f^2+4}\epsilon, 0\right) \end{cases} \tag{6.164}$$

对于 $N_f \geqslant 2$ 的情形, 总存在负本征值, 因此在临界曲面上不存在红外稳定的不动点。这表明相变是涨落所导致的一级相变, 如同 6.11 节中所讨论的。该二维临界曲面上的重整化群流如图 6.11 所示。无论流的起始点在何处, 耦合常数都将流入无界的区域 ($b_2 < 0$ 或 $b_1 + b_2/N_f < 0$)。

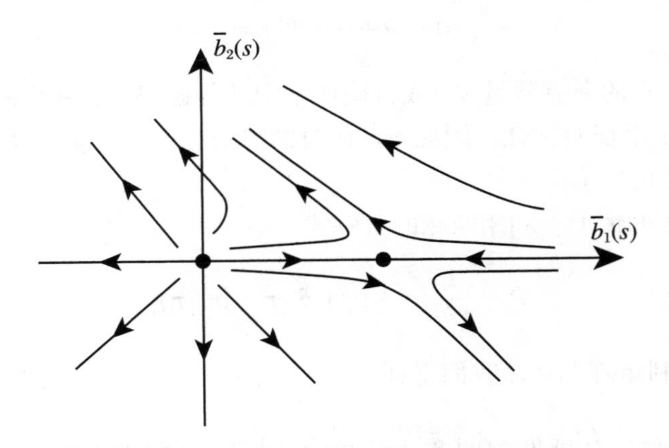

图 6.11 具有 $\mathrm{SU_L}(N_f)\times\mathrm{SU_R}(N_f)\times\mathrm{U_A}(1)$ 对称性的模型的 RG 流示意图

两个圆点对应于两个不动点 $g^* = (0,0)$ 和 $g^* = (3\epsilon/(N_f^2+4),0)$

6.13.3 有轴矢反常的无质量 QCD

我们考虑 $c \neq 0$ 且 $h = 0$ 的情形, 这时 $\mathcal{L}_{\text{eff}}$ 具有 $\mathrm{SU_L}(N_f)\times\mathrm{SU_R}(N_f)$ 的对称性。由于无论温度高低, $\mathrm{U_A}(1)$ 对称性总是被轴矢反常所破坏①, 因此这种情形更接近于真实世界。

表 6.4 归纳了无质量的夸克在 $h = 0$ 时的相变级次。由于味道数目起到关键作用, 我们将讨论不同 N_f 情形下的物理。

---

① 原则上, c 是依赖于温度的, 并且在临界温度附近远小于 g_1, g_2。如果是这样的话, 6.13.2 节中的讨论在大多数情况下都是有效的, 除非在相当接近于临界点的区域。

表 6.4 有 ($c \neq 0$) 和没有 ($c=0$) 轴矢反常的无质量 QCD ($h=0$) 的手征相变级次

	无反常的零质量 QCD ($h=0, c=0$)	有反常的零质量 QCD ($h=0, c\neq 0$)
$N_f=1$	二级 [O(2)]	无相变
$N_f=2$	一级	二级 [O(4)]
$N_f=3$	一级	一级[a]
$N_f \geqslant 4$	一级	一级

方括号中的符号是二级相变所对应的对称性。
a 该一级相变由来源于轴矢反常的立方项造成。

(1) $N_f=1$ 的情形。利用 (6.160) 式的分解，对于单味的情形 $S^0+\mathrm{i}P^0=\sigma+\mathrm{i}\eta$，我们有

$$-\frac{c}{2}\left(\det\varPhi+\det\varPhi^{\dagger}\right)=-c\sigma \tag{6.165}$$

该项与 (6.161) 式的夸克质量项 (或自旋体系中的外磁场项) 具有相同的形式，当然它明显破坏了手征对称性。因此 $c=0$ 时的二级相变在 $c\neq 0$ 时转变成一个连续的过渡，如图 6.2 所示。

(2) $N_f=2$ 的情形。利用两味的分解式

$$\varPhi=\frac{1}{\sqrt{2}}(\sigma+\mathrm{i}\eta+\boldsymbol{\delta}\cdot\boldsymbol{\tau}+\mathrm{i}\boldsymbol{\pi}\cdot\boldsymbol{\tau}) \tag{6.166}$$

其中 $\boldsymbol{\tau}$ 表示泡利矩阵。从而我们得到

$$-\frac{c}{2}\left(\det\varPhi+\det\varPhi^{\dagger}\right)=-\frac{c}{2}(\sigma^2+\boldsymbol{\pi}^2)+\frac{c}{2}(\eta^2+\boldsymbol{\delta}^2) \tag{6.167}$$

将此项和 (6.161) 式中的二次项合并，得到 $((a-c)/2)(\sigma^2+\boldsymbol{\pi}^2)+((a+c)/2)(\eta^2+\boldsymbol{\delta}^2)$。利用零温时的粒子谱可知 c 的符号为正 (见习题 6.12)，因此 σ 和 $\boldsymbol{\pi}$ 在临界点附近几乎为零质量 ($a-c\sim 0$)，同时 η 和 $\boldsymbol{\delta}$ 依然具有质量。到这里我们得到了一个具有 O(4) 对称性的 ϕ^4 模型

$$\mathcal{L}_{\mathrm{eff}}=\frac{1}{2}(\partial\vec{\phi})^2+\frac{a-c}{2}\vec{\phi}^2+\frac{b_1+b_2/2}{4!}(\vec{\phi}^2)^2 \tag{6.168}$$

其中 $\vec{\phi}=(\phi_0,\phi_1,\phi_2,\phi_3)=(\sigma,\boldsymbol{\pi})$。正如 6.12 节中所讨论的，该模型呈现二级相变，且临界指数在表 6.3 中给出 ($N=4$)。

(3) $N_f=3$ 的情形。行列式项给出三次项

$$-\frac{c}{2}\left(\det\varPhi+\det\varPhi^{\dagger}\right)=-\frac{c}{3\sqrt{3}}\sigma^3+\cdots \tag{6.169}$$

这正是 6.3.3 节中所讨论的情形，其实在平均场层次相变也是一级的。

(4) $N_f \geqslant 4$ 的情形。行列式项给出四次方项 (对于 $N_f = 4$) 和更高次方项 (对于 $N_f > 4$)。对于前者, 原则上该项与临界行为相关, 但在 (b_1, b_2, c) 空间中不出现红外稳定不动点 (Paterson, 1981)。对于后者, 该项与临界行为无关, 且 6.13.2 节中所讨论过的 $c = 0$ 的情形的结果成立。所以, 涨落所导致的一级相变将有可能在所有 $N_f \geqslant 4$ 的情形中出现。

6.13.4　轻夸克质量的效应

迄今, 我们的讨论都是基于零夸克质量的。为了更接近于真实世界, 在本节中我们考虑 u、d 和 s 夸克的流夸克质量不为零的情形, 这对应于 $c \neq 0$ 且 $h \neq 0$。

图 6.12 是有限温度下在 $(m_{\mathrm{ud}}, m_{\mathrm{s}})$ 平面上的相变情况, 这里我们已经假设了同位旋的对称性 $m_{\mathrm{ud}} \equiv m_{\mathrm{u}} = m_{\mathrm{d}}$。图 6.12 的四个角分别对应下述四种极限情况:

$$(m_{\mathrm{ud}}, m_{\mathrm{s}}) = \begin{cases} (\infty, \infty), & N_f = 0(\text{无夸克}) \\ (\infty, 0), & N_f = 1(\text{无质量, 1 种味道}) \\ (0, \infty), & N_f = 2(\text{无质量, 2 种味道}) \\ (0, 0), & N_f = 3(\text{无质量, 3 种味道}) \end{cases} \tag{6.170}$$

如同我们在 6.3.3 节中所讨论的, 当外场比较弱时一级相变不会发生。图 6.12 中左下 (右上) 的一级相变区即对应于外场为 $m_{\mathrm{q}}(1/m_{\mathrm{q}})$ 的情形。

图中的一级相变区被连续过渡区隔开了。隔开这些区域的边界是二级相变, 它与具有 $Z(2)$ 对称性的伊辛模型同属一个普适类 (见习题 6.13(1))。

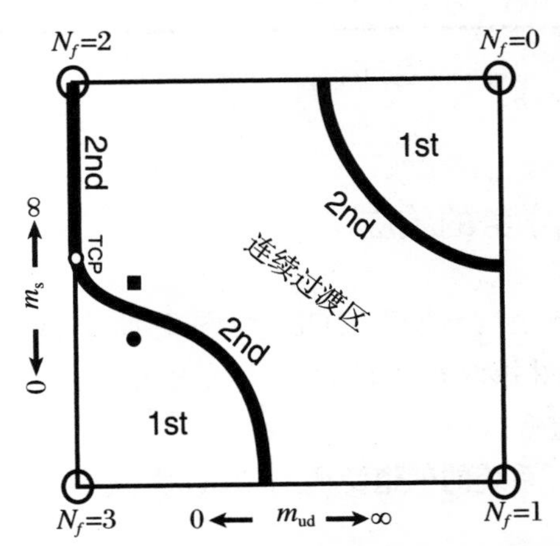

图 6.12　$(m_{\mathrm{ud}}, m_{\mathrm{s}})$ 平面上有限温度 QCD 的相图

TCP 代表三相临界点, 实圆点和实方点是真实世界的参数可能处于的位置

在 $m_{\mathrm{ud}}=0$ 轴上分隔一级和二级相变的点是 6.3.4 节中所讨论的三相点的一个例子。假设 m_{s} 在该点附近是比较大的，这样我们就可以只用轻模式 $(\sigma,\boldsymbol{\pi})$ 来写出朗道泛函。因为在 $m_{\mathrm{ud}}\to 0$ 时体系具有 O(4) 的对称性，所以相关的泛函写成

$$\mathcal{L}_{\mathrm{eff}}=\frac{1}{2}(\partial\vec{\phi})^2+\frac{a(m_{\mathrm{s}},T)}{2}\vec{\phi}^2+\frac{b(m_{\mathrm{s}},T)}{4!}(\vec{\phi}^2)^2+\frac{c}{6!}(\vec{\phi}^2)^3-h\phi_0 \tag{6.171}$$

其中 $h\propto m_{\mathrm{ud}}$。上述的三相点对应于 $a=b=0$ 且 $c>0$。三条二级相变线在该三相点处交汇，从三相点延伸出 m_{ud} 为正值和负值的侧翼。利用 6.3.4 节中的 (6.59) 式的结果，该侧翼在三相点附近区域的领头阶行为由 $m_{\mathrm{ud}}\sim(m_{\mathrm{s}}^{\mathrm{tri}}-m_{\mathrm{s}})^{5/2}$ 给出 (见习题 6.13(2))。

在 $(m_{\mathrm{ud}},m_{\mathrm{s}})$ 平面上，物理的夸克质量的位置还不确定。它有可能处于一级相变区 (实圆点处)，亦可能处于连续过渡区 (实方点处)。取动力学夸克质量的格点 QCD 的计算提供了一些真实世界处于连续过渡区的证据。进一步确认这些证据需要用更小的夸克质量和更大的格点体积，这是格点 QCD 的最重要问题之一。表 6.5 中归纳了格点 QCD 在不同味道数目的情形下所得到的相变级次、朗道泛函的对称性和相应的临界温度。

表 6.5　$N_c=3$ 时不同味道数的 QCD 相变级次

N_f	0	2	2+1	3
m_{ud}	∞	0	~ 5 MeV	0
m_{s}	∞	∞	~ 100 MeV	0
级数	一级	二级	一级或过渡	一级
对称性	Z(3)	O(4)	$\sim \mathrm{SU_L}(3)\times\mathrm{SU_R}(3)$	$\mathrm{SU_L}(3)\times\mathrm{SU_R}(3)$
T_{c}(格点)	~ 270 MeV	~ 170 MeV		~ 150 MeV

T_{c} 的格点数据取自 Laermann and Philipsen (2003)。

6.13.5　有限化学势的效应

引入夸克化学势 μ 会使得 QCD 相图更加丰富多样。我们考虑三维 (T,μ,m_{ud}) 空间的相图并取较大的奇异夸克质量 m_{s} (这对应于图 6.12 中的实方点所代表的连续过渡区域)。

当 m_{ud} 比较小时，系统的朗道泛函与 (6.171) 式中的具有 O(4) 对称性的 ϕ^4 模型具有相似的形式

$$\mathcal{L}_{\mathrm{eff}}=\frac{1}{2}(\partial\vec{\phi})^2+\frac{a(\mu,T)}{2}\vec{\phi}^2+\frac{b(\mu,T)}{4!}(\vec{\phi}^2)^2+\frac{c}{6!}(\vec{\phi}^2)^3-h\phi_0 \tag{6.172}$$

其中 $h \propto m_{\rm ud}$ 且 c 假设为正值。由于我们有两个参数 μ 和 T 控制 a 和 b, 则原则上在 $a=b=h=0$ 处可能出现三相点。实际上该三相点的位置首次由 6.2 节讨论的 NJL 模型的计算给出 (Asakawa and Yazaki, 1989), 此后在更一般的模型中得到研究 (如 Halasz, et al., 1998; Stephanov, et al., 1998; Hatta and Ikeda, 2003)。

图 6.13 是在 (6.172) 式中设 $m_{\rm s} > m_{\rm s}^{\rm tri}$ 给出的相结构的示意图。对于 $m_{\rm ud}=0$, 低 μ 时的二级相变在高 μ 时转变为一级的。对于小而非零的 $m_{\rm ud}$, 二级相变转变为连续过渡, 三相点 TCP 转变为 CEP (临界终点)。不同 $m_{\rm ud}$ 所给出的 CEP 形成了开始于 TCP 的阴影区的边界。在 6.3.4 节特别是图 6.6 中, 我们已经看到所有这些特点。图 6.14 是 $m_{\rm ud}=0$ 时 (TCP 所在的线) 和 $m_{\rm ud}>0$ 时 (CEP 所在的线) 在 (T,μ) 平面上的相图的示意图。它对应于图 6.13 中取固定 $m_{\rm ud}$ 值时的截面。确定 TCP 和 CEP 的具体位置是格点 QCD 的最具挑战性的课题之一。

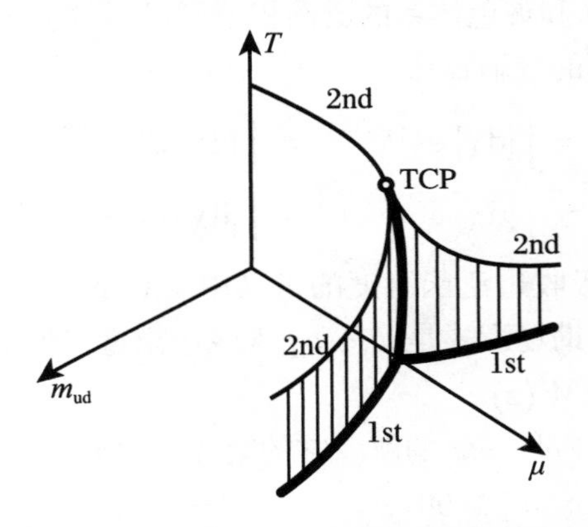

图 6.13　在 $(T,\mu,m_{\rm ud})$ 空间中的由朗道泛函得到的有限温度 QCD 的相图的示意图

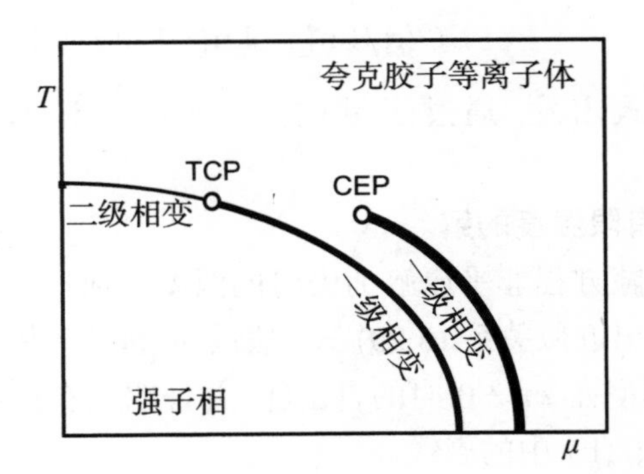

图 6.14　温度和夸克化学势 (T,μ) 平面上有限温度 QCD 的相图的示意图

TCP 所在的线对应于 $m_{\rm ud}=0$ 的情形, CEP 所在的线对应于 $m_{\rm ud}>0$ 的情形;

对奇异夸克质量, 假设 $m_{\rm s} > m_{\rm s}^{\rm tri}$

习　题

6.1 两味的 NJL 拉式量。

写出满足 $\mathrm{SU_L}(2)\times\mathrm{SU_R}(2)$ 对称性的四费米相互作用的一般形式, 将它分解为 $\mathrm{U_A}(1)$ 对称和 $\mathrm{U_A}(1)$ 破坏的部分, 从该一般形式出发为了得到 (6.11) 式中的四费米子相互作用, 有什么条件是必要的?

6.2 辅助场方法。

自相互作用的费米和玻色体系的泛函积分可以通过引入辅助场转化为简单的形式. 这需要用到下面的分解技巧:

$$1=\int[\mathrm{d}\chi]\,\mathrm{e}^{-(\chi-\varPsi)^2}=\int[\mathrm{d}\chi]\,\mathrm{e}^{\mathrm{i}(\chi-\varPsi)^2}$$

$$1=\int[\mathrm{d}\chi]\,\delta(\chi-\varPsi)=\int[\mathrm{d}\chi\,\mathrm{d}\lambda]\,\mathrm{e}^{\mathrm{i}\lambda(\chi-\varPsi)}$$

其中数值常数已经被吸收进泛函测度的定义中。对 NJL 模型和 ϕ^4 模型应用此方法, 对 NJL 模型, 辅助场形式是 $\varPsi\sim\bar{q}q$; 对 ϕ^4 模型, 辅助场形式是 $\varPsi\sim\phi^2$。

6.3 Lambert 函数 $W(z)$。

Lambert 函数是 $W\mathrm{e}^W=z$ 的解。它的第 k 个解析分支记为 $W_k(z)$。对于实且正的 z 有 (Corless, et al., 1996)

$$W_{-1}(z\to 0)\simeq \mathrm{Ln}(-z/\mathrm{Ln}(z))-\mathrm{i}\pi$$
$$+O(\pi/\mathrm{Ln}(z),\mathrm{Ln}(-\mathrm{Ln}(z))/\mathrm{Ln}(z))$$

从能隙方程 (6.24) 式出发, 通过变量代换, 给出 $\bar{\sigma}$ 和 W_{-1} 的关系, 并导出 (6.25) 式。

6.4 能隙方程和有限温度的解。

(1) T_c 定义为能隙方程非平庸解消失时的温度。通过比较 T_c 和零温时的非平庸解 $\sigma\ (T=0)$, 导出近似关系 (6.29) 式 (假设 $\varLambda$ 远大于其他能标将简化推导)。

(2) 导出 NJL 模型在 $m\neq 0$ 时的自由能, 并证明它有正比于 $-m\sigma$ 的项。证明该项给出图 6.2(a)、(b) 中的虚线。

6.5 TCP 和 CEP 附近的临界行为。

从 (6.51) 式出发, 在平均场层次给出 TCP 和 CEP 附近的临界指数和磁化率。超出平均场的结果参见 Lawrie and Sarnach (1984) 和 Hatta and Ikeda (2003)。

6.6 **ϵ 展开的 β 函数。**

导出 (6.87) 式, 注意到裸参数 $(a_\mathrm{B},b_\mathrm{B},h_\mathrm{B})$ 是与 κ 无关的, 且重整化的参数 (a,b,h) 在 $\epsilon\to 0$ 时有限。

6.7 **顶角函数和 1PI 图。**

(1) 从 (6.95) 式的定义出发, 通过变量代换, 导出关系

$$\begin{aligned}\Gamma[\varphi]&=\int \mathrm{d}^d x\mathcal{L}(\varphi)+\tilde{\Gamma}[\varphi]\\&=-\ln\int[\mathrm{d}\phi]\mathrm{e}^{-\int \mathrm{d}^d x\left[\mathcal{L}(\varphi)+\frac{1}{2}\phi\mathcal{D}^{-1}(\varphi)\phi+\mathcal{L}_\mathrm{int}(\phi;\varphi)-\frac{\delta\tilde{\Gamma}[\varphi]}{\delta\varphi}\phi\right]}\end{aligned}$$

其中 $\mathcal{L}$ 通过 $S_\mathrm{eff}[\phi]\equiv\int \mathrm{d}^d x(\mathcal{L}(\phi)-h\phi)$ 定义。推导中用到了如下的幂级数展开: $\mathcal{L}(\phi+\varphi)=\mathcal{L}(\varphi)+(\delta\mathcal{L}(\varphi)/\delta\varphi)\phi+(1/2)\phi\mathcal{D}^{-1}\phi+\mathcal{L}_\mathrm{int}(\phi;\varphi)$。

(2) 证明右边的 $(\delta\tilde{\Gamma}[\varphi]/\delta\varphi)\phi$ 项减除了所有的单粒子可约图。因此所得的顶角函数 $\Gamma[\varphi]$ 只包含单粒子不可约图 (1PI)(不能通过切断一条内线或传播子来将图分为两部分)。

6.8 **d 维欧氏空间中的积分。**

(1) 证明以下 d 维欧氏空间中的积分公式 I_l:

$$\begin{aligned}I_l&=\int\frac{\mathrm{d}^d q}{(2\pi)^d}\frac{1}{(q^2+a)^l}=\int\frac{\mathrm{d}\Omega_d}{(2\pi)^d}\int_0^\infty \mathrm{d}r\frac{r^{d-1}}{(q^2+a)^l}\\&=\frac{S_d}{(2\pi)^d}\frac{1}{2}B\left(\frac{d}{2},l-\frac{d}{2}\right)a^{(d-2l)/2}=\frac{S_d}{(2\pi)^d}\frac{\Gamma(d/2)\Gamma(l-d/2)}{2\Gamma(l)}a^{(d-2l)/2}\end{aligned}$$

其中 $S_d=2\pi^{d/2}/\Gamma(d/2)$ 为 d 维空间单位球体的表面积, β 函数为

$$B(x,y)=\int_0^1 \mathrm{d}t\, t^{x-1}(1-t)^{y-1}=\int_0^\infty \mathrm{d}t\frac{t^{x-1}}{(1+t)^{x+y}}=\frac{\Gamma(x)\Gamma(y)}{\Gamma(x+y)}$$

(2) 证明对于小 ϵ 极限下上述积分领头阶贡献为

$$\begin{aligned}I_1&=-\frac{1}{8\pi^2}\frac{a}{\epsilon}+\text{有限项}\\I_2&=\frac{1}{8\pi^2}\frac{1}{\epsilon}+\text{有限项}\end{aligned}$$

以下 Γ 函数的关系是有用的:

$$\begin{aligned}&\Gamma(z+1)=z\Gamma(z)\\&\Gamma(\epsilon)=\frac{1}{\epsilon}-\gamma+\frac{1}{2}\left(\gamma^2+\frac{\pi^2}{6}\right)\epsilon+\cdots\\&\Gamma(-l+\epsilon)=\frac{(-1)^l}{l!}\left[\frac{1}{\epsilon}+\left(1+\frac{1}{2}+\cdots+\frac{1}{l}-\gamma\right)+O(\epsilon)\right]\end{aligned}$$

其中 $\gamma \simeq 0.577$ 为欧拉常数 (见习题 3.4(3))。

6.9 顶角函数 $\Gamma[\varphi]$ 的一圈表达式。

(1) 利用 6.3.3 节中的顶角函数的定义式, 证明以下一圈近似的表达式:

$$\Gamma(\varphi) \simeq S_{\text{eff}}(h=0) + \frac{1}{2}\,\text{Tr}\ \ln \frac{\delta^2 S_{\text{ren}}(h=0)}{\delta\varphi(x)\delta\varphi(y)}$$

其中 S_{eff} 和 S_{ren} $(\equiv S_{\text{eff}} - S_{\text{CT}})$ 的定义为 (6.104) 式。

(2) 利用上述表达式, 导出单分量 ϕ^4 模型的 $\Gamma^{(n)}$ 并给出 (6.105) 和 (6.107) 式。

(3) 将上述结果推广到具有 $\text{O}(N)$ 对称性的 ϕ^4 模型并导出一圈的 β 函数表达式 (6.151)~ (6.153)。

(4) 将上述结果推广到具有 $\text{SU}_{\text{L}}(N_f) \times \text{SU}_{\text{R}}(N_f) \times \text{U}_{\text{A}}(1)$ 对称性的模型 (6.161) 式并导出一圈的 β 函数表达式 (6.162)、(6.163)。

6.10 磁物态方程。

(1) 在平均场层次利用 (6.34) 式导出磁物态方程 (6.137) 式, 并证明 $\delta = 3$, $\beta = 1/2$, $f(z) = b/6 + z$。

(2) 利用物态方程 (6.137) 式导出低于 T_{c} 和高于 T_{c} 的 (6.141) 式。

6.11 有效势的稳定性。

在 $c = h = 0$ 时通过将 $\mathcal{L}_{\text{eff}}$ 表示为 S^a 和 P^a 的形式, 导出 $\mathcal{L}_{\text{eff}}$ 的稳定性条件。

6.12 轴矢反常和介子质量谱。

将 (6.161) 式明显地用 $\sigma, \eta, \boldsymbol{\delta}, \boldsymbol{\pi}$ 表示出来。假设 $h=0$ 和 $a-c<0$, 导出这些粒子的质量谱 (用 $\langle\sigma\rangle, b_1, b_2, c$ 表示)。假设 π 介子为无质量的 Nambu-Goldstone 玻色子, 确定 c 的符号。对于 $h \neq 0$ 的情形做相似的推导, 并给出 $\sigma, \eta, \boldsymbol{\delta}, \boldsymbol{\pi}$ 的质量谱。更多细节参见 ’t Hooft (1986)。

6.13 $(\boldsymbol{m_{\text{ud}}}, \boldsymbol{m_{\text{s}}})$ 平面的相结构。

(1) 在图 6.12 中的 $m = m_{\text{ud}} = m_{\text{s}}$ 的直线上研究手征场的朗道泛函 (6.161) 式, 取 $c \neq 0$ 和小 m 值。证明一级相变区和连续过渡区之间的边界为具有 $Z(2)$ 普适类的二级相变线。取大 m 值, 对 Polyakov 线的朗道泛函 (5.83) 和 (5.85) 式进行相同的分析。

(2) 利用 (6.171) 式研究图 6.12 中的三相点 (TCP) 附近的结构。

第 7 章 热环境中的强子态

这一章讨论在热强子等离子体和夸克胶子等离子体中, 强子特别是夸克-反夸克束缚态的性质会得到怎样的改变。

在 7.1 节, 我们将研究重夸克偶素例如 J/ψ 以及 Υ 介子, 它们可以看成是由轻夸克和胶子组成的等离子体中的杂质。这些杂质可以提供关于等离子体性质的多种信息, 特别是系统的禁闭-解禁闭相变。

在 7.2 节, 我们将讨论等离子体中的轻介子, 比如 ρ, ω, ϕ 以及 π, σ 介子。与重夸克偶素不同, 轻介子是等离子体的一部分, 因而反映了系统与手征对称性及其恢复紧密联系的集体性质。

在 7.3 节, 我们将讨论一种格点 QCD 方法。以最大熵方法 (MEM) 为基础研究热 QCD 环境中的强子模式。这将提供怎样通过第一性原理的计算提取热等离子体的谱性质的线索。

在 7.4 节, 根据谱函数给出来自热密物质的光子和双轻子的辐射率。

7.1 热等离子体中的重夸克偶素

7.1.1 零温时的 $\mathrm{Q\bar{Q}}$ 谱

我们考虑重夸克束缚态, 例如粲夸克偶素和底夸克偶素。由于粲夸克和底夸克的质量比 QCD 标度参数 $\Lambda_{\mathrm{QCD}} \sim 200$ MeV 大很多, 非相对论 Schrödinger 方程是分析它们性质的很好的出发点:

$$\left(-\frac{\boldsymbol{\nabla}^2}{2(m_{\mathrm{Q}}/2)}+V(r)\right)\Psi(\boldsymbol{r})=E\Psi(\boldsymbol{r}) \tag{7.1}$$

其中, $m_Q/2$ 是约化质量, E 是束缚能。夸克间的势能作为 r 的函数具有如下特征形式:

$$V(r)=Kr-\frac{4}{3}\frac{\alpha_s}{r}+\frac{32\pi\alpha_s}{9}\frac{\boldsymbol{s}_1\cdot\boldsymbol{s}_2}{m_Q^2}\delta(\boldsymbol{r})+\cdots \tag{7.2}$$

其中, 第一项、第二项、第三项分别是线性禁闭势、色库仑相互作用以及色磁自旋-自旋相互作用。省略项"···"包括张量、自旋-轨道以及其他更高阶相对论修正项。

正如在 (2.58) 式中给出的那样, 弦张力的典型值是 $K\simeq 0.9\ \mathrm{GeV\cdot fm^{-1}}$。跑动耦合常数 α_s (κ) 中的自变量 κ 可以选为 m_Q; 那么, α_s $(\kappa=m_Q)$ 的实际值可以从图 2.2 中得到。在 Schrödinger 方程 (7.1) 中可用的合适的重夸克质量 m_Q 是在表 2.2 中列出的极点质量: $m_c=1.5\sim 1.8$ GeV, $m_b=4.6\sim 5.1$ GeV。

在表 7.1 中, 简要列出了重夸克束缚态的实验性质, 对应的低能态粲夸克偶素和底夸克偶素的质量谱已在图 7.1 中示出。如果激发态质量大于 $D\bar{D}(B\bar{B})$ 的阈值 (如图 7.1 中点画线所示), 这些激发态会因为发生破裂衰变而具有很大的宽度。相反地, 如果它们低于阈值, 衰变就要通过重夸克湮灭的过程, 而宽度会因为 Okubo-Zweig-Iizuka (OZI) 规则被压低。

表 7.1 已确认的低能态重夸克偶素

	J^P	L	S	质量 M(GeV)	总宽度 Γ_{tot}(MeV)	EM 分支比
$\eta_c(1s)$	0^-	0	0	2.98	~16	$B(\gamma\gamma)\sim 0.046\%$
$\eta_c(2s)$	0^-	0	0	3.65	<55	
$J/\psi(1s)$	1^-	0	1	3.097	~0.09	$B(e^+e^-)\sim B(\mu^+\mu^-)\sim 6\%$
$\psi(2s)$	1^-	0	1	3.686	~0.28	$B(e^+e^-)\sim B(\mu^+\mu^-)\sim 0.75\%$
$\chi_{c0}(1p)$	0^+	1	1	3.42	~11	$B(\gamma J/\psi)\sim 1\%$
$\chi_{c1}(1p)$	1^+	1	1	3.51	~0.9	$B(\gamma J/\psi)\sim 32\%$
$\chi_{c2}(1p)$	2^+	1	1	3.56	~2.1	$B(\gamma J/\psi)\sim 20\%$
$\Upsilon(1s)$	1^-	0	1	9.46	~53	$B(e^+e^-)\sim B(\mu^+\mu^-)\sim 2.4\%$
$\Upsilon(2s)$	1^-	0	1	10.02	~43	$B(e^+e^-)\sim B(\mu^+\mu^-)\sim 1.3\%$
$\Upsilon(3s)$	1^-	0	1	10.36	~26	$B(\mu^+\mu^-)\sim 1.8\%$
$\chi_{b0}(1p)$	0^+	1	1	9.86		
$\chi_{b1}(1p)$	1^+	1	1	9.89		
$\chi_{b2}(1p)$	2^+	1	1	9.91		

J 和 P 表示总角动量和宇称, L 和 S 分别是 $Q\bar{Q}$ 对的轨道角动量和自旋; 表中还给出了质量、衰变宽度以及一些电磁 (EM) 衰变分支比 (Eidelman, et al., 2004)。

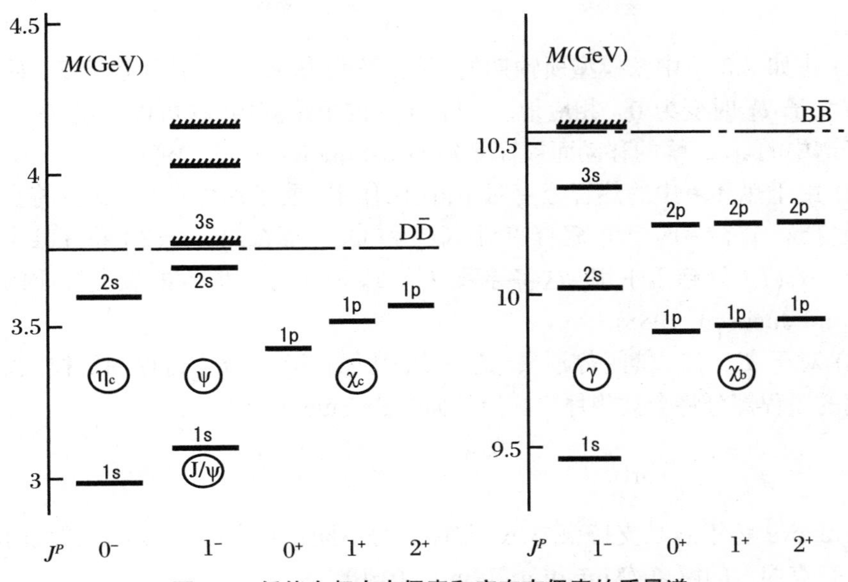

图 7.1　低能态粲夸克偶素和底夸克偶素的质量谱

点画线表示 $D\bar{D}$ 和 $B\bar{B}$ 的阈值

7.1.2　$T \neq 0$ 时的 $Q\bar{Q}$

我们考虑把一个重夸克偶素放到热 QCD 等离子体中时将会发生什么。为简化讨论, 我们假设温度满足条件 $T \ll m_c$, 因此等离子体由胶子和轻夸克 (u, d, s 以及它们的反粒子) 而不是重夸克组成。在此假设下, 重夸克偶素可以处理为一个杂质, 把它当成 $Q\bar{Q}$ 的两体问题以研究它的性质。与分子的 Born-Oppenheimer 近似的想法类似, 等离子体中胶子和轻夸克的 "快速" 运动可以被重整化到低速重夸克 Schrödinger 方程的温度依赖的参数中。特别地, (7.1) 式有以下变化:

$$V(r) \to V_{\text{eff}}(r;T), \quad m_Q \to m_Q(T) \tag{7.3}$$

这里内含假设这个重夸克对 $Q\bar{Q}$ 是色单态, $V_{\text{eff}}(r;T)$ 是其作用势。色单态对具有直接的物理意义, 因为色单态 $Q\bar{Q}$ 在 α_s 的领头阶湮灭到双轻子: $Q+\bar{Q} \to \gamma^* \to l^+l^-$。

在解禁闭等离子体中, 色单态 $Q\bar{Q}$ 与色八重态$Q\bar{Q}$ 可以通过发射或者吸收色八重态热胶子而互相混合。为了包括这种耦合, 我们需要引入单态和八重态的波函数并考虑具有耦合道的 Schrödinger 方程, 在此我们不考虑这种情况。

色单态道的 $V_{\text{eff}}(r;T)$ 相对于 $V(r)$ 会有许多修正, 如图 7.2 所示, 以下是相

关讨论:

(1) 正如 3.3 节中弦模型所预期的那样, 弦张力 K 将随温度趋于 T_c 而下降, 最终在大于 T_c 时变为 0。相应地, Q 与 $\bar{\text{Q}}$ 间的束缚变弱; 这可以通过 $T < T_c$ 时双轻子谱中的 J/ψ 峰的移动而被探测到 (Hashimoto, et al., 1996)。

(2) 由于热环境中的热轻夸克对 $(\text{q}\bar{\text{q}})$ 的作用, 重夸克间的 QCD 弦将在远距离处被打断, 分裂为两个重-轻夸克对: $\text{Q}\bar{\text{q}}$ 和 $\bar{\text{Q}}\text{q}$。那么, $V_{\text{eff}}(r;T)$ 将在某个临界距离 $r > r_c(T)$ 处趋于平坦; 这将导致 $T < T_c$ 时重夸克偶素的衰变性质的改变 (Vogt and Jackson, 1988)。

(3) 对于 $T > T_c$, 禁闭势消失; 进一步, 就像在第 4 章中讨论的那样, 胶子相互作用的短程部分将会被德拜屏蔽掉从而变成 Yukawa 势:

$$V_{\text{eff}}(r;T) \to -\frac{4}{3}\frac{\alpha_s}{r}\text{e}^{-r/\lambda_D}, \quad \omega_D = 1/\lambda_D \tag{7.4}$$

由于 Yukawa 势不总是支持束缚态 (与库仑势不同), 在高温下 ω_D 足够大时将会发生重夸克偶素的解离 (Matsui and Sats, 1986)。

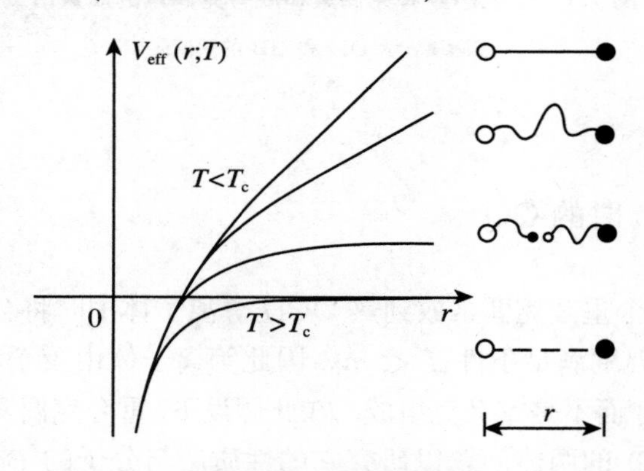

图 7.2 有限温度时, 重夸克势能的示意行为

7.1.3 高温时粲夸克偶素的压低

本节进一步详细考虑 7.1.2 节中的第 (3) 种情况。为了估计温度大于多少时重夸克偶素不能形成束缚态, 我们比较 $\text{Q}\bar{\text{Q}}$ 的 Bohr 半径 r_B 与德拜屏蔽长度 $\lambda_D = \omega_D^{-1}$。如果前者小于后者, 势的短程部分是有效库仑型的, 从而支持束缚态, 即使 $K = 0$; 如果前者大于后者, 德拜屏蔽会阻碍束缚态的形成。在第 4 章的最低阶微扰论中, 我们已经得到 QCD 的德拜质量 ((4.87) 式): $\omega_D = gT\sqrt{N_c/3 + N_f/6}$。氢原子的 Bohr 半径是 $r_B = 1/(m_e\alpha)$, 其中 m_e 是电子

质量, α 是 QED 精细结构常数。把 m_{e} 替换成约化质量 $m_{\mathrm{Q}}/2$, α 替换成 $4\alpha_{\mathrm{s}}/3$, 可以得到 $r_{\mathrm{B}}=3/(2m_{\mathrm{Q}}\alpha_{\mathrm{s}})$。因此, 束缚态消失的条件 $r_{\mathrm{B}}>\lambda_{\mathrm{D}}$ 可以转换成

$$T>0.15\times m_{\mathrm{Q}}\sqrt{\alpha_{\mathrm{s}}}\sim\begin{cases}0.16\ \mathrm{GeV}, & \text{粲夸克}\\ 0.46\ \mathrm{GeV}, & \text{底夸克}\end{cases}\tag{7.5}$$

其中我们已经令 $N_f=3$ 并取表 2.2 中的极点质量的中心值: $m_{\mathrm{c}}=1.65\ \mathrm{GeV}$, $m_{\mathrm{b}}=4.85\ \mathrm{GeV}$; 对于耦合常数, 在 $T\sim200\ \mathrm{MeV}$ 时取 $\alpha_{\mathrm{s}}\ (\kappa=2\pi T)\sim0.4$。

以上估计最多只是定性的, 然而有趣的是从格点 QCD 的模拟可以看到在温度接近于 T_{c} 时将发生粲夸克偶素压低 ((3.63) 式)。相反地, 底夸克偶素在更高温度时将存活下来。为了更定量地讨论有限温度时重夸克偶素的特性, 我们需要一些额外信息, 如格点 QCD 计算得到的非微扰区的 $V_{\mathrm{eff}}(r;T)$ 等, 这将在 7.1.4 节中讨论。在 7.3 节中将讨论另一种在格点上直接计算夸克偶素谱的方法。

7.1.4　格点 QCD 中 Polyakov 线的关联

在格点上, 有限温度时重夸克间的势可以通过相距为 $\boldsymbol{r}$ 的 Polyakov 线的关联函数定义。为了定义这个关联, 我们首先引入无限重的夸克的场算符 $\hat{\psi}$ 以及反夸克的场算符 $\hat{\phi}=\hat{\psi}^{\mathrm{C}}$(其中, C 表示电荷共轭)。在欧氏时间中, $\hat{\phi}$ 和 $\hat{\psi}$ 满足以下狄拉克方程:

$$\left(\mathrm{i}\frac{\partial}{\partial\tau}+gA_4(\tau,\boldsymbol{x})\right)\hat{\psi}(\tau,\boldsymbol{x})=0,\quad\left(\mathrm{i}\frac{\partial}{\partial\tau}+g\bar{A}_4(\tau,\boldsymbol{x})\right)\hat{\phi}(\tau,\boldsymbol{x})=0\tag{7.6}$$

其中, $A_4=t^aA_4^a$, $\bar{A}_4=\bar{t}^aA_4^a$, 这里 t^a 和 $\bar{t}^a=-(t^a)^*$ 都是 $\mathrm{SU}(N_c)$ 群的生成元 (见习题 7.1)。就像之前那样, 很容易得到这个静态的狄拉克方程的解 ((5.79) 式): $\hat{\psi}(\tau,\boldsymbol{x})=\Omega(\boldsymbol{x})\hat{\psi}(0,\boldsymbol{x})$ 以及 $\hat{\phi}(\tau,\boldsymbol{x})=\bar{\Omega}(\boldsymbol{x})\hat{\phi}(0,\boldsymbol{x})$, 其中, $\bar{\Omega}=\Omega^*$。从而, 夸克和反夸克的 Polyakov 线分别定义为 $L(\boldsymbol{x})=(1/N_c)\ \mathrm{tr}\,\Omega(\boldsymbol{x})$ 以及 $\bar{L}(\boldsymbol{x})=(1/N_c)\ \mathrm{tr}\,\bar{\Omega}(\boldsymbol{x})=L^\dagger(\boldsymbol{x})$。

现在考虑 Q 和 $\bar{\mathrm{Q}}$ 的对颜色取向独立求和的配分函数 (McLerran and Svetitsky, 1981b):

$$\begin{aligned}\frac{Z_{\mathrm{Q\bar{Q}}}}{Z}&=\mathrm{e}^{-(F_{\mathrm{Q\bar{Q}}}-F)/T}=\frac{1}{V^2}\frac{1}{N_c^2}\sum_{a,b=1}^{N_c}\sum_n\langle n|\hat{\phi}_b(\boldsymbol{y})\hat{\psi}_a(\boldsymbol{x})\mathrm{e}^{-H_{\mathrm{Q\bar{Q}}}/T}\hat{\psi}_a^\dagger(\boldsymbol{x})\hat{\phi}_b^\dagger(\boldsymbol{y})|n\rangle/Z\\&=\langle L(\boldsymbol{x})L^\dagger(\boldsymbol{y})\rangle\end{aligned}\tag{7.7}$$

这里态矢量 $\{|n\rangle\}$ 是不包含重夸克的集合。由于 $\mathrm{Q\bar{Q}}$ 有 $N_c\times N_c$ 种可能的色组合, 我们对颜色取向取平均; V 是系统的空间体积。为了得到最终的表达式, 做如

(5.80) 式以及它的脚注那样的推导。(7.7) 式是简单的 Polyakov 线的空间关联; 由于式中对色指标 a 和 b 的求和是独立进行的, 它是规范不变的。

要注意的是, $\boldsymbol{x}$ 处的 Q 和 $\boldsymbol{y}$ 处的 $\bar{Q}$ 在色空间中可以分离成单态和伴随表示的组合: $N_c \bigotimes \bar{N}_c = 1 \bigoplus (N_c^2-1)$。那么, 对于 $N_c=3$, 配分函数 $Z_{\mathrm{Q\bar{Q}}}$ 可以写成单态和八重态的平均 (Brown and Weinberger, 1979):

$$\mathrm{e}^{-F_{\mathrm{Q\bar{Q}}}/T} = \frac{1}{9}\mathrm{e}^{-F^{(1)}/T} + \frac{8}{9}\mathrm{e}^{-F^{(8)}/T} \tag{7.8}$$

根据定义, 左边对任意的 $\boldsymbol{x}$ 和 $\boldsymbol{y}$ 是规范不变的。然而, 右边的分解是规范依赖的, 因而需要小心处理 (见习题 7.2)。

在高温微扰论中, $F^{(1)} = -8F^{(8)} = -[4\alpha_{\mathrm{s}}/(3r)]\mathrm{e}^{-r/\lambda_{\mathrm{D}}}$ (系数 4/3 见习题 7.3)。因此, 高温下对 $F_{\mathrm{Q\bar{Q}}}$ 的领头贡献是

$$\frac{F_{\mathrm{Q\bar{Q}}}}{T} \xrightarrow[T\to\infty]{} -\frac{1}{16}\left(\frac{F^{(1)}}{T}\right)^2 \tag{7.9}$$

右边与 α_{s}^2 成正比的原因是: 在微扰论中, 色单态的 Polyakov 线只有通过交换两个胶子进行相互作用。

自由能 $F_{\mathrm{Q\bar{Q}}}$ 的格点 QCD 计算结果 (包括动力学夸克) 见图 7.3 (Karsch, et al., 2001)。此结果中确实观察到了在 7.1.2 节中讨论到的一些特征, 比如减小

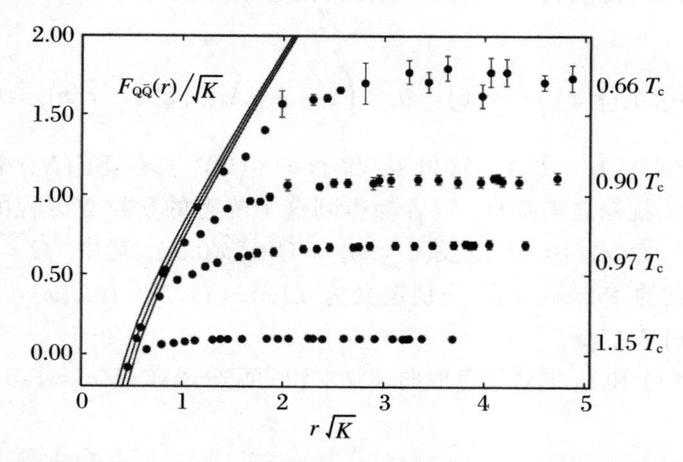

图 7.3 有限温度下重夸克对的色平均自由能 (作为重夸克间距 r 的函数) 的格点 QCD 的计算结果, 计算中包含了三种动力学夸克; 把在 $r=1/(4T)$ 处的唯象 Cornell 势作为自由能的归一因子

图中采用的夸克质量对应于 π 介子质量 $m_\pi \simeq 1.8\sqrt{K} \sim 760$ MeV, 大约比物理质量重 5 倍; 取自 Karsch, et al., (2001)

的弦张在力 K 以及弦断裂引起的势的平坦化。然而, 不能简单地把 $F_{\mathrm{Q\bar{Q}}}$(色平均自由能) 与 $V_{\mathrm{eff}}(r;T)$(色单态在介质里的势能) 比较。为了从 $F_{\mathrm{Q\bar{Q}}}$ 中提取可以用来计算重夸克偶素性质的有用信息, 需要做进一步的工作。

7.2　热介质中的轻夸克偶素

7.2.1　零温时的 $\mathrm{q\bar{q}}$ 谱

与 7.1 节讨论的重介子的情形不同, 由 u, d, s 夸克组成的轻介子不能用简单的非相对论的方法描述。这在表 2.1 中可明显看出: 流夸克质量 $m_{\mathrm{u,d}}(m_{\mathrm{s}})$ 远小于 (相当于) Λ_{QCD}。

由轻夸克组成的典型的中性介子在表 7.2 中列出。其质量的主要构成不是来自于流夸克质量而是来自于非微扰 QCD 相互作用。图 7.4 给出具有除宇称外的相同量子数的介子的质量谱。可以观察到不同的宇称态之间存在普适的质量劈裂, 这与 QCD 真空中手征对称性的动力学破缺紧密相关。

表 7.2　由轻夸克组成的低质量中性介子

	J^P	I	M(MeV)	Γ_{tot}(MeV)	EM 分支比率
π^0	0^-	1	134.98	7.7×10^{-6}	$\Gamma(2\gamma)\simeq 7.6$ eV
η	0^-	0	547.8	1.2×10^{-3}	$\Gamma(2\gamma)\simeq 0.46$ keV
$\eta'(958)$	0^-	0	957.8	0.2	$\Gamma(2\gamma)\simeq 4.3$ keV
$\mathrm{f_0}(600)$或σ	0^+	0	$400\sim1200$	$600\sim1000$	$\Gamma(2\gamma)\simeq 5$ keV
$\rho^0(770)$	1^-	1	769	151	$B(\mathrm{e^+e^-})\simeq B(\mu^+\mu^-)\simeq 4.5\times10^{-5}$
$\omega(782)$	1^-	0	783	8.4	$B(\mathrm{e^+e^-})\sim B(\mu^+\mu^-)\sim 8\times10^{-5}$
$\phi(1020)$	1^-	0	1019	4.3	$B(\mathrm{e^+e^-})\simeq B(\mu^+\mu^-)\sim 3\times10^{-4}$
$\mathrm{a_1}(1260)$	1^+	1	1230	$250\sim600$	
$\mathrm{f_1}(1285)$	1^+	0	1282	24	
$\mathrm{f_1}(1420)$	1^+	0	1426	56	

J, P 和 I 分别表示总角动量、宇称和同位旋; 表中给出了质量、衰变宽度以及一些电磁 (EM) 衰变分支比 (Eidelman, et al., 2004)。

在有限温度的介质中, 当 $m_{\mathrm{u,d}}\ll T\ll m_{\mathrm{c}}$ 时, 会有许多轻 $\mathrm{q\bar{q}}$ 对的热激发。

也就是说, 与作为杂质的重夸克偶素不同, 轻夸克偶素是组成介质的一部分。这将导致如下想法: 在有限温度下, 研究轻夸克偶素就是研究有限温度介质的集体激发。

有许多种方法计算热 QCD 介质的集体性质, 比如有效理论, 这包括 Nambu-Jona-Lasinio 模型、手征微扰论的低温展开、介质里的 QCD 求和规则等。除此之外, 一个有希望的方法是基于第一性原理的结合最大熵方法的 QCD 模拟, 这将在 7.3 节中讨论。

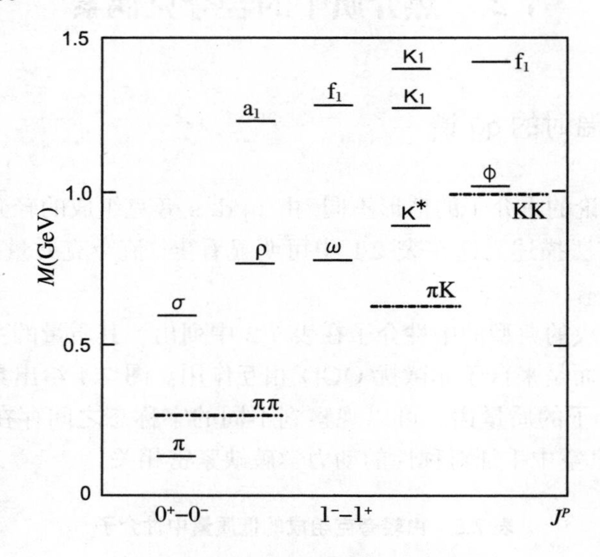

图 7.4 典型的低质量介子的质量谱

可能的手征多重态是配对的, 比如 π 介子和 σ 介子、 ρ 介子和 a_1 介子;

点画线表示 ππ、 πK 以及 KK 的阈值

7.2.2 有限温度时的 Nambu-Goldstone 定理

考虑 N_f 种无质量夸克并定义味道轴矢量流 $J_{5\mu}^a = \bar{q}\gamma_\mu\gamma_5 t^a q$ 与赝标量密度 $P^b = \bar{q}\mathrm{i}\gamma_5 t^b q$ 的推迟关联函数 (以下 a 和 b 表示从 1 到 $N_f^2 - 1$ 的味道指标):

$$\Pi_\mu^{ab}(t, \boldsymbol{x}) \equiv \theta(t)\langle[J_{5\mu}^a(t, \boldsymbol{x}), P^b(0)]\rangle \tag{7.10}$$

对左边做全散度并做 4 维体积分可得

$$\int \mathrm{d}^4x\ \partial^\mu \Pi_\mu^{ab}(t, \boldsymbol{x}) = \langle[Q_5^a, P^b(0)]\rangle = -\mathrm{i}\frac{\langle\bar{q}q\rangle}{N_f}\delta^{ab} \tag{7.11}$$

这里, $Q_5^a(t)=\int \mathrm{d}^3x J_{5,\mu=0}^a(t,\boldsymbol{x})$ 是轴荷, 无质量夸克的轴荷守恒且不依赖于时间[①]。如果手征对称性发生动力学破缺, 右边的热平均是非零的。这意味着必须要有一个无质量的模式同时与轴矢量流和赝标量密度耦合, 否则左边的积分等于 0。

为了明显地看到无质量模式的存在, 引入 Π_μ^{ab} 的谱表示 (对一般的谱分解见 4.4 节):

$$\Pi_\mu^{ab}(t,\boldsymbol{x})=\int\frac{\mathrm{d}^4q}{(2\pi)^4}\mathrm{e}^{-\mathrm{i}qx}\int_{-\infty}^{+\infty}\mathrm{d}\omega'\,\frac{\rho_\mu^{ab}(\omega',\boldsymbol{q})}{\omega'-q_0-\mathrm{i}\delta} \tag{7.12}$$

代入 (7.7) 式得到

$$\lim_{q_0\to 0}\int_{-\infty}^{+\infty}\mathrm{d}\omega'\,\frac{q_0\rho_0^{ab}(\omega',\boldsymbol{0})}{\omega'-q_0-\mathrm{i}\delta}=\frac{\langle\bar{q}q\rangle}{N_f}\delta^{ab} \tag{7.13}$$

左手边当谱函数在零能处具有如下奇点时才是非零的:

$$\rho_0^{ab}(\omega,\boldsymbol{0})=C\delta(\omega)\delta^{ab}+\rho_{\text{regular}}^{ab} \tag{7.14}$$

其中, $C=-\langle\bar{q}q\rangle/N_f$。 δ 函数的奇点对应于热物质中的 N_f^2-1 个 Nambu-Goldstone 无质量 π 介子。

虽然这个定理预言了在零动量时无宽度的零质量激发, 对于有限的 $\boldsymbol{q}$, 色散关系 $\omega=\omega(\boldsymbol{q})$ 可能与它在真空中的关系 $\omega=|\boldsymbol{q}|$ 不同—— ω $(\boldsymbol{q}\neq 0)$ 可能是复数 (具有热宽度)。即使是在 $\boldsymbol{q}=0$ 时, 一旦引入小的夸克质量, π 介子将得到有限质量并且具有有限的热宽度。

7.2.3　维里展开和夸克凝聚

如果系统的温度与 π 介子质量相比较小, $T<m_\pi$, 热等离子体中的主要热激发是 π 介子, 如图 3.3 所示。进一步, 低温 π 介子气很稀薄, 因而对 π 介子数密度进行展开 (维里展开) 是估计物理量的合理途径。特别地, 任意算符 $\hat{O}$ 的热平均的领头阶维里展开是

$$\langle\hat{O}\rangle\simeq\langle\hat{O}\rangle_{\text{vac}}+\sum_a\int\frac{\mathrm{d}^3k}{(2\pi)^3 2\varepsilon_k}\langle\pi^a(k)|\hat{O}|\pi^b(k)\rangle n_{\mathrm{B}}(k;T) \tag{7.15}$$

$$\simeq\langle\hat{O}\rangle_{\text{vac}}-\frac{1}{f_\pi^2}\int\frac{\mathrm{d}^3k}{(2\pi)^3 2\varepsilon_k}\sum_a\langle 0|[Q_5^a,[Q_5^a,\hat{O}]]|0\rangle n_{\mathrm{B}}(k;T) \tag{7.16}$$

① 基本的对易关系是 $\delta(x_0-y_0)[q^\dagger Aq(x),q^\dagger Bq(y)]=\delta^4(x-y)q^\dagger[\boldsymbol{A},\boldsymbol{B}]q$, 其中 $\boldsymbol{A}$ 和 $\boldsymbol{B}$ 是表征内部自由度的任意矩阵。

为得到 (7.16) 式，我们利用了软 π 介子定理 (见习题 2.9) 计算矩阵元。注意对于单 π 态我们使用了协变归一化常数，这是有协变体积元 $\mathrm{d}^3k/((2\pi)^3 2\varepsilon_k)$ 的原因 (见习题 7.4)。对于实际情形，$m_\mathrm{u} \simeq m_\mathrm{d} \ll m_\mathrm{s}$，$a$ 取 1 到 3，对于假想的 N_f 个简并味道，a 取 1 到 N_f^2-1。在矩阵元中我们已忽略了有限的夸克质量；但是在玻尔兹曼因子中保留了质量，因为它指数地依赖于夸克质量。

对夸克凝聚取最低阶的维里展开得到

$$\frac{\langle \bar{q}q\rangle}{\langle \bar{q}q\rangle_\mathrm{vac}} \simeq 1 - \frac{N_f^2-1}{12N_f}\frac{T^2}{f_\pi^2}B_1(m_\pi/T) \tag{7.17}$$

其中，B_1 定义为

$$\int \frac{\mathrm{d}^3k}{(2\pi)^3 2\varepsilon_k} n_\mathrm{B}(k;T) = \frac{T^2}{24}B_1(m_\pi/T) \tag{7.18}$$

其中，$\varepsilon_k = (\boldsymbol{k}^2 + m_\pi^2)^{1/2}$，$B_1(0)=1$，$B_1(\infty)=0$。对 $N_f=2$ 取无质量的 π 介子，等式将回到第 6 章中 (6.10) 式给出的 $O(T^2)$ 的第一项修正。

7.2.4 低温 π 介子

根据维里展开，考虑低温 π 介子的色散关系。关于热等离子体中 π 介子性质的信息全都隐藏在它的介质内传播子中：

$$D_\pi(\omega, \boldsymbol{p}) = [\omega^2 - \varepsilon_p^2 + \Sigma(\omega, \boldsymbol{p})]^{-1} \tag{7.19}$$

其中，$\varepsilon_p = (\boldsymbol{p}^2 + m_\pi^2)^{1/2}$；$\Sigma$ 是介质中 π 介子的自能，它有实部和虚部。

考虑 $\Sigma \ll \varepsilon_p$ 的情形，这在 $T \ll m_\pi$ 时是满足的。在维里展开的最低阶，π 介子的色散关系为

$$\omega = \varepsilon_p - \frac{\Sigma(\varepsilon_p, \boldsymbol{p})}{2\varepsilon_p} \tag{7.20}$$

$$= \varepsilon_p - \frac{1}{2\varepsilon_p}\sum_{\pi'=\pi^0,\pm}\int \frac{\mathrm{d}^3k}{(2\pi)^3 2\varepsilon_k}\mathcal{F}_{\pi\pi'}(s) n_\mathrm{B}(k;T) \tag{7.21}$$

其中，$\mathcal{F}_{\pi\pi'}(s)$ 是一个动量为 $\boldsymbol{p}$ 的 π 介子与另一个动量为 $\boldsymbol{k}$ 的 π′ 介子的向前散射振幅，这里 $s=(p_\mu + k_\mu)^2$。注意 $\mathcal{F}$ 与不变 ππ 散射振幅 $\mathcal{M}$ 有如下关系：$\mathcal{F}_{\pi\pi'}(s) = \mathcal{M}_{\pi\pi'\to\pi\pi'}(s, t=0)$，参见附录 F。

首先，我们考虑色散关系实部的修正。这出现在 $\mathcal{F}_{\pi\pi'}(s)$ 的手征展开的领头阶，且导致 $\sum_{\pi'}\mathcal{F}_{\pi\pi'}(s) = -m_\pi^2/f_\pi^2 + O(s^2, m_\pi^4)$ (见习题 7.5)。在领头阶，π 介子质

量的改变为

$$\frac{m_\pi(T)}{m_\pi} = 1 + \frac{1}{48}\frac{T^2}{f_\pi^2}B_1(m_\pi/T) \tag{7.22}$$

这个质量改变是正的, 但是不多于一个小的百分比, 即使是在 $T \simeq m_\pi$ 时。对于 N_f 味简并, (7.22) 式中的系数 48 将被 $24N_f$ 代替。更高阶的计算参见, 比如 Toublan (1997)。

其次, 考虑介质中 π 介子的衰减率。这与自能的虚部有关。通过定义 $\omega = \mathrm{Re}\,\omega(\boldsymbol{p}) - \mathrm{i}\gamma(\boldsymbol{p})/2$ 并取 (7.20) 式的虚部可得 (Goity and Leutwyler, 1989; Leutwyler and Smilga, 1990)

$$\gamma(\boldsymbol{p}) = \sum_{\pi'}\int\frac{\mathrm{d}^3k}{(2\pi)^3}\bar{v}_{\mathrm{rel}}\sigma_{\pi\pi'}^{\mathrm{tot}}(s)n_{\mathrm{B}}(k;T) \tag{7.23}$$

$$= \sum_{\pi'}\int\frac{\mathrm{d}^3k}{(2\pi)^3 2\varepsilon_p\varepsilon_k}\sqrt{s(s-4m_\pi^2)}\sigma_{\pi\pi'}^{\mathrm{tot}}(s)n_{\mathrm{B}}(k;T) \tag{7.24}$$

这里我们使用了光学定理, 它把向前散射振幅 $\mathcal{F}$ 与总反应截面 σ^{tot} 联系起来 (见附录 F.2):

$$\mathrm{Im}\mathcal{F}_{\pi\pi'}(s) = 2\varepsilon_p\varepsilon_k\,\bar{v}_{\mathrm{rel}}\,\sigma_{\pi\pi'}^{\mathrm{tot}}(s) = \sqrt{s(s-4m_\pi^2)}\sigma_{\pi\pi'}^{\mathrm{tot}}(s) \tag{7.25}$$

其中, $\bar{v}_{\mathrm{rel}}$ $(=\sqrt{(p_\mu k^\mu)^2 - m_\pi^4}/\varepsilon_p\varepsilon_k)$ 是推广的相对速度。

考虑手征极限 $m_\pi = 0$ 下的情形。这种情况下, 总散射截面的领头阶是 $\sum_{\pi'}\sigma_{\pi\pi'}^{\mathrm{tot}}(s) = 5s/48\pi f_\pi^4$。容易看到, 零动量时宽度消失了: $\gamma(\boldsymbol{p}\to 0)|_{m_\pi=0} = 0$。这与我们在 7.2.2 节中看到的 Nambu-Goldstone 定理的一般性推导相一致: 在手征极限下, 零动量时没有 π 介子波的吸收。

考虑有限 π 介子质量的情形。π 介子波的平均自由程$l_\pi(\boldsymbol{p})$ 可定义为在衰变时间 $\gamma^{-1}(\boldsymbol{p})$ 内波走过的距离。由于波的群速度的领头阶为 $v_{\mathrm{g}} = \partial\omega/\partial|\boldsymbol{p}| \simeq |\boldsymbol{p}|/\omega$, 则有

$$l_\pi(\boldsymbol{p}) = \frac{|\boldsymbol{p}|}{\omega\gamma(\boldsymbol{p})} \tag{7.26}$$

图 7.5 是在两个温度 $T = 120$ MeV 和 $T = 150$ MeV 下, π 介子平均自由程作为其动量的函数。这个图基于 $\gamma(\boldsymbol{p})$ 的表达式, 它是动理学理论结合最低阶两体 ππ 散射振幅得到的。当 π 介子气稀薄时, 它将化成与 (7.24) 式相同的形式 (Goity and Leutwyler, 1989; Schenk, 1993)。当温度增大时, 还会激发出比 π 介子更重的共振态 (图 3.3)。因此, 实线应当认为是平均自由程的上限。

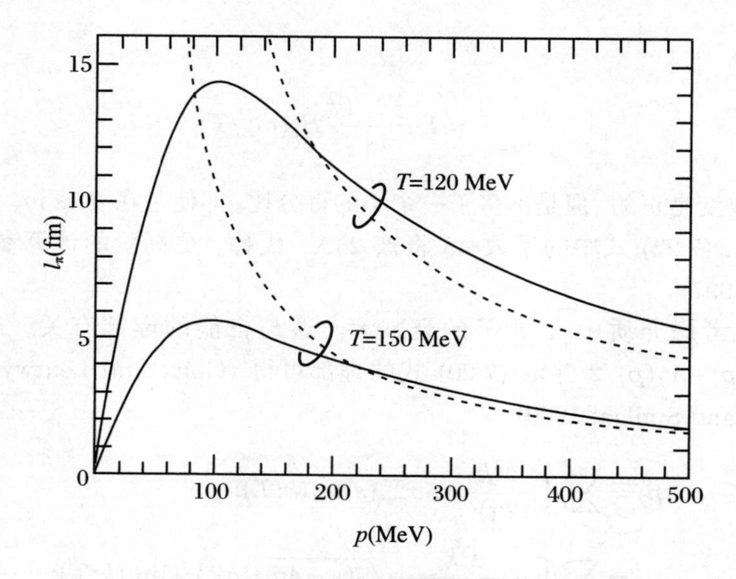

图 7.5 热 π 介子气中 π 介子的平均自由程

实线代表 $m_\pi = 140$ MeV, 虚线代表 $m_\pi = 0$; 取自 Goity and Leutwyler (1989)

7.2.5 低温时的矢量介子

到目前为止, 我们讨论了低温 π 介子, 现在我们把它推广到 ρ, ω 和 ϕ 介子等矢量介子以及它们的轴矢量伙伴粒子上。只要真空中的手征对称性是动力学破缺的, 矢量与轴矢量介子就会有不同的谱, 如图 7.4 所示。然而, 当温度升高时, 热 π 介子将混合矢量与轴矢量介子, 从而倾向于恢复破坏了的对称性。

为了明显地看到上述混合, 考虑 N_f 味道简并情形下矢量及轴矢量流的推迟关联函数:

$$\Pi^{\rm V} \equiv {\rm i}\langle {\rm R}J^a_\mu(x)J^b_\nu(y)\rangle, \quad \Pi^{\rm A} \equiv {\rm i}\langle {\rm R}J^a_{5\mu}(x)J^b_{5\nu}(y)\rangle \tag{7.27}$$

对以上关联函数做最低阶的维里展开并两次利用软 π 定理 (见习题 2.9(2)) 和对易关系

$$\sum_c [Q^c_5, [Q^c_t, {\rm R}J^a_\mu(x)J^b_\nu(y)]] = 2N_f\left({\rm R}J^a_\mu(x)J^b_\nu(y) - {\rm R}J^a_{5\mu}(x)J^b_{5\nu}(y)\right) \tag{7.28}$$

可得如下公式:

$$\Pi^{\rm V} \simeq (1-\theta)\Pi^{\rm V}_{\rm vac} + \theta\Pi^{\rm A}_{\rm vac} \tag{7.29}$$

$$\Pi^{\mathrm{A}} \simeq (1-\theta)\Pi_{\mathrm{vac}}^{\mathrm{A}} + \theta\Pi_{\mathrm{vac}}^{\mathrm{V}} \tag{7.30}$$

$$\theta = \frac{N_f}{12}\frac{T^2}{f_\pi^2}B_1(m_\pi/T) \tag{7.31}$$

取 (7.29) 和 (7.30) 式的虚部, 我们发现矢量和轴矢量介质的介质内谱函数是零温情形下的谱函数的简单混合 (Dey, et al., 1990)。因此, 在最低阶的维里展开和软 π 定理中, 共振态的位置未改变, 但是共振态的留数改变了。后者可用介质内衰变常数来表征, 比如对于 ρ 介子和 π 介子有

$$f_{\rho,\pi}(T) = f_{\rho,\pi}\cdot\left(1-\frac{N_f}{24}\frac{T^2}{f_\pi^2}B_1(m_\pi/T)\right) \tag{7.32}$$

不同道的混合不改变共振位置是低温下的一个一般特征, 适用于所有的强子 (见习题 7.6)。当然, 当温度增大时, 情况会有所改变, 这时强子间相互作用甚至强子的夸克结构不可忽略 (Pisarski, 1982; Hatsuda and Kunihiro, 1985, 1994)。比如, 在第 6 章讨论的无质量 $N_f=2$ 的 QCD 中, 标量 (σ) 和赝标量 (π) 介子将会在二级临界点变得简并和无质量。在临界点附近, 矢量介子如 ρ, ω 和 ϕ 介子等的特性将变得特别有趣, 已经有学者用多种方法对此课题做了很多的研究 (Brown and Rho, 1991, 1996; Hatsuda, et al., 1993; Harada and Yamawaki, 2003)。关键的问题是手征对称性恢复是否与矢量介子谱的软化有关; 这与热等离子体中的双轻子辐射率相联系, 参见 7.4 节和 15.5 节中的讨论。

7.3　用格点 QCD 研究介质内的强子

正如在第 2 章、第 5 章和第 6 章中所见, 第一性原理的格点 QCD 模拟为我们提供了非常有用的研究有限温度 QCD 的工具。我们在这一节将看到, 这种方法也提供了在 QCD 相变温度以下和以上的强子性质的有用信息。

我们首先考虑在 (4.55) 式中定义的谱函数$\rho(\omega,\boldsymbol{p})$。这与 (4.49) 式中的推迟格林函数 $\mathcal{G}^R(t,\boldsymbol{x})$ 的虚部相关: 需要选择 $\hat{O}_{1,2}$ 生成我们感兴趣的强子态。为简单起见, 假设玻色算符的一个关联函数。那么, 对于矢量介子, $\hat{O}_1$ 取为: $\bar{c}\gamma_\mu c$(J/ψ 介子), $\bar{s}\gamma_\mu s$(ϕ 介子), $(1/2)(\bar{u}\gamma_\mu u-\bar{d}\gamma_\mu d)$($\rho^0$ 介子), $(1/2)(\bar{u}\gamma_\mu u+\bar{d}\gamma_\mu d)$(ω 介子)。注意, $\hat{O}_2$ 具有相同的结构, 只是把洛伦兹指标 μ 用 ν 代替。实时 (推迟) 关联函数和虚时 (Matsubara) 关联函数可以通过谱表示(4.53) 和 (4.57) 式由 $\rho(\omega,\boldsymbol{p})$ 构造出来。

现在以混合表示的形式引入虚时关联函数:

$$G(\tau,\boldsymbol{p})=\int \mathrm{d}^3x\mathcal{G}(\tau,\boldsymbol{x})\mathrm{e}^{-\mathrm{i}\boldsymbol{p}\cdot\boldsymbol{x}} \tag{7.33}$$

其中, Matsubara 关联函数 $\mathcal{G}(\tau,\boldsymbol{x})$ 由 (4.50) 式定义。利用 (4.57) 式并用如下恒等式做傅里叶变换 ($\omega_n=2n\pi T$):

$$T\sum_n \frac{\mathrm{e}^{-\mathrm{i}\omega_n\tau}}{x-\mathrm{i}\omega_n}=\frac{\mathrm{e}^{-x\tau}}{1-\mathrm{e}^{-x/T}}\quad (0\leqslant\tau<\beta) \tag{7.34}$$

则有

$$G(\tau,\boldsymbol{p})=\int_{-\infty}^{+\infty}\frac{\mathrm{e}^{-\tau\omega}}{1-\mathrm{e}^{-\beta\omega}}\rho(\omega,\boldsymbol{p})\,\mathrm{d}\omega\quad (0\leqslant\tau<\beta) \tag{7.35}$$

方程 (7.35) 式总是收敛的, 并且只要 $\rho(\omega\to\infty,\boldsymbol{p})$ 不指数性地增大, 在 $\tau\neq 0$ 时不需要做减除。

对于 $\hat{O}_1=\hat{O}_1^\dagger$, $\rho(\omega\geqslant 0,\boldsymbol{p})\geqslant 0$, 而且, 玻色子关联函数对变量的改变有如下对称性: $\rho(-\omega,-\boldsymbol{p})=-\rho(\omega,\boldsymbol{p})=-\rho(\omega,-\boldsymbol{p})$, 这里我们假设宇称未被破坏。于是我们得到

$$G(\tau,\boldsymbol{p})=\int_{0}^{+\infty}K(\tau,\omega)\rho(\omega,\boldsymbol{p})\,\mathrm{d}\omega\quad (0\leqslant\tau<\beta) \tag{7.36}$$

$$K(\tau,\omega)=\frac{\mathrm{e}^{-\tau\omega}+\mathrm{e}^{-(\beta-\tau)\omega}}{1-\mathrm{e}^{-\beta\omega}} \tag{7.37}$$

在数学上, K 是一个积分核, 在 $T=0$ 时化成 Laplace 核; 在物理上, K 是在欧氏时间 τ 内能量为 ω 的自由玻色子的传播子。因子 $\rho(\omega,\boldsymbol{p})$ 是谱分布, 它是能量的函数 (见习题 7.7)。

格点蒙特卡罗模拟给出 (7.36) 式左手边的 $G(\tau,\boldsymbol{p})$, 其中 τ 和 $\boldsymbol{p}$ 是分立值 (Hashimoto, et al., 1993)。我们想通过这种数值数据提取作为 ω 的连续函数的谱函数 ρ。这是一个经典的不适定问题, 因为数据点的数目远小于构造所需要的自由度的数目。标准似然分析 (χ^2 拟合) 显然不适用, 因为在最小化 χ^2 时会出现许多简并的解。

最大熵方法 (MEM)是可以避免这个困难的方法, 它利用了 Bayesian 几率理论 (Box and Tiao, 1992; Wu, 1997)。在 MEM 中, 不需要对谱函数采用先验的假设或者参数化。然而对于任意给定的格点数据, 如果解存在, 总能找到唯一的解。进一步, 可以对得到的谱函数做误差分析并估计其统计显著性。关于把 MEM 运用到格点 QCD 的基本概念和技术的综述见 Asakawa, et al. (2001)。图 7.6 展示了在淬火近似下, 用 MEM 方法在低于和高于解禁闭相变临界温度下提取的 J/ψ 的谱函数。与基于德拜屏蔽的高于 T_c 时的简单预期不同, J/ψ 在 3 GeV 的峰至

少到 $T\sim 1.6T_{\rm c}$ 还存在 (图 7.6(a)), 然后在高于 $T\sim 1.8T_{\rm c}$ 处消失 (图 7.6(b))。这也许暗示着等离子体有很强的相互作用, 虽然已经解禁闭, 它仍可保持住束缚态。为了揭开大于 $T_{\rm c}$ 附近时的等离子体的真实本质, 还需要更进一步的研究, 包括在模拟中引入动力学夸克。

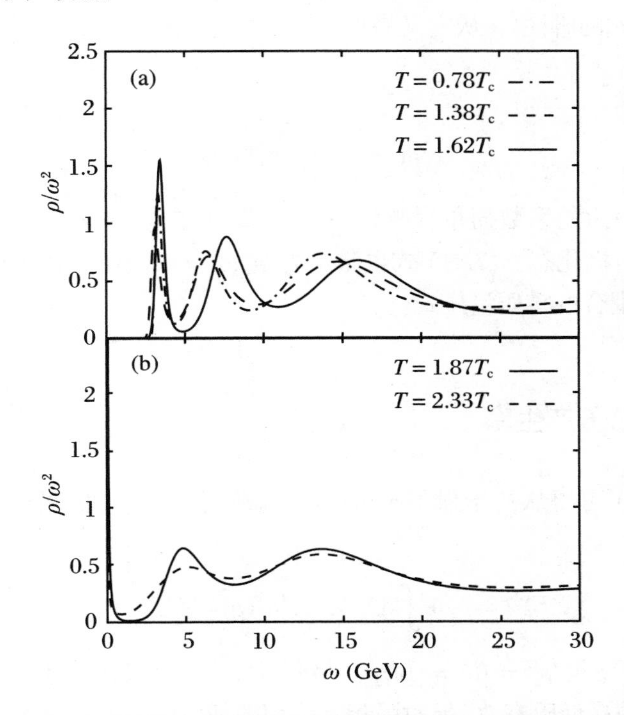

图 7.6 在几个不同的温度下, J/ψ 的无量纲谱函数 $\rho\,(\omega,\boldsymbol{p}=0)/\omega^2$ 随 ω 的变化行为

由于 $\boldsymbol{p}=0$, 我们有 $\rho=\rho_{\rm T}=\rho_{\rm L}$, 这里 T 和 L 分别代表横向和纵向部分 (见 7.4 节中的定义);

取自 Hatsuda and Asakawa (2004)

7.4 来自热密物质的光子和双轻子

矢量介子的谱函数 $\rho(\omega,\boldsymbol{p})$ 与一些实验观测量直接相关, 比如热密系统中实光子和双轻子的产生率 (Feinberg, 1976)。考虑 QCD 系统的电磁流

$$j_\mu^{\rm em}=\frac{2}{3}\bar{u}\gamma_\mu u-\frac{1}{3}\bar{d}\gamma_\mu d-\frac{1}{3}\bar{s}\gamma_\mu s+\cdots \tag{7.38}$$

对 (4.55) 式选择 $\hat{O}_1 = j_\mu^{\rm em}$ 和 $\hat{O}_2 = j_\nu^{\rm em}$, 则谱函数 $\rho_{\mu\nu}$ 可做如下分解:

$$\rho_{\mu\nu}(\omega, \boldsymbol{p}) = \rho_{\rm T}(\omega, \boldsymbol{p})(P_{\rm T})_{\mu\nu} + \rho_{\rm L}(\omega, \boldsymbol{p})(P_{\rm L})_{\mu\nu} \tag{7.39}$$

其中, $P_{\rm T}(P_{\rm L})$ 是 Minkowski 空间的横向 (纵向) 分量的投影算符 (见第 4.5 节中 (4.68)~(4.71) 式的脚注)。从定义易见

$$-\rho^\mu{}_\mu = 2\rho_{\rm T} + \rho_{\rm L} \tag{7.40}$$

$$\rho_{\rm L} = \frac{\omega^2 - \boldsymbol{p}^2}{\boldsymbol{p}^2}\rho_{00} \tag{7.41}$$

(7.40) 式的右手边的系数简单反映出一个事实: 横向模式具有两个极化态, 而纵向模式只有一个极化态。(7.41) 式也暗示着 $\rho_{\rm L}(\omega = |\boldsymbol{p}|, \boldsymbol{p}) = 0$, 这是由于在 QCD 中缺乏与 $j_0^{\rm em}$ 耦合的零质量模式。

7.4.1 光子产生率

从图 7.7(a) 可得从初始强子态 $|{\rm i}\rangle$ 到末态强子态 $|{\rm f}\rangle$ 加一个实光子的跃迁振幅为

$$S_{\rm fi}^{(\lambda)} = -{\rm i}e\int {\rm d}^4x\ {\rm e}^{{\rm i}px}\varepsilon_\mu^{(\lambda)}(p)\langle {\rm f}|j_{\rm em}^\mu(x)|{\rm i}\rangle \tag{7.42}$$

其中, 光子具有动量 $p^\mu = (\omega = |\boldsymbol{p}|, \boldsymbol{p})$, 极化 λ ($\varepsilon_\mu^{(\lambda)}$ 是极化矢量)。(7.42) 式只对电磁相互作用的最低阶有效, 但对强相互作用的任意阶都有效。

从热化初态产生的实光子的产生率定义为单位时间、单位空间体积内辐射的光子数, $R_\gamma = {\rm d}^4N_\gamma/{\rm d}^4x$。我们有

$$R_\gamma = \frac{1}{\int {\rm d}^4x}\int \frac{{\rm d}^3p}{2\omega(2\pi)^3}\frac{1}{Z}\sum_{\rm f,i,\lambda}{\rm e}^{-(E_{\rm i}-\mu N_{\rm i})/T}|S_{\rm fi}^{(\lambda)}|^2 \tag{7.43}$$

对所有可能的末态求和并对初态 (温度为 T, 化学势为 μ) 取热平均; 将 (7.42) 式代入 (7.43) 式并利用 $\sum_\lambda \varepsilon_\mu^{(\lambda)*}\varepsilon_\nu^{(\lambda)} = -g_{\mu\nu}$ 和系统的平移不变性, 可得到如下简单公式:

$$\omega\frac{{\rm d}^3R_\gamma}{{\rm d}^3p} = -\frac{\alpha}{2\pi}\frac{\rho_\mu^\mu(\omega = |\boldsymbol{p}|, \boldsymbol{p})}{{\rm e}^{\omega/T}-1} = \frac{\alpha}{\pi}\frac{\rho_{\rm T}(\omega = |\boldsymbol{p}|, \boldsymbol{p})}{{\rm e}^{\omega/T}-1} \tag{7.44}$$

其中, $\alpha = e^2/(4\pi) \sim 1/137$。第二个等号利用了 (7.41) 式。这本质上是光学定理(见附录 F.2), 因为光子辐射率与在 $\omega = |\boldsymbol{p}|$ 处的电磁关联函数的虚部相关。很自然地, 只有谱函数的横向分量 $\rho_{\rm T}$ 出现在实光子产生的最终表达式中。

7.4.2 双轻子产生率

双轻子产生率的一般公式可通过类似于实光子的方法得到 (Feinberg, 1976; Weldon, 1990)。唯一的不同是: 对目前这种情形, 辐射的光子是不在壳的。从图 7.7(b) 可得到从初始强子态 $|\mathrm{i}\rangle$ 到末态强子态 $|\mathrm{f}\rangle$ 加轻子对 $\mathrm{l^+l^-}$ (如 $\mathrm{e^+e^-}, \mu^+\mu^-$) 的跃迁矩阵元:

$$S_{\mathrm{fi}}(p_1,p_2) = -\mathrm{i}\frac{\mathrm{e}^2}{p^2}[\bar{u}(\boldsymbol{p}_1)\gamma_\mu v(\boldsymbol{p}_2)]\int \mathrm{d}^4x\ \mathrm{e}^{ipx}\langle \mathrm{f}|j^\mu_{\mathrm{em}}(x)|\mathrm{i}\rangle \tag{7.45}$$

其中, $p_1^\mu = (E_1,\boldsymbol{p}_1), p_2^\mu = (E_2,\boldsymbol{p}_2)$ 是轻子和其反粒子的四动量; $p^\mu = (\omega,\boldsymbol{p}) = p_1^\mu + p_2^\mu$ 是轻子对的总动量, 它是类时的 $(p^2 \equiv \omega^2 - \boldsymbol{p}^2 > 0)$。因子 $1/p^2$ 来自虚光子的传播子, $e\bar{u}\gamma_\mu v$ 是出射轻子对的电磁流。

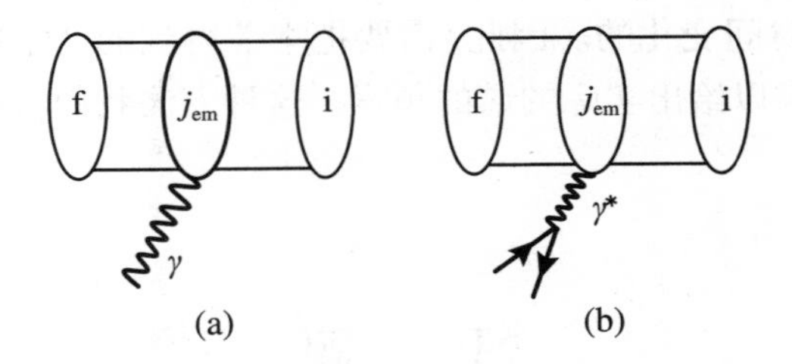

图 7.7 (a) 从一个强子初态通过发射一个实光子到跃迁一个强子末态; (b) 除了发射一个虚光子衰变到双轻子之外与 (a) 类似的过程

从热化初态产生的双轻子的产生率定义如下:

$$R_{\mathrm{l^+l^-}} = \frac{1}{\int \mathrm{d}^4x}\int \frac{\mathrm{d}^3p_1}{2E_1(2\pi)^3}\frac{\mathrm{d}^3p_2}{2E_2(2\pi)^3}\frac{1}{Z}\sum_{\mathrm{f,i}}\mathrm{e}^{-(E_{\mathrm{i}}-\mu N_{\mathrm{i}})/T}|S_{\mathrm{fi}}|^2 \tag{7.46}$$

$$= \int \mathrm{d}^4p\frac{\mathrm{d}^4R_{\mathrm{l^+l^-}}}{\mathrm{d}^4p} \tag{7.47}$$

现在将 (7.45) 式代入 (7.46) 式并利用如下关系:

$$\int \frac{\mathrm{d}^3p_1}{2E_1(2\pi)^3}\frac{\mathrm{d}^3p_2}{2E_2(2\pi)^3}L_{\mu\nu}(p_1,p_2)(2\pi)^4\delta^4(p-p_1-p_2)$$
$$= \frac{1}{6\pi}(p_\mu p_\nu - p^2 g_{\mu\nu})F(m_l^2/p^2) \tag{7.48}$$

其中, F 是运动学因子, 其定义为 $F(x) = (1+2x)(1-4x)^{1/2}\theta(1-4x)$, 推导参见习题 14.5, $L_{\mu\nu}$ 是如下轻子张量:

$$L^{\mu\nu}(p_1,p_2) = \sum_{s,r}[\bar{u}_s(p_1)\gamma^\mu v_r(p_2)][\bar{u}_s(\boldsymbol{p}_1)\gamma^\nu v_r(\boldsymbol{p}_2)]^*$$

$$= 4[p_1^\mu p_2^\nu + p_1^\nu p_2^\mu - (p_1 \cdot p_2 - m_l^2) g^{\mu\nu}] \tag{7.49}$$

其中, 求和对自旋 (s 和 r) 进行, 参见附录 B。可得最终的表达式为

$$\begin{aligned}\frac{\mathrm{d}^4 R_{\mathrm{l^+l^-}}}{\mathrm{d}^4 p} &= \frac{-\alpha^2}{3\pi^2 p^2} \frac{\rho_\mu^\mu(\omega, \boldsymbol{p})}{\mathrm{e}^{\omega/T} - 1} F(m_l^2/p^2) \\ &= \frac{\alpha^2}{3\pi^2 p^2} \frac{(2\rho_\mathrm{T} + \rho_\mathrm{L})(\omega, \boldsymbol{p})}{\mathrm{e}^{\omega/T} - 1} F(m_l^2/p^2)\end{aligned} \tag{7.50}$$

这又可认为是光学定理 (见附录 F.2) 的结果, 因为双轻子辐射率与具有不在壳四动量的电磁关联函数的虚部相关 (见习题 7.8)。与实光子产生不同, ρ_T 和 ρ_L 对双轻子产生都有贡献。

注意, 不管初态的本质是什么, 无论它是强子相还是夸克胶子等离子体, (7.44) 和 (7.50) 式都是成立的。格点计算得到的谱函数, 如 7.3 节所述, 可以作为第一性原理的输入来得到光子和双轻子产生率。在实际的重离子碰撞中, 温度和化学势是随空间和时间变化的。因此, 需要把本节得到的 “定域” 的产生率和流体力学演化结合起来以给出实际的谱的预言。这种方法我们将在 14.3.3 节讨论。

习 题

7.1 **荷共轭场的狄拉克方程。**

利用电荷共轭的定义 $\hat{\phi} = \hat{\psi}^C = C\hat{\psi}^*$ ($C = \mathrm{i}\gamma^2\gamma^0$), 推导 (7.6) 式中的场 $\hat{\phi}$ 的狄拉克方程。

7.2 **有限温度的规范依赖势。**

通过把 (7.7) 式中对色指标 (a,b) 求和重编排成色单态与伴随表示的组合, 把 $\mathrm{e}^{-F^{(1)}/T}$ 表示成 $\Omega(\boldsymbol{x})$ 的空间关联的形式。证明这个结果是规范相关的。

7.3 **色空间中的投影算符。**

(1) 考虑两个自旋为 1/2 的粒子, 总自旋算符为 $\boldsymbol{S} = \boldsymbol{s}_1 + \boldsymbol{s}_2$。证明 $\boldsymbol{s}_1 \cdot \boldsymbol{s}_2$ 的矩阵元为 $(\boldsymbol{s}_1 \cdot \boldsymbol{s}_2)_{S=0} = -3/4$ (自旋单态), $(\boldsymbol{s}_1 \cdot \boldsymbol{s}_2)_{S=1} = 1/4$(自旋三重态)。然后, 推导单态和三重态的投影算符 P 为

$$P_{S=0} = \frac{1}{4}(1 - 4\boldsymbol{s}_1 \cdot \boldsymbol{s}_2), \quad P_{S=1} = \frac{1}{4}(3 + 4\boldsymbol{s}_1 \cdot \boldsymbol{s}_2) \tag{7.51}$$

(2) 把上述公式推广到以下情形: 粒子的 $\mathrm{SU}(N_c)$ 的基础表示 N_c, 反粒子的 $\mathrm{SU}(N_c)$ 的基础表示 $\bar{N}_c$。总颜色算符定义为 $T^a = t_1^a + \bar{t}_2^a$ $(a = 1, 2, \cdots, N_c^2 - 1)$, 其

中 $\bar{t}^a = -t^{a*}$。由于 $N_c \bigotimes \bar{N}_c = 1 \bigoplus (N_c^2 - 1)$, 两粒子的色态属于色单态或者色伴随表示。考虑 $(T^a)^2$ 和其迹, 推导如下关系:

$$t_1^a \bar{t}_2^a = \begin{cases} -(N_c^2-1)/(2N_c), & \text{色单态} \\ 1/(2N_c), & \text{色伴随表示} \end{cases}$$

然后推导投影算符:

$$P_{\text{singlet}} = \frac{1}{N_c^2}(1 - 2N_c t_1^a \bar{t}_2^a), \quad P_{\text{adjoint}} = \frac{1}{N_c^2}(N_c^2 - 1 + 2N_c t_1^a \bar{t}_2^a)$$

把这推广到都属于基础表示 N_c 的两粒子 (更多细节参阅 Brown and Weisberger (1979) 和 Nadkarni (1986a, b))。

7.4 领头阶维里展开。

利用态矢量的协变归一化 (见习题 2.9) $\langle \pi^a(k) | \pi^b(k) \rangle = 2\varepsilon_k \delta^{ab} V$ (V 是三维体积) 证明 (7.15) 式。注意分离动量求和与动量积分满足关系式: $\sum\limits_k / V = \int \mathrm{d}^3 k / (2\pi)^3$。

7.5 ππ 散射振幅。

(1) 当 $N_f = 2$ 时, 验证一般的 ππ 散射振幅为

$$\mathcal{M}_{ab \to cd}(s,t,u) = A(s,t,u)\delta_{ab}\delta_{cd} + A(t,s,u)\delta_{ac}\delta_{bd} + A(u,t,s)\delta_{ad}\delta_{bc}$$

其中, s,t,u 是 Mandelstam 变量, 满足 $s+t+u = 4m_\pi^2$; a,b,c,d 是同位旋指标。

(2) 利用 (2.63) 式, 验证在维里展开的领头阶, $A(s,t,u) = (s - m_\pi^2)/f_\pi^2$; 然后, 取向前极限 $t = 0$ 证明

$$\sum_{\pi'} F_{\pi\pi'}(s) = \sum_b \mathcal{M}_{ab \to cd}(s, 0, 4m_\pi^2 - s) = -\frac{m_\pi^2}{f_\pi^2}$$

(3) 将上述公式推广到简并的 N_f 味的情形。

7.6 有限温度的强子关联的混合。

类似于 (7.29) 和 (7.30) 式, 推导其他道如标量和赝标量道的混合公式。把分析推广到重子关联函数 (参阅 Leutwyler and Smilga (1990))。

7.7 强子谱函数。

为了对 (7.36) 式中作为 τ 的函数的 $G(\tau, p)$ 的形状有个粗略的概念, 考虑极点加连续的谱函数形式:

$$\rho(\omega, \boldsymbol{p} = 0) = \omega^n \cdot [a\,\delta(\omega^2 - m^2) + b\,\theta(\omega - \omega_0)]$$

其中, n 是正整数, m 是极点位置, ω_0 是连续阈值。注意 a 和 b 分别是表征极点留数和连续谱高度的常数。这个简单的参数化形式普遍在 QCD 求和规则中使用

(Colangelo and Khodjamirian, 2001)。推导对应的关联函数 $G(\tau, \boldsymbol{p}=0)$ 并研究它关于 τ 的依赖。在 τ 的哪个区域它由极点主导, 在哪个区域它由连续谱主导?

7.8 ***R* 值和谱函数。**

利用光学定理 (见附录 F.2) 证明真空中 $\mathrm{e^+e^-}$ 湮灭的 R 值与 ρ^μ_μ 有如下关系:

$$R(s) \equiv \frac{\sigma(\mathrm{e^+e^-} \to \text{hadrons})}{\sigma(\mathrm{e^+e^-} \to \mu^+\mu^-)} = -\frac{4\pi^2}{s}\rho^\mu_\mu(s)$$

其中 $s \equiv \omega^2 - \boldsymbol{p}^2$。

天体物理中的夸克胶子等离子体

第 8 章　早期宇宙中的 QGP

在这一章里，我们讨论夸克胶子等离子体 (QGP) 和量子色动力学 (QCD) 相变对早期宇宙历史的影响。首先，我们总结一下大爆炸宇宙学和广义相对论的基本知识。然后，我们讨论宇宙的热历史和物质组成 (Kolb and Turner, 1989; Peebles, 1993)。我们将利用与爱因斯坦方程耦合的袋模型状态方程详细地解释发生在大爆炸之后 $\sim 10^{-5}$ s 到 $\sim 10^{-4}$ s 的 QCD 相变过程。

8.1　宇宙大爆炸的观测证据

现在普遍认为，宇宙开始于大约 10^{10} 年以前的一个炽热的初始状态，随后它持续膨胀直至今日 (图 8.1)。目前有三个关键观测证据支持大爆炸的图像:

(1) 哈勃定律 (Hubble, 1929)。这个定律指远离地球的星系和恒星的退行速度 v 与它们到地球的距离 l 成正比:

$$v = H_0 \times l \tag{8.1}$$
$$H_0 = 100h\ \text{km} \cdot \text{s}^{-1} \cdot \text{Mpc}^{-1} = (9.78h^{-1} \times 10^9\ \text{year})^{-1}$$

(8.1) 式中 1 pc (parsec) $= 3.09 \times 10^{13}$ km $= 3.26$ 光年(见附录 A.2)。H_0 因子为哈勃常数，它的数值由哈勃空间望远镜 (HST)重点项目的观测数据给出 (Freedman, et al., 2001)

$$h = 0.72 \pm 0.08 \tag{8.2}$$

这个常数的测量值基于对距离最远达 400 Mpc 的各种天体的观测数据，见图 8.2。

如果我们接受“宇宙学原理”(没有观测者处于宇宙中的特殊位置) 的话, (8.1) 式适用于宇宙中任意两个观测者, 这意味着宇宙在膨胀 (图 8.1)。

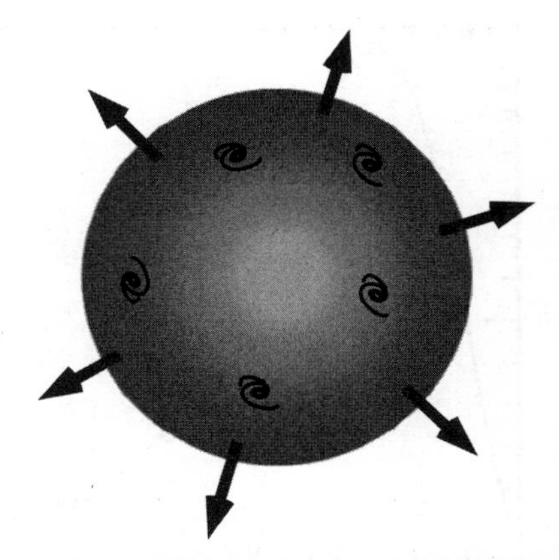

图 8.1　由表面上有星系 (更精确的说法为星系团) 的气球模拟膨胀的宇宙

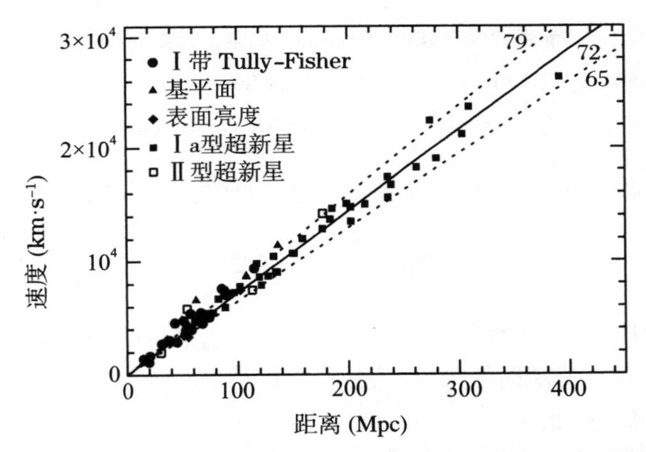

图 8.2　通过哈勃空间望远镜 (HST) 对遥远星系和超新星的退行速度和距离的测量数据来检验哈勃定律

虚线包围的区域对应的哈勃常数取值范围为 $H_0 = (65 \sim 79)\ \mathrm{km \cdot s^{-1} \cdot Mpc^{-1}}$;

此图选自 Freedman, et al. (2001)

(2) 当前宇宙弥漫着的微波背景辐射 (CMB)。它是由彭齐亚斯 (Penzias) 和威尔逊 (Wilson) 两人首先发现的 (Penzias and Wilson, 1965), 宇宙背景探索者(COBE)的进一步测量表明 CMB 能谱是非常精确的黑体辐射谱 (Fixsen, et al., 1996; Mather, 1999), 其温度为

$$T_{\mathrm{CMB}} = 2.725 \pm 0.002\ \mathrm{K} \tag{8.3}$$

由 COBE 探测到的光子强度随频率的变化曲线见图 8.3。CMB 是宇宙早期高温热阶段的遗迹。

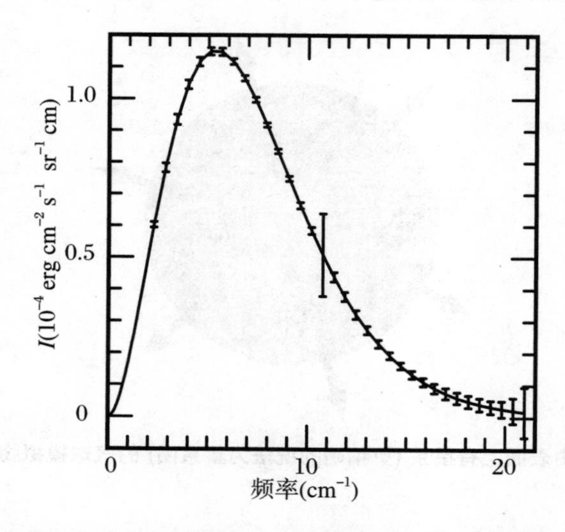

图 8.3　宇宙背景探索者 (COBE) 探测到的宇宙微波背景辐射 (CMB) 谱

图中实线是温度 $T = 2.73$ K 时的黑体辐射谱 (普朗克公式); 图中数据的误差棒被放大了 400 倍, 真实的误差在实线上是看不出来的; 此图选自 Turner and Tyson (1999)

(3) 观测到的原初 ^{4}He 的质量占重子总质量的分数为 (Tytler, 2000)

$$Y_{\mathrm{p}} = \frac{4n_{\mathrm{He}}}{n_{\mathrm{B}}} \simeq 0.25 \tag{8.4}$$

式中, n_{He} 是 ^{4}He 的原初数密度, n_{B} 是处于束缚态或自由态的净重子数密度。数值 0.25 与原初核合成的图像相当一致, 该图像认为轻元素产生于大爆炸之后几分钟的高温环境里 (Alpher, Bethe and Gamow, 1948; Hayashi, 1950)。通过比较大爆炸原初核合成的很多复杂计算与图 8.4 中的观测值, 甚至可以确定宇宙中总重子质量密度为 $\rho_{\mathrm{B}} \sim (3 \sim 5) \times 10^{-31}\ \mathrm{g \cdot cm^{-3}}$(Schramm and Turner, 1998; Tytler, et al., 2000)。

2001 年发射的威尔金森微波各向异性探测器 (WMAP)在 CMB 谱测量方面已经取得了显著进展, 它测量到的 CMB 谱的各向异性见图 8.5。通过拟合数据, 可以限定许多宇宙学参数的范围, 这促进了精确宇宙学领域的发展。由 WMAP 获得的一些宇宙学参数的最优拟合值见表 8.1 (Bennett, et al., 2003)。

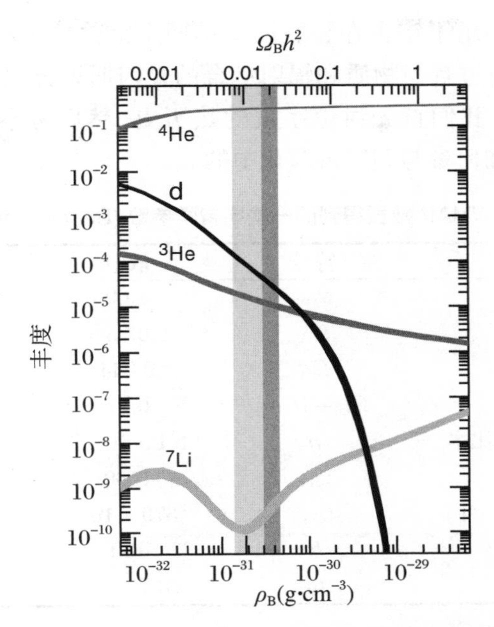

图 8.4　计算得到的 ^{4}He、 d、 ^{3}He、 ^{7}Li 元素的丰度随重子质量密度变化的函数，其中 ^{4}He 的丰度是质量分数，d、 ^{3}He 和 ^{7}Li 的丰度是其粒子数与氢元素粒子数之比

图中较宽的带状区域是所有四种元素对 ρ_B 的取值范围带来的限制，较窄的带状区域来自氘元素 d 的限制；此图摘选自 Turner and Tyson (1999)

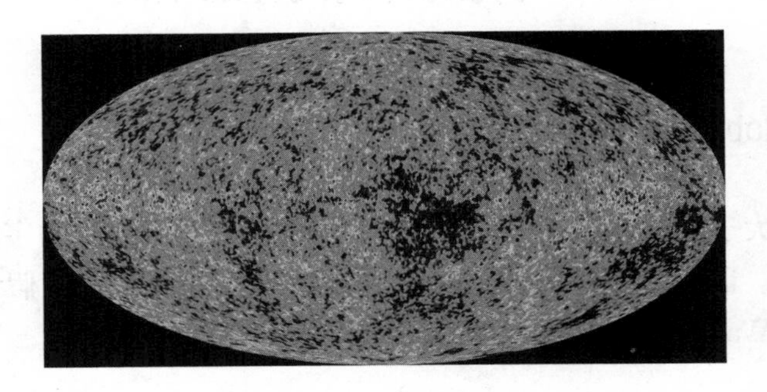

图 8.5　WMAP 探测器测量的微波背景辐射各向异性的天空扫描图，这是通过对星系坐标进行 Mollweide 投影得到的 (NASA/WMAP 科学团队提供此图)

图中最暗区域与最亮区域的温差大致在 -2×10^{-4} K 至 2×10^{-4} K 之间

这些观测数据揭示了宇宙在膨胀以及早期宇宙曾处于高温时期的图景。这些宇宙的图景可以通过解与物质和辐射耦合的爱因斯坦方程而得到很好的描述。在接下来的章节里，我们首先讨论宇宙的热历史，然后考察当宇宙的年龄小于 10^{-4} s 时，QGP 是如何参与到宇宙演化中的。

表 8.1 由 WMAP 数据得到的一些宇宙学参数 (Bennett, et al., 2003)

特征	符号	取值	±不确定度
总密度	$\Omega_{\rm tot}$	1.02	±0.02
暗能量密度	Ω_Λ	0.73	±0.04
重子密度	$\Omega_{\rm B}$	0.044	±0.004
物质密度	$\Omega_{\rm B}+\Omega_{\rm DM}$	0.27	±0.04
重子对光子的比率	η	6.1×10^{-10}	${}^{+0.3}_{-0.2}\times10^{-10}$
解耦时的红移	$z_{\rm dec}$	1089	±1
解耦时的年龄 (年)	$t_{\rm dec}$	379×10^3	${}^{+8}_{-7}\times10^3$
哈勃常数	h	0.71	${}^{+0.04}_{-0.03}$
宇宙年龄 (年)	t_0	13.7×10^9	$\pm0.2\times10^9$

8.2 均匀的各向同性的空间

8.2.1 Robertson-Walker 度规

如果在远大于星系和星系团的尺度上做平均，人类观测到的宇宙是近似均匀和各向同性的。因此，为了描述宇宙的整体结构，我们可以采用假设空间均匀性的 Robertson-Walker(RW) 度规 (见附录 D.3)：

$$\begin{aligned}\mathrm{d}s^2&=\mathrm{d}t^2-a^2(t)\left[\frac{\mathrm{d}r^2}{1-Kr^2}+r^2(\mathrm{d}\theta^2+\sin^2\theta\mathrm{d}\phi^2)\right]\\&\equiv\mathrm{d}t^2-a^2(t)\mathrm{d}\sigma^2\end{aligned}\tag{8.5}$$

式中 (t,r,θ,ϕ) 是随动坐标，也就是说在这个坐标系中静止的观测者总是保持静止。因此，t 是这些观测者的原时。

标度因子 $a(t)$是用来刻画宇宙膨胀的参数，通过解爱因斯坦方程可以得到它的时间依赖。RW 度规的空间部分恰好就是常曲率 3 维曲面的度规，曲面是均匀

和各向同性的, 即在曲面上没有特殊点。从这个度规中计算得到的 3 维标量曲率是 (见习题 8.1)

$$^3R = \frac{6K}{a^2(t)} \tag{8.6}$$

因此, 参数 K 决定了空间曲率的符号: $K=+1$ (具有正曲率的闭空间); $K=0$ (平坦空间); $K=-1$ (具有负曲率的开空间)。注意: 重新标度坐标 r 可以改变 K 和 $a(t)$ 的大小, 但不会改变 ^3R。因此我们选择 K 的取值为 $+1,-1,0$。

8.2.2 哈勃定律和红移

哈勃定律可以很容易地从 RW 度规中导出。考虑两个空间上分离的邻近点 O 和 P, 它们的随动坐标分别为 $(t,0,0,0)$ 和 $(t,r,0,0)$, 两点的物理距离是

$$l(t) = \int_O^P a(t)\ \mathrm{d}\sigma = a(t)\int_0^r \frac{\mathrm{d}r}{\sqrt{1-Kr^2}} \tag{8.7}$$

式中 $\mathrm{d}s^2 = -a^2(t)\mathrm{d}\sigma^2$, 且式中的积分只依赖于 r, 不依赖于 t, 因此我们可以得到速度 $v(t) = \mathrm{d}l(t)/\mathrm{d}t \equiv \dot{l}(t)$ 和空间距离 $l(t)$ 的关系:

$$v(t) = \left(\frac{\dot{a}}{a}\right) l(t) \equiv H(t)l(t) \tag{8.8}$$

在 (8.1) 式中定义的哈勃常数 H_0 就是 $H_0 = H(t_0)$, 其中 t_0 是当前时刻。在下文中我们将对在时刻 $t=t_0$ 的量加上下标 0。

只有当距离 l 不是很大, 光从 P 点到 O 点的传播过程中宇宙的膨胀效应可忽略不计时, (8.8) 式才成立。当 P 点距离 O 点很远时, 我们必须考虑光沿测地线$\mathrm{d}s^2=0$ 的传播。考虑一个光源发出频率为 ν 的光, 我们假定在 $P=(t,r,0,0)$ 点发射的光子到达 $O=(t_0,0,0,0)$ 点, 如图 8.6 所示, 与此同时, 另一个在 $P'=(t+\delta t,r,0,0)$ 点发射的光子到达 $O'=(t_0+\delta t_0,0,0,0)$ 点, 其中 $\delta t = 1/\nu$。因为光沿测地线传播, 我们得到

$$\int_t^{t_0} \frac{\mathrm{d}t}{a(t)} = \int_0^r \frac{\mathrm{d}r}{\sqrt{1-Kr^2}} = \int_{t+\delta t}^{t_0+\delta t_0} \frac{\mathrm{d}t}{a(t)} \tag{8.9}$$

对于具有足够高频率的光子 (也即 δt 足够小),

$$\frac{\delta t}{a(t)} = \frac{\delta t_0}{a_0} \tag{8.10}$$

或者等价地有

$$\frac{a_0}{a(t)} = \frac{\nu}{\nu_0} = \frac{\lambda_0}{\lambda} \equiv 1+z \tag{8.11}$$

式中, $\lambda(\lambda_0)$ 是发射 (吸收) 的光的波长; z 是在 $t\ (<t_0)$ 时刻发射并在 t_0 时刻被观测到的光的红移 (多普勒效应)。

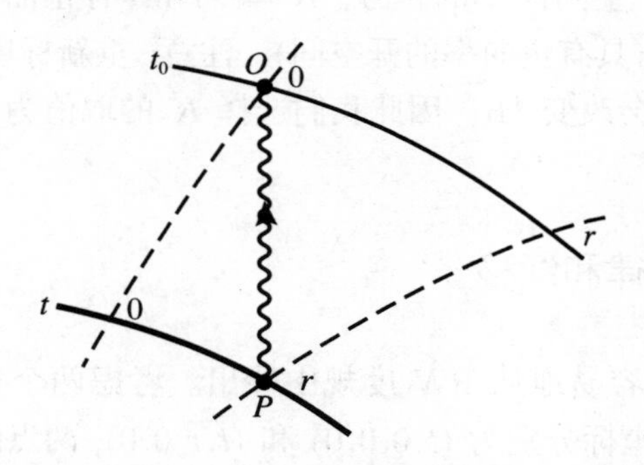

图 8.6 光从 P 点到 O 点的传播受到宇宙膨胀导致的红移效应的影响

如果宇宙在膨胀, $a_0 > a(t)$, 那么 $z > 0$。当 z 很小时, 经过计算可以得到对简单哈勃定律 (8.1) 式的修正:

$$z - \frac{1}{2}(1+q_0)z^2 + \cdots = H_0 l_0 \tag{8.12}$$

式中, $q_0\ (= -\ddot{a}_0/(a_0 H_0^2))$ 是减速参数。如果 z 非常小, 那么 $z \simeq v$, (8.12) 式回到 (8.1) 式。

8.2.3 视界距离

视界距离定义为有因果联系的区域的距离标度。假定在 $t=0$ 时刻发射的随动坐标为 r_{H} 的光, 于 t 时刻在随动坐标 $r=0$ 处被观测到, 那么有

$$\int_0^t \frac{\mathrm{d}t}{a(t)} = \int_0^{r_{\mathrm{H}}(t)} \frac{\mathrm{d}r}{\sqrt{1-Kr^2}} \tag{8.13}$$

因此我们得到视界距离

$$l_{\mathrm{H}}(t) \equiv a(t) \int_0^{r_{\mathrm{H}}(t)} \frac{\mathrm{d}r}{\sqrt{1-Kr^2}} = a(t) \int_0^t \frac{\mathrm{d}t}{a(t)} = a(t) \int_0^{a(t)} \frac{\mathrm{d}a}{a^2 H} \tag{8.14}$$

我们将在 (8.31) 式中看到, 在早期宇宙的辐射主导时期, $a(t)$ 正比于 $\sqrt{t}$, 从而可以得到 $l_{\mathrm{H}}(t) \propto t$。

8.3　宇宙的膨胀定律

到目前为止, 我们还没有计算标度因子 $a(t)$ 的时间依赖, 它由与物质和辐射耦合的广义相对论即爱因斯坦方程来决定。

8.3.1　爱因斯坦方程

爱因斯坦方程建立了时空曲率与能动量张量的联系 (见附录 D.2):

$$G_{\mu\nu} \equiv R_{\mu\nu} - \frac{1}{2}Rg_{\mu\nu} = 8\pi G T_{\mu\nu} \tag{8.15}$$

式中 $R_{\mu\nu}$ 和 R 分别是里奇 (Ricci) 张量曲率和标量曲率; G 是引力常数; $T_{\mu\nu}$ 是总能动量张量, 它不仅包含物质项和辐射项, 也包含宇宙学常数项 $\Lambda g_{\mu\nu}$, 其中 Λ 是宇宙学常数(见习题 8.2)。

能动量张量项必须满足协变的守恒方程 (见习题 8.3)

$$\nabla_\mu T^\mu{}_\nu = 0 \tag{8.16}$$

式中 ∇ 是附录 D.1 中定义的协变导数算子。我们引入与空间均匀性和空间各向同性相一致的 $T^\mu{}_\nu$ 的参数化形式

$$T^\mu{}_\nu = \mathrm{diag}(\varepsilon(t), -P(t), -P(t), -P(t)) \tag{8.17}$$

因为空间是均匀的, 所以 ε 和 P 都只能是时间 t 的函数。注意: $\varepsilon(P)$ 可以自然地解释为给定时刻的局域能量密度 (局域压强)。

利用 (8.5) 式中 RW 度规的显式形式, 我们可以计算 (8.15) 式左边的度规和曲率张量, 详见附录 D.3。特别地, 从 $G^0{}_0 = 8\pi G\varepsilon$ 可导出

$$H^2 = \left(\frac{\dot{a}}{a}\right)^2 = \frac{8\pi G}{3}\varepsilon - \frac{K}{a^2} \tag{8.18}$$

这是关于膨胀速度 $\dot{a}$ 的方程, 称为**弗里德曼 (Friedmann) 方程**。将 $G^0{}_0 = 8\pi G\varepsilon$ 和 $G^i{}_i = -8\pi GP$ 结合起来, 我们可以得到如下关于加速度 $\ddot{a}$ 的一个独立方程:

$$\frac{\ddot{a}}{a} = -\frac{4\pi G}{3}(\varepsilon + 3P) \tag{8.19}$$

另外的一种组合可以得到一个不包含 $\ddot{a}$ 的方程:

$$\frac{\mathrm{d}(\varepsilon a^3)}{\mathrm{d}t} + P\frac{\mathrm{d}a^3}{\mathrm{d}t} = 0 \tag{8.20}$$

这是随动体积元中的总能量和对其做的功之间的**平衡方程**, $\mathrm{d}E = -P\mathrm{d}V$。(8.20) 式也可以从 $\nabla_\mu T^\mu{}_0 = 0$ 中得到。上述三个方程中只有两个是独立的。下面我们将弗里德曼方程 (8.18) 式和平衡方程 (8.20) 式取为独立方程。注意到平衡方程可以重新写成另外一种有用的形式:

$$\frac{\mathrm{d}\varepsilon}{\mathrm{d}a} = -\frac{3}{a}(\varepsilon + P) \tag{8.21}$$

8.3.2 临界密度

在弗里德曼方程 (8.18) 式两边分别除以 H^2, 我们得到

$$k \equiv \frac{K}{H^2a^2} = \frac{\varepsilon}{\varepsilon_\mathrm{c}} - 1 \equiv \Omega - 1 \tag{8.22}$$

式中临界密度 $\varepsilon_\mathrm{c} = 3H^2/8\pi G$ 成为闭宇宙和开宇宙之间的分界线:

$$\begin{aligned} &\Omega > 1 \Longleftrightarrow k > 0 \quad (\text{闭空间}) \\ &\Omega = 1 \Longleftrightarrow k = 0 \quad (\text{平坦空间}) \\ &\Omega < 1 \Longleftrightarrow k < 0 \quad (\text{开空间}) \end{aligned} \tag{8.23}$$

当前宇宙的临界密度 $\varepsilon_{\mathrm{c}0}$ 为

$$\varepsilon_{\mathrm{c}0} = \frac{3H_0^2}{8\pi G} = 1.88h^2 \times 10^{-29}\ \mathrm{g\cdot cm^{-3}} \tag{8.24}$$

这是一个很微小的数值。观测结果尤其是表 8.1 中 WMAP 的结果暗示 Ω_0 非常接近于 1, 这预示着宇宙是平坦的。$|1-\Omega|$ 随时间增长 (在 8.3.3 节将会看到), 这表明 Ω 在宇宙早期被极其精细地调节到 1。宇宙的暴胀假设可能可以解释宇宙的平坦性问题和其他的宇宙学问题 (Kazanas, 1980; Guth, 1981; Sato, 1981a, b; Peebles, 1993)。

我们知道 Ω_0 可以被分解为以下三部分:

$$\Omega_0 = \Omega_\mathrm{B} + \Omega_\mathrm{DM} + \Omega_\Lambda \tag{8.25}$$

这里 $\Omega_\mathrm{B} \simeq 0.04$ 是重子贡献, $\Omega_\mathrm{DM} \sim 0.23$ 是非重子的暗物质的贡献, $\Omega_\Lambda \sim 0.73$ 是暗能量的贡献 (见表 8.1)。后面的两个贡献是当前宇宙的主要组成部分; 解释这两部分贡献的起源是当今宇宙学和粒子物理领域最大的挑战之一。

8.3.3　弗里德曼方程的解

为了研究 $a(t)$ 随时间变化的行为, 我们考虑一个简化的状态方程, 包括下列三种情况:

(1) 辐射主导 (RD), $P=\varepsilon/3$; 这种状态方程描述相对论性的无相互作用粒子。

(2) 物质主导 (MD), $P=0$; 这种状态方程描述非相对论性的重粒子。

(3) 真空 (VAC), $\varepsilon=-P$; 这对应于存在均匀的真空凝聚的情形。

在每种情况下, 我们都可以很容易地求解平衡方程 (8.21) 式, 得到以下结果:

$$(1)\qquad \varepsilon \propto a^{-4}\quad (\text{RD}) \tag{8.26}$$

$$(2)\qquad \varepsilon \propto a^{-3}\quad (\text{MD}) \tag{8.27}$$

$$(3)\qquad \varepsilon = \text{常数}\quad (\text{VAC}) \tag{8.28}$$

这时弗里德曼方程 (8.18) 式可以写成“总能量”为 $E=-K$ 的“经典粒子”在“势场” $V(a)$ 中的运动方程:

$$\left(\frac{\mathrm{d}a}{\mathrm{d}t}\right)^2 + V(a) = -K \tag{8.29}$$

$$V(a) = -\frac{8\pi G}{3}\frac{C}{a^\alpha} \tag{8.30}$$

三种情况下 (8.30) 式中的系数分别为: (1) $C=\varepsilon a^4=\varepsilon_0 a_0^4$, $\alpha=2$; (2) $C=\varepsilon a^3=\varepsilon_0 a_0^3$, $\alpha=1$; (3) $C=\varepsilon=\varepsilon_0\equiv\Lambda$, $\alpha=-2$。经典粒子运动轨道的闭与开取决于 $E<0$ $(K=+1)$ 或 $E>0$ $(K=-1)$。

只要在宇宙中存在物质和辐射, 它们在宇宙早期 $(a\sim 0)$ 的能量密度就会超过弗里德曼方程中的曲率项并在真空贡献中占据主导地位。因此, 真空项 (暗能量) 即使存在, 也只能在宇宙演化的晚期起主导作用。图 8.7 描述的是在三种情况 $(K=0,\pm 1)$ 下 $a(t)$ 从 $a=0$ 开始的运动。图中势 $V(a)$ 是符合“实际情况”的: 当 a 很小时由辐射和物质占主导; 当 a 很大时由暗能量占主导。

随着能量密度的增加, 宇宙中的粒子运动越来越具有相对论性。因此, 在宇宙早期的时候, 应该有一个辐射主导的时期。在这种情况下, (8.29) 式可以很容易地求解:

$$a(t) = \left[\frac{32\pi G}{3}(\varepsilon a^4)\right]^{1/4}\sqrt{t}\quad (\text{RD}) \tag{8.31}$$

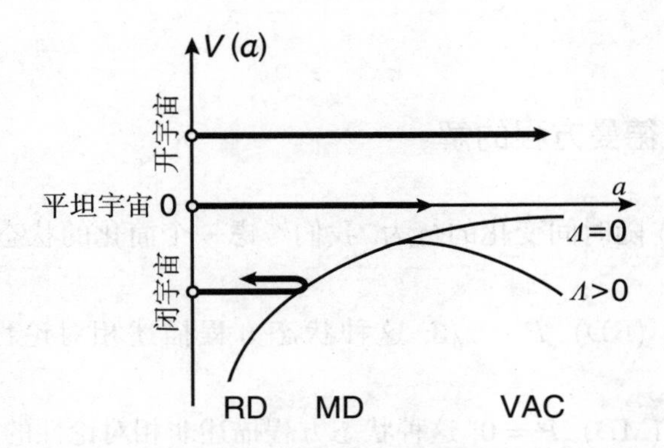

图 8.7 关于 $a(t)$ 运动的经典力学图像

式中在辐射主导时期有 $\varepsilon a^4 =$ 常数。此方程式也表明

$$\varepsilon = \frac{3}{32\pi G}\frac{1}{t^2} \quad \text{(RD)} \tag{8.32}$$

随着宇宙的膨胀和 $a(t)$ 的增长, $a(t) \propto t^{1/2}$ 的辐射主导时期逐渐变成 $a(t) \propto t^{2/3}$ 的物质主导时期。对于 $\Lambda > 0$ 的情况, $a(t)$ 最终将在真空时期经历指数增长, 即 $a(t) \propto \exp(\sqrt{8\pi G\Lambda/3}\ t)$。

假设辐射主导时期的能量密度由温度为 T 的无质量粒子的黑体辐射谱所描述, 我们就可以得到 (应用 3.2 节的结果)

$$\varepsilon = d_{\text{eff}}\frac{\pi^2}{30}T^4 \tag{8.33}$$

$$d_{\text{eff}} = \sum_i \left(d_{\text{B}}^i + \frac{7}{8}d_{\text{F}}^i\right) \tag{8.34}$$

式中 i 标记粒子种类 (轻子、光子、夸克、胶子等)。这时 (8.32) 式变成

$$T = \left[\frac{45}{16\pi^3 G d_{\text{eff}}}\right]^{1/4}\frac{1}{\sqrt{t}} \quad \text{(RD)} \tag{8.35}$$

如果粒子种类很多, 那么宇宙将会快速膨胀, 温度 T 也会快速降低。

应该要注意到, 即使在辐射主导时期, (8.34) 式也只是近似成立的, 因为不同种类的粒子可能会有不同的温度, 这取决于该种粒子从系统中解耦的时间。在这种情况下, d_{eff} 应该由下式代替:

$$d_{\text{eff}} = \sum_i \left[d_{\text{B}}^i\left(\frac{T_i}{T}\right)^4 + \frac{7}{8}d_{\text{F}}^i\left(\frac{T_i}{T}\right)^4\right] \tag{8.36}$$

式中, T_i 是 i 粒子的温度; T 是光子温度。

8.3.4　熵守恒

正如我们在第 3 章讨论的那样, 在真空中可以存在不为零的能量密度和压强, 但是根据热力学第三定律, 零温下的熵必须为零。因此, 熵在某些情况下可以作为统计一个系统的有效自由度的有用工具。

我们考虑一个简单的情形, $\mu \ll T$。这种情形对早期宇宙来说是可以存在的, 因为那时温度 T 非常高。利用单位随动体积 $V = a^3$, 平衡方程 (8.20) 式可以写成

$$\mathrm{d}E + P\mathrm{d}V = 0 \tag{8.37}$$

式中 $E = \varepsilon V = \varepsilon a^3$。(8.37) 式与热力学关系 $TS = E + PV$((3.5) 式) 和 $T\mathrm{d}S = \mathrm{d}E + P\mathrm{d}V$((3.7) 式) 一起, 意味着该体积中的总熵守恒:

$$0 = \mathrm{d}S = \mathrm{d}(sa^3) \to s \propto \frac{1}{a^3} \tag{8.38}$$

式中 s 是熵密度, $s = S/V$。

如果系统中包含温度为 T_i 的独立的“热”成分, 那么不仅总熵是守恒的, 即 $\mathrm{d}S = \mathrm{d}\left(\sum_i S_i\right) = 0$, 而且每个分量的熵也是守恒的, 即 $\mathrm{d}S_i = 0$。这是因为, 协变的能动量张量守恒方程 $\nabla_\mu T_i^{\mu\nu} = 0$ 对每个独立“热”成分都会给出一个平衡方程。在这种情况下, 相对论粒子的熵密度是

$$s = d_{\mathrm{eff}}^s \frac{2\pi^2}{45} T^3 \tag{8.39}$$

$$d_{\mathrm{eff}}^s = \sum_i \left[d_{\mathrm{B}}^i \left(\frac{T_i}{T}\right)^3 + \frac{7}{8} d_{\mathrm{F}}^i \left(\frac{T_i}{T}\right)^3 \right] \tag{8.40}$$

8.3.5　宇宙的年龄

辐射主导的时期大概结束于宇宙大爆炸后的 10^{12} s ($\sim 3\times 10^4$ 年), 与宇宙当前年龄相比, 这段时期是可以忽略的。因此, 为了从爱因斯坦方程估算宇宙的年龄 t_0, 我们完全可以略去辐射主导时期的贡献。我们从弗里德曼方程 (8.18) 式开始, 将其除以 a_0 得到

$$\frac{\mathrm{d}(a/a_0)}{\mathrm{d}t} = \sqrt{\frac{8\pi G}{3}\varepsilon\left(\frac{a}{a_0}\right)^2 - \frac{K}{a_0^2}} \tag{8.41}$$

对 (8.41) 式积分得到

$$t = H_0^{-1}\int_0^{(1+z)^{-1}} \frac{\mathrm{d}x}{\sqrt{(1-\Omega_\Lambda)x^{-1}+\Omega_\Lambda x^2}} \tag{8.42}$$

我们已经简化了表达式：忽略了辐射贡献并假定当前宇宙是相当平坦的，即 $\Omega_0 \simeq 1$。上式根号里的第一项来自物质的贡献 $(\Omega_{\mathrm{B}}+\Omega_{\mathrm{DM}})$，第二项来自真空的贡献 (Ω_Λ)，它们在 (8.25) 式中已有定义。

然后，通过设定 (8.42) 式中 $z=0$ 就可以得到 t_0:

$$t_0 = \frac{2}{3}H_0^{-1}\Omega_\Lambda^{-1/2}\sinh^{-1}\sqrt{\frac{\Omega_\Lambda}{1-\Omega_\Lambda}} \tag{8.43}$$

它是关于 Ω_Λ 的增函数：对于 $\Omega_\Lambda = 0,1$，我们分别有 $t_0 = \frac{2}{3}H_0^{-1}$ 和 ∞。如果我们取表 8.1 中的数值 $\Omega_\Lambda \simeq 0.73$ 和 $h \simeq 0.71$，那么可以估算宇宙的年龄为

$$t_0 \simeq 13.7\times 10^9\ \mathrm{yr} \tag{8.44}$$

图 8.8 所示的是在不同的 K 和 Λ 取值组合下标度因子 $a(t)$ 随时间的变化曲线。表 8.1 中 WMAP 的结果表明我们所在宇宙的膨胀对应于图 8.8 中 $K=0$、$\Lambda>0$ 的点虚线。

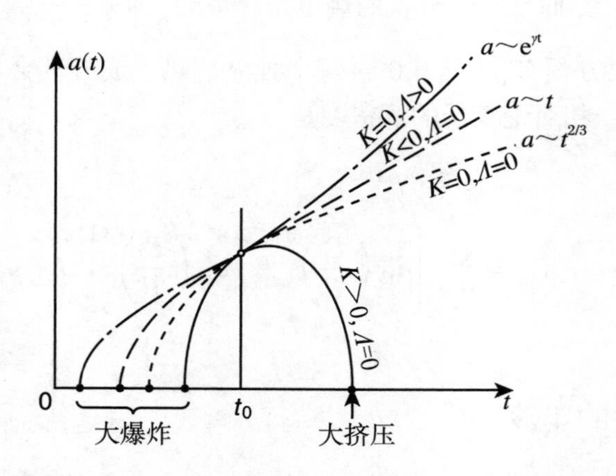

图 8.8 在四组不同的曲率参数 K 和宇宙学常数 Λ 取值组合下，$a(t)$ 随时间的变化曲线，其中 $\gamma = \sqrt{8\pi G\Lambda/3}$ (见 8.3.3 节)；所有曲线在当前时刻 ($t_0 \simeq 13.7\times 10^9$ 年) 的梯度 ($\dot{a}_0/a_0$) 应该是 $H_0 \simeq 0.71\times 100\ \mathrm{km\cdot s^{-1}\cdot Mpc^{-1}}$

8.4　宇宙的热历史: 从夸克胶子等离子体 (QGP) 到宇宙微波背景辐射 (CMB)

我们简单总结一下宇宙从早期阶段到现在的历史, 它分解为以下几个时期 (图 1.7):

早期: $T > m_c \simeq 1$ GeV

到宇宙温度冷却到 1 GeV 为止, 大统一理论和弱电理论中的几种相变已然发生。在温度是 $T \sim m_c$ 的时候, 弱作用玻色子 ($W^{\pm}, Z^0$)、希格斯玻色子、重夸克 (c, b, t)、重轻子 (τ) 等大质量粒子已经衰变成轻夸克、轻子和轻规范玻色子。

夸克胶子等离子体: $m_c > T > T_{QCD} \simeq 170$ MeV

这是 RHIC 和 LHC 上的相对论重离子碰撞实验所能够达到的初始温度。宇宙中主要的热成分是:

夸克: $u, d, s, \bar{u}, \bar{d}, \bar{s}$;

轻子: $e^-, \mu^-, e^+, \mu^+, \nu_{e,\mu,\tau}, \bar{\nu}_{e,\mu,\tau}$;

规范粒子: g(胶子), γ(光子)。

QCD 相变: $T \sim T_{QCD}(t \simeq (10^{-5} \sim 10^{-4})$ s)

强子化过程(从带颜色的态到色单态强子的转化过程) 在这个时候发生。例如, $3q \to B$ (重子)、 $3\bar{q} \to \bar{B}$ (反重子)、 $q\bar{q} \to M$ (介子)、 $gg \to G$ (胶球), 等等。在这个转化过程完成之后, 温度小于 π 介子质量 $m_\pi \simeq 140$ MeV 和 μ 轻子质量 $m_\mu = 106$ MeV, 大部分强子或者衰变或者湮灭, 只留下少数质子和中子, 重子光子比为 $\eta = n_B/n_\gamma \simeq 6 \times 10^{-10}$ (见表 8.1), 其中 n_B 和 n_γ 分别为净重子数密度和光子数密度。 μ 子也会通过湮灭过程变成光子 $\mu^- + \mu^+ \to 2\gamma$。

最终, 对于 $m_\mu > T > m_e$, 宇宙中只剩下非相对论性的核子与相对论性的轻子和光子:

$$p,\ n,\ e^-,\ e^+,\ \nu_{e,\mu,\tau},\ \bar{\nu}_{e,\mu,\tau},\ \gamma \tag{8.45}$$

中微子解耦: $T \sim 1$ MeV ($t \sim 0.1 \sim 1$ s)

随着宇宙继续膨胀和冷却, 哈勃膨胀速率超过中微子通过弱作用发生反应的速率, 此时中微子与宇宙中其他成分解耦, 解耦温度可以用下面的公式估计。首先, 中微子的典型反应率为

$$\varGamma_\nu = \langle n\sigma_\nu v\rangle \sim T^3 G_F^2 T^2 = G_F^2 T^5 \tag{8.46}$$

式中 v $(\simeq c)$ 是中微子与其他粒子的相对速度, $n \propto T^3$ 是等离子体中与中微子发生反应的粒子的数密度。因子 $\sigma_\nu \sim G_F^2 T^2$ 是中微子在热环境中发生反应的典型截面, $G_F = (292.80\ \text{GeV})^{-2}$ 为费米耦合常数 (截面的温度依赖可以从简单的量纲分析中得到: $\sigma_\nu \sim G_F^2\times(\text{能量})^2 \sim G_F^2 \times T^2$)。取 $\varGamma_\nu$ 与辐射主导时期的哈勃常数 H $(H=\sqrt{(8\pi/3)G\varepsilon} \propto \sqrt{GT^4})$ 的比值

$$\frac{\varGamma_\nu}{H} \sim \frac{G_F^2 T^5}{\sqrt{GT^4}} \sim \left(\frac{T}{1\ \text{MeV}}\right)^3 \tag{8.47}$$

(8.47) 式使用了牛顿常数 $G = (1.2211\times 10^{19}\ \text{GeV})^{-2}$(见附录 A.2)。可见, 中微子在温度小于约 1 MeV 的时候与其他粒子解耦。

一旦中微子解耦, 初始热分布冻结, 中微子在单位随动体积中的粒子数守恒。我们考虑单位随动体积 a^3 和动量空间体积元 d^3p。因为中微子解耦以后粒子数守恒, 我们得到

$$a^3\mathrm{d}^3p\, n_\nu(p,T) = (a')^3\mathrm{d}^3p'\, n_\nu\left(p',T'\right) \tag{8.48}$$

式中 $T<T'<1\ \text{MeV}$。依据宇宙膨胀, 波数发生红移, 因此 $p=(a'/a)p'$。注意到无质量粒子的分布函数是比值 p/T 的函数, 我们得到

$$n_\nu(p,T) = n_\nu(p',T') = n_\nu\left(p, T'\frac{a'}{a}\right) \tag{8.49}$$

这导致

$$T = T_{\text{dec}}\frac{a_{\text{dec}}}{a} \propto \frac{1}{a} \tag{8.50}$$

尽管在中微子解耦之后分布函数也具有热分布形式, 但是这并不意味着粒子还在发生相互作用。

为以后之用, 我们定义 T_ν 为中微子解耦之后的“温度”, 则 (8.50) 式和熵守恒意味着

$$T_\nu \propto \frac{1}{a},\quad s_\nu \propto n_\nu \propto \frac{1}{a^3} \tag{8.51}$$

光子重新加热: $T<m_e=0.51\ \text{MeV}$ $(t\sim 10\ \text{s})$

中微子解耦之后不久, 温度降到电子质量以下, 正负电子 (e^- 和 e^+) 开始通过 $e^- + e^+ \to 2\gamma$ 过程湮灭。同时, 光子数增加, 光子温度 (从此处开始定义为 T) 开始偏离 T_ν。

让我们估计重新加热时期结束时的温度比 T/T_ν。在 e^+e^- 湮灭之前、中微子解耦之后, e^-、e^+ 和 γ 的熵密度为 (见 3.2 节)

$$s_{\gamma+e^\pm} = \left(2 + \frac{7}{8} \times 2 \times 2\right) \frac{2\pi^2}{45} T^3 = \frac{11}{2} \cdot \frac{2\pi^2}{45} T^3 \tag{8.52}$$

另一方面, 在 e^+e^- 湮灭之后,

$$s_\gamma = 2 \cdot \frac{2\pi^2}{45} T^3 \tag{8.53}$$

利用电磁过程和中微子过程的熵守恒, 可得

$$\begin{aligned} (aT)_{\text{after}} &= \left(\frac{11}{4}\right)^{1/3} (aT)_{\text{before}} \\ (aT_\nu)_{\text{after}} &= (aT_\nu)_{\text{before}} = (aT)_{\text{before}} \end{aligned} \tag{8.54}$$

式中我们利用了重新加热之前 $T = T_\nu$ 的事实。这样我们得到

$$\left(\frac{T}{T_\nu}\right)_{\text{after}} = \left(\frac{11}{4}\right)^{1/3} \simeq 1.401 \tag{8.55}$$

宇宙具体在哪个温度达到 (8.51) 式中的温度比? 为了回答这个问题, 我们需要将电子质量 m_e 引入熵密度计算 (8.52) 式中。我们发现, 上述温度比只有在宇宙温度小于大约 $m_e/10$ 的时候才会实现 (见习题 8.4)。

重组合: $T = T_{\text{rec}} \sim 4000$ K

在 e^+e^- 湮灭完成之后, 仍然存在少部分的电子, 宇宙的净电荷近似为 0: $n_{e^-}/n_\gamma = n_p/n_\gamma \sim 10^{-9} \sim 10^{-10}$。然而, 一旦温度降低到 4000 K 以下, 电子和质子快速通过重组合过程形成氢原子 ($e^- + p \to H + \gamma$), 宇宙实现局域电中性。注意到大约 25% 的重子物质以 α 粒子的形式存在, 它由两个质子和两个中子组成。α 粒子变成中性粒子 ^{4}He 原子发生在大约 8000 K 处, 因为 ^{4}He 原子的电离能较高。

光子解耦: $T = T_{\text{dec}} \sim 2700$ K

随着温度继续降低, 光子和原子通过汤姆孙散射过程发生反应的速率开始小于哈勃膨胀速率。此时光子与物质解耦, 如同中微子解耦一样。光子解耦以后, 宇宙成为光学透明的。

宇宙背景辐射: $T \ll T_{\text{dec}}$

现在宇宙充满黑体辐射的光子和中微子, 它们是早期宇宙热时期的遗迹。像我们在 8.1 节讨论的一样, COBE 和 WMAP 实验精确地测量了宇宙微波背景辐射 (CMB) 及其涨落。尽管宇宙中微子背景辐射 (CνB) 仍然没有被人们观测到, 从上边的讨论中我们仍可以估计中微子温度:

$$T_{\nu 0}=\left(\frac{4}{11}\right)^{1/3}T_{\rm CMB}\simeq 1.95\ {\rm K} \tag{8.56}$$

与此对应, 宇宙微波背景辐射和宇宙中微子背景辐射的数密度分别为

$$n_{\rm CMB}=2\frac{\zeta(3)}{\pi^2}T_{\rm CMB}^3\simeq 410\ {\rm cm}^{-3} \tag{8.57}$$

$$n_{{\rm C}\nu{\rm B}}=6\cdot\frac{3}{4}\frac{\zeta(3)}{\pi^2}T_{\nu 0}^3=\frac{9}{11}n_{\rm CMB} \tag{8.58}$$

(8.57) 和 (8.58) 式中我们应用了习题 (3.4) 中的积分公式。注意到宇宙中微子背景辐射的六个自由度源自三代左手中微子及其反粒子。

当前时刻宇宙微波背景辐射与宇宙中微子背景辐射的能量密度之和为

$$\begin{aligned}\varepsilon_{\gamma+\nu+\bar{\nu},0}&=\left[2+\frac{7}{8}\times 2\times 3\times\left(\frac{4}{11}\right)^{4/3}\right]\frac{\pi^2}{30}T_{\rm CMB}^4\\&\simeq 7.80\times 10^{-34}\ {\rm g\cdot cm^{-3}}\end{aligned} \tag{8.59}$$

(8.59) 式比 (8.24) 式中的 ε_{c0} 小 4 个数量级以上。

8.5 原初核合成

在 QCD 相变 ($T_{\rm QCD}\sim 170$ MeV) 和中微子解耦 (~ 1 MeV) 之间的时期, 质子和中子通过弱作用达到热平衡。它们的相对丰度由质子、中子质量差 $Q=m_{\rm n}-m_{\rm p}=1.3$ MeV 决定:

$$\left(\frac{n_{\rm n}}{n_{\rm p}}\right)_{\rm eq}={\rm e}^{-Q/T} \tag{8.60}$$

式中假定电子和中微子的化学势可以忽略。在 $T=T_{\rm n}\simeq 0.8$ MeV 时, 弱作用反应速率, 例如 ${\rm p}+{\rm e}^-\longleftrightarrow\nu_{\rm e}+{\rm n}$, 开始变得小于哈勃膨胀速率。随后中子-质子比固定并且中子冻结发生, 之后中子以平均寿命约 900 s 缓慢衰变 (${\rm n}\to{\rm p}+{\rm e}^-+\bar{\nu}_{\rm e}$)。

当温度 T 达到 $T_\mathrm{d} \simeq 0.07$ MeV 后, d(氘), ^{3}H, ^{3}He, ^{4}He, ^{7}Li 和 ^{7}Be 开始通过下列反应链生成 (图 8.9):

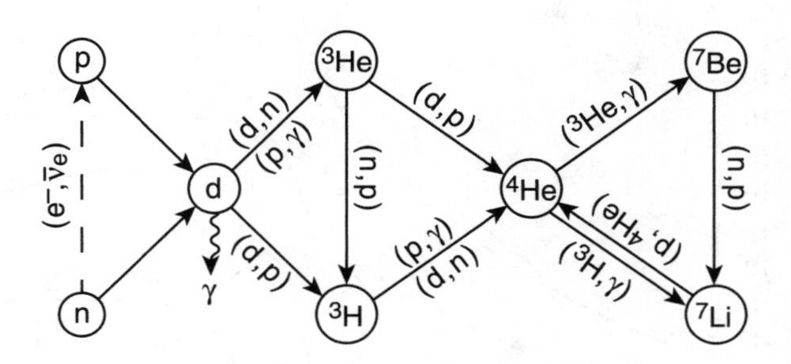

图 8.9 大爆炸核合成 (BBN) 的主要核反应

$$
\begin{aligned}
&\mathrm{p}+\mathrm{n} \to \mathrm{d}+\gamma \\
&\mathrm{d}+\mathrm{p} \to {}^3\mathrm{He}+\gamma, \quad \mathrm{d}+\mathrm{d} \to {}^3\mathrm{H}+\mathrm{p}, \quad \mathrm{d}+\mathrm{d} \to {}^3\mathrm{He}+\mathrm{n} \\
&{}^3\mathrm{H}+\mathrm{d} \to {}^4\mathrm{He}+\mathrm{n}, \quad {}^3\mathrm{H}+{}^4\mathrm{He} \to {}^7\mathrm{Li}+\gamma \\
&{}^3\mathrm{He}+\mathrm{n} \to {}^3\mathrm{H}+\mathrm{p}, \quad {}^3\mathrm{He}+\mathrm{d} \to {}^4\mathrm{He}+\mathrm{p}, \quad {}^3\mathrm{He}+{}^4\mathrm{He} \to {}^7\mathrm{Be}+\gamma \\
&{}^7\mathrm{Li}+\mathrm{p} \to {}^4\mathrm{He}+{}^4\mathrm{He}, \quad {}^7\mathrm{Be}+\mathrm{n} \to {}^7\mathrm{Li}+\mathrm{p}
\end{aligned} \tag{8.61}
$$

因为大部分中子最终用于形成 ^{4}He, 我们可以相对简单地估计这种元素在中子冻结时刻 $(n_\mathrm{n}/n_\mathrm{p})_{T=T_\mathrm{n}} \simeq 1/6$ 的原初丰度。直到核合成开始, 这个比值仅在中子衰变影响下从 1/6 稍微减少到 1/7。假设所有中子全部用于形成 ^{4}He, 则原初 ^{4}He的质量丰度为

$$
Y_\mathrm{p} \simeq \frac{4\cdot n_\mathrm{n}/2}{n_\mathrm{n}+n_\mathrm{p}} = \frac{2(n_\mathrm{n}/n_\mathrm{p})}{1+(n_\mathrm{n}/n_\mathrm{p})} = 0.25 \tag{8.62}
$$

(8.62) 式与观测到的数值 (8.4) 式一致。原初核合成的细致数值计算表明人们可以足够精确地预言作为重子密度 n_B 或重子-光子比 $\eta \equiv n_\mathrm{B}/n_\gamma$ 的函数的轻核丰度。图 8.10 显示宇宙最初一小时的原初核合成历史。大部分轻核在宇宙最初三分钟内生成(Weinberg, 1977)。

如图 8.4 所示, 通过比较丰度计算结果和原初轻元素丰度的观测数据, 我们得到

$$
\rho_\mathrm{B} = (3\sim 5)\times 10^{-31}\ \mathrm{g\cdot cm^{-3}} \tag{8.63}
$$

$$
\Omega_\mathrm{B0} h^2 \simeq 0.02 \tag{8.64}
$$

这意味着, 为了保证当前宇宙的平坦性 ($\Omega_0 \sim 1$), 重子不能成为主要成分。

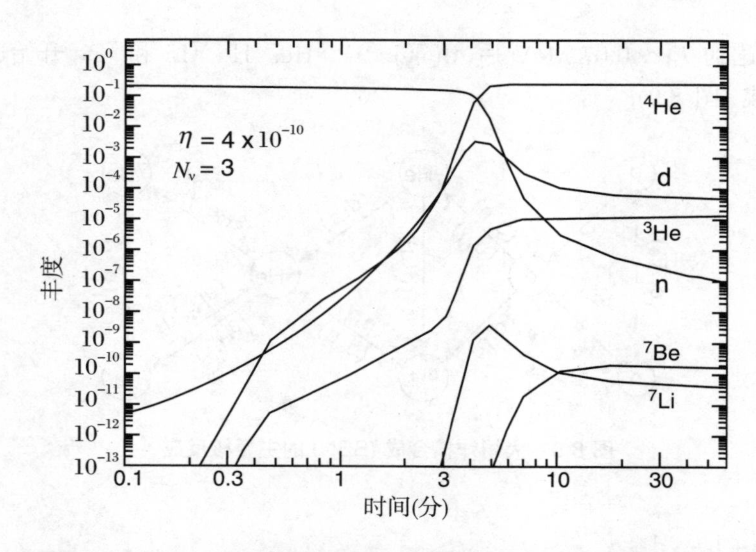

图 8.10 大爆炸开始之后一小时 ^{4}He 的质量分数和其他轻元素的粒子数丰度 (相对于 H)

注意 $\eta = n_B/n_\gamma$ 和 N_ν 分别代表重子-光子比和中微子的种类。

本图选自 Schramm and Turner(1998)

8.6 再论早期宇宙 QCD 相变

让我们回到早期宇宙 QCD 相变时期考察相变对宇宙演化历史的影响。因为标度因子 a 很小, 宇宙是辐射主导的, 正比于 K 的曲率项可以忽略。因此, 平衡方程 (8.21) 式与弗里德曼方程 (8.18) 式导致

$$\frac{\dot{a}}{a} = -\frac{\dot{\varepsilon}}{3(\varepsilon + P)} = \sqrt{\frac{8\pi G}{3}\varepsilon} \tag{8.65}$$

为使 (8.65) 式的解析研究成为可能, 我们采用 3.5 节中的袋模型状态方程。这种状态方程导致强一级相变, 但这种相变未必反映表 6.4 和表 6.5 中总结的 QCD 相变的真实特征。然而, 它作为描述宇宙演化历史中 QCD 相变阶段的一般特征的初步模型足够了。为了做更接近实际情况的研究, (8.65) 式可以用 3.7 节中的参数化的状态方程和 3.8 节中的格点状态方程通过数值方法求解。

夸克胶子等离子体相的袋模型状态方程为

$$\varepsilon_{\mathrm{QGP}} = d_{\mathrm{QGP}} \frac{\pi^2}{30} T^4 + B \tag{8.66}$$

$$P_{\mathrm{QGP}} = d_{\mathrm{QGP}} \frac{\pi^2}{90} T^4 - B \tag{8.67}$$

$$s_{\mathrm{QGP}} = (\varepsilon_{\mathrm{QGP}} + P_{\mathrm{QGP}})/T \tag{8.68}$$

有效自由度数为

$$d_{\mathrm{QGP}} = 16 + \frac{21}{2} N_f + 14.25 = 51.25 \quad (N_f = 2) \tag{8.69}$$

式中 “14.25” 为光子和轻子 $(\mathrm{e}^{\pm}, \mu^{\pm}, \nu_{\mathrm{e},\mu,\tau}, \bar{\nu}_{\mathrm{e},\mu,\tau})$ 的贡献。为简单计，我们取 $N_f = 2$。

强子相的袋模型状态方程 $(N_f = 2)$ 包含无质量 π 介子、光子和轻子:

$$\varepsilon_{\mathrm{H}} = d_{\mathrm{H}} \frac{\pi^2}{30} T^4 = 3P_{\mathrm{H}} = \frac{3}{4} s_{\mathrm{H}} T \tag{8.70}$$

式中

$$d_{\mathrm{H}} = 3 + 14.25 = 17.25 \tag{8.71}$$

如同我们在 3.5 节讨论的一样，相平衡条件 $P_{\mathrm{QGP}} = P_{\mathrm{H}}$ 在 $T = T_{\mathrm{c}}$ 时达到，则

$$B = (d_{\mathrm{QGP}} - d_{\mathrm{H}}) \frac{\pi^2}{90} T_{\mathrm{c}}^4 = L/4 \tag{8.72}$$

$$r \equiv \frac{s_{\mathrm{QGP}}(T_{\mathrm{c}})}{s_{\mathrm{H}}(T_{\mathrm{c}})} = \frac{d_{\mathrm{QGP}}}{d_{\mathrm{H}}} = \frac{51.25}{17.25} \simeq 3 \tag{8.73}$$

随着温度降低到 T_{c}，宇宙经历了夸克胶子等离子体相和强子相共存的时期，即一级相变过程。在这个阶段，系统温度固定在 T_{c}，通过释放潜热 L 补偿宇宙膨胀带来的冷却效应。这个混合相的能量密度可以通过体积分数因子 $f(t)$ 来参数化:

$$\varepsilon(t) = \varepsilon_{\mathrm{H}}(T_{\mathrm{c}}) f(t) + \varepsilon_{\mathrm{QGP}}(T_{\mathrm{c}})(1 - f(t)) \tag{8.74}$$

式中 $f(t)$ 在共存相开始 (结束) 的时候取值为 0(1)。注意到宇宙膨胀在 QCD 相变时期的时间标度为 $10^{-5} \sim 10^{-4}$ s，比强相互作用的时间标度 $(10^{-23} \sim 10^{-22}$ s) 大许多量级。因此，宇宙膨胀是一个绝热过程，我们可以安全地忽略一些效应，如相变时期的过度冷却(更多这方面的讨论，请参考文献 Kajantie and Kurki-Suonio (1986) 和 Kapusta (2001))。这个特征已经是 (8.74) 式的假设，其中我们把等式

右边 $\varepsilon_{\mathrm{H}}, \varepsilon_{\mathrm{QGP}}$ 的取值固定在温度 T_{c} 上。即使相变不是一级相变, 而是二级相变或者平滑过渡, 只要熵密度经历了快速改变, 基于 (8.74) 式的分析仍然对温度 $T(t)$ 和标度因子 $a(t)$ 的演化历史提供了好的思路。

为了下文方便, 我们定义如下 QCD 相变的特征时间标度 λ:

$$\lambda = \left(\frac{8\pi GB}{3}\right)^{-1/2} = (50\ \mu\mathrm{s})\left(\frac{170\ \mathrm{MeV}}{T_{\mathrm{c}}}\right)^2 \tag{8.75}$$

式中 $1\ \mu\mathrm{s} = 10^{-6}\ \mathrm{s}$, 我们将 T_{c} 的特征值取为 170 MeV。

8.6.1 $t < t_{\mathrm{I}}\ (T > T_{\mathrm{c}})$

利用袋模型状态方程和 (8.66)、(8.67) 式, (8.65) 式的第二个等式导致一个关于 $\varepsilon\ (\equiv \varepsilon_{\mathrm{QGP}})$ 的微分方程:

$$\frac{-\mathrm{d}\varepsilon}{4\sqrt{\varepsilon}(\varepsilon - B)} = \sqrt{\frac{8\pi G}{3}}\ \mathrm{d}t \tag{8.76}$$

引入变量 $X = \sqrt{(r-1)/3r}(T_{\mathrm{c}}/T)^2$, (8.76) 式可以变成简单形式 $\mathrm{d}X/\mathrm{d}t = (2/\lambda)\sqrt{1+X^2}$, 我们得到

$$\left(\frac{T(t)}{T_{\mathrm{c}}}\right)^2 = \sqrt{\frac{r-1}{3r}}\frac{1}{\sinh(2t/\lambda)} \tag{8.77}$$

另一方面, (8.65) 式的第一个等式导致

$$\frac{a(t)}{a_{\mathrm{I}}} = \frac{T_{\mathrm{c}}}{T(t)} \tag{8.78}$$

式中 a_{I} 简单地定义为相变开始发生时的标度因子: $a_{\mathrm{I}} = a\ (t = t_{\mathrm{I}})$ 和 $T\ (t = t_{\mathrm{I}}) = T_{\mathrm{c}}$。

方程 (8.77) 式显示, 早期温度按照 $1/\sqrt{t}$ 方式减少, 因为 B 的存在, 长时间以后温度变成 $\exp(-2t/\lambda)$ 形式。相变开始的时间 t_{I} 从 (8.77) 式得到

$$t_{\mathrm{I}} = \frac{\lambda}{2}\ln\left(\sqrt{\frac{r-1}{3r}} + \sqrt{1+\frac{r-1}{3r}}\right) \tag{8.79}$$

$$\simeq 11\ \mu\mathrm{s} \quad (T_{\mathrm{c}} = 170\ \mathrm{MeV}) \tag{8.80}$$

8.6.2　$t_{\mathrm{I}} < t < t_{\mathrm{F}}$ $(T = T_{\mathrm{c}})$

在混合相阶段, (8.65) 和 (8.74) 式导致

$$\frac{\dot{a}}{a} = \frac{\dot{f}}{3\left(\frac{r}{r-1} - f\right)} = \lambda^{-1}\sqrt{4(1-f) + \frac{3}{r-1}} \tag{8.81}$$

(8.81) 式有解析解 (见习题 8.5):

$$f(t) = 1 - \frac{1}{4(r-1)}\left[\tan^2\left(\frac{3}{2\sqrt{r-1}}\frac{t-t_{\mathrm{I}}}{\lambda} - \tan^{-1}\sqrt{4r-1}\right) - 3\right] \tag{8.82}$$

$$\frac{a(t)}{a(t_{\mathrm{I}})} = (4r)^{1/3}\left[\sin\left(\frac{3}{2\sqrt{r-1}}\frac{t-t_{\mathrm{I}}}{\lambda} + \sin^{-1}\frac{1}{\sqrt{4r}}\right)\right]^{2/3} \tag{8.83}$$

混合相在 $f(t_{\mathrm{F}}) = 1$ 时结束, 导致

$$t_{\mathrm{F}} - t_{\mathrm{I}} = +\lambda\frac{2\sqrt{r-1}}{3}\left[\tan^{-1}\sqrt{4r-1} - \tan^{-1}\sqrt{3}\right] \tag{8.84}$$

$$\simeq 11\ \mu\mathrm{s} \quad (T_{\mathrm{c}} = 170\ \mathrm{MeV}) \tag{8.85}$$

相变结束时刻的标度因子为

$$a(t_{\mathrm{F}}) = r^{1/3}a(t_{\mathrm{I}}) = 1.44a(t_{\mathrm{I}}) \tag{8.86}$$

(8.86) 式可以从 (8.83) 式的解得到, 也可以从总熵守恒的条件 $s(t_{\mathrm{I}})a^3(t_{\mathrm{I}}) = s(t_{\mathrm{F}})a^3(t_{\mathrm{F}})$ 得到。

8.6.3　$t > t_{\mathrm{F}}$ $(T < T_{\mathrm{c}})$

相变结束后宇宙温度再次按照辐射主导阶段的标准定律降低。利用 (8.70) 式中强子相的状态方程, (8.65) 式中关于 ε $(\equiv \varepsilon_{\mathrm{H}})$ 的第二个等式变成

$$\frac{-\mathrm{d}\varepsilon}{4\sqrt{\varepsilon}\varepsilon} = \sqrt{\frac{8\pi G}{3}}\mathrm{d}t \tag{8.87}$$

引入变量变换 $Y = \frac{r-1}{12}(T_{\mathrm{c}}/T)^2$, (8.87) 式可以重写为 $\mathrm{d}Y/\mathrm{d}t = \lambda^{-1}$, 这导致

$$\left(\frac{T(t)}{T_{\mathrm{c}}}\right)^2 = \frac{1}{1 + \sqrt{\frac{12}{r-1}\frac{t-t_{\mathrm{F}}}{\lambda}}} \tag{8.88}$$

另一方面, (8.65) 式的第一个等式如同以前一样导致 $a(t)/a_{\mathrm{F}} = T_{\mathrm{c}}/T(t)$。

图 8.11 显示了本节讨论的一级 QCD 相变时期的宇宙温度随时间的变化关系。扩展到更加实际的情况, 如强子相与夸克胶子等离子体相发生平滑过渡, 只需简单地采用 3.7 节的参数化状态方程。只要能量密度和熵密度在 (赝) 临界点附近快速变化, 图 8.11 所示的 $T(t)$ 的定性行为就不会改变 (见习题 8.6)。

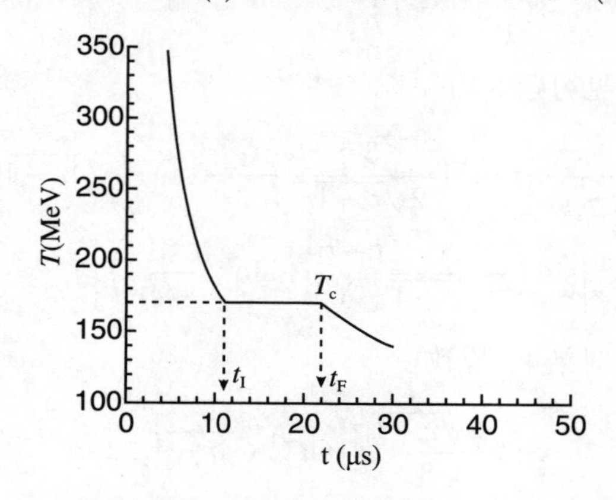

图 8.11 QCD 相变附近时期宇宙温度 T 随宇宙年龄 t 的变化

经典标度为 $T_{\mathrm{c}} = 170$ MeV 和 $\lambda = 78$ μs; 读者可以比较本图与相对论重离子碰撞对应的图 13.7

习　题

8.1 **三维曲率。**

导出三维标量曲率 ${}^3R$ 与 (8.6) 式中的标度参数 a 之间的关系。注意, 如果忽略 $a(t)$ 的时间依赖, (D.26) 式的 4 维标曲率 R 就约化到 $-{}^3R$。更多细节参见 Landau and Lifshitz (1988) 的第 111 节。

8.2 **测地线方程。**

引力场中运动的点粒子由下面的测地线方程描述:

$$\ddot{X} + \Gamma^{\lambda}{}_{\mu\nu}\dot{X}^{\mu}\dot{X}^{\nu} = 0$$

上式中 $X^{\lambda}(\tau)$ 是依赖于原时 τ 的粒子坐标, 坐标上边的点表示对 τ 的导数。这等价于下面的论断: 测地线上的任何切矢量即粒子的四速度 $\dot{X}^{\lambda}(\tau)$ 在弯曲时空中相互平行。在弱引力场假设下, 证明上述测地线方程与爱因斯坦方程 (8.15) 式约

化为标量势 $\phi_{\rm N} \equiv (g_{00}-1)/2$ 下的牛顿运动方程 $\ddot{X}^{\lambda} + \partial\phi_{\rm N}/\partial X^{\lambda} = 0$ 和泊松方程 $\boldsymbol{\nabla}^2\phi_{\rm N} = 4\pi G\varepsilon$。

8.3 **比安基 (Bianchi) 恒等式。**

(1) 从附录 D 中作用于任何矢量 A^{α} 的雅可比恒等式导出 (D.11) 式, 以及比安基恒等式 (D.12)。

(2) 证明 (D.14) 式中里奇张量的对称性 $R_{\mu\nu} = R_{\nu\mu}$。

(3) 利用比安基恒等式并做合适的缩并, 证明 $\nabla_{\mu}G^{\mu}{}_{\nu} = 0$($G_{\mu\nu}$ 的定义见 (8.15) 式)。

8.4 **光子重加热。**

考虑电子质量 $m_{\rm e}$, 计算 (8.52) 式中光子重加热之前的熵密度 $S_{\gamma+{\rm e}^{\pm}}$。假设熵守恒, 找出光子温度 T 与中微子温度 T_{ν} 之间的关系。画出 T/T_{ν} 随 $m_{\rm e}/T$ 的变化曲线, 确认 (8.55) 式何时近似成立。

8.5 **混合相与 QGP 体积分数。**

求解混合相中的方程 (8.81) 式, 导出 (8.82) 式中的体积分数 $f(t)$ 和 (8.83) 式中标度因子 $a(t)$ 的时间依赖关系。

8.6 **实际的状态方程与宇宙膨胀。**

考虑轻子和光子的贡献, 利用 (3.60)、(3.61) 式推广 (3.57)、(3.58) 式中的参数化状态方程。利用状态方程和数值方法求解平衡方程和弗里德曼方程 (8.65) 式。画出 T 随 t 变化的曲线, 与图 8.11 的结果做比较。

第9章 致 密 星

在这一章, 我们简单介绍致密星的物理及其与高重子密度下夸克强子相变的联系。

在 1932 年 Chadwick 发现中子之后, 人们很快提出存在一种主要由中子组成的宏观尺寸的巨型核即中子星的假设。特别地, Baade 和 Zwicky 在 1934 年提出这样的星体会在超新星爆发之后形成。Oppenheimer 和 Volkoff 在 1939 年第一次用爱因斯坦相对论计算了中子星的结构。在这个假设提出三十多年后, Bell 和 Hewish 在 1967 年发现了第一个射电脉冲星 (Hewish, et al., 1968); 现在确认这其实就是一个高速旋转的中子星。Hulse 和 Taylor 在 1975 年发现了第一个相互旋转的双中子星系统 (脉冲双星), 提供了严格检验广义相对论的一个途径。而且, Koshiba 领导的 KAMIOKANDE-Ⅱ合作组探测到了来自超新星 1987A的中微子, 开启了中微子天文学和致密星结构观测研究的新时代 (Hirata, et al., 1987; Koshiba, 1992)。

在 QCD 渐近自由 (Gross and Wilczek, 1973; Politzer, 1973; 't Hooft, 1972, 1985) 被发现之后不久, 人们提出高密度中子星核内有可能存在从重子物质到夸克物质的相变 (Collins and Perry, 1975; Baym and Chin, 1976)。人们还提出了完全由解禁闭的 u, d 和 s 夸克组成的奇特的奇异夸克星 (Witten, 1984), 这被认为是早期夸克星 (Itoh, 1970) 和稳定的奇异物质 (Bodmer, 1971) 的现代版本。目前为止, 还没有夸克星存在的可信证据, 但是也许大自然足够神奇, 可能在宇宙中容许致密物体在某个地方存在, 我们应当为将来发现它做好准备。

9.1　中子星的特性

图 9.1 是从中子星到夸克星的各种形态的致密星的示意图。

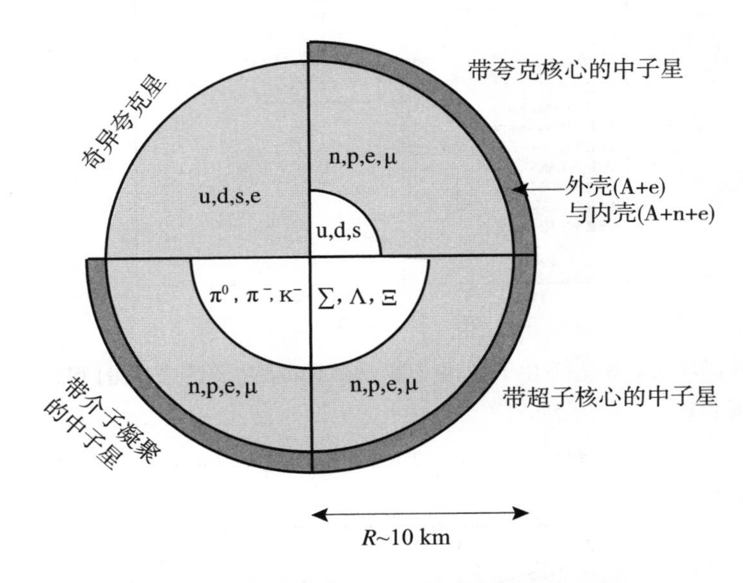

图 9.1　四种不同类型的致密星可能的内部结构和成分

中子星的特征尺寸大约是 10 km, 质量与太阳相当, $M_\odot$ ($\simeq 2\times10^{30}$ kg)。因为中子不能被强相互作用束缚, 所以依靠引力来形成星体。这意味着随着 M 减小, R 要增加。从对脉冲双星的测量可知中子星的质量一般在 $1\sim2M_\odot$ 范围, 如图 9.2 所示。在其诞生之后一年, 中子星的表面温度大约低于 10^9 K。在中子星的早期, 通过中微子发射来实现冷却, 而后期冷却过程则由表面光子发射主导 (Tsuruta, 1998)。也可能会有一些奇特的冷却机制, 比如说 π 介子和 K 介子凝聚效应以及星体核心存在夸克物质等。表面光子亮度可作为中子星年龄的函数, 其观测值和理论预言值如图 9.3 所示。

对脉冲星(旋转中子星), 观测到的旋转周期在毫秒到秒的范围。对旋转周期 $P\sim1$ s 以及 $\mathrm{d}P/\mathrm{d}t\sim10^{-15}$ 的普通脉冲星, 其表面磁场量级在 10^{12} 高斯。有些脉冲星有更大 (更小) 的 $\mathrm{d}P/\mathrm{d}t$ 和更大 (更小) 的磁场 $\sim10^{15}(10^9)$ 高斯。人们在脉冲中发现了一种星体旋转突然加速, 然后逐渐回复到正常旋转的现象, 被称为

自转突变 (glitch)。这个现象可能与中子星的内部结构有关, 特别是与中子超流体有关。

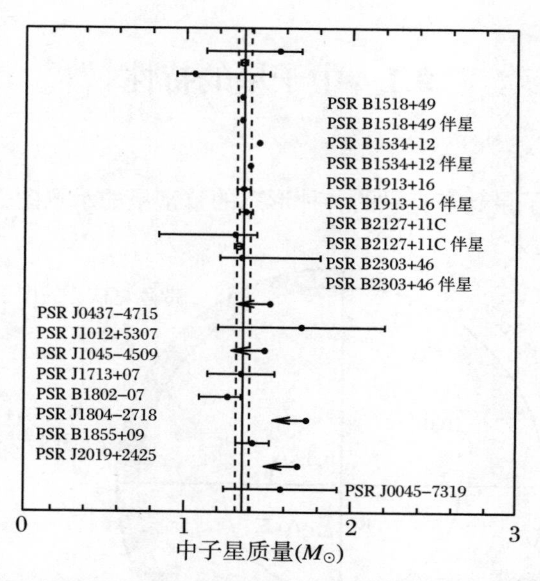

图 9.2 从射电脉冲双星系统 (双中子星, 中子星-白矮星或者中子星-主序星) 得到的中子星质量

竖实线和竖虚线标示 $M/M_\odot = 1.35 \pm 0.04$, 数据来自 Thorsett and Chakrabarty (1999)

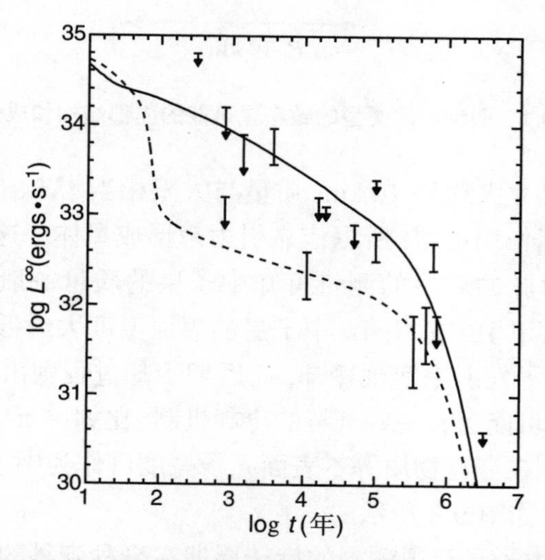

图 9.3 观测到的无穷远处各种中子星的表面光子亮度随年龄的变化

竖线标示带误差区间的亮度, 向下的箭头标示亮度的上限; 实线是 $M = 1.2M_\odot$ 的标准理论冷却曲线且包含核子超流; 虚线是 $M = 1.4M_\odot$ 并包含 π 介子凝聚的额外冷却的情况; 数据来自 Tsuruta, et al. (2002)

中子星的外壳是固体, 它是由简并电子海中的重核组成的, 其中重核排列成库仑晶格。因为越往内部, 压强和密度越大, 于是电子倾向于被核捕获, 同时中子从核内挣脱, 所以系统是由在中子和电子费米海里的富中子重核组成的。最后核解离成为中子液体, 系统变成由超流中子、少部分超导质子以及常态电子组成的简并费米子系统。当重子密度高于正常核物质密度的数倍时, 可以期望出现一些奇特的成分, 比如超子、 π 介子和 K 介子的玻色-爱因斯坦凝聚以及解禁闭夸克物质。

如果奇异夸克物质是 QCD 的绝对基态, 完全由夸克组成 (包括表面) 的夸克星是有可能存在的。因为这种情况下物质被假定是自束缚的, 于是 R 随着 M 减小而减小, 除非广义相对论效应太强。

对于中子星和夸克星, 从广义相对论都会给出其质量的理论上限, 两种情况下大约都是 $2M_{\odot}$, 虽然精确值依赖于星球内部物质的状态方程。

9.2 牛顿致密星

本节我们用牛顿引力理论和简并自由费米子的状态方程来讨论致密星 (白矮星和中子星) 的存在及其物理。

首先, 我们简单回顾一下零温时非相对论简并自旋 1/2 的费米子体系的基本公式。系统的费米子数密度和费米动量分别由 $\rho = N/V$ 和 k_{F} 表示, 其中 N 是总重子数, V 是系统的体积 (后面表示致密星的体积)①。相应的费米能是 (见习题 9.1)

$$E_{\mathrm{F}} = \frac{\hbar^2 k_{\mathrm{F}}^2}{2m} = \frac{\hbar^2}{2m}\left(3\pi^2\frac{N}{V}\right)^{2/3} \tag{9.1}$$

简并系统的总能量由对动能 $\hbar^2 k^2/2m$ 积分到费米能而得

$$E_{\mathrm{tot}} = \frac{3}{5} N E_{\mathrm{F}} \tag{9.2}$$

相应的压强

$$P \equiv -\frac{\partial E_{\mathrm{tot}}}{\partial V} = \frac{2}{5}\rho E_{\mathrm{F}} \tag{9.3}$$

① 在第 9 章, 我们用核物理的标准约定, 以 ρ 表示数密度, ε 表示质量或能量密度。

白矮星 (中子星) 就是简并电子(中子) 的压强 P 与引力压强达到平衡的结果。

9.2.1 白矮星

尽管白矮星 (WD) 的质量和半径值并不确定, 但其特征大小为

$$M \sim M_\odot, \quad R \sim 10^{-2} R_\odot \tag{9.4}$$

这里太阳的质量和半径 ($M_\odot$ 和 $R_\odot$)(见附录 A.2) 如下:

$$M_\odot = 1.989 \times 10^{30}\ \text{kg}, \quad R_\odot = 6.960 \times 10^5\ \text{km} \tag{9.5}$$

白矮星内部的物质是由电子与 ^{4}He、^{12}C 和 ^{16}O 等核组成的, 核的相对比例取决于白矮星的密度。观测到的白矮星的典型内部温度大约是 $10^{6\sim7}$ K。天狼星 B 是第一个被确认为白矮星的恒星。它的伴星是主序星天狼星 A。天狼星 B 的质量和半径已知为 $M \simeq 1.03 M_\odot$ 和 $R \simeq 8.4 \times 10^{-3} R_\odot$。

为了得到电子密度, 考虑一个 $M = M_\odot$ 和 $R = 10^{-2} R_\odot$ 的白矮星, 其质量密度是

$$\varepsilon = \frac{M}{V} = \left(\frac{M}{V}\right)_\odot \times 10^6 = 1.41 \times 10^6\ \text{g} \cdot \text{cm}^{-3} \tag{9.6}$$

相应的电子数密度 (考虑到电中性, 也即质子数密度) 为

$$\rho_\text{e} = \rho_\text{p} = \left(\frac{\varepsilon/2}{m_\text{p}}\right) = 0.42 \times 10^{30}\ \text{cm}^{-3} \tag{9.7}$$

这里我们假定了质子数等于中子数, 并且恒星的质量密度由核子质量决定, 因为核子质量大约是电子质量的 2000 倍。

因为电子密度很高, 电子之间的平均距离 a 比氧原子核的玻尔 (Bohr) 半径小一个量级:

$$\begin{aligned} a = \left(\frac{4\pi}{3}\rho_\text{e}\right)^{-1/3} &\simeq 0.83 \times 10^{-10}\ \text{cm} \\ < a_\text{B}\left(^{16}\text{O}\right) = \frac{a_\text{B}}{8} &= 6.6 \times 10^{-10}\ \text{cm} \end{aligned} \tag{9.8}$$

此处 $a_\text{B} = \hbar/(m_\text{e}\alpha)$ 是氢原子的玻尔半径。这意味着白矮星里的大多数电子并不束缚在原子核周围。核本身形成晶格结构以抵抗彼此的库仑斥力, 而电子形成费米海。

电子可以很好地近似为简并费米气, 因为电子的费米能远大于白矮星的特征温度:

$$E_{\mathrm{F}}^{\mathrm{e}} = \frac{\hbar^2}{2m_{\mathrm{e}}}(3\pi^2\rho_{\mathrm{e}})^{2/3} \simeq 200\ \mathrm{keV}$$
$$\gg T \sim 10^{6\sim7}\ \mathrm{K} \simeq (0.1\sim1)\ \mathrm{keV} \tag{9.9}$$

现在我们要问: 白矮星的 M 和 R 之间的一般关系式应该是怎样的? 这个关系式可以从压强平衡得到。首先, 我们考虑密度均匀的恒星的牛顿引力能

$$E_{\mathrm{G}}(R) = -\frac{3}{5}\frac{GM^2}{R} \tag{9.10}$$

另一方面, 电磁相互作用的核与电子组成的物质其总能量为

$$E_{\mathrm{matt}}(R) = \sum_i m_i N_i + \frac{3}{5}N_{\mathrm{e}}E_{\mathrm{F}}^{\mathrm{e}} + \cdots \tag{9.11}$$

此处 i 表示白矮星内部的粒子种类, 如核与电子; $m_i(N_i)$ 是粒子的质量 (数目)。

(9.11) 式的右边第二项是简并电子的能量。用 “$\cdots$” 表示的第三项, 其主要贡献来自形成晶格结构的原子核之间的库仑能。

在给定 R 的条件下, 能量 $E_{\mathrm{matt}}(R)$ 由 (9.11) 式的第一项核能量主导, 而物质的压强 $P_{\mathrm{matt}} = -\partial E_{\mathrm{matt}}/\partial V$ 由第二项简并电子项主导。换句话说, 白矮星的质量由重子决定, 而其稳定性由电子决定。这是 Fowler 在 1926 年费米-狄拉克统计理论出现之后提出的。

忽略核的结合能、质子-中子的质量差别以及库仑修正, 我们可以写为

$$E_{\mathrm{matt}}(R) \simeq 2N_{\mathrm{e}}m_{\mathrm{p}} + 1.1\frac{\hbar^2}{m_{\mathrm{e}}}\frac{N_{\mathrm{e}}^{5/3}}{R^2} \tag{9.12}$$

其中 m_{p} 是质子质量, 且我们使用了电中性和同位旋对称性条件: $N_{\mathrm{n}} = N_{\mathrm{p}} = N_{\mathrm{e}}$。

因为电子能量在小 R 时以 $1/R^2$ 的形式增大, 而引力能在大 R 时以 $-1/R$ 的形式减小, 所以在固定 N_{e} 时总能量 $E_{\mathrm{tot}}(R) = E_{\mathrm{matt}} + E_{\mathrm{G}}$ 作为 R 的函数总会有一个极小值。极小值由压强平衡条件给出

$$\frac{\partial E_{\mathrm{tot}}}{\partial R} = -1.1\frac{2\hbar^2}{m_{\mathrm{e}}}\frac{N_{\mathrm{e}}^{5/3}}{R^3} + \frac{3}{5}\frac{GM^2}{R^2} = 0 \tag{9.13}$$

这立即给出下面的质量-半径关系式:

$$M^{1/3}R = 1.2\left(\frac{1}{G}\right)\left(\frac{\hbar^2}{m_{\mathrm{e}}}\right)\left(\frac{1}{m_{\mathrm{p}}^{5/3}}\right) \simeq 0.8\times10^{20}\ \mathrm{g}^{1/3}\ \mathrm{cm} \tag{9.14}$$

这里我们用 $N_{\mathrm{e}} \simeq M/(2m_{\mathrm{p}})$ 消除了 N_{e}。这是一个不平常的关系式，左边是恒星的宏观性质，而右边是自然界的基本常数，比如 G 和 $\hbar$。如果我们采用 $M = M_{\odot} \simeq 2\times 10^{33}$ g，有

$$R \simeq 0.6\times 10^{4}\ \mathrm{km} \sim 10^{-2} R_{\odot} \tag{9.15}$$

这与 (9.4) 式中的观测值一致。

9.2.2 中子星

中子星的特征质量和半径是

$$M \sim M_{\odot},\quad R \sim (1\sim 2)\times 10^{-5} R_{\odot} \tag{9.16}$$

内部成分主要是中子，并混合少许质子和电子。自诞生一年之后其内部的特征温度低于 10^{9} K。

因为中子星半径较小 (~ 10 km)，其平均质量密度很高：

$$\varepsilon \sim \left(\frac{M}{V}\right)_{\odot} \times 10^{14\sim 15} \sim 10^{14\sim 15}\ \mathrm{g\cdot cm^{-3}} \tag{9.17}$$

假定中子星只由中子构成，其中子数密度为

$$\rho_{\mathrm{n}} = \frac{\varepsilon}{m_{\mathrm{n}}} = 10^{38\sim 39}\ \mathrm{cm^{-3}} = (0.1\sim 1)\ \mathrm{fm^{-3}} \tag{9.18}$$

与核物质密度 $\rho_{\mathrm{nm}} = 0.16\ \mathrm{fm^{-3}}$ 相比，中子星密度如此之高，以至于所有的核都解离成其组分 (除了低密度的外表面)。所以中子星其实是一个富中子的巨型核。

与 (9.18) 式中的密度区间对应的中子费米能是

$$E_{\mathrm{F}}^{\mathrm{n}} = \frac{\hbar^{2}}{2m_{\mathrm{n}}}(3\pi^{2}\rho_{\mathrm{n}})^{2/3} \sim (50\sim 200)\ \mathrm{MeV} \tag{9.19}$$

它远大于其内部温度 ($T < 10^{9}\ \mathrm{K} \sim 0.1$ MeV)。所以中子可以很好地近似为简并费米液体。

如果我们假定中子物质为均匀和简并的，并且相互作用为牛顿引力，那么中子星的质量-半径关系可以用与白矮星同样的方法估计。考虑到现在情形下系统的能量和压强都源于中子，所得方程与 (9.14) 式类似：

$$M^{1/3}R \simeq 3.7\left(\frac{1}{G}\right)\left(\frac{\hbar^{2}}{m_{\mathrm{n}}}\right)\left(\frac{1}{m_{\mathrm{n}}^{5/3}}\right) \sim 10^{17}\ \mathrm{g^{1/3}\ cm} \tag{9.20}$$

使用 $M = M_{\odot}$，我们发现 $R \simeq 10$ km，这与 (9.16) 式给出的观测值一致。

9.3 广义相对论星体

在这一章, 我们通过考察静态球对称恒星的 Oppenheimer-Volkoff 方程来讨论致密星结构的广义相对论效应。

9.3.1 致密星的最大质量

从 (9.14) 和 (9.20) 式可见, 致密星的质量 M 随着半径 R 的减小而无限增大。但实际上质量确实存在上限, 如果超过这个上限, 因如下几个原因将会出现不稳定性:

(1) 因为星体的中心密度增长, 简并费米子变得具有相对论性, 压强比非相对论情形要小。这导致不稳定性, 并且意味着星体在牛顿引力下存在最大质量。

(2) 因为密度增长, 物质的组成成分改变了, 使费米简并压强减小。这也导致不稳定性且给出一个最大质量。

(3) 在高密度时, 广义相对论不稳定性一定会发生, 不管星体的内部成分如何。

与白矮星有关的情形 (1) 最早由 Chandrasekhar (1931) 提出, 相应的最大质量称为“Chandrasekhar 极限”。我们在下面讨论这个想法。假设我们增加白矮星的重子数密度, 于是由于电中性, 电子密度也将增加 (这里我们假设 $N_{\mathrm{e}}=N_{\mathrm{p}}=N_{\mathrm{n}}$, 这个条件对情形 (2) 将被放宽)。于是电子的费米能增加, 最终变成相对论性的, 即 $E_{\mathrm{F}}\to\hbar k_{\mathrm{F}}$。相对论性简并电子的总能量很容易得到

$$E_{\mathrm{matt}}=\frac{3}{4}N_{\mathrm{e}}E_{\mathrm{F}}=1.44\hbar\frac{N_{\mathrm{e}}^{4/3}}{R}\propto 1/R \tag{9.21}$$

这与 (9.12) 式的非相对论电子的 $1/R^2$ 行为有本质不同。牛顿引力能依然由核部分给出: $E_{\mathrm{G}}(R)=-(3/5)G(2m_{\mathrm{p}}N_{\mathrm{e}})^2/R\propto -1/R$。于是在高密度 (小$R$) 时的压强平衡方程式如下:

$$4\pi R^2P=\frac{N_{\mathrm{e}}}{R^2}\left(1.44\hbar N_{\mathrm{e}}^{1/3}-\frac{12}{5}GN_{\mathrm{e}}m_{\mathrm{p}}^2\right) \tag{9.22}$$

如果电子密度超过下面的临界值, 压强会变成负的:

$$N_{\rm e}^{\rm cr} \simeq \left(\frac{0.6\hbar}{Gm_{\rm p}^2}\right)^{3/2} \sim 10^{57} \tag{9.23}$$

$$M_{\max} \simeq 2m_{\rm p}N_{\rm e}^{\rm cr} \simeq 2\times(1.67\times10^{-27}\ {\rm kg})\times10^{57} \sim 1.7M_{\odot} \tag{9.24}$$

于是我们得出, 白矮星的最大质量与太阳质量同量级。

在 (9.24) 式中的 Chandrasekhar 极限只有在渐近高密度即所有电子变成相对论性时才能实现。在现实的白矮星里, 从情形 (2) 会导出一个对白矮星质量更严格的限制。当电子的费米能增加, 它最终超过反 β 衰变的阈能:

$$e^- + Z \to (Z-1) + \nu_e \tag{9.25}$$

此处 Z 表示核的电荷数。于是电子被吸收进核内, 电子的费米能减小。在白矮星里, 对原子核 ^{12}C、^{16}O 和 ^{28}Si, 此过程的特征 Q 值分别为 13.37 MeV、10.42 MeV 和 4.64 MeV。因为这种“中子化”导致相对论性电子的压强减小, 中心能量密度 $\sim 10^{9\sim10}\ {\rm g\cdot cm^{-3}}$ 以上的白矮星会变得不稳定, 相应的最大质量是太阳质量的量级 $\sim M_{\odot}$, 如图 9.4 所示。

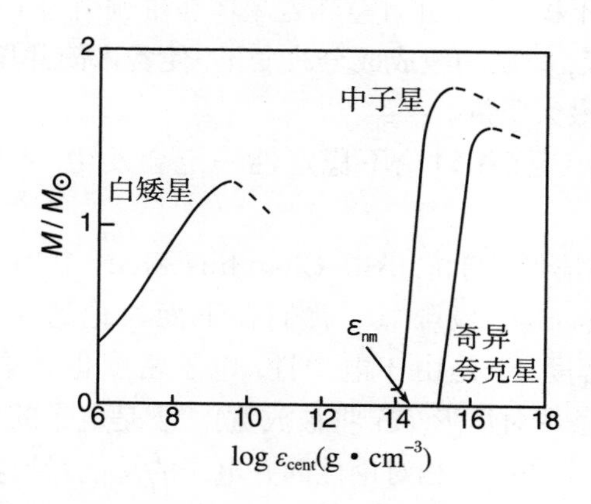

图 9.4 致密星质量 M 作为其中心能量密度 $\varepsilon_{\rm cent}$ 的函数

正常核物质的能量密度 $\varepsilon_{\rm nm}(\simeq 2.7\times10^{14}\ {\rm g\cdot cm^{-3}})$; 实线描述满足稳定性必要条件的分支; 见 (9.35) 式

到目前为止, 我们只讨论了与白矮星相关的情形 (1) 和 (2) 导致的不稳定性。对中子星来说, 广义相对论效应更重要, 这最适合情形 (3), 由此可以给出最大质量和密度。我们将在 9.3.2 节讨论这种情况。

9.3.2 Oppenheimer-Volkoff 方程

为了用广义相对论描述静态球对称恒星, 我们从史瓦西 (Schwarzschild) 度规开始 (见附录 D.4):

$$\mathrm{d}s^2 = \mathrm{e}^{a(r)}\mathrm{d}t^2 - \mathrm{e}^{b(r)}\mathrm{d}r^2 - r^2(\mathrm{d}\theta^2 + \sin^2\theta\mathrm{d}\phi^2) \tag{9.26}$$

结合理想流体的能动量张量 (见 11.2 节):

$$T^{\mu\nu} = (P+\varepsilon)u^\mu u^\nu - Pg^{\mu\nu} \tag{9.27}$$

此处 u^μ 是流体四速度且满足归一化条件 $g_{\mu\nu}u^\mu u^\nu = 1$。

于是爱因斯坦方程化为 (见附录 D.5)

$$\frac{\mathrm{d}\mathcal{M}(r)}{\mathrm{d}r} = 4\pi r^2\varepsilon(r) \tag{9.28}$$

$$-\frac{\mathrm{d}P(r)}{\mathrm{d}r} = \frac{G\varepsilon\mathcal{M}}{r^2}\left(1-\frac{2G\mathcal{M}}{r}\right)^{-1}\left(1+\frac{P}{\varepsilon}\right)\left(1+\frac{4\pi r^3P}{\mathcal{M}}\right) \tag{9.29}$$

此处 $\mathcal{M}(r)$ 为半径 r 以内的质量。(9.28) 和 (9.29) 式是耦合的一阶微分方程, 最早由 Oppenheimer 和 Volkoff 导出, 它们被称为“OV 方程”。

OV 方程可以联立状态方程 (EOS)$P=P(\varepsilon)$ 来求解, 初始条件设为 $\mathcal{M}$ $(r=0)=0$ 和 ε $(r=0)=\varepsilon_{\text{cent}}$。从恒星中心到表面, 压强单调递减。恒星的半径 R 被定义为 P $(r=R)=0$ 的地方。恒星的引力质量(或简称质量)M 为

$$M = \int_0^R 4\pi r^2\varepsilon(r)\mathrm{d}r \tag{9.30}$$

它包含了物质和引力场, 以及它们彼此相互作用的贡献。

我们定义中子星的结合能为 M 与自由核子总质量之差:

$$-\mathcal{B} \equiv M - m_{\mathrm{N}}A \tag{9.31}$$

此处 m_{N} 为核子质量, A 为恒星的总重子数:

$$A = \int j^0(r)\sqrt{-g}\,\mathrm{d}r\,\mathrm{d}\theta\,\mathrm{d}\phi \tag{9.32}$$

$$= \int_0^R 4\pi r^2\rho(r)\left(1-\frac{2G\mathcal{M}(r)}{r}\right)^{-1/2}\mathrm{d}r \tag{9.33}$$

此处我们根据史瓦西 (Schwarzschild) 度规使用了关系式 $\sqrt{-g}=\mathrm{e}^{(a(r)+b(r))/2}r^2\sin\theta$, $j^\mu(r)\equiv u^\mu\rho(r)$, $u^\mu = (g_{00}^{-1/2} = \mathrm{e}^{-a(r)/2}, 0, 0, 0)$。使用强子物质的实际的状态方程,

我们得到：对 $M=(1\sim 1.5)M_\odot$ 的中子星，有 $\mathcal{B}/A=50\sim 100$ MeV(参见 Glendenning(2000) 的 3.14 节)。

牛顿星和相对论星最关键的区别来源于 (9.29) 式右边的后三个因子。特别是 $(1-2G\mathcal{M}(r)/r)^{-1}$ 因子与度规改变相关。假定极限 ε $(r\to 0)$ 是正规的，我们可以从 (9.28) 式得到 $1-2G\mathcal{M}(r)/r|_{r\to 0}>0$。于是 (9.29) 式告诉我们，$P(r)$ 随 r 从中心增大而单调减小。如果 $2G\mathcal{M}(r)/r$ 趋于 1，则压强梯度 $\mathrm{d}P/\mathrm{d}r$ 变得如此之大，以至 P 快速趋于零并在 $r=R$ 处消失，且此处可定义星体表面。于是 $1-2G\mathcal{M}(r)/r$ 在恒星内总是正的。

中子星表面发射的光子的引力红移是 (见习题 9.2)

$$z=\frac{\nu_{\mathrm{e}}}{\nu_{\mathrm{o}}}-1=\left(\frac{g_{00}(\infty)}{g_{00}(R)}\right)^{1/2}-1=\left(1-\frac{2GM}{R}\right)^{-1/2}-1 \tag{9.34}$$

代以中子星的特征质量和半径 ($M\simeq M_\odot$ 和 $R\simeq 10$ km)，我们得到 $z\simeq 0.2$，也就是说，中子星的广义相对论效应不可忽略 (在 9.3.3 节会看到 z 的上限是 2)。尽管从恒星的中心到表面这段宏观距离上度规改变很大，但在微观尺度上，它的改变小得可以忽略。于是，总可以换到局域洛伦兹系去计算状态方程 $P(r)=P(\varepsilon(r))$。

(9.29) 式右边压强的存在，是质量极限的真正的相对论起源。在牛顿星内部，压强只是起对抗引力塌缩的作用。但是在相对论星内部，压强可以使星体不稳定。事实上，当星体质量增加，引力压缩物质使 P 增加。(9.29) 式右边告诉我们，P 的增加进一步增大了压强梯度而使星体尺寸减小。最后，星体变得不稳定，由引力塌缩而成为黑洞。

致密星稳定性的必要条件如下 (参阅 Harrison, et al. (1965) 和 Shapiro and Teukolsky(1983) 的第 6 章)：

$$\frac{\mathrm{d}M}{\mathrm{d}\varepsilon_{\mathrm{cent}}}>0 \tag{9.35}$$

由其定义可见，稳定星体的质量应该随中心能量密度增加而增加。这是稳定性的必要而非充分条件。应当用对星体的振动模式的研究来检验星体稳定与否。如果存在虚频率的快子模式，即使 (9.35) 式被满足，星体也是不稳定的。图 9.4 中用实线标示的白矮星和中子星属于真正稳定的分支。

9.3.3 史瓦西均匀密度星

如果我们假定具有均匀能量密度 $\varepsilon(r)=\varepsilon_{\mathrm{cent}}$ 的恒星存在，我们则可以解析地求解 OV 方程。均匀密度的假设 (不可压缩流体) 是非物理的，因为声速破坏了因果性, $c_s = \mathrm{d}P/\mathrm{d}\varepsilon = \infty$。尽管如此, 我们可以获得关于致密星一般结构的信息以及解析得到的 $2GM/R$ 的相对论上限。

如果密度是均匀的, (9.28) 式化为

$$\mathcal{M}(r) = \frac{4\pi}{3}\varepsilon_{\text{cent}}r^3 \tag{9.36}$$

于是 (9.29) 式变为

$$-\frac{\mathrm{d}P}{(P+\varepsilon_{\text{cent}})(3P+\varepsilon_{\text{cent}})} = \frac{4\pi G}{3}\frac{r\,\mathrm{d}r}{1-8\pi G\varepsilon_{\text{cent}}r^2/3} \tag{9.37}$$

容易解得

$$\frac{P(r)}{\varepsilon_{\text{cent}}} = \frac{\sqrt{1-2G(M/R)(r/R)^2}-\sqrt{1-2G(M/R)}}{3\sqrt{1-2G(M/R)}-\sqrt{1-2G(M/R)(r/R)^2}} \tag{9.38}$$

分子总是正的, 但对某一确定的 r 值, 分母的符号不定。假定 $P(R)$ 无奇点且在星体内处处为正, 只有当分母在 $r=0$ 处为正时潜在的奇异性才可以避免:

$$3\sqrt{1-\frac{2GM}{R}}-1>0 \to \frac{2GM}{R}<\frac{8}{9} \tag{9.39}$$

即使对非均匀能量密度的星体, 只要以下几个合理的条件被满足, (9.39) 式给出的上限就也是正确的: (1) $\varepsilon(r>R)=0$; (2) M 值不变; (3) $2G\mathcal{M}(r)/r<1$; (4) $\mathrm{d}\varepsilon(r)/\mathrm{d}r \leqslant 0$。证明见 Weinberg (1972) 的 11.6 节。通过 (9.34) 式可知, 此上限也意味着星体表面发射的光线的引力红移满足 $z<2$。

9.4 致密星的化学成分

我们现在讨论致密星内部满足化学平衡的高密物质的可能形式。

9.4.1 中子星物质和超子物质

尽管中子星的主要成分是中子, 但是因为强和弱的相互作用, 系统中还混合有其他种类的粒子。首先, 纯中子物质因 β 衰变 $\mathrm{n} \to \mathrm{p}+\mathrm{e}^- +\bar{\nu}_\mathrm{e}$ 而不稳定。衰变

之后，电子中微子不经过很多相互作用直接离开了星体①，而质子和电子留在星体内部，与中子一起形成简并费米液体。我们称之为标准中子星物质的 n、p 和 e^- 的平衡状态由下面三个条件决定：化学平衡、电中性、总重子数守恒。这些条件就是

$$\mu_{\mathrm{n}}=\mu_{\mathrm{p}}+\mu_{\mathrm{e}} \quad (\mathrm{n} \longleftrightarrow \mathrm{p}+\mathrm{e}^{-}) \tag{9.40}$$

$$\rho_{\mathrm{p}}=\rho_{\mathrm{e}} \tag{9.41}$$

$$\rho=\rho_{\mathrm{n}}+\rho_{\mathrm{p}} \tag{9.42}$$

不管是哪种相互作用，只要它们遵守电荷守恒和重子数守恒，以上就是应当满足的一般条件。

如果我们采用无相互作用的简并费米气体模型，那么化学势 μ 和费米子数密度 ρ 就简单地依赖于费米动量 k_{F}。也就是说，如果给定了重子密度 ρ，我们就可以很容易地得到中子星中的质子丰度。确实 (9.40) 式可以写成

$$\sqrt{k_{\mathrm{n}}^{2}+m_{\mathrm{n}}^{2}}=\sqrt{k_{\mathrm{p}}^{2}+m_{\mathrm{p}}^{2}}+\sqrt{k_{\mathrm{e}}^{2}+m_{\mathrm{e}}^{2}} \tag{9.43}$$

这里 $k_{\mathrm{n}}=(3\pi^{2}\rho_{\mathrm{n}})^{1/3}$，$k_{\mathrm{p}}=(3\pi^{2}\rho_{\mathrm{p}})^{1/3}=(3\pi^{2}\rho_{\mathrm{e}})^{1/3}=k_{\mathrm{e}}$(参见图 9.5(a))。

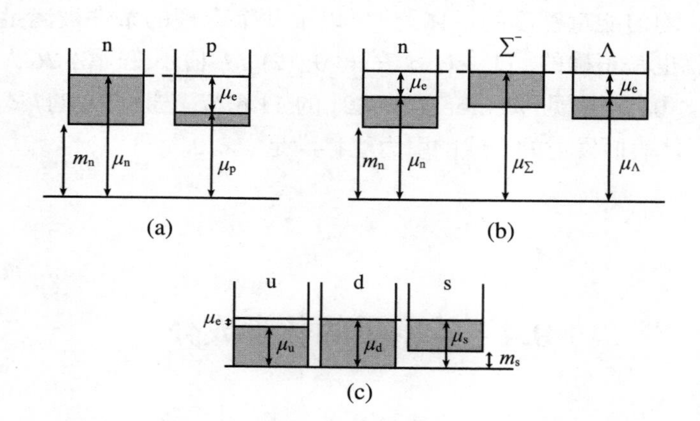

图 9.5 费米气体模型中处于化学平衡和电中性的物质

阴影部分表示被占据的态;(a) 包含 n、p 和 e^- 的中子星物质;

(b) 包含 n、Σ^- 和 Λ 的超子物质; (c) 考虑非零奇异夸克质量 m_s 的 uds 夸克物质

为简单起见，忽略质子和中子的质量差 $m_{\mathrm{n}}-m_{\mathrm{p}} \simeq 1.3$ MeV 以及电子质量

① 这只对冷中子星是正确的。在超新星爆发形成中子星时，系统温度很高则中微子与物质会有很强的相互作用。这导致中微子球的形成，中微子被禁闭在内。

$m_e \simeq 0.51\,\text{MeV}$(与费米能相比很小)。于是质子、中子比为

$$\frac{\rho_p}{\rho_n} \simeq \frac{1}{8}\left[1+\left(\frac{m_n^3}{3\pi^2\rho_n}\right)^{2/3}\right]^{-3/2} \tag{9.44}$$

这是 ρ_n 的单调递增函数, 从较小的值渐近趋于极限 1/8(见习题 9.3)。同样的近似, 电子的费米动量为

$$k_e = k_p = \frac{m_n}{2}\frac{(3\pi^2\rho_n/m_n^3)^{2/3}}{\sqrt{1+(3\pi^2\rho_n/m_n^3)^{2/3}}} \tag{9.45}$$

随着中子密度的增加, 电子化学势不断升高并最终超过 μ 子的质量: $k_e > m_\mu = 106\,\text{MeV}$。由于衰变道 $e^- \to \mu^- + \bar{\nu}_\mu + \nu_e$ 的打开, 电子费米面变得不稳定。反应产生的中微子将逃逸出中子星, 而 μ 子则留在中子星内并形成简并费米系统。同时衰变道 $n \to p + \mu + \bar{\nu}_\mu$ 也被打开。则对于 n、p、e^- 和 μ^- 的化学平衡、电中性和重子数守恒条件是

$$\mu_n = \mu_p + \mu_e, \quad \mu_e = \mu_\mu \tag{9.46}$$

$$\rho_p = \rho_e + \rho_\mu \tag{9.47}$$

$$\rho = \rho_n + \rho_p \tag{9.48}$$

如果考虑无相互作用的费米气体, 那么给定 ρ_n, 上述方程就能确定所有费米子的组分。

随着重子数密度进一步升高, 系统中不但会出现核子激发态, 甚至还会出现包含奇异夸克的重子 (超子)。这是因为中子的费米能超过中子衰变为超子的阈值, 如图 9.5(b) 所示。首先出现哪种超子取决于超子-中子的相互作用; 例如 Σ^- 和 Λ 一般地出现在 $2 \sim 3\rho_{nm}$ 处, 这里 $\rho_{nm} = 0.16\,\text{fm}^{-3}$ 为正常核物质的密度 (见 9.5.1 节)。

通过在相对论平均场理论里加入重子间的相互作用 (Glendenning, 2000), 我们得到了以重子数密度 ρ 为横坐标的各种粒子的相对组分, 如图 9.6 所示。图中结果并没有考虑强子物质到夸克物质的解禁闭相变。对于强子物质而言, 低密度区的纯中子物质的系统将在高密度极限下变为味道 SU(3) 对称的超子物质。

9.4.2　u, d 夸克物质

现在我们来讨论高密度区的解禁闭夸克物质。首先我们考虑只含有 (u, d) 夸克和电子的物质系统。化学平衡、电中性、重子数守恒条件给出以下约束:

$$\mu_d = \mu_u + \mu_e \quad (d \longleftrightarrow u + e^-) \tag{9.49}$$

$$0 = \frac{2}{3}\rho_{\mathrm{u}} - \frac{1}{3}\rho_{\mathrm{d}} - \rho_{\mathrm{e}} \tag{9.50}$$

$$\rho = \frac{1}{3}(\rho_{\mathrm{u}} + \rho_{\mathrm{d}}) \tag{9.51}$$

利用无相互作用零质量夸克系统的公式 (见习题 9.1, 其中令 $k_{\mathrm{F}} = \mu$), 我们立即得到

$$\mu_{\mathrm{u}} \simeq 0.80\mu_{\mathrm{d}} \tag{9.52}$$

可以看到, d 夸克的费米能略高于 u 夸克。这不同于核子物质, 在核子物质中, 质子和中子费米能的差异很大, 如图 9.5(a) 所示。这种不同来源于夸克物质的相对论性。

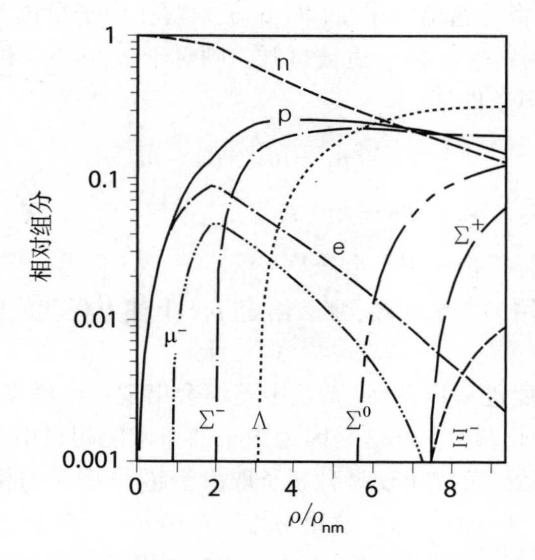

图 9.6　各种粒子的相对组分作为重子数密度的函数

图中横轴为归一化的重子数密度 ρ/ρ_{nm}, 这里 $\rho_{\mathrm{nm}} = 0.16\ \mathrm{fm}^{-3} = 1.6 \times 10^{38}\ \mathrm{cm}^{-3}$; 图中的结果是利用超子物质的相对论平均场模型得到的; 考虑到超子-核子以及超子-超子的相互作用存在很大的不确定性, 图中所示的超子组分目前只能是定性的结论; 取自 Glendenning(2000)

9.4.3　u, d, s 夸克物质

接着我们讨论包含 (u, d, s) 夸克和电子的夸克物质。诱导出化学平衡的基本反应过程如下:

$$\mathrm{d} \longleftrightarrow \mathrm{u} + \mathrm{e}^- \tag{9.53}$$

$$\mathrm{s} \longleftrightarrow \mathrm{u} + \mathrm{e}^- \tag{9.54}$$

$$\mathrm{d} + \mathrm{u} \longleftrightarrow \mathrm{u} + \mathrm{s} \tag{9.55}$$

这里我们略去了中微子, 因为它们会逃离系统而不会在冷夸克物质里建立化学势。于是有平衡条件

$$\mu_{\mathrm{d}} = \mu_{\mathrm{u}} + \mu_{\mathrm{e}} \tag{9.56}$$

$$\mu_{\mathrm{s}} = \mu_{\mathrm{d}} \tag{9.57}$$

$$0 = -\frac{1}{3}(\rho_{\mathrm{d}} + \rho_{\mathrm{s}}) + \frac{2}{3}\rho_{\mathrm{u}} - \rho_{\mathrm{e}} \tag{9.58}$$

$$\rho = \frac{1}{3}(\rho_{\mathrm{u}} + \rho_{\mathrm{d}} + \rho_{\mathrm{s}}) \tag{9.59}$$

对于无质量的 u、d 和 s 夸克, (9.56) 和 (9.57) 式变为

$$\mu_{\mathrm{u}} = \mu_{\mathrm{d}} = \mu_{\mathrm{s}}, \quad \mu_{\mathrm{e}} = 0 \tag{9.60}$$

从 (9.60) 式看出, 无质量的夸克物质不需要轻子就能自然保持电中性。如果我们考虑有限的奇异夸克质量 m_{s}, 则 ρ_{s} 变得小于 $\rho_{\mathrm{u,d}}$。为了维持系统的电中性, 我们必须在系统中加入电子, 如图 9.5(c) 所示。

9.5 夸克-强子相变

在 3.4 节中, 我们利用渗析模型估计了解禁闭相变的温度 T_{c}。同样的想法可以应用到有限重子密度的系统中 (Baym, 1979)。如果我们用核子有效半径 R_{N}, 则紧密堆积密度成为

$$\rho_{\mathrm{cp}} = \left(\frac{4\pi}{3}R_{\mathrm{N}}^3\right)^{-1} \simeq \begin{cases} 2.4\rho_{\mathrm{nm}}, & \text{对于} R_{\mathrm{N}} = 0.86 \text{ fm} \\ 12\rho_{\mathrm{nm}}, & \text{对于} R_{\mathrm{N}} = 0.5 \text{ fm} \end{cases} \tag{9.61}$$

这里 $R_{\mathrm{N}} = 0.86(0.5)$ fm 对应质子的电荷半径 (核力的硬核半径)。

因为中子星中心的重子数密度可以达到 ρ_{nm} 的数十倍, 核物质很有可能转变为夸克物质或者强子-夸克混合物质。不幸的是, 由于 5.10 节中所讨论的复相位问题, 零温有限重子数密度的 QCD 无法在格点上计算。因此, 到目前为止, 对于有限重子数密度的 QCD 的研究仅限于一个混合模型, 即对低密度区的强子物质用“已知”的状态方程, 对高密度区的夸克物质用“唯象”的袋模型状态方程。

为了在混合模型中研究零温下的相变, 我们先总结一下各个热力学量之间的基本关系, 它们是压强 $P(\mu)$ $(=-\Omega(\mu,V)/V)$、能量密度 $\varepsilon(\rho)$、化学势 μ 以及重子数密度 ρ。在 (3.13)~(3.15) 式里设 $T=0$ 并将 n 替换为 ρ, 我们得到

$$P=\mu\rho-\varepsilon=\rho^2\frac{\partial(\varepsilon/\rho)}{\partial\rho}=-\frac{\partial(\varepsilon/\rho)}{\partial\rho^{-1}} \tag{9.62}$$

$$\rho=\frac{\partial P}{\partial\mu},\quad \mu=\frac{\partial\varepsilon}{\partial\rho} \tag{9.63}$$

不可压缩系数 $\mathcal{K}$定义为

$$\mathcal{K}\equiv 9\frac{\partial P}{\partial\rho}=9\frac{\partial}{\partial\rho}\left(\rho^2\frac{\partial(\varepsilon/\rho)}{\partial\rho}\right) \tag{9.64}$$

为了方便起见, 通常定义每核子束缚能

$$-\frac{\mathcal{B}}{A}=\frac{E}{A}-m_{\rm N}=\frac{\varepsilon}{\rho}-m_{\rm N} \tag{9.65}$$

这里 E 是除了引力能以外物质的总能量, A 是总重子数, $m_{\rm N}$ 为核子质量。

9.5.1 核物质以及中子物质的状态方程

高密物质中的重子之间通过核力发生很强的相互作用。因此很难从普通核物质密度下的核物质性质外推出高密物质的信息。尽管如此, 人们还是发展了一些多体技术来研究这个问题, 其中包括非相对论势模型和相对论场论模型 (Heiselberg and Hjorth-Jensen, 2000; Heiselberg and Pandharipande, 2000)。

这里我们不去涉及此领域的细节, 而是采用唯象参数化的质子、中子物质的状态方程 (Heiselberg and Hjorth-Jensen, 2000)。其中一些参数可以被已知的普通核物质性质确定, 另一些则可以通过复杂的多体理论计算得到。例如, 参数化的每核子束缚能可以通过以下方法计算得到

$$-\frac{\mathcal{B}}{A}=\frac{\varepsilon_{\rm H}}{\rho}-m_{\rm N}=a_{\rm vol}\cdot x\cdot\frac{-x+2+\delta}{1+x\delta}+a_{\rm sym}\cdot x^{\gamma}\cdot(x_{\rm n}-x_{\rm p})^2 \tag{9.66}$$

$$\left(x=\frac{\rho}{\rho_{\rm nm}},\quad x_{\rm n}=\frac{\rho_{\rm n}}{\rho},\quad x_{\rm p}=\frac{\rho_{\rm p}}{\rho}\right)$$

相应的压强为 $P_{\rm H}=\rho^2\partial(\varepsilon_{\rm H}/\rho)/\partial\rho$。其中参数的取值为

$$a_{\rm vol}=-15.8\ {\rm MeV},\quad a_{\rm sym}=32\ {\rm MeV} \tag{9.67}$$

$$\rho_{\rm nm}=0.16\ {\rm fm}^{-3},\quad \delta=0.2,\quad \gamma=0.6 \tag{9.68}$$

在 (9.67) 式中, $-a_{\mathrm{vol}}$ 是饱和密度 ρ_{nm} 下的核物质 ($x_{\mathrm{p}}=x_{\mathrm{n}}$) 的束缚能, 此处 $\mathcal{B}/A$ 取最大值; a_{sym} 是对称能, 它反映核物质与中子物质 ($x_{\mathrm{p}}=0$) 的差异。由于 $a_{\mathrm{sym}}>0$, 当 $x_{\mathrm{p}}=0$ 时中子物质的束缚能 $\mathcal{B}/A$ 仅在 $\rho=0$ 时达到最大值。因此纯粹的中子物质是不能仅靠核力束缚住的 (见习题 9.4)。

参数 δ 和 γ 是通过拟合由非相对论模型计算得到状态方程确定的, 在此模型中考虑了现代的两体核力、相对论修正和三体核力修正。普通密度 $\rho=\rho_{\mathrm{nm}}$ 下的核物质不可压缩系数为

$$\mathcal{K}_{\mathrm{nm}}=\frac{18a_{\mathrm{vol}}}{1+\delta}\simeq 200\ \mathrm{MeV} \tag{9.69}$$

这与经验值是相吻合的。图 9.7(a) 和 (b) 显示了纯中子物质 $x_{\mathrm{p}}=0$ 的状态方程, 其中横坐标为重子数密度。

为了以后方便起见, 我们再次给出核物质的饱和密度 ρ_{nm} 和相应的能量密度 $\varepsilon_{\mathrm{nm}}$ 的数值:

$$\rho_{\mathrm{nm}}=0.16\ \mathrm{fm}^{-3}=0.16\times 10^{39}\ \mathrm{cm}^{-3} \tag{9.70}$$

$$\varepsilon_{\mathrm{nm}}=0.15\ \mathrm{GeV}\cdot\mathrm{fm}^{-3}=2.7\times 10^{14}\ \mathrm{g}\cdot\mathrm{cm}^{-3} \tag{9.71}$$

9.5.2 夸克物质的状态方程

对于高密解禁闭的夸克物质, 我们可以使用微扰论来计算状态方程 (Freedman and McLerran, 1977; Baluni, 1978), 因为 QCD 的渐近自由性质导致 $\alpha_{\mathrm{s}}(\kappa)$ 是小量 (但是微扰展开的收敛性仍然不好, 如我们在 4.8 节中讨论的那样)。

考虑一个无相互作用的夸克系统, 夸克质量为 m, 系统化学势为 μ, 温度为 0, 通过 (3.27) 和 (3.28) 式, 我们可以很容易得到系统的压强

$$P(\mu)=6\left[T\int\frac{\mathrm{d}^3k}{(2\pi)^3}\ln\left(1+\mathrm{e}^{-(E(k)-\mu)/T}\right)\right]_{T=0} \tag{9.72}$$

$$=6\int\frac{\mathrm{d}^3k}{(2\pi)^3}\frac{1}{3}\boldsymbol{v}\cdot\boldsymbol{k}\theta(\mu-E(k)) \tag{9.73}$$

$$=\frac{\mu^4}{4\pi^2}\left[\frac{k_{\mathrm{F}}}{\mu}\left(1-\frac{5m^2}{2\mu^2}\right)+\frac{3}{2}\frac{m^4}{\mu^4}\ln\left(\frac{1+k_{\mathrm{F}}/\mu}{m/\mu}\right)\right] \tag{9.74}$$

$$\to\frac{1}{4\pi^2}\times\begin{cases}\mu^4\left(1-\dfrac{3m^2}{\mu^2}+\cdots\right), & m\ll\mu\\[2ex] k_{\mathrm{F}}^4\left(\dfrac{4k_{\mathrm{F}}}{5m}-\dfrac{2k_{\mathrm{F}}^3}{7m^3}+\cdots\right), & k_{\mathrm{F}}\ll\mu\end{cases} \tag{9.75}$$

这里 $E(k)=\sqrt{k^2+m^2}$ 以及夸克的费米动量 $k_{\rm F}=\sqrt{\mu^2-m^2}$。

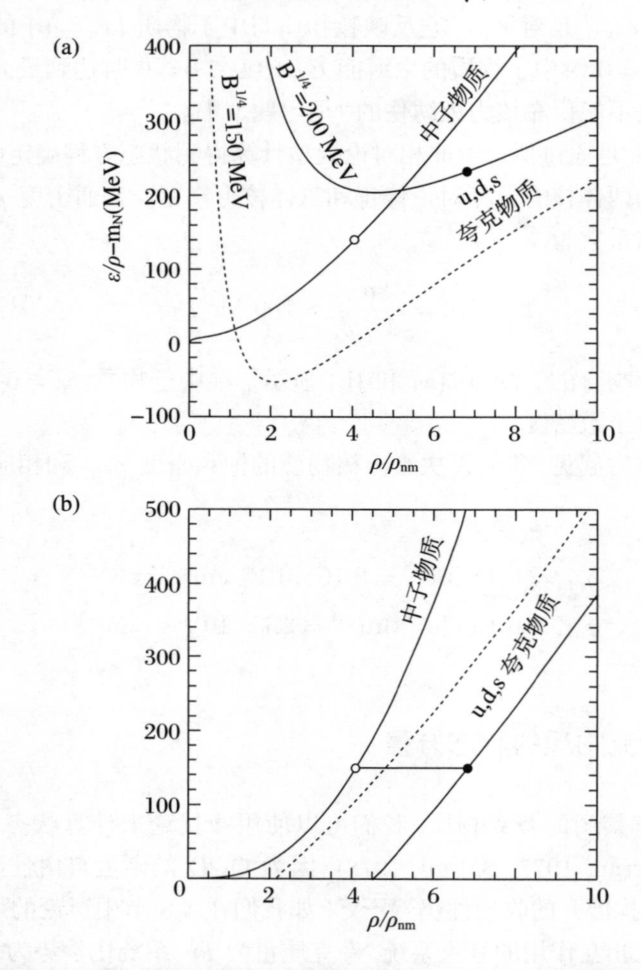

图 9.7 (a) 相对于核子质量, 纯中子物质和无质量 (u, d, s) 夸克物质的每核子能量 (即束缚能的负值) 作为重子数密度的函数; 对于夸克物质, 实 (虚) 线对应于袋常数 $B^{1/4}$= 200(150) MeV; 白 (黑) 点表示由 (9.88) 式相平衡条件得到的一级相变的初始 (结束) 重子数密度。(b) 纯中子物质和无质量 (u, d, s) 夸克物质的压强; 实线和虚线的含义与图 (a) 相同; 混合相的压强为常数, 如连接白点和黑点的细实线所示

夸克物质的领头阶压强 $P_{\rm Q}^{(0)}$ 是各种不同味道的夸克产生的压强之和加袋常数:

$$P_{\rm Q}^{(0)}=-B+\sum_{\rm q=u,d,s,\cdots}P_{\rm q} \tag{9.76}$$

这里的 $P_{\rm q}$ 就是 (9.74) 式的计算结果, 只不过将式中的 μ、m 和 $k_{\rm F}$ 分别用 $\mu_{\rm q}$、

$m_{\rm q}$ 和 $k_{\rm q}$ 代替。

相应的能量密度和重子数密度为

$$\varepsilon_{\rm Q}^{(0)} = B - \sum_{\rm q}(P_{\rm q} + \mu_{\rm q}\rho_{\rm q}) \tag{9.77}$$

$$\rho^{(0)} = \frac{1}{3}\sum_{\rm q}\rho_{\rm q} = \frac{1}{3}\sum_{\rm q}\frac{\partial P_{\rm q}}{\partial \mu_{\rm q}} \tag{9.78}$$

这里我们假定袋常数 B 与化学势无关。

如果所有的夸克都没有质量, 我们可以将带有领头阶 $\alpha_{\rm s}$ 修正的压强和能量密度 ($P_{\rm Q}$ 和 $\varepsilon_{\rm Q}$) 表达为非常简捷的形式:

$$P_{\rm Q} = -B + \sum_{\rm q}\frac{\mu_{\rm q}^4}{4\pi^2}(1 - 2\bar{g}^2) = \frac{1}{3}(\varepsilon_{\rm Q} - 4B) \tag{9.79}$$

这里 $\bar{g}^2 = g^2/4\pi^2 = \alpha_{\rm s}/\pi$。如果用夸克密度 $\rho_{\rm q}$ 表达, 那么压强、能量密度和化学势可以写成

$$P_{\rm Q} = -B + \sum_{\rm q}\frac{1}{4\pi^2}(\pi^2\rho_{\rm q})^{4/3}\left(1 + \frac{2}{3}\bar{g}^2\right) \tag{9.80}$$

$$\varepsilon_{\rm Q} = B + \sum_{\rm q}\frac{3}{4\pi^2}(\pi^2\rho_{\rm q})^{4/3}\left(1 + \frac{2}{3}\bar{g}^2\right) \tag{9.81}$$

$$\mu_{\rm q} = (\pi^2\rho_{\rm q})^{1/3}\left(1 + \frac{2}{3}\bar{g}^2\right) \tag{9.82}$$

这些方程显示夸克-夸克相互作用增加了能量密度和压强, 因此我们可以说无质量夸克系统的领头阶 $\alpha_{\rm s}$ 修正为排斥性的。

尽管在 $O(\alpha_{\rm s})$ 阶修正中, 系统压强可以表达成为各个不同夸克压强的总和, 但是在更高阶的修正中, 这一点不再成立。例如, 对于 $m_{\rm q} = 0$ 以及 $\mu_{\rm q} = \mu$ 的系统, $\overline{\rm MS}$ 方案的精确到 $O(\alpha_{\rm s}^2)$ 阶的压强为 (Fraga, et al., 2001)

$$P_{\rm Q} = -B + \frac{N_f\mu^4}{4\pi^2} \times \left[1 - 2\bar{g}^2 - \left(G + N_f\ln\bar{g}^2 + \left(11 - \frac{2N_f}{3}\right)\ln\frac{\kappa}{\mu}\right)\bar{g}^4\right] \tag{9.83}$$

这里 $G \simeq 10.4 - 0.536N_f + N_f\ln N_f$, κ 为重整化点。

为了简化讨论起见, 接下来我们将忽略 (u, d, s) 夸克的质量 $m_{\rm u,d,s}$。同时, 由于袋常数 B 的确定本就包含了来自 $\alpha_{\rm s}$ 的修正, 且这种修正具有很大的不确定性, 所以出于简单考虑, 我们暂且将 $\alpha_{\rm s}$ 忽略。

图 9.7(a) 和 (b) 显示了 $m_{\mathrm{q}}=0$ 和 $\alpha_{\mathrm{s}}=0$ 的夸克物质的每重子能量 $\varepsilon_{\mathrm{Q}}/\rho-m_{\mathrm{N}}$ 和压强 P_{Q}。在第 2 章和第 3 章中, 我们引入了袋常数的经典取值 $B^{1/4}\simeq 200\,\mathrm{MeV}$, 在这种取值下我们可以从图 9.7(a) 的实线中看出: 对于 ρ 大于几倍的 ρ_{nm}, 夸克物质比中子物质束缚得更紧。这也使得我们可以考虑混合星存在的可能性, 即核心为夸克物质、外壳为中子物质的中子星 (Collins and Perry, 1975; Baym and Chin, 1976)。

另一方面, 如果 B 足够小, 那么一个有等量 (u, d, s) 夸克的夸克物质会成为一个稳定的自束缚系统 (奇异物质)。于是我们可以认为宇宙中存在奇异夸克星, 即整个内部都是奇异物质的星体。

9.5.3 稳定的奇异物质

带有大奇异数的稳定的 (Bodmer, 1971; Farhi and Jaffe, 1984; Witten, 1984) 或者亚稳定的 (Chin and Kerman, 1979; Terazawa, 1979) 物质形态是可能存在的。利用 (9.80)~(9.82) 式中的袋模型的状态方程, 我们很容易推导出容许稳定奇异物质存在的袋常数的范围 (见习题 9.5):

$$147\ \mathrm{MeV} < B^{1/4} < 163\ \mathrm{MeV} \tag{9.84}$$

袋常数的上限是要求奇异物质在饱和点 $P_{\mathrm{Q}}=0$ 的束缚能 $\mathcal{B}/A$ 应当大于 $8\,\mathrm{MeV}$(最稳定的 Fe 核的束缚能)。袋常数的下限是在以下条件下得到的: 没有奇异数的 (u, d) 夸克物质的束缚能 $\mathcal{B}/A$ 小于 $8\,\mathrm{MeV}$, 这是为了保证普通核的稳定性所需要的, 避免其通过强相互作用向 (u, d) 夸克物质衰变。在通常情况下, 普通核向奇异物质衰变的概率小得可以忽略。这是因为这种衰变的发生必须要求很多的 (u, d) 夸克同时转变为奇异夸克, 这是弱相互作用的高阶项。

如果 (9.84) 式成立, 那么稳定的奇异物质将具有如下性质:

$$\varepsilon_{\mathrm{Q}} = 4B \sim 2.4\varepsilon_{\mathrm{nm}} \tag{9.85}$$

$$\rho = \frac{1}{\pi^2}\left(\frac{4\pi^2 B}{3}\right)^{3/4} \sim 2.5\rho_{\mathrm{nm}} \tag{9.86}$$

$$\mu_{\mathrm{q}} = \left(\frac{4\pi^2 B}{3}\right)^{1/4} \sim 310\ \mathrm{MeV} \tag{9.87}$$

上面的数值计算使用了袋常数 B 在 (9.84) 式中的上限。

9.6　夸克物质相变

现在我们来讨论在零温下强子物质向有限重子数密度的夸克物质的相变。为了简化讨论, 我们假定强子物质全部由中子组成, 尽管这不太现实。同时, 我们也假定夸克物质是由无相互作用的零质量的 (u, d, s) 夸克组成的。

在这些假定下, 强子物质和夸克物质自动保持电中性条件而无须引入轻子。化学平衡条件 (3.19) 式在零温下简化为

$$P_{\rm H} = P_{\rm Q}\ (\equiv P_{\rm c}), \quad \mu_{\rm H} = \mu_{\rm Q}\ (\equiv \mu_{\rm c}) \tag{9.88}$$

这里 $\mu_{\rm H(Q)} = \partial\varepsilon_{\rm H(Q)}/\partial\rho$ 是强子物质 (夸克物质) 的化学势。实际上, 我们有

$$\mu_{\rm H} = \mu_{\rm n}, \quad \mu_{\rm Q} = \mu_{\rm u} + \mu_{\rm d} + \mu_{\rm s} = 3\mu_{\rm q} \tag{9.89}$$

相变点由 (9.88) 式决定, 这与我们在 3.5 节中讨论的有限温度的情形类似。实际上, 如果我们将图 3.2 中的 T 置换为 μ, 将 s 置换为 ρ, 并且画出以化学势 μ 为横轴的曲线 $P_{\rm H}$ $(\mu_{\rm n} = \mu)$ 和 $P_{\rm Q}$ $(\mu_{\rm q} = \mu/3)$, 这样我们便可以得到有限温度相变与有限密度相变的一一对应关系。同样地, 与有限温度相变一样, 有限密度相变也是一级相变。重子数密度 $\rho = \partial P/\partial\mu$ 从$\rho_{\rm c1}$变为$\rho_{\rm c2}$, 所以它在相变点 $\mu_{\rm c}$ 处不连续。

确定 $\rho_{\rm c1(c2)}$ 也可以采用双切线方法, 这是液气相变中标准的麦克斯韦等面积法则之一变种 (Reif, 1965)。其基本思想是从相变点的热力学关系出发的:

$$\varepsilon = \mu_{\rm c}\rho - P_{\rm c} \tag{9.90}$$

这是 (ε, ρ) 平面上的一条直线, 且是 $\varepsilon_{\rm H}(\rho)$ 和 $\varepsilon_{\rm Q}(\rho)$ 的一条公切线。切点给出了相变密度 $\rho_{\rm c1(c2)}$。同样地, 我们也可以在 $(\varepsilon/\rho, \rho^{-1})$ 平面上构造双切线 $\varepsilon/\rho = \mu_{\rm c} - P_{\rm c}\rho^{-1}$, 即 (9.90) 式除以 ρ。图 9.7 中的白点和黑点分别对应于相应的相变密度 (见习题 9.6)。压强在区间 $\rho_{\rm c1} < \rho < \rho_{\rm c2}$ 上保持恒定 $P(\rho) = P_{\rm c}$。

实际上, 当系统中的奇异夸克具有非零质量并处于 β 平衡时, 无论在强子相还是夸克相, 我们都必须引入电子。于是, 在 (9.88) 式的相平衡条件中, 我们不仅要考虑重子化学势, 还应当考虑电荷化学势。这就导致了从强子物质到夸克物质的相变是一个平滑过渡而非不连续的一级相变 (Glendenning, 1992)。为了描述这种情形, 我们必须得到混合相的细致结构, 尤其是强子-夸克的交界面上的表面张力 (Glendenning, 2000)。

9.7 中子星和夸克星的结构

9.7.1 中子星的质量-半径关系

一般的中子星物质由中子和少量的质子、电子组成, 它并不是一个自束缚系统。因此引力对于中子星的形成起着至关重要的作用。一旦我们通过理论计算或者经验公式得到了状态方程, 我们就能很容易地数值求解 OV 方程 (9.28) 和 (9.29) 式。压强作为半径的函数, 它从中心到表面是单调递减的。星体半径 R 可以定义为满足 $P(R)=0$ 的点。图 9.8 显示了中子星的质量 M 和其半径 R 的大致关系。如果考察 R 作为 M 的函数, 可以很容易理解中子星的 M-R 曲线。对于小 M, 没有足够大的引力束缚住星体。于是这时 R 很大。随着质量变大, 星体变小。然而这种收缩在 $R\sim 10\,\mathrm{km}$ 时明显变缓, 这是因为中子之间的短程核力为排斥力。进一步增加质量会导致广义相对论不稳定性 ((9.35) 和 (9.39) 式), 最终星体会塌缩为黑洞。

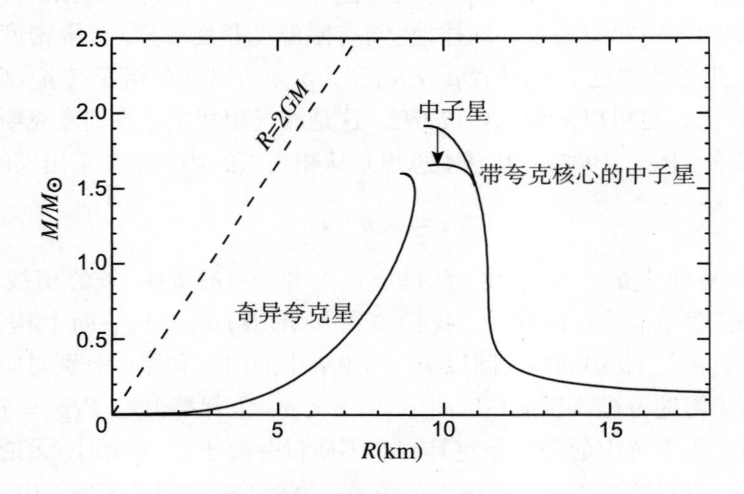

图 9.8 中子星和奇异夸克星的质量-半径 (M-R) 关系

虚线为 (D.44) 式定义的史瓦西半径 $R=r_\mathrm{g}=2GM$

中子星的最大质量 $M_{\max}$ 取决于星体内物质的状态方程。如果我们假定中子、质子和电子构成一个无相互作用的简并气体, 并且处于化学平衡状态, 那么从 OV 方程就可以得到 $M_{\max} \sim 0.7M_{\odot}$, 这比图 9.2 中显示的观测质量小。如果我们考虑了核力对于状态方程的影响, 特别是核子之间的短程排斥芯, 那么大质量的中子星就有足够的排斥力对抗引力收缩, 这样我们可以得到几倍于 $M_{\odot}$ 的 $M_{\max}$。状态方程的软 (硬) 程度是通过给定能量密度 ε 的情况下, 压强 P 的相对小 (大) 来决定的。于是, 在 R 一定时, 较软 (硬) 的状态方程可以给出较小 (大) 的 M, 进而给出较小 (大) 的 $M_{\max}$。

如果中子星的中心密度足够高, 星体很可能有一个夸克物质的核心。因为压强从中心到表面单调递减且连续, 只要我们接受 (9.88) 式中的单元相平衡条件, 重子数密度就会有一个剧烈的跳变。在这种情况下, 中子物质地幔浮在夸克物质核心之上, 正如油水分离。如果我们考虑多元化学势 (例如重子数化学势和电荷化学势) 的平衡条件, 那么从夸克核心到中子地幔会经过一个两相混合的连续过渡转变, 这一点我们在 9.6 节的结尾曾提到过。只要中子星存在夸克核心 (或者其他奇异的成分, 如超子物质、 π 介子凝聚和 K 介子凝聚), 其状态方程就会变软, 则中子星的最大质量就会变小, 我们在图 9.8 中可以看到这一点。

9.7.2　奇异夸克星

假定奇异夸克物质是夸克物质的绝对基态且不需要引力就能自我束缚。在这种情况下, 质量-半径关系会和中子星有本质的差别, 我们在图 9.8 中可以看到这一点。对于 R 较小的星体, 由于引力效应相对较弱, 星体质量有 $M \propto R^3$ 的标度律。随着质量变大, 广义相对论效应越来越显著, 最终当星体质量达到最大即 $M = M_{\max}$ 时, 星体会变得不稳定。

对于袋模型的状态方程 $P = (\varepsilon - 4B)/3$(只要夸克是无质量的, 即使考虑相互作用的 $O(\alpha_s)$ 阶修正, 这个状态方程也是成立的), 星体的所有性质仅取决于一个变量: 袋常数 B。因为表面压强为零, 星体的能量密度在表面会有一个突然的跳变, 即从 $\varepsilon_{\text{surf}} = 4B$ 到真空的零能量密度。换言之, 就密度而言, 奇异星有一个非常锋锐的表面。从裸奇异物质表面到真空之间也可能存在一个普通核构成的壳 (Madsen, 1999)。

对于袋模型的状态方程, 引入以下无量纲的量, OV 方程可以写成无量纲的形式 (Witten, 1984):

$$P = \overline{P}, \quad \varepsilon = \bar{\varepsilon}, \quad r = \frac{\bar{r}}{\sqrt{GB}}, \quad GM = \frac{\overline{M}}{\sqrt{GB}} \tag{9.91}$$

通过数值求解无量纲化的 OV 方程, 我们得到 $\overline{M}_{\max} = 0.0258$, 相应地有 $\overline{R} = 0.095$

以及 $\bar{\varepsilon}_{\rm cent} = 19.2$(见习题 9.7)。这导致

$$M_{\rm max} \simeq 1.78 M_{\odot} \left(\frac{155\ {\rm MeV}}{B^{1/4}}\right)^2 \tag{9.92}$$

相应的半径和中心能量密度为

$$R \simeq 9.5 \left(\frac{155\ {\rm MeV}}{B^{1/4}}\right)^2 {\rm km},$$
$$\varepsilon_{\rm cent} \simeq 10 \left(\frac{155\ {\rm MeV}}{B^{1/4}}\right)^4 \varepsilon_{\rm nm} \tag{9.93}$$

这里对于绝对稳定的奇异物质, 我们取袋常数的典型值 $B^{1/4} = 155\ {\rm MeV}$((9.84) 式)。

9.8 高密物质的各种相

如果费米面附近的费米子存在吸引相互作用, 那么在 3 维空间系统会经历一个向超导或者超流转变的相变 (Shankar, 1994)。这在中子星物质中确实是有可能发生的, 因为中子-中子之间在 (S, L, J) =(自旋, 轨道角动量, 总角动量)=(1, 1, 2) 的反应道上的相互吸引作用会形成 $^{2S+1}L_J = {}^3P_2$ 库珀对凝聚 (即中子超流) (Hoffberg, et al., 1970; Tamagaki, 1970)。同时, 质子-质子之间在 $(S, L, J) = (0,0,0)$ 的反应道上的相互吸引作用会形成 $^1S_0$ 库珀对凝聚 (即质子超导)。更多关于核子超流以及它对于致密星物理的影响的细节, 参见 Kunihiro, et al. (1993)。

在夸克物质中, 处于色反三重态 (即 $\bar{3}$ 态) 的夸克能够通过长程胶子相互作用形成 $^1S_0$ 的库珀对凝聚, 即色超导 (CSC)(Bailin and Love, 1984; Iwasaki and Iwado, 1995; Alford, et al., 1998; Rapp, et al., 1998)。3 味无质量夸克的高密 QCD 中存在一个非常有趣的对称性破缺

$${\rm SU_c(3) \times SU_L(3) \times SU_R(3) \times U_B(1) \to SU_{c+L+R} \times Z(2)} \tag{9.94}$$

这里 ${\rm SU_{c+L+R}}$ 意味色味同时转动, 通常称为色味锁定 (CFL)。更多关于色超导以及它对于致密星物理的影响的细节, 参见 Alford (2001) 以及 Rajagopal and Wilczek (2001)。

除了超流和超导以外，星体内可能存在的 π 介子 (π^0 和 π^-) 凝聚(Migdal, 1972; Sawyer and Scalapino, 1973) 以及 K 介子 (K^-) 凝聚(Kaplan and Nelson, 1986) 也被广泛研究。不同于稀薄原子气体的玻色-爱因斯坦凝聚 (Pethick and Smith, 2001)，介子凝聚中必然会存在 π 介子和 K 介子与核子间的强相互作用。更多细节，参见 Kunihiro, et al. (1993) 和 Lee (1996)。

以上提及的各种奇特相不仅对致密星体的大块结构而且对致密星体的转动和冷却都有一些影响。对于这些现象有兴趣的读者，参见 Heiselberg and Hjorth-Jensen (2000) 以及 Weber (2005)。

习　题

9.1 **简并费米气体。**

考虑无相互作用的自旋 1/2 费米子组成的气体 (费米气体)，证明费米子数密度 ρ 和费米动量 k_{F} 的关系为

$$\rho = 2\int_{k\leqslant k_{\mathrm{F}}} \frac{\mathrm{d}^3 k}{(2\pi)^3} = \frac{k_{\mathrm{F}}^3}{3\pi^2} \tag{9.95}$$

9.2 **引力红移。**

(1) 计算太阳 ($M_\odot \sim 2\times 10^{30}\,\mathrm{kg}$) 和地球 ($M_{\mathrm{Earth}} \sim 6\times 10^{24}\,\mathrm{kg}$) 的施瓦兹半径 ($r_{\mathrm{g}} = 2\,GM$) (答案：大约是 3 km 和 9 mm)。

(2) 用史瓦西度规 (D.42) 式推出 (9.34) 式。

9.3 **中子星物质的质子份额。**

在不假设 $m_{\mathrm{n}} - m_{\mathrm{p}}$ 以及 m_{e} 很小的情况下导出 $\rho_{\mathrm{p}}/\rho_{\mathrm{n}}$ 的严格表达式 (见 Weinberg (1972) 的 11.4 节)。

9.4 **核物质状态方程。**

根据 (9.67) 和 (9.68) 式给定的参数集，对于质子-中子比 $\rho_{\mathrm{p}}/\rho_{\mathrm{n}}$ 的不同取值，画出 (9.66) 式随 ρ/ρ_{nm} 变化的曲线，并验证核物质 (中子物质) 是 (不是) 自束缚的。

9.5 **袋常数和致密物质。**

令 $m_{\mathrm{q}} = 0$ 和 $\alpha_{\mathrm{s}} = 0$，导出 (9.84) 式给出的袋常数的下限和上限。

9.6 **夸克-强子相平衡。**

令 $\alpha_{\mathrm{s}} = 0$，取 (9.66) 式所给出的纯中子物质的状态方程和 (9.81) 式所给出的

u, d, s 夸克物质的状态方程。应用 (9.90) 式的双切线方法, 验证图 9.7 中给出的相变临界密度。

9.7 夸克星和标度解。

用 (9.91) 式的无量纲量 (标有上划线的量) 重写 OV 方程以及袋模型的状态方程, 并数值求解这个耦合方程以得到 $\overline{M}_{\max} = 0.0258$, $\overline{R} = 0.095$ 以及 $\bar{\varepsilon}_{\text{cent}} = 19.2$。

相对论重离子碰撞中的夸克胶子等离子体

第 10 章　相对论重离子碰撞简介

根据第 1 章的讨论, 特别是图 1.5 和图 1.8 的结果, 通过压缩或加热强子物质能够形成夸克胶子等离子体。相对论重离子碰撞有望达到上述两种条件。当每核子能量加速到几千兆到几十千兆电子伏特时, 碰撞的离子相互阻止, 理论上能够达到非常高的重子密度。在更高的能量下, 参与碰撞的重离子相互穿透, 在碰撞的中心区域会形成同时具有高温度和低重子密度两种性质的物质。作为第三部分的开始, 我们将对相对论重离子碰撞和极端相对论重离子碰撞的简单物理图像做全景式介绍。

10.1　核阻止本领和核穿透性

我们用图 10.1 说明末态粒子多重数, 对应 (a) AGS, (b) SPS 以及 (c) RHIC 这三个实验原子核-原子核 (核-核) 碰撞的末态强子分布图像。从经验可知, 核-核碰撞中末态粒子多重数近似按照 $\sim \ln\sqrt{s}$ 的规律随能量增加 (图 16.7), 其中 s 是一个 Mandelstam 变量 (见附录 E), $\sqrt{s}$ 对应质心系中初态粒子总能量。在核-核迎头碰撞的情况下 (通常叫作对心碰撞), 几乎所有的核子都参与反应并对粒子的产额做同等贡献, 因此末态粒子多重数正比于核子数 A, 举例来说, $\mathrm{Pb}+\mathrm{Pb}$ 碰撞的末态粒子多重数约为相同能量下一对质子-质子碰撞的 200 倍。

在高能重离子碰撞中, 洛伦兹收缩的原子核相互碰撞, 大量的核子-核子碰撞产生次级粒子。入射核子通过碰撞损失动能, 这部分动能转化为其他自由度。碰撞中损失的能量大小依赖于核的厚度以及碰撞能量, 能量损失分数称为核阻止本领。核-核碰撞中，核阻止效应可以看作是入射核子的快度分布向中间快度区间漂移的过程，也即向碰撞的质心处漂移的过程。故而末态粒子的快度分布形状提供了核阻止本领的关键信息。快度 y 是与速度对应的相对论运动学变量，其定义详见附录 E。

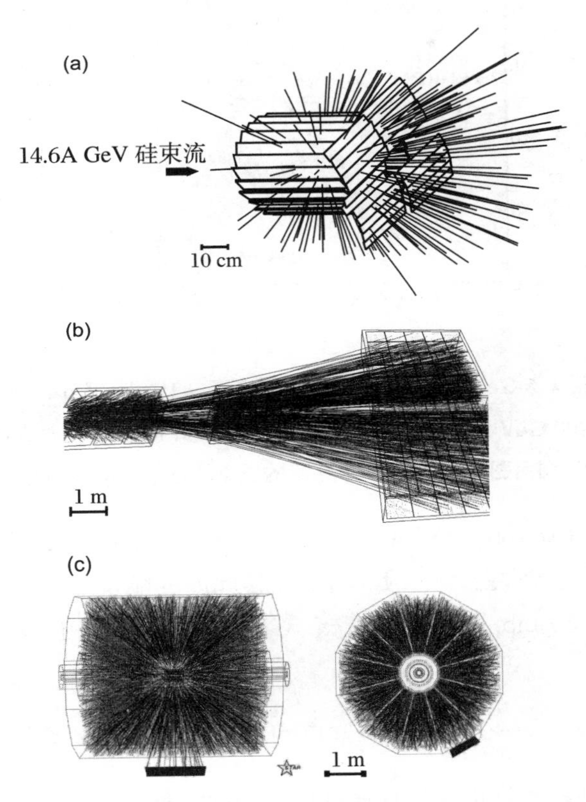

图 10.1 三个重离子碰撞实验末态带电强子径迹分布图: (a) **14.6*A*GeV** 硅离子 (**^{28}Si**) 撞击金靶 (~**220** 条径迹) (Abbott, et al., 1990); (b) **158*A*GeV** 铅离子 (**Pb**) 撞击铅靶 (~**1000** 条径迹), 图像复制得到 NA49 实验组许可 (Afanasiev, et al. 1999); (c) **100*A*GeV** 金离子 (**^{197}Au**) 与 **100*A*GeV** 金离子对撞 (~**3000** 条径迹), 图像复制得到 STAR 实验组许可 (Ackermann, et al., 2003)

图 10.2 比较了质心系能量为 5 GeV、17 GeV、200 GeV 的 Au+Au 对心碰撞以及 Pb+Pb 对心碰撞中净质子数 (质子数-反质子数) 快度分布 (Bearden, et al., 2004)，这些分布显示出很强的束流能量依赖性。在 AGS 中净质子分布在中间快度区间有峰值，而在 SPS 中净质子分布在中间快度区间有一处凹陷。在 RHIC 中，中间快度区的净质子分布几乎是平坦的，仅在束流快度区有小峰。上述现象清楚地表明，随着几个实验能量的增加，核-核碰撞从核阻止向核穿透转变。

换句话说, 核阻止本领存在饱和效应; 入射的核子并不损失全部动能, 而是穿透它对面的核子。类比于光学, 可以说在高能碰撞下原子核变得透明。

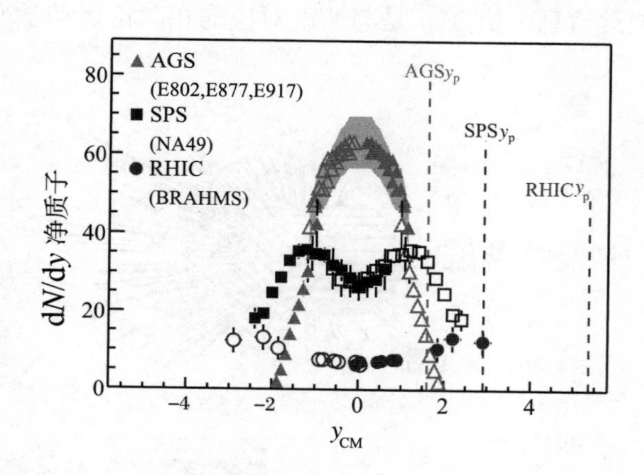

图 10.2 AGS ($\sqrt{s_{NN}} = 5$ GeV Au+Au)、SPS ($\sqrt{s_{NN}} = 17$ GeV Pb+Pb) 以及 RHIC ($\sqrt{s_{NN}} = 200$ GeV Au+Au) 实验中净质子快度分布比较, 图片来自 Bearden, et al.(2004); 利用图 10.12, 从 3 个实验的质心能量 $\sqrt{s_{NN}}$ 得到束流快度 y_p

每核子能量约为 100 GeV/A 及以上的极端相对论性原子核开始表现出核穿透性质, 乍一看似乎令人惊讶。实际上, 在如此高的能量下, 核子-核子碰撞截面 σ_{NN} 一般为 $40 \sim 50$ mb, 这就意味着核子穿过原子核过程的平均自由程 ℓ_N 小于原子核尺寸:

$$\ell_N = \frac{1}{\sigma_{NN}\rho_{nm}} = (4.5\ \mathrm{fm}^2 \times 0.16\ \mathrm{fm}^{-3})^{-1} = 1.4\ \mathrm{fm} \tag{10.1}$$

其中 $\rho_{nm} = 0.16\ \mathrm{fm}^{-3}$ 是正常核物质密度。为解开这一谜团, 我们必须考虑碰撞的时空图像。

10.2 碰撞的时空图像

在质心系中考虑两个质量数为 A 的原子核对心碰撞, 质心系中每核子能量为 E_{cm}, 即 $\sqrt{s_{NN}} = E_{cm}$(图 10.3) (相对论运动学知识参见附录 E)。在质心系中, 两个原子核通过洛伦兹收缩变成厚度为 $2R/\gamma_{cm}$ 的薄饼形状, 它们沿纵向相向运动并发生碰撞。上文中 $\gamma_{cm}\ (= E_{cm}/2m_N)$ 是洛伦兹因子, 其中 m_N 为核子质量。

在第 11 章我们将详细讨论高能强子碰撞的朗道图像 (Landau, 1953), 在此图像中参与碰撞的核子显著减速并产生粒子, 产生粒子的范围主要是在核物质厚度的范围内。接下来, 产生的高温、丰重子的粒子系统经历主要沿入射束流方向 (z 轴) 的流体力学膨胀。图 10.3(c) 是光锥图像下这一过程的示意图。

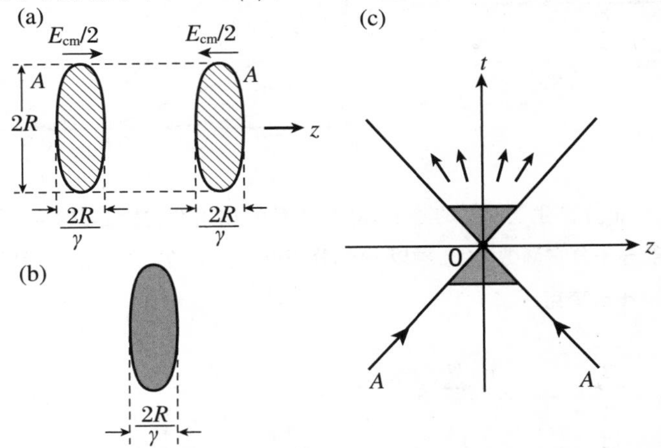

图 10.3　朗道图像中重核 $A+A$ 对心碰撞的时空图像: (a) 质心系中相对论运动的两个原子核相向运动, 碰撞参数为 0; (b) 两原子核减速, 在碰撞中心融合在一起并产生粒子; (c) 朗道图像中碰撞的光锥图, 阴影部分是粒子产生的区域

随着核入射能量显著增加, 朗道图像将被 Bjorken (1976) 提出的新反应图像所代替, 我们将在第 11 章详细讨论这个新图像。Bjorken 图像基于强子的部分子模型, 它与朗道图像在以下两个方面有显著区别: 微部分子的存在和产生粒子的时间膨胀。

轻子-强子深度非弹性散射实验很好地证实了下列事实: 核子是由价夸克和微部分子 (胶子和海夸克) 组成的。微部分子具有比价夸克小得多的动量分数 (x), 微部分子的数目随着 x 接近于零而增加, 见图 10.4。

可以认为微部分子是真空涨落, 它与穿过 QCD 真空的高速运动的价夸克相互耦合 (Bjorken, 1976)。微部分子也可以认为是由快速运动的部分子源产生的相干经典场的一部分, 称为色玻璃凝聚 (Iancu and Venugopalan, 2004)。由于微部分子起源于非微扰效应, 其特征动量 p 为 Λ_{QCD}的量级 (QCD 强耦合标度, 约 200 MeV)。因为核子和原子核总是伴随着这些低动量的微部分子, 根据极端相对论能量下的不确定性原理, 强子或原子核的纵向尺寸 Δz 一定不会小于 $1/p \sim 1$ fm, 如图 10.5(a) 所示:

$$\Delta z \geqslant \frac{1}{p} \approx 1 \text{ fm} \tag{10.2}$$

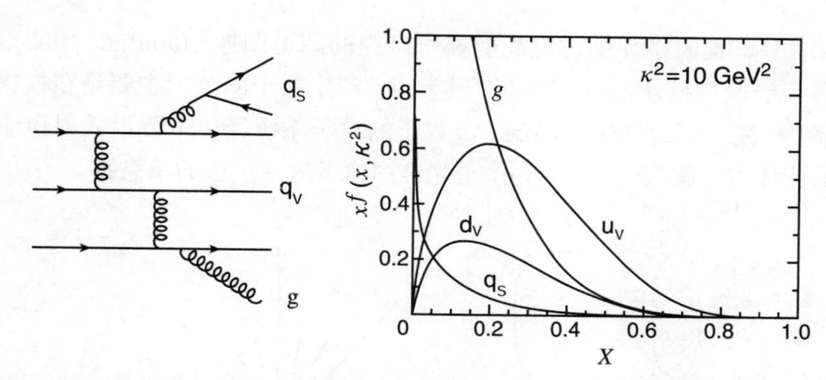

图 10.4 (a) 价夸克 ($\mathbf{q_v}$) 产生低动量的胶子 (g) 和海夸克 ($\mathbf{q_s}$); (b) 重整化标度 $\boldsymbol{\kappa^2 = 10\ \mathrm{GeV}^2}$ 下质子中部分子分布函数 $\boldsymbol{f(x)}$ 乘以 $\boldsymbol{x}$(部分子纵动量分数) 的分布; $\mathbf{u_V}$ 和 $\mathbf{d_V}$ 分别表示 $\mathbf{u}$ 价夸克和 $\mathbf{d}$ 价夸克

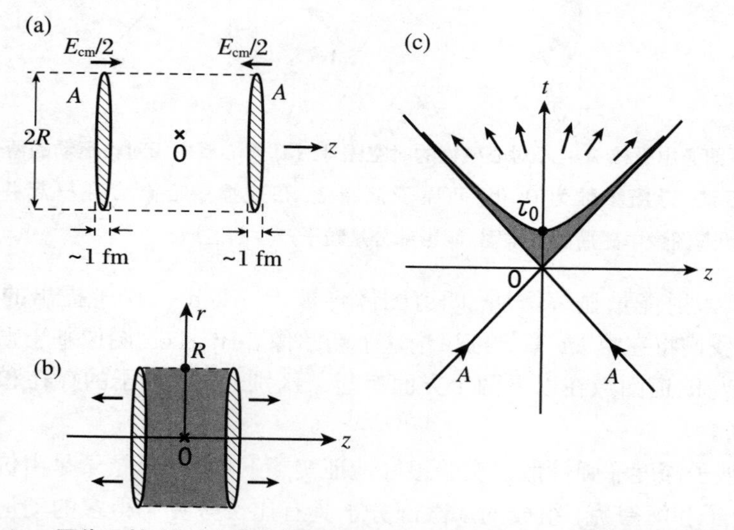

图 10.5 Bjorken 图像下核-核对心碰撞的时空图: (a) 质心系中极端相对论运动的两个原子核相向运动, 碰撞参数为 0; (b) 它们相互穿过对方, 在两核中间遗留下具有非常小的净重子数的高激发物质 (阴影区域); (c) Bjorken 图像下重离子碰撞的光锥图, 阴影区域内形成高激发物质

结果, 质心系中两个入射原子核在发生碰撞以前, 穿上了特征尺寸为 1 fm 的"微部分子毛衣" (Bjorken, 1976), 价夸克波函数的纵向尺寸 $\sim 2R/\gamma_{\mathrm{cm}}$。因此, 在满足下式条件的极端高能量下, 微部分子会起到至关重要的作用。

$$\gamma_{\mathrm{cm}} > \frac{2R}{1\ \mathrm{fm}} \tag{10.3}$$

两束流中的部分子在发生迎头碰撞之后, 许多虚量子和 (或) 胶子的相干场构型将会被激发, 如图 10.5(b) 所示。这些量子经过一定的固有时间 τ_{de}(退激发或者退相干时间) 之后, 退激发成为实夸克和胶子。退激发时间 τ_{de} 的典型数值为 1 fm ($\sim 1/\Lambda_{\mathrm{QCD}}$) 的几分之一, 或远小于 1 fm。人们将处在 $0<\tau<\tau_{\mathrm{de}}$ 这段时间内的物质状态叫作预平衡态。

因为 τ_{de} 是在每个量子的静止系下定义的, 经过洛伦兹时间的膨胀, 在核-核质心系中变成 $\tau=\tau_{\mathrm{de}}\gamma$, 其中 γ 是每个量子的洛伦兹因子。这意味着, 慢粒子在接近碰撞点处先形成, 而快粒子在远离碰撞点处最后形成 (图 10.5(c))。这一现象在朗道图像里没有考虑, 被称为**由内向外的级联簇射**。

在退激发过程中形成的实部分子之间发生相互作用, 形成处于平衡态的等离子体 (夸克胶子等离子体)。我们定义 τ_0 ($>\tau_{\mathrm{de}}$) 为系统达到平衡态的固有时间, 如图 10.5(c) 所示; τ_0 不仅依赖于基本的部分子-部分子反应截面, 还依赖于预平衡阶段产生的部分子密度。人们预计 τ_0 约为 1 fm 或者 1 fm 的几分之一。随后, 这些高激发物质冷却并通过强子化过程转化成为介子和重子, 最终被探测器所接收 (见第 17 章)。

10.3　中心平台和碎裂区

图 10.5 中所描述的极端相对论核-核对心碰撞中, 末态强子的快度分布在足够高的碰撞能量下呈现如图 10.6 所示的形状。在靶初始快度 y_{T} 和入射粒子初始

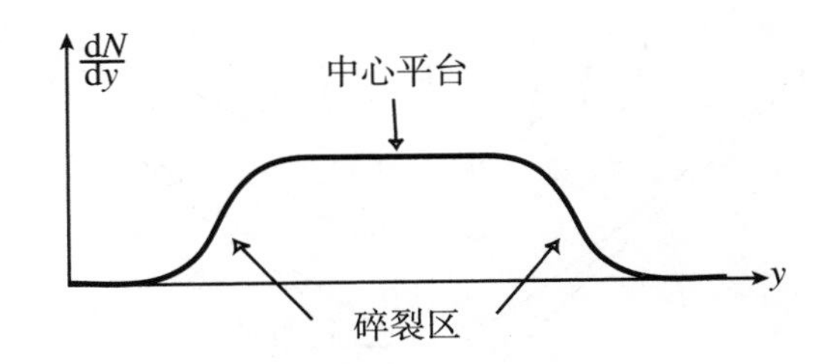

图 10.6　极端相对论核-核碰撞中强子快度分布示意图

人们预期中心快度平台区域会产生净重子数为零的夸克胶子等离子体

快度 y_{P} 之间, 出现了一个零净重子数的中心快度区, 在这个区间内, 每单位快度间隔的平均粒子多重数 $\mathrm{d}N/\mathrm{d}y$ 近似为一常数, 形成一个中心平台。在这个区域内, 微部分子之间相互作用产生的虚量子占主导地位, 快度平台结构的出现可以

理解为每个量子在固有时间 $\tau_{\rm de}$ 中退激发造成的。人们认为, 在这个区间内产生了净重子数为零的夸克胶子等离子体。中心快度平台的高度和宽度取决于碰撞系统的质心系能量和碰撞原子核的质量数 A。

另一方面, 靶和射弹的初始快度附近存在高激发的丰重子碎裂区域, 对这种碎裂区的研究最好在参与反应的任一原子核的静止系中进行。在上述静止参考系中, 两个原子核迎头碰撞时, 半径正比于 $A^{1/3}$ 的球形原子核会穿过表面积约为 $A^{2/3}$ 的经过洛伦兹压缩的圆盘形状的原子核。

碎裂区域的宽度 $\Delta y_{\rm f}$ 可以利用如下方式简单估计: 考虑靶核静止系中碎裂区域产生的洛伦兹因子为 γ 的粒子, 仅当 $\gamma\tau_{\rm de}\lesssim R$ ($R\sim 1.2A^{1/2}$ fm 是原子核半径) 时, 它才能与核再次发生相互作用并产生级联簇射, 从而形成碎裂区域。由此我们可以做出如下估计: $\Delta y_{\rm f}=\dfrac{1}{2}\ln((1+\nu_z)/(1-\nu_z))\sim\ln 2\gamma$ (见附录 E.2)。

10.4 极端相对论核-核碰撞的演化史

到目前为止, 我们已经讨论了相对论和极端相对论能量下重离子碰撞的整体性质。从现在开始, 我们将仔细地研究核-核对心碰撞的演化史。图 10.7 是时空中粒子系统演化史的示意图。

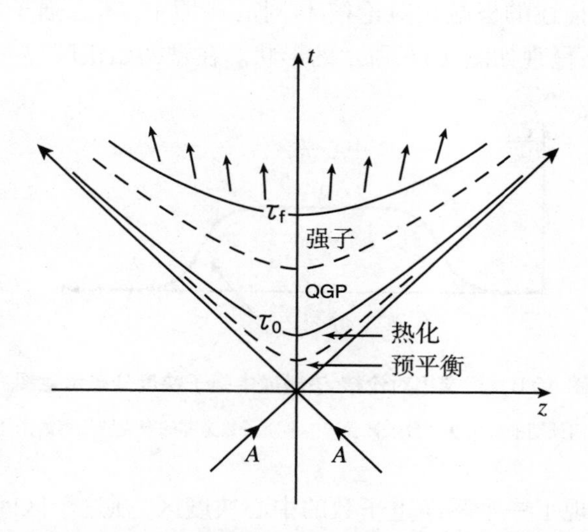

图 10.7 极端相对论核-核碰撞的纵向演化光锥图, 等固有时 τ 曲线为双曲线 $\tau=(t^2-z^2)^{1/2}$

预平衡阶段和热化: $0<\tau<\tau_0$

极端相对论重原子核对心碰撞是一个巨量熵产生的过程。产生熵的微观动力学机制和随后的热化机制是什么？这是理论上难度最大的问题之一, 因为这个问题的解答涉及非阿贝尔规范场的极度非平衡过程。当前, 人们提出了两类模型: 非相干模型和相干模型。

在非相干模型中, 入射部分子碰撞的非相干叠加产生迷你喷注(半硬部分子), 随后这些迷你喷注发生相互作用, 产生平衡的部分子等离子体 (见 13.1.3 节)。人们利用微扰 QCD (pQCD)计算迷你喷注产生, 计算中包含的红外截断为 $1\sim2$ GeV; 而对趋向平衡过程, 人们利用包含部分子-部分子微扰 QCD 散射的相对论玻尔兹曼方程来计算 (见第 12 章和附录 F)。

相干模型的一个例子是: 碰撞之后色弦和色绳(相干色电场) 形成, 它们随后通过 Schwinger 机制衰变成实部分子 (见 13.1.1 节)。这些实部分子一旦形成, 便按照一定规律趋向于热分布, 如按照包含部分子碰撞和背景色电场的相对论玻尔兹曼方程趋向热分布。另一个相干模型的例子基于色玻璃凝聚 (CGC), CGC 是伴随着入射核的小 x 胶子经典相干场构型 (见 13.1.2 节)。

上述方法的应用有各自的局限性, 并且它们并未发展到能够完全定量描述熵产生和热化过程的程度, 主要难度来自于对非阿贝尔规范场论中时间依赖性和非微扰过程的处理。

我们将在第 13 章继续讨论前面提到的模型, 这里我们先简单地假设熵的产生和随后的局域热化是在特征时间 τ_0 之前发生的, 这为系统在 $\tau>\tau_0$ 之后的流体力学演化提供了初始条件。基于理想流体的流体力学模型在 τ_0 小于 1 fm 的条件下能够很好地解释 RHIC 实验数据 (见第 16 章)。

流体动力学演化和冻结: $\tau_0<\tau<\tau_{\rm f}$

一旦系统在 τ_0 时刻达到局域热平衡, 我们就可以利用相对论流体力学方法来描述随后的系统膨胀 (见第 11 章)。以下是流体力学基本方程, 即能动量守恒和重子数守恒方程:

$$\partial_\mu\langle T^{\mu\nu}\rangle=0,\quad \partial_\mu\langle j^\mu_{\rm B}\rangle=0 \tag{10.4}$$

式中算子处于局域热平衡的态取期待值, 这些态是随时间演化的。

如果系统能够近似地看作理想流体, 上述期待值就可以只用局域能量密度 ε 和局域压强 P 参数化; 如果系统不是理想流体, 则需要额外的信息来参数化, 如粘滞系数、热导系数等。在前一种情况下, 利用方程 (10.4) 式加上格点 QCD 模拟计算得到的状态方程 $\varepsilon=\varepsilon(P)$(见第 5 章) 和在 $\tau=\tau_0$ 时刻的合适的初始条件,人们能够预言系统一直到冻结时刻 $\tau = \tau_{\mathrm{f}}$ 的演化。物理上最有趣的部分是在这个时间段 $\tau_0 < \tau < \tau_{\mathrm{f}}$, 热化的夸克胶子等离子体的演化以及随后到强子等离子体的相变都在此期间发生。

冻结和后平衡阶段: $\tau_{\mathrm{f}} < \tau$

最终, 强子等离子体在固有时刻 τ_{f} 处冻结。冻结由一个时空超曲面来定义, 在此曲面上等离子体中粒子的平均自由时间开始大于等离子体膨胀的时间尺度, 因此局域热平衡不再保持。人们可以考虑两种冻结: 化学冻结(化学冻结之后, 每一种粒子的数目不再变化并且在相空间内保持平衡), 热力学冻结(在此以后运动学平衡不再保持)。化学冻结温度必须高于热力学冻结温度, 并且这两种冻结温度原则上依赖于强子种类。

即使在冻结之后, 强子仍然能以非平衡的方式相互作用, 它们可以用强子层次上的玻尔兹曼方程来描述。

10.5 重离子碰撞的几何学

高能重离子碰撞的几何学对碰撞动力学具有十分重要的影响。高能核-核碰撞中核子的德布罗意 (de Broglie) 波长远小于原子核尺寸, 由此用碰撞参数 b 来描述核-核碰撞是非常合适的。图 10.8 为远距离碰撞、边缘碰撞和对心碰撞的几何位置示意图。对于远距离碰撞 ($b > 2R$), 射弹或者靶核也可能在电磁相互作用下解体。随着碰撞参数 b 降低, 一旦两个碰撞的原子核在几何上开始重叠, 强相互作用将导致非弹性反应有一个突然的上升。

参与高能重离子碰撞的原子核中的核子分为两类: **参与者**, 如图 10.9 中点状区域所示重叠部分; **旁观者**, 如图 10.9 中断面线区域。高能核-核碰撞的这种几何处理方案叫作参与者-旁观者模型, 它成功地描述了实验上观察到的许多特征。如图 10.9 所示, 参与者和 (或) 旁观者的大小由碰撞参数 b 决定, 参与者和旁观者的大小之间存在反关联。因为旁观者保持其纵向速度并且位于碰撞轴零度附近, 所以实验上可以相对容易地区分旁观者和参与者。对于绝大多数重离子碰撞实验, 碰撞参数 b 的信息是通过测量旁观者和参与者的相对大小得到的。参与碰撞的核子数可以通过以下介绍的半经典 Glauber 模型得到。

Glauber 模型 (Glauber, 1959; Frauenfelder and Henley, 1991) 已经被成功应

用于描述高能核反应, 并被广泛应用于计算反应总截面。Glauber 模型还被用来估计反应次数, 即参与反应核子数和核子-核子碰撞数 (两体碰撞数)。这是一个半经典模型, 它将核-核碰撞看作许多核子-核子相互作用过程的叠加: 入射原子核中的核子与给定密度分布的靶核中的核子相互作用的叠加。假设核子以直线运动, 碰撞之后运动方向不发生偏转 (这在极高能区域是很好的近似)。并且, 人们认为这里的核子-核子非弹性散射截面 $\sigma_{\mathrm{NN}}^{\mathrm{in}}$ 与真空中散射截面一致。换言之, 这个模型中没有考虑次级粒子产生和可能的核子激发。

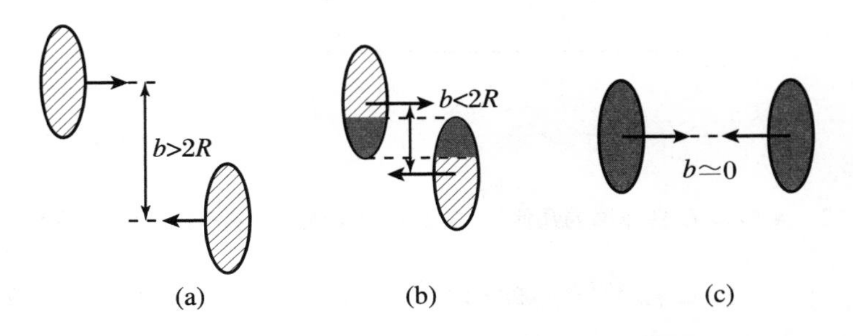

图 10.8　高能核-核碰撞示意图: (a) 远距离碰撞; (b) 边缘碰撞; (c) 对心碰撞

点状区域表示反应参与者区域, 断面线区域表示反应旁观者区域

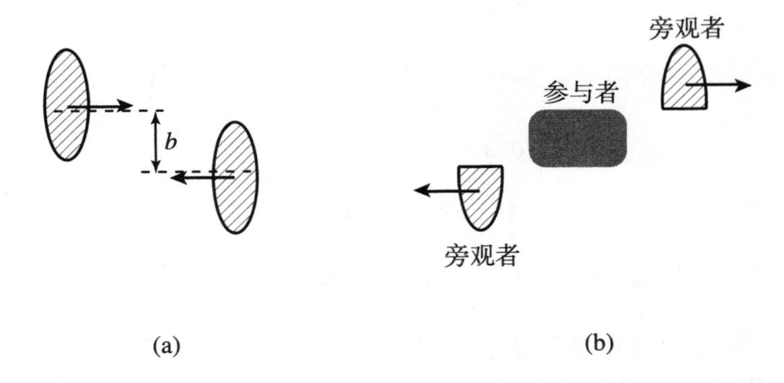

图 10.9　高能重离子碰撞中参与者-旁观者图像, (a) 碰撞之前, 碰撞参数为 b; (b) 碰撞之后

现在我们介绍碰撞参数为 $\boldsymbol{b}$ 的重离子碰撞过程的核重叠函数 $T_{AB}(\boldsymbol{b})$ (图 10.10):

$$T_{AB}(\boldsymbol{b}) = \int \mathrm{d}^2\boldsymbol{s}\, T_A(\boldsymbol{s})T_B(\boldsymbol{s}-\boldsymbol{b}) \tag{10.5}$$

式中厚度函数的定义为

$$T_A(\boldsymbol{s}) = \int \mathrm{d}z\, \rho_A(z,\boldsymbol{s}) \tag{10.6}$$

式中 ρ_A 是对质量数 A 归一化之后的核质量数密度:

$$\int \mathrm{d}^2\boldsymbol{s}\, T_A(\boldsymbol{s}) = A, \quad \int \mathrm{d}^2\boldsymbol{b}\, T_{AB}(\boldsymbol{b}) = AB \tag{10.7}$$

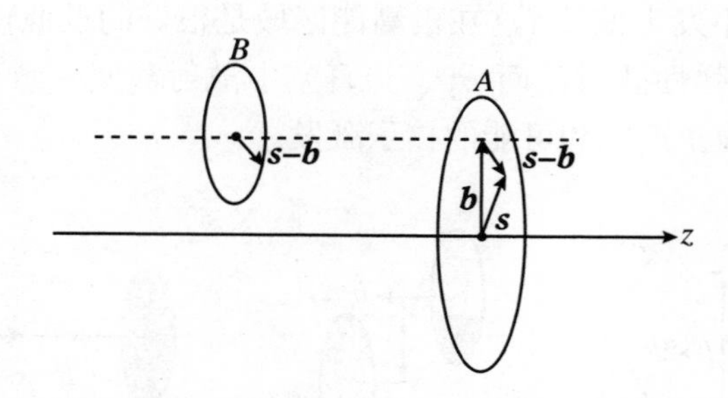

图 10.10 A 核和 B 核碰撞的几何学, 矢量 $\boldsymbol{b}$ 和 $\boldsymbol{s}$ 位于垂直于碰撞轴 z 的横平面内

对于半径为 $R_A = r_0 A^{1/3}$ 的球形核, $T_{AA}(0) = 9A^2/8\pi R_A^2$, 举例来说, 对于 $R_{\mathrm{Au}} = 7.0$ fm, 可以得到 $T_{\mathrm{AuAu}}(0) = 28.4\ \mathrm{mb}^{-1}$。对于实际的原子核如铅或金等重核, Woods-Saxon 参数化是一个很好的近似:

$$\rho_A(r) = \frac{\rho_{\mathrm{nm}}}{1 + \exp((r - R_A)/a)} \tag{10.8}$$

Glauber 模型中分别定义参与核子数 N_{part} 和核子-核子两体碰撞数 N_{binary} 为

$$\begin{aligned} N_{\mathrm{part}}(b) = & \int \mathrm{d}^2\boldsymbol{s}\, T_A(\boldsymbol{s}) \left(1 - \mathrm{e}^{-\sigma_{\mathrm{NN}}^{\mathrm{in}} T_B(\boldsymbol{s}-\boldsymbol{b})}\right) \\ & + \int \mathrm{d}^2\boldsymbol{s} T_B(\boldsymbol{s}-\boldsymbol{b}) \left(1 - \mathrm{e}^{-\sigma_{\mathrm{NN}}^{\mathrm{in}} T_A(\boldsymbol{s})}\right) \end{aligned} \tag{10.9}$$

$$N_{\mathrm{binary}}(b) = \int \mathrm{d}^2\boldsymbol{s}\, \sigma_{\mathrm{NN}}^{\mathrm{in}} T_A(\boldsymbol{s}) T_B(\boldsymbol{s}-\boldsymbol{b}) \tag{10.10}$$

Glauber 模型通常用蒙特卡罗方法来实现, 核子按照核密度分布在射弹和靶核中随机分布。给定碰撞参数 $\boldsymbol{b}$, 为了检查射弹核子与靶核子之间是否发生了相互作用, 需要计算所有核子对的碰撞参数 $\boldsymbol{s}$。当核子-核子的碰撞参数小于 $\sqrt{\sigma_{\mathrm{NN}}^{\mathrm{in}}/\pi}$ 时, 认为两核子发生了相互作用。图 10.11 是 Au + Au 碰撞中核子-核子碰撞数 (两体碰撞数) 和碰撞参与者数目随碰撞参数变化的曲线。

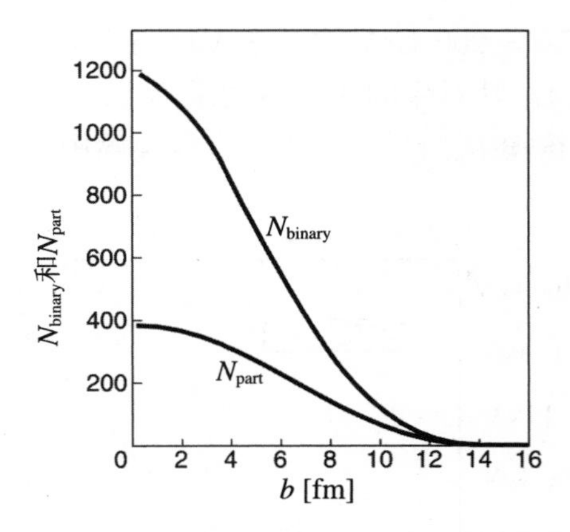

图 10.11 Au + Au 碰撞中核子-核子两体碰撞数和核子参与者数目随碰撞参数变化的曲线

其中用到的 Woods-Saxon 分布的参数为: $a = 0.53$ fm, $R_{\rm Au} = 6.38$ fm 和 $\sigma_{\rm NN}^{\rm in} = 42$ mb

10.6 重离子加速器的过去、现在和未来

图 10.12 给出了各种重离子加速器中每核子能量与束流快度的关系。洛伦兹推动变换下快度 y 变换形式为简单的加减 (见附录 E)。如果我们选取束流方向为纵向, (E.19) 式变为

$$E_{\rm lab} = m_{\rm N} \cosh y_{\rm lab}, \quad E_{\rm cm}/2 = m_{\rm N} \cosh y_{\rm cm} \tag{10.11}$$

式中质心系和实验室系的束流快度之间的关系为

$$y_{\rm cm} = (1/2) y_{\rm lab} \tag{10.12}$$

这些关系由图 10.12 中的实线表示, 图中曲线的左上部分 (右下部分) 标记出了实验室系 (质心系) 中的每核子能量。

现在我们给出一些例子, BNL-AGS (CERN-SPS) 分别可以加速硅 (氧) 离子到 15 GeV/A (200 GeV/A), 加速金 (铅) 离子最高可到 11 GeV/A (160 GeV/A), 对应 $y_{\rm lab} = 3.5$ (6.1) 和 $y_{\rm lab} = 3.2$ (5.8)。质心系中对应快度分别为 $y_{\rm cm} = 1.7$ (3.1) 和 $y_{\rm cm} = 1.6$ (2.9)。图 10.12 的曲线分别给出质心系能量 $E_{\rm cm}/2$ 为 2.8 GeV (10 GeV) 和 2.4 GeV (8.6 GeV) 的情形。

BNL-RHIC (CERN-LHC) 能加速重离子, 例如金 (铅) 到 $E_{\rm cm}/2 = 100$ GeV

(2.8 TeV), 也就是 $\sqrt{s_{\rm NN}} = 200$ GeV (5.6 TeV), 与之对应的是 $y_{\rm cm} = 5.4$ (8.7), 相应的 $y_{\rm lab} = 10.7$ (17.4), 其对应的实验室能量为 21 TeV (17 PeV)。RHIC 运行之前, 如此高能量的核-核碰撞只存在于宇宙线实验中, 如 JACEE空格的数据 (Burnett, et al., 1983)。

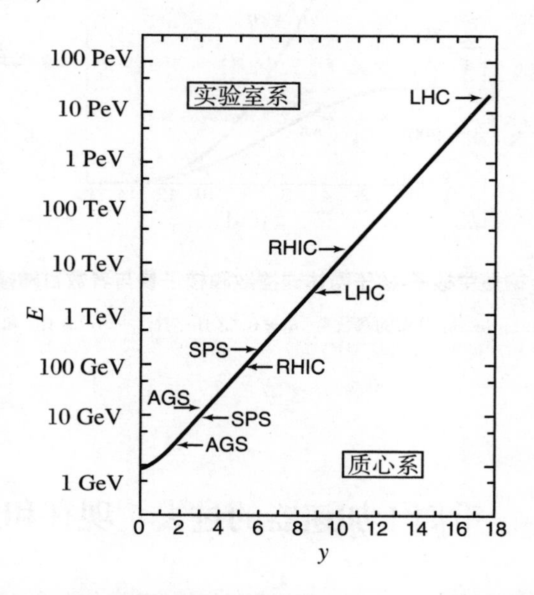

图 10.12 每核子能量 E 与束流快度 y 的关系图: $E = m_{\rm N}\cosh y$; 质心系和实验室系的快度有下列简单关系: $y_{\rm cm} = y_{\rm lab}/2$; 图中箭头标出了多个相对论以及极端相对论重离子实验的能量区域

第 11 章　重离子碰撞中的相对论流体力学

相对论流体力学提供了一个在相对论核-核碰撞中心快度区产生的热密物质的简单时空演化图像。它使得我们无需任何微观模型的细节就可以描述物质膨胀的各个阶段: 从可能的夸克胶子等离子体, 通过强子化, 到最后的强子逸出。我们考虑相对论流体力学, 将比较描述相对论和极端相对论核-核碰撞的两种图像: 朗道图像和比约肯图像。我们在讨论物质演化早期条件时着重于粒子多重数和熵的重要性。

11.1　多粒子产生的费米和朗道图像

1950 年, 费米 (Fermi) 发表了一篇名为《高能核事例》的文章 (Fermi, 1950), 首次提出将热力学用于高能碰撞中多重介子产生的独创性方法。此方法基于以下假设: 由于强相互作用, 高能核子碰撞中所有的能量都于碰撞瞬间沉积在一个洛伦兹收缩了的小体积内 (图 10.3)。费米 (Fermi) 认为可以用统计理论来计算所产生粒子的多重数和谱。朗道 (Landau, 1953; Belensky and Landau, 1955) 重新审视了费米的初始想法, 认为末态发射出的粒子数并不能仅由碰撞瞬间的平衡条件确定。因为在碰撞之后系统仍然有强的相互作用, 只有当粒子间的作用很小时粒子数才是确定的。朗道最先引入相对论流体力学来描述强相互作用物质的演化阶段。费米和朗道的原始文章及其他早期工作被收录于 Kapusta, et al. (2003) 的工作中, 也可参考 Blaizot and Ollitrault (1990), Csernai (1994) 和 Rischke (1999) 等关于把流体力学应用于相对论重离子碰撞中的广泛内容和思想。

我们考虑在朗道图像下两个具有质量数 A 的原子核的对心 (零碰撞参数) 相对论碰撞 (图 10.3)。定义在质心参考系下的系统总能量 W_{cm} 如下:

$$W_{\mathrm{cm}} \equiv AE_{\mathrm{cm}} = 2Am_{\mathrm{N}}\gamma_{\mathrm{cm}} \tag{11.1}$$

于是初始能量密度 (ε) 可以通过将 W_{cm} 除以洛伦兹收缩了的核体积 V 得到

$$\varepsilon = \frac{W_{\mathrm{cm}}}{V} = \frac{2Am_{\mathrm{N}}\gamma_{\mathrm{cm}}}{V_{\mathrm{rest}}/\gamma_{\mathrm{cm}}} = 2\varepsilon_{\mathrm{nm}}\gamma_{\mathrm{cm}}^2 \tag{11.2}$$

其中 $\varepsilon_{\mathrm{nm}}$ 近似为核物质的能量密度:

$$\varepsilon_{\mathrm{nm}} \equiv \frac{Am_{\mathrm{N}}}{V_{\mathrm{rest}}} = 0.15\ \mathrm{GeV}\cdot\mathrm{fm}^{-3} \tag{11.3}$$

以及 V_{rest} 是静止系中的核体积:

$$V_{\mathrm{rest}} = \frac{4\pi}{3}R^3 = \frac{4\pi}{3}r_0^3 A \quad (r_0 \approx 1.2\ \mathrm{fm}) \tag{11.4}$$

相似地, 初始重子数密度由下式给出:

$$\rho = \frac{2A}{V} = \frac{2A}{V_{\mathrm{rest}}/\gamma_{\mathrm{cm}}} = 2\rho_{\mathrm{nm}}\gamma_{\mathrm{cm}} \tag{11.5}$$

其中 ρ_{nm} 是正常核物质的重子数密度:

$$\rho_{\mathrm{nm}} \equiv \frac{A}{V_{\mathrm{rest}}} = 0.16\ \mathrm{fm}^{-3} \tag{11.6}$$

朗道将碰撞过程描述如下 (援引自 Belensky and Landau, 1955):

(1) 当两个核子相撞, 会形成一个复合系统, 能量释放于一个横向①洛伦兹收缩的小体积 V 内。在碰撞瞬间, 大量“粒子”会形成; 所生成系统的“平均自由程”相比其尺寸很小, 并且会达到统计平衡。

(2) 碰撞的第二个阶段是系统的膨胀。在此必须用流体力学方法, 且膨胀被看成是一个理想流体 (零粘滞性和零导热性) 的运动。在膨胀期间“平均自由程”保持小于系统的尺度, 这也说明了使用流体力学的合理性。系统中的速度与光速可比拟, 所以我们必须使用相对论的而非通常的流体力学。在碰撞的第一和第二阶段, 系统中粒子会产生并被吸收。这里系统中的高能量密度非常重要。在这种情形下, 由于各个粒子间的强相互作用, 粒子数并不是系统的积分。

(3) 随着系统膨胀, 相互作用逐渐变弱, 同时平均自由程也变长。当相互作用足够弱时, 粒子数开始表现为一个物理特性。当平均自由程与系统的线性尺度相

① 本书记号中, 此处的“横向”即指通常的纵向。

当时, 系统就会分解为单个的粒子。这可以叫作“碎裂”阶段。它的发生伴随系统温度大致为 $T \approx \mu c^2$, 其中 μ 是介子质量 (所有的温度用能量为单位)。

通过将 (1) 中的“核子”替换为“核”以及将 (3) 中的“碎裂”更换为“冻结”, 我们同样可以把上述描述应用到相对论的核核碰撞中。在此情形下, (1) 对应于图 10.3(a) 和 (b), (2) 和 (3) 对应于图 10.3(c)。将系统处理成理想流体是一个假定, 这需要通过对输运系数如粘滞系数和热导率的微观计算来仔细检查。下面, 我们用“完美流体”来代替“理想流体”。

如果我们接受了完美流体的假定, 那么对系统的流体力学描述就只需要物质的状态方程。我们假定相对论重离子碰撞所产生流体 (主要由介子构成) 的能量密度 ε 和压强 P 遵从如下在黑体辐射里熟知的关系式:

$$P = \frac{1}{3}\varepsilon \tag{11.7}$$

进一步假设与温度 T 相比, 重子化学势 μ_{B} 可忽略, 则由第 3 章中热力学关系式 (3.13) 和 (3.15) 得到

$$Ts = \varepsilon + P, \quad T\,\mathrm{d}s = \mathrm{d}\varepsilon \tag{11.8}$$

其中 s 是熵密度。通过联合 (11.7) 和 (11.8) 式我们马上得到 $T \propto s^{1/3}$ 和 $\varepsilon \propto s^{4/3}$, 并导出

$$s \propto \varepsilon^{3/4}, \quad T \propto \varepsilon^{1/4} \tag{11.9}$$

正如所预料的, 这个结果和 3.5 节中从 Stefan-Boltzmann 定律得到的关系式一致。

因为由 (11.1) 和 (11.2) 式可将能量密度写成 $\varepsilon \propto \gamma_{\mathrm{cm}}^2 \propto E_{\mathrm{cm}}^2$, 则碰撞后不久的初始熵密度可由下式给出

$$s \propto \varepsilon^{3/4} \propto E_{\mathrm{cm}}^{3/2} \tag{11.10}$$

据定义, 完美流体没有粘滞性并且不会产生熵。因此, 在流体膨胀过程中系统的总熵 S 保持为常数。而且, 根据黑体辐射公式, 所产生粒子 (介子) 的数密度 n_π 正比于 s, 由此介子总数为 $N_\pi \propto S$。因此, 我们可以将冻结时刻的介子总数 N_π 和初始的熵密度通过如下关系相联系:

$$N_\pi \propto sV \propto E_{\mathrm{cm}}^{3/2} V_{\mathrm{rest}}/\gamma_{\mathrm{cm}} \propto AE_{\mathrm{cm}}^{1/2} \propto AE_{\mathrm{lab}}^{1/4} \tag{11.11}$$

其中我们使用了关系 $E_{\mathrm{cm}} \propto E_{\mathrm{lab}}^{1/2}$(见附录 E)。这个表达式说明了随着反应能量增加产生多重数呈现缓慢增长。它也显示了在粒子产生中重核比质子更有效。

物质在纵向和横向上详细的演化可通过结合状态方程 (11.7) 式求解相对论流体力学方程来研究。流体力学的膨胀将导致所产生粒子的相空间分布是各向异性的, 在纵向方向上占主导, 这反映出核物质纵向压缩的初始条件。

在相对论核核对心碰撞中朗道图像能适用的一个必要条件是, 在质心系中碰撞核的前部的核子在穿越另一个核时必须损失它全部的动能。这就要求这些核子在单位长度上的平均能损要大于由下式给出的临界值:

$$\left(\frac{\mathrm{d}E}{\mathrm{d}z}\right)_{\mathrm{cr}}=\frac{E_{\mathrm{cm}}/2}{(2R/\gamma_{\mathrm{cm}})}\simeq 2\left(\frac{E_{\mathrm{cm}}}{10\ \mathrm{GeV}}\right)^2\mathrm{GeV}\cdot\mathrm{fm}^{-1} \tag{11.12}$$

其中我们取了 $R=7$ fm(金核的半径)。对 $E_{\mathrm{cm}}<10\,\mathrm{GeV}$, 尽管 (11.12) 式得出一个和 QCD 中能损典型大小大致相当的值, 如弦张力 $K=0.9\,\mathrm{GeV}\cdot\mathrm{fm}^{-1}$, 但对极端相对论能量, 例如 $E_{\mathrm{cm}}\sim 200\,\mathrm{GeV}$, 这个临界值变得非常大以至于难以达到。由此我们得出结论: 朗道图像将由于所需要的阻滞能力太大而必会失效。此外, 如 10.2 节所讨论过的, 与费米和朗道的方法相反, 在极端相对论能区碰撞核的厚度由于微部分子的存在不能变得无限小。在讨论能解决这个问题的 Bjorken 标度之前, 我们先来学习相对论流体力学的基础内容。

11.2 相对论流体力学

11.2.1 完美流体

假定局域热平衡在碰撞的某一阶段建立起来。如果组分粒子的平均自由程 l 相比于系统的特征长度 L 足够得短 (即 Knudsen 数远小于 1, $K_n=l/L\ll 1$), 则系统后来直到冻结前的演化将可以用相对论流体力学来描述。

特别地, 由于平均自由程和时间很短, 完美流体就是在以与流体相同局域速度运动的观察者来看能保持完美各向同性的理想情形。在此情形下, 流体在局域静止系的能动量张量是对角化的:

$$T_0^{\mu\nu}(x)\equiv\begin{bmatrix}\varepsilon(x) & 0 & 0 & 0\\ 0 & P(x) & 0 & 0\\ 0 & 0 & P(x) & 0\\ 0 & 0 & 0 & P(x)\end{bmatrix} \tag{11.13}$$

其中 $\varepsilon(x)$ 是局域能量密度, $P(x)$ 是局域压强。(11.13) 式其实就是帕斯卡 (Pascal) 定律, 它意味着流体某给定部分所施加的压强在各个方向相同且垂直于其所作用的平面。回想起 $T_{ij}\mathrm{d}f_j = P\mathrm{d}f_i$ 是作用于某表面元的力 $\mathrm{d}\boldsymbol{f}$ 的第 i 个分量, 这里我们用了 $T^{ij} = P\delta^{ij}$。

接下来我们来考虑一个运动的流体, 具有如下定义的四速度 $u^\mu(x)$:

$$u^\mu(x) = \gamma(x)(1, \boldsymbol{v}(x)) \tag{11.14}$$

其中 $\gamma(x) = 1/\sqrt{1-\boldsymbol{v}^2(x)}$ 且满足归一化条件:

$$u^\mu(x)u_\mu(x) = 1 \tag{11.15}$$

注意 u^μ 可通过如下洛伦兹变换与局域静止系的四速度 $u_0^\mu = (1,0,0,0)$ 相联系:

$$u^\mu = \Lambda^\mu{}_\nu u_0^\nu \tag{11.16}$$

然后我们得到

$$\Lambda^\mu{}_0 = u^\mu \tag{11.17}$$

此外, 由四速度的归一化有 $g^{\mu\nu}\Lambda^\rho{}_\mu\Lambda^\sigma{}_\nu = g^{\rho\sigma}$, 这会得到

$$\Lambda^\rho{}_i\Lambda^\sigma{}_i = \Lambda^\rho{}_0\Lambda^\sigma{}_0 - g^{\rho\sigma} = u^\rho u^\sigma - g^{\rho\sigma} \tag{11.18}$$

因此, 一个以速度 u^μ 运动的流体的能动量张量由下式给出:

$$T^{\mu\nu} = \Lambda^\mu{}_\rho\Lambda^\nu{}_\sigma T_0^{\rho\sigma} = \Lambda^\mu{}_0\Lambda^\nu{}_0\varepsilon + \Lambda^\mu{}_i\Lambda^\nu{}_i P \tag{11.19}$$

$$= (\varepsilon + P)u^\mu u^\nu - g^{\mu\nu}P \tag{11.20}$$

另外, 我们也可以通过使 (11.13) 式协变化导出 (11.20) 式。

现在我们可以利用能动量张量和重子数守恒方程来确定流体运动:

$$\partial_\mu T^{\mu\nu} = 0 \tag{11.21}$$

$$\partial_\mu j_{\mathrm{B}}^\mu = 0 \tag{11.22}$$

这里, 重子数的流 $j_{\mathrm{B}}^\mu(x)$ 由下式给出

$$j_{\mathrm{B}}^\mu(x) = n_{\mathrm{B}}(x)u^\mu(x) \tag{11.23}$$

其中重子数密度 $n_{\mathrm{B}}(x)$ 是在流体局域静止系中定义的。

守恒方程 (11.21) 和 (11.22) 式包含了五个相互独立的方程，而联系 ε 和 P 的状态方程给出另一个额外方程。通过求解这六个方程，我们能确定给定初始条件下如下六个热力学量的时空演化：$\varepsilon(x)$，$P(x)$，$n_{\mathrm{B}}(x)$，以及流速度的三个分量 $v_x(x)$，$v_y(x)$，$v_z(x)$。

为了提取一个标量方程，我们首先用四速度与 (11.21) 式缩并：

$$u_\nu \partial_\mu [(\varepsilon+P)u^\mu u^\nu - g^{\mu\nu} P] = 0 \tag{11.24}$$

由归一化条件 (11.15) 式得到

$$u_\nu \partial_\mu u^\nu = 0 \tag{11.25}$$

则 (11.24) 式化简为

$$u^\mu \partial_\mu \varepsilon + (\varepsilon+P)\partial_\mu u^\mu = 0 \tag{11.26}$$

然后我们使用由 (3.13) 和 (3.15) 式给出的热力学关系 $\mathrm{d}\varepsilon = \mathrm{Tds} + \mu_{\mathrm{B}}\mathrm{dn_B}$ 以及 $\varepsilon + P = Ts + \mu_{\mathrm{B}} n_{\mathrm{B}}$，结合重子数守恒方程 (11.22) 式，我们得到

$$\partial_\mu (s u^\mu) = 0 \tag{11.27}$$

这意味着熵流是守恒的，

$$s^\mu(x) = s(x) u^\mu(x) \tag{11.28}$$

也就是说，流体运动是绝热及可逆的。这个结论是很自然的，因为我们是在考虑一个没有粘滞也没有热导的完美流体。

第二组方程可以通过对 (11.21) 式做横向投影得到：

$$(g_{\rho\nu} - u_\rho u_\nu)\partial_\mu T^{\mu\nu} = 0 \tag{11.29}$$

这可被化简为

$$-\partial_\rho P + u_\rho u^\mu \partial_\mu P + (\varepsilon+P) u^\mu \partial_\mu u_\rho = 0 \tag{11.30}$$

另一个得到此方程的方式是联合 (11.21) 式的空间和时间分量，并利用 $u^i = u^0 v^i$ 得到 (见习题 11.1)

$$\frac{\partial \boldsymbol{v}}{\partial t} + (\boldsymbol{v}\cdot\boldsymbol{\nabla})\boldsymbol{v} = -\frac{1-\boldsymbol{v}^2}{\varepsilon+P}\left(\boldsymbol{\nabla} P + \boldsymbol{v}\frac{\partial P}{\partial t}\right) \tag{11.31}$$

这是欧拉方程的相对论推广。在非相对论情形下, 方程右边即 $-(\nabla P)/\rho$, 其中 ρ 是质量密度。

相对论完美流体的基本方程是重子数密度的“连续性方程”(11.22) 式, “能量方程”(11.26) 式或等价的“熵方程”(11.27) 式, 以及“欧拉方程”(11.31) 式。这些方程结合状态方程 (联系 ε 和 P) 描述起始于某给定初始条件的流体的运动。

11.2.2　耗散流体

如果流体是带损耗的, 能动量张量 (11.20) 式, 重子数流 (11.23) 式, 以及熵流 (11.28) 式, 必须修正以包含一些额外添加的项, 这些项是流速和热力学变量的微商项:

$$T^{\mu\nu} = (\varepsilon + P)u^\mu u^\nu - Pg^{\mu\nu} + \tau^{\mu\nu} \tag{11.32}$$

$$j^\mu_{\mathrm{B}} = n_{\mathrm{B}} u^\mu + \nu^\mu_{\mathrm{B}} \tag{11.33}$$

$$s^\mu = su^\mu + \sigma^\mu \tag{11.34}$$

注意 $\tau^{\mu\nu}$, ν^μ_{B} 和 σ^μ 是耗散的部分。耗散流体力学也是 $\partial_\mu T^{\mu\nu} = 0$ 和 $\partial_\mu j^\mu_{\mathrm{B}} = 0$。

当包含了耗散的修正, 流速 u^μ 的定义更加有任意性。在各种可能的定义之中, 朗道和栗弗西兹 (LL) 定义 (Landau and Lifshitz, 1987) 以及埃卡特 (Eckart) 定义是有用的。在前者 (后者) 定义中, u^μ 是由 $T^{\mu\nu}(j^\mu_{\mathrm{B}})$ 定义的能量 (粒子) 流。在相对论重离子碰撞中心快度区, LL 定义更为便捷, 因为此区域重子数密度很小。在 LL 定义的局域静止系 ($u^i = 0$) 中, 我们有 $T^{0i} = 0$, 而且我们定义 $T^{00} \equiv \varepsilon$ 和 $j^0_{\mathrm{B}} \equiv n_{\mathrm{B}}$。这导致在一般洛伦兹参考系中有如下约束:

$$u_\mu \tau^{\mu\nu} = 0, \quad u_\mu \nu^\mu_{\mathrm{B}} = 0 \tag{11.35}$$

众所周知, 保留熵流耗散部分线性项 σ^μ 将违反因果律, 这些项将会导致违背因果律的信号传输。因此, 为构建一个自洽的相对论耗散流体力学, 我们必须超出线性阶, 比如 Müller (1967) 以及 Israel and Stewart (1979) 的理论。对这个理论感兴趣的读者可参阅 Rischke (1999) 和 Muronga (2002) 以及里面的参考文献。

有了上述预备知识, 我们进一步讨论线性阶的方法, 寻找 (11.32)~(11.34) 式中耗散项的物理意义。为此目的, 我们定义了如下一个垂直于流速的二阶张量:

$$\Delta^{\mu\nu} = g^{\mu\nu} - u^\mu u^\nu, \quad u_\mu \Delta^{\mu\nu} = 0, \quad \Delta^\mu_\mu = 3 \tag{11.36}$$

而且, 为了方便, 我们引入如下的纵向微商 ($\partial_\parallel$) 和横向微商 ($\partial_\perp$):

$$\partial^\mu = \partial^\mu_\parallel + \partial^\mu_\perp \tag{11.37}$$

$$\partial_{\parallel}^{\mu} = u^{\mu}(u\cdot\partial), \quad \partial_{\perp}^{\mu} = \partial^{\mu} - u^{\mu}(u\cdot\partial) \tag{11.38}$$

从 $u_{\mu}\partial_{\nu}T^{\mu\nu}=0$ 开始, 采取和完美流体中推导 (11.27) 式类似的步骤, 并利用 (11.35) 式, 我们最后能得到 (见习题 11.2(1))

$$\partial_{\mu}s^{\mu} = -\nu_{\mathrm{B}}\cdot\partial_{\perp}\left(\frac{\mu_{\mathrm{B}}}{T}\right) + \frac{1}{T}\tau_{\mu\nu}\partial_{\perp}^{\mu}u^{\nu} \tag{11.39}$$

$$\sigma^{\mu} = -\frac{\mu_{\mathrm{B}}}{T}\nu_{\mathrm{B}}^{\mu} \tag{11.40}$$

$\tau^{\mu\nu}$ 和 ν_{B} 的具体形式可通过如下假设唯一地得到: (1) 它们满足约束条件 (11.35) 式, (2) 它们是一阶微商 $\partial_{\mu}u_{\nu}$ 的函数, (3) (11.39) 式右边必须是半正定的, 因为热力学第二定律意味着会有由耗散效应带来的熵增, $\partial_{\mu}s^{\mu}\geqslant 0$。

将推导留作练习 (见习题 11.2(2)、(3)), 我们把最终结果概括在此:

$$\tau^{\mu\nu} = \eta\left[\partial_{\perp}^{\mu}u^{\nu} + \partial_{\perp}^{\nu}u^{\mu} - \frac{2}{3}\Delta^{\mu\nu}(\partial_{\perp}\cdot u)\right] + \zeta\Delta^{\mu\nu}(\partial_{\perp}\cdot u) \tag{11.41}$$

$$\nu_{\mathrm{B}}^{\mu} = \kappa\left(\frac{n_{\mathrm{B}}T}{\varepsilon+P}\right)\partial_{\perp}^{\mu}\left(\frac{\mu_{\mathrm{B}}}{T}\right) \tag{11.42}$$

剪切粘滞系数 η ($\geqslant 0$), 是粘滞张量无迹部分 $\tau^{\mu\nu}$ 的系数, 而体粘滞系数 ξ ($\geqslant 0$) 反映粘滞张量的迹的体积效应。系数 κ ($\geqslant 0$) 表示热传导, 它对应于能量流, 注意即便没有粒子流时也会有能量流 (见习题 11.2(3))。

最后, 带有耗散效应的流的 Navier-Stokes 方程的相对论推广形式可以从如下公式得到:

$$\Delta_{\rho\nu}\partial_{\mu}T^{\mu\nu} = 0 \tag{11.43}$$

其中 $\rho=1,2,3$ (见习题 11.2(4))。由于初始能量的一部分会转变为额外的熵, 所以耗散一般会减慢热流体的膨胀。

11.3 Bjorken 标度解

如同我们在 10.2 节中所讨论过的, 由于内外级联 (inside-outside cascade), 在极端相对论重离子碰撞中产生的量子在靶核方向变成物质粒子。也就是说, 发生反应的体积在纵向束流方向 (z 轴) 发生强烈膨胀, 如图 10.5 所示。在初级近似下, 我们可以合理地扔掉横向尺度而先只描述 (1+1) 维 (即 z 和 t) 的反应。把笛卡儿坐标 (t,z) 转换到固有时 τ 和时空快度 Y 是有帮助的 (图 11.1):

$$\tau = \sqrt{t^2 - z^2}, \quad Y = \frac{1}{2}\ln\frac{t+z}{t-z} \tag{11.44}$$

$$t = \tau\cosh Y, \quad z = \tau\sinh Y \tag{11.45}$$

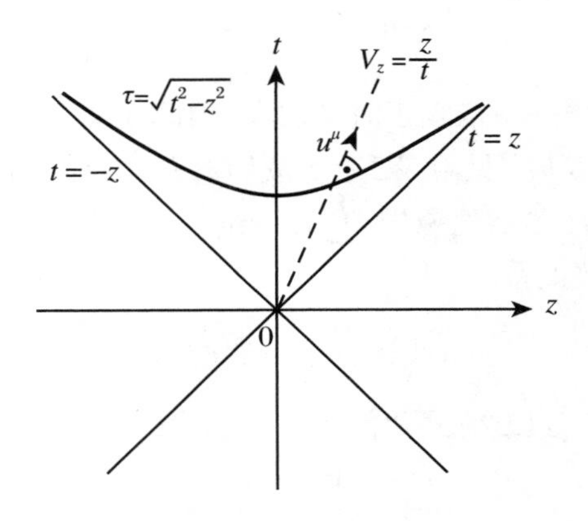

图 11.1　(1+1) 维坐标的定义

实线所示双曲线对应具有某常数固有时 $\tau = \sqrt{t^2 - z^2}$ 的曲线;

虚线代表局域流速的方向 $u^\mu = (\cosh Y, 0, 0, \sinh Y)$, 具有时空快度 $Y = (1/2)\ln[(t+z)/(t-z)]$

在 (1+1) 维流体中热力学量和流速假设只是 τ 和 Y 的函数。在横向方向, 一个有用的坐标系是

$$x^\mu = (t,x,y,z) = (\tau\cosh Y, r\cos\phi, r\sin\phi, \tau\sinh Y) \tag{11.46}$$

$$\mathrm{d}^4x = \mathrm{d}t\,\mathrm{d}x\,\mathrm{d}y\,\mathrm{d}z = \tau\mathrm{d}\tau\,\mathrm{d}Y\,r\mathrm{d}r\,\mathrm{d}\phi \tag{11.47}$$

11.3.1　完美流体

我们现在假设在碰撞的早期阶段由于很短的平均自由程, 物质达到了局域热化, 并且我们可以使用完美流体的相对论流体力学。我们假设完美流体的局域速度 $u^\mu(x)$ 与粒子从时空原点自由流动有相同的形式 (图 11.1):

$$u^\mu = \gamma(1,0,0,v_z) \tag{11.48}$$

$$\rightarrow (t/\tau, 0, 0, z/\tau) = (\cosh Y, 0, 0, \sinh Y) \tag{11.49}$$

在 (11.49) 式中我们取了 $v_z = z/t$。我们称这是标度流或者 Bjorken 流。如果把它代入到欧拉方程 (11.31) 中, 方程左边会自动消失, 我们得到

$$\frac{\partial P(\tau,Y)}{\partial Y} = 0 \tag{11.50}$$

其中我们用了坐标变换律:

$$\begin{pmatrix} \dfrac{\partial}{\partial t} \\ \dfrac{\partial}{\partial z} \end{pmatrix} = \begin{pmatrix} \cosh Y & -\sinh Y \\ -\sinh Y & \cosh Y \end{pmatrix} \begin{pmatrix} \dfrac{\partial}{\partial \tau} \\ \dfrac{1}{\tau}\dfrac{\partial}{\partial Y} \end{pmatrix} \tag{11.51}$$

(11.50) 式意味着压强不依赖于时空快度, 因此在图 11.1 中的双曲线上它是常数。由于 Y 在洛伦兹变换 (见附录 E) 下按如下方式变换: $Y \to Y - \tanh^{-1} v_{\text{boost}}$, 所以这也意味着压强 P 是洛伦兹推动 (Lorentz boost) 不变的①。

利用标度流的有效关系,

$$u_\mu \partial^\mu = \frac{\partial}{\partial \tau}, \quad \partial^\mu u_\mu = \frac{1}{\tau} \tag{11.52}$$

完美流体的“熵方程”(11.27) 式化简为如下形式:

$$\frac{\partial s(\tau,Y)}{\partial \tau} = -\frac{s(\tau,Y)}{\tau} \tag{11.53}$$

容易解出

$$s(\tau,Y) = \frac{s(\tau_0,Y)\tau_0}{\tau} \tag{11.54}$$

其中 τ_0 是初始固有时, “能量”方程 (11.26) 式化简为

$$\frac{\partial \varepsilon}{\partial \tau} = -\frac{\varepsilon + P}{\tau} \tag{11.55}$$

到目前为止, 我们还没有用到状态方程, 因此上述各方程对不管什么内部结构的物质都有效。为了获得对这种标度膨胀解的进一步理解, 我们来考虑一个简单的具有 $\mu_{\mathrm{B}} = 0$ 的状态方程:

$$P = \lambda \varepsilon, \quad \lambda \equiv c_{\mathrm{s}}^2 \tag{11.56}$$

其中 c_{s} 是一个具有声速意义的数值常数, $c_{\mathrm{s}} = \sqrt{\partial P/\partial \varepsilon}$。对理想相对论气体, $P = \varepsilon/3$ 以及 $c_{\mathrm{s}} = 1/\sqrt{3}$。联合 (11.56) 式与热力学关系 $Ts = \varepsilon + P$ 和 $\mathrm{d}P/\mathrm{d}T = s$, 我们也可看出

$$s = a\,T^{1/\lambda}, \quad P = \lambda \varepsilon = \frac{a}{1+1/\lambda} T^{1+1/\lambda} \tag{11.57}$$

① 在局域热平衡下, $P(\tau)$ 被局域温度 T 和局域重子数化学势 μ_{B} 参数化为 $P(\tau) = P(T(\tau,Y),\mu_{\mathrm{B}}(\tau,Y))$。也就是说, T 和 μ_{B} 原则上不必是洛伦兹推动不变的。不过, 在极端相对论重离子碰撞的中心快度区, 如图 10.6 所示, 我们有 $\mu_{\mathrm{B}} \simeq 0$, 因此 T 是推动不变的。

其中 a 是一个不依赖于 T 的常数 (见习题 11.5)。于是流体力学方程的解就成为

$$s(\tau) = s_0 \frac{\tau_0}{\tau} \tag{11.58}$$

$$\varepsilon(\tau) = \varepsilon_0 \left(\frac{\tau_0}{\tau}\right)^{1+\lambda} \tag{11.59}$$

$$T(\tau) = T_0 \left(\frac{\tau_0}{\tau}\right)^{\lambda} \tag{11.60}$$

其中 s_0、ε_0 和 T_0 是在初始时刻 τ_0 的值。在这样一个流体的标度膨胀下, 能量密度和压强比熵密度要下降得快。

现在我们来把研究拓展到对 (11.58) 和 (11.59) 式的物理意义上 (Matsui, 1990)。考虑被两流线夹在中间的区域的流体切片:

$$|z| \leqslant t\frac{\delta v_z}{2} \tag{11.61}$$

其中 $\delta v_z \ll 1$。由于这个切片的纵向厚度为 $\delta z = t\delta v_z$, 那么这个流体元所占体积为

$$\delta V = \pi R^2 \cdot t \cdot \delta v_z \tag{11.62}$$

其中 πR^2 是核的横向面积。于是在这个膨胀体积内所包含的总熵为

$$\delta S = s\delta V = \pi R^2 \cdot st \cdot \delta v_z = \pi R^2 \cdot s_0 t_0 \cdot \delta v_z \tag{11.63}$$

其中我们用到了对 $z \simeq 0$ 有 $\tau \simeq t$ 以及 (11.58) 式。由于 (11.63) 式右边与时间无关, 那么在这个膨胀的流体元的总熵是一个运动常数。

接下来我们利用 (11.59) 式来计算包含在体积 δV 中的内能:

$$\delta E = \varepsilon\delta V = \pi R^2 \cdot \varepsilon_0 t_0 \cdot \delta v_z \left(\frac{t_0}{t}\right)^{\lambda} \tag{11.64}$$

这意味着在这个膨胀的流体元中的内能不是守恒的。所损失的内能在体积膨胀期间已经通过被施加的压强转换为邻近流体元的纵向流能量。如果我们重写 (11.55) 式为如下形式可以更好地理解这一点:

$$\frac{\mathrm{d}(\tau\varepsilon)}{\mathrm{d}\tau} = -P \tag{11.65}$$

一个更实际的标度流体力学分析使用包含 QCD 相变的状态方程 (EOS), 这将在第 13 章中来讨论。

11.3.2 耗散效应

为了考察在 11.3.1 节中得到的结果的耗散修正, 让我们考虑分别由 (11.41) 和 (11.42) 式给出的一阶修正: $\tau^{\mu\nu}$ 和 $\nu_{\rm B}$。在 (11.49) 式的 (1+1) 维流中, 我们得到

$$u_\mu \partial_\perp^\mu = 0, \quad \partial_\perp^\mu u_\mu = \frac{1}{\tau} \tag{11.66}$$

以及 (11.52) 式。于是耗散修正的非零成分由下式给出 (见习题 11.3(1))

$$\tau^{00} = -\left(\frac{4}{3}\eta + \zeta\right)\frac{\sinh^2 Y}{\tau} \tag{11.67}$$

$$\tau^{33} = -\left(\frac{4}{3}\eta + \zeta\right)\frac{\cosh^2 Y}{\tau} \tag{11.68}$$

$$\tau^{03} = -\left(\frac{4}{3}\eta + \zeta\right)\frac{\sinh Y \cosh Y}{\tau} \tag{11.69}$$

$$\nu_{\rm B}^\mu = 0 \tag{11.70}$$

即剪切和体粘滞系数总是以组合的形式 $(4/3)\eta + \zeta$ 出现, 并且没有热传导流。

将这些代入到 Navier-Stokes 方程 (11.43) 中, 我们看到 Bjorken 流确实是满足的, 只要 P 和粘滞系数与 Y 无关进而是洛伦兹推动不变的 (见习题 11.3(2))。耗散流体的熵方程 (11.39) 式于是就变为如下形式 (见习题 11.3(3)):

$$\frac{\partial s}{\partial \tau} = -\frac{s}{\tau} + \frac{1}{\tau^2}\frac{\frac{4}{3}\eta + \zeta}{T} \tag{11.71}$$

$$= -\frac{s}{\tau}(1 - R_e^{-1}(\tau)) \tag{11.72}$$

其中 R_e 是由下式定义的雷诺 (Reynolds) 数:

$$R_e^{-1}(\tau) = \frac{\frac{4}{3}\eta + \zeta}{s} \cdot \frac{1}{T\tau} \tag{11.73}$$

这是一个耗散项 ((11.71) 式右边第二项) 相对惯性项 ((11.71) 式右边第一项) 的重要性的量度。由于前者比后者多一个负号, 故耗散项是趋于减慢熵密度的稀释。

注意对大 (小) 的粘滞系数, R_e^{-1} 会很大 (小)[①]。此外, R_e 是 τ 的函数: 对

① 在高温时, QCD 的剪切粘滞系数为 $\eta \propto T^3/(\alpha_{\rm s}^2 \ln \alpha_{\rm s}^{-1})$ (Baym, et al., 1990; Arnold, et al., 2003)。因此, η/s 随着温度升高缓慢增大, 但在 $T_{\rm c}$ 附近的行为不确切。

$c_s^2=1/3$ 的相对论等离子体, 粘滞系数和熵密度都正比于 T^3。因此, $R_e^{-1}\propto(T\tau)^{-1}\sim\tau^{-2/3}$。

从 $u_\nu\partial_\mu T^{\mu\nu}=0$ 我们也能推导出带耗散修正的能量方程如下 (见习题 11.3(3)):

$$\frac{\partial\varepsilon}{\partial\tau}=-\frac{\varepsilon+P}{\tau}+\frac{1}{\tau^2}\left(\frac{4}{3}\eta+\zeta\right) \tag{11.74}$$

当 $\mu_B=0$ 时, 上述方程右边也可以用 (11.73) 式的雷诺数 $R_e(\tau)$ 来改写。

上述分析至多是定性的。为研究耗散实际的效应, 采取简单的方程如 (11.71) 和 (11.74) 式是不够的。如同我们在 11.2.2 节中所提及的, 我们必须考虑耗散的二阶修正。

11.4　与观测量的联系

下面我们来建立早期熵密度 s_0 和早期能量密度 ε_0 与观测量的联系, 这些观测量有每单位快度的发射粒子数 $\mathrm{d}N/\mathrm{d}y$, 单位快度的横能量$\mathrm{d}E_T/\mathrm{d}y$, 以及在核-核对心碰撞中的冻结时刻 τ_f (Baym, et al., 1983; Bjorken, 1983; Gyulassy and Matsui, 1984)。

首先, 我们简单地假设一个所观测到的粒子的动量空间快度 (见附录 E) 可以等同于在冻结时刻 τ_f 它所属于的流体元的时空快度 Y。在 (1+1) 维的膨胀中, 在 $\tau=\tau_f$ 的冻结时刻超曲面上的体积元为 $(\pi R^2)\tau_f\mathrm{dY}$, 我们有

$$\frac{\mathrm{d}N}{\mathrm{d}y}=\pi R^2\cdot\tau_f n_f \tag{11.75}$$

其中 $n_f=n(\tau_f,Y)$ 意指组分粒子的数密度。让我们进一步假设在相对论等离子体中熵密度和粒子数密度有如下关系:

$$s=\xi n \tag{11.76}$$

其中对高温理想玻色 (费米) 子气体有 $\xi=3.6$ (4.2)。于是, 利用在完美流体膨胀期间 $s\tau$ 是运动常数的事实 ((11.58) 式), 我们有

$$s_0=\frac{\xi}{\pi R^2\tau_0}\frac{\mathrm{d}N}{\mathrm{d}y} \tag{11.77}$$

这就把初始熵密度与末态粒子联系起来了。这个方程也意味着：如果初始熵密度以 $s_0 \propto A^{\delta}$ 方式依赖于 A, 则

$$\frac{\mathrm{d}N}{\mathrm{d}y} \propto A^{2/3+\delta} \tag{11.78}$$

类似地，每单位快度上的总能由下式给出：

$$\frac{\mathrm{d}E}{\mathrm{d}y} = \pi R^2 \cdot \varepsilon_0 \cdot \tau_0 \cdot \left(\frac{\tau_0}{\tau_{\mathrm{f}}}\right)^{\lambda} \tag{11.79}$$

其中我们利用了 (11.59) 式。用关系式 $\mathrm{d}E_{\mathrm{T}}/\mathrm{d}y|_{y=0} = \mathrm{d}E/\mathrm{d}y|_{y=0}$(参见 17.2 节), 我们得到

$$\varepsilon_0 = \frac{1}{\pi R^2 \tau_0} \left.\frac{\mathrm{d}E_{\mathrm{T}}}{\mathrm{d}y}\right|_{y=0} \cdot \left(\frac{\tau_{\mathrm{f}}}{\tau_0}\right)^{\lambda} \tag{11.80}$$

另一方面，Bjorken (1983) 首次推导出对自由流动情形的估计：

$$\varepsilon_{0,\mathrm{Bj}} = \frac{1}{\pi R^2 \tau_0} \left.\frac{\mathrm{d}E_{\mathrm{T}}}{\mathrm{d}y}\right|_{y=0} \tag{11.81}$$

因子 $(\tau_{\mathrm{f}}/\tau_0)^{\lambda}$ 是一个在流体膨胀期间由于压强作用导致能量转移的量度。因此，在利用 (11.80) 式尝试估计早期能量密度 ε_0 时，除了 $\mathrm{d}E_{\mathrm{T}}/\mathrm{d}y$ 之外我们还需要关于冻结时刻 τ_{f} 的信息 (见习题 11.5)。

另一个估计 ε_0 的方式是利用早期熵密度的方程 (11.77) 式并利用状态方程将此转换到能量密度 (Gyulassy and Matsui, 1984)。考虑一个由 (11.56) 式给出的简单的状态方程 $P = \lambda\varepsilon$, 因为 (11.57) 式我们有

$$\varepsilon = \frac{1}{(1+\lambda)a^{\lambda}} s^{1+\lambda} \tag{11.82}$$

于是，通过利用 (11.77) 式，我们得到

$$\varepsilon_0 = \frac{1}{(1+\lambda)a^{\lambda}} \left(\frac{\xi}{\pi R^2 \tau_0} \frac{\mathrm{d}N}{\mathrm{d}y}\right)^{1+\lambda} \tag{11.83}$$

这个公式告诉我们可以通过在中心快度区观测到的每单位快度的粒子数来估计初始能量密度 ε_0(见习题 11.5)。

在结束这章之前有两个点评。首先，流体力学本身不能告诉我们初始条件是什么，例如初始时间 τ_0(达到局域热平衡的时间), 以及在 τ_0 时刻温度和重子化学势的空间分布。因此这些参数一般是通过比对末态观测量来做校准的。一个更基本的方式是从不假设热平衡的微观理论中来计算这些初始条件。这包括诸如部分子级联模型、色弦模型和色玻璃凝聚模型等，我们将在第 13 章讨论这些模型。其次是关于包含 QCD 相变的实际状态方程的使用以及等离子体横向膨胀效应，我们也将在第 13 章对此做进一步的讨论。

习　题

11.1 **相对论欧拉方程。**

利用 $v^i(\partial_\mu T^{\mu 0}) - \partial_\mu T^{\mu i} = 0$, 推导相对论欧拉方程 (11.31) 式。

11.2 **相对论 Navier-Stokes 方程。**

(1) 推导耗散流体的熵流方程 (11.39) 式。

(2) 用非均匀 u^μ 的一阶展开项推导 (11.41) 式中的 $\tau^{\mu\nu}$。在 Landau-Lifshitz 定义的局域静止系 (流速 $u^i = 0$) 里导出能动量张量, 在此参考系中考察剪切和体粘滞的物理意义。

(3) 推导在 (11.42) 式中的耗散矢量 ν_{B}^μ。选取粒子流为零 $(n_{\mathrm{B}} u^i + \nu_{\mathrm{B}}^i = 0)$ 的参考系, 证明能量流 T^{0i} 可以变成

$$-\kappa \left[\boldsymbol{\nabla} T - \frac{T}{\varepsilon + P} \boldsymbol{\nabla} P \right]$$

(4) 从方程 $\varDelta_{\rho\nu} \partial_\mu T^{\mu\nu} = 0$ 和 (11.41) 式的 $\tau^{\mu\nu}$ 的表达式中导出 Navier-Stokes 方程。

11.3 **耗散流。**

(1) 对 (11.49) 式给出的 Bjorken 流, 推导 (11.67)~(11.69) 式的粘滞张量和 (11.70) 式的热传导流的具体形式。

(2) 如果 P 和粘滞系数是洛伦兹推动不变的, 证明 Bjorken 流满足 Navier-Stokes 方程 (11.43) 式。

(3) 对耗散流体推导熵和能量方程 (11.71) 和 (11.74) 式, 注意粘滞系数 η 和 ζ 仍然可以是 τ 的函数。

11.4 **状态方程模型。**

(1) 在有限温度和零化学势情形下, 对于无质量玻色 (费米) 理想气体, 证明在 (11.76) 式中的 $\xi \equiv s/n$ 取值为 3.6 (4.2)。在计算熵密度和粒子数密度时可以参考第 3 章的相关内容。

(2) 对于高温和平衡态的无质量夸克和胶子的理想气体, 证明下面的公式成立:

$$\xi = \frac{s}{n} = \frac{2\pi^4}{45\zeta(3)} \cdot \frac{d_g + (7/8)d_q}{d_g + (3/4)d_q} = \begin{cases} 3.60\ (N_f = 0) \\ 3.92\ (N_f = 2) \\ 3.98\ (N_f = 3) \\ 4.02\ (N_f = 4) \\ 4.20\ (N_f = \infty) \end{cases}$$

其中 d_g 和 d_q 是表 3.1 给出的简并因子。

11.5 **AA 碰撞中的初始能量密度。**

利用 (11.80)、(11.81) 和 (11.83) 式, 估计极端相对论 Au + Au 对心碰撞的早期能量密度 ε_0 ($\tau_0 = 1$ fm)。假设在 $y = 0$ 处, $\mathrm{d}N/\mathrm{d}y = 1000$, $\mathrm{d}E_T/\mathrm{d}y = 500\,\mathrm{MeV} \times \mathrm{d}N/\mathrm{d}y$。还要利用 $R = 7$ fm, $\xi = 4$, $\lambda = c_s^2 = 1/3$, $\tau_f = 8$ fm 和 $a = 4d_{QGP}\pi^2/90$, 这里 d_{QGP} 取自表 3.1。

第 12 章 预平衡过程的输运理论

在本章, 我们首先总结经典动理学理论, 即玻尔兹曼输运方程与玻尔兹曼 H 定理 (Huang, 1987)。然后以威格纳函数与半经典展开为基础, 阐述非阿贝尔的夸克胶子系统的相对论量子输运理论的基本思想。夸克胶子的输运理论是描述极端相对论重离子碰撞的预平衡阶段的一种方法, 我们将在第 13 章中进一步讨论。

12.1 经典玻尔兹曼方程

我们引入单粒子分布函数 $f(\boldsymbol{x},\boldsymbol{p},t)$ 以描述多个经典粒子的不均匀系统。为简单起见, 这里不考虑自旋和其他内部自由度。尽管这些粒子遵循经典力学, 我们还是假定它们全同而不可区分。分布函数 $f(\boldsymbol{x},\boldsymbol{p},t)$ 描述了在时刻 t 和相空间点 $(\boldsymbol{x},\boldsymbol{p})$ 处、在相空间体积 $\mathrm{d}^3x\,\mathrm{d}^3p$ 内的粒子数密度。

粒子数密度和流可以用 $f(\boldsymbol{x},\boldsymbol{p},t)$ 表示如下:

$$n(\boldsymbol{x},t)=\int \mathrm{d}^3p\, f(\boldsymbol{x},\boldsymbol{p},t) \tag{12.1}$$

$$\boldsymbol{j}(\boldsymbol{x},t)=\int \mathrm{d}^3p\, \boldsymbol{v}\, f(\boldsymbol{x},\boldsymbol{p},t), \quad \boldsymbol{v}=\frac{\partial\varepsilon(\boldsymbol{p})}{\partial\boldsymbol{p}}=\frac{\boldsymbol{p}}{\varepsilon} \tag{12.2}$$

其中 $\boldsymbol{v}$ 是单粒子速度, $\varepsilon=\sqrt{\boldsymbol{p}^2+m^2}$。

分布函数随时间的改变来自于两种不同过程 —— 漂移和碰撞:

$$\left(\frac{\partial f}{\partial t}\right)=\left(\frac{\partial f}{\partial t}\right)_{\text{drift}}+\left(\frac{\partial f}{\partial t}\right)_{\text{collision}} \tag{12.3}$$

右边的贡献描述如下:

(1) 漂移项描述了单粒子因运动而流入和流出 $(\boldsymbol{x},\boldsymbol{p})$ 处相空间元所引起的分布函数的改变:

$$\left(\frac{\partial f}{\partial t}\right)_{\text{drift}} = -(\boldsymbol{v}\cdot\boldsymbol{\nabla}_x + \boldsymbol{F}\cdot\boldsymbol{\nabla}_p)\,f \tag{12.4}$$

其中 $\boldsymbol{v}$ 和 $\boldsymbol{F}(\boldsymbol{x})$ 分别是速度和外力。这是独立粒子的经典运动方程的结果。

(2) 碰撞项描述了粒子因碰撞而撞入 (gain) 和撞出 (loss) $(\boldsymbol{x},\boldsymbol{p})$ 处相空间元所引起的分布函数的改变:

$$\left(\frac{\partial f}{\partial t}\right)_{\text{collision}} = C_{\text{gain}} - C_{\text{loss}} \tag{12.5}$$

其中

$$\begin{aligned} C_{\text{gain}} &= \frac{1}{2}\int \mathrm{d}^3p_2\mathrm{d}^3p_1'\mathrm{d}^3p_2'\ w(1'2'\to 12)f^{[2]}(\boldsymbol{x},\boldsymbol{p}_1',\boldsymbol{p}_2',t) \\ C_{\text{loss}} &= \frac{1}{2}\int \mathrm{d}^3p_2\mathrm{d}^3p_1'\mathrm{d}^3p_2'\ w(12\to 1'2')f^{[2]}(\boldsymbol{x},\boldsymbol{p}_1,\boldsymbol{p}_2,t) \end{aligned}$$

这里我们只考虑了两体弹性碰撞, 如图 12.1 所示。 $w(12\to 1'2')\,\mathrm{d}^3p_1'\,\mathrm{d}^3p_2'$ 是动量为 $(\boldsymbol{p}_1,\boldsymbol{p}_2)$ 的两个粒子散射到 $(\boldsymbol{p}_1',\boldsymbol{p}_2')\sim(\boldsymbol{p}_1'+\mathrm{d}\boldsymbol{p}_1',\boldsymbol{p}_2'+\mathrm{d}\boldsymbol{p}_2')$ 的范围内的跃迁概率。细致平衡关系由下式给出:

$$w(12\to 1'2') = w(1'2'\to 12) \tag{12.6}$$

此式可由两体散射的时间反演和空间转动不变性得到 (见习题 12.1)。需要指出, $f^{[2]}(\boldsymbol{x},\boldsymbol{p}_1,\boldsymbol{p}_2,t)$ 是两粒子分布函数, 它正比于在 t 时刻和 $(\boldsymbol{x},\boldsymbol{p}_1)$ 找到一个粒子, 在 $(\boldsymbol{x},\boldsymbol{p}_2)$ 找到另一个粒子的概率。在 “gain” 和 “loss” 项前面的因子 1/2 反映了两粒子态 $(\boldsymbol{p}_1',\boldsymbol{p}_2')$ 与 $(\boldsymbol{p}_2',\boldsymbol{p}_1')$ 不能分辨, 这是由于粒子全同性的假设。

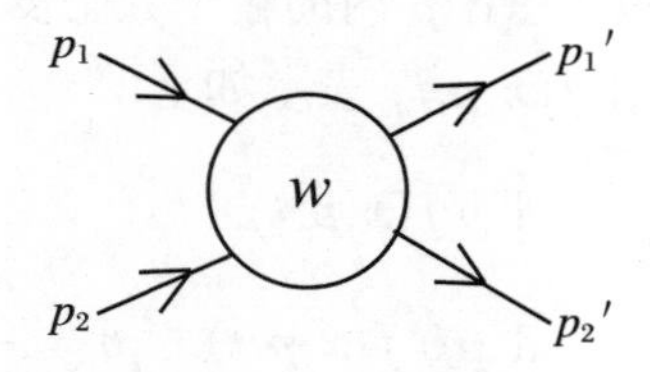

图 12.1　跃迁率为 w 的两个全同粒子的弹性散射

玻尔兹曼在 1872 年所做的关键一步是 “独立假设” (Stosszahl Ansatz), 即两个粒子碰撞前的关联可以忽略, 从而两粒子分布约化为单粒子分布的乘积:

$$f^{[2]}(\boldsymbol{x},\boldsymbol{p}_1,\boldsymbol{p}_2,t) = f(\boldsymbol{x},\boldsymbol{p}_1,t)f(\boldsymbol{x},\boldsymbol{p}_2,t) \tag{12.7}$$

将这个假设与 (12.3) 式联立, 我们就得到了玻尔兹曼著名的非线性积分微分方程:

$$\left(\frac{\partial}{\partial t}+\boldsymbol{v}\cdot\boldsymbol{\nabla}_x+\boldsymbol{F}\cdot\boldsymbol{\nabla}_p\right)f(\boldsymbol{x},\boldsymbol{p},t)=C[f] \tag{12.8a}$$

$$\begin{aligned}C[f]=&\frac{1}{2}\int \mathrm{d}^3p_2\mathrm{d}^3p_1'\mathrm{d}^3p_2'\,w(12\to 1'2')\\&\times[f(\boldsymbol{x},\boldsymbol{p}_1',t)f(\boldsymbol{x},\boldsymbol{p}_2',t)-f(\boldsymbol{x},\boldsymbol{p}_1,t)f(\boldsymbol{x},\boldsymbol{p}_2,t)]\end{aligned} \tag{12.8b}$$

其中 $\boldsymbol{p}\equiv\boldsymbol{p}_1$。微分截面 $\mathrm{d}\sigma$ 与跃迁率的关系如下:

$$v_{12}\mathrm{d}\sigma=w(12\to 1'2')\mathrm{d}^3p_1'\mathrm{d}^3p_2' \tag{12.9}$$

其中 $v_{12}=|\boldsymbol{v}_1-\boldsymbol{v}_2|$ 是每次碰撞的通量因子。定义 Ω 为初态相对动量 $\boldsymbol{p}_1-\boldsymbol{p}_2$ 与末态相对动量 $\boldsymbol{p}_1'-\boldsymbol{p}_2'$ 之间的散射立体角, 于是有

$$C[f]=\frac{1}{2}\int \mathrm{d}^3p_2\int \mathrm{d}\Omega\,v_{12}\left(\frac{\mathrm{d}\sigma}{\mathrm{d}\Omega}\right)(f_{1'}f_{2'}-f_1f_2) \tag{12.10}$$

这里使用了简写记号 $f_i\equiv f(\boldsymbol{x},\boldsymbol{p}_i,t)$。在 (12.8b) 式中, 因为 w 隐含着代表总能量动量守恒的 δ 函数, 右边积分 $\int \mathrm{d}^3p_1'\mathrm{d}^3p_2'$ 中的大部分都可以积出, 于是对末态的积分约化成了 (12.10) 式中对立体角的积分 $\int \mathrm{d}\Omega$。

著名的麦克斯韦-玻尔兹曼 (Maxwell-Boltzmann) 分布可以从输运方程“唯一”的静态解得到。我们考虑一个没有外力的均匀和静态的系统, 并定义相应的分布为 $f_{\mathrm{MB}}(\boldsymbol{p})$。在此系统中, (12.8a) 式的左边为零, 所以 f_{MB} 必须满足 $C[f_{\mathrm{MB}}]=0$。

可以证明, $C[f_{\mathrm{MB}}]=0$ 的充要条件是: 对于任意满足条件 $\boldsymbol{p}_1'+\boldsymbol{p}_2'=\boldsymbol{p}_1+\boldsymbol{p}_2$ 的动量组合都有 (见习题 12.4(3))

$$f_{\mathrm{MB}}(\boldsymbol{p}_1')\,f_{\mathrm{MB}}(\boldsymbol{p}_2')=f_{\mathrm{MB}}(\boldsymbol{p}_1)\,f_{\mathrm{MB}}(\boldsymbol{p}_2) \tag{12.11}$$

现在, 对方程 (12.11) 式取对数, 我们发现 $\ln f_{\mathrm{MB}}(\boldsymbol{p})$ 是一个相加守恒量。从而它可以写成单粒子能量和动量的线性组合:

$$\ln f_{\mathrm{MB}}(\boldsymbol{p})=a+b_0\,\varepsilon(p)+\boldsymbol{b}\cdot\boldsymbol{p} \tag{12.12}$$

其中 a、b_0 和 $\boldsymbol{b}$ 是待定常数, 可由系统的平均量来确定。例如, 对于平均动量为 $\boldsymbol{p}_0$, 平均粒子密度为 n, 压强参数化为 $P=nT$ 的非相对论粒子, 就得到标准的麦克斯韦-玻尔兹曼分布 (见习题 12.2):

$$f_{\mathrm{MB}}(\boldsymbol{p})=\frac{n}{(2\pi mT)^{3/2}}\mathrm{e}^{-(\boldsymbol{p}-\boldsymbol{p}_0)^2/2mT} \tag{12.13}$$

我们简单讨论一下弛豫时间近似, 它有助于定性研究输运方程。假设系统偏离满足 $C[f_{\rm eq}(\boldsymbol{x},\boldsymbol{p},t)]=0$ 的局域平衡不大 ($f_{\rm eq}$ 未必是麦克斯韦-玻尔兹曼分布 $f_{\rm MB}$), 那么可以将输运方程的右边线性化近似为

$$C[f]\simeq -\frac{f-f_{\rm eq}}{\tau} \tag{12.14}$$

这里 τ 刻画了系统弛豫到局域平衡分布的典型时间标度, 它可以用碰撞之间的平均自由时间来估计:

$$\tau=\frac{1}{n\,\sigma_{\rm tot}\,v} \tag{12.15}$$

其中 $\sigma_{\rm tot}$ 是两粒子碰撞的平均总截面; v 是平均的粒子相对速度; n 是系统中平均的粒子数密度。平均自由程就是 $l\equiv(n\sigma_{\rm tot})^{-1}$, 即粒子在两次相继碰撞间走过的平均距离 ($\tau$ 和线性化的碰撞项 $C[f]$ 之间的更多联系, 见习题 12.3)。

为什么 τ 就是弛豫时间呢? 可以考虑一个没有外力的空间分布均匀的简单系统来理解。在此情形下, 带有弛豫时间近似的输运方程的解为

$$f(\boldsymbol{p},t)=f_{\rm MB}(\boldsymbol{p})+(f(\boldsymbol{p},0)-f_{\rm MB}(\boldsymbol{p}))\mathrm{e}^{-t/\tau} \tag{12.16}$$

它表明系统趋于平衡分布的典型时间标度为 τ。

关于从多个相互作用粒子的运动方程来推导玻尔兹曼方程, 我们最后再做些讨论。一般地说, 精确的方程是多粒子分布函数 (如 (12.17) 式) 的耦合的积分微分方程:

$$f^{[j]}(\boldsymbol{x}_1,\boldsymbol{x}_2,\cdots,\boldsymbol{x}_j,\boldsymbol{p}_1,\boldsymbol{p}_2,\cdots,\boldsymbol{p}_j,t) \tag{12.17}$$

其中 $j=(1,\cdots,N)$ (N 是粒子总数)。耦合方程具有层级结构, 即 $f^{[j]}$ 与 $f^{[j+1]}$ 有关, 称为 Bogoliubov-Born-Green-Kirkwood-Yvon (BBGKY) 层级, 只保留缓慢变化的自由度并根据独立假设用 $f^{[1]}$ 的乘积取代 $f^{[2]}$, 这样就对层级做了截断, 进而得到玻尔兹曼输运方程。

12.2 玻尔兹曼 H 定理

与单粒子分布函数 $f(\boldsymbol{x},\boldsymbol{p},t)$ 随时间演化相联系, 我们可以引入相应的熵密度和熵流:

$$s(\boldsymbol{x},t)=\int \mathrm{d}^3p\, f(\boldsymbol{x},\boldsymbol{p},t)(1-\ln f(\boldsymbol{x},\boldsymbol{p},t)) \tag{12.18}$$

$$\boldsymbol{s}(\boldsymbol{x},t)=\int \mathrm{d}^3p\,\boldsymbol{v}f(\boldsymbol{x},\boldsymbol{p},t)(1-\ln f(\boldsymbol{x},\boldsymbol{p},t)) \tag{12.19}$$

通过 $s(\boldsymbol{x},t)$ 的空间积分定义非平衡系统的玻尔兹曼熵 $S(t)$ 和相应的 H 函数:

$$S(t)\equiv -H(t)=\int \mathrm{d}^3x\,s(\boldsymbol{x},t) \tag{12.20}$$

$s(\boldsymbol{x},t)$ 的时间演化和熵流由 (12.21) 式相联系:

$$\frac{\partial s}{\partial t}+\boldsymbol{\nabla}\cdot\boldsymbol{s}=-\int \mathrm{d}^3p\,C[f]\ln f \tag{12.21}$$

其中我们用到了输运方程 (12.8a) 式, 并假设无穷远处的表面积分为零。对于局域平衡系统 $C[f]=0$, (12.21) 式成为总熵 $S(t)$ 的守恒方程。

对于一般的非平衡情形, 我们可以重写 (12.21) 式右边的碰撞项。应用散射概率的对称性 $w(12\to 1'2')=w(21\to 2'1')=w(1'2'\to 12)$, 我们可以交换变量 (p_1,p_2,p_1',p_2'), 得到如下表达式 (见习题 12.4(1)):

$$\begin{aligned}\frac{\mathrm{d}S}{\mathrm{d}t}=&\frac{1}{8}\int \mathrm{d}^3x\mathrm{d}^3p_1\mathrm{d}^3p_2\mathrm{d}^3p_1'\mathrm{d}^3p_2'\,w(12\to 1'2')\\&\times(f_{2'}f_{1'}-f_2f_1)(\ln(f_{2'}f_{1'})-\ln(f_2f_1))\geqslant 0\end{aligned} \tag{12.22}$$

不等式来自 $(x-y)(\ln x-\ln y)\geqslant 0$ 与跃迁率 w 的正定性。因此熵 (H 函数) 随时间增加 (减少)。仅当局域平衡条件 $f_{2'}f_{1'}=f_2f_1$ (或等价地, $C[f]=0$) 成立时, 我们有 $\mathrm{d}S/\mathrm{d}t=0$。这就是玻尔兹曼 H 定理的表述和证明。

定理表明, 趋于热平衡的过程伴随着熵产生 ($\mathrm{d}S/\mathrm{d}t\geqslant 0$), 产生率由粒子碰撞项 $C[f]$ 控制。玻尔兹曼方程的不可逆性来源于 BBGKY 层级中两体系统碰撞"前"的独立假设 (12.7) 式。一旦碰撞发生, 两个粒子就发生关联, 与假设相悖。如果独立假设是在 BBGKY 层级的碰撞后引入的, 碰撞项前面的符号就会反号, 相应的熵随时间减小 (可参考, 比如 Cohen and Berlin (1960))。

12.3　经典输运方程的协变形式

12.2 节中讨论的输运方程既可用于非相对论粒子, 也可用于相对论粒子。不过对于后者, 把方程重写成协变形式更为方便 (de Groot, et al., 1980)。

首先, 我们引入以 $x^\mu(t,\boldsymbol{x})$ 和 $p^\mu=(p^0=\varepsilon(\boldsymbol{p}),\boldsymbol{p})$ 为自变量的分布函数:

$$f(x,p)|_{p^0=\varepsilon(p)}\equiv f(\boldsymbol{x},\boldsymbol{p},t) \tag{12.23}$$

采用这个符号后的粒子数流、能动量张量和熵流如下:

$$j^\mu(x) = \int \frac{\mathrm{d}^3 p}{p^0}\, p^\mu f(x,p) \tag{12.24}$$

$$T^{\mu\nu}(x) = \int \frac{\mathrm{d}^3 p}{p^0}\, p^\mu p^\nu f(x,p) \tag{12.25}$$

$$s^\mu(x) = \int \frac{\mathrm{d}^3 p}{p^0}\, p^\mu f(x,p)(1-\ln f(x,p)) \tag{12.26}$$

它们与 12.2 节的量有下述关系:

$$j^\mu(x) = (n(\boldsymbol{x},t), \boldsymbol{j}(\boldsymbol{x},t)) \tag{12.27}$$

$$s^\mu(x) = (s(\boldsymbol{x},t), \boldsymbol{s}(\boldsymbol{x},t)) \tag{12.28}$$

在 (12.24)~(12.26) 式中, $\mathrm{d}^3p/p^0 \equiv \mathrm{d}^3\bar{p}$ 是洛伦兹协变的体积元, 它满足

$$\frac{\mathrm{d}^3 p}{2p^0} = \mathrm{d}^4 p\, \theta(p^0)\delta(p^2-m^2) \tag{12.29}$$

在 (12.8a) 式的两边同乘以 p^0, 可得输运方程的协变形式:

$$(p^\mu \partial^x_\mu + \bar{F}^\mu(x,p)\partial^p_\mu) f(x,p) = \bar{C}[f] \tag{12.30}$$

其中

$$\bar{C}[f] = \frac{1}{2}\int \mathrm{d}^3\bar{p}_2 \mathrm{d}^3\bar{p}'_1 \mathrm{d}^3\bar{p}'_2\, \bar{w}(12\to 1'2')(f_{1'}f_{2'} - f_1 f_2) \tag{12.31}$$

这里我们引入了洛伦兹不变的碰撞项和跃迁率:

$$\bar{C}[f] = p^0 C[f] \tag{12.32}$$

$$\bar{w}(12\to 1'2') = \varepsilon_1\varepsilon_2\varepsilon'_1\varepsilon'_2 w(12\to 1'2') \tag{12.33}$$

(12.30) 式中的外力 $\bar{F}^\mu(x,p)$ 定义为

$$\bar{F}^\mu(x,p) = (p^0 \boldsymbol{v}\cdot\boldsymbol{F}, p^0\boldsymbol{F}) \tag{12.34}$$

对于经典电动力学中的洛伦兹力, 我们有 $\boldsymbol{F} = q(\boldsymbol{E}+\boldsymbol{v}\times\boldsymbol{B})$, 其中 q 是经典粒子的电荷。对于电磁场场强张量 $F^{\mu\nu}(x)$, 应用关系 $F^{0i} = -E^i$ 和 $F_{ij} = -\epsilon_{ijk}B^k$(参见 (2.7) 式), 我们有

$$\bar{F}^\mu(x,p) = qF^{\mu\nu}(x)p_\nu \tag{12.35}$$

并且

$$p_\mu \bar{F}^\mu(x,p) = 0, \quad \partial^p_\mu \bar{F}^\mu(x,p) = 0 \tag{12.36}$$

12.3.1 守恒律

能动量和其他量子数的微观守恒律与宏观守恒律通过如下定理相联系。考虑某个守恒量 $\chi(x,p)$, 它满足

$$A \equiv (\chi_1+\chi_2)-(\chi_{1'}+\chi_{2'})=0 \tag{12.37}$$

其中定义 $\chi_i=\chi(x,p_i)$。于是下述关系成立:

$$\begin{aligned}&\int \mathrm{d}^3\bar{p}\,\chi(x,p)\bar{C}[f] \\ &=\frac{1}{8}\int \mathrm{d}^3\bar{p}_1\mathrm{d}^3\bar{p}_2\mathrm{d}^3\bar{p}_1'\mathrm{d}^3\bar{p}_2'\,\bar{w}(12\to 1'2')(f_{1'}f_{2'}-f_1f_2)A=0\end{aligned} \tag{12.38}$$

这里我们已经用了和 H 定理 (见 (12.22) 式和习题 12.4(2)) 的证明类似的步骤。

分部积分后使用 $\bar{F}(x,p)=0$ 时的玻尔兹曼方程和关系 $\partial_\mu^p\bar{F}^\mu(x,p)=0$, 我们得到 $\chi=1$ 和 $\chi=p^\mu$ 的宏观守恒律:

$$\partial_\mu j^\mu(x)=0,\quad \partial_\nu T^{\mu\nu}(x)=0 \tag{12.39}$$

这组方程分别对应于粒子数守恒和能动量守恒。

12.3.2 局域 H 定理和局域平衡

从 12.2 节的 H 定理的证明中可以明显看出, 该定理在局域也是成立的:

$$\partial_\mu s^\mu(x)=-\int \mathrm{d}^3\bar{p}\,\bar{C}[f]\ln f\geqslant 0 \tag{12.40}$$

这导致了局域平衡的定义: $\partial_\mu s^\mu(x)=0$, 或者等价地

$$f(x,p_1)\,f(x,p_2)=f(x,p_1')\,f(x,p_2') \tag{12.41}$$

跟前面一样, 它的解可以简单地写出

$$\ln f(x,p)=a(x)+b_\mu(x)\,p^\mu \tag{12.42}$$

它给出了玻尔兹曼分布的局域形式:

$$f_{\mathrm{B}}(x,p)\propto \mathrm{e}^{-(p_\mu u^\mu(x)-\mu(x))/T(x)} \tag{12.43}$$

这里我们引入了“局域”化学势 $\mu(x)$, “局域”温度 $T(x)$, “局域”速度 $u^\mu(x)$, 其中 $u_\mu u^\mu = 1$, 于是 5 个参数 a 和 b^μ $(\mu = 0,1,2,3)$ 由 5 个独立参数 T、μ 和 u 给出: $a(x) = \mu(x)/T(x)$、$b^\mu(x) = u^\mu(x)/T(x)$。

到此为止, 我们并没有在碰撞项中考虑玻色统计或费米统计, 而只是在表达式前加了因子 1/2 以体现粒子的全同性。玻色-爱因斯坦 (BE) 统计和费米-狄拉克 (FD) 统计可以通过如下代换而简单地加入:

$$f'_1 f'_2 - f_1 f_2 \to f_{1'} f_{2'}(1 \pm f_1)(1 \pm f_2) - (1 \pm f_{1'})(1 \pm f_{2'}) f_1 f_2 \tag{12.44}$$

其中“+”号与“−”号分别对应于玻色-爱因斯坦 (Bose-Einstein, BE) 统计与费米-狄拉克 (Fermi-Dirac, FD) 统计。

局域平衡条件的解也容易解出, 我们最后得到

$$f_{\mathrm{BE(FD)}}(x,p) = \frac{1}{(2\pi\hbar)^3} \frac{1}{\mathrm{e}^{(p_\mu u^\mu(x) - \mu(x))/T(x)} \mp 1} \tag{12.45}$$

其中的整体因子是通过要求全局平衡时的积分 $\int \mathrm{d}^3 p f_{\mathrm{BE(FD)}}(x,p)$ 给出正确的粒子数密度 n 而得到的 (见第 3 章)。

一旦建立了局域平衡即 (12.45) 式, 与定义粒子流和能动量张量的 (12.24) 和 (12.25) 式联立可以给出

$$j^\mu = n u^\mu, \quad T^{\mu\nu} = (\varepsilon + P) u^\mu u^\nu - P g^{\mu\nu} \tag{12.46}$$

其中 n、ε 和 P 分别定义为 $\int \mathrm{d}^3 p f$、$\int \mathrm{d}^3 p p^0 f$ 和 $\int \mathrm{d}^3 p \, \frac{1}{3}(\boldsymbol{v} \cdot \boldsymbol{p}) f$ (见习题 12.5)。

(12.46) 式与守恒方程 (12.39) 式联立, 为 11.2.1 节的理想流体的流体力学提供了基础。从玻尔兹曼方程的角度来看, 它是 Chapman-Enskog 渐近展开 (de Groot, et al., 1980) 的领头项, 其中平均自由程和系统的空间不均匀性的比值作为小的展开参数。11.2.2 节讨论的耗散流体力学可以通过这个展开的次领头阶和更高阶项得到。

12.4 量子输运理论

经典输运理论是经典运动方程的结果。类似地, 量子输运方程可以通过量子海森堡方程得到 (Kadanoff and Baym, 1962; de Groot, et al., 1980)。

下面我们以量子的狄拉克粒子在 c 数电磁平均场 (经典场) 中运动为例，给出输运方程的推导 (Vasak, 1987)。推导过程包含了带有规范场的量子输运理论的重要思想，以及它与经典输运理论的关系。推广到 c 数非阿贝尔规范场的情形要繁琐得多，但是基本的想法是一样的 (Elze and Heinz, 1989; Blaizot and Iancu, 2002)。

除非特别说明，我们下面将明显地写出 $\hbar$，以便与经典输运理论建立直接的联系。

12.4.1　密度矩阵

我们在海森堡绘景下工作，其中量子算符随时间演化，而态矢不依赖于时间。海森堡算符 $A(t)$ 在混合态上的系综平均定义为

$$\langle A(t)\rangle=\sum_m P_m\langle m|A(t)|m\rangle=\mathrm{Tr}[\rho A(t)] \tag{12.47}$$

其中密度矩阵 ρ 由 (12.48) 式给出

$$\rho=\sum_m |m\rangle P_m\langle m| \tag{12.48}$$

态满足归一条件 $\langle m|m\rangle=1$。概率是半正定的且归一到1 $\left(P_m\geqslant 0\text{且}\sum_m P_m=1\right)$。

系综 $\{|m\rangle\}$ 不必是完备或正交的。密度矩阵 ρ 满足关系

$$\mathrm{Tr}\,\rho=1,\quad \mathrm{Tr}\,\rho^2\leqslant 1 \tag{12.49}$$

纯态 $(P_m=\delta_{mn})$ 的密度矩阵的特征是 $\rho^2=\rho$ 或等价的 $\mathrm{Tr}\ \rho^2=1$。

在后面，一个未指明的混合态的系综平均我们用尖括号 $\langle A(t)\rangle$ 表示。

12.4.2　狄拉克方程

带电荷 q 的量子的狄拉克粒子在 c 数阿贝尔场 $A_\mu(x)$ 中运动，满足狄拉克方程

$$(\mathrm{i}\hbar\gamma\cdot D-m)\psi(x)=0,\quad \bar\psi(x)(\mathrm{i}\hbar\gamma\cdot D^\dagger+m)=0 \tag{12.50}$$

其中协变导数如下给出:

$$D_\mu=\partial_\mu+\mathrm{i}\frac{q}{\hbar}A_\mu(x),\quad D_\mu^\dagger=\partial_\mu^\dagger-\mathrm{i}\frac{q}{\hbar}A_\mu(x) \tag{12.51}$$

普通导数定义为

$$\partial_\mu \equiv \frac{\overrightarrow{\partial}}{\partial x^\mu}, \quad \partial_\mu^\dagger \equiv \frac{\overleftarrow{\partial}}{\partial x^\mu} \tag{12.52}$$

狄拉克方程是规范协变的, 即对局域规范变换

$$\psi \to \psi' = \mathrm{e}^{\mathrm{i}\frac{q}{\hbar}\Lambda}\psi, \quad A_\mu \to A'_\mu = A_\mu - \partial_\mu \Lambda \tag{12.53}$$

方程形式保持不变。

狄拉克粒子还对 c 数阿贝尔场有反作用, 取系综平均后由 (12.54) 式描述:

$$\partial_\nu F^{\nu\mu} = q\langle \bar{\psi}\gamma^\mu \psi \rangle \tag{12.54}$$

12.4.3 威格纳函数

威格纳 (Wigner) 函数 $W(x,p)$ 是经典分布函数 $f(x,p)$ 的量子对应, 它最初是在威格纳 (Wigner, 1932) 研究多粒子系统的热力学性质的量子修正时引入的。把它对 p 积分, 就得到坐标空间的粒子数密度; 把它对 x 积分, 就得到动量空间的粒子数密度。因此它是一种相空间的分布函数。不过 $W(x,p)$ 不是正定的, 故而不能真的理解成概率密度。

对于自旋 1/2 的量子狄拉克粒子, 威格纳函数可以定义为

$$W_{\alpha\beta}(x,p) = \int \frac{\mathrm{d}^4 y}{(2\pi\hbar)^4} \mathrm{e}^{-\mathrm{i}py/\hbar} \left\langle \bar{\psi}_\beta \left(x + \frac{y}{2}\right) \psi_\alpha \left(x - \frac{y}{2}\right) \right\rangle \tag{12.55}$$

其中 α 和 β 是旋量指标。在上面的方程中, p 是两个算符的相对坐标 y 的共轭动量, 因此它表示定义在质心坐标 x 处的粒子的局域动量。

(12.55) 式有一个明显的问题, 由于它是通过非局域的算符乘积定义的, 从而不是规范不变的。所幸, 我们已经在第 5 章中讨论过解决的办法, 即在费米子算符之间插入 Wilson 线即可:

$$W_{\alpha\beta}(x,p) = \int \frac{\mathrm{d}^4 y}{(2\pi\hbar)^4} \mathrm{e}^{-\mathrm{i}py/\hbar} \langle \bar{\psi}_\beta(x_+) U(x_+, x_-) \psi_\alpha(x_-) \rangle \tag{12.56}$$

$$U(x_+, x_-) = \exp\left[-\mathrm{i}\frac{q}{\hbar}\int_{x_-}^{x_+} A_\mu(z)\,\mathrm{d}z^\mu\right] \tag{12.57}$$

其中 $x_\pm \equiv x \pm y/2$。$U(x_+, x_-)$ 定义在连接 x_- 和 x_+ 的直线上:

$$\int_{x_-}^{x_+} A_\mu(z)\,\mathrm{d}z^\mu = y^\mu \int_0^1 A_\mu \left(x - \frac{y}{2} + sy\right) \mathrm{d}s \tag{12.58}$$

(12.56) 式中的因子 $W_{\alpha\beta}(x,p)$ 现在已经变成规范不变的, 因为狄拉克场的相角转动已经被 Wilson 线的规范变换完全消去了。如果 $A_\mu(x)$ 不是 c 数, 而是量子场, U 必须像第 5 章中讨论的那样代之以路径编序乘积。

W 作为旋量空间中的 4×4 矩阵, 具有如下性质:

$$W^\dagger(x,p)=\gamma^0 W(x,p)\gamma^0 \tag{12.59}$$

假设我们用 16 个独立的 γ 矩阵 (见附录 B.1) 将 $W(x,p)$ 分解:

$$W=W_{\rm S}+\gamma_5 W_{\rm P}+\gamma_\mu W_{\rm V}^\mu+{\rm i}\gamma_\mu\gamma_5 W_{\rm A}^\mu+\frac{1}{2}\sigma_{\mu\nu}W_{\rm T}^{\mu\nu} \tag{12.60}$$

(12.59) 式表明 W_i $(i={\rm S,P,V,A,T})$ 都是实的 (但未必是正的)。(12.54) 式右边的源由 $W(x,p)$ 得到如下:

$$\begin{aligned} j^\mu(x)=&\langle\bar\psi\gamma^\mu\psi\rangle=\int {\rm d}^4p\,{\rm tr}[\gamma^\mu W(x,p)]\\ =&4\int {\rm d}^4p\, W_{\rm V}^\mu(x,p) \end{aligned} \tag{12.61}$$

其中 tr 是对旋量指标求迹。

最后, 为了对动量空间中的威格纳函数有个直观的感觉, 我们来推导无相互作用费米子的威格纳函数的明显形式 (为了简单, 我们取 $\hbar=1$)。采用附录 B 给出的自由狄拉克场的模展开, 可以直接证明 (见习题 12.6)

$$\begin{aligned} &W_{\rm free}(x,p)\\ &=\int\frac{{\rm d}^3k}{(2\pi)^3 2\varepsilon_k}[\delta^4(p-k)\Lambda_+(\boldsymbol{k})n_+(\boldsymbol{k})-\delta^4(p+k)\Lambda_-(\boldsymbol{k})(1-n_-(\boldsymbol{k}))]\\ &=(2\pi)^{-3}(\gamma\cdot p+m)\delta(p^2-m^2)\times[\theta(p^0)n_+(\boldsymbol{p})+\theta(-p^0)(n_-(-\boldsymbol{p})-1)] \end{aligned} \tag{12.62}$$

其中 $\Lambda_\pm\equiv \not{p}\pm m$。分布函数 $n_\pm(\boldsymbol{k})$ 是粒子和反粒子标准的费米-狄拉克 (Fermi-Dirac) 分布, 它与协变归一化下粒子数算符的期待值有如下关系:

$$\langle b_r^\dagger(\boldsymbol{k})b_s(\boldsymbol{q})\rangle=2\varepsilon_k(2\pi)^3\delta_{rs}\delta^3(\boldsymbol{k}-\boldsymbol{q})n_+(\boldsymbol{k}) \tag{12.63}$$

$$\langle d_r(\boldsymbol{k})d_s^\dagger(\boldsymbol{q})\rangle=2\varepsilon_k(2\pi)^3\delta_{rs}\delta^3(\boldsymbol{k}-\boldsymbol{q})(1-n_-(\boldsymbol{k})) \tag{12.64}$$

其中 r 和 s 是自旋指标。

12.4.4 $\boldsymbol{W(x,p)}$ 的运动方程

为了推导 $W(x,p)$ 的运动方程, 我们先考虑 $\bar{\psi}_\beta U\psi_\alpha$ 对 x 和 y 的改变的响应。将 ∂_x 从左侧作用上去, 并注意到 $U(x_+,x_-)$ 定义在直线上, 有

$$\begin{aligned}
&\mathrm{i}\hbar\partial_\mu^x[\bar{\psi}_\beta(x_+)U(x_+,x_-)\psi_\alpha(x_-)]\\
&\quad=\bar{\psi}_\beta(x_+)\mathrm{i}\hbar D_\mu^\dagger(x_+)U(x_+,x_-)\psi_\alpha(x_-)\\
&\qquad+\bar{\psi}_\beta(x_+)U(x_+,x_-)\mathrm{i}\hbar D_\mu(x_-)\psi_\alpha(x_-)\\
&\qquad+q\bar{\psi}_\beta(x_+)\left[y^\nu\int_0^1\mathrm{d}s\,F_{\mu\nu}\left(x-\frac{y}{2}+sy\right)\right]U(x_+,x_-)\psi_\alpha(x_-)
\end{aligned}\tag{12.65}$$

对于 $\mathrm{i}\hbar\partial_\mu^y[\bar{\psi}_\beta U\psi_\alpha]$ 也有类似的方程。联立上述方程, 我们得到

$$\left[\gamma\cdot\left(p+\frac{\mathrm{i}}{2}\hbar\partial_x\right)-m\right]W(x,p)\tag{12.66}$$

$$=\mathrm{i}\hbar q\left[\int_0^1\mathrm{d}s\,(1-s)\mathrm{e}^{2\mathrm{i}(s-1/2)\hbar\varDelta}\right]\gamma^\mu F_{\mu\nu}(x)\partial_p^\nu W(x,p)\tag{12.67}$$

$$=\frac{\hbar}{2}q[\mathrm{i}j_0(\hbar\varDelta)+j_1(\hbar\varDelta)]\gamma^\mu F_{\mu\nu}(x)\partial_p^\nu W(x,p)\tag{12.68}$$

这里用到了关系 $F_{\mu\nu}(x+z)=\mathrm{e}^{z\cdot\partial_x}F_{\mu\nu}(x)$ 及球贝塞尔函数 $j_n(z)$, $j_0(z)=z^{-1}\sin z$, $j_1(z)=z^{-2}\sin z-z^{-1}\cos z$。

(12.68) 式中的 $\varDelta$ 定义成下述微分算子:

$$\varDelta=\frac{1}{2}\partial_x\cdot\partial_p\tag{12.69}$$

其中对 x 的微商只作用于 $F_{\mu\nu}(x)$, 而对 p 的微商只作用在 $W(x,p)$ 上。

将 (12.66) 式中的 p^μ 与 (12.68) 式中的 j_1 合并, 并且将 ∂_x^μ 与 j_0 合并, 上面 $W(x,p)$ 的运动方程可以重新写成

$$(\gamma\cdot K-m)W(x,p)=0\tag{12.70}$$

其中

$$\left\{\begin{aligned}
&K^\mu\equiv\varPi^\mu+\frac{\mathrm{i}}{2}\hbar\nabla^\mu\\
&\varPi^\mu=p^\mu-\frac{\hbar}{2}qj_1(\hbar\varDelta)F^{\mu\nu}(x)\partial_\nu^p\\
&\nabla^\mu=\partial_x^\mu-qj_0(\hbar\varDelta)F^{\mu\nu}(x)\partial_\nu^p
\end{aligned}\right.\tag{12.71}$$

且 $[\nabla_\mu, \Pi^\mu] = 0$。

(12.70) 式是在 c 数阿贝尔场中运动的量子狄拉克粒子的威格纳函数的基本方程。到目前为止, 我们没做任何近似。因此 (12.70) 式与原始的狄拉克方程包含相同的信息。

为了后面的应用, 我们用 $\gamma \cdot K + m$ 从左侧乘以 (12.70) 式以得到它的第二种形式。利用恒等式 $\gamma_\mu \gamma_\nu = g_{\mu\nu} - \mathrm{i}\sigma_{\mu\nu}$, 我们得到

$$\left(K^2 - m^2 - \frac{\mathrm{i}}{2}\sigma^{\mu\nu}[K_\mu, K_\nu]\right) W(x,p) = 0 \tag{12.72}$$

12.4.5　半经典近似

12.3 节得到的经典输运方程与 (12.70) 式给出的输运方程有什么关系呢? 为建立起两者之间的紧密联系, 我们将 (12.71) 式中的 $j_0(z)$ 和 $j_1(z)$ 对 z 展开, 并只保留最低阶, 便得到

$$\Pi_\mu = p_\mu + O(\Delta) \tag{12.73}$$

$$\nabla_\mu = \partial_x^\mu - qF^{\mu\nu}(x)\partial_\nu^p + O(\Delta^2) \tag{12.74}$$

这个展开在 $\Delta^{-1} \gg \hbar$ 时, 或更准确地说在

$$X_F \cdot P_W \gg \hbar \tag{12.75}$$

时才适用。其中 X_F 是典型的长度尺度, 在这个尺度上, $F^{\mu\nu}(x)$ 在坐标空间有明显的改变; P_W 是典型的动量尺度, 在这个尺度上, $W(x,p)$ 在动量空间有明显的改变。换言之, 场的强度和威格纳函数分别在坐标空间和动量空间是平滑的, 这个 “Δ 展开” 才是合理的。我们可能对 Δ 展开和严格的 $\hbar$ 展开之间的联系感到惊奇。$\hbar$ 和 Δ 以不同的方式在 (12.71) 式中出现, 因而两种展开也不同。下面我们坚持使用 Δ 展开, 并称之为 “半经典展开”。

从 (12.72) 式出发, 可把输运方程分解成两种类型的方程。在 Δ 最低阶, 有 $[K_\mu, K_\nu] \simeq \mathrm{i}\hbar q F_{\mu\nu}$。将 (12.72) 式与它的共轭相加, 并应用 (12.73) 和 (12.74) 式, 就得到 “约束方程”:

$$(p^2 - m^2)W - \frac{\hbar^2}{4}(\partial_x^\mu - qF^{\mu\nu}(x)\partial_\nu^p)^2\, W = \frac{\hbar}{4}qF^{\mu\nu}(x)\{\sigma_{\mu\nu}, W\} \tag{12.76}$$

约束方程告诉我们: 质壳条件 $p^2 = m^2$ 被量子效应破坏了, 而在经典输运方程中是我们假设成立的。

将 (12.72) 式与它的共轭相减，并应用 (12.73) 与 (12.74) 式，就得到独立于 (12.76) 式的另一个方程，即“输运方程”：

$$\mathrm{i}\hbar(p\cdot\partial_x - qp_\mu F^{\mu\nu}(x)\partial_\nu^p)W = \frac{\hbar}{4}qF^{\mu\nu}(x)[\sigma_{\mu\nu},W] \tag{12.77}$$

左边与经典输运方程 (12.30) 式具有完全相同的结构，右边描述了自旋在输运中的效应。由于粒子间只通过 c 数阿贝尔场相作用，(12.77) 式中并不出现碰撞项，即 (12.77) 式对应于狄拉克粒子的弗拉索夫 (Vlasov) 方程。

要使 $p^2=m^2$ 成为好的近似，不但要满足 (12.75) 式的条件，而且 (12.76) 式中依赖于自旋和梯度的项也要比 $(\boldsymbol{p}^2+m^2)W(x,p)$ 小。用物理的语言来说，$F_{\mu\nu}(x)$ 和 $W(x,p)$ 必须对任何参数都是缓慢变化的函数。同时，$qF_{\mu\nu}(x)$ 也必须很小。

即使上述条件都得到满足，(12.77) 式在经过 (12.60) 式的分解之后，仍然给出 W_i $(i=\mathrm{S,P,V,A,T})$ 的耦合方程。为了进一步简化方程，我们假定 W 和 (12.62) 式中的 W_{free} 有相同的旋量结构，而只是把分布函数 $(2\pi)^{-3}n_\pm(\boldsymbol{p})$ 用 $f_\pm(x,p)$ 替代：

$$W(x,p)=(\gamma\cdot p+m)\delta(p^2-m^2)[\theta(p^0)f_+(x,p)+\theta(-p^0)(f_-(x,-p)-1)] \tag{12.78}$$

它显然满足限制条件 $(p^2-m^2)W=0$。$p^0>0$ 的因子 $f_+(x,p)$ 可以理解为正能量粒子的分布函数。另一方面，$p^0<0$ 对应的 $f_-(x,-p)$ 对应于负能量的粒子的分布，按照空穴理论，$p^0>0$ 的 $f_-(x,p)$ 理解为反粒子的分布。

将 (12.77) 式代以 (12.78) 式并算出右边的对易子，最终得到

$$(p\cdot\partial_x \mp qp^\mu F_{\mu\nu}(x)\partial_p^\nu)f_\pm(x,p)=0 \tag{12.79}$$

其中 $(p^0)^2=\boldsymbol{p}^2+m^2$。第 2 项前面的符号反映了正反粒子带相反的电荷。从 (12.78) 式得到的感应电流为

$$j^\mu(x)=2\int\frac{\mathrm{d}^3p}{p^0}p^\mu[f_+(x,p)-f_-(x,p)] \tag{12.80}$$

其中我们略去了不依赖于时空的常数。右边的整体因子 2 对应于自旋自由度。(12.79)、(12.80) 和 (12.54) 式一起构成了在半经典展开领头阶的弗拉索夫 (Vlasov) 方程的推导。

对于与量子规范场耦合的狄拉克粒子，其输运方程仍然有同 (12.77) 式类似的形式，其中 $U(x_+,x_-)$ 需换成路径编序乘积。与 c 数规范场的重要区别是 (12.77) 式的右边的 $F_{\mu\nu}(x)$ 要包含在系综平均之中，从而引入光子与狄拉克粒子的关联，并导致类似于 BBGKY 层级的耦合方程。和经典情形一样，碰撞项可以

通过对这个层级做截断来得到。QED 输运方程的更多细节, 详见 Vasak, et al. (1987)。

12.4.6 非阿贝尔推广

在 c 数非阿贝尔场中运动的夸克的输运方程可从类似的方法推导出来, 不过过程冗长得多。取 $\hbar=1$, 有非阿贝尔场的威格纳函数定义如下:

$$W_{\alpha\beta}^{ab}(x,p)=\int\frac{\mathrm{d}^4y}{(2\pi)^4}\mathrm{e}^{-\mathrm{i}py}\langle[\bar{\psi}_\beta(x_+)U(x_+,x)]_b[U(x,x_-)\psi_\alpha(x_-)]_a\rangle \tag{12.81}$$

其中, α 与 β 是旋量指标; a 与 b 是色指标; U 是路径编序乘积。

$$U(x_+,x_-)=\mathrm{P}\exp\left(-\mathrm{i}g\int_{x_-}^{x_+}A_\mu(z)\mathrm{d}z^\mu\right) \tag{12.82}$$

其中 $A_\mu=A_\mu^a t^a$。由于 A_μ 是色空间的矩阵, 彼此不对易, 故需要路径编序。在定域规范转动 $\psi(x)\to\psi'(x)=V(x)\psi(x)$ 下, 威格纳函数的变换是协变的:

$$W(x,p)\to V(x)W(x,p)V^\dagger(x) \tag{12.83}$$

约束方程和输运方程可以用跟阿贝尔情形类似的方法推导出来。非阿贝尔情形的展开参数是 $\Delta=(1/2)D_x\cdot\partial_p$, 其中 D_μ 是协变导数。只取 $O(\Delta^0)$ 项并略去 $O(\partial_p\partial_p W)$ 和 $O(\partial_p D_x W)$ 项, 输运方程为

$$\begin{aligned}&\mathrm{i}[p\cdot D_x,W(x,p)]-\frac{\mathrm{i}}{2}g\{p_\mu F^{\mu\nu}(x),\partial_p^\nu W(x,p)\}\\&=\frac{1}{4}g[\sigma_{\mu\nu}F^{\mu\nu}(x),W(x,p)]\end{aligned} \tag{12.84}$$

这就是输运方程 (12.77) 式的非阿贝尔推广。同样地, 从与 (12.76) 式类似的约束方程可以证明, 仅当 $F_{\mu\nu}(x)$ 和 $W(x,p)$ 随坐标和动量的改变很小, 并且 $gF^{\mu\nu}(x)$ 自身也很小时, 在壳条件 $p^2=m^2$ 下才满足 (这里随坐标的变化应该用协变导数 D_x 定义)。

有感应夸克流的逆反应的 Yang-Mills 方程由 (12.85) 式给出

$$[D_\nu,F^{\nu\mu}(x)]=gt^a\int\mathrm{d}^4p\,\mathrm{tr}[\gamma^\mu t^a\,W(x,p)]=gj^\mu(x) \tag{12.85}$$

其中 tr 是对色空间和自旋空间求迹。

12.5 QCD 唯象输运方程

非阿贝尔的 QCD 等离子体为局域色中性时, (12.85) 式中的感应色流 $j^{\mu}(x)$ 和 $F_{\mu\nu}(x)$ 为零, 于是我们可以唯象地写出夸克和胶子数分布的输运方程如下:

$$p^{\mu}\partial_{\mu}f_i(x,p)=\bar{C}_i[f] \tag{12.86}$$

其中 $f_i(x,p)$ 是夸克 $(i=\mathrm{q})$、反夸克 $(i=\bar{\mathrm{q}})$ 和胶子 $(i=\mathrm{g})$ 的分布函数。右边是碰撞项, 既包括 $2\to2$ 的两体碰撞 (例如附录中的图 F.1 中的费曼图), 也包括衰变过程 (如 $\mathrm{g}\to\mathrm{gg}$, $\mathrm{g}\to\mathrm{q\bar{q}}$ 和 $\mathrm{q}\to\mathrm{qg}$) 和融合过程 (如 $\mathrm{gg}\to\mathrm{g}$, $\mathrm{q\bar{q}}\to\mathrm{g}$ 和 $\mathrm{qg}\to\mathrm{q}$)。

夸克数流和能动量张量分别定义如下:

$$j_{\mathrm{B}}^{\mu}(x)=\int\frac{\mathrm{d}^3p}{p^0}\,p^{\mu}[f_{\mathrm{q}}(x,p)-f_{\bar{\mathrm{q}}}(x,p)] \tag{12.87}$$

$$T^{\mu\nu}(x)=\int\frac{\mathrm{d}^3p}{p^0}\,p^{\mu}p^{\nu}[f_{\mathrm{q}}(x,p)+f_{\bar{\mathrm{q}}}(x,p)+f_{\mathrm{g}}(x,p)] \tag{12.88}$$

求解唯象输运方程 (12.86) 式以描述极端相对论核-核碰撞中早期预平衡阶段中部分子分布的时间演化, 需引入进一步的假设。为了在碰撞项中合理地使用 QCD, 要引入唯象的截断参数以去除软过程带来的发散。而且, 碰撞的核 AA 中的初始部分子分布函数 $f_{i=\mathrm{q},\bar{\mathrm{q}},\mathrm{g}}(x,p)$ 需要用实验上核子部分子分布函数及其核修正通过模型给出。部分子级联模型 (Geiger and Müller, 1992; Geiger, 1995; Müller, 2003) 是一种典型的方法, 它求解夸克和胶子的唯象输运方程并考虑了上述特点。

习　题

12.1 细致平衡。

用时间反演不变性和空间转动不变性推导跃迁率的细致平衡关系 (12.6) 式。

12.2 **麦克斯韦-玻尔兹曼分布。**

(1) 用 (12.12) 式中的 $f_{\mathrm{MB}}(p)$ 计算粒子数密度 n、平均能量、平均动量和压强 P。给出 a、b_0 和 $\boldsymbol{b}$ 与温度 T、粒子质量 m、粒子密度 n 和平均动量 $\boldsymbol{p}_0$ 的关系, 推导 (12.13) 式中的麦克斯韦-玻尔兹曼 (Maxwell-Boltzmann) 分布。

(2) 考虑外力 $\boldsymbol{F}(\boldsymbol{x})=-\boldsymbol{\nabla}\phi(\boldsymbol{x})$, 证明在此情形下玻尔兹曼方程的平衡解由下式给出:

$$f_{\mathrm{eq}}(\boldsymbol{x},\boldsymbol{p})=\frac{n_0}{(2\pi mT)^{3/2}}\mathrm{e}^{-[(\boldsymbol{p}-\boldsymbol{p}_0)^2/2m+\phi(\boldsymbol{x})]/T}$$

12.3 **弛豫时间近似。**

在 (12.10) 式中只取 $\delta f_i=f_i-f_{i,\mathrm{eq}}$ 的一阶项, 将碰撞项 $C[f]$ 线性化。取正比于 $f_{2,\mathrm{eq}}\times\delta f_1$ 的 “loss” 项, 并估计 (12.15) 式中的弛豫时间 τ。

12.4 **玻尔兹曼 H 定理。**

(1) 利用跃迁率 w 的对称性, 并替换积分变量 $\boldsymbol{p}_1$、$\boldsymbol{p}_2$、$\boldsymbol{p}_1'$ 和 $\boldsymbol{p}_2'$, 推导热力学第二定律 (12.22) 式。

(2) 用与上一问相同的方法推导守恒律的主方程 (12.39) 式。

(3) 用下述步骤证明 (12.11) 式是 $C[f_{\mathrm{MB}}]=0$ 的充要条件: ① 若 (12.11) 式成立, 则 $C[f_{\mathrm{MB}}]=0$; ② 由玻尔兹曼方程可证明: $C[f_{\mathrm{MB}}]=0$ 等价于 $\partial f_{\mathrm{MB}}/\partial t=0$; ③ 从 $\partial f_{\mathrm{MB}}/\partial t=0$ 推出 $\mathrm{d}S/\mathrm{d}t=0$, 其中 S 是玻尔兹曼熵; ④ 根据玻尔兹曼 H 定理 (12.22) 式, 从方程 $\mathrm{d}S/\mathrm{d}t=0$ 推导出 (12.11) 式。

12.5 **与流体力学的关系。**

先定义标量 $j_\mu u^\mu$、$u^\mu u^\nu T_{\mu\nu}$ 和 $g^{\mu\nu}T_{\mu\nu}$, 再计算它们在局域静止系 ($\boldsymbol{u}=0$) 中的值, 以检验 (12.46) 式。

12.6 **平衡系统的威格纳函数。**

把狄拉克场的模式展开 (见附录 B.2) 后代入 $W(x,p)$ 的定义 (12.55) 式, 并使用 (12.29) 式, 验证无相互作用费米子的威格纳函数 $W_{\mathrm{free}}(x,p)$ 的形式由 (12.62) 式给出。

第 13 章 夸克胶子等离子体的形成和演化

如第 10 章所述, 在极端相对论性重离子对撞实验里, 起初硬、半硬过程以及对撞初期软经典场退激发而产生大量部分子 (夸克和胶子), 进而形成夸克胶子等离子体。所产生的多部分子系统经历时空演化, 最终经过相变成为一个色单态的强子系统。在描述其时间演化以及与实验末态观测量联系时, 我们必须假设夸克胶子等离子体已经达到了局域热平衡态并使用相对论性流体力学 (如第 11 章所述), 或者使用含有碰撞项的相对论输运模型 (如第 12 章所述) 来进行研究。

在 BNL 的相对论重离子对撞机 (RHIC) 和 CERN 的大型强子对撞机 (LHC) 实验中, 假设达到热平衡态, 人们预计高温致密部分子系统 (夸克胶子等离子体) 的初始温度 T_0 将会比 QCD 相变的临界温度 ($T_\mathrm{c} \sim 170$ MeV) 高。

当夸克胶子等离子体冷却到 T_c 时, 强子化开始了。由于在强子系统中色自由度会作为一种潜在的自由度被禁闭, 所以这时熵密度会急剧下降。产生的强子气体继续膨胀并冷却直到冻结转变发生, 这时强子的平均自由程超出了系统的时空尺度。此系统的横向膨胀和叠加在纵向膨胀的集体流反映了物质的状态方程。横向集体流的测量结果包含了在冻结时强子横动量谱的蓝移。

在这一章中, 我们将着重讨论极端相对论的重核与重核如金核 ($A = 197$) 与金核的对心碰撞。相关实验的加速器装置有 BNL 的相对论重离子对撞机 (RHIC), 其对撞能量为 $\sqrt{s} = (100 + 100)$ GeV/A ($\sqrt{s_\mathrm{NN}} = 200$ GeV), 以及 CERN 的大型强子对撞机 (LHC), 其对撞能量为 $\sqrt{s} = (2.8 + 2.8)$ TeV/A ($\sqrt{s_\mathrm{NN}} = 5.6$ TeV) (表 15.1 列出了过去、现在和将来的各种重离子加速器)。

13.1　初始条件

重离子碰撞初始时刻产生的部分子为等离子体的后续演化提供了初始条件。但是，其机制仍然不是很清楚，人们从理论和实验两方面都在积极地研究。下面，我们将介绍当前几个描述初始预平衡态的候选模型。

13.1.1　色弦碎裂模型

在极端相对论核-核碰撞中的色弦模型概述如下 (Matsui, 1987)，如图 13.1 所示。

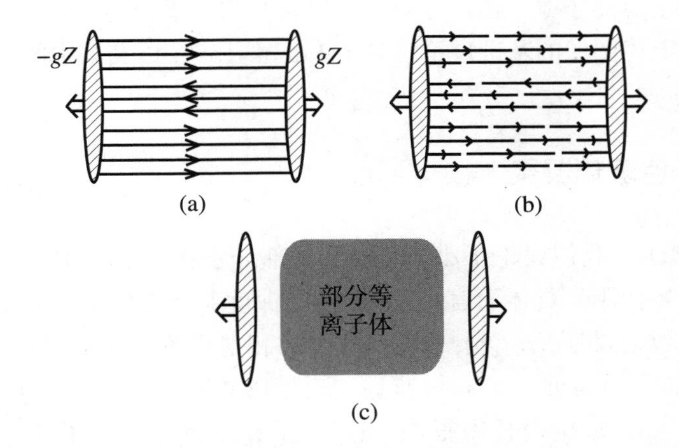

图 13.1　(a) 相互穿越的两个核之间形成的色弦，在对撞时由于多胶子交换，在每个核中积累了大小为 $\pm gZ$ 的平均色荷；(b) Schwinger 机制导致弦断裂和夸克-反夸克对和胶子对的产生；(c) 产生的部分子相互作用形成夸克胶子等离子体

(1) 两个原子核对撞并相互穿越对方。原子核中的损伤核子在两个核之间产生色激发并形成色弦或色绳。这里假设色弦是一个相干的经典色电场。

(2) 通过 QED 中的 Schwinger 机制 (参见习题 13.1) (Schwinger, 1951)，在两个核之间的强色电场导致 $q\bar{q}$ 和胶子对的产生。换句话说，在图 13.1(a) 中形成的高激发相干态通过自发辐射量子 (部分子) 而衰变。通常单位时间、单位体积的

对产生率由 (13.1) 式给出 (Casher, et al., 1979; Ambjorn and Hughes, 1983)

$$w(\sigma) = -\frac{\sigma}{4\pi^2}\int_0^\infty \mathrm{d}p_{\mathrm{T}}^2 \ln\left[1 \mp \exp(-\pi p_{\mathrm{T}}^2/\sigma)\right] \tag{13.1}$$

其中, $-(+)$ 代表产生一对无质量自旋为 1/2 的费米子 (自旋为 1 的规范玻色子) 的产生率; p_{T} 是费米子或者规范玻色子的横动量, 它垂直于均匀的背景场; σ 表征外场强度, 在 QED 中, 由 $\sigma = eE$ 给出, E 是均匀电场强度, 在 QCD 中, 有 $\sigma \sim gE_{\mathrm{c}}$, E_{c} 是在某个特定坐标方向和色空间方向的色电场, 比如, 取坐标空间的第三分量和色空间的第三分量方向。在考虑到味和色自由度后, 夸克和胶子总发射率为 (Gyulassy and Iwazaki, 1985)

$$w_q\ (\sigma \sim gE_{\mathrm{c}}) \sim N_f \frac{(gE_{\mathrm{c}})^2}{24\pi}, \quad w_{\mathrm{g}}\ (\sigma \sim gE_{\mathrm{c}}) \sim N_{\mathrm{c}} \frac{(gE_{\mathrm{c}})^2}{48\pi} \tag{13.2}$$

这显示其量级相近, 也就是说, $w_{\mathrm{g}}/w_q \sim N_{\mathrm{c}}/2N_f$。在相对论重离子碰撞中, σ 的量级大约为 $\sigma \sim KZ$, 其中, K 是弦张量, gZ 是对撞后积累在核中的有效色荷, 如图 13.1 所示。

(3) 最后, 人们预期: 通过产生的夸克和胶子的相互作用形成了达到局域热平衡态的夸克胶子等离子体。描述夸克胶子以及与它们耦合的相干背景场的玻尔兹曼方程可能是上述图像的基础理论工具 (Matsui, 1987, 以及其中的引文)。

13.1.2 色玻璃凝聚

在第 10 章中, 我们讨论了小 Bjorken-x 部分子在相对论重离子碰撞的中心区域起到了重要作用。具体而言, 在轻子质子深度非弹性散射实验中可以测量质子中胶子的分数动量 $xg(x,Q^2)$, 在小 x 区域, 相对于价夸克和海夸克的贡献, 它起主导作用, 如图 10.4 所示。进一步地, 如图 13.2 所示, 对于大 Q^2 和 $x < 10^{-2}$ 的小 x 区域, $xg(x,Q^2)$ 增长得很快。这里, $1/Q$ 代表探针的横向大小 (垂直于探针动量方向的分辨尺度)。胶子数目剧增不会永远继续, 特征横向尺度为 $1/Q$ 的胶子将最终相互交叠、相互作用并而达到饱和 (Gribov, et al., 1983; Mueller and Qiu, 1986)。换句话说, 胶子将形成名为色玻璃态 (Color Glass Condensate, CGC) 的经典相干场构型, 参阅 Iancu and Venugopalan(2004) 的综述。饱和能标 Q_{s} 自洽的定义为 (见习题 13.2)

$$Q_{\mathrm{s}}^2 \sim \alpha_{\mathrm{s}}(Q_{\mathrm{s}}^2)\frac{xg(x,Q_{\mathrm{s}}^2)}{\pi R^2} \tag{13.3}$$

其中 R 是母强子的半径。对于一个原子核, $g(x,Q^2)$ 应该替换为核中的胶子分布函数 $g_A(x,Q^2) \sim Ag(x,Q^2)$, R 应替换为原子核的半径 $R_A = r_0 A^{1/3}$。因此, Q_{s}^2

以 $A^{1/3}$ 的形式增长, 于是胶子在重核中比在质子中更容易发生饱和。

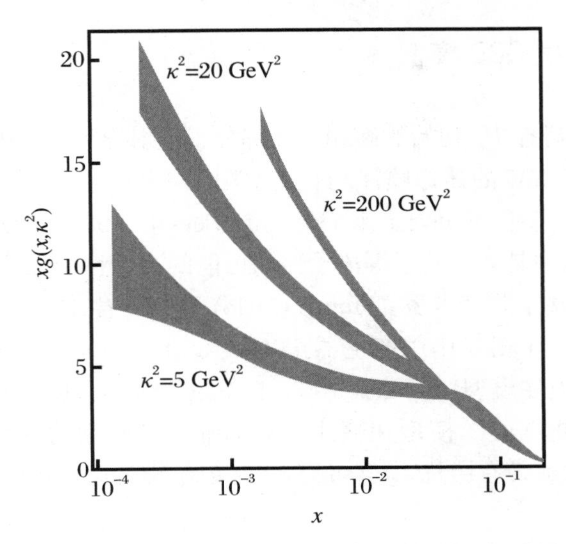

图 13.2　电子-质子深度非弹性散射中测量到的质子的胶子分布函数 $xg(x,\kappa^2)$

其中,κ 是横动量转移, Q 是质子的大小; 数据来自 H1 和 Zeus 合作组 (Nagano, 2002)

在 CGC 的图像中 (图 13.3), 相对论核-核碰撞被描写软经典色场的时间演化过程, 此经典场的源就是在色空间中随机取向的快速运动部分子 (McLerran and Venugopalan, 1994a, b)。尽管此模型描述了对撞前和对撞后的初始状态, 经典场如何退相干成为部分子等离子体仍然是未解决的问题。

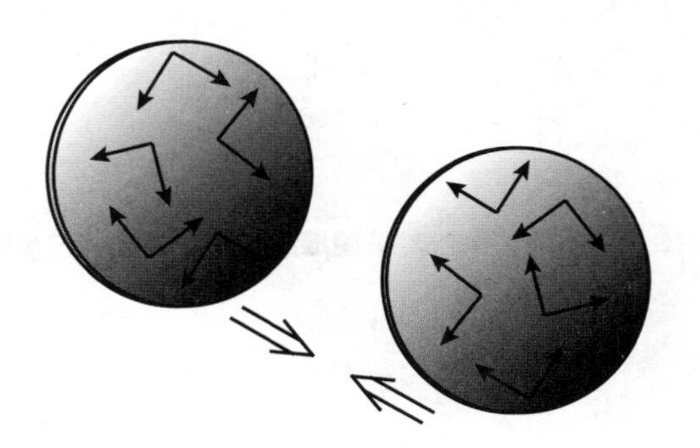

图 13.3　含有色玻璃凝聚的两个洛伦兹收缩的盘子 (核) 的对撞, 盘子含有随机取向的色电磁场, 快速运动的部分子为色场的源

13.1.3 微扰 QCD 模型

在高能核-核碰撞中, 初始的硬和半硬部分子散射导致大量喷注产生。特别是横动量只有几个 GeV 的迷你喷注, 许多这类喷注的产生对 RHIC 和 LHC 的重离子碰撞中的横向能量有重要贡献 (Kajantie, et al., 1987; Eskola, et al., 1989)。换句话说, 迷你喷注是夸克胶子等离子体的可能的初始种子。核-核碰撞的迷你喷注产生可以通过基于蒙特卡罗 (Monte Carlo) 事例产生器的模型来模拟。比如, HIJING(重离子喷注相互作用产生器)(Wang and Gyulassy, 1994; Wang, 1997) 和 PCM(部分子喷注模型)(Geiger, 1995; Müller, 2003)。HIJING 是一个基于硬和半硬喷注产生的 QCD 模型和喷注碎裂的唯象弦模型的一个事例产生器, 而 PCM 模型基于求解带有微扰 QCD 部分子散射给出的碰撞项的半经典输运方程, 如图 13.4 所示。

在这两个情况下, 入射核中的初始部分子分布都可以由实验测得的核子的结构函数加上核修正 (如核遮蔽) 给出。微扰 QCD 可以应用于 $p_{\mathrm{T}} > p_0 \sim (1 \sim 2)$ GeV 的半硬过程, 因此总是存在一个不确定性的能标 p_0, 它必须通过实验确定。

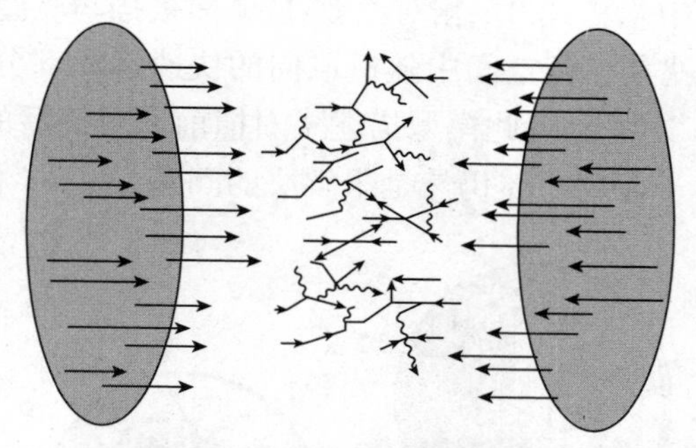

图 13.4 极端相对论核-核碰撞的部分子级联的示意图

13.2 迷你喷注的产生

作为初始条件的一个特殊例子, 我们仔细讨论下微扰 QCD 的迷你喷注产生 (Wang, 1997)。我们首先计算质子-质子 (pp) 碰撞的半单举截面, 涉及产生横动

量为 $p_{\rm T} \geqslant p_0 \simeq$ 几个 GeV 的一对喷注, 如图 13.5 所示。反应截面可以因子化成两部分, 一部分是长程部分, 是入射部分子 1 和 2 的部分子分布函数(PDF)$f(x,\kappa^2)$, 另一部分是短程部分, 是部分子散射过程 $1+2 \to 3+4$ 的截面。其中, κ 是重整化能标, 在 PDF 和部分子层次的截面中都出现。虽然物理截面不应该依赖于 κ, 但微扰计算在任意有限阶中都依赖于 κ。因此, 作为过程中的特征能标, 应该恰当地选择 κ, 如第 2 章所述。在当前情况下, $\kappa \sim p_{\rm T}$ 是一个自然的选择。

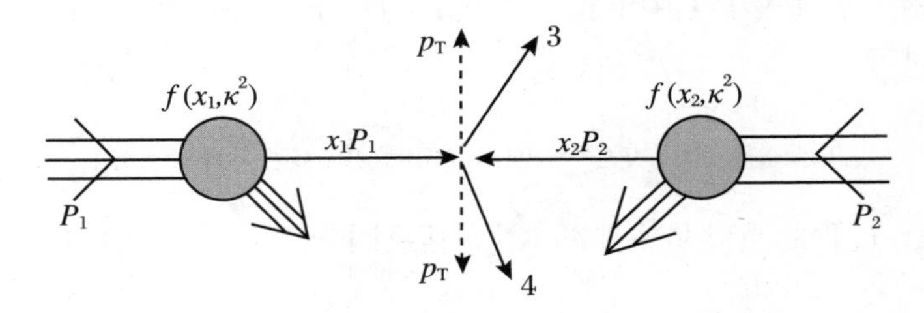

图 13.5　质心系中质子-质子碰撞的部分子和部分子的两体散射

其中,$f(x,\kappa^2)$ 是质子的部分子动量分布函数, κ 是重整化能标

于是, 微分截面由 (13.4) 式给出

$$\frac{{\rm d}^2\sigma_{\rm jet}}{{\rm d}x_1{\rm d}x_2}({\rm pp} \to 3+4+{\rm X}) = \sum_{i,j={\rm q},\bar{\rm q},{\rm g}} f_i(x_1,p_{\rm T}^2)f_j(x_2,p_{\rm T}^2)\hat{\sigma}^{ij\to kl} \tag{13.4}$$

其中, 最后的因子是部分子过程 $1+2 \to 3+4$ 的散射截面, $(i,j,k,l) = {\rm q},\bar{\rm q},{\rm g}$ 代表不同种类的部分子。

部分子的 Bjorken-x是在质子的无穷大动量系里定义的, 其中质子有非常大的纵向动量 P。设组分部分子的纵向动量为 p, 则在这个参考系下, 我们有

$$x = p/P \tag{13.5}$$

我们需要用成三个末态测量参量表示 (13.4) 式, 它们分别是: 部分子的横动量 $p_{\rm T}$, 末态部分子的纵向快度 y_3 和 y_4。从简单的 $2 \to 2$ 过程的能动量守恒关系可以得到 (参见习题 13.3(1))

$$x_1 = \frac{p_{\rm T}}{\sqrt{s}}({\rm e}^{y_3}+{\rm e}^{y_4}), \quad x_2 = \frac{p_{\rm T}}{\sqrt{s}}({\rm e}^{-y_3}+{\rm e}^{-y_4}) \tag{13.6}$$

$$\begin{aligned}
&\hat{s} = (p_1+p_2)^2 = x_1x_2s = 2p_{\rm T}^2[1+\cosh(y_3-y_4)] \\
&\hat{t} = (p_1-p_3)^2 = -p_{\rm T}^2(1+{\rm e}^{-y_3+y_4}) \qquad (13.7) \\
&\hat{u} = (p_2-p_3)^2 = -(\hat{s}+\hat{t})
\end{aligned}$$

$${\rm Jacobian} \equiv \frac{\partial(x_1,x_2,\hat{t})}{\partial(y_3,y_4,p_{\rm T})} = \frac{2p_{\rm T}\hat{s}}{s} = 2p_{\rm T}x_1x_2 \tag{13.8}$$

其中符号 ^ 表示部分子层次的两体散射过程的 Mandelstam 变量 (参阅附录 E)。上述是无质量部分子的结果。

利用上述变量, (13.4) 式可以写成

$$\frac{\mathrm{d}^3\sigma_{\mathrm{jet}}}{\mathrm{d}y_3\mathrm{d}y_4\mathrm{d}p_{\mathrm{T}}^2}=\sum_{i,j}x_1f_i(x_1,p_{\mathrm{T}}^2)x_2f_j(x_2,p_{\mathrm{T}}^2)\frac{\mathrm{d}\hat{\sigma}^{ij\to kl}}{\mathrm{d}|\hat{t}|} \tag{13.9}$$

在附录中的图 F.1 和表 F.1 中汇集了微扰 QCD 的领头阶的所有 $1+2\to3+4$ 类型的部分子过程:

$$\mathrm{gg}\to\mathrm{gg},\mathrm{q\bar{q}};\quad \mathrm{gq}\to\mathrm{gq};\quad \mathrm{q\bar{q}}\to\mathrm{gg},\mathrm{q\bar{q}};\quad \mathrm{qq}\to\mathrm{qq} \tag{13.10}$$

其中, $\mathrm{gg}\to\mathrm{gg}$ 过程的贡献是主要的, 因为其色因子较大。从表 F.1 可得 (参见习题 13.3(2))

$$\frac{\mathrm{d}\hat{\sigma}^{\mathrm{gg}\to\mathrm{gg}}}{\mathrm{d}|\hat{t}|}=\frac{9\pi\alpha_{\mathrm{s}}^2}{2\hat{s}^2}\left(3-\frac{\hat{t}\hat{u}}{\hat{s}^2}-\frac{\hat{u}\hat{s}}{\hat{t}^2}-\frac{\hat{s}\hat{t}}{\hat{u}^2}\right) \tag{13.11}$$

$$=\frac{9\pi\alpha_{\mathrm{s}}^2}{2p_{\mathrm{T}}^4}\left(1-\frac{p_{\mathrm{T}}^2}{\hat{s}}\right)^3 \tag{13.12}$$

为了计入微扰 QCD 高阶效应, 人们有时会唯象地在领头阶结果 (13.9) 式前面引进一个 K 因子 ($K\simeq2$)。

在中心快度间隔 Δy 里的喷注对产生的 (半) 硬过程的积分截面 σ_{jet} 如下 (参见习题 13.3(3)):

$$\sigma_{\mathrm{jet}}(\sqrt{s};p_0,\Delta y)=\sum_{k,l}\frac{1}{1+\delta_{kl}}\int_{p_0\leqslant p_{\mathrm{T}}}\mathrm{d}p_{\mathrm{T}}^2\int_{\Delta y}\mathrm{d}y_3\int_{\Delta y}\mathrm{d}y_4\frac{\mathrm{d}^3\sigma_{\mathrm{jet}}}{\mathrm{d}y_3\mathrm{d}y_4\mathrm{d}p_{\mathrm{T}}^2} \tag{13.13}$$

其中, Kronecker-δ 符号是为了反映末态全同粒子的对称性因子。在半硬部分子碰撞中, 如横动量转移大约为 $p_{\mathrm{T}}\geqslant1\sim2$ GeV, 这些产生的部分子常被称为迷你喷注。我们需要注意, 迷你喷注不是实验上可以明显分辨的喷注, 而是背景过程。但是, 由于在极端相对论重离子碰撞中, 大量迷你喷注的产生对形成 QGP 起着重要作用, 所以计算背景过程也是重要的。

在碰撞参数为 b 的 AB 碰撞中, 引入核重叠函数 $T_{\mathrm{AB}}(b)$就可以把上述结果推广到核-核碰撞中, 如图 10.10 所示。如假设部分子碰撞是独立的两两碰撞, 则对于 $|y|\leqslant\Delta y/2$ 的 AA 对心碰撞, 喷注总数 $N_{\mathrm{jet}}^{\mathrm{AA}}$ 是

$$N_{\mathrm{jet}}^{\mathrm{AA}}(\sqrt{s};p_0,\Delta y)\simeq T_{\mathrm{AA}}(0)\sigma_{\mathrm{jet}}(\sqrt{s};p_0,\Delta y) \tag{13.14}$$

对于 Au+Au 碰撞, $T_{\mathrm{Au+Au}}(0)=9A^2/8\pi R_A^2=28.4\,\mathrm{mb}^{-1}$, 其中 $R_{\mathrm{Au}}=7.0\,\mathrm{fm}$。

从运动学关系 (13.6) 式, 在中心快度区 $y\sim 0$, $p_{\mathrm{T}}\sim 2$ GeV 的部分子可以探测到以下区域的胶子分布函数:

$$x=\frac{2p_{\mathrm{T}}}{\sqrt{s}}\sim\begin{cases}10^{-3}\ \text{for LHC}, & \sqrt{s_{\mathrm{NN}}}=5.6\ \text{TeV}\\ 10^{-2}\ \text{for RHIC}, & \sqrt{s_{\mathrm{NN}}}=200\ \text{GeV}\end{cases}\tag{13.15}$$

当 $x\lesssim 10^{-2}$ 时, 胶子的分布函数开始快速增长, 如图 13.2 所示。

在上面简化公式 (13.14) 中没包含如下两个核效应: 初态和末态相互作用。前者跟部分子分布函数的核修正 (核屏蔽) 有关, 即核的小 x 区域部分子数目减少的效应; 后者与喷注在周围环境中的能量损失 (喷注淬火) 有关。

图 13.6 是在 $\sqrt{s}=200A$ GeV 的 Au+Au 对心碰撞中, 单位赝快度的带电粒子多重数 $\mathrm{d}N_{\mathrm{ch}}/\mathrm{d}\eta$, 是 HIJING 模拟的结果 (Wang and Gyulassy, 1994; Wang, 1997)。赝快度 η 的定义以及它和快度 y 的关系, 可以参见方程 (E.20) 和 (E.21) 以及习题 17.2。图中的点线代表仅考虑软相互作用而没有迷你喷注产生的情况; 虚点线对应 $p_{\mathrm{T}}>2$ GeV 的迷你喷注的情况; 虚线包含了核屏蔽效应并假设胶子的屏蔽程度与夸克的相同; 实线包含了喷注淬火效应, 其中单位长度喷注的能损为 2 GeV/fm。在此模拟结果中, 在 $|\eta|<1$ 区域大约有 1000 个带电粒子产生, 其中至少一半是迷你喷注。初态和末态相互作用也对粒子多重数有相当大的影响。

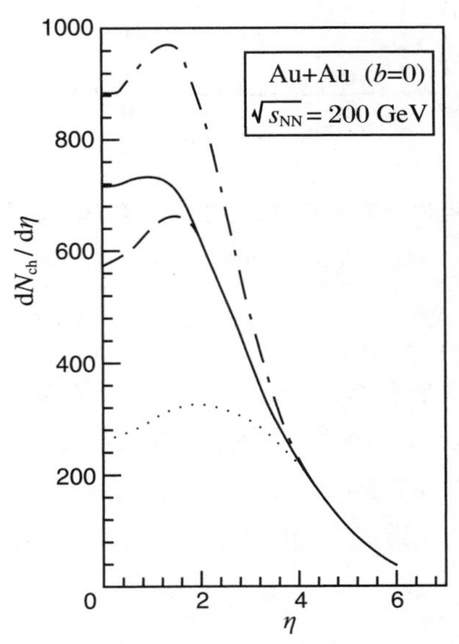

图 13.6 给出 HIJING 模拟的 (Wang and Gyulassy, 1994; Wang, 1997)$\sqrt{s}=200A$ GeV 的 Au+Au 对心碰撞中单位赝快度的带电粒子多重数 $\mathrm{d}N_{\mathrm{ch}}/\mathrm{d}\eta$

实线包含了所有可能的效应, 即软产生过程、半硬迷你喷注、核屏蔽效应以及喷注淬火; 更多细节参阅正文

13.3 等离子体纵向膨胀及 QCD 相变

让我们来看时空图 10.7 以及等离子体温度随时间演化的图 13.7。这些图描述了极端相对论核-核碰撞产生的热密物质在中心快度区从碰撞时刻到冻结阶段的纵向时空演化。我们假设在 $\tau = \tau_0 = 0.1 \sim 1\,\mathrm{fm}$ 时刻，热密物质的初始温度为 T_0，此温度足够高，$T_0 > T_{\mathrm{c}}$，可以产生夸克胶子等离子体。

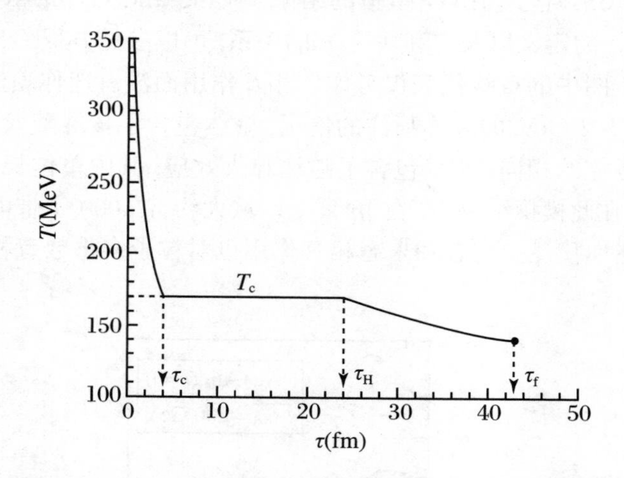

图 13.7 极端相对论核-核碰撞产生的高温物质的温度随时间的演化

$T_{\mathrm{c}} = 170\,\mathrm{MeV}$ 是 QCD 一级相变点温度。初始时刻 $\tau_0 = 0.5\,\mathrm{fm}$ 的初始温度设为 $T_0 = 2T_{\mathrm{c}}$，如 (13.19) 式所示，冻结时刻为 $\tau_{\mathrm{H}}/\tau_{\mathrm{c}} = 5.9$，可以将此图与早期宇宙的图 8.11 做对比

假设系统达到局域热平衡态，夸克胶子等离子体按照相对论流体力学的定律膨胀，详见第 11 章。Bjorken 图像下的各向异性初始条件如图 10.5(b) 所示，因此，在初始时刻，一维 (纵向) 膨胀起主要贡献。在此纵向运动上可以叠加横向膨胀，我们将在 13.4 章讨论此课题。QGP 的纵向膨胀满足 11.3.1 节给出的标度解:

$$s = \frac{s_0\tau_0}{\tau}, \quad v_z = \frac{z}{t} \tag{13.16}$$

这和状态方程的具体形式无关，它表示熵守恒以及随动体积随时间的线性增长。此膨胀导致等离子体按照方程 (11.60) 的方式冷却，当 $\tau = \tau_{\mathrm{c}}$ 时，T 达到 QCD 相变的临界温度 T_{c}。如果我们假设 QGP 熵满足 Stefan-Boltzmann 公式 (3.44)，则

此阶段 QGP 的温度演化行为如下:

$$T=T_{\mathrm{c}}\left(\frac{\tau_{\mathrm{c}}}{\tau}\right)^{1/3}\quad(\tau_0<\tau<\tau_{\mathrm{c}})\tag{13.17}$$

如第 3 章袋模型所描述的, 在一级相变图像下, 在相变期间, 系统成为 QGP 和强子等离子体的混合相。如同处理早期宇宙 QCD 相变 (见 8.6 节), 我们可以在混合相中引入强子相的体积分数 $f(\tau)$, 那么

$$s(\tau)=s_{\mathrm{H}}f(\tau)+s_{\mathrm{QGP}}(1-f(\tau))=\frac{s_0\tau_0}{\tau}\tag{13.18}$$

其中, $s_{\mathrm{H}}(s_{\mathrm{QGP}})$ 是强子相 (QGP 相) 的熵密度。(13.18) 式唯一地确定了 $f(\tau)$ 的 τ 依赖 (见习题 13.4(1))。如果我们采用 Stefan-Boltzmann 公式即 (3.40)、(3.44) 式以及表 3.1, 混合相的寿命可以由下面的比例给出

$$\frac{\tau_{\mathrm{H}}}{\tau_{\mathrm{c}}}=\frac{s_{\mathrm{QGP}}}{s_{\mathrm{H}}}=\frac{d_{\mathrm{QGP}}}{d_{\pi}}=\begin{cases}12.3, & N_f=2\\ 5.9, & N_f=3\end{cases}\tag{13.19}$$

QCD 相变的重要后果有: (1) 极大地减缓系统的冷却; (2) 在临界温度 $T=T_{\mathrm{c}}$ 时产生 (纵向) 体积巨大的热强子气体。只要熵密度在 $T=T_{\mathrm{c}}$ 附近经历一个快速的变化, 上面的特性在定性上就是正确的, 而且也不仅限于一级相变 (见习题 13.4(2))。问题的关键在于, 在 T 的很小间隔里, 熵密度的减小可以被持久的系统膨胀所抵消以保持总熵守恒。

相变在 $\tau=\tau_{\mathrm{H}}$ 结束, 相互作用的强子等离子体经历流体力学演化。在强子阶段, 熵守恒律仍然决定 $T(\tau)$ 的行为。如果假设简单的 Stefan-Boltzmann 公式即方程 (3.40), 我们可得

$$T=T_{\mathrm{c}}\left(\frac{\tau_{\mathrm{H}}}{\tau}\right)^{1/3}\quad(\tau_{\mathrm{H}}<\tau<\tau_{\mathrm{f}})\tag{13.20}$$

强子平均自由程最终将超过系统时空的尺寸, 这时局域热平衡态将不再保持。于是强子开始分离 (在 τ_{f} 时 "冻结", 如图 10.7 和图 13.7 所示)。

13.4　等离子体横向膨胀

横向流体力学膨胀(即图 10.5(b) 的 r 方向) 是由横向压力梯度导致的, 特别是在系统横向边缘处 ($r\approx R$) 有非常大的梯度 (Bjorken, 1983; Blaizot and

Ollitrault, 1990; Rischke, 1999)。因此, 热物质内部在初始阶段只有沿纵向即 z 方向的一维膨胀。同时, 在横向边缘产生了稀薄波。此稀薄波是随流体运动而不停变稀薄的流, 即随流体运动其流体元的能量密度会衰减。在流体局域静止系, 稀薄波的边界 (波前) 以声速 c_s 向中心传播。由于 c_s 由 $\partial P/\partial\varepsilon$ 给出, 如方程 (G.4) 和 (3.59) 所示, 因此横向膨胀对状态方程 $P=P(\varepsilon)$ 敏感。注意, 在 QCD 相变附近声速会变小。这是因为在相变过程中, 压强几乎保持不变, 但能量密度变化很大 (图 3.4)。

稀薄波前开始于边缘并且向内传播, 给定位置 z, 在时间 t 时, 它走了 $c_\mathrm{s}\tau=c_\mathrm{s}\sqrt{t^2-z^2}$ 的距离。因此, 波前是一个曲面, 如图 13.8 中 (z,r) 平面的虚线所示:

$$r_\mathrm{rf}=R-c_\mathrm{s}\sqrt{t^2-z^2} \tag{13.21}$$

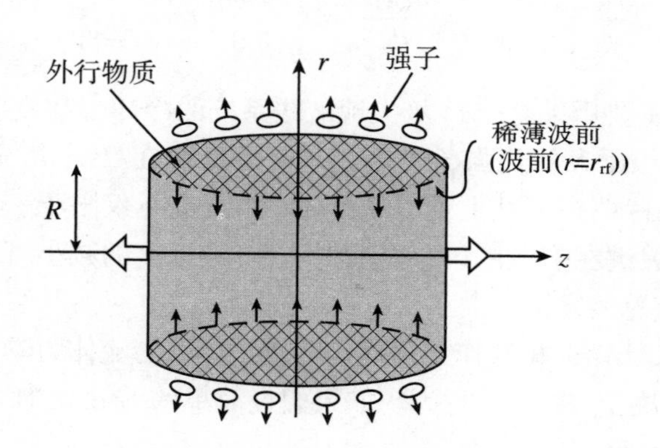

图 13.8 流体膨胀的几何图

虚线是由 (13.21) 式所描述的稀薄波的波前

这里, 我们假设 c_s 是一个常数。$r<r_\mathrm{rf}$ 的内部区域没有被感知到核碰撞的有限尺寸和边界效应的信息 (信号没有传到那里)。从一维膨胀扩展到三维膨胀的特征时间 τ_T 可以由 (3.22) 式给出

$$\tau_\mathrm{T}=\frac{R}{c_\mathrm{s}} \tag{13.22}$$

对于 Au+Au 对撞, 我们得到 $\tau_\mathrm{T}=\sqrt{3}\cdot 7=12\,\mathrm{fm/c}$。如果发生 QCD 相变, 因为声速 c_s 很小, 通常的稀薄波前很难在 QGP-强子混合区域传播。这趋于使 τ_T 变得更长。

为了能更定量地讨论上述现象, 我们需要求解包含横向膨胀的流体力学方程。柱对称的基本方程在附录 G.2 里给出, 其中基本变量有径向坐标 r 和径向速

度 v_r。为了方便起见, 我们也可以引入如下横向快度α:

$$\alpha = \tan^{-1} v_r = \frac{1}{2}\ln\frac{1+v_r}{1-v_r} \tag{13.23}$$

它类似于方程 (11.44) 定义的纵向时空快度 Y。

13.5　横动量谱和横向流

为了看到热物质横向流的观测结果, 我们基于流体力学计算结果研究热物质发射的强子的横动量谱。我们将沿用纵向洛伦兹不变性的图像。在冻结时出射的强子的不变动量谱(见附录 E.3) 可以由局域热平衡的分布函数 $f(x,p)$ 给出, 其中冻结温度是 $T_{\rm f}$, 以局域速度 u^μ 把温度从随动系洛伦兹变换到冻结超曲面 $\Sigma_{\rm f}$ 上 (Cooper and Frye, 1974, 以及附录 G.3):

$$E\frac{{\rm d}^3N}{{\rm d}^3p} = \frac{{\rm d}^3N}{m_{\rm T}{\rm d}m_{\rm T}{\rm d}y{\rm d}\phi_p} = \int_{\Sigma_{\rm f}} f(x,p)p^\mu {\rm d}\Sigma_\mu \tag{13.24}$$

其中 p^μ 可以参数化成附录 E.2 的方程 (E.19) 的形式 (也可参阅方程 (E.28)), ${\rm d}\Sigma_\mu$ 是超曲面 $\Sigma_{\rm f}$ 上的一个垂直矢量 (参阅 Landau and Lifshitz (1988), 第 1 章)。局域热平衡分布函数 $f(x,p)$ 由方程 (12.45) 给出, 即

$$f(x,p) = \frac{1}{(2\pi)^3}\frac{1}{{\rm e}^{(p_\mu u^\mu(x)-\mu(x))/T(x)} \mp 1} \tag{13.25}$$

快度和横向质量分别用 y 和 $m_{\rm T}$ 表示 (见附录 E.2):

$$y = \frac{1}{2}\ln\left(\frac{E+p_z}{E-p_z}\right), \quad m_{\rm T} = \sqrt{p_{\rm T}^2+m^2} \tag{13.26}$$

(13.24) 式中 ϕ_p 是柱坐标下 p 的角度。如果还有其他简并度, 比如自旋、同位旋等, 则将简并因子乘到 (13.24) 式的右边。

一个在纵向 z 和横向 r 膨胀的柱状热源具有 z 方向的洛伦兹变换不变性, 这导致了下面横向质量谱的定性公式:

$$\frac{{\rm d}N}{m_{\rm T}{\rm d}m_{\rm T}} \sim \frac{V_{\rm f}}{2\pi^2} m_{\rm T} K_1(\xi_m) I_0(\xi_p) \tag{13.27a}$$

其中, $V_{\rm f}$ 是冻结时刻柱体的空间体积; $K_n(I_n)$ 是第二类 (第一类) 修正贝塞尔函数,

$$\xi_m \equiv \frac{m_{\rm T}\cosh\alpha_{\rm f}}{T_{\rm f}}, \quad \xi_p \equiv \frac{p_{\rm T}\sinh\alpha_{\rm f}}{T_{\rm f}} \tag{13.27b}$$

这里, T_{f} 和 α_{f} 分别是冻结时刻的温度和横向快度 ((13.23) 式)。为了得到简单定性的 (13.27a) 式, 我们做了如下一些假设: (1) 玻尔兹曼分布且 $m_{\mathrm{T}} \gg T$ 和 $\mu(x)=0$; (2) 与 r 无关的瞬时等温超曲面 $\Sigma^0(z) \equiv t_{\mathrm{f}}(z)=\sqrt{\tau_{\mathrm{f}}^2+z^2}$; (3) T 和 α 与 r 无关。假设 (3) 是相当的严格 (参阅方程 (G.24) 以及附录 G.3 的推导)。

对于 $m_{\mathrm{T}} \sim p_{\mathrm{T}} \gg T_{\mathrm{f}}$ 的非零横向流, K_1 和 I_0 的自变量是大的, 所以我们可以利用 K_n $(\xi_m \to \infty)$ 和 I_n $(\xi_p \to \infty)$ 的渐近形式来进一步化简 (13.27a) 式 (见习题 (13.5(1); Schnedermann, et al., 1993)。

$$\frac{\mathrm{d}N}{m_{\mathrm{T}}\mathrm{d}m_{\mathrm{T}}} \sim \mathrm{e}^{-m_{\mathrm{T}}/T_{\mathrm{f}}^{\mathrm{eff}}}, \quad T_{\mathrm{f}}^{\mathrm{eff}} \simeq T_{\mathrm{f}}\sqrt{\frac{1+v_r}{1-v_r}} \tag{13.28}$$

在 $m_{\mathrm{T}} \sim p_{\mathrm{T}} \gg T_{\mathrm{f}}$ 时的斜率倒数比原始温度要大一个蓝移因子 (图 13.9), 这意味着一个快速横向膨胀的源, 它将出射的粒子推导更高的横动量。对于介子 (质子), 当 m_{T} 大于 1 GeV (2 GeV) 或者更大时, $T_{\mathrm{f}}^{\mathrm{eff}}$ 将达到与 m 无关的渐近极限。但是, 在这个区域里, 非流体的幂级数对 $\mathrm{d}N/(m_{\mathrm{T}}\mathrm{d}m_{\mathrm{T}})$ 的贡献 (比如软和半硬部分子的组合以及硬部分子的碎裂) 将变得重要。

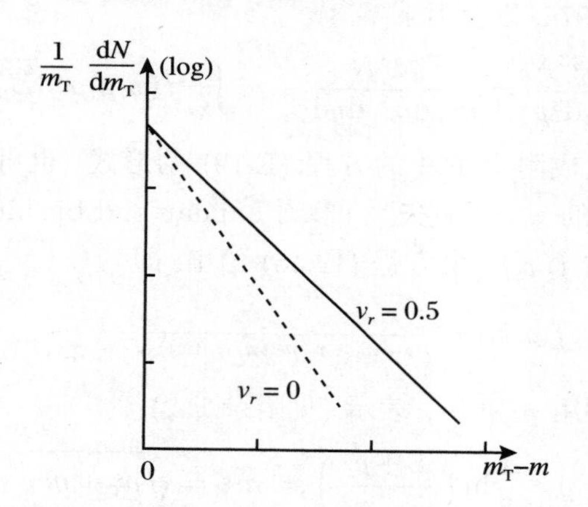

图 13.9 含有横向流 $v_r = 0.5$(实线) 和没有横向流 (虚线) 的横质量谱$(1/m_{\mathrm{T}})\mathrm{d}N/\mathrm{d}m_{\mathrm{T}}$

对于中等大小的 m_{T}, 粒子质量 m 也倾向于使斜率变平, 或者换言之, 当 m 增加时, 有效温度也增加。这可以通过定义有效冻结温度看出

$$T_{\mathrm{f}}^{\mathrm{eff}} = -\left[\frac{\mathrm{d}}{\mathrm{d}m_{\mathrm{T}}}\ln\left(\frac{\mathrm{d}N}{m_{\mathrm{T}}\mathrm{d}m_{\mathrm{T}}}\right)\right]^{-1} \tag{13.29}$$

在 (13.27a) 式中取极限 $m \gg T_{\mathrm{f}}$, $m \gg p_{\mathrm{T}}$ 和 $T_{\mathrm{f}} \gg mv_r^2$ (对应于 K_n $(\xi_m \to \infty)$ 和 I_n $(\xi_p \to 0)$), 我们可得 (见习题 13.5(2))

$$T_{\mathrm{f}}^{\mathrm{eff}} \simeq T_{\mathrm{f}} + \frac{1}{2}mv_r^2 \tag{13.30}$$

这个公式表示粒子越重, 从流速中获得的动量和能量就越多, 因而有效温度将变大。

在实际分析出射强子谱的斜率时, 我们必须用近似更少的公式来替换比较粗糙的 (13.27a) 式, 如附录 G.3 所示。我们也必须很小心地考虑从共振态衰变产生的额外的 π 介子, 比如, $\rho^0 \to \pi^+\pi^-$, $\omega \to \pi^+\pi^0\pi^-$, $\Delta \to \mathrm{N}\pi$, 等等。与热源横向膨胀的情形不同, 这些介子将增加低 m_{T} 的 π 介子总产额。

在 BNL-AGS、CERN-SPS 和 BNL-RHIC 实验中观测到的单粒子谱将在第 14~16 章中讨论并引用本章的方法。

习　题

13.1 粒子产生的 Schwinger 机制。

按照下述步骤, 推导在 z 方向上的均匀电场 E 里的 $\mathrm{e^+e^-}$ 的产生率。更多的细节参阅 Cahser, et al. (1979), Glendenning and Matsui (1983), Gyulassy and Iwazaki (1985)。

(1) 考虑在 $z=0$ 处产生一个纵向动量为 p_{L}、横向动量为 p_{T} 的正电子的总能量, 证明 $p_{\mathrm{L}}^2=(eEz)^2-m_{\mathrm{T}}^2$, 其中 $m_{\mathrm{T}}^2=p_{\mathrm{T}}^2+m_{\mathrm{e}}^2$。

(2) 考察 $p_{\mathrm{L}}(z_{\mathrm{c}})=0$ 的正电子和电子从 $z=0$ 点通过库仑势垒隧穿到 $z=\pm z_{\mathrm{c}}$ 的过程, 证明 Gamow 因子为 $P=\exp(-\pi m_{\mathrm{T}}^2/eE)$。

(3) 证明真空保持 (不衰变) 概率为

$$|\langle 0;t=+\infty|0;t=-\infty\rangle|^2=\exp\left[\sum_{\mathrm{spin},z,t,p_x,p_y}\ln(1-P)\right]$$

将求和写成积分形式, 取单位小量为 $\delta p_x=2\pi/L$, $\delta p_y=2\pi/L$, $\delta t=\pi/m_{\mathrm{T}}$, $\Delta z=2m_{\mathrm{T}}/eE$, 空间体积的大小为 L^3, 最后导出

$$|\langle 0;t=+\infty|0;t=-\infty\rangle|^2=\exp\left(-w\int \mathrm{d}^4x\right)$$

上式中

$$w=-\frac{eE}{4\pi^2}\int_0^\infty \mathrm{d}p_{\mathrm{T}}^2\ln\left[1-\exp\left(-\frac{\pi m_{\mathrm{T}}^2}{eE}\right)\right]$$

(4) 推广上述公式到 QCD 中的 $\mathrm{q\bar{q}}$ 的产生过程, 其中夸克含有非阿贝尔的色

荷。q 和 $\bar{q}$ 的相互作用将减小产生率。而在上述公式中忽略了此效应。如何在上述过程中加入这个效应？

13.2 **胶子饱和效应。**

(13.3) 式中的饱和能标可以利用条件 $\sigma\times n\sim 1$ 得到, 其中 σ 是部分子的特征反应截面 α_s/Q^2, n 是单位横截面面积和单位快度内的胶子数 $(\mathrm{d}N_{\mathrm{gluon}}/\mathrm{d}y)/(\pi R^2)$。

(1) 首先导出关系式 $y=y_{\mathrm{hadron}}-\ln(1/x)+\ln(m/p_{\mathrm{T}})$, 上式中 y 是横动量为 p_{T} 的无质量部分子的快度, x 是部分子的 Bjorken 变量, y_{hadron} 是质量为 m 的母强子的快度。

(2) 证明胶子数目和胶子分布函数有如下关系, 并导出 (13.3) 式:

$$\mathrm{d}N_{\mathrm{gluon}}=g\mathrm{d}x=xg\mathrm{d}y$$

13.3 **部分子的运动学。**

(1) 利用 Peskin and Schroeder (1995) 的 17.4 节的公式, 导出运动学关系 (13.6)~(13.8) 式。

(2) 利用 (13.7) 式导出的关系式 $\hat{t}+\hat{u}=-\hat{s}=-\hat{t}\hat{u}/p_{\mathrm{T}}^2$, 导出 (13.12) 式中 $\mathrm{gg}\to\mathrm{gg}$ 过程的微分散射截面。

(3) 导出 (13.13) 式中 p_{T}^2、y_3 和 y_4 的积分范围。

13.4 **混合相的持续时间。**

(1) 对于 Stefan-Boltzmann 气体, 证明 (13.18) 式中的强子分数 $f(\tau)$ 为

$$f(\tau)=\left(1-\frac{\tau_{\mathrm{c}}}{\tau}\right)\frac{r}{r-1}$$

上式中 $r=d_{\mathrm{QGP}}/d_{\pi}$。

(2) 利用 (13.16) 式与平滑过渡的参数化的熵密度即 (3.60) 和 (3.61) 式, 以 $T\ (\tau=0.5\,\mathrm{fm})=2T_{\mathrm{c}}$ 为初始条件画出 T 随 τ 变化的曲线。

13.5 **横向质量谱。**

(1) 利用修正的贝塞尔函数的渐近形式 $K_n\ (\xi\to\infty)\to\sqrt{\pi/(2\xi)}\mathrm{e}^{-\xi}$ 和 $I_n\ (\xi\to\infty)\to\sqrt{1/(2\pi\xi)}\mathrm{e}^{+\xi}$, 验证 (13.28) 式。

(2) 证明 (13.29) 式决定了 m_{T} 谱的“局域”斜率并确实有有效温度的意义。然后对上式取微分并利用 $I_0'=I_1$ 和 $K_1'=-(1/2)(K_0+K_2)$ 重写结果。最后, 在正文中给定的条件下导出 (13.30) 式。注意到 $I_0\ (\xi\to 0)=1+\xi^2/4+O(\xi^4)$ 和 $I_1\ (\xi\to 0)=\xi/2+O(\xi^3)$。

第 14 章　夸克胶子等离子体诊断基本原理

在前面章节中我们已经对图 1.11 中所提到的夸克胶子等离子体 (QGP) 的各种信号进行了阐述。在第 15 章和第 16 章中, 我们将会把这些信号与相对论重离子碰撞实验结果做比较, 进行更加深入的讨论。作为后续章节的补充, 我们在本章介绍利用对强子、喷注、轻子和光子的测量来诊断夸克胶子等离子体性质的基本原理。

14.1　利用强子诊断 QGP 性质

原子核-原子核碰撞产生了时空体积为 $O(10^4)\mathrm{fm}^4$ 的 QGP, 最终经历冷却和强子化过程变成热强子气体。末态强子是关于碰撞早期阶段的最丰富和最主要的信息来源。然而, 末态强子会经历末态相互作用, 部分地屏蔽了碰撞早期信息。在这一部分, 我们讨论从这些遗留下来的强子中能够得到什么信息。

14.1.1　相变探测

如第 3 章和第 13 章所述, QCD 相变最显著的特征是自由度数的急剧改变。例如, $N_f=2$ 的热强子气体只有 3 个轻自由度 (π^+、 π^0 和 π^-), 而 QGP 有 37 个自由度 (夸克和胶子), 详见表 3.1。这体现为 ε/T^4 或 s/T^3 在穿过临界温度时的显著变化。

实验上测量的横能量 $\mathrm{d}E_\mathrm{T}/\mathrm{d}y$ 、强子多重数 $\mathrm{d}N/\mathrm{d}y$ 和平均横动量 $\langle p_\mathrm{T}\rangle$ 大体

上分别对应于 ε、s 和 T(见 11.4 节和 13.5 节)。因此 $\langle p_{\mathrm{T}}\rangle$ 随 $\mathrm{d}E_{\mathrm{T}}/\mathrm{d}y$ 或 $\mathrm{d}N/\mathrm{d}y$ 的变化关系图会展现出反映 QCD 状态方程的特征关联 (van Hove, 1982)。

在 QGP 到强子等离子体的相变过程中, 理想流体的总熵 S_{total} 是守恒量 (见第 11 章):

$$S_{\mathrm{total}} = s_{\mathrm{QGP}} V_{\mathrm{QGP}} = s_{\mathrm{H}} V_{\mathrm{H}} \tag{14.1}$$

其中 $V_{\mathrm{QGP}}(s_{\mathrm{QGP}})$ 和 $V_{\mathrm{H}}(s_{\mathrm{H}})$ 分别是 QGP 和强子等离子体的体积 (熵密度)。由于熵密度正比于自由度数, 并且 s_{QGP} 远大于 s_{H}, 我们得到

$$V_{\mathrm{H}} \gg V_{\mathrm{QGP}} \tag{14.2}$$

因此, QCD 相变会引起强子气体的体积膨胀 (Lee, 1998)。研究这种膨胀的一个可能的方法是将会在 14.1.5 节中讨论的全同粒子干涉法。

14.1.2 粒子产额比和化学平衡

在高能强子对撞中, 夸克对 $\mathrm{q\bar{q}}$ 主要通过硬过程产生, 而在硬过程中重味夸克的产额因为其质量较大而受到抑制。系统研究 (Wroblewski, 1985) 表明, 奇异夸克对 $\mathrm{s\bar{s}}$ 的产额只有 $\mathrm{u\bar{u}}$ 或者 $\mathrm{d\bar{d}}$ 的 10% ~ 20%。但在重离子碰撞中, 如果考虑到所产生粒子间的次级反应, 情况并非如此。

如果碰撞产生了 QGP, $\mathrm{s\bar{s}}$ 夸克对将产生于胶子融合反应 $\mathrm{gg}\to\mathrm{s\bar{s}}$, 其阈能量在 200 MeV 左右, 而无质量胶子的典型热能为 $3T$。因此, 胶子和夸克 (u, d, s) 能够达到热力学平衡, 实验上应该可以观测到奇异数和多奇异数粒子产额增强的效应。特别地, 与核子-核子对撞相比, $\mathrm{\bar{u}}$、$\mathrm{\bar{d}}$ 和 $\mathrm{\bar{s}}$ 组成反超子的概率应该会有显著增强, 这种现象是 QGP 的一个信号 (Rafelski and Müller, 1982; Letessier and Rafelski, 2002)。

反之, 在热的非 QGP 强子物质中, 奇异粒子产额仅有微小增强, 这是因为: (1) 产生 K 介子 (K) 和超子 (Y) 的阈能很大, (2) 非奇异粒子反应产生奇异粒子的反应截面很小。(例如, 反应 $\pi\pi\to\mathrm{K\bar{K}}$ 的 Q 值约为 700 MeV。反应 $\pi\mathrm{N}\to\mathrm{K^{+}Y}$ (Y 为超子) 的截面小到只有 1 mb 左右。) 通过产率方程的细致计算表明, 奇异粒子建立平衡所需要的时间远大于重离子碰撞的反应时间。

对相对论重离子对撞末态粒子产额比的分析表明, 可以用一个简单的统计模型很好地描述奇异粒子产生 (Cleymans and Satz, 1993; Braun-Munzinger, et al., 1999)。对于一个处于化学平衡的均匀火球, 粒子数密度 n_i 可以用一个对粒子动

量 p 的积分给出

$$n_i = d_i \int \frac{\mathrm{d}^3 p}{(2\pi)^3} \frac{1}{\exp[(E_i - \mu_i)/T] \pm 1} \tag{14.3}$$

其中 d_i、p、E_i、μ_i 和 T 分别是自旋简并度、动量、总能量、化学势和温度。符号 $+(-)$ 表示玻色-爱因斯坦统计 (费米-狄拉克统计)。化学平衡由下式给出: $\mu_i = \mu_{\mathrm{B}} B_i - \mu_{\mathrm{s}} S_i - \mu_{\mathrm{I}} I_i^3$, 其中 B_i、S_i 和 I_i^3 分别是第 i 种粒子的重子数、奇异数和同位旋第三分量。这个模型只有温度 T 和重子化学势 μ_{B} 两个独立参数, 可以很好地解释粒子产额的比例关系。引入奇异性逸度(strangeness fugacity) 参数 γ_{s} 以计入奇异粒子部分达到平衡的影响, 模型可以更好地描述实验数据。

在产额比分析中得到的温度对应重离子碰撞中的化学冻结 (chemical freeze-out)阶段的温度, 在这个阶段之后不再有粒子产生, 但强子之间仍然通过碰撞交换能量和动量。当粒子的平均自由程最终增加到和系统尺寸相当的量级时, 粒子就会飞离体系, 这被称为动理学冻结 (kinematical freeze-out)或者热力学冻结 (thermal freeze-out)。观测到的强子动理学分布 (kinematical distributions of hadrons) 反映动理学冻结阶段信息。

关于 SPS 和 RHIC 上化学平衡的实验结果, 参见 15.3 节和 16.5 节。

14.1.3　横动量分布和流

人们已经对各种实验 (不仅是核-核碰撞, 也包括 pp 碰撞和 pA 碰撞) 产生的各种粒子的横动量谱进行了测量。横动量谱通常以 (E.28) 式中的不变截面来描述。人们发现在 $p_{\mathrm{T}} < 2\ \mathrm{GeV}/c$ 的范围内单粒子谱可以用 m_{T} 或者 $m_{\mathrm{T}} - m$ 的指数分布 (而非 p_{T} 的指数分布) 很好地描述。

$$E \frac{\mathrm{d}^3 \sigma}{\mathrm{d}^3 p} = \frac{1}{2\pi m_{\mathrm{T}}} \frac{\mathrm{d}^2 \sigma}{\mathrm{d} m_{\mathrm{T}} \mathrm{d} y} \approx \exp(-m_{\mathrm{T}}/T) \tag{14.4}$$

这个现象被称为 m_{T}-标度率(Guettler, et al., 1976; Barkte, et al., 1977)。在高能 pp/pA 碰撞中各种不同的粒子 (如 π 介子、K 介子和质子) 的斜率倒数参数 T((14.4) 式) 都是相等的:

$$\mathrm{pp/pA}: T_{\pi} \sim T_{\mathrm{K}} \sim T_{\mathrm{p}} \approx 150\ \mathrm{MeV} \tag{14.5}$$

斜率倒数参数有时被解释为温度。在 pp 碰撞中, 这个参数会随着 $\sqrt{s}$ 的增加而增加, 并在 $\sqrt{s} \geqslant 5$ GeV 时达到 150 MeV 的 Hagedorn 温度极限。这种热力学行为仅在横向可见。对于纵向动量, 高能对撞产生的强子的快度分布是平坦的。然而, 值得注意的是在 pp 碰撞中尚无建立局域热平衡的机制。因此, 我们并不能明确地指出 (14.5) 式是来自于系统的热化, 还是来自于无相互作用的粒子的某种相空间分布。

与 pp/pA 碰撞相比, 有证据表明在高能核-核碰撞中产生的粒子有很强的相互作用, 并由于系统膨胀产生了一个共同的向外的流 (Siemens and Rasmussen, 1979)。这种集体径向流叠加在强子的热发射过程上, 对强子的横质量分布产生一个依赖于强子质量的修正项。这种流的效应可以由在 13.5 节和附录 G.3 中讨论的流体力学模型实现, 它导致下面形式的横质量分布:

$$\frac{\mathrm{d}N}{m_{\mathrm{T}}\mathrm{d}m_{\mathrm{T}}} \sim m_{\mathrm{T}} \int_0^{R_{\mathrm{f}}} r\,\mathrm{d}r\,\tau_{\mathrm{f}} K_1\left(\frac{m_{\mathrm{T}}\cosh\alpha}{T}\right) I_0\left(\frac{p_{\mathrm{T}}\sinh\alpha}{T}\right) \tag{14.6}$$

将这个模型与所测量到的各种粒子的谱做对比, 我们得到在核-核碰撞热化机制、冻结温度 T 的存在和径向速度 v_r 的许多详细信息。特别是关于 v_r 的径向分布的附加信息, 将会帮助我们更深刻地理解状态方程和流体力学行为的起源。

关于 SPS 和 RHIC 上单粒子谱的实验结果, 参见 15.2.1 节、15.2.2 节和 16.3 节。

14.1.4 各向异性流和状态方程

到目前为止, 我们主要讨论了对心的核-核碰撞。现在我们考虑碰撞参数 $b \neq 0$ 的非对心碰撞(图 14.1(a))。

在非对心碰撞中, 重叠区域形成的热 / 密物质, 呈现图 14.1 所示的杏仁状。粒子主要是在这个区域产生和发射的。发射样式受平均自由程 l 和系统尺寸 R 关系的影响很大。如果 l 并非远小于 R, 粒子产生只是核子-核子碰撞的简单叠加, 从而粒子发射在横平面上是各向同性的 (图 14.1(b))。反之, 当 $l \ll R$(如 11.1 节所述, 这时可以用流体力学来描述系统), 粒子发射的样式将受到系统形状的影响 (图 14.1(c))。

在流体力学的图像中, 压强梯度 $\boldsymbol{\nabla} P$ 导致一个集体流, 见 (11.31) 式。在杏仁状区域内, 可以预见沿着碰撞参数 b 方向的压力梯度更加陡峭, 在这个方向上会产生集体流。因此, 粒子产生会有一个关于方位角 (ϕ) 的椭圆分布 (图 14.1(c)), 参见 Ollitrault (1992, 1993)。因为压强梯度和状态方程密切相关, 所以椭圆流的测量对于验证反应早期阶段 QGP 中压强的存在是十分重要的。

如果相变是一级相变, 压强在相变发生时保持不变, 是一个常数, 这将导致一

个声速 $c_s = \sqrt{\partial P/\partial \varepsilon}$ 趋于零, 称作状态方程软化(softening of the EOS)。如果软化发生, 集体膨胀的速度将会显著降低。人们认为, 对强子末态集体运动的研究提供了状态方程的关键信息 (Hung and Shuryak, 1995)。相变对于集体流的影响也已经被流体力学计算所证实 (Rischke, 1996)。

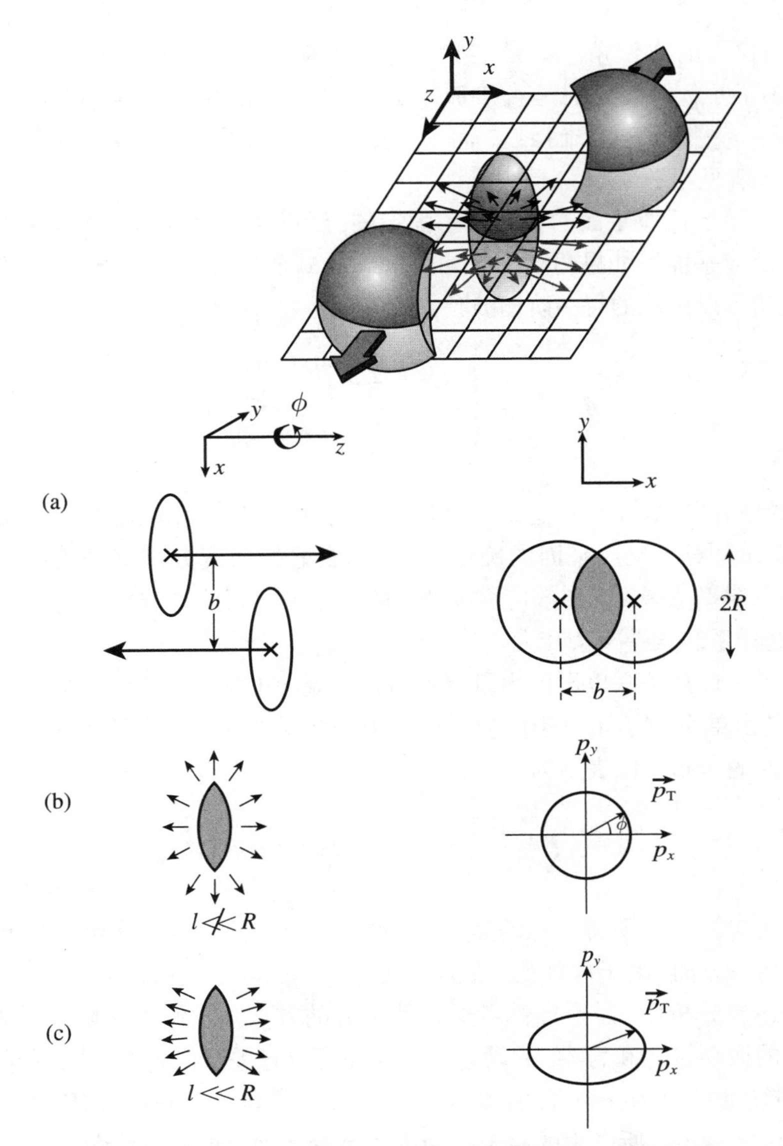

图 14.1　非对心 ($b \neq 0$) 的相对论性 / 极端相对论性核-核碰撞

(a) 横向示意图; (b) 由于 $l \not\ll R$, 杏仁状的碰撞参与区域产生各向同性的横向分布; 反之 (c) 由于 $l \ll R$ 将产生各向异性 (椭圆分布)的流; $\vec{p}_T = (p_x, p_y)$ 是横平面动量矢量

实验上, 粒子发射的方位角分布通过相对于反应平面 (reaction plane) 的傅里叶展开来描述:

$$E\frac{\mathrm{d}^3N}{\mathrm{d}^3p}=\frac{\mathrm{d}^2N}{2\pi p_{\mathrm{T}}\mathrm{d}p_{\mathrm{T}}\,\mathrm{d}y}\left(1+\sum_{n=1}^{\infty}2v_n\cos[n(\phi-\varPhi_{\mathrm{r}})]\right) \tag{14.7}$$

其中 ϕ 是粒子的方位角, $\varPhi_{\mathrm{r}}$ 是实验室系中反应平面的方位角 (图 14.1)。傅里叶展开的前两个系数分别是直接流 (directed flows) 和椭圆流 (elliptic flows)。也就是说, v_1 表示直接流强度, 而 v_2 表示椭圆流强度: 易见 $v_1=\langle\cos\phi\rangle$ 和 $v_2=\langle\cos 2\phi\rangle$(见习题 14.1)。

因为实验上反应平面的方向是不固定的, 所以实验分析的首要任务是确定每次碰撞的反应平面。如果角度分布确由 (14.7) 式所述各向异性流主导, 则反应平面的方位角可以由流的每一阶谐波独立地确定:

$$\varPhi_{\mathrm{r}}^{(n)}=\frac{1}{n}\left(\tan^{-1}\frac{\displaystyle\sum_i w_i\sin n\phi_i}{\displaystyle\sum_i w_i\cos n\phi_i}\right) \tag{14.8}$$

式中求和针对所有粒子, ω_i 是第 i 个粒子的权重。粒子的横动量 p_{T} 常常被用来作为权重 ω_i。对于反应平面的确定, 达到一个好的角度分辨率是测量的关键因素。如果分辨率太差, 观测效应就变小 (特别是对于高阶谐波), 就需要引入更大的修正, 这样系统误差又会变大。

两粒子方位角关联也可作为研究各向异性流的工具。如果所有粒子对的方位角差别, 是由单个粒子相对于反应平面的方位角关联引起的, 那么所有粒子对随方位角之差的分布可以表示为

$$\frac{\mathrm{d}N_{\mathrm{pair}}}{\mathrm{d}\Delta\phi}\propto\left(1+\sum_{n=1}^{\infty}2v_n^2\cos n\Delta\phi\right) \tag{14.9}$$

式中 $\Delta\phi=\phi_1-\phi_2$。值得注意的是, 在这种方法中我们不需要确定每个事例的反应平面。另一方面, 由于这种观测效应正比于 v_n^2, 它的数值通常较小。

在上述流分析中, 需要谨慎考虑其他来源的方位角关联的影响。首先, 由于所有粒子的横动量之和为零, 横动量分布存在背对背关联。将在 14.1.5 节中讨论的 HBT 效应也将产生一个大小为 $\delta p/p\sim R/p$ 的方位角关联。共振态衰变, 例如 $\Delta\to\mathrm{p}\pi$ 和 $\rho\to\pi\pi$, 所产生的粒子也会因为衰变运动学而有方位角关联。末态粒子间的库仑和强相互作用也会带来小的修正。这些效应都需要进行定量估计, 这通常是一个非常复杂的过程。

关于 SPS 和 RHIC 实验上各向异性流的结果, 参见 16.6 节。

14.1.5　干涉法和时空演化

全同粒子干涉法最初由 Hanbury-Brown 和 Twiss(1956) 作为光强干涉法引入, 稍后由 Goldhaber, et al.(1960) 独立地作为粒子碰撞里的一种玻色-爱因斯坦关联引入。这种方法 (现在称作 HBT 干涉法) 已经成为研究天文学、粒子物理、核物理和凝聚态物理等学科领域中延展发射源的时空结构的一种有用的工具 (Baym, 1998; Weiner, 2000; Alexander, 2003)。

我们考虑两个全同的玻色子, 例如两个 π 介子, 如图 14.2(a) 所示这两个粒子分别从 a 点和 b 点发射, 随后于 A 点和 B 点被探测到。a、b、A 和 B 的空间坐标分别设为 $\boldsymbol{x}_1$、$\boldsymbol{x}_2$、$\boldsymbol{X}_1$ 和 $\boldsymbol{X}_2$。在满足不确定关系的前提下, 将在 $A(B)$ 点观测到的粒子动量标记为 $\boldsymbol{k}_1(\boldsymbol{k}_2)$。从量子力学的角度分析, 这个过程存在两种可能性: 要么粒子分别从 a 到 A 和从 b 到 B(图 14.2(a) 中实线所示), 要么粒子分别从 a 到 B 和从 b 到 A(图 14.2(a) 中虚线所示)。由于这两个粒子是全同的, 这两种可能性不可区分, 因此通过玻色-爱因斯坦统计得到的跃迁概率会出现一个交叉项。

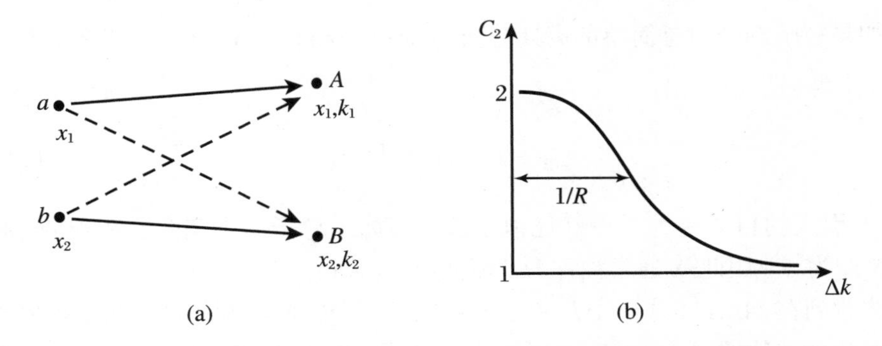

图 14.2　(a) 两个全同玻色子分别从 a 点和 b 点发射, 然后在 A 点和 B 点被探测到; (b) 关联函数 C_2 的典型形式, 通过测量关联函数的宽度, 可以确定时空尺寸

为了将这个想法和高能碰撞实验观测量相联系, 我们考虑跃迁矩阵元 $\psi_{12}=\langle\boldsymbol{k}_1,\boldsymbol{k}_2|\boldsymbol{x}_1,\boldsymbol{x}_2\rangle$, 初态为发射时刻位置在 $\boldsymbol{x}_1$ 和 $\boldsymbol{x}_2$ 的两粒子态, 末态为粒子接收时刻动量为 $\boldsymbol{k}_1$ 和 $\boldsymbol{k}_2$ 的两粒子态。我们立刻得到

$$|\psi_{12}|^2=\frac{1}{2V^2}\left|\mathrm{e}^{-\mathrm{i}\boldsymbol{k}_1\cdot\boldsymbol{x}_1}\mathrm{e}^{-\mathrm{i}\boldsymbol{k}_2\cdot\boldsymbol{x}_2}+\mathrm{e}^{-\mathrm{i}\boldsymbol{k}_1\cdot\boldsymbol{x}_2}\mathrm{e}^{-\mathrm{i}\boldsymbol{k}_2\cdot\boldsymbol{x}_1}\right|^2 \tag{14.10}$$

$$=\frac{1}{V^2}(1+\cos(\Delta\boldsymbol{k}\cdot\Delta\boldsymbol{x})) \tag{14.11}$$

(14.11) 式中 $\Delta\boldsymbol{k}=\boldsymbol{k}_1-\boldsymbol{k}_2$, $\Delta\boldsymbol{x}=\boldsymbol{x}_1-\boldsymbol{x}_2$; V 是系统的空间体积。(14.11) 式表明由于玻色-爱因斯坦统计两粒子有动量相近 ($\Delta\boldsymbol{k}\sim 0$) 的概率增强。

假设粒子源按照分布函数 $\rho(\boldsymbol{x})$ 在有限空间中分布, 并且不同点发射的粒子是非相干的, 那么观测到的粒子带有动量 $\boldsymbol{k}_1$ 和 $\boldsymbol{k}_2$ 的概率为

$$P(\boldsymbol{k}_1,\boldsymbol{k}_2)=\frac{1}{2}\int \mathrm{d}^3x_1\mathrm{d}^3x_2\,\rho(\boldsymbol{x}_1)\rho(\boldsymbol{x}_2)|\psi_{12}|^2 \tag{14.12}$$

(14.12) 式右边的因子 1/2 源自粒子全同性, 它导致对 $\boldsymbol{x}_1$ 和 $\boldsymbol{x}_2$ 积分减半。与之类似, 观测到一个粒子带有动量为 $\boldsymbol{k}_i$ $(i=1,2)$ 的概率为

$$P(\boldsymbol{k}_i)=\int \mathrm{d}^3x_i\,\rho(\boldsymbol{x}_i)|\psi_i|^2 \tag{14.13}$$

式中 $\psi_i=\langle\boldsymbol{k}_i|\boldsymbol{x}_i\rangle=(1/\sqrt{V})\mathrm{e}^{-\mathrm{i}\boldsymbol{k}_i\cdot\boldsymbol{x}_i}$。

假设 $\mathrm{d}^6N/(\mathrm{d}^3k_1\mathrm{d}^3k_2)$ 和 $\mathrm{d}^3N/\mathrm{d}^3k_i$ 分别是实验上测量的两粒子和单粒子相空间密度, 那么干涉关联函数 C_2和分布函数 ρ 有如下关系 (见习题 14.2):

$$C_2\equiv\frac{\mathrm{d}^6N/(\mathrm{d}^3k_1\mathrm{d}^3k_2)}{(\mathrm{d}^3N/\mathrm{d}^3k_1)(\mathrm{d}^3N/\mathrm{d}^3k_2)}=\frac{2P(\boldsymbol{k}_1,\boldsymbol{k}_2)}{P(\boldsymbol{k}_1)P(\boldsymbol{k}_2)}=1+|\tilde{\rho}(\Delta\boldsymbol{k})|^2 \tag{14.14}$$

式中 $\tilde{\rho}(\boldsymbol{k})$ 是分布函数 $\rho(\boldsymbol{x})$ 的傅里叶变换, 归一化条件为 $\tilde{\rho}(0)=1$。

如果粒子源分布是简单的高斯分布, $\rho(\boldsymbol{x})\propto\exp\left(-\frac{1}{2}\boldsymbol{x}^2/R^2\right)$, 那么干涉关联函数 C_2 为 (图 14.2(b))

$$C_2=1+\lambda\,\mathrm{e}^{-(\Delta\boldsymbol{k})^2R^2} \tag{14.15}$$

参数 λ 引入的目的是为了更好地拟合数据。如果粒子源是完全非相干的 (混沌的), λ 应为 1。因此 λ 通常被称为“混沌度” (chaoticity)。

注意到在 (14.11) 式中 $\Delta\boldsymbol{k}$ 和 $\Delta\boldsymbol{x}$ 可以在三个方向分别处理。高能重离子碰撞中产生的热物质呈现沿着束流方向的圆筒状, 如图 14.3 所示, $\Delta\boldsymbol{k}$ 的三个空间方向通常取为纵向 (longitudinal)、向外 (outward) 和侧向 (sideward)。干涉关联函数 C_2 在向外、侧向和纵向的宽度的倒数给出在这些方向上的源的尺寸, 记作 R_{out}、R_{side} 和 R_{long}(Bertch-Pratt 参数化)。

如 (14.2) 式所示, 夸克胶子等离子形成时, 要么出现强子气体的膨胀, 要么出现强子向外的持续发射, 这些效应对于一级相变特别显著。利用三维干涉技术, 人们建议测量 R_{out} 和 R_{side} 的比例, 从而通过延展寿命的方式探测 QGP 形成 (Rischke and Gyulassy, 1996; Pratt, 1984, 1986; Bertch, 1989):

$$R_{\text{out}}/R_{\text{side}}>1 \tag{14.16}$$

由静态的粒子源得到的关联函数仅依赖于相对动量 $\boldsymbol{k}_1-\boldsymbol{k}_2$, 而与动量之和 $\boldsymbol{k}_1+\boldsymbol{k}_2$ 无关。然而, 正如 13.4 节所述, 如果存在集体膨胀, 相空间中动量坐标和空间坐标就会存在很强的关联 (例子见图 14.1)。在这类情况下, 关联函数将依赖于粒子对的动量 $K_{\mathrm{T}}=k_{1\mathrm{T}}+k_{2\mathrm{T}}$。由一个膨胀速度为 $v_r=v_{\mathrm{surf}}(r/R)$(Chapman, et al., 1995; Heintz, et al., 1996) 的粒子源可以得到横向尺寸 R_{T} 为

$$R_{\mathrm{T}}=\frac{R_{\mathrm{G}}}{\sqrt{1+m_{\mathrm{T}}v_{\mathrm{surf}}^2/T}} \tag{14.17}$$

式中, $m_{\mathrm{T}}=\sqrt{K_{\mathrm{T}}^2+m^2}$; m 是粒子的质量; T 是温度; R_{G} 是高斯型分布的粒子源半径的几何均方根; v_{surf} 是源表面的膨胀速率。

关于 SPS 和 RHIC 上 HBT 干涉法的实验结果, 参见 15.2.3 节和 16.4 节。

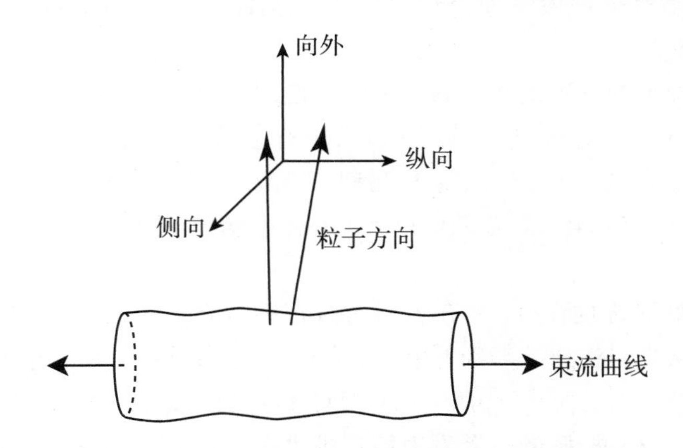

图 14.3　Bertch-Pratt 参数化框架内对 HBT 关联的三维分析

"纵向" (longitudinal) 是束流的方向;"向外"(outward) 是垂直束流并指向粒子的方向;
"侧向"(sideward) 是垂直于纵向和向外的方向

14.1.6　逐事例涨落

相对论重离子碰撞所产生物质的平衡和非平衡性质不仅反映在对所有事例平均之后的观测量中, 也反映在逐事例涨落观测量中。

热平衡系统中的涨落观测量的一个例子是电荷涨落, $\langle\delta Q^2\rangle=\langle Q^2\rangle-\langle Q\rangle^2$。如果我们用经典的麦克斯韦-玻尔兹曼 (MB) 分布来计算热平均值, 易见 $\langle\delta Q^2\rangle_{\mathrm{MB}}=q^2\langle N_{\mathrm{ch}}\rangle$, 上式中 q 是粒子电荷, N_{ch} 是带电粒子数。因为强子 (QGP) 相中的粒子电荷为 $\pm1\left(\pm\frac{1}{3}\text{ 或者 }\pm\frac{2}{3}\right)$, 在 QGP 中的涨落受到相对抑制 (Asakawa, et al.,

2000; Jeon and Koch, 2000)。实际上, 对于 $N_f=2$, 由麦克斯韦-玻尔兹曼分布我们可以得到 (见习题 14.3)

$$\frac{\langle \delta Q_\pi^2 \rangle_{\rm MB}}{S_\pi}=\frac{1}{6},\quad \frac{\langle \delta Q_{\rm QGP}^2 \rangle_{\rm MB}}{S_{\rm QGP}}=\frac{1}{24} \tag{14.18}$$

式中 $S_\pi(S_{\rm QGP})$ 是 π 介子气体 (QGP) 的熵。重离子碰撞中产生的物质构成一个有限系统, 总的守恒荷 Q 不存在涨落。然而, 如果我们将系统分割为若干子系统, 比如按照快度 y 将系统分割, 那么只要子系统一方面足够大以保证能够忽略量子涨落, 另一方面又足够小以保证能够将子系统设为处在一个外部热库中, 那么子系统中的局域涨落满足 (14.18) 式。一旦这些条件都满足, (14.18) 式中的热平均 $\langle\cdot\rangle$ 可以用对碰撞事例的平均代替, 此时 $\langle \delta Q^2\rangle$ 对应于逐事例涨落。关于相对论重离子碰撞中这类涨落现象的理论和实验的更多细节, 参见 Jeon and Koch(2004) 和文中的参考文献。

非平衡系统下的逐事例涨落的一个例子是无取向手征凝聚 (disoriented chiral condensate(DCC))。对于 $N_f=2$ 的 QCD, 考虑第 6 章讨论过的 4 分量序参量 $\vec{\phi}\equiv(\sigma,\pi)$。朗道函数 (又作金兹堡-朗道势 (Ginzburg-Landau))$V(\vec{\phi},T)$ 在同位旋空间中的形式见图 14.4(a)。夸克质量会使得这个势函数向 σ 方向倾斜 (见 6.13.4 节)。

高温下手征对称性恢复, 而在零温时真正的基态位于图 14.4(a) 中的 A 点。当我们将系统从高温快速冷却到低温 (淬火) 时, 序参量可以在“手征圈”上选择任何可能的方向, 这也使得 $\langle\vec{\phi}\rangle$(B 点) 相对于 QCD 真空 (A 点) 呈现无特殊方向。DCC 最终会根据 B 的位置发射特定种类和数量的 π 介子, 从而衰变到真空 (A 点) 中。假设在这种无取向态中取任何方向的概率都是相同的, 那么找到一个比值为 $f=N_{\pi^0}/(N_{\pi^+}+N_{\pi^0}+N_{\pi^-})$ 的事例的概率 P 就是 (见习题 14.4)

$$P(f)=\frac{1}{2\sqrt{f}} \tag{14.19}$$

这个结果和在不相干 π 介子发射中得到的中心位于 $f=1/3$ 处的高斯分布相比很不一样。特别地, 在 DCC 中 f 取小值的概率非常大: $\int_0^{0.01}P(f){\rm d}f=0.1$。图 14.4(b) 是对一个满足 O(4) 模型运动方程的和取淬火初始条件的经典手征场 $\vec{\phi}(t,\boldsymbol{x})$ 的数值模拟结果 (Asakawa, et al., 1995)。系统假设纵向膨胀存在洛伦兹推动不变性 (Boost invariance) 以引入 Bjorken 图像。从图中可以看到大 DDC 区域随着时间演化的增长效应。

无取向手征凝聚可能和在玻利维亚的查卡塔雅天文台 (Mt Chacaltaya Observatory) 在宇宙射线中发现的所谓的“半人马座事例”(Centauro event)(Lattes, et al., 1980) 有非常紧密的联系。在半人马座事例中发现了很多带电的 π 介子,

但没有发现中性 π 介子。材料科学中的亚稳分解(spinodal decomposition)(Cahn, et al., 1991) 和暴胀宇宙学中的一个暴胀场的滚落跃迁也与 DCC 有密切联系。更多关于 DCC 细致的讨论参见综述文章: Rajagopal(1995), Bjorken(1997) 以及 Mohanty, Serreau(2005)。

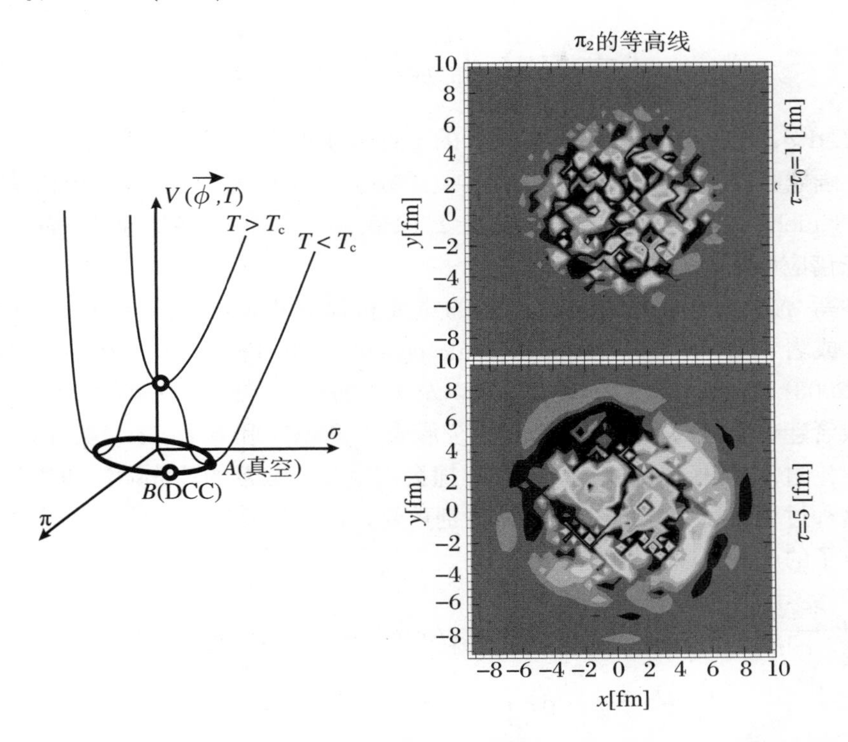

图 14.4 (a) 在同位旋空间 $\vec{\phi}=(\sigma,\pi)$ 中的金兹堡-朗道势 $V(\vec{\phi},T)$, $T>T_c$ ($T<T_c$) 时势函数呈现酒杯状 (酒瓶状), T 越过 T_c 的突然下降 (淬火) 会导致系统以差不多相同的概率落到手征圈 (B) 上的一点, 然后系统从 B 演化到 A 标出的真正的基态; (b) 淬火为初始条件和纵向推动不变条件下 DCC 形成的数值模拟结果, 图中画出 π_2 场的等高线: x 和 y 是横向坐标, τ 是纵向固有时间; 图片来自 Asakawa, et al. (1995)

14.1.7 夸克重组导致的强子产生

在高能 e^+e^- 或者 pp 碰撞实验中, 强子横动量具有典型的形式: 小 p_T 区域是指数分布, 大 p_T 区域是更平坦的分布, 它们分别对应于软碰撞和硬碰撞。

一种发展较完备的产生大 p_T 强子的机制是母部分子碎裂机制 (Sterman, et al., 1995; Ellis, et al., 1996)。考虑一个动量为 p_i 部分子 i, 经过强子化过程

变成动量 $p = zp_i$ 的强子 h。这里的 z (< 1) 是强子 h 相对于母部分子的动量分数。碎裂函数 $D_{i\to h}$ 定义为: $D_{i\to h}(z)\mathrm{d}z$ 是动量为 p_i 的 i 部分子中动量在 $zp_i < p < (z + \mathrm{d}z)p_i$ 区域中的 h 强子的数目。QCD 中单举单粒子产生过程的因子化定理给出 (Sterman, et al., 1995)

$$E\frac{\mathrm{d}^3\sigma_h}{\mathrm{d}^3p} = \sum_i \int_0^1 \frac{\mathrm{d}z}{z^2} E_i \frac{\mathrm{d}^3\sigma_i}{\mathrm{d}^3p_i} D_{i\to h}(z) \tag{14.20}$$

式中 $E_i\mathrm{d}^3\sigma_i/\mathrm{d}^3p_i$ 是动量为 $p_i = p/z$ 的 i 部分子的产生截面。人们对 $\mathrm{e^+e^-}$、$\mathrm{p\bar{p}}$ 和 pp 碰撞实验对各种 i、h 组合的碎裂函数 $D_{i\to h}(z)$ 都进行了相当细致的研究 (比如 Kniehl, et al.(2001))。大 p_i 时 $E_i(\mathrm{d}^3\sigma_i/\mathrm{d}^3p_i)$ 随 p_i 指数衰减, 表明大 p_T 的强子谱应该呈现幂律行为。

中等 p_T 强子产生的一种可能的重要机制是夸克重组(quark recombination), 或者叫作夸克融合(quark coalescence)(参见 Fries, et al.(2003), Greco, et al.(2003) 和 Hwa and Yang(2003) 以及文中的参考文献)。在这种图像下, 来自热库或者迷你喷注的夸克和反夸克组合形成介子 (M) 和重子 (B)。第 13 章中我们曾讨论过, 与 pp 碰撞相比, 核-核碰撞会产生相当数量的迷你喷注和热部分子, 因而这种过程在核-核碰撞中会变得特别重要。在重组模型的一种简单版本中, 介子和重子的产额可以表示为

$$E\frac{\mathrm{d}^3N_\mathrm{M}}{\mathrm{d}^3p} \propto \int_{\Sigma_\mathrm{f}} p^\mu \mathrm{d}\Sigma_\mu \int_0^1 \mathrm{d}x\, w(r; xp_\mathrm{T})\bar{w}(r; (1-x)p_\mathrm{T})|\phi_\mathrm{M}(x)|^2 \tag{14.21}$$

$$\begin{aligned} E\frac{\mathrm{d}^3N_\mathrm{B}}{\mathrm{d}^3p} \propto & \int_{\Sigma_\mathrm{f}} p^\mu \mathrm{d}\Sigma_\mu \int_0^1 \mathrm{d}x \int_0^{1-x} \mathrm{d}x' \\ & \times w(r; xp_\mathrm{T})w(r; x'p_\mathrm{T})w(r; (1-x-x')p_\mathrm{T})|\phi_\mathrm{B}(x, x')|^2 \end{aligned} \tag{14.22}$$

这里 $\omega(r;p)$ 和 $\bar{\omega}(r;p)$ 是组分夸克和反夸克的唯象相空间分布, (14.21) 和 (14.22) 式中 $r \in \Sigma_\mathrm{f}$: x 和 x' 是组分夸克的光锥动量分数, $\phi_\mathrm{M}(\phi_\mathrm{B})$ 是介子 (重子) 的光锥波函数; Σ_f 表示重组发生的超曲面 (读者可自行将 (14.21) 和 (14.22) 式与强子热发射方程 (13.24) 做比较)。如果我们取相等的光锥动量分数 (对介子 $x = 1/2$, 对重子 $x = x' = 1/3$), 我们可以得到以下的近似关系:

$$E\frac{\mathrm{d}^3N_\mathrm{M}}{\mathrm{d}^3p} \simeq C_\mathrm{M}\, w^2(p_\mathrm{T}/2), \quad E\frac{\mathrm{d}^3N_\mathrm{B}}{\mathrm{d}^3p} \simeq C_\mathrm{B}\, w^3(p_\mathrm{T}/3) \tag{14.23}$$

式中 $C_{\mathrm{M(B)}}$ 分别对应于夸克重组生成介子 (重子) 的概率。

母部分子 (组分夸克) 的动量比碎裂 (重组) 产生的强子要大 (小)。比如, 考虑横动量为 $p_\mathrm{T} = 5\ \mathrm{GeV}/c$ 的介子产生。在部分子碎裂机制中, 母部分子带有超过 5 GeV/c 的动量 (p_T/z, 其中 $z < 1$): 而在组分夸克重组机制中平均每个夸

克只需要带有 2.5 GeV 的动量。因此, 考虑到夸克动量分布的陡峭下降, 可能会存在一个由重组机制超过碎裂机制贡献的 p_{T} 区域。进一步而言, 对于这个 p_{T} 区域, 由于重子 (介子) 由三 (两) 个夸克相加得到, 因而重子和介子的产额比将增大。

在夸克重组的图像中, 产生强子的方位角分布各向异性反映着组分夸克和反夸克的分布的各向异性。简言之, 假设夸克和反夸克仅带有椭圆流:

$$w \propto 1 + 2v_{2,\mathrm{q}} \cos 2\phi \tag{14.24}$$

式中 $v_{2,\mathrm{q}}$ 是夸克和反夸克的椭圆流强度, ϕ 是方位角。根据 (14.23) 式, 在 $v_{2,\mathrm{q}} \ll 1$ 的情况下介子的不变分布为

$$\frac{\mathrm{d}^2 N_{\mathrm{M}}}{\mathrm{d}\phi\, p_{\mathrm{T}} \mathrm{d}p_{\mathrm{T}}} \propto [1 + 2v_{2,\mathrm{q}} \cos 2\phi]^2 \simeq 1 + 4v_{2,\mathrm{q}} \cos 2\phi \tag{14.25}$$

对于重子进行同样的处理可以得到

$$v_{2,\mathrm{M}}(p_{\mathrm{T}}) \simeq 2v_{2,\mathrm{q}}(p_{\mathrm{T}}/2), \quad v_{2,\mathrm{B}}(p_{\mathrm{T}}) \simeq 3v_{2,\mathrm{q}}(p_{\mathrm{T}}/3) \tag{14.26}$$

因此, 介子和重子椭圆流的大小存在按照组分夸克数目的标度律 (夸克数标度律 (quark number scaling))(Molnár and Voloshin, 2003)。对这种标度律的实验观测量提供了重组图像的一个检验。

关于 SPS 和 RHIC 上强子产生的重组图像的实验结果, 参见 16.9 节。

14.2 QGP 的硬探针诊断: 喷注断层扫描

快速的带电粒子例如电子穿越物质时, 会与物质原子中的电子以及原子核发生电磁相互作用主导的碰撞而损失动能。主要的能量损失来源有两种: 碰撞能损和辐射能损 (Jackson, 1999)。前者是由于快粒子和物质组分之间发生的两体散射, 而后者主要是由于入射粒子与物质碰撞过程中发生的轫致辐射导致的。高能下辐射能损占主导, 辐射能损率由著名的 Bethe-Heitler 公式给出 (Yagi, 1980)。如果物质密度足够大, 或者入射的电子能量足够大, 在发射首个由轫致辐射导致的光子之前, 会发生多重碰撞。这会导致辐射的相消干涉和 Bethe-Heitler 能损受到抑制。这种效应称为 Landau-Pomeranchuk-Migdal(LPM) 效应(Landau and

Pomeranchuk, 1953; Migdal, 1956), 并由斯坦福直线加速器中心 (SLAC) 首次在实验中观测到 (Klein, 1999)。

让我们考虑在核-核碰撞初期硬散射产生的一个高能部分子。如图 14.5(a)~(c) 所示, 这个快部分子会经历三种主要的能损过程。

(1) 快部分子是一个带色的物体, 在它出现时会形成一个色流管 (图 14.5(a))。这个部分子随后被减速, 其所损失的动能被用以形成一个新色流管。在这个过程中部分子单位长度上的能损为 $-\mathrm{d}E/\mathrm{d}x \sim K = 0.9\ \mathrm{GeV}\cdot\mathrm{fm}^{-1}$, 其中 K 是色流管张力。存储在色流管中的能量最终以粒子产生 (强子化) 的方式释放, 形成一个喷注并被实验观察到。这个过程同样可以发生在 $\mathrm{e}^+\mathrm{e}^-$ 或者 $\mathrm{p}\bar{\mathrm{p}}$ 碰撞中, 它与碰撞能损和辐射能损等物质效应无关。

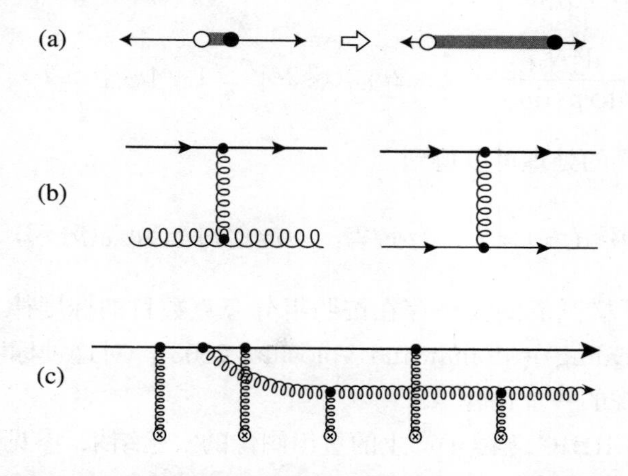

图 14.5 (a) 真空中的能损, 快夸克通过形成色弦而损失动能, 最终, 弦断裂形成其他强子; (b) 在 QGP 中的碰撞能损的典型费曼图, 粗实线表示穿过 QGP 的快夸克, 它们与等离子体内的热夸克和胶子发生相互作用; (c) 在 QGP 中的辐射能损, 由浓实线表示的快夸克与随机分布的色源 $\otimes$ 发生相互作用进而辐射胶子, 辐射的胶子又会进一步与色源发生相互作用

(2) Bjorken(1982) 首先指出, 在核-核碰撞初期产生的高能喷注 ($E > 10$ GeV) 会受到其与 QGP 中软动量粒子 ($E \sim T$) 碰撞的影响。在 QGP 中的碰撞能损可以用图 14.5(b) 所示的散射过程来估计, 其中粗实线表示高能夸克。单位长度能损的最终结果可由第 4 章所讨论的硬热圈效应 (hard thermal loop effects) 给出 (Thoma, 1995)

$$-\frac{\mathrm{d}E}{\mathrm{d}x} \simeq C_2 \pi \alpha_{\mathrm{s}}^2 T^2 \left(1 + \frac{N_f}{6}\right) \ln\left(a \frac{ET}{\omega_{\mathrm{D}}^2}\right) \tag{14.27}$$

式中, a 是一个量级为 $O(1)$ 的常数; 二次 Casimir 不变量 C_2(见附录 B.3) 对

夸克取值为 $C_2 = C_{\mathrm{F}} = (N_{\mathrm{c}}^2 - 1)/2N_{\mathrm{c}} = 4/3$, 对胶子取值为 $C_2 = C_{\mathrm{A}} = N_{\mathrm{c}} = 3$; 由 (4.87) 式定义的 $\omega_{\mathrm{D}} = (1 + N_f/6)^{1/2} gT$ 是高能夸克能损的粗略估计。我们取 $T = 0.3$ GeV 和 $\alpha_{\mathrm{s}} = 0.2$, 可以得到当 $E = 50$ GeV 时, $-\mathrm{d}E/\mathrm{d}x \sim 0.3$ GeV/fm。这比 (1) 中真空能损要小, 因而不会成为介质中能损的主要部分。

(3) 非阿贝尔 LPM 效应导致的辐射能损 (图 14.5(c)) 被认为是比 (2) 中讨论的由碰撞引起的能损更有效的一个替代方案 (Baier, et al., 2000; Gyulassy, et al., 2004)。相对论核-核碰撞产生的等离子体系统是相当薄的, 高能部分子逃逸出热密区域前只会与等离子体的软成分发生有限几次相互作用。此外, 等离子体自己也会随着时间膨胀。把这些效应考虑进 $(1+1)$ 维的 Bjorken 膨胀模型中, 我们可以得到一个沿着垂直于束流方向出射的快部分子辐射能损 ΔE 的近似公式 (Accardi, et al., 2003):

$$\Delta E(L) \sim \frac{9}{4} C_2 \pi \alpha_{\mathrm{s}}^3 \left(\frac{1}{A_{\mathrm{T}}} \frac{\mathrm{d}N_{\mathrm{g}}}{\mathrm{d}y} \right) L \ln \left(\frac{2E}{\omega_{\mathrm{D}}^2 L} + \frac{3}{\pi} + \cdots \right) \tag{14.28}$$

式中, $A_{\mathrm{T}} = \pi R^2$ 是核的横向面积; $L(\sim R)$ 是喷注的路径长度; $\mathrm{d}N_{\mathrm{g}}/\mathrm{d}y$ 是中间快度区产生的胶子数。对于 RHIC 上的 $\sqrt{s_{\mathrm{NN}}} = 200$ GeV 的 Au + Au 碰撞, $\mathrm{d}N_{\mathrm{g}}/\mathrm{d}y \sim 2000$。对于 $E = 50$ GeV 的快夸克, 我们假设 $T = 0.3$ GeV, $\alpha_{\mathrm{s}} = 0.2$ 和 $L = 5$ fm, 可以得到 $\Delta E/L \sim 1.2$ GeV/fm。这种能损超过 (1) 中的真空能损, 如果在重离子碰撞中形成了 QGP, 这种能损很可能被观测到。

快部分子和物质的相互作用无法直接观测, 但是它可以被强子集群 (喷注), 特别是领头大 p_{T} 强子的性质所反映。首先, 如果介质中能损起作用, 核-核碰撞中的大 p_{T} 强子的单粒子谱和 pp 碰撞的简单叠加相比会被压低。由于在 $2 \to 2$ 的硬过程中, 高能喷注是背对背产生的, 大 p_{T} 强子 180° 关联的消失, 表明要么是其中一个喷注消失了, 要么是喷注在物质内发生了偏转。如 14.1.4 节所述, 对于非对心碰撞系统在横平面的初始几何形状为杏仁状。不同方位角上的快部分子路径长短不一, 因此喷注能损应该有方位角依赖。不同种类的强子 $(\mathrm{p}, \bar{\mathrm{p}}, \pi, \mathrm{K}, \phi, \cdots)$ 也可能提供关于物质内能损性质的详细信息。

这类研究的最终目的是了解 QGP 的时空结构的详细信息, 因此被称为喷注断层扫描 (jet tomography)(Gyulass, et al., 2004)。类比于 PET(positron emission tomography, 正电子发射断层扫描), 这类研究也被称为 JET(jet emission tomography, 喷注发射断层扫描)。这些研究不仅可以用于快部分子, 也可以用于重味夸克和高能光子。一个非常有前景的处理方法是研究软等离子体粒子动力学和高能部分子的相互影响: 这就是流体 + 喷注模型 (Hirano, 2004), 它是包含喷注产生、碎裂和淬火的相对论流体力学模拟。

关于 RHIC 上喷注的实验结果, 参见 16.7 节。

14.3 QGP 的轻子和光子诊断

不同于强子，轻子和光子不受到末态强相互作用影响，因此人们可以用它们来探测高温等离子的内部。这也是为什么人们把光子和轻子称为“穿透探针”(penetrating probes)。在相对论重离子碰撞中，轻子和光子有三种来源：初态部分子硬碰、高温等离子的热产生和末态强子的衰变。热光子和双轻子在从热/密等离子体中提取信息方面显得尤为重要 (Feinberg, 1976; Shuryak, 1978b)。双轻子还可以用于研究各种中性矢量介子的产生，比如 ρ、ω、ϕ、J/ψ、ψ' 和 Υ(见表 7.1 和表 7.2)。

在接下来的部分，我们将讨论 Drell-Yan 双轻子产生、热环境中的 J/ψ 压低和来自膨胀中的等离子体的热光子与双轻子。

14.3.1 Drell-Yan 双轻子产生

双轻子可以通过在碰撞核中的部分子的初期硬碰中产生的虚光子 ($\gamma*$) 变化而来，这就是著名的 Drell-Yan 机制(Drell and Yan, 1970, 1971)，而且这个过程可以用微扰的办法精确地描述。因此我们应该把 Drell-Yan 产生作为本节中接下来要介绍的其他双轻子发射过程的参考。

首先，让我们考虑一个最简单的 QED 反应，$\mathrm{e^+e^-} \to \mu^+\mu^-$。在极端相对论极限下最低阶非极化反应截面 σ_0，利用附录 F.3 中计算 $\mathrm{q\bar{q}} \to \mathrm{q'\bar{q}'}$ 过程类似的方法，易得

$$\sigma_0(s) \equiv \sigma(\mathrm{e^+e^-} \to \mu^+\mu^-) = \frac{4\pi\alpha^2}{3s}, \quad \alpha = \frac{\mathrm{e}^2}{4\pi} \tag{14.29}$$

式中 $\sqrt{s}$ 是碰撞的质心系能量。如果我们考虑 μ 子质量 m_μ 非零带来的影响，则需要额外附加一个动力学因子 $F(m_\mu^2/s)$(见习题 14.5(3))。过程 $\mathrm{e^+e^-} \to \gamma* \to \mathrm{q\bar{q}}$ 中无质量夸克对产生过程的领头阶截面为

$$\sigma(\mathrm{e^+e^-} \to \mathrm{q\bar{q}}) = \sigma_0 \cdot 3 \cdot Q_\mathrm{q}^2 \tag{14.30}$$

式中 $Q_\mathrm{q}|e|$ 是夸克 q 的电荷。因子 3 来自于允许的颜色数量。在 (2.25) 式中我们已经见过了这个表达式。

有了以上的准备后, 现在让我们来分析强子-强子碰撞中产生轻子对 l^+l^- 的 Drell-Yan 过程。只要双轻子的不变质量和低能 QCD 标度 $O(1\ \text{GeV})$ 相比很大, 这个过程就可以因子化为硬部分 $(q\bar{q}\to l^+l^-)$ 和软部分 (母强子的结构函数), 如图 14.6 所示。在这个图像下, $f_q(x)(f_{\bar{q}}(x))$ 是夸克 (反夸克) 在质子中的分布函数 (图 10.4)。在 QCD 的领头阶层次上, 我们可以从 $\sigma(e^+e^-\to q\bar{q})$ 得到 $\sigma(q\bar{q}\to l^+l^-)$, 只需简单地将 (14.30) 式中对颜色的求和换为对颜色的平均:

$$\sigma(q\bar{q}\to l^+l^-)=\frac{1}{3^2}\sigma(e^+e^-\to q\bar{q})=\frac{1}{3}\cdot Q_{q^2}\cdot\frac{4\pi\alpha^2}{3\hat{s}} \tag{14.31}$$

式中符号 “ ˆ ” 用于部分子层次的两体散射过程 (见 13.2 节)。

我们考虑质心系中如图 14.6 所示的高能 pp 碰撞。在领头阶下忽略入射部分子的横动量, 产生的双轻子的不变质量 $M=p^2$ 和快度 $y=(1/2)\ln((p_0+p_z)/(p_0-p_z))$ 与 x_1 和 x_2 有如下关系:

$$M^2=\hat{s}=x_1x_2s,\quad y=\frac{1}{2}\ln\left(\frac{x_1}{x_2}\right) \tag{14.32}$$

$$x_1=\frac{M}{\sqrt{s}}e^{y},\quad x_2=\frac{M}{\sqrt{s}}e^{-y} \tag{14.33}$$

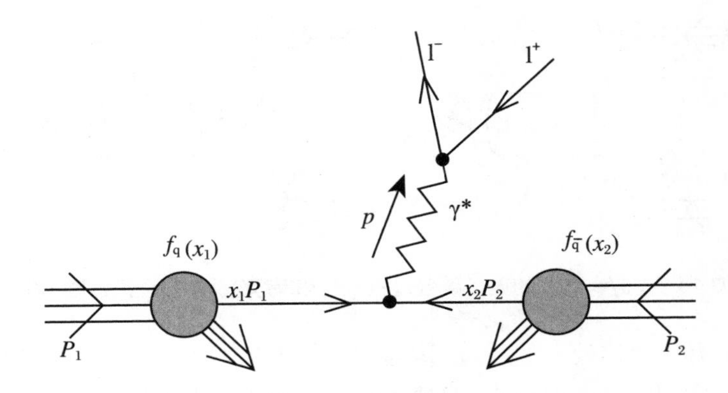

图 14.6　Drell-Yan 过程: $pp\to l^+l^-+$ 任何其他粒子

(14.32) 式中 $\hat{s}(s)$ 是 $q\bar{q}(pp)$ 系统的不变质量 (见习题 14.6)。因此我们有

$$\text{雅可比行列式}\equiv\frac{\partial(x_1,x_2)}{\partial(M^2,y)}=\frac{x_1x_2}{M^2} \tag{14.34}$$

于是 pp 碰撞 Drell-Yan 过程的截面就是

$$\frac{d^2\sigma_{DY}^{pp}}{dM^2\,dy}=\sum_{q\bar{q}}x_1f_q(x_1)x_2f_{\bar{q}}(x_2)\cdot\frac{1}{3}Q_q^2\cdot\frac{4\pi\alpha^2}{3M^4} \tag{14.35}$$

和 (13.9) 式的情况一样, 我们可以用一个唯象 K 因子($K \simeq 2$) 乘以 (14.35) 式领头阶计算结果来计入高阶微扰 QCD 贡献。

将以上提到的 pp 的结果扩展到核-核 AB 碰撞, 我们可以简单地引入原子核重叠函数 $T_{AB}(b)$, 其中 b 是碰撞参数, 和 10.5 节中的图 10.10 一样:

$$\frac{\mathrm{d}^2 N_{\mathrm{DY}}^{\mathrm{AB}}}{\mathrm{d}M^2\,\mathrm{d}y}(b) = \frac{\mathrm{d}^2\sigma_{\mathrm{DY}}^{\mathrm{pp}}}{\mathrm{d}M^2\,\mathrm{d}y} T_{AB}(b) \tag{14.36}$$

14.3.2 QGP 中的 J/ψ 压低和德拜屏蔽

Matsui and Satz(1986) 提出, 在相对论重离子碰撞中如果 QGP 形成的话, 德拜屏蔽使得束缚势短程化导致 J/ψ 的压低。

这个观点的理论依据已经在 7.1 节中详细讨论过。此外, 以下几个从观测角度出发的说明也要予以考虑:

(1) 由于 J/ψ 质量较大 (见表 7.1 和表 H.2), 它是在碰撞的硬过程中产生的 (图 14.7)。随后阶段的热产生 $\mathrm{c\bar{c}}$ 对受到压制。例如, 当 $T \sim 300$ MeV 时 $\exp(-2m_c/T) \sim 10^{-5}$。

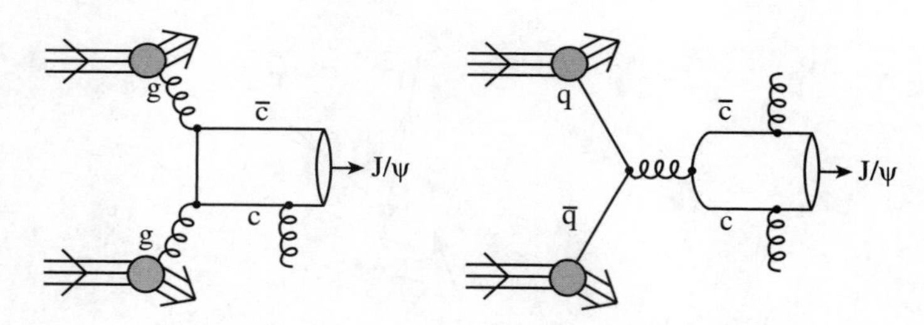

图 14.7 J/ψ 产生的胶子融合过程 (左) 和夸克-反夸克湮灭过程 (右)

(2) J/ψ 有一个比较大的质量, 这与在双轻子 ($\mathrm{e^+e^-}$ 和 $\mu^+\mu^-$) 谱中观测 J/ψ 压低密切相关。由于 $m_{\mathrm{J}/\psi} \gg T$, 只要 QGP 的初始温度不是特别高, 来自热双轻子的背景都将被压低。与之相反, Drell-Yan 过程对 J/ψ 峰的贡献比热双轻子的贡献高。

(3) 即使重离子碰撞中没有产生 QGP, 硬过程产生的 J/ψ(色单态) 或者准 J/ψ 粒子 (可以是色八重态) 也可能会与周围强子物质的相互作用而被破坏。这会导致一个假的 J/ψ 产额的压低, 我们需要通过对 pp、pA 和 AA 过程的系统测量将这类效应分开 (Kharzeev, et al., 1997)。

考虑到上面提到的三个特征, 我们来说明在 pp 和 AB 碰撞中预期得到的双轻子谱 $\mathrm{d}\sigma/\mathrm{d}M$ 是什么样的 (图 14.8)。首先, 如前面 14.3.1 节所述, Drell-Yan 过

程连续谱会以 M^{-3} 的形式下降。这个连续曲线之上，在 3.1 GeV 处会观测到 J/ψ 峰，随后是在 3.69 GeV 处的 ψ′ 峰。在 AB 碰撞中，Drell-Yan 贡献的连续曲线应该保持不变，而 $c\bar{c}$ 之间的束缚在解禁闭介质中变弱，也就是说 J/ψ 峰 (同样的也对 ψ′ 峰) 会在尺寸上变小。叠加上来自 Drell-Yan 过程的双轻子连续谱 (pp 碰撞和 AB 碰撞应该有相同的连续谱函数形式)，我们就会发现如图 14.8 所示的特性。因此，实验需要测量对应的信号-连续谱比例 $N_{J/\psi}/N_{DY}$。

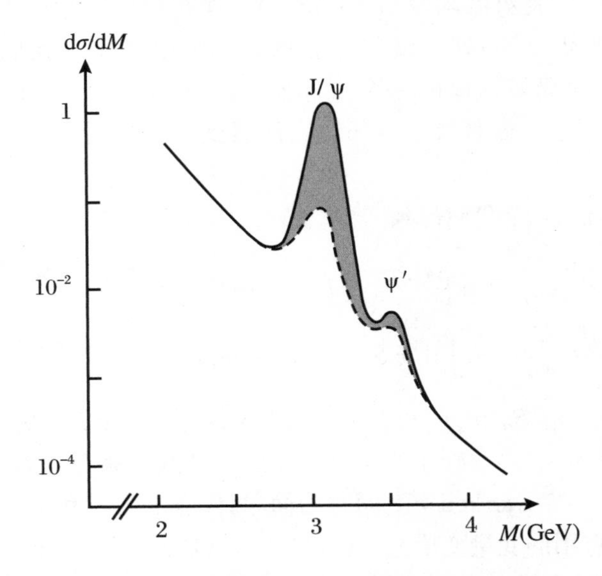

图 14.8　双轻子谱随双轻子不变质量 $M(M \geqslant 2\ \text{GeV})$ 的变化关系

实线 (虚线) 对应 pp(核-核) 碰撞，两者都已经做了变换以匹配 pp 碰撞的 Drell-Yan 连续谱曲线

上文解释的 J/ψ 压低的传统观点可以以下两个方面产生显著的修正：

(1) 7.3 节结尾处已经讨论过，温度高达 $2T_c$ 的 QGP 可能仍然是一个强相互作用的物质，导致 J/ψ 可能仍然保持为一个束缚态。在这种情况下，单纯穿过临界温度 T_c 并不能观测到 J/ψ 抑制，我们需要到远大于 T_c 的区域才能够观测到压低效应。

(2) 在 RHIC 或者 LHC 的高能量下，德拜屏蔽导致的 J/ψ 抑制可能被原初产生的 c 和 $\bar{c}$ 的重组产生 J/ψ 的效应所克服。如前所述，粲夸克的热激发几乎是禁戒的。然而，原初硬过程产生的粲夸克很可能和等离子体中的其他成分相互作用。它们中的一些会在强子化阶段重组生成 J/ψ 粒子。这个过程会导致一个 J/ψ 增强而非 J/ψ 压低 (Braun-Munzinger and Stachel, 2001; Thews, et al., 2001)。

关于 SPS 上 J/ψ 粒子的实验结果，参见 15.4 节。

14.3.3 热光子和双轻子

(7.44) 和 (7.50) 式已经以谱函数 $(\rho^{\mu}_{\mu}(\omega,\boldsymbol{p}))$ 的形式给出了温度固定为 T 的静止热物质发射光子和双轻子的一般公式。为后文方便起见, 可选取 $p^2(=\omega^2-\boldsymbol{p}^2)$、$\omega$ 和 T 来表示谱函数 $\rho^{\mu}_{\mu}(p^2,\omega;T)$。现在我们要把 7.4 节中的结果扩展到局域四速度为 u^{ν} 的处于流体膨胀的热物质系统中。我们应用局域洛伦兹变换于具有不同局域速度的每个流体元中。这相当于在谱函数和 (7.44) 与 (7.50) 式中的热因子上做替换 $\omega\to p\cdot u$。注意到 p^2 是洛伦兹不变量, 因而保持不变。

那么对于 $p\cdot u\gg T$, 我们得到

$$\omega\frac{\mathrm{d}^3N_{\gamma}}{\mathrm{d}^3p}=\int\mathrm{d}^4x\,S_{\gamma}(0,p\cdot u;T(x))\mathrm{e}^{-p\cdot u/T(x)} \tag{14.37}$$

$$\frac{\mathrm{d}^4N_{\mathrm{l^+l^-}}}{\mathrm{d}^4p}=\int\mathrm{d}^4x\,S_{\mathrm{l^+l^-}}(M^2,p\cdot u;T(x))\mathrm{e}^{-p\cdot u/T(x)} \tag{14.38}$$

(14.37) 式中 $\omega=|\boldsymbol{p}|$, $S_{\gamma}(p^2,p\cdot u;T)\equiv-(\alpha/2\pi)\rho^{\mu}_{\mu}(p^2,p\cdot u;T)$, $S_{\mathrm{l^+l^-}}(p^2,p\cdot u;T)\equiv-(\alpha/3\pi^2p^2)\rho^{\mu}_{\mu}(p^2,p\cdot u;T)$。轻子质量已经忽略。让我们来考虑第 11 章中讨论过的具有轴对称的一维 Bjorken 流, 同时为简单计, 假定 S_{γ} 和 $S_{\mathrm{l^+l^-}}$ 均和 $p\cdot u$ 无关。以下是几个有用的变量变换式 (见 (11.47)、(E.28) 和 (E.29) 式):

$$\omega^{-1}\mathrm{d}^3p=p_{\mathrm{T}}\mathrm{d}p_{\mathrm{T}}\mathrm{d}y\mathrm{d}\phi_p \tag{14.39}$$

$$\mathrm{d}^4p=M_{\mathrm{T}}\mathrm{d}M_{\mathrm{T}}M\mathrm{d}M\mathrm{d}y\mathrm{d}\phi_p \tag{14.40}$$

$$\mathrm{d}^4x=\tau\mathrm{d}\tau r\mathrm{d}r\mathrm{d}\phi \tag{14.41}$$

(14.39) 式中的 p_{T} 是实光子的横质量, 而 (14.40) 式中的 $M_{\mathrm{T}}(M)$ 是双轻子的横质量 (不变质量)。

然后积掉除去 p_{T}、y 和 M 之外的所有变量, 我们得到 (见习题 14.7)

$$\frac{\mathrm{d}^2N_{\gamma}}{\mathrm{d}p_{\mathrm{T}}^2\mathrm{d}y}=(2\pi)^2A_{\mathrm{T}}\int_{\tau_0}^{\tau_{\mathrm{f}}}\mathrm{d}\tau\,\tau S_{\gamma}(0,0;T)K_0\left(\frac{p_{\mathrm{T}}}{T}\right) \tag{14.42}$$

$$\frac{\mathrm{d}^2N_{\mathrm{l^+l^-}}}{\mathrm{d}M^2\mathrm{d}y}=(2\pi)^2A_{\mathrm{T}}\int_{\tau_0}^{\tau_{\mathrm{f}}}\mathrm{d}\tau\,\tau MT(\tau)S_{\mathrm{l^+l^-}}(M^2,0;T)K_1\left(\frac{M}{T}\right) \tag{14.43}$$

(14.42) 和 (14.43) 式中 $A_{\mathrm{T}}=\pi R^2$ 是原子核的横平面面积, K_n 是由 (G.26) 式给出的第二类修正贝塞尔函数, T 是纵向固有时间的函数, $T=T(\tau)$。

在中间快度区域 $(y\sim0)$ 的光子对 p_{T} 依赖的谱函数 ((14.42) 式) 呈现仅由 K_0 描述的一般结构: 在大 p_{T} 的渐近形式必然是一个指数下降 (见习题 13.5(1))。

这是因为谱函数 S_γ 在我们的假设下没有引进对 p_T 的任何依赖。另一方面, 在中间快度区域 $(y\sim 0)$ 的轻子对 M 依赖的谱函数有非平庸结构, 这是因为 $S_{\mathrm{l^+l^-}}$ 是 M 的函数, 它呈现了与临界温度 T_c 上下与 $\bar{\mathrm{q}}\mathrm{q}$ 共振态相关的多峰结构。无论在哪种情况下, 两者都反映着同一介质内谱函数 p_μ^μ 的不同动力学区域。因此, 同时研究这些发射率是重要的。

关于 SPS 双轻子和光子的实验结果, 参见 15.5 节和 15.6 节。

结束本章前, 我们在图 14.9 中给出相对论重离子碰撞中双轻子产额示意图。热 (Drell-Yan) 双轻子在小 (大) 不变质量区域占主导。共振结构, 例如 ρ、ω、ϕ、J/ψ、ψ′、Υ 和 Υ′, 被设置在背景之上。这些峰的介质修正 (增强、压制、平移和展宽) 可以提供关于碰撞产生的热物质结构的很多有用信息 (Alam, et al., 1996; Rapp and Wambach, 2000; Gale and Haglin, 2004)。关于这些观点连同 CERN-SPS 得到的实验数据, 会在 15.4 节、15.5 节和 15.6 节中做进一步讨论。

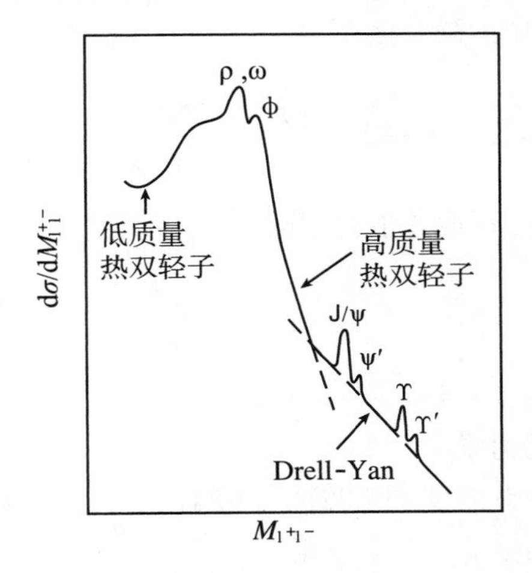

图 14.9　各种不同源的双轻子发射谱示意图, 来自 Satz(1992)

习　　题

14.1 **椭圆流。**

导出以下关系式, $v_1=\langle\cos\phi\rangle=\langle p_x/p_\mathrm{T}\rangle$ 和 $v_2=\langle\cos 2\phi\rangle=\langle p_x^2/p_\mathrm{T}^2-p_y^2/p_\mathrm{T}^2\rangle$。

14.2 **费米子的 HBT 关联。**

推导两个全同费米子 (比如电子和质子) 的关联函数 C_2。

14.3 **电荷涨落。**

推导麦克斯韦-玻尔兹曼分布下 (14.18) 式中的电荷涨落。如果我们用玻色-爱因斯坦和费米-狄拉克分布又会得到什么值?

14.4 **DCC 形成。**

对于 DCC 形成过程, 推导 (14.19) 式中的概率分布。指出其与不相干 π 介子发射中的高斯分布在物理本质上的区别。

14.5 **$\mathrm{e}^+\mathrm{e}^- \to \mu^+\mu^-$ 过程的截面。**

(1) 参考在附录 F.3(图 F.2) 中的过程 $\mathrm{q}\bar{\mathrm{q}} \to \mathrm{q}'\bar{\mathrm{q}}'$(其中 $m_\mathrm{q}=0$ 和 $m_{\mathrm{q}'}\neq 0$), 证明 $\mathrm{e}^+\mathrm{e}^- \to \mu^+\mu^-$ 过程 (其中 $m_\mu=0$ 和 $m_{\mu'}\neq 0$) 自旋平均的树图阶 QED 振幅为 $|M|^2=2\mathrm{e}^4\dfrac{1}{s^2}[(m_\mu^2-u)^2+(m_\mu^2-t)^2+2m_\mu^2 s]$。

(2) 证明在质心系中的微分截面为

$$\left.\frac{\mathrm{d}\sigma}{\mathrm{d}\Omega}\right|_{\mathrm{cm}}=\frac{\alpha^2}{4s}\left(1-\frac{4m_\mu^2}{s}\right)^{1/2}\left[\left(1+\frac{4m_\mu^2}{s}\right)+\left(1-\frac{4m_\mu^2}{s}\right)\cos^2\theta\right]$$

(3) 对 θ 和 ϕ 积分, 证明总散射截面为

$$\sigma(\mathrm{e}^+\mathrm{e}^- \to \mu^+\mu^-)=\frac{4\pi\alpha^2}{3s}F(m_\mu^2/s)$$

上式中 $F(x)\equiv(1+2x)(1-4x)^{1/2}\theta(1-4x)$。

14.6 **Drell–Yan 动力学。**

在质心系 pp 碰撞中推导 (14.32)~(14.34) 式。注意在领头阶中, 入射夸克、反夸克和出射虚光子的横动量可以忽略。

14.7 **热光子和双轻子谱。**

假设圆柱对称, 在考虑 (G.18) 式中 $\alpha=0$ 的情况下推导 (14.42) 和 (14.43) 式, 然后使用无穷积分公式 $\int \mathrm{d}\xi\xi K_0(\xi)=-\xi K_1(\xi)$ 在 $(-\infty,+\infty)$ 上对 Y 积分, 在 $(M,+\infty)$ 上对 M_T 积分。

第 15 章 CERN-SPS 实验结果

正如第 5 章所述, 格点 QCD 模拟能够用来定量地研究强子相到夸克胶子等离子体相 (QGP) 的相变。人们估计 QGP 相变发生的临界温度约为 170 MeV。正如第 1 章和第 14 章所述, 人们提出了 QGP 产生的大量信号。然而, 由于原子核-原子核 (核-核) 碰撞涉及复杂的动力学现象, 因而我们不能直接比较理论预言和实验数据。在这方面, 我们需要搜集核-核碰撞所有现存实验数据并进行仔细的分析, 才能对碰撞形成的物质性质做出结论性描述。换言之, 对实验数据的系统分析是推动 QGP 物理研究进步的必要手段。

BNL-AGS (布鲁克海文交变梯度同步加速器)实验组进行了重离子碰撞实验, 其重离子束流能量为 $11A \sim 15A$ GeV, CERN-SPS (欧洲核子研究中心超级质子同步加速器) 实验组也进行了重离子碰撞, 其束流能量为 $40A \sim 200A$ GeV。从这些实验中, 人们发现了核-核碰撞的集体行为, 并在时空演化和热力学平衡 / 化学平衡方面了解碰撞动力学。此外, 一些反常现象也被发现, 比如 J/ψ 的反常压低 (Abreu, et al., 1996, 1999, 2000), 低质量双轻子产额的增强 (Agakichiev, et al., 1998, 1999), 以及多奇异数重子产生的增强 (Andersen, et al., 1998)。显然, 核-核碰撞与核子-核子碰撞的简单叠加有定性的差别。

在这一章, 我们将回顾由 CERN-SPS 实验得到的数据。

15.1 相对论重离子加速器

为了加速重离子, 人们必须要改造现有的质子加速器, 还需要建造专一做重离子碰撞的新加速器。表 15.1 给出了现在已有的和将来预期能建成的重离子加速器。从表中可以看出, 每几年人们就会建成一个新加速器或得到新的重离子束流。

表 15.1 重离子加速器

年份 [a]	装置设备	束流种类	周长 (千米)	$\sqrt{s_{\mathrm{NN}}}$(GeV)
1987	BNL-AGS	Si	0.8	5
1987	CERN-SPS	S	6.9	20
1992	BNL-AGS	Au	0.8	4
1994	CERN-SPS	Pb	6.9	17
2000	BNL-RHIC	Au+Au	3.8	200
2007	CERN-LHC	Pb+Pb	26.7	5600

a 开始运行年份, 或预期开始年份。

位于美国布鲁克海文国家实验室 (BNL) 的范德格拉夫串级静电加速器通过传递隧道与 AGS 同步加速器相结合。在 1987 年最初运行的时候, 最重到硅离子的重离子束流可以被加速到 $15A$ GeV。随后人们建成了一个增强环, 能够将金离子束流加速到 $12A$ GeV。此外, 在同一地点世界上第一台重离子对撞机——相对论重离子对撞机 (RHIC)建成, 并从 2000 年夏天开始成功运行。2001 年, Au + Au 对撞的每核子对质心系能量达到了 200 GeV($\sqrt{s_{\mathrm{NN}}}=200$ GeV)(图 15.1(a) 和图 16.1)。在欧洲, CERN-SPS 被改造为能加速重离子的装置, 1987 年每核子能量达到 200 GeV/c 的氧离子和硫离子束流在欧洲第一次产生。从 1994 年开始, $158A$ GeV 的铅离子束流也可供实验物理学家利用。未来人们将在 CERN 的 LEP 隧道内建造大型强子对撞机 (LHC), 计划于 2007 年实现每对核子质心系能量为 5.6 TeV 的 Pb + Pb 碰撞, 见图 15.1(b)。

(a)　(b)

图 15.1　相对论重离子物理研究的中心:(a) 布鲁克海文国家实验室; (b) 欧洲核子研究中心; 另见图 16.1

图片由 BNL 和 CERN 提供

15.2　核-核碰撞的基本特性

在第一轮的探索性实验中, 人们投入了巨大努力来研究核-核碰撞的整体特征和碰撞动力学。利用强子量能器和带电粒子多重数探测器 (探测器的更多信息见第 17 章), 人们能够研究总横能量 E_{T} 和带电粒子多重数。

利用 Bjorken 公式 (11.81), 人们能够估计碰撞的一个基本参量: 能量密度 ε_0,

$$\varepsilon_0 = \frac{1}{\pi R^2 \tau_0} \left. \frac{\mathrm{d}E_{\mathrm{T}}}{\mathrm{d}y} \right|_{y \simeq 0} \tag{15.1}$$

式中 τ_0 取为 1 fm/c, R 为核半径, 从 CERN-SPS Pb + Pb 碰撞中测量的 $\mathrm{d}E_{\mathrm{T}}/\mathrm{d}\eta$ 为 450 GeV, 从而可以导出 ε_0 大致为 3 GeV $\cdot$ fm^{-3}。尽管这是一个粗略的估计, CERN-SPS 很可能已经为我们打开了通向新领域——夸克胶子等离子体的大门。

15.2.1　单粒子谱

在 BNL-AGS 和 CERN-SPS 的核-核碰撞实验中, 人们对可分辨强子在中心快度区的横质量 m_{T} 分布进行了仔细的研究, 图 15.2 中比较了 Pb + Pb 158A GeV 碰撞中 π 介子、K 介子和质子随 m_{T} 的分布(Bearden, et al., 1997)。图中画出了不变截面随着 $m_{\mathrm{T}} - m$ 变化的曲线, 其中 $m_{\mathrm{T}} = \sqrt{p_{\mathrm{T}}^2 + m^2}$ 和 m 分别是横质量和

静止质量。人们发现, 除了低 m_T 区域的 π 介子, 粒子随 m_T 的变化呈指数分布。在 $m_T - m < 0.2$ GeV 区域 π 介子的谱非常陡, 这是由于它包含来自于诸如 Δ 粒子等共振态衰变的贡献。由于实验上粒子鉴别能力的限制, $m_T - m$ 的分布局限于 $\leqslant 1$ GeV 的区间。对于中性 π 介子 (π^0), m_T 分布延伸到 $m_T - m \sim 4$ GeV, 如图 15.2(b) 所示 (Aggarwal, et al., 1999)。π^0 是利用电磁量能器通过双 γ 衰变道重建得到的。图 15.2(b) 中插入了谱的局域斜率 T_{local} 分布, 高统计量和宽 m_T 覆盖区间揭示了谱的凹形结构。①

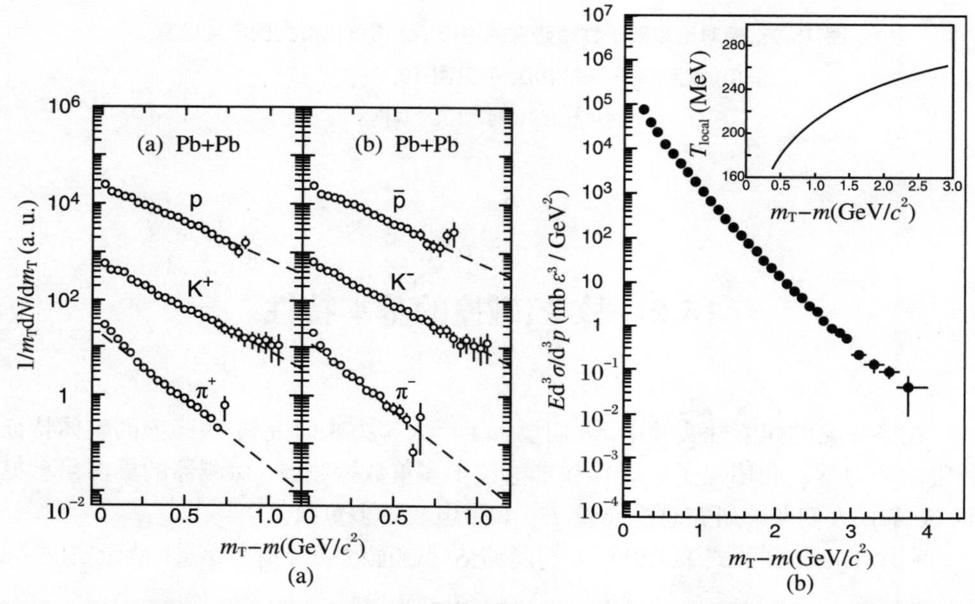

图 15.2 (a) 158A GeV Pb+Pb 碰撞中 π 介子、K 介子和质子的横质量分布, 虚线是指数函数拟合的结果 (Bearden, et al., 1997); (b) 中性 π 介子的横质量分布, 数据来自于 Aggarwal, et al.(1999)

注意到图中质子和反质子的分布比 π 介子、K 介子的分布更平坦, 为了比较它们的斜率, 用下列函数来拟合其分布:

$$E\frac{\mathrm{d}^3\sigma}{\mathrm{d}^3p} \propto \exp\left(-\frac{m_T}{T}\right) \tag{15.2}$$

式中 T 是斜率参数, 对于 π 介子, 为了排除分布中较陡的部分, 拟合区间选择在 $m_T - m > 0.25$ GeV, 见图 15.2(a)。图 15.3 是包括所有带电的 π 介子、

① 在 pp 反应中, 人们发现更高横动量区间的分布比指数分布更平坦。高于 2 GeV/c 区间上分布偏离指数下降的行为可以通过基于强子部分子结构的硬散射理解。这些硬散射在核核碰撞中的高横动量区也会发生。因此, π 介子谱的凹形结构可能不仅由于集体膨胀也由于硬散射的存在, 特别是在高横动量区。

K 介子和质子斜率参数随着粒子质量变化的函数图, 图中比较了中心快度区 pp($\sqrt{s_{\rm NN}}=23$ GeV), S+S($\sqrt{s_{\rm NN}}=19.4$ GeV) 和 Pb+Pb($\sqrt{s_{\rm NN}}=17.2$ GeV) 碰撞的结果。 pp 碰撞中, 斜率参数不依赖于粒子种类 ($T_\pi\sim T_{\rm K}\sim T_{\rm p}$), 这叫作 $m_{\rm T}$ 标度律, 而在核-核碰撞中则与此不同 ($T_\pi<T_{\rm K}<T_{\rm p}$)。

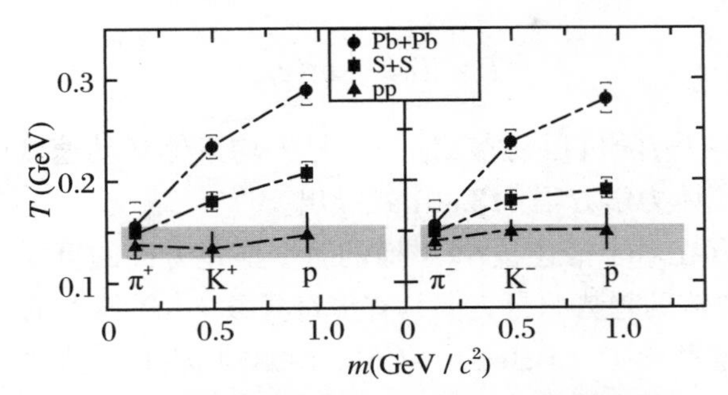

图 15.3　斜率参数 T 随着粒子质量 m 的变化关系图

图中比较了中心快度区间 pp、S+S 和 Pb+Pb 碰撞的结果 (Bearden, et al., 1997)

图 15.3 表明斜率参数与粒子质量成正比, 并且这一效应在 Pb+Pb 碰撞中比在 S+S 碰撞中更明显。 π 介子的斜率参数在核-核碰撞和质子-质子碰撞中是类似的, 但是核-核碰撞中更重的粒子的斜率变得更平。人们用其他种类的粒子对这一现象进行了进一步检验, 如图 15.4 所示, 图中除了 π 介子、K 介子和质子, 还给出了氘、Ω、Ξ 和 ϕ 的斜率参数, 除了 Ω 和 Ξ, 这些参数大致与粒子质量成正比。

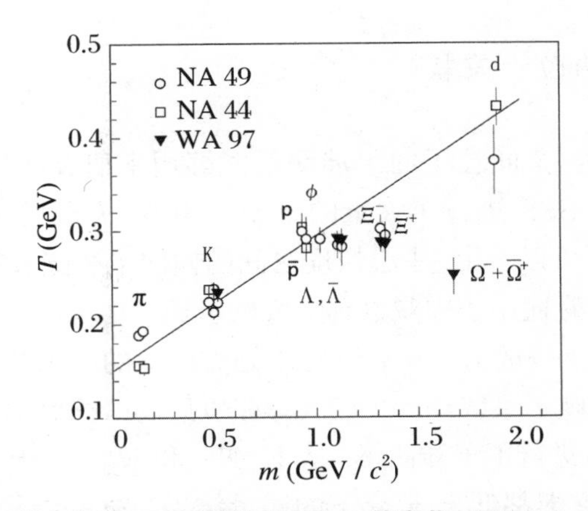

图 15.4　斜率参数 T 随着粒子质量 m 的变化 (Antinori, et al., 2000)

15.2.2 集体膨胀

如果发射粒子的一团物质的行为类似于流体, 那么所有粒子除了具有热/随机运动之外, 还将会有一个共同的横向速度 (集体流)。从运动学来说, 斜率参数将会依赖于粒子质量:

$$T \approx T_0 + \frac{1}{2}m\langle v_r \rangle^2 \tag{15.3}$$

式中, T_0 是真正的热/随机运动参数; $\langle v_r \rangle$ 是平均集体运动速度; m 是粒子质量, 以上关系式能从流体力学方程 (13.30) 式导出。

集体膨胀的存在对于描述核-核碰撞的时空演化方面的重要性被大家所公认, 此外 Ξ 和 Ω 偏离流的趋势源自它们具有多奇异数 (具体见表 H.2) 和具有更小的与强子介质的碰撞截面 (Van Hecke, et al., 1998)。因此, 它们在碰撞的初始阶段便从火球中分离出来, 从而更少地受到流的影响。

利用 14.1.3 节和附录 G 讨论的唯象流体力学模型, 人们发现在中心快度区和 $m_{\mathrm{T}} - m \leqslant 1$ GeV 质量区间内, 除了低横动量区间的 π 介子以外, 观察到的 π 介子、K 介子和质子这些单粒子谱能够很好地由 (14.6) 式来描述。用共同的温度 T 和径向速度 v_r, (14.6) 式能够很好地描述测量得到的各种粒子谱。然而, 仅仅通过单粒子谱的分析想要精确确定 T 和 v_r 是非常困难的, 例如, 大 T 与小 $\langle v_r \rangle$ 和小 T 与大 $\langle v_r \rangle$ 趋向于给出相似的分布, 因此如果实验数据统计量有限和 (或) p_{T} 范围有限, 人们便很难区分这两种情况。我们可能需要更多的信息, 比如两粒子关联来解决这一问题, 这将在下一节中详细讨论。

15.2.3 HBT 两粒子关联

如 14.1.5 节所述, 全同粒子的干涉测量能够用来研究碰撞的时空演化。在 BNL-AGS 和 CERN-SPS 进行了大量的 π 介子和 K 介子的干涉测量。从 SPS 的两 π 介子三维分析可以看出, 中心快度区间的横向半径随着碰撞中心度的增加而增大; 或者, 更大的碰撞系统中观察到更大的半径。在 Pb + Pb 碰撞中, 观察到横向均方根半径 (rms) 一般为 $5 \sim 7$ fm , 这是碰撞核的横向几何均方根尺寸的 2 倍, 因此, 干涉半径反映了系统经历了较大膨胀以后的碰撞后期状态。

人们对 K 介子也进行了干涉测量: 从 $\mathrm{K}^+\mathrm{K}^+$ 和 $\mathrm{K}^-\mathrm{K}^-$ 干涉测量推算得到的源半径是相同的, 但它们都低于 π 介子的测量结果。这一差异部分是由于 K 介子的平均自由程比 π 介子大。换言之, K 介子比 π 介子早冻结。利用这种方法, 干涉测量能够揭示碰撞的时空演化。

因为跨越相边界时熵密度会快速增加, 所以强子发射持续时间较长是 QGP 存在的信号之一, 这可以从 $R_{\rm out}$ 与 $R_{\rm side}$ 的比值观察得到, 如 (14.16) 式, 然而实验上并没有观察到 $R_{\rm out}$ 与 $R_{\rm side}$ 具有较大的差别。

虽然对于静止源干涉预计不存在粒子对动量 ($K_{\rm T}$) 的依赖性 (见 14.1.5 节), 但是实验上却观察到明显的 $K_{\rm T}$ 依赖, 如图 15.5 所示。SPS Pb + Pb 碰撞中横向半径随着 $K_{\rm T}$ 增加而减小 (Alber, et al., 1995; Appelshauser, et al., 1998), $K_{\rm T}$ 依赖可能是由于集体膨胀而造成的, 见 (14.17) 式[①]。用 (14.17) 式来拟合观察到的 $K_{\rm T}$ 依赖性, 得到 $R_{\rm G} = (6.5 \pm 0.5)$ fm 和 $v_{\rm surf}^2/T = (3.7 \pm 1.6)$ GeV^{-1}。

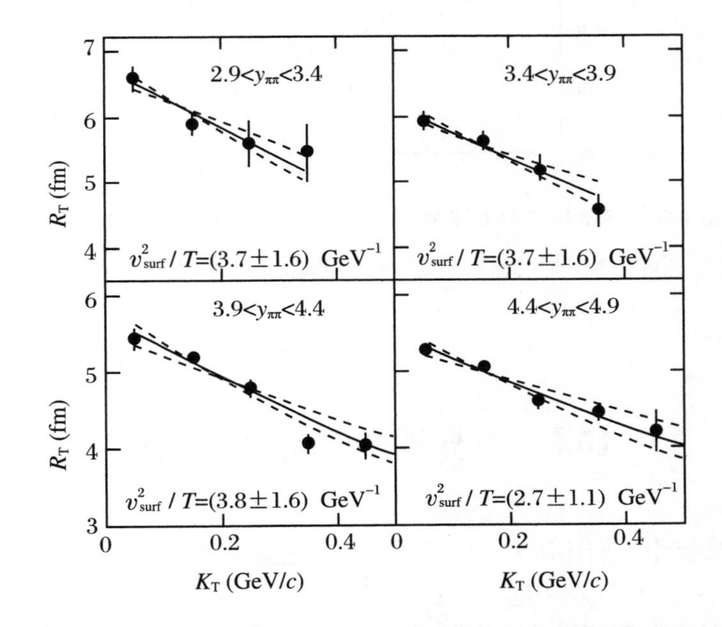

图 15.5 观察得到的 4 组不同 π 介子对快度间隔 $y_{\pi\pi}$ 内 $R_{\rm T}$ 对 $K_{\rm T}$ 的依赖关系 (Appelshauser, et al., 1998)

CERN-SPS 的数据具有两个明显的特征: (1) 核-核碰撞中横质量分布的部分斜率参数是正比于粒子质量的; (2) 核-核碰撞中观察到 HBT 效应具有明显的 $K_{\rm T}$ 依赖性。这两个特性是由于膨胀的火球内部具有局域热平衡以及独立的横向和纵向运动造成的 (Schnedermann, et al., 1993; Chapman, et al., 1995; Heintz, et al., 1996)。可以用两个参数即温度 T 和膨胀速度 v_r 来同时拟合 (1) 和 (2) 两个特性, 图 15.6 是由单粒子谱和 HBT 的 $K_{\rm T}$ 依赖性得到的温度 T 和膨胀速度 v_r 的允许范围, 其中假定了膨胀速度 $v_r = v_{\rm surf}(r/R_{\rm G})$, $v_{\rm surf}$ 是表面膨胀速度。

① 另外一种根据原子核内部级联图像的解释是高 $p_{\rm T}$ 粒子来自更早阶段, 而低 $p_{\rm T}$ 粒子是在经历多次散射的后期阶段辐射出的。

这些结果表明火球处于剧烈爆炸状态, 膨胀速度为光速的一半, 温度约为 120 MeV, 这一爆炸是由碰撞初始阶段形成的巨大压力驱动的。

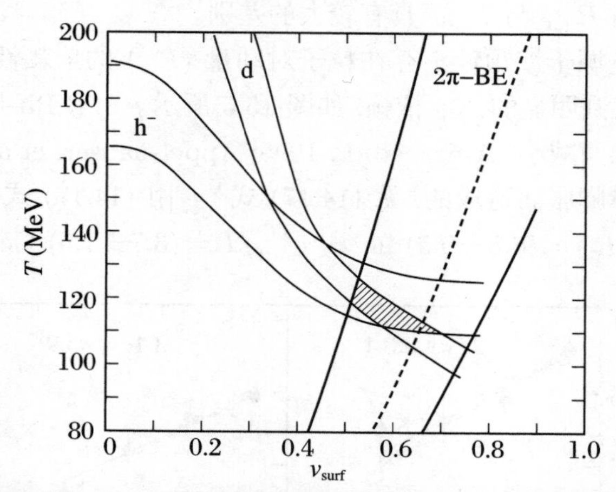

图 15.6 由单粒子谱和 HBT 两粒子关联得到的温度 T 和横向膨胀速度 v_r 的允许范围

图中虚线对应 $v_{\rm surf}^2/T = 3.7\ {\rm GeV}^{-1}$(Appelshauser, et al., 1998)

15.3 奇异性产生和化学平衡

重离子碰撞中人们还研究了强子的丰度。通过在整个相空间对粒子的产额进行积分, 我们可以计算粒子的产额比。不同于粒子动量的分布, 人们认为粒子产额比分布对基本过程不敏感。简单的统计模型 ((14.3) 式) 能够很好地描述强子的产额比, 在这个模型中温度 T 和重子化学势 $\mu_{\rm B}$ 起到了关键作用。

图 15.7 比较了 CERN-SPS 测量的粒子产额比与模型计算的结果, 模型计算中包括了共振衰变效应并考虑了体积修正。如图所示, 这一简单模型较好地符合实验测量的比值, 从中提取出的温度约为 170 MeV, 重子化学势约为 270 MeV。从图中还可以看出一个奇怪的现象: 多奇异数粒子的丰度显示出化学平衡的迹象。由于多奇异数粒子与介质的碰撞截面较小, 如果它们仅仅是由强子碰撞产生的, 那么可能没有足够的时间达到化学平衡。

我们在这里讨论一下化学冻结与热力学冻结的区别。在碰撞系统的演化过程中, 系统温度随着膨胀而不断降低。系统首先达到化学冻结, 之后物质的组成不再发生变化, 但是粒子将仍然经历弹性散射直到热力学冻结, 之后粒子之间不再有进一步的碰撞。因此, 化学冻结温度应该比热力学冻结温度高。人们确实发现,从单粒子谱和 HBT 测量中提取出的热力学冻结温度为 120 ~ 140 MeV(图 15.6)，而通过拟合统计模型得到化学冻结温度约为 170 MeV。

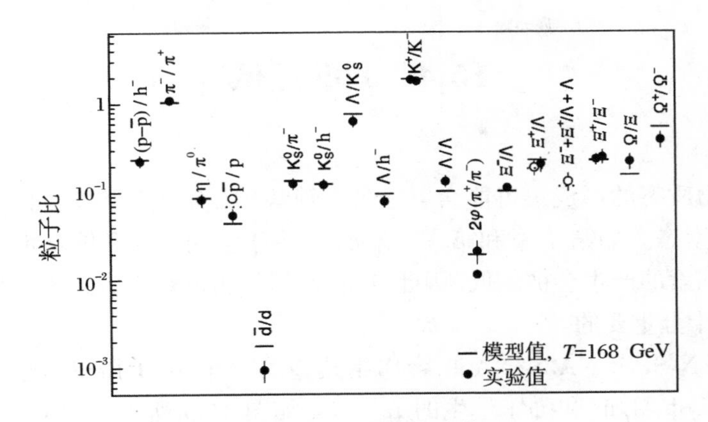

图 15.7　强子丰度比值

图中比较了化学平衡模型的计算结果 (垂直误差棒) 和实验测量结果 (实心圆圈)

(Braun-Munzinger, et al., 1999)

更低束流能量下的重离子碰撞实验中也做了类似的分析: 图 15.8 中画出了实验提取的参数, 图中还给出了强子相与 QGP 物质相的理论预言边界。我们注意到, CERN-SPS 实验中获取的数据点非常接近两相边界, 考虑到碰撞的时空演化, 在达到化学平衡之前系统可能已经短时间越过了这一相边界 (Braun-Munzinger, et al., 1999)。

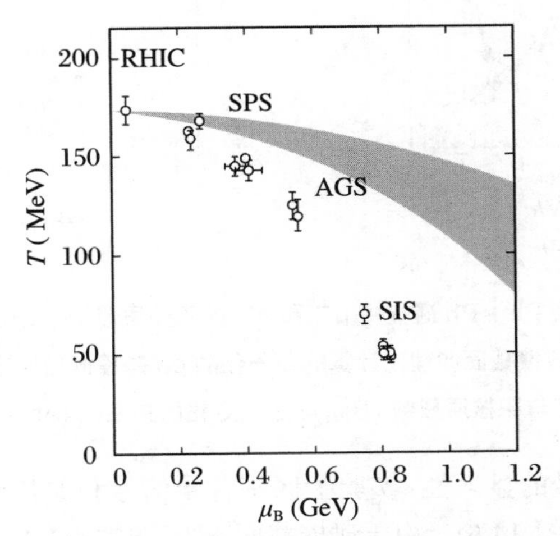

图 15.8　SIS、AGS、SPS 和 RHIC 实验中由强子化学平衡提取的温度和重子化学势

图中阴影区域表示理论预期的强子相和夸克胶子等离子体相的边界

15.4 J/ψ 压低

QGP 物质态的形成很可能会屏蔽色束缚势, 从而阻止粲夸克和反粲夸克形成粲夸克偶素态。如第 7 章和第 14 章所述, 由于空间尺寸和屏蔽半径之间的关系, 粲夸克偶素的产生会被压低, 因此 J/ψ 产额的测量对于研究夸克胶子等离子体的性质是十分重要的。

在 CERN-SPS, NA38/NA50 合作组建造了一个 μ 子谱仪, 测量了矢量介子衰变(ρ, ω, ϕ, J/ψ 和 ψ′) 产生的 μ 子对, 如图 15.9 所示; 具体见表 7.1 和表 7.2。人们还系统测量了 pp、pA 和 AA 碰撞中的 μ 子对 (比如 pp, p+d, p+Cu, p+Ta, O+U 等)。

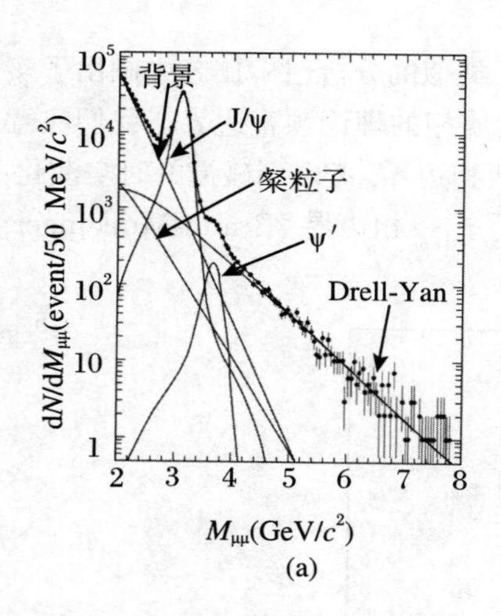

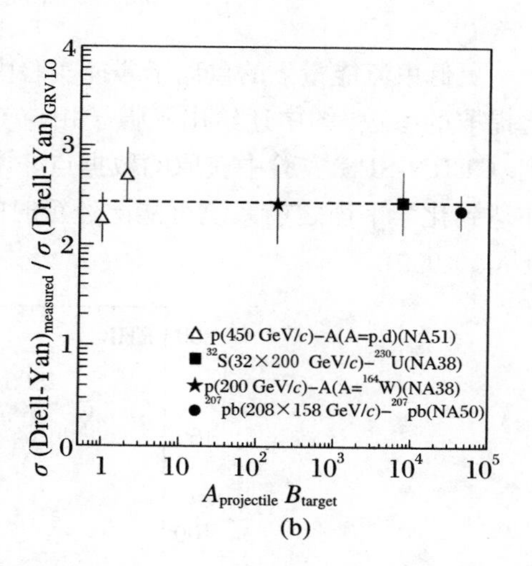

图 15.9 (a) 158*A*GeV/*c* Pb+Pb 碰撞中 μ^+ 和 μ^- 的不变质量谱 (Abreu, et al., 1999); (b) Drell-Yan 碰撞截面和理论计算的归一化的 pp 碰撞截面的比值随着射弹核质量数 (A_{proj}) 与靶核质量数 (B_{targ}) 之积变化的关系图 (Abreu, et al., 1996)

为了提取出信号的显著性, 实验上区别背景信号和原初硬碰撞即 Drell-Yan 过程是非常重要的 (图 14.6)。由于碰撞截面 $\sigma_{\text{DY}}^{\text{pp}}$ 非常小, $A_{\text{proj}}+B_{\text{targ}}$ 的碰撞总截面可以由以下公式给出:

$$\sigma_{\text{DY}}^{\text{AB}} = A_{\text{proj}} B_{\text{targ}} \sigma_{\text{DY}}^{\text{pp}} \tag{15.4}$$

式中 A_{proj} 和 B_{targ} 分别是射弹核和靶核的质量数 ((14.36) 式), 图 15.9(b) 描述了 Drell-Yan 碰撞截面和理论计算的归一化的 pp 碰撞截面的比值, 从图中可以看出, 在 pp, p+D, p+W, S+U 和 Pb+Pb 碰撞中, 这一比值保持为一常数, 因此在这些碰撞中的 Drell-Yan 过程的反应率是相同的, (15.4) 式可以用于在不同的碰撞系统间进行系统的比较。

图 15.10(a) 展示了 J/ψ 与 Drell-Yan 碰撞截面的比值 $\sigma_{J/\psi}/\sigma_{DY}$。作为中心度的量度, L(射弹/靶核中 $c\bar{c}$ 夸克对的平均自由程) 被取为图中的横坐标。从图中可以看出, 从 pp 碰撞到 S+U 对心碰撞, 这一比值单调递减, 然而 Pb+Pb 碰撞的结果明显偏离这一趋势。图中实线是由指数函数 $\exp(-\rho_{\text{nm}}\sigma_{\text{abs}}L)$ 来对数据中单调递减行为拟合的结果, 其中 $\rho_{\text{nm}}=0.16\ \text{fm}^{-3}$ 是普通核密度, σ_{abs} 是吸收截面。从指数拟合的结果可以得出, 吸收截面为 6.2 ± 0.7 mb, 这被解释为核物质中 $c\bar{c}$ 被普通核吸收的效应 (Kharzeev, et al., 1995)。在对心 Pb+Pb 碰撞中, 高达到 70% 的压低是一种反常现象。

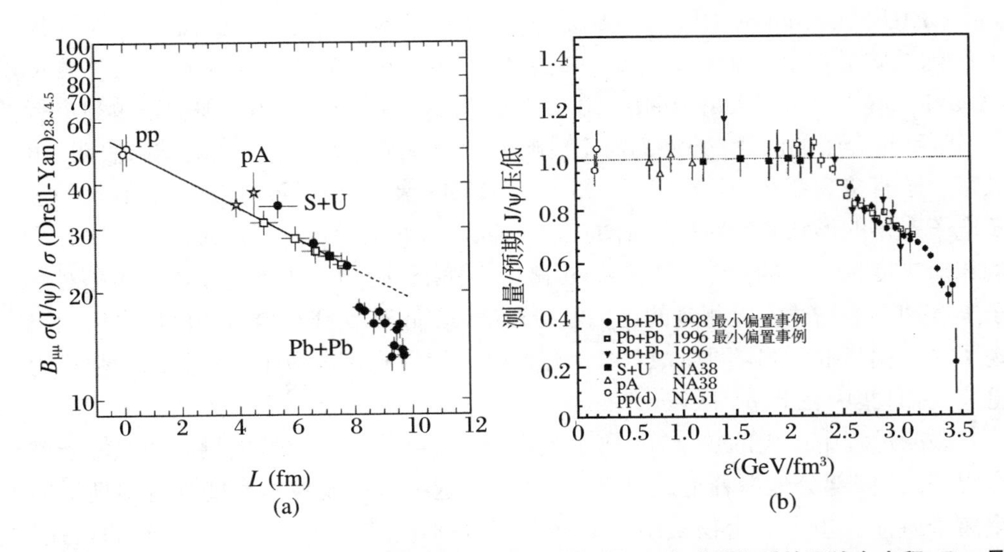

图 15.10 (a) 比值 $\sigma_{J/\psi}/\sigma_{DY}$ 对 L 的依赖关系, 其中 L 是 $c\bar{c}$ 穿过核物质的平均自由程; $B_{\mu\mu}$ 是 $J/\psi\to\mu^+\mu^-$ 的衰变分值比 (Abreu, et al., 1999); (b) 由普通核吸收效应归一化之后的 J/ψ 产额随着能量密度 ε 的变化关系 (Abreu, et al., 2000)

图 15.10(b) 是反常压低的具体细节, 图中画出了比值 $\sigma_{J/\psi}/\sigma_{DY}$ 除以正常核吸收之后随着能量密度 ε 的变化关系, 其中 ε 是由 Bjorken 公式((15.1) 式) 计算得到的。 Pb+Pb 碰撞中 J/ψ 产额首先在能量密度为 $2.3\ \text{GeV}\cdot\text{fm}^{-3}$ 时出现压低, 之后在约 $3.1\ \text{GeV}\cdot\text{fm}^{-3}$ 附近出现了更强的压低现象。产额突然变化是否和夸克解禁闭相关或者其他原因, 目前人们还不完全清楚。在实验上测量粲粒子总

产额, 并查明 J/ψ 粒子产额对总产额的分支比是否在能量密度高于某个临界值后改变, 对于解决粲偶素产额反常是十分重要的。

15.5 低质量双轻子产额增强

电磁探针的平均自由程远大于重离子碰撞的反应发生尺度, 因此, 它们携带了包括初期在内的碰撞各个阶段的信息。通过双轻子衰变来研究矢量介子 (见表 H.2 和表 7.2), 尤其是研究寿命为 $1\sim 2$ fm/c 的 ρ 介子的衰变是一个非常有力的探针, 这是因为 ρ 介子在反应区间内发生双轻子衰变, 衰变产生的双轻子携带着衰变发生时刻的周围介质的信息。

CERES(Cerenkov Ring electron pair Spectrometer) 合作组建造了一个谱仪来优化低质量正负电子对的测量, 并实现对 p + Be, PA 和 AA 碰撞实验的测量 (Agakichiev, et al., 1998, 1999)。在 p + Be[①] 和 p + Au 碰撞中, 他们还单独进行了 π^0 和 η 介子的测量, 并将其与正负电子对单举测量进行了比较。结果表明, 由矢量介子直接衰变和中性介子 π^0 和 η 的 Dalitz 衰变能很好地描述实验测量的正负电子对谱的形状和绝对产额 (图 15.11(a))。 p + Be 和 p + Au 碰撞中这些介子的相对丰度是一样的, 然而, Pb + Au 碰撞中, 由相同的衰变机制和相同的相对介子丰度却不能描述实验测量的正负电子对谱: 在低于 ρ 介子质量峰的质量区间出现了一个明显的增强 (图 15.11(b)), 并且这一增强比带电粒子多重数的增强更为迅速, 并且集中在低 p_{T} 区域。

碰撞过程中产生的热 π 介子的湮灭 ($\pi+\pi\to e^+e^-$) 对低质量区间双轻子谱有贡献, 这能部分地解释低质量区间的增强, 这一湮灭现象本身能强有力地证明重离子碰撞产生了热密物质, 然而 ππ 湮灭并不能完全解释双轻子产额的增强。7.2.5 节和 7.3 节讨论的矢量介子衰变也许可以解释剩下的双轻子产额增强, 但是仍然需要更进一步的理论分析来证实这一结论 (Rapp and Wambach, 2000; Gale and Haglin, 2004)。

① 相对于入射核子的平均自由程来讲, Be 核比较薄, p+Be 碰撞可以较好地近似为 pp 或 pn 碰撞。

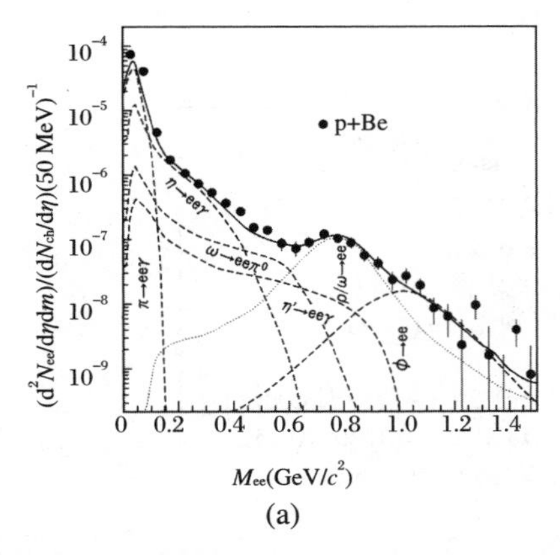

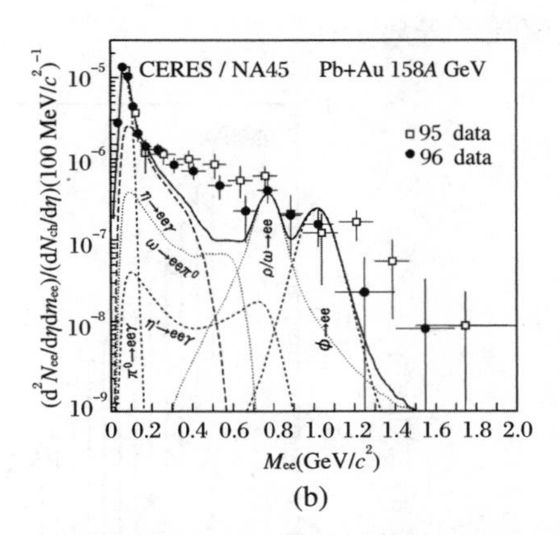

图 15.11 (a) **450 GeV/cp + Be** 碰撞中 e^+e^- 的单举不变质量谱, 实线表示强子衰变的 e^+e^- 产额, 虚线是各粒子单独衰变的贡献 (Agakichiev, et al., 1998); (b) **158A GeV** Pb+Au 碰撞中测量的 e^+e^- 质量谱, 图中实线表示由 p + Be 或 p + Au 碰撞数据标度之后得到的强子衰变的 e^+e^- 产额 (Agakichiev, et al., 1999)

15.6 直生光子的测量

直生光子产生的测量同样被认为能够提供碰撞过程的重要信息, 因为假如热密物质如 QGP 存在的话, 那么一定会发生光子热发射。在约几个 GeV 的中间 p_{T} 区间能观察到热化的 QGP 产生的直生光子增强, 而在高 p_{T} 范围, 由初始硬碰撞产生的光子占主导。

实验上直生光子测量是一项非常困难的任务, 原因是存在着大量来自于强子衰变的背景光子, 比如 $\pi^0 \to \gamma\gamma$ 以及 $\eta \to \gamma\gamma$。因此, 只有经过精细地比较总光子谱和来自于强子衰变的背景光子谱, 才能提取出直生光子。图 15.12 是 158A GeV Pb + Pb 对心碰撞中首次测量到的直生光子谱 (Aggarwal, et al., 2000)。在这个实验中, π^0 和 η 是通过它们的 $\gamma\gamma$ 衰变来重建的, 它们约占总背景的 97%。图 15.12 还展示了由平均核子-核子碰撞数标度的 pA 碰撞中光子的产额, Pb + Pb 碰撞中观察得到的谱形状与 pA 碰撞类似, 但是在 $p_{\mathrm{T}} > 2$ GeV/c 范围绝对产额增强。在更小的碰撞系统中也做过类似的尝试, 比如在 200A GeV^{32}S + Au 碰撞中没有出现明显的增强 (Albrecht, et al., 1996), 这可能是另一个证明 CERN-SPS 产生了热密物质的证据, 然而仅仅由这一数据还不能证明产生的物质是 QGP 还是热密强子等离子体。

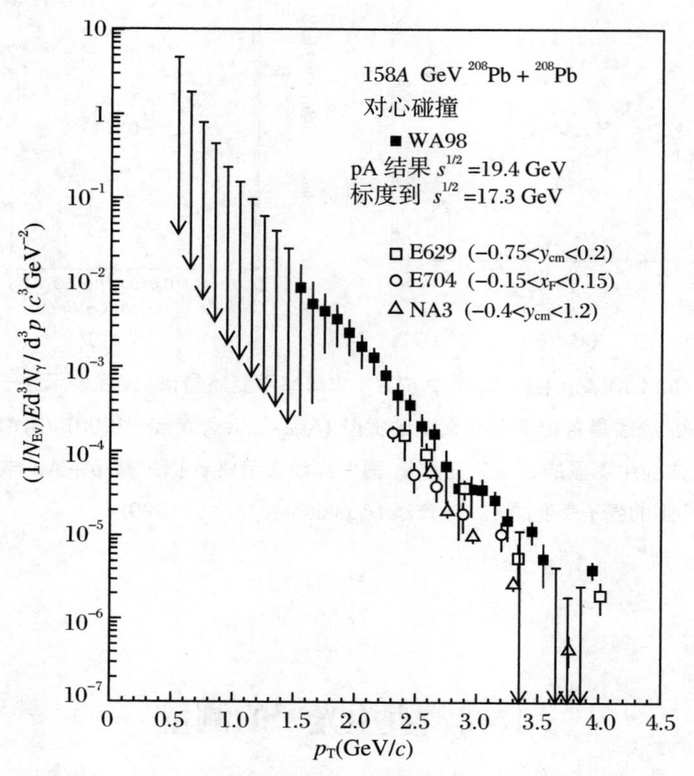

图 15.12　158A GeV Pb + Pb 对心碰撞中测量到的直生光子多重数 (实心方框) 与 pA 碰撞 (空心符号) 的比较 (Aggarwal, et al., 2000)

向下的箭头表示上限，N_γ 和 N_{Ev} 分别是光子数和对心碰撞事例数

第 16 章　相对论重离子对撞机 (RHIC) 的早期结果

位于美国布鲁克海文国家实验室的相对论重离子对撞机 (RHIC)(Hahn, et al., 2003) 是世界上第一个专用的重离子对撞机, 建成于 2000 年, 从 2001 年开始为科学家提供了满能量的重离子束流。

在这一章里, 我们将介绍相对论重离子对撞机 RHIC 上最初三年实验所取得的一些结果[①], 这些实验结果表明, 在实验过程中一种强相互作用的高温高能量密度的部分子物质已经形成。现在, 这一研究领域发展非常快, 有兴趣的读者可以通过网络搜寻最新的进展[①]。

16.1　RHIC 上重离子加速与对撞

相对论能量的重离子束流不能通过单个加速器加速得到, 而只能通过一系列加速器一步步加速的方式来得到。在 RHIC 装置上, 重离子被注入对撞机之前是通过范德格拉夫串列静电加速器 (Tandem Van de Graaff), 增强器 (the Booster Synchrotron), 交变梯度同步加速器 (Alternating Gradient Synchrotron, AGS) 预加速的, 如图 16.1 和图 15.1(a) 所示。

为了加速一束金原子核, 我们先通过脉冲溅射离子源得到带负电的金离子,

---

① 更多详细的介绍可以参看 BNL-Report Hunting the Quark Gluon Plasma. (BNL-73847-2005)。也可以参看 Adams, et al.(2005), Adcox, et al.(2005), Arsene, et al.(2005) 以及 Back, et al.(2005b)。

① 例如, http://www.bnl.gov/rhic。

然后利用第一级的范德格拉夫串列静电加速器进行加速, 在这里部分核外电子被位于内部高压终端的箔片剥离; 随后带正电的金离子通过第二级装置加速到每核子 1 MeV。这些带正电的离子通过一条 540 m 的传输线传输到带有射频电场的增强器 (the Booster Synchrotron) 中。同时金离子被分成三束团并加速到每核子 78 MeV。在增强器出口一端的箔片会剥离所有核外电子, 然后将其注入交变梯度同步加速器 (Alternating Gradient Synchrotron, AGS) 中, 在这里三束团金离子被加速到能够注入 RHIC 环的能量, 即每核子 10.8 GeV。随后三束金离子被注入两条 3.834 km 的 RHIC 环中。这两条 RHIC 环分别被称为蓝环和黄环 (图 16.2), 离子在两条环中具有相反的运动方向。通过重复这个过程, 每个环可以存储 60 个金离子束团, 每个束团包含约 10^9 个金离子, 只需要几分钟我们就可以填充两个环。

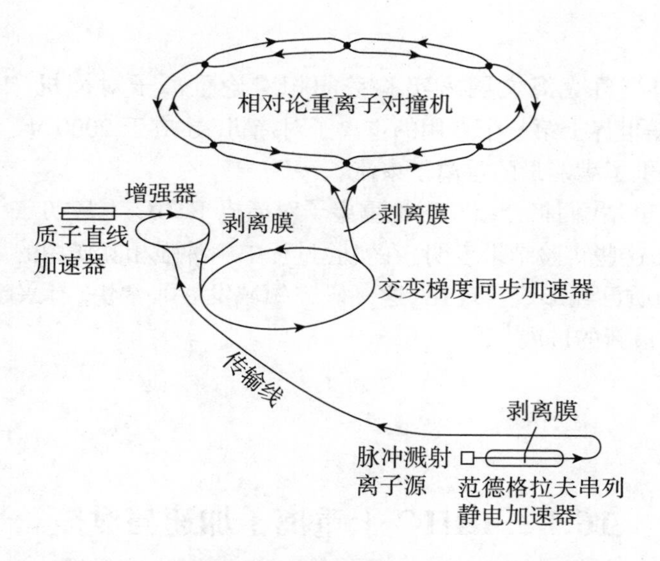

图 16.1 相对论重离子对撞机 RHIC 的加速器示意图

金原子核束流通过不同的加速器逐级加速: 范德格拉夫串列静电加速器 (Tandem Van de Graaff), 增强器 (the Booster Synchrotron), 交变梯度同步加速器 (Alternating Gradient Synchrotron, AGS) 和相对论重离子对撞机 (RHIC), 也可以参照图 15.1(a)

RHIC 束流环是建设在同一水平面上的两个非圆形同心超导磁铁环, 两个环在六个不同的位置相互交叉。每个环包含三个内侧圆弧和三个外侧圆弧, 六个交叉区域分别位于这些圆弧间 (图 16.3)。在每个束流管中通过 396 块超导二极磁铁和 492 块超导四极磁铁将离子束流引导和聚焦在明确的轨道上, 其他的用于修正的磁铁一共有 1740 块。RHIC 利用一个功率为 24.8 kW 的超大冷冻系统提供的循环超临界氦, 这些磁铁被冷却到低于 4.6 K 来用于工作。

从 AGS 注入的能量为 10.8A GeV 的离子束团通过位于射频腔内的电场加速。每个束流环中有两个这样的射频腔。在离子能量增加的同时, 束流环内的磁场强度也要相应增加, 在弧点的偶极磁铁附近磁场强度最高要达到 3.5 T, 这对应 RHIC 上离子所能达到的最高能量要求的磁场强度, 即金离子可达到每原子核 100 GeV, 质子可达到 250 GeV。离子可以在环中储存一个周期 6 ~ 12 小时, 离子束团可以在环中 6 个交叉点进行对撞, 这样我们就可以进行全能量下的实验了。

图 16.2　RHIC 上的加速环

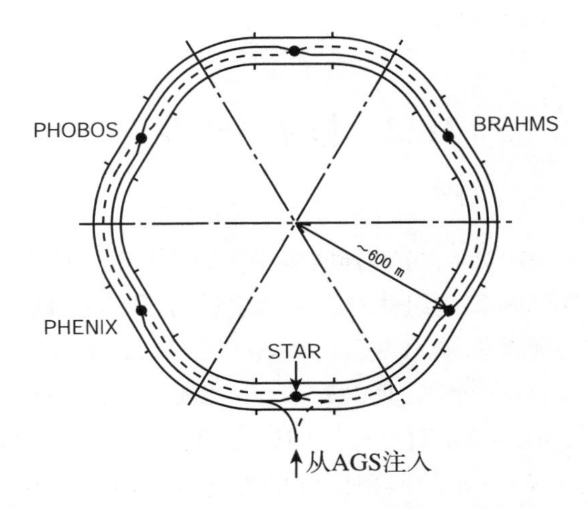

图 16.3　RHIC 加速器环和实验组 (Hahn, et al., 2003)

RHIC 的周长约为 3.8 km, 包含 6 段圆弧和 6 个交叉点; 四个实验组分别位于 6 点位置 (STAR)、8 点位置 (PHENIX)、10 点位置 (PHOBOS) 和 2 点位置 (BRAHMS)

碰撞率和碰撞能量是描述一个加速器性能的重要参数; 碰撞发生率越高, 统计量越高, 稀有事件就越容易获得。我们经常用“亮度”(luminosity)来描述对撞机的碰撞发生率, 用 $\mathcal{L}$ 表示。碰撞截面为 σ 的事件碰撞发生率 N 可以表示为

$$N = \mathcal{L}\sigma \tag{16.1}$$

当循环的束团到达碰撞点时,

$$\mathcal{L} \propto \frac{N_1 N_2}{S} \tag{16.2}$$

式中 $N_{1(2)}$ 和 S 分别表示每个束团的粒子个数和束团的有效尺寸①。因此, 每个束团内粒子个数越多, 束团聚焦越好, 碰撞发生率就越高。对于全能量运行下的 Au + Au 碰撞, RHIC 的亮度设计指标为 $2\times10^{26}\ \mathrm{cm}^{-2}\cdot\mathrm{s}^{-1}$。

由于束团之间以及束团与环内残余气体不断发生碰撞, 束团之间的碰撞发生率会逐渐降低。为了保持碰撞发生率, 每 $6\sim8$ 个小时就要重复一次这样的加速过程, 并且保持束流管道的高度真空 (10^{-10} hPa), 以减少束流的碰撞损失。

两个彼此独立束流环的设计使得运行过程具有很大的灵活性。例如, 我们可以进行不同种类离子的对撞, 能够以相同节奏独立调节两个束流环的偏转磁场使之作用于不同动量的束流。通过研究不同种类和不同碰撞能量离子之间的对撞, 实验家可以深入理解复杂的高能碰撞和夸克胶子等离子体的形成 (一个典型的例子, 参见图 16.8)。

16.2 粒子的产生

在早期的 Au$(A=197)$ + Au 碰撞实验中, 人们就已经测量了不同能量下的粒子产生。例如, PHOBOS 实验组就对强子产生进行了广泛而系统的测量, 图 16.4 给出了每对核子质心碰撞能量 ($\sqrt{s_{\mathrm{NN}}}$) 为 19.6 GeV、130 GeV 和 200 GeV 下带电粒子的赝快度 $\mathrm{d}N_{\mathrm{ch}}/\mathrm{d}\eta$ 分布 (Baker, et al., 2003; Back, et al., 2003b)。从图中我们可以看到, 在 Au + Au 对心碰撞的中心快度区域, 19.6 GeV、130 GeV 和 200 GeV 能量下的 $\mathrm{d}N_{\mathrm{ch}}/\mathrm{d}\eta$ 的典型值分别为 350、575 和 650。因为 PHOBOS 探测器具有较大的快度覆盖范围, 所以几乎在碰撞的全部范围内都能测量到 $\mathrm{d}N_{\mathrm{ch}}/\mathrm{d}\eta$。从图上我们还可以看到, 在较高能量下, 快度的密度变大, 并且分布变得较宽。

① 对于固定靶实验, $\mathcal{L} = N_{\mathrm{beam}} N_{\mathrm{target}} D\sigma_{\mathrm{tot}}$, 这里 N_{beam}、N_{target}、D 分别是单位时间的束团中粒子的个数、单位体积内靶原子核个数和靶厚度。

人们发现, 快度分布的尾部不依赖于碰撞能量: 如果将分布写成 $y' = y - y_{\mathrm{beam}}$ 的函数 (y_{beam} 表示束流快度), 我们发现在 $y' \sim 0$ 附近, 分布是完全一致的。这种远离中心快度区域粒子产生的特征被称为极限碎裂(Benecke, et al., 1969)。在足够高的能量下, 人们认为粒子产生会达到一个极限值, 并且在 $y' \sim 0$ 附近不依赖于碰撞能量。值得注意的是, 就算在 RHIC 的能量下, 中间平台区域和碎裂区域还是不容易分开的, 所以在这里简单地应用 Bjorken 图像是不合适的。

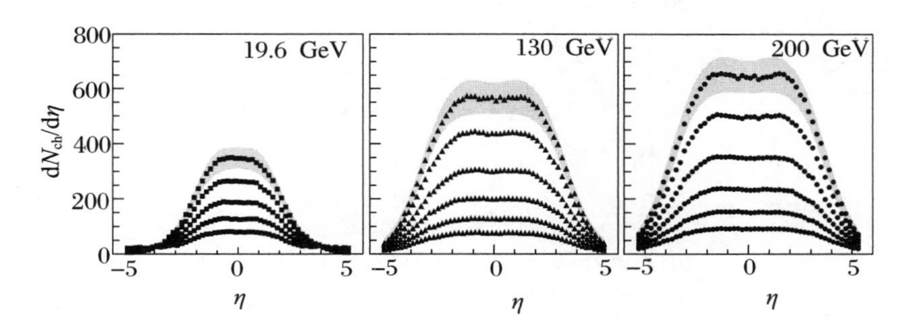

图 16.4　$\sqrt{s_{\mathrm{NN}}}$ 为 19.6 GeV、130 GeV 和 200 GeV 的 Au + Au 碰撞中带电粒子的赝快度分布, $\mathrm{d}N_{\mathrm{ch}}/\mathrm{d}\eta$, 碰撞中心度为 0 ~ 6%、6% ~ 15%、15% ~ 25%、25% ~ 35%、35% ~ 45% 以及 45% ~ 55%

阴影部分表示典型的统计误差 (Baker, et al., 2003; Back, et al., 2003b)

通过对测量到的 $\mathrm{d}N_{\mathrm{ch}}/\mathrm{d}\eta$ 分布做积分, 我们可以得到总带电粒子多重数随碰撞中心度变化的函数。这就为研究粒子的产生机制提供了重要线索。此处的碰撞中心度是通过参与碰撞核子数来表征的, 其大小由 17.3 节描述的方法对每一次碰撞做计算。图 16.5 描述了总带电粒子多重数对参与反应核子对数 $\langle N_{\mathrm{part}}/2\rangle$ 归一化之后随参与碰撞核子数 N_{part} 的变化关系 (Back, et al., 2003c)。从图上我们可以清晰地看出, 从边缘碰撞(小的 N_{part}) 到对心碰撞 (大的 N_{part}), 归一后的总带电粒子多重数几乎是常数。也就是说, 平均每核子产生的粒子多重数都是相同的。我们通常把参与碰撞的核子称为受损核子, 而粒子产生的这个特性也就是从质子-原子核碰撞和 π 介子-原子核碰撞中得到的受损核子模型(Busza, et al., 1975)。

从图 16.5 中可以清楚地看到, 受损核子模型在相对论重离子碰撞下依然适用。不过, 通过仔细比较我们还是可以看到, 在较高能量下 (130 GeV 和 200 GeV)$N_{\mathrm{ch}}/\langle N_{\mathrm{part}}/2\rangle$ 随 N_{part} 的变化有稍微上升的趋势。从图 16.6(a) 我们可以看到, 这种变化趋势在中心快度区间更容易看到。图 16.6(a) 画出了 $\eta < 0.35$ 的区域用 $N_{\mathrm{part}}/2$ 归一化的带电粒子多重数随 N_{part} 的变化 (Adcox, et al., 2001); pp 和 $\mathrm{p\bar{p}}$ 的数据也画出以资参考。观测到粒子产生的中心度依赖不是简单地正

比于 N_{part}, 而是从 $\mathrm{p\bar{p}}$ 到 $N_{\mathrm{part}} \sim 150$ 的范围内急剧地上升, 然后随着 N_{part} 缓慢上升。

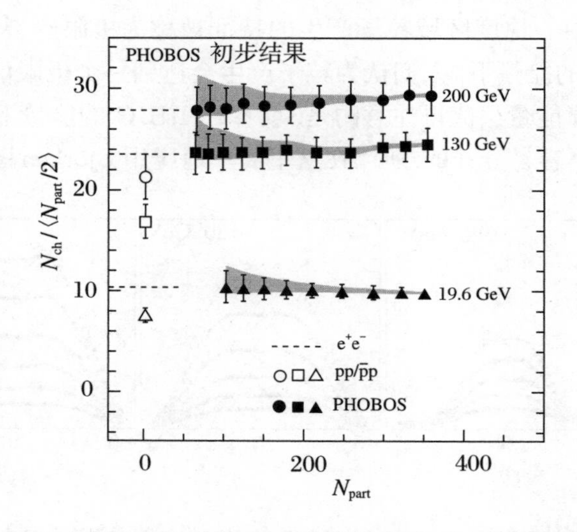

图 16.5 用 $\langle N_{\mathrm{part}}/2\rangle$ 归一化之后的总带电粒子多重数随 N_{part} 的变化关系 (Back, et al., 2003c)

数据来自于 $\sqrt{s_{\mathrm{NN}}}$ 为 19.6 GeV、130 GeV 和 200 GeV 的 Au + Au 碰撞

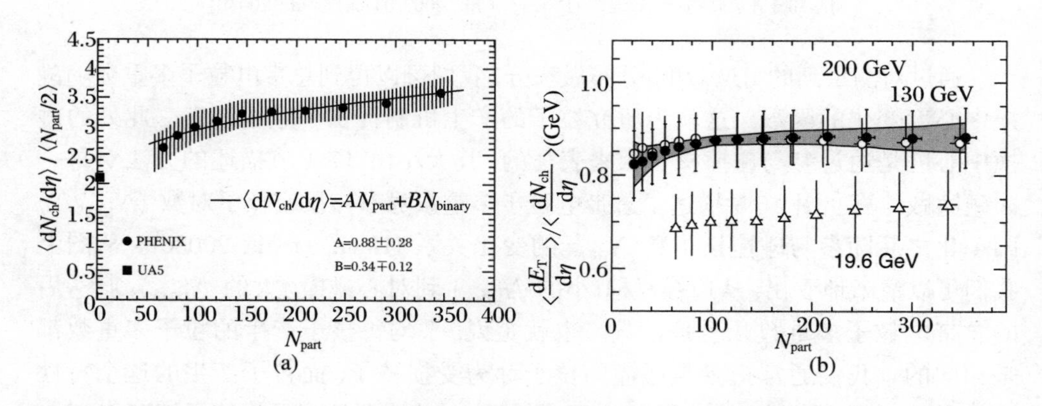

图 16.6 (a) Au + Au 130 GeV 碰撞下中心快度 ($|\eta| < 0.35$) 区间, 用 $\langle N_{\mathrm{part}}\rangle/2$ 归一化的带电粒子多重数密度 (Adcox, et al., 2001); **(b) Au + Au 19.6 GeV、130 GeV 和 200 GeV 碰撞下 $\langle \mathrm{d}E_{\mathrm{T}}/\mathrm{d}\eta\rangle/\langle \mathrm{d}N_{\mathrm{ch}}/\mathrm{d}\eta\rangle$ 随 N_{part} 的变化关系** (Adcox, et al., 2005)

N_{part} 标度律偏离的一个可能的原因是高能碰撞下硬过程产生粒子带来的效应, 如 13.2 节所述。如果说软过程粒子产生是正比于 N_{part} 的, 那么硬过程粒子产生可以用基本核子-核子碰撞数 (两体碰撞)N_{binary} 来标度。在 10.5 节已经描述过, N_{part} 和 N_{binary} 可以用 Glauber 模型计算。图 16.6(a) 中的实线是用下面公

式来拟合的:

$$\frac{\mathrm{d}N_{\mathrm{ch}}}{\mathrm{d}\eta}=A\cdot N_{\mathrm{part}}+B\cdot N_{\mathrm{binary}} \tag{16.3}$$

从拟合得到的 A 和 B 的值我们可以看出, 在对心碰撞下硬过程具有较大的贡献。然而这可能并非唯一解释, 还需要进一步研究。

除了带电粒子多重数, 实验还测量了横向能量 E_{T}; 测量发现横向能量变化的总趋势和带电粒子多重数非常相似。图 16.6(b) 给出比值 $\langle\mathrm{d}E_{\mathrm{T}}/\mathrm{d}\eta\rangle/\langle\mathrm{d}N_{\mathrm{ch}}/\mathrm{d}\eta\rangle$ 随 N_{part} 变化的曲线 (Adcox, et al., 2005)。这个比值约为 0.8 GeV, 表明每个末态粒子的横向能量随碰撞能量的增加没有明显的上升。每个粒子的平均横向质量可用下式给出:

$$\langle m_{\mathrm{T}}\rangle=\frac{\langle\mathrm{d}E_{\mathrm{T}}/\mathrm{d}\eta\rangle}{\langle\mathrm{d}N/\mathrm{d}\eta\rangle}\simeq\frac{\langle\mathrm{d}E_{\mathrm{T}}/\mathrm{d}\eta\rangle}{\frac{3}{2}\langle\mathrm{d}N_{\mathrm{ch}}/\mathrm{d}\eta\rangle}\approx 0.5\ \mathrm{GeV} \tag{16.4}$$

注意, 在 (16.4) 式中 $N(N_{\mathrm{ch}})$ 表示碰撞产生的总 (带电) 粒子数, 并且我们假设 $N\simeq(3/2)N_{\mathrm{ch}}$。

图 16.7 给出了中心快度区间 ($|\eta|<1$) 的带电粒子多重数随碰撞能量变化的关系, 并且与 p$\bar{\mathrm{p}}$ 及 AA 碰撞的结果进行了比较 (Back, et al., 2002)。从图中可以看出, 在一个较宽的碰撞能量区间, 带电粒子多重数随 $\sqrt{s_{\mathrm{NN}}}$ 近似指数上升。RHIC 实验 200 GeV 的 Au + Au 碰撞中产生的带电粒子多重数约为 SPS 实验 17 GeV 的 Pb + Pb 碰撞的两倍。还可以看到, 在相同碰撞能量下 Au + Au 对心碰撞中每对核子碰撞产生的带电粒子多重数明显多于 p$\bar{\mathrm{p}}$ 碰撞。对于归一之后的带电粒子多重数的能量演化, 核-核对心碰撞的结果与 p$\bar{\mathrm{p}}$ 碰撞的结果也是不同的。

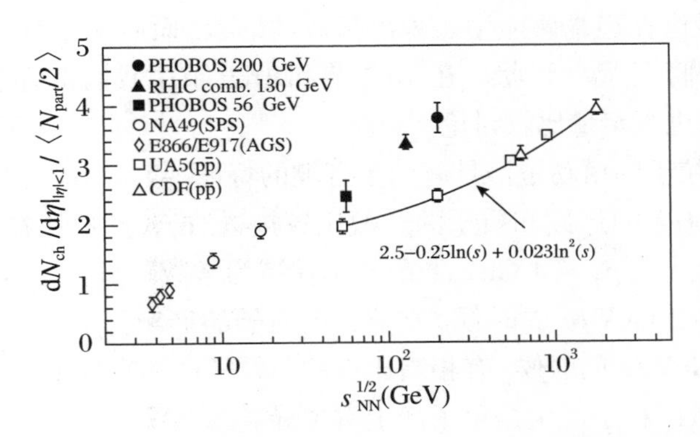

图 16.7 利用 $\langle N_{\mathrm{part}}/2\rangle$ 归一化的中心快度区间 ($|\eta|<1$) 的带电粒子多重数 (Back, et al., 2002), 并与不同能量下核-核对心碰撞和 p$\bar{\mathrm{p}}$ 碰撞的结果进行了比较

实线是对 p$\bar{\mathrm{p}}$ 的测量结果进行的拟合

结合带电粒子多重数和粒子平均横能量的测量，碰撞系统所能达到的能量密度 ε_0 可以用 Bjorken 公式 (11.81)来计算：

$$\varepsilon_0 = \frac{1}{\pi R^2 \tau_0} \left. \frac{\mathrm{d}E_\mathrm{T}}{\mathrm{d}y} \right|_{y \simeq 0} \tag{16.5}$$

Au + Au 200 GeV 碰撞时，在 $\tau_0 = 1(0.5)$ fm 时刻可以得到 $\varepsilon_0 \sim 4(7)\ \mathrm{GeV \cdot fm^{-3}}$。这相比于临界能量密度 $\varepsilon_\mathrm{crit} \sim 1$ GeV((3.51) 和 (3.64) 式) 要高很多，所以 RHIC 产生的物质能量密度可能远高于夸克胶子等离子体产生的阈值。

16.3 横动量分布

在相同碰撞能量下，AA 碰撞中产生的横向能量密度和粒子多重数远大于 $\mathrm{p\bar{p}}$ 碰撞的结果。较低能量下的重离子碰撞也有类似行为。在第 13 章我们也提过，测量可鉴别的强子可以为研究反应动力学提供深层的信息。图 16.8 给出了 200 GeV Au + Au 碰撞下中心快度区域的横动量谱。图 16.8(a) 给出的是用磁谱仪测量的 $\pi^\pm$、$\mathrm{K}^\pm$、p 和 $\bar{\mathrm{p}}$ 横动量谱，图 16.8(b) 给出的是用电磁量能器测量的 π^0 横动量谱。由于实验条件的限制，每一种粒子的动量区间是不同的。图中还比较了边缘碰撞和对心碰撞下的横动量谱，这对于理解重离子效应是非常有用的，因为在相同能量下边缘碰撞和核子-核子碰撞是非常相似的。

π 介子的横动量谱在中心和边缘碰撞中都表现出一个凹形的结构。K 介子和质子的横动量谱在边缘碰撞中表现出指数的形状，而质子在对心碰撞下表现出一种所谓的“肩膀-胳膊”形状。在 16.7 节和 16.9 节中我们将对中心和边缘碰撞横动量谱的结果进行定量比较讨论。

可以发现，粒子的横动量谱具有两个有趣的特征。

(1) 反质子 ($\bar{\mathrm{p}}$) 的产额和质子的产额比较接近，$\bar{\mathrm{p}}/\mathrm{p}$ 产额比在 $0.7 \sim 0.8$ 附近并且直到横动量升到 $p_\mathrm{T} \sim 4$ GeV/c 前基本保持为常数。

(2) 在 $p_\mathrm{T} \sim 2$ GeV/c 的时候，质子和反质子的产额与 π 介子的产额比较接近。当 $p_\mathrm{T} > 2$ GeV/c 的时候，有相当比重的总粒子产额来自于重子 (质子和反质子)。在高横动量区粒子产生是重子产生占主导。

为了理解这些特征，在图 16.9 中我们给出了对心碰撞 ($0 \sim 5\%$)、半对心碰撞 ($20\% \sim 30\%$) 以及边缘碰撞 ($60\% \sim 92\%$) 下 p/π 和 $\bar{\mathrm{p}}/\pi$ 的产额比随横动量的

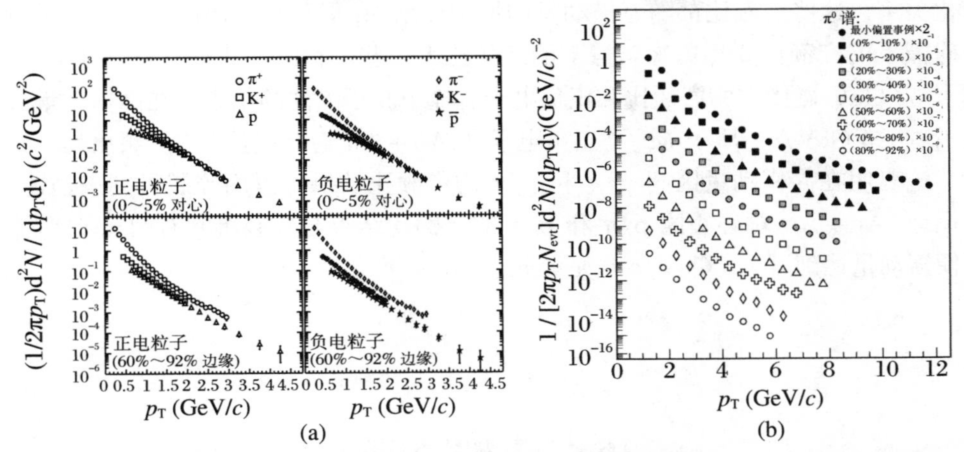

图 16.8 (a) Au＋Au 200 GeV 碰撞下中心快度区间测量得到的带电 π 介子、K 介子、质子的横动量谱 (左边是带正电粒子, 右边是带负电粒子)(Adler, et al., 2004a), 上面两张图表示的是对心碰撞 (0～5%) 的横动量谱, 下面两张图表示的是边缘碰撞 (60%～92%) 的横动量谱; (b) Au＋Au 200 GeV 碰撞下中心快度区间测量得到的 π^0 介子的横动量谱 (Adler, et al., 2003a), 对心碰撞和边缘碰撞的结果也进行了比较

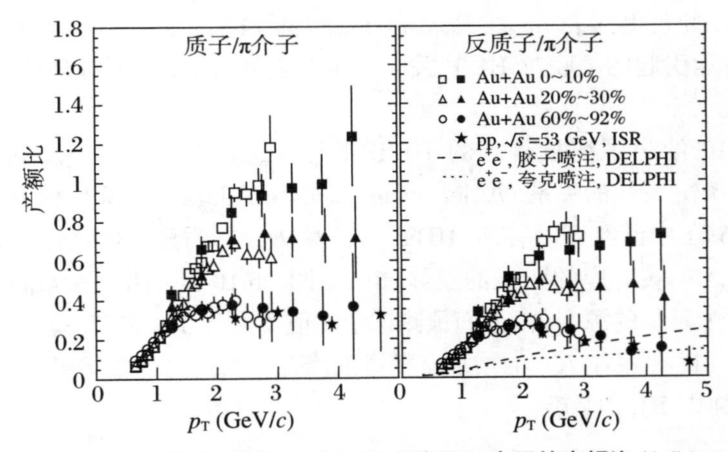

图 16.9 Au＋Au200 GeV 碰撞下质子 /π 介子和反质子 /π 介子的产额比 (Adler, et al., 2003c), 并比较了对心碰撞 (0～5%)、半对心碰撞 (20%～30%) 以及边缘碰撞 (60%～92%) 的结果

空心 (实心) 点是 $\pi^{\pm}(\pi^0)$; 五角星是质子-质子 53 GeV 碰撞的结果;

虚线和点线分别表示胶子喷注和夸克喷注中反质子/π 介子的产额比

变化关系。这些产额比都随着横动量的增加而增加, 但是会慢慢饱和。饱和时对心碰撞下的产额比要比边缘碰撞下的产额比大一些。在图中我们还给出了质子-质子 53 GeV 碰撞中的产额比和正负电子碰撞中胶子喷注的结果。在高横动量区间 ($p_{\mathrm{T}} > 3$ GeV/c), 质子-质子、正负电子和 Au + Au 边缘碰撞[①]的产额比是一致的。这表明在高横动量区间 p/π 和 $\bar{\mathrm{p}}$/π 的产额比结果可以用碎裂机制来描述。相反地, Au + Au 对心碰撞 p/π 和 $\bar{\mathrm{p}}$/π 的产额比结果与碎裂机制有明显的差别, 即便横动量达到 $4 \sim 5$ GeV/c 也是如此。

16.4 HBT 关联

因为大尺寸的粒子发射源或长寿命的粒子发射现象是 QGP 形成的信号 (见 14.1.5 节), 所以 RHIC 实验测量了 HBT 两粒子关联 (Adler, et al., 2001b)。为了提取三维的源信息, 我们对侧方向、外方向和纵方向的相对动量关联进行了多维高斯拟合, 并且得到了 R_{side}、R_{out} 和 R_{long}(见 14.1.5 节)。在实验上, 由粒子之间的库仑排斥引起的关联对 HBT 关联有重要贡献, 因此必须对测量结果进行小心的修正。

图 16.10 给出了测量得到的 HBT 半径 R_{side}、R_{out} 和 R_{long} 随动量之和 $K_{\mathrm{T}} = k_{1\mathrm{T}} + k_{2\mathrm{T}}$ 变化的关系 (Adler, et al., 2004b; Adams, et al., 2004d)。从 SPS 实验 (图 15.5) 中已经可以看到, HBT 半径对 K_{T} 有明显的依赖性, 这表明系统存在与 (14.17) 式对应的明显的集体膨胀。图 16.10 还给出了 $R_{\mathrm{out}}/R_{\mathrm{side}}$ 的比值。对于一个延长的源寿命, 人们预测这个比值要大于 1, 而在实验上人们观测到 $R_{\mathrm{out}}/R_{\mathrm{side}} \sim 1$, 并随着 K_{T} 的增加有稍微的降低。当前对这个结果还没有成功的解释, 也被称作 HBT 疑难。

① Au + Au 边缘碰撞可以看成是一些核子-核子碰撞的叠加。

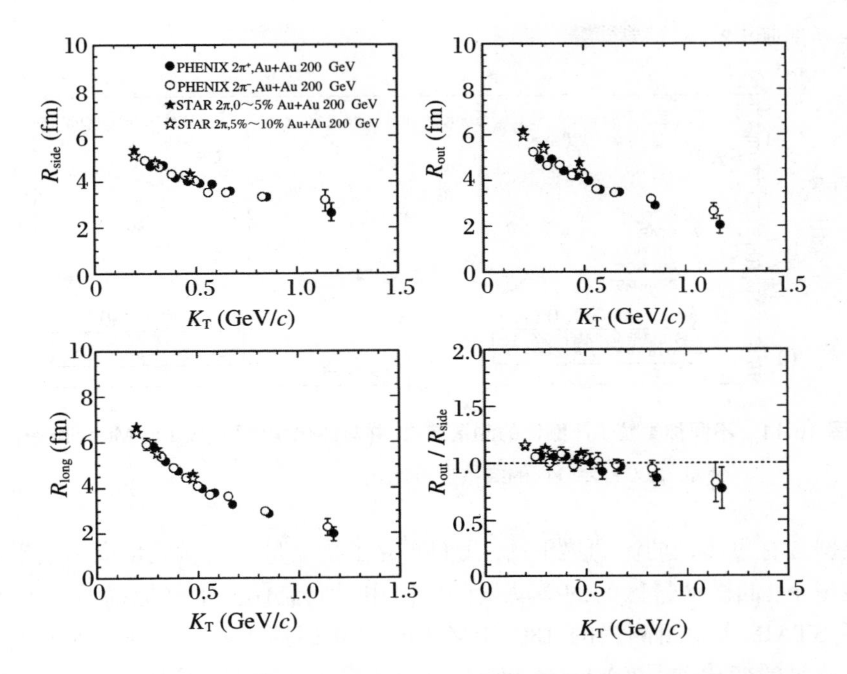

图 16.10　HBT 半径 R_{side}、R_{out} 和 R_{long} 随 K_{T} 变化的关系

数据来自于 Adler, et al.(2004b) 和 Adams, et al.(2003d)

16.5　热　　化

在 15.3 节中已经提到过, 粒子产额比为系统热化学平衡的研究提供了非常有用的信息, 其实这种平衡在 SPS 能量下就已经达到了。利用 STAR 探测器具有观测衰变粒子的超强能力, STAR 合作组已经测量了不同种类粒子的产额。图 16.11 给出了测量到的不同种类粒子的产额比, 并与热化学模型给出的结果进行了比较; 热化学模型假定在某一温度 T 和重子化学势 μ_{B} 下系统达到化学平衡。从图上可以看出, 在 130(200) GeV 的碰撞下模型参数取 $T = 176(177)$ MeV 和 $\mu_{\text{B}} = 41(29)$ MeV 时模型与实验结果可以很好地符合。 130 GeV 和 200 GeV 碰撞时的温度非常地接近, 并且比 SPS 的能量的温度稍微高一些。注意到模型要求在碰撞的早期就建立化学平衡。那么, 问题就来了: 是什么物理机制使得系统达到化学平衡呢①？

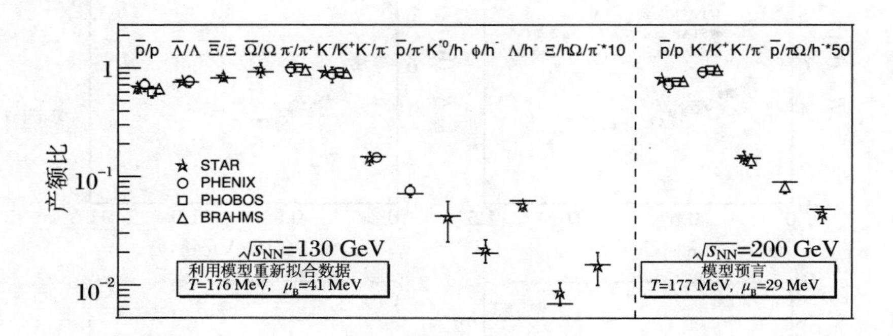

图 16.11 不同种类粒子产额比的测量结果，并与热化学模型 (Braun-Munzinger, et al., 2001, 2004) 的结果进行比较

根据含有集体径向流的热平衡，我们研究了横动量谱或横质量谱。结果表明，在低能量下，低横动量区间的横动量谱可以用径向流模型很好地描述。图 16.12 给出了 STAR 实验组测量的 130 GeV Au + Au 碰撞下不同粒子的平均横动量随粒子质量的变化关系 (Adams, et al., 2004a)。我们发现，平均横动量正比于粒子质量，这表明在 RHIC 能量下也存在集体径向流。带状阴影区是同时拟合 π、K、p、Λ 数据 ($T \sim 110$ MeV, $\langle v_r \rangle \sim 0.57c$) 得到的，虚线对应于 $T \sim 170$ MeV, $\langle v_r \rangle \sim 0$ (Adams, et al., 2004a)。在 RHIC 碰撞实验中观测到的径向流要比 SPS

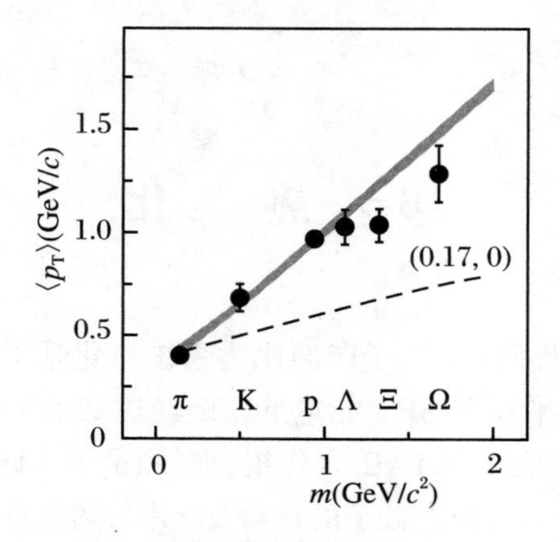

图 16.12 130 GeV Au + Au 碰撞实验中可鉴别粒子的平均横动量随粒子质量的变化关系

带状阴影区是流体力学对 π、K、p、Λ 数据拟合得到的 ($T \sim 110$ MeV, $\langle v_r \rangle \sim 0.57c$)，虚线对应于 $T \sim 170$ MeV, $\langle v_r \rangle \sim 0$(Adams, et al., 2004a)

① 当 μ_B 和流速度从 SPS 到 RHIC 碰撞升高时，冻结温度是饱和的。这种温度的饱和意味着在 170 MeV 时可能存在着 QGP 相变的分界线；亦参见图 15.8。

的径向流大一些, 而温度却差不多。

同时在图 16.12 中我们观测到 Ξ 重子与径向流的拟合有偏差: Ξ 的平均横动量要比拟合 π、K、p、Λ 得到的带状区域略低。有计算表明单独地拟合 $\Xi^{\pm}$ 谱可以得到 $T^{\Xi} \sim 180$ MeV, $\langle v_r^{\Xi} \rangle \sim 0.42c \sim (2/3)\langle v_r^{\text{others}} \rangle$, 这表明 Ξ 重子在碰撞的更早 (也更热) 期就从快速扩张的火球中冻结和解耦。更有人甚至认为 Ξ 重子在化学平衡时就已经解耦, 因为 T^{Ξ} 非常接近化学冻结温度。

16.6　方位角各向异性

在 14.1.4 节中已经讨论过, 末态动量空间方位角的各向异性对系统的早期演化比较敏感。在非对心碰撞中, 两个碰撞核的重叠区域是个杏仁形状, 这对应于空间坐标的各向异性。通过各组分的重散射, 坐标空间的各向异性转化为动量空间的各向异性 (图 14.1)。系统在最初作用后快速膨胀, 坐标空间的各向异性在碰撞的初期最大, 但是随着系统的膨胀这种各向异性慢慢消失。因此, 这种各向异性可以反映碰撞早期的信息。确实, 研究表明观测到的椭圆流 v_2 可以粗略地用最初杏仁形状的几何偏心度 ϵ 来标度, ϵ 表示为

$$\epsilon = \frac{\langle y^2 \rangle - \langle x^2 \rangle}{\langle y^2 \rangle + \langle x^2 \rangle} \tag{16.6}$$

式中 x 和 y 是在与束流正交的平面中的坐标, (x,z) 平面就是反应平面 (Adcox, et al., 2002)。

AGS、SPS 和 RHIC 实验都已经测量了椭圆流 v_2, 也就是 (14.7) 式定义的粒子方位角分布的二阶谐波。图 16.13 给出了 Au + Au 19.6 GeV、62.4 GeV、130 GeV 和 200 GeV 能量碰撞下 v_2 的赝快度 (η) 分布 (Back, et al., 2005a)。数据取自 Au + Au 中心 ($0 \sim 40\%$) 碰撞, $\langle N_{\text{part}} \rangle \sim 200$。因为没有加磁场, 这些测量用到了整个横动量区间的带电粒子。椭圆流随 η 的分布大致呈三角形状, 最高点位于中心快度位置。椭圆流的最高值随着碰撞能量的升高而缓慢增加。这里观测到的椭圆流和以前测量的值是一致的; AGS 实验测量的椭圆流的最大值约是 0.02 (Barrette, et al., 1997), SPS 约是 0.035 (Poskanzer, et al., 1999), RHIC 上的结果约是 0.06 (Ackermann, et al., 2001)。RHIC 实验中出现的较大椭圆流被认为是 RHIC 显著的特征, 因为这意味着系统较大程度上的热化。确实, 譬如相对论量子分子动力学模型 (RQMD) 之类的强子级联模型低估了椭圆流的值, 这

表明存在着其他一些强子重散射之外的作用来解释热化的物理机制。

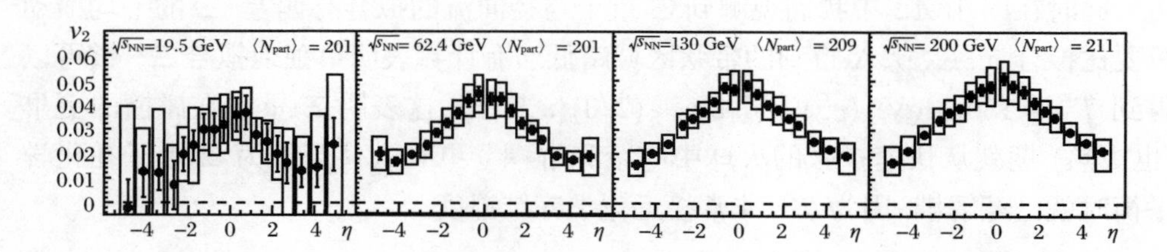

图 16.13 从左到右是 Au + Au 19.6 GeV、62.4 GeV、130 GeV 和 200 GeV 能量半中心 (0～40%) 碰撞中椭圆流随赝快度的变化关系

参与碰撞的核子数分别是 201、201、209 和 211, 误差来自统计误差 (Back, et al., 2005a)

图 16.14 是重新用 $y' = y - y_{\text{beam}}$ 来表示的图 16.13 中椭圆流分布的结果, 可以看到所有四个能量的结果可以落到同一条曲线上。在图 16.14(b) 中给出了 v_2/ϵ 随单位横截面区域的带电粒子密度 $(1/S)\mathrm{d}N_{\text{ch}}/\mathrm{d}y$ 的变化关系 (Alt, et al., 2003), 这里 $\mathrm{d}N_{\text{ch}}/\mathrm{d}y$ 是带电粒子密度, S 是初始杏仁形状的横截面积。ϵ 可以用受损核子模型来估算。不同能量测量得到的 v_2/ϵ 可以落到一条曲线上, 并随着 $(1/S)\mathrm{d}N_{\text{ch}}/\mathrm{d}y$ 的增加而增加; 在 RHIC 能量下, v_2/ϵ 看起来达到了流体力学极限, 这也说明相比于系统的尺寸, 初始系统的平均自由程非常小。

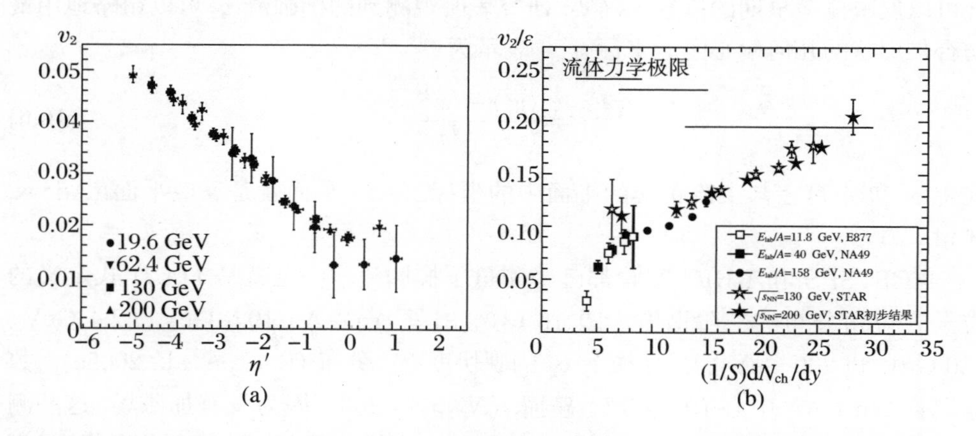

图 16.14 (a) Au + Au 19.6 GeV、62.4 GeV、130 GeV 和 200 GeV 能量碰撞下中心快度区间的椭圆流随赝快度的变化关系 (Back, et al., 2005a), 误差来自于统计误差; (b) v_2/ϵ 随单位横截面区域的带电粒子密度 $(1/S)\mathrm{d}N_{\text{ch}}/\mathrm{d}y$ 的变化关系 (Alt, et al., 2003)

图 16.15 给出了 $\pi^{\pm}$、$\mathrm{K}^{\pm}$、p 和 $\bar{\mathrm{p}}$ 的椭圆流随粒子横动量的关系, 并与流体力学的计算结果进行了比较 (Huovinen, et al., 2001)。在低横动量区间 ($p_{\mathrm{T}} = 1 \sim 2$ GeV/c, 取决于粒子的种类), 椭圆流随着横动量不断增大, 并能看

到明显的粒子质量依赖性; 质量轻的粒子的椭圆流大一些 (Adler, et al., 2001a, 2003e; Adams, et al., 2004b):

$$v_2^{\pi^\pm} > v_2^{K^\pm} > v_2^{p,\bar{p}} \tag{16.7}$$

在低横动量区间, 不同粒子的椭圆流随横动量的关系可以用流体力学的计算很好地描述。

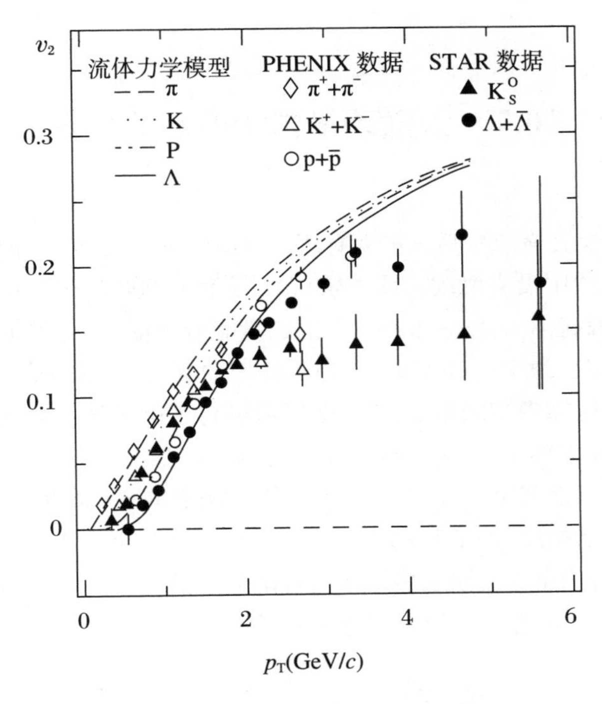

图 16.15 Au + Au 200 GeV 能量碰撞下中心快度区间的 π 介子、K 介子、质子和 Λ_S 椭圆流随横动量的变化关系 (Back, et al., 2005a)

实验数据来自于 (Adler, et al., 2003e) 和 (Adams, et al., 2004b); 曲线代表的是流体力学计算的结果 (Huovinen, et al., 2001)

RHIC 最惊人的发现之一是, 利用理想流体 (无粘滞) 的流体力学计算, 人们成功解释了粒子的横动量谱、低横动量区 (大部分粒子产生在这个区域①) 椭圆流 v_2 的质量依赖性。流体力学计算要求在热平衡建立的 τ_0 初始时刻的初条件 (见 10.4 节和 13.3 节)。 τ_0 取为 0.6 fm/c 时模型能够解释实验数据, 这表明对心碰撞中心快度区系统快速热化。

在大横动量区, 带电粒子的 v_2 表现出饱和效应, 这表征硬散射区的存在 (Adams, et al., 2003c)。如同我们在图 16.15 看到的那样, 通过可鉴别带电粒子的

① 图 16.15 所示的流体力学计算假设相变为一阶相变, 且冻结温度为 120 MeV。

v_2 的测量, 人们发现数据与流体力学预言的明显偏离: (1) 低横动量区 $\pi^{\pm}$ 和 $K^{\pm}$ 的 v_2 偏离 p 和 $\bar{p}$ 的结果: (2) 对于 $p_T > 2\,\text{GeV}$, 有 $v_2^{\pi^{\pm},K^{\pm}} < v_2^{p,\bar{p}}$。

STAR 实验还报告了方位角高次谐波的测量结果。侧向流 v_1 在中心快度区对快度有较平坦的依赖, v_4 约为 v_2 的十分之一。上述信息有利于碰撞之后初始结构的进一步研究。

16.7 大横动量强子产额的压低

RHIC 上发现大横动量强子产额有压低效应。如前所述, 这种效应在 SPS 高能重离子碰撞实验中没有发现。图 16.16(a) 展示了 200 GeV Au + Au 对心碰撞 ($0\sim10\%$) 和边缘碰撞 ($80\%\sim92\%$) 中电磁量能器测量的 π^0 的横动量谱 (Adler, et al., 2003a)。实线为 200 GeV 质子-质子碰撞的 π^0 谱 (Adler, et al., 2003d), 它已经通过重离子碰撞中初级核子-核子碰撞数进行了重标度。初级核子-核子碰撞数是通过 10.5 节中的 Glauber 模型计算得到的。如图 16.16(a) 所示, Au + Au 边缘碰撞的横动量谱和重标度之后的质子-质子碰撞的 π^0 谱在 $p_T > 2\ \text{GeV}/c$ 的区域内一致。与之相反, 对心碰撞中 π^0 谱显著小于重标度之后的质子-质子碰撞的 π^0 谱。类似行为也发生于大横动量的带电粒子谱。

为厘清这种效应, 数据表示为核修正因子 $R_{AA}(p_T)$

$$R_{AA}(p_T) = \frac{\sigma_{AA}(p_T)}{\langle N_{\text{binary}}\rangle \sigma_{NN}(p_T)} \tag{16.8}$$

这里 $\sigma_{AA}(p_T)$ 和 $\sigma_{NN}(p_T)$ 分别是核-核碰撞和质子-质子碰撞中横动量的分布, N_{binary} 是基本的核子-核子两体碰撞数。在实验上, 对心碰撞和边缘碰撞的 N_{binary} 可以用 Glauber 模型通过不同的触发横截面来估算 (见 10.5 节)。

图 16.16 (b) 给出了 PHENIX 实验组观测到的 Au + Au 对心碰撞和边缘碰撞中的比值, 并与 200 GeV 的氘金碰撞最小偏差事例中的比值进行了比较。我们可以看到, Au + Au 对心碰撞中的比值小于 1, 而在高横动量区间, 氘金碰撞和 Au + Au 边缘碰撞的比值达到了 1。其他实验组也得到了同样的结果 (Arsene, et al., 2003; Back, et al., 2003d)。

Au + Au 对心碰撞中的损耗是引人注目的。我们知道相比于质子-质子碰撞, 质子-原子核碰撞中高横动量区间的强子产生是增强的; 由于多重初始弹性碰撞, 在横动量上部分子的随机游走增强了高横动量强子的产生, 这种效应被称为

Cronin 效应(Cronin effect, Cronin, et al., 1975), 并已经在能量高至 800 GeV 的质子-原子核碰撞中被仔细地研究过。

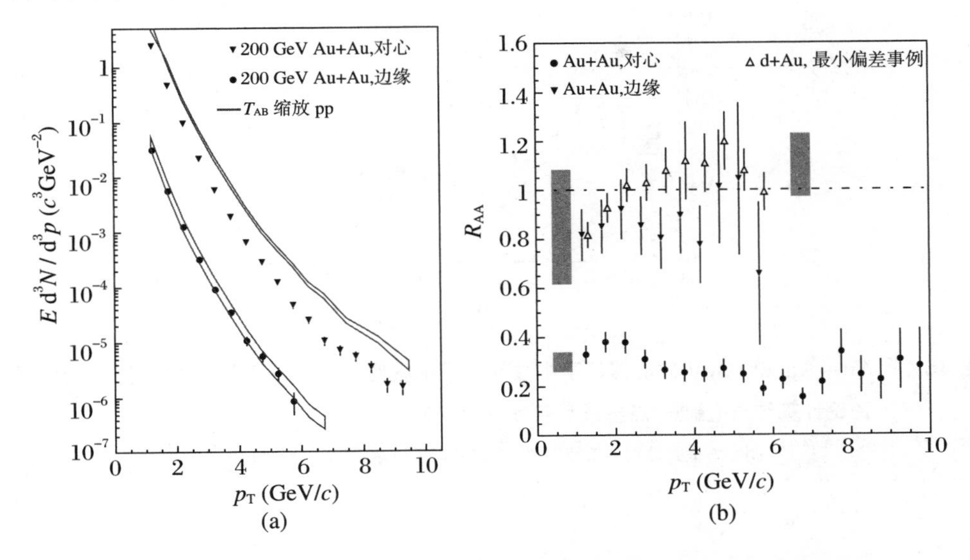

图 16.16　(a) **Au + Au 200 GeV 能量碰撞下对心碰撞 (0 ~ 10%) 和边缘碰撞 (80% ~ 92%) 中 π^0 的横动量谱 (Adler, et al., 2003a, b), 实线表示质子-质子 200 GeV 能量碰撞中 π^0 的横动量谱 (Adler, et al., 2003d), 并用重离子碰撞中的基本核子-核子两体碰撞数进行了归一;(b) 对心碰撞和边缘碰撞 Au + Au 碰撞中的核修正因子 R_{AA} 与氘金碰撞中的比值 R_{dAu} 的比较 (Adler, et al., 2003a, b; Adcox, et al., 2005), 阴影的方框表示系统误差, 所有的测量都对应 $\sqrt{s_{NN}} = 200$ GeV**

如果粒子产生取决于软过程, 那么这种产生应该可以用参与碰撞的核子数来标度。在低横动量区间, 粒子是通过软过程产生的, 那么核修正因子可以用参与碰撞的核子数 N_{part} 来标度, 而不是用 N_{binary}。在这种情况下, 重新计算核修正因子后得到 0.2。相反地, 在非常高的横动量区间, 粒子的产生取决于硬过程, 那么粒子的产生应该用 N_{binary} 来标度, 因此在没有核效应的情况下核修正因子的值应该是 1。图 16.17 给出了 Au + Au 对心碰撞中理论估算的核修正因子与实验数据比较的结果。假设部分子在碰撞产生的介质中有能量损失 (见 14.2 节), 我们就可以解释观测到的核修正因子。部分子在介质中能量损失的计算方法有很多种, 都基于不同的假设。如果没有能量损失, 核修正因子会随着横动量的增加而变大, 最终会在高横动量区间达到 1。

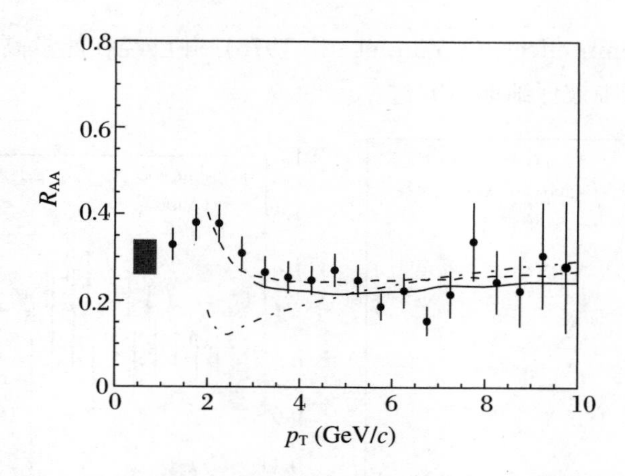

图 16.17 Au + Au 200 GeV 对心碰撞下中性 π 介子的核修正因子与含有喷注能量损失的不同理论计算结果 (虚线、点虚线和实线) 的比较

阴影方框是数据的系统误差, 数据来自于 Adcox, et al.(2005)

16.8 喷注结构修正

前面已经讨论过, RHIC 实验开启了核-核碰撞中硬过程研究的大门。受到高横动量强子产额压低现象的启发, 研究人员开始了对喷注结构的研究。

研究方法如下: 部分子沿着最初运动方向碎裂成圆锥状的强子喷注。对于喷注中的强子, 横动量最高的强子 (被称为领头粒子) 有可能沿着原初的部分子运动方向。假设高横动量强子代表了硬散射的部分子, 我们就可以定义一个沿部分子方向运动强子的角关联。

但是, 还有其他原因可以造成这种角关联。特别要注意的是我们在 16.7 节讨论过的椭圆流, 甚至在较高横动量区间, 其效应也是重要的。椭圆流可以造成如下的角关联, $\mathrm{d}N/\mathrm{d}\Delta\phi \propto 1 + 2v_2\cos(2\Delta\phi)$((14.7) 式), 这里 ϕ 表示相对于反应平面的方位角, $\Delta\phi$ 表示两个粒子之间的方位角之差。

图 16.18 给出了 200 GeV Au + Au 碰撞中高横动量带电粒子 ($4 < p_T < 6$ GeV/c) 的方位角关联, 这些结果同时与相同能量下中心氘金和质子-质子碰撞的结果进行了比较。图中的结果已经扣除了由于椭圆流引起的角关联。

Au + Au 和氘金碰撞中 $\Delta\phi \sim 0$(近端) 的峰非常的明显, 并且和质子-质子碰撞中观测的结果相似。这是部分子碎裂成喷注过程的典型特征。

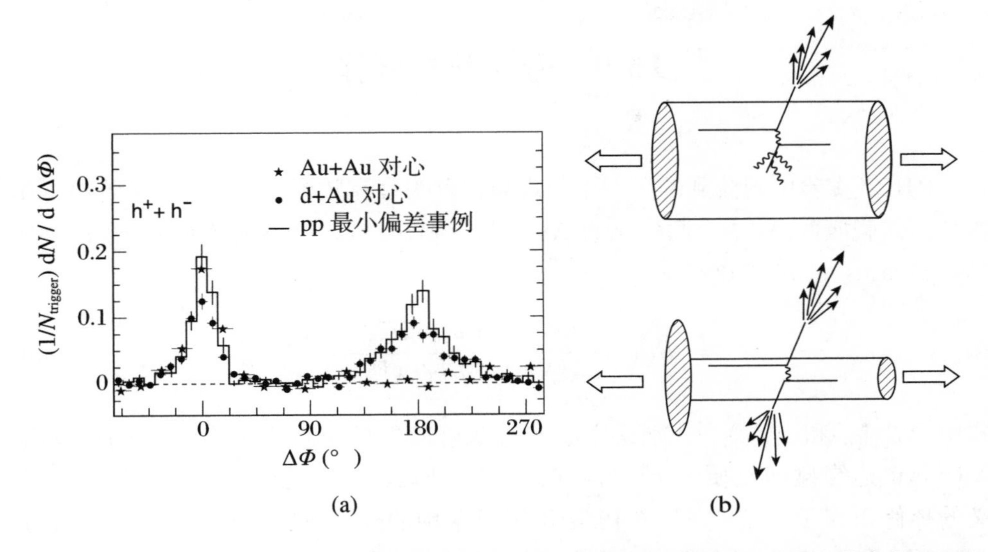

图 16.18　(a) 200 GeV Au + Au 对心碰撞、氘金对心碰撞和质子-质子碰撞中带电粒子两粒子方位角关联的比较 (Adams, et al., 2003a; Adler, et al., 2003), N_{trigger} 是高横动量粒子的数目;(b) Au + Au 碰撞 (上图) 和氘金碰撞 (下图) 中的背对背关联

相反地, 在 Au + Au 对心碰撞中, 我们观测到 $\Delta\phi \sim 180°$(背对背峰) 处的峰消失了, 而在氘金对心碰撞和质子-质子碰撞中呈现典型的双喷注结构; 因此, Au + Au 对心碰撞和氘金对心碰撞存在着明显差别。如果 Au + Au 对心碰撞中背对背峰的压低是由于初态效应, 并且不依赖于碰撞中产生的物质, 那么我们可以在氘金碰撞中看到同样的现象。但是实际情况并非如此, 反而氘金对心碰撞和质子-质子碰撞的中心快度区的差别却非常小。

这些结果表明背对背峰的压低是由于 Au + Au 碰撞中产生的热密物质与硬部分子的末态相互作用, 见图 16.18 (b)。要想弄清楚这团热密物质到底是不是 QGP, 我们还需要在实验和理论方面做更多定量的研究。

16.9 夸克数标度律

RHIC 实验中观测到的另一个新现象被称为夸克数标度。图 16.19 给出了用核子两体碰撞数 N_{binary} 归一化的 Au + Au 对心碰撞和边缘碰撞中的粒子产额比 R_{CP}(Adams, et al., 2004b)

$$R_{\mathrm{CP}}=\frac{(\mathrm{d}N^{\mathrm{cent}}/\mathrm{d}p_{\mathrm{T}})/N_{\mathrm{binary}}^{\mathrm{cent}}}{(\mathrm{d}N^{\mathrm{peri}}/\mathrm{d}p_{\mathrm{T}})/N_{\mathrm{binary}}^{\mathrm{peri}}} \tag{16.9}$$

式中 $N_{\mathrm{binary}}^{\mathrm{cent}}$ 和 $N_{\mathrm{binary}}^{\mathrm{peri}}$ 分别是中心和边缘碰撞中核子两体碰撞数。因此，如果 Au + Au 边缘碰撞是质子-质子碰撞的叠加，那么 R_{CP} 就应该等于 (16.8) 式定义的核修正因子 R_{AA}。图 16.19 给出了可鉴别的介子 $\mathrm{K_s^0}$、$\mathrm{K^\pm}$ 以及重子 Λ 的 R_{CP}。这里的 R_{CP} 来自于中心 $(0\sim5\%)$ 和边缘碰撞 $(40\%\sim60\%)$。我们可以看到介子和重子具有类似的横动量依赖性：随着横动量的增加，R_{CP} 先上升，达到饱和后再下降。但是，在 $2<p_{\mathrm{T}}<6\ \mathrm{GeV}/c$ 的中间横动量区间，重子的 R_{CP} 恒大于介子的 R_{CP}。这个特性也已经通过质子的横动量谱 (图 16.8) 观测到了，因为在高横动量区间重子产生占主导。重子的增强在 $p_{\mathrm{T}}\sim5\ \mathrm{GeV}/c$ 就已经结束了。R_{CP} 另外一个引人注目的特征是：介子和重子的 R_{CP} 似乎都在各自的带状区域内变化，尽管它们有不同味道的夸克组分。

夸克数标度律也可以通过椭圆流观测到，它是夸克组合模型的自然结果 (见 14.1.7 节)。图 16.20 给出了椭圆流随横动量的变化关系，这里椭圆流和横动量都已经用组分夸克数 n 标度。在 (14.26) 式中已经提到，标度后的 $\mathrm{K_s^0}$ 和 Λ 的椭圆流会落到同一曲线上，这条曲线可能反映了部分子的椭圆流。PHENIX 实验组测量了可鉴别粒子 $\pi^\pm$、$\mathrm{K^\pm}$、p 和 $\bar{\mathrm{p}}$ 的椭圆流，发现了同样的标度律。低横动量 π 介子有稍微的偏离，这是因为此处有很多的强子衰变的贡献 (Adler, et al., 2003e)。

读者可以回到 1.6 节“相对论重离子碰撞实验纵览”，自己对 RHIC 中是否已经产生了 QGP 进行判断。

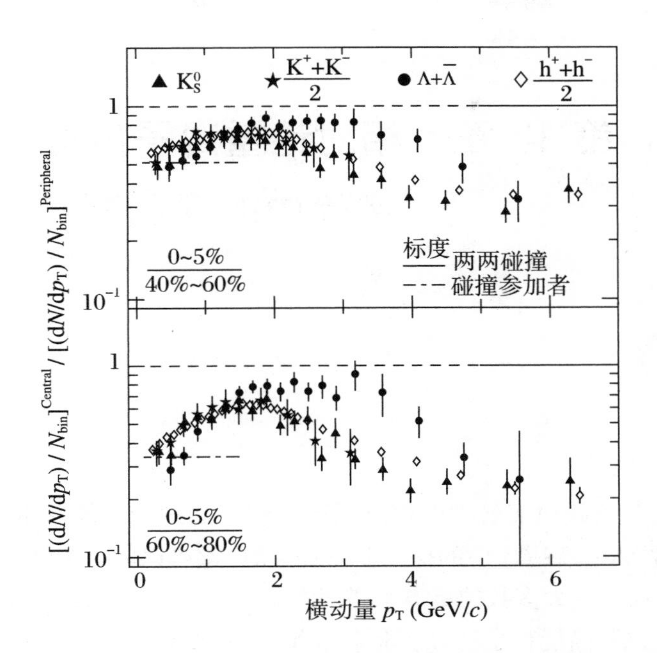

图 16.19　**Au + Au 200 GeV 碰撞中心快度区的介子 (K_S^0、$K^{\pm}$) 和强子 (Λ) 的 R_{CP}** (Adams, et al., 2004b)

上图 (下图) 是用 0 ~ 5% 中心度和 40% ~ 60%(60% ~ 80%) 计算的结果，实线 (虚线) 对应利用参与两体碰撞核子数 (参与碰撞核子数) 归一之后的结果

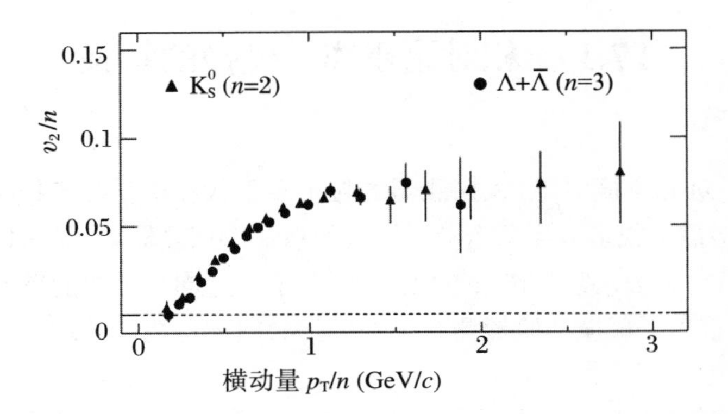

图 16.20　**夸克数标度的 K_S^0 和 Λ 的椭圆流 v_2/n 随 p_T/n 的变化关系，n 是组分夸克数** (Adams, et al., 2004b)

第 17 章　相对论重离子碰撞实验中的探测器

相对论重离子碰撞实验中的探测系统与粒子物理中高能基本粒子碰撞实验(例如 pp 或者 e^+e^- 碰撞) 中的探测器系统类似, 都可以归类为强子谱仪、轻子对谱仪和光子谱仪。绝大多数的重离子碰撞实验都是这几种探测器的组合。这些实验系统的技术也和高能粒子物理实验非常相似, 主要差别是高能重离子碰撞中具有较大的粒子多重数且需要碰撞参数的信息。

在这一章, 我们将讨论相对论重离子碰撞的特征以及重离子实验中用到的探测器。

17.1　相对论重离子碰撞的特征

在重离子对心碰撞中, 进入探测器的粒子多重数和密度要比相同碰撞能量下的质子-质子碰撞多很多。当两个粒子同时经过一个探测器单元的时候, 跟踪和粒子鉴别设备经常无法正常工作, 或者由于两粒子穿过同一个探测单元使得信息发生混淆, 因此重离子碰撞实验探测系统的设计必须满足能够处理高多重数事件的要求。

重离子实验中的另一个重要要求就是获取碰撞参数信息。原子核是一个有较大尺寸的对象, 因此核-核碰撞的几何学具有重要影响。在对心碰撞中, 两个碰撞的原子核在几何上重叠, 大多数核子参与了碰撞; 而在边缘碰撞下, 只有一小部分重叠, 较少核子参与了碰撞 (图 10.8 和图 10.9)。对心碰撞和边缘碰撞中时空演化也不相同。所以, 通过参与碰撞的核子数或者碰撞参数对不同观测数据进行归类是非常重要的, 这部分信息通常被称作碰撞中心度。

质子-质子碰撞可以视作高能核-核碰撞的基本过程, 在较高能量下会有大量的粒子产生, 它们中的大多数是 π 介子。从之前的质子-质子碰撞数据我们知道, 碰撞产生的粒子数并非正比于碰撞的质心能量, 而是随质心能量按照下边的形式变化:

$$\langle N\rangle \propto \ln\sqrt{s} \tag{17.1}$$

式中, $\langle N\rangle$ 是平均粒子多重数; s 是一个 Mandelstam 变量 (附录中的 (E.4) 式)。粒子在两碰撞核子快度之间的中心快度区是均匀分布的, 如图 10.6 所示。因为碰撞核子的快度间隔对碰撞能量的变化仅有较弱的依赖, 所以产生粒子的快度密度 $\mathrm{d}N/\mathrm{d}y$ 也随着 s 对数上升 (图 16.7):

$$\frac{\mathrm{d}N}{\mathrm{d}y} \propto \ln\sqrt{s} \tag{17.2}$$

在重离子对心碰撞中, 大多数核子都参与到碰撞中。零阶近似可以假设原子核-原子核碰撞是质子-质子碰撞的简单叠加。例如, 在 Pb + Pb 碰撞中, 铅原子核中 200 个核子参与了碰撞。根据假设, 就算每个核子只参与了一次与其他核子的碰撞, Pb + Pb 对心碰撞中粒子的多重数也将是质子-质子碰撞的 200 倍。在 BNL-AGS 中, 每个核子的能量是 12 GeV($\sqrt{s_{\mathrm{NN}}} = 4.8$ GeV), 得到的带电粒子密度 $\mathrm{d}N/\mathrm{d}y \sim 150$。在 CERN-SPS 中, 每个核子的能量是 150 GeV($\sqrt{s_{\mathrm{NN}}} = 17$ GeV), 得到的带电粒子密度 $\mathrm{d}N/\mathrm{d}y \sim 270$(图 16.4)。在 BNL-RHIC 中, $\sqrt{s_{\mathrm{NN}}} \sim 200$ GeV, $\mathrm{d}N/\mathrm{d}y \sim 700$。强子谱仪之类的探测器可以跟踪单个粒子的径迹, 解析它们的动量和粒子种类。但是如果两条径迹同时穿过一个探测器单元, 那么粒子重建将很难进行。因此, 探测器的最小单元应足够小, 以保证对高多重数事件的重建能力。核-核碰撞中的探测器应该具备与预期多重数相称的处理高粒子密度事例的能力。

单位立体角中的带电粒子数 $\mathrm{d}N_{\mathrm{ch}}/\mathrm{d}\Omega$ 可以通过快度密度来估算:

$$\frac{\mathrm{d}N_{\mathrm{ch}}}{\mathrm{d}\Omega} = \frac{1}{2\pi\sin\theta}\frac{\mathrm{d}N_{\mathrm{ch}}}{\mathrm{d}\theta} \simeq \frac{1}{2\pi\sin^2\theta}\frac{\mathrm{d}N_{\mathrm{ch}}}{\mathrm{d}y} \tag{17.3}$$

式中我们利用了 $\mathrm{d}y \simeq \mathrm{d}\eta$ 以及 $\mathrm{d}\eta = -\mathrm{d}\theta/\sin\theta, \mathrm{d}\Omega = 2\pi\sin\theta\,\mathrm{d}\theta$。赝快度 η 的定义参见附录 (E.20) 式。在研究重离子碰撞中 QGP 产生的时候, 测量中心快度 ($y \sim 0$, 也就是在 $\theta_{\mathrm{cm}} \sim 90^\circ$位置) 区间的粒子产生是非常重要的。

根据 (17.3) 式, 在对撞实验中, $\theta_{\mathrm{cm}} = \theta_{\mathrm{lab}}$, 并且 $\mathrm{d}N_{\mathrm{ch}}/\mathrm{d}\Omega$ 在 $\theta_{\mathrm{cm}} \sim 90^\circ$位置出现最小值。故而在对撞实验中测量 $\theta_{\mathrm{cm}} \sim 90^\circ$位置的粒子产生要相对简单一些 (见习题 17.1)。相反地, 对于 BNL-AGS 和 CERN-SPS 打靶实验, 碰撞发生时, 靶在

实验室系中静止, 因此 $\theta_{\mathrm{cm}} \neq \theta_{\mathrm{lab}}$。质心系中 $\theta_{\mathrm{cm}} \sim 90^{\circ}$的角度对应实验室系中的角度可以用下列公式估算:

$$\theta_{\mathrm{lab}} = 2\tan^{-1}(\mathrm{e}^{-y_{\mathrm{beam}}/2}) \tag{17.4}$$

式中 y_{beam} 是束流快度。中心快度在 AGS 实验中对应 $\theta_{\mathrm{lab}} \sim 20^{\circ}$, 在 SPS 实验中对应 $\theta_{\mathrm{lab}} \sim 6^{\circ}$。由于相对论效应, 碰撞产物集中于实验室系中一个很小的前角区域, 它的粒子密度非常高。

17.2 横能量 E_{T}

高粒子数密度表明测量总能量流要比测量单个粒子简单一些。特别是横能量流, 它为我们提供了估计高能重离子碰撞实验中用于粒子产生的质心能量大小的方法, 它也与碰撞中能够达到的能量密度相关 ((11.81) 式)。

实际操作中人们通过测量发射粒子的能量分布 ΔE_i 作 $\sin\theta_i$ 加权求和来得到横能量 ($\sin\theta_i$ 是相对于入射束流方向的角度的正弦):

$$E_{\mathrm{T}} = \sum_i \Delta E_i \sin\theta_i = \sum_i (\Delta E_{\mathrm{T}})_i \tag{17.5}$$

由于产生粒子的赝快度 η(附录 (E.20) 式) 和它的微分可以表示为

$$\eta = -\ln\left(\tan\frac{\theta}{2}\right), \quad \mathrm{d}\eta = -\frac{\mathrm{d}\theta}{\sin\theta} \tag{17.6}$$

$\mathrm{d}E_{\mathrm{T}}/\mathrm{d}\theta$ 作为角度 θ 的函数可以转化为随赝快度 η 的分布:

$$\frac{\mathrm{d}E_{\mathrm{T}}}{\mathrm{d}\eta} = -\sin\theta\frac{\mathrm{d}E_{\mathrm{T}}}{\mathrm{d}\theta} = -\sin^2\theta\frac{\mathrm{d}E}{\mathrm{d}\theta} \tag{17.7}$$

实验上, 横能量分布 $\mathrm{d}E_{\mathrm{T}}/\mathrm{d}\eta$是利用一个类似热测量装置的分段量能器测量的。粒子进入 i 标记的覆盖 θ_i 角附近的分割区域沉积能量 ΔE_i。

横能量赝快度分布密度 $\mathrm{d}E_{\mathrm{T}}/\mathrm{d}\eta$ 在极端相对论能量下 ($E_{\mathrm{T}} \gg m$) (见习题 17.3) 约等于 $\mathrm{d}E_{\mathrm{T}}/\mathrm{d}y$, 这个事实在分析 SPS 和 RHIC 实验数据时起到了重要作用。

17.3　事件特征描述探测器

利用中心度将数据归类是非常重要的。为了这个目标, 大多数的重离子实验都装备了特殊的探测器。这些装置被称为事件特征描述探测器 (event characterization detector)。

碰撞中心度既可以通过旁观粒子的多少也可以通过参与粒子的多少确定。根据参与者-旁观者模型 (见 10.5 节), 束流的旁观者来自于相对于束流方向 $\theta \sim 0^\circ$ 的区域。人们常用放在 $\theta \sim 0^\circ$ 的位置的零度量能器测量旁观者能量, 量能器测量到的能量 E_{ZDC} 可以表示为

$$E_{\mathrm{ZDC}} = E_{\mathrm{beam}} N_{\mathrm{bs}} \tag{17.8}$$

式中, E_{beam} 是束流中每个核子的能量; N_{bs} 是束流旁观者核子数, 参照图 10.9 (见习题 17.3)。对于两个质量数为 A 的碰撞原子核, 总的参与碰撞的核子数 N_{part} 可以通过下式给出:

$$N_{\mathrm{part}} = 2(A - E_{\mathrm{ZDC}}/E_{\mathrm{beam}}) \tag{17.9}$$

为了测量参与碰撞的核子数, 需要在中心快度位置安装一个强子量能器、一个电磁量能器或者带电粒子多重数计数器, 来自于这些探测器的信号正比于参与碰撞的核子数。为了减少涨落的影响, 探测器需要较大的接收度。零度量能器和中心快度的探测器都提供了关于碰撞中心度的信息。

17.4　强子谱仪

强子谱仪测量带电粒子的动量并可以鉴别粒子种类, 能给出多种可鉴别粒子的动量和快度分布。短寿命的粒子可以通过探测它们的衰变产物来观测, 例如, ϕ 介子的动量和快度分布可以通过探测其衰变产物 K^+ 和 K^- 来研究。另外, 如果探测器接收度设计合理, 这些观测量之间的关联也可以通过强子谱仪来研究。如

果探测器的接收度足够大, 我们还可以在逐个事例层次上研究产生粒子的热力学性质和化学性质。

一个典型的强子谱仪包含: 磁场, 一个用磁场分析动量的径迹探测器, 以及用于粒子鉴别的探测器。强子谱仪的关键指标是快度和动量覆盖范围、动量分辨率和粒子鉴别能力。

位于螺线管磁场中的时间投影室 (TPC)是相对论重离子实验中一个满足如上要求的强大的强子谱仪装置。如图 17.1 所示, 时间投影室包含一个充满气体的圆桶 (里面的气体一般是氩气和甲烷的混合气体); 匀强电场和磁场平行施加于圆柱体轴向上; 一根束流管贯穿圆柱体轴心, 碰撞发生在中心, 碰撞产生的带电粒子通过空腔使沿途的气体电离, 电离产生的电子在电场的作用下沿磁场方向向端盖漂移。在磁场的作用下电子的轨迹呈现微小螺旋形。在每个端盖处, 漂移过来的电子被阳极丝网格放大, 信号通过阳极丝后面的小读出条读出。根据读出条的位置可以得到击中点的 x 和 y 坐标。信号到达读出条的时间可以给出 z 坐标, 因为投影室的电场设计得非常精确, 电子的漂移速度是恒定的。带电粒子三维轨道可以通过读出条方向收集到的一系列点来确定。通过分析磁场中粒子轨迹曲率, 我们就可以得到带单位电荷的粒子的动量:

$$p_{\perp}[\mathrm{GeV}/c] = 0.3\left(\frac{B}{1\ \mathrm{T}}\right)\left(\frac{r}{1\ \mathrm{m}}\right) \tag{17.10}$$

式中, $p_{\perp}$ 是垂直于磁场 B 方向的动量分量; r 是径迹的曲率半径。

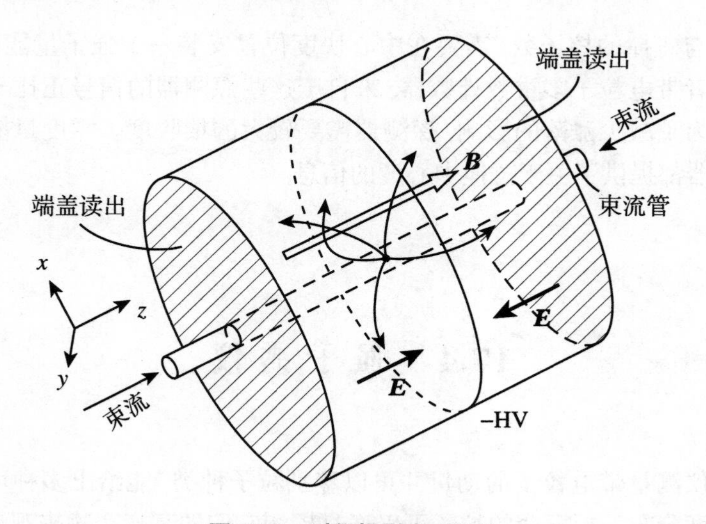

图 17.1 时间投影室 (TPC)

径迹的重建一般是通过测量径迹上一系列点的位置来完成的, 曲率的误差可

以通过 (17.11) 式来得到:

$$(\delta k)^2 = (\delta k_{\mathrm{mult}})^2 + (\delta k_{\mathrm{pos}})^2 \tag{17.11}$$

式中, 曲率 $k = 1/r$; δk_{mult} 是由于粒子在投影室中多重散射造成的误差; δk_{pos} 是由于击中点的位置测量造成的误差 (见习题 17.4)。由多重散射造成的角偏离可以用 (17.12) 式来估算:

$$\delta k_{\mathrm{mult}} \approx 0.016 \frac{Z}{L\beta} \left(\frac{1\ \mathrm{GeV}/c}{p} \right) \sqrt{\frac{\rho L}{X_0}} \tag{17.12}$$

式中, L 是粒子在材料中穿行的长度; ρ 是密度; X_0 是材料的辐射长度。X_0 是通过单位面积内的质量给出的, 长度通过 X_0/ρ 给出。材料的辐射长度可以近似地通过 (17.13) 式给出 (见表 17.1):

$$X_0 = \frac{716.4A}{Z(Z+1)\ln(287/\sqrt{Z})}\ \mathrm{g \cdot cm^{-2}} \tag{17.13}$$

式中 Z 和 A 分别是材料的原子序数和质量数。

通过沿轨迹的多次测量可以减小位置误差的影响。对于大量均一空间间隔的测量, 这部分误差可以近似地表示为

$$\delta k_{\mathrm{pos}} \sim \frac{\delta_{\perp}}{L^2} \sqrt{\frac{720}{N+4}} \tag{17.14}$$

式中, N 表示测量到的用来重建轨迹的点的个数; $\delta_{\perp}$ 是每一次测量的垂直于轨迹的位置误差 (Eidelman, et al., 2004)。

表 17.1 不同材料的辐射长度 X_0, 临界能量 E_c((17.28) 式)(Eidelman, et al., 2004)

材料	Z	ρ $(\mathrm{g \cdot cm^{-3}})$	X_0 $(\mathrm{g \cdot cm^{-2}})$	X_0/ρ (cm)	E_c (MeV)
H_2(液态)	1	0.071	61.28	866.0	364.0
He(液态)	2	0.125	94.32	756.0	250.0
C	6	2.2	42.70	18.8	111.0
Al	13	2.70	24.01	8.9	56.0
Fe	26	7.87	13.84	1.76	29.0
Pb	82	11.35	6.37	0.56	9.6
水		1.0	36.08	36.08	
空气	(7.2)	0.0012	36.66	30420.0	95.0

RHIC-STAR 实验拥有一个巨大的 TPC, 直径为 4 m, 长为 4.2 m(图 10.1(c))。STAR-TPC 放置于 0.5 T 的螺线管磁场中。为了获得较好的动量分辨, 磁场强度

的精度达到 $1\sim2$ 高斯。端盖包含有超过 10^5 个读出条，每个读出条都可以利用前置放大器/整形器提供一个读出，紧接着是含有模数转换 (ADC) 的开关电容阵列用来进行到达时间的测量。重建一条径迹要求沿径迹至少有 10 个读出条的读出 (Anderson, et al., 2003)。

17.4.1 通过测量能量损失 $\mathrm{d}E/\mathrm{d}x$ 进行粒子鉴别

通过测量带电粒子在气体中的能量损失 $\mathrm{d}E/\mathrm{d}x$ 可以进行粒子鉴别。带电粒子的电离损失 $\mathrm{d}E/\mathrm{d}x$ 可以用 Bethe-Bloch 公式给出：

$$-\frac{\mathrm{d}E}{\mathrm{d}x}\propto\frac{z^2}{\beta^2}\ln\gamma \tag{17.15}$$

式中 ze 是入射粒子的电荷，$\beta=v/c$，$\gamma=(1-\beta^2)^{-1/2}$。能量损失 $\mathrm{d}E/\mathrm{d}x$ 随着 $1/\beta^2$ 的降低而减低，直至 $\beta\sim0.95$ 时 $\mathrm{d}E/\mathrm{d}x$ 达到最小值 (最小电离)：

$$-\frac{\mathrm{d}E}{\mathrm{d}(\rho x)}(\text{最小值})\simeq1.5\ \mathrm{MeV}\cdot\mathrm{g}^{-1}\cdot\mathrm{cm}^2,\text{对于}z=1 \tag{17.16}$$

能量损失 $\mathrm{d}E/\mathrm{d}x$ 随着 $\ln\gamma$ 的增加而增加 (相对论的上升)。由于一个粒子的能量损失是它的速度的函数，我们可以通过精确测量能量损失 $\mathrm{d}E/\mathrm{d}x$ 来确定粒子的速度。利用上述介绍的 TPC 我们可以知道，读出条得到的信号的强弱可以对应于粒子在气体中的能量损失 $\mathrm{d}E/\mathrm{d}x$。

通过粒子在磁场中的动量，结合从 $\mathrm{d}E/\mathrm{d}x$ 测量中得到的粒子速度，人们可以确定粒子的质量，从而鉴别粒子。图 17.2 给出了观测到的能量损失 $\mathrm{d}E/\mathrm{d}x$ 随粒子动量的变化关系，并与 Bethe-Bloch 公式的预言进行了比较 (见习题 17.5)。

17.4.2 通过测量飞行时间进行粒子鉴别

通过精确测量粒子的飞行时间 (TOF)，我们可以鉴别粒子的种类。假设两个计数器之间的距离是 L，每个计数器测量了粒子的到达时间。对于一个速度为 β 的粒子，两个计数器之间的时间差可以通过 (17.17) 式给出：

$$t=\frac{L}{\beta} \tag{17.17}$$

如果动量是一定的，粒子的飞行时间 t 与粒子的质量对应。图 17.3 给出了 5 m 飞行距离中 π 介子、K 介子和质子的飞行时间。动量越高，粒子之间的飞行时间差别越小。大多数情况下，粒子鉴别的限制来自于测量的飞行时间的分辨率。如图 17.3 所示，如果忽略动量和路径长度分辨率，TOF 计数器的时间分辨为 100 ps①，3σ 鉴别置信度要求下 π 介子和 K 介子的可鉴别范围上界达 2 GeV/c，K 介子和质子的可鉴别范围上界达 4 GeV/c。利用塑料闪烁体和光电倍增管读出，我们可以测量得到具有较好分辨率的飞行时间。

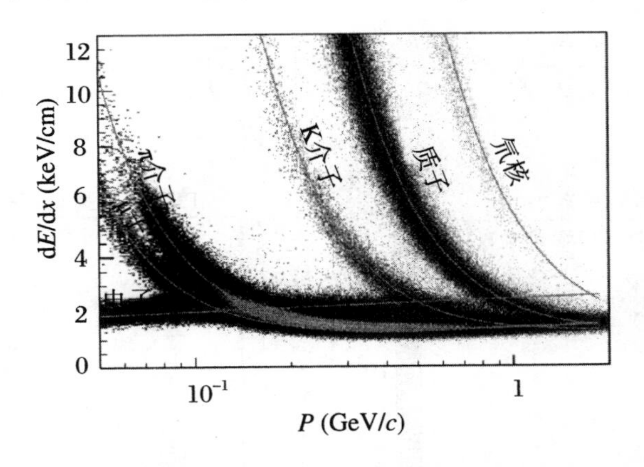

图 17.2　STAR-TPC 利用 dE/dx 进行的粒子鉴别 (Anderson, et al., 2003)

图中曲线代表了 Bethe-Bloch 公式的预测，不同粒子的可鉴别范围上界达到 0.8 GeV/c

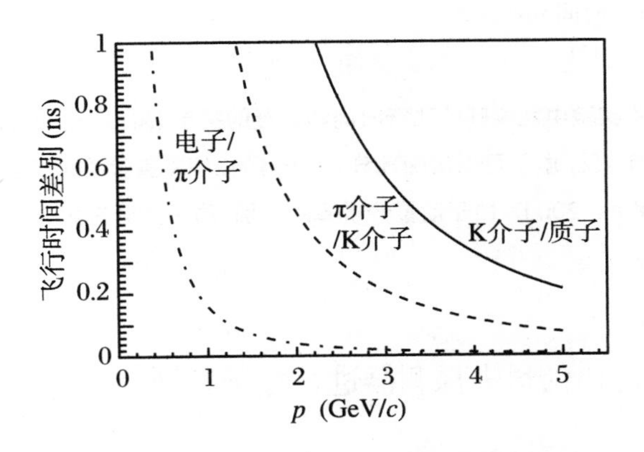

图 17.3　5 m 飞行距离中 π 介子、K 介子和质子的飞行时间

如果 TOF 计数器的时间分辨达到 100 ps，π 介子和 K 介子的可鉴别范围上界达 2 GeV/c、K 介子和质子的可鉴别范围上界达 4 GeV/c

但是在实际中，粒子的动量 p、飞行距离 L，也是需要测量的 (通过磁谱仪)，我们也要考虑这些量的分辨率。如图 17.4 所示，粒子可以通过 (17.18) 式计算的

① 一个好的时间飞行计数器测量的时间分布可以很好地用高斯分布来描述，时间分辨就可以通过高斯拟合的 σ 来得到。

粒子质量来鉴别:

$$m^2 = p^2\left(\left(\frac{t}{L}\right)^2 - 1\right) \tag{17.18}$$

质量分辨率可以通过 (17.19) 式给出 (见习题 17.6):

$$\left(\frac{\delta m}{m}\right)^2 = \left(\frac{\delta p}{p}\right)^2 + \gamma^4\left[\left(\frac{\delta L}{L}\right)^2 + \left(\frac{\delta t}{t}\right)^2\right] \tag{17.19}$$

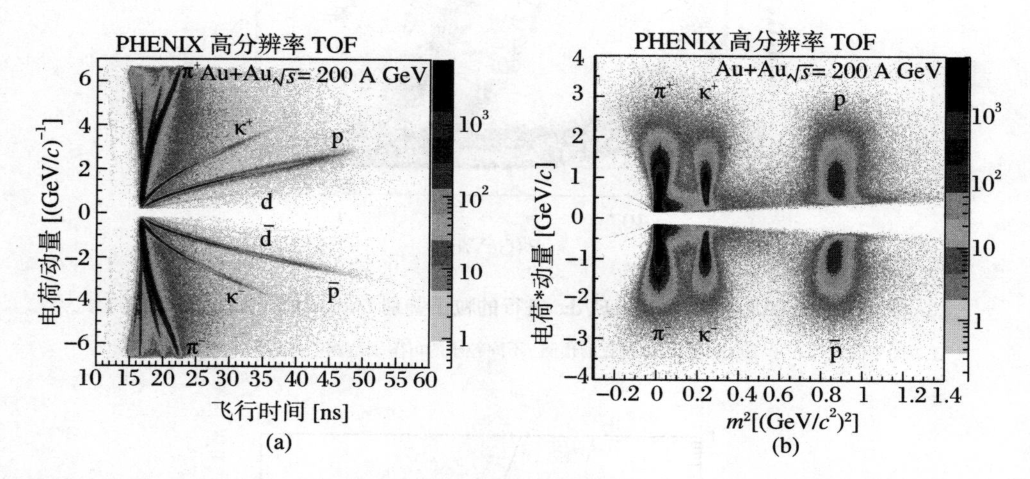

图 17.4 (a) PHENIX 实验中观测到的飞行时间和动量的关系 (Aizawa, et al., 2003), 电子、π 介子、K 介子和 (反) 质子可以清晰地分开; (b) PHENIX 实验中粒子质量平方和动量的关系 (Adler, et al., 2004), 由于动量分辨率的差别, 质子的分布比 π 介子的分布宽一些

17.4.3 通过切伦科夫探测器进行粒子鉴别

根据电磁学理论, 如果带电粒子在介质中的运动速度超过介质中的光速, 带电粒子就会发射光子 (切伦科夫 (Cerenkov) 辐射)。光在折射率为 n 的介质中的速度为

$$v = \frac{c}{n} \tag{17.20}$$

式中 c 为光在真空中的速度。当带电粒子的速度超过了阈值, $\beta_{\text{thr}} = 1/n$, 就会发射出切伦科夫光子。

如图 17.5 所示, 就像飞机飞行速度超过声速时发出的冲击波, 粒子会形成一个锥形的电磁波波前, 这时切伦科夫光子相对于粒子轨迹的发射角度 θ_c 可以用 (17.21) 式给出:

$$\cos\theta_c = \frac{1}{\beta n} \tag{17.21}$$

一个带电量为 ze 的粒子在单位飞行距离内发射的介于频率 ν 和 $\nu + \mathrm{d}\nu$ 之间的光子数目为 (Jackson, 1999 和习题 17.1)

$$\frac{N\mathrm{d}\nu}{\mathrm{d}x} = z^2\alpha\left[1 - \frac{1}{(\beta n)^2}\right]\frac{\mathrm{d}\nu}{c}, \quad \alpha = \frac{1}{137} \tag{17.22}$$

因为特定频率光子的数目与 $\mathrm{d}\nu/c = -\mathrm{d}\lambda/\lambda^2$ 成正比, 所以短波长光子占主导。

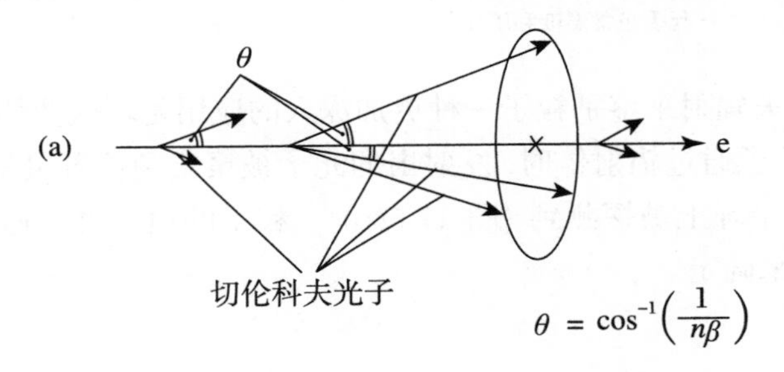

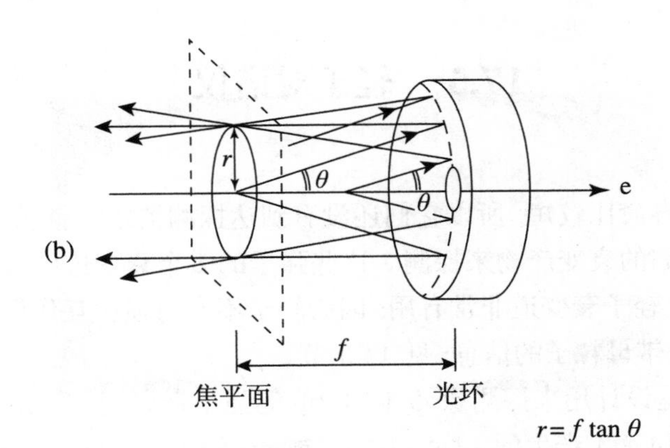

图 17.5 切伦科夫辐射: (a) 原理; (b) 环形图像的形成

辐射体的光学性质、光收集效率、光探测器的效率以及折射率和带电粒子速度都会影响切伦科夫辐射得到的光子数。利用带有双碱阴极的光电倍增管, 光电子的数目 N_{pe} 可以用 (17.23) 式给出:

$$N_{\mathrm{pe}}/L \sim 90\sin^2\theta_c \ \mathrm{cm}^{-1} \tag{17.23}$$

式中 L 是辐射体的厚度。

切伦科夫探测器鉴别粒子的最简单方法就是利用辐射阈值; 粒子的速度可以通过低于或高于阈值 $\beta_{\mathrm{thr}}=1/n$ 来决定。辐射材料的折射率需要根据实验中粒子的质量、动量范围进行优化。一些常见的切伦科夫辐射体材料的性质见表 17.2。

表 17.2 常见的切伦科夫辐射材料

材 料	$n-1$	γ_{thr}
He(NTP)[a]	3.5×10^{-5}	120
CO_2(NTP)	4.1×10^{-4}	35
气凝胶	$0.1\sim0.01$	$2.4\sim7.1$
水	0.33	1.52
合成树脂, 树脂玻璃	≈1.49	≈1.34

a NTP 代表正常温度和压强。

对于切伦科夫辐射来鉴别粒子一种更加深入的应用是环映像切伦科夫计数器 (RICH)。带电粒子通过辐射体时, 发射出的光子被聚集到位置灵敏光探测器, 切伦科夫光子在一个环上被探测到 (图 17.5(b))。粒子的速度可以通过测量环的半径从而推断 Q_c 来确定。

17.5 轻子对谱仪

一些强子的寿命比较短, 所以它们还没有到达探测器之前就已经衰变。这些强子可以通过它们的衰变产物来探测。这些强子的多个衰变道中, 尽管轻子衰变概率比较低, 但是轻子衰变道非常有用; 因为轻子不参与强相互作用, 很容易逃出致密强子气体, 携带母粒子的信息; 见 14.3 节。

轻子对谱仪是设计用来探测像 ϕ 和 J/ψ 等强子衰变 (见第 15 章) 和 Drell-Yan 过程 (见第 14 章) 产生的 e^+e^-、$\mu^+\mu^-$ 或 $e\mu$ 轻子对。同径迹和粒子鉴别探测器一起, 轻子对谱仪利用磁场进行动量测量。通过测量两个轻子的动量和质量, 我们可以计算出不变质量 m_{12}:

$$m_{12}^2=(p_1+p_2)^2 \tag{17.24}$$

(17.24) 式中 p_1 和 p_2 是每一个轻子的四动量。对于每一个观测到的轻子对都可以计算出 m_{12}, 并得到分布的柱状图 (图 15.9(a) 是 $\mu^+\mu^-$ 对不变质量谱的一个例子)。如果两个轻子是通过一个质量为 $m_{\rm h}$ 的强子两体衰变而来的, m_{12} 分布的柱状图会在 $m_{\rm h}$ 位置出现一个峰。如果两个轻子不是通过两体衰变而来的, m_{12} 会是比较宽的分布, 在 $m_{12}=m_{\rm h}$ 位置形成背景。背景的形状是由总的轻子分布决定的。如果峰的形状足够的尖, 我们就可以根据形状的差别来辨别峰和背景了①。峰的宽度是由测量的动量分辨率和母粒子的衰变时间决定的 (自然宽度)。

设计轻子对谱仪时的一个关键问题就是小信噪比的粒子鉴别。较高质量的轻子对或者短寿命强子 (例如 J/ψ) 的轻子衰变的信号很小。此外, 轻子道衰变的分支比要比强子道衰变小很多。相比于这些小的信号, 由于大量 π 介子产生造成的背景成为关键问题。

作为电子探测的一个例子, 主要的背景产生过程有两个, 一个是 $\pi^0\to\gamma\gamma$ 过程中一个光子在探测器中发生光子转换 ($\gamma\to e^+e^-$), 另一个是 $\pi^0\to\gamma e^+e^-$。在 RHIC 对撞实验中, $10^5\sim10^6$ 电子对中只有一对是来自强子的衰变。因此如何扣除背景是一个敏感的工作。切伦科夫计数器和电磁量能器经常被用来鉴别电子。轻子对谱仪鉴别电子的时候要特别的小心, 因为带电 π 介子的排除是非常重要的。但是, 探测器排除 π 的能力是有限的; 通常 π 介子误鉴别为电子的可能性是 $1/10^3$。切伦科夫计数器中带电 π 介子的 δ 射线发射可以产生假信号。因此电子的鉴别要联合利用多个探测器来完成。

由于要同时探测到衰变来的两个轻子, 所以探测器的接收度是另一个重要的问题。两个轻子的张角 θ_{12} 可以通过 (17.25) 式给出

$$\theta_{12}=2\cos^{-1}\sqrt{\frac{p_{\rm T}^2}{m_{\rm h}^2+p_{\rm T}^2-4m^2}} \tag{17.25}$$

式中, $p_{\rm T}$ 是母粒子的横动量; m 是轻子质量。(为了简单, 可以假设两个轻子的动量相同) 如果 $p_{\rm T}\sim m_{\rm h}\gg m$, 我们可以得到 $\theta_{12}\simeq90^\circ$。如果 $m_{\rm h}\gg p_{\rm T}, m$, 我们可以得到 $\theta_{12}\simeq180^\circ$。所以, 对于轻子对的测量, 大的探测器接收度是很重要的。

17.6　光子谱仪

高能重离子碰撞中直生光子的测量是最有挑战性的工作之一。为了测量到直生光子, 从中性 π 介子和电子转换来的光子背景需要仔细地扣除。尽管中性 π 介

① 通过独立测量估算背景的方法有多种: (1) 利用同种电荷的轻子配对, 例如 $\mu^+\mu^-$ 和 $\mu^\pm\mu^\pm$; (2) 利用混合事件人为地轻子配对。

子和其他粒子的背景巨大, 但是如果 QGP 的寿命足够长或者 QGP 的温度足够的高, QGP 中直生光子 (~ 100 MeV) 的发射还是可见的 (见 15.6 节)。

为了在实验室中测量到高能光子, 我们经常会用到电磁量能器。能量高于 100 MeV 的电子和正电子会发生韧致辐射而损失能量, 大部分损失的能量会以光子的形式发射出来。对于能量大于 100 MeV 的光子, 与物质的主要作用是高能电子对产生。如果最初的正负电子或光子的能量比较高, 韧致辐射和电子对效应会交替地出现, 导致次级电子、正电子和光子的级联效应或簇射效应 (电磁簇射)。

一个直观电磁簇射图像可以通过简单的级联给出; 假设一个能量为 E_0 的高能光子, 平均来讲, 光子在介质中穿行一个辐射长度 X_0 ((17.13) 式) 后会转换成正负电子对。

产生的电子和正电子的平均能量分别为 $E_0/2$。那么穿行另外一个辐射长度后, 每个电子和正电子都会辐射一个光子, 光子携带了电子/正电子平均能量的一半。通过这种方式, 通过 t 个辐射长度, 簇射成员 (电子、正电子和光子) 的总数会增加到 2^t, 每一个成员的能量 $E_{(t)}$ 为

$$E_{(t)} \simeq \frac{E_0}{2^t} \tag{17.26}$$

簇射不断地进行, 直到电子、正电子的能量降低到无法辐射光子。然后, 电子、正电子通过电离过程继续损失能量 ((17.15) 式)。为了简便, 我们假设簇射在

$$E_{(t)} \leqslant E_{\rm c} \tag{17.27}$$

的时候立即停止, (17.27) 式中 $E_{\rm c}$ 是临界能量, 定义为

$$\left(\frac{{\rm d}E}{{\rm d}x}\right)_{\rm ionization} = \left(\frac{{\rm d}E}{{\rm d}x}\right)_{\rm Bremss} \tag{17.28}$$

如表 17.1 所示。所以, 簇射将会达到一个最大值然后突然地停止。最大值将会发生在 $t = t_{\rm max}$:

$$E(t_{\rm max}) = \frac{E_0}{2^{t_{\rm max}}} = E_{\rm c} \tag{17.29}$$

反推可以得到

$$t_{\rm max} \propto \ln(E_0/E_{\rm c}) \tag{17.30}$$

簇射在 $t_{\rm max}$ 的时候立即停止这个假设的确是过于简单了; 在实际中, 它是逐渐停止的, 电子诱发和光子诱发的簇射可以用一个半实验的公式来表示:

$$t_{\rm max}^{(e)} \simeq \ln(E_0/E_{\rm c}) - 0.5 \quad \text{电子诱发} \tag{17.31}$$

$$t_{\max}^{(\gamma)} \simeq \ln(E_0/E_c) + 0.5 \quad \text{光子诱发} \tag{17.32}$$

测量簇射中带电粒子的数目可以为我们提供入射能量的信息, 因为产生粒子的数目正比于入射能量。

利用一些蒙特卡罗模拟模型, 例如 GEANT①, 我们可以精确定量地计算电磁簇射的发生。图 17.6(a) 描述了利用 GEANT 模拟的一次电磁簇射。一个初始能量 $E_0 = 30$ GeV 的电子入射到一块铁的介质中 (15 cm × 15 cm × 40 cm)。我们可以看到簇射产生的大量的光子 (虚线) 和电子 (实线) 以及簇射在介质的纵向和横向的发展。图 17.6(b) 给出了簇射在介质中的纵向发展。图中给出了入射能量为 $E_0 = 3$ GeV、30 GeV 和 300 GeV 的电子在每一个辐射长度内的能量沉积的份额, $(1/E_0)(\mathrm{d}E/\mathrm{d}t)$。从图上我们看到开始呈指数上升, 中间 $t_{\max}$ 位置出现较宽的最大值 ((17.21) 式), 最后是逐渐地下降。这里计算了能量大于 1.5 MeV 的电子和光子。电磁簇射也会有横向的发展, 这主要是由于电子和正电子的多重散射造成的。通常的簇射的横向尺寸可以用 Moliere 半径(Eidelman, et al., 2004) 来表示:

$$R_{\mathrm{M}} \simeq 21 \left(\frac{1\ \mathrm{MeV}}{E_c} \right) X_0 \approx \frac{7A}{Z} [\mathrm{g \cdot cm^{-2}}] \tag{17.33}$$

在 $2R_{\mathrm{M}}$ 范围内大约包含了 95% 的簇射粒子。

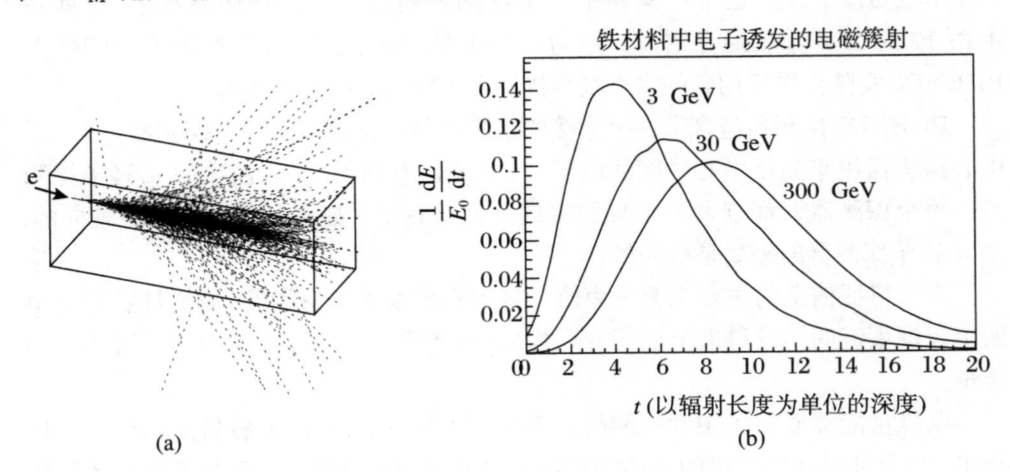

图 17.6 (a) 利用 GEANT 模拟的电磁簇射的发展, 一个 30 GeV 的电子从左边入射到一块铁介质中 (15 cm × 15 cm × 40 cm), 光子和电子的径迹也标识在图中; (b) GEANT 模拟 $E_0 = 3$ GeV、30 GeV 和 300 GeV 电子产生的电磁簇射的纵向发展

电磁簇射量能器通常用高原子序数 Z 和小 X_0 的材料来构建, 例如铅玻璃

① GEANT 是探测器描述和模拟工具, 欧洲核子中心程序库长记录 W5013。

(55% 的氧化铅和 45% 的二氧化硅) 量能器或铅-闪烁体采样量能器, 从而簇射可以被限制在很小的体积内。铅玻璃量能器和铅-闪烁体采样量能器的本征能量分辨率可以分别表示为

$$\left(\frac{\sigma}{E}\right)_{\text{Pb glass}} \simeq 0.05\sqrt{\frac{1\ \text{GeV}}{E}} \tag{17.34}$$

$$\left(\frac{\sigma}{E}\right)_{\text{Pb scint}} \simeq 0.09\sqrt{\frac{1\ \text{GeV}}{E}} \tag{17.35}$$

(17.35) 式中采样量能器的分辨率主要受制于采样的涨落 (Eidelman, et al., 2004)。

17.7 PHENIX: 一个大型复合探测器

相对论重离子碰撞实验涉及来自碰撞点的多种带电和中性粒子的同时探测、测量和鉴别。因此, 通常在实验中一个探测阵列会结合多种探测技术, 这些技术在 17.3~17.6 节已经介绍过。作为一个典型的例子, 图 17.7 给出了 RHIC 上 PHENIX 实验合作组用到的大型复合探测器 (Adcox, et al., 2003)。

PHENIX 探测器包含了一个大接收度带电粒子探测器和四个探测器臂: 一对中心探测器用来测量中心快度的电子、光子和带电强子, 一对前端的 μ 轻子探测器。每个探测器臂都有大约 1 球弧度的几何接收度。碰撞区域的磁场是轴向的, 而 μ 轻子探测臂的磁场是径向的。

事件特征信息的主要来源是束流计数器和零度强子量能器, 束流计数器是由两个包围束流的切伦科夫望远镜阵列构成的, 零度强子量能器测量了旁观中子的能量。

电磁量能器放在了中间探测臂的最外层。PHENIX 的电磁量能用到了两种技术: 具有计时功能的铅闪烁体和较好能量分辨的铅玻璃。中间探测臂的径迹探测系统用到了若干探测器提供的信息。读出条室产生模式识别必需的三维空间点, 漂移室提供了精确的粒子径迹投影测量, 时间扩展室提供了精确的 (r, ϕ) 信息。利用径迹的跟踪信息, 我们可以得到粒子动量的分辨率

$$\frac{\Delta p}{p} \propto \sqrt{\left(\frac{\sigma_{\text{ms}}}{\beta}\right)^2 + (\sigma_{\text{res}}p)^2} \tag{17.36}$$

$$\simeq \sqrt{(0.7\%)^2 + \left(1.0\% \frac{p}{1\ \mathrm{GeV}/c}\right)^2} \tag{17.37}$$

(17.36) 式中 σ_{ms} 和 σ_{res} 分别是由不同室的多重散射和径迹分辨率引起的 (Adler, et al., 2004)。

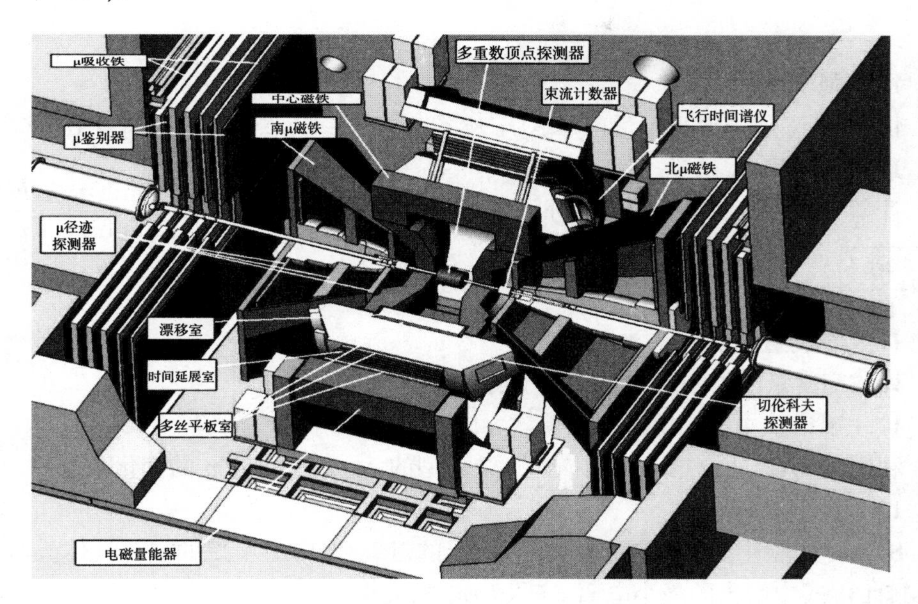

图 17.7　PHENIX 探测器剖面图

粒子的鉴别也是依靠多个探测器完成的。飞行时间塑料闪烁体阵列覆盖了部分的中间探测臂接收度, 飞行时间探测器约 115 ps 的时间分辨保证了 K 介子和 π 介子的鉴别达到 3 GeV/c, 质子的鉴别达到 4 GeV/c。对于电子的鉴别, 环形影像切伦科夫探测器和电磁量能器得到的信息相结合可以在较宽动量范围鉴别背景水平达到 10^4 的电子。

在很厚的强子吸收器之后，每个 μ 子探测臂的第一部分包含三个阴极条径迹室。每个臂的后部由流光管面板与钢吸收器板交替组成。在鉴别出的 μ 轻子中, π 介子的污染应该低于万分之一, 从而保证粒子鉴别的可靠性, 中间探测臂的电子鉴别也是如此。 μ 轻子探测臂对鉴别的径迹卓越的动量分辨使得 $J/\psi \to \mu^+\mu^-$ 质量分辨可以达到 100 MeV(Akikawa, et al., 2003)。

习 题

17.1 强子产额。

估算 $\sqrt{s_{\rm NN}}=5.6$ TeV 和 $\sqrt{s_{\rm NN}}=17$ GeV Pb+Pb 碰撞中的 $\mathrm{d}N_{\rm ch}/\mathrm{d}\Omega$。

17.2 赝快度。

计算赝快度和快度的差别, $\eta-y$。确定 $\eta>y$。提示: $\dfrac{\tanh\eta}{\tanh y}=\dfrac{E}{p}=\sqrt{1+\dfrac{m^2}{p^2}}>1$。

17.3 零度量能器。

评估零度量能器中参与反应核子的效应。

17.4 磁谱仪中径迹重建的误差。

利用 (17.12) 和 (17.14) 式描述一个典型的 $\delta p/p$ 随动量 p 的变化关系。

17.5 最小电离。

STAR 实验中 TPC 漂移气体是 90% 的氩气和 10% 甲烷的混合气体。试确认 (17.16) 式中给出的最小电离 $\mathrm{d}E/\mathrm{d}(\rho x)$ 的大小。

17.6 TOF 质量分辨率。

推导 (17.19) 式。

17.7 切伦科夫辐射。

对于在水中 (气溶胶中) 带电量 $z=1$ 的相对论粒子,

(1) 计算每厘米发射的可见光范围 ($\lambda=400\sim750$ nm) 切伦科夫光子数目。

(2) 计算每厘米的能量损失, 并确认这部分能量损失要比 (17.16) 式中导出的最小电离 1.5 $\mathrm{MeV\cdot cm^{-1}}$ 小很多。

(3) 解释 (17.23) 式。

17.8 电磁簇射。

利用图 17.6 描述进行量化计算比较 (17.29)~(17.33) 式中表述的定性结果。

附录 A　常数与自然单位制

A.1　自然单位制

本书使用自然单位制 $\hbar = c = 1$:

$$\begin{cases} \hbar \equiv \dfrac{h}{2\pi} = 6.5821 \times 10^{-25}\ \mathrm{GeV \cdot s} = 1 \\ c = 2.9979 \times 10^{8}\ \mathrm{m \cdot s^{-1}} = 1 \end{cases} \tag{A.1}$$

使用这种单位制, 我们有如下结论: 首先, $[c] = [L][T]^{-1}$, 即 $[L] = [T]$, 其中符号 $[X]$ 表示 X 的量纲。同样地, 从 $E^2 = p^2c^2 + m^2c^4$ 我们可以得到

$$[E] = [m] = [p] \tag{A.2}$$

另外, $[\hbar] = [E][T]$ 给出

$$[E] = [m] = [L]^{-1} = [T]^{-1} \tag{A.3}$$

因此 $[m]$ 或者 $[E]$ 可以作为自然单位制中一个独立的量纲, 在高能物理领域人们习惯用 GeV 描述质量、动量和能量, 用 GeV^{-1} 作为单位来测量长度和时间。

接下来我们采用有理化的 Heaviside-Lorentz 单位制处理电磁相互作用, 其中国际单位制 (MKSA) 常数 ε_0 和 μ_0 被设为 1。4π 因子出现在力的方程而不是麦克斯韦方程中。

量子电动力学中的精细结构常数 α 定义如下:

$$\alpha = \frac{e^2}{4\pi\hbar c} = \frac{e^2}{4\pi} \simeq \frac{1}{137.04} \tag{A.4}$$

自然单位制下 π 介子的康普顿波长为

$$\lambda\!\!\!^{-}_{\pi} = \frac{\hbar}{m_\pi c} = \frac{1}{m_\pi} \simeq \frac{1}{140}\ \mathrm{MeV}^{-1} \simeq 1.41\ \mathrm{fm} \tag{A.5}$$

从表 A.1 中我们得到一个非常有用的数值关系式, 即

$$\hbar c = 197.33\ \mathrm{MeV\ fm} \simeq 200\ \mathrm{MeV\ fm} \tag{A.6}$$

其中 $1\ \mathrm{fm} = 1 \times 10^{-15}\ \mathrm{m}$。

表 A.1 自然单位制 $\hbar = c = k_B = 1$ 下不同单位之间的转换

	[J]	[MeV]	[g]	[cm^{-1}]	[K]
1 J	1	6.2415×10^{12}	1.1127×10^{-14}	3.1630×10^{23}	7.2430×10^{22}
1 MeV	1.6022×10^{-13}	1	1.7830×10^{-27}	5.0677×10^{10}	1.1605×10^{10}
1 g	8.9876×10^{13}	5.6096×10^{26}	1	2.8428×10^{37}	6.5096×10^{36}
1 cm^{-1}	3.1615×10^{-24}	1.9733×10^{-11}	3.5177×10^{-38}	1	2.2290×10^{-1}
1 K	1.3807×10^{-23}	8.6173×10^{-11}	1.5362×10^{-37}	4.3670	1

一个典型的强子散射截面大概是

$$\sigma \sim \lambda\!\!\!^{-}_{\pi}{}^{2} = \frac{(\hbar c)^2}{(m_\pi c^2)^2} \sim \frac{(200)^2\ \mathrm{MeV}^2\ \mathrm{fm}^2}{(140)^2\ \mathrm{MeV}^2} \sim 2\ \mathrm{fm}^2 = 20\ \mathrm{mb} \tag{A.7}$$

其中, $1\ \mathrm{b} = 10^{-28}\ \mathrm{m}^2 = 100\ \mathrm{fm}^2$, $1\ \mathrm{mb} = 0.1\ \mathrm{fm}^2$。

质子 (p)、中子 (n) 和电子 (e) 的质量即众所周知的

$$m_\mathrm{p} = 938.27\ \mathrm{MeV}/c^2 = 1.6726 \times 10^{-24}\ \mathrm{g} \tag{A.8}$$

$$m_\mathrm{n} = 939.57\ \mathrm{MeV}/c^2 = 1.6749 \times 10^{-24}\ \mathrm{g} \tag{A.9}$$

$$m_\mathrm{e} = 0.5110\ \mathrm{MeV}/c^2 = 9.1094 \times 10^{-28}\ \mathrm{g} \tag{A.10}$$

在研究相对论热力学时, 除了 $\hbar = c = 1$, 我们经常设玻尔兹曼常数 $k_\mathrm{B} = 1$, 即

$$k_\mathrm{B} = 8.6173 \times 10^{-14}\ \mathrm{GeV \cdot K^{-1}} = 1 \tag{A.11}$$

然后我们得到

$$1\ \mathrm{GeV} = 1.1605 \times 10^{13}\ \mathrm{K} \tag{A.12}$$

A.2　天体物理中经常使用的单位

万有引力常数 G 由下式给出:

$$
\begin{aligned}
G &= 6.673(10) \times 10^{-11} \mathrm{m}^3 \cdot \mathrm{kg}^{-1} \cdot \mathrm{s}^{-2} \\
&= 6.707(10) \times 10^{-39} \hbar c \left(\frac{\mathrm{GeV}}{c^2}\right)^{-2}
\end{aligned} \tag{A.13}
$$

其中括号里的数字描述最后两位误差。

自然单位制下普朗克质量定义为

$$
\begin{aligned}
m_{\mathrm{planck}} &= \left(\frac{\hbar c}{G}\right)^{\frac{1}{2}} = G^{-1/2} \\
&\simeq 1.221 \times 10^{19}\ \mathrm{GeV} = [1.616 \times 10^{-20}\ \mathrm{fm}]^{-1}
\end{aligned} \tag{A.14}
$$

天体物理中的其他单位定义如下:

(1) 1 AU (天文单位) 定义为地球与太阳之间的平均距离:

$$1\ \mathrm{AU} = 1.4960 \times 10^{11}\ \mathrm{m} \tag{A.15}$$

(2) 1 ly (光年) 定义为光传播一年的距离:

$$1\ \mathrm{ly} = 9.461 \times 10^{15}\ \mathrm{m} \tag{A.16}$$

(3) 1 pc (秒差距) 定义为测量地球轨道长轴的一半为一角秒时观测者与地球的距离:

$$1\ \mathrm{pc} = 3.086 \times 10^{16}\ \mathrm{m} = 3.262\ \mathrm{ly} \tag{A.17}$$

太阳的属性 (质量、半径和亮度) 如下:

$$M_\odot = 1.989 \times 10^{30}\ \mathrm{kg} \tag{A.18}$$

$$R_\odot = 6.960 \times 10^{5}\ \mathrm{km} \tag{A.19}$$

$$L_\odot = 3.85 \times 10^{26}\ \mathrm{W} \tag{A.20}$$

附录 B 狄拉克矩阵、狄拉克旋量和 SU(N) 代数

B.1 狄拉克矩阵

在度规张量为 $g^{\mu\nu}=\mathrm{diag}(1,-1,-1,-1)$ 的 (3+1) 维闵氏空间中, 狄拉克矩阵满足关系:

$$\{\gamma^\mu,\gamma^\nu\}=2g^{\mu\nu},\quad (\gamma^\mu)^\dagger=\gamma^0\gamma^\mu\gamma^0 \tag{B.1}$$

为方便起见, 定义

$$\gamma^5=\mathrm{i}\gamma^0\gamma^1\gamma^2\gamma^3=\gamma_5=(\gamma_5)^\dagger \tag{B.2}$$

$$\sigma^{\mu\nu}=\frac{\mathrm{i}}{2}[\gamma^\mu,\gamma^\nu] \tag{B.3}$$

在标准狄拉克表示中, 我们有

$$\gamma^0=\begin{pmatrix}1 & 0\\ 0 & -1\end{pmatrix},\quad \gamma^j=\begin{pmatrix}0 & \sigma_j\\ -\sigma_j & 0\end{pmatrix},\quad \gamma^5=\begin{pmatrix}0 & 1\\ 1 & 0\end{pmatrix} \tag{B.4}$$

其中 σ_j 是泡利矩阵

$$\sigma_1=\begin{pmatrix}0 & 1\\ 1 & 0\end{pmatrix},\quad \sigma_2=\begin{pmatrix}0 & -\mathrm{i}\\ \mathrm{i} & 0\end{pmatrix},\quad \sigma_3=\begin{pmatrix}1 & 0\\ 0 & -1\end{pmatrix} \tag{B.5}$$

狄拉克矩阵之间有用的关系式如下:

$$\gamma^\mu\gamma_\mu=4 \tag{B.6}$$

$$\gamma^{\lambda}\gamma^{\mu}\gamma_{\lambda} = -2\gamma^{\mu} \tag{B.7}$$

$$\gamma^{\lambda}\gamma^{\mu}\gamma^{\nu}\gamma_{\lambda} = 4g^{\mu\nu} \tag{B.8}$$

$$\not{A}\not{B} = A\cdot B - \mathrm{i}\sigma_{\mu\nu}A^{\mu}B^{\nu} \tag{B.9}$$

一些简单的狄拉克矩阵求迹关系式如下:

$$\mathrm{tr}\,(1) = 4, \quad \mathrm{tr}\,(\gamma^{\mu}\gamma^{\nu}) = 4g^{\mu\nu} \tag{B.10}$$

$$\mathrm{tr}\left(\gamma^{0,1,2,3}\text{的奇数次幂}\right) = 0 \tag{B.11}$$

$$\mathrm{tr}\left(\gamma^{\mu}\gamma^{\nu}\gamma^{\lambda}\gamma^{\rho}\right) = 4\left(g^{\mu\nu}g^{\lambda\rho} - g^{\mu\lambda}g^{\nu\rho} + g^{\mu\rho}g^{\nu\lambda}\right) \tag{B.12}$$

$$\mathrm{tr}\left(\gamma^{\mu}\gamma^{\nu}\gamma^{\lambda}\gamma^{\rho}\gamma^{5}\right) = 4\mathrm{i}\epsilon^{\mu\nu\lambda\rho} \tag{B.13}$$

完全反对称张量 $\epsilon^{\mu\nu\lambda\rho}$ 定义为

$$\epsilon^{\mu\nu\lambda\rho} = -\epsilon_{\mu\nu\lambda\rho}, \quad \epsilon_{0123} = 1 \tag{B.14}$$

在度规张量为 $\delta_{\mu\nu} = \mathrm{diag}(1,1,1,1)$ 的欧氏空间中, 我们把 γ 矩阵定义为

$$(\gamma_{\mu})_{\mathrm{E}} = \left(\gamma_4 = \mathrm{i}\gamma^0, \gamma^{\mathrm{i}}\right) \tag{B.15}$$

它们满足

$$\{(\gamma_{\mu})_{\mathrm{E}}, (\gamma_{\nu})_{\mathrm{E}}\} = -2\delta_{\mu\nu}, \quad (\gamma_{\mu})_{\mathrm{E}}^{\dagger} = -(\gamma_{\mu})_{\mathrm{E}} \tag{B.16}$$

同样可以方便地定义厄米 γ 矩阵为

$$\Gamma_{\mu} = -\mathrm{i}\,(\gamma_{\mu})_{\mathrm{E}}, \quad \Gamma_{-\mu} = -\Gamma_{\mu} \tag{B.17}$$

它们满足

$$\{\Gamma_{\mu}, \Gamma_{\nu}\} = 2\delta_{\mu\nu}, \quad \Gamma_{\mu}^{\dagger} = \Gamma_{\mu} \tag{B.18}$$

B.2　狄拉克旋量

无相互作用的狄拉克方程由 (B.19) 式给出

$$(\mathrm{i}\gamma^{\mu}\partial_{\mu} - m)\hat{\Psi}(x) = \left(\mathrm{i}\not{\partial} - m\right)\hat{\Psi}(x) = 0 \tag{B.19}$$

其解可以分解为

$$\hat{\Psi}(x)=\sum_{s=1,2}\int\frac{\mathrm{d}^3p}{(2\pi)^3 2\varepsilon_p}[b_s(\boldsymbol{p})u_s(\boldsymbol{p})\mathrm{e}^{-\mathrm{i}p\cdot x}+d_s^\dagger(\boldsymbol{p})v_s(\boldsymbol{p})\mathrm{e}^{\mathrm{i}p\cdot x}] \tag{B.20}$$

其中 $\varepsilon_{\boldsymbol{p}}=\sqrt{\boldsymbol{p}^2+m^2}$, $\bar{\hat{\Psi}}\equiv\hat{\Psi}^\dagger\gamma^0$; $s\ (=1,2)$ 对应自旋在某个选定量子化轴上的投影为 $+1/2$ 和 $-1/2$ 的两个态。

产生湮灭算符的反对易关系是

$$\{b_s(\boldsymbol{p}),b_{s'}^\dagger(\boldsymbol{p}')\}=\{d_s(\boldsymbol{p}),d_{s'}^\dagger(\boldsymbol{p}')\}=(2\pi)^3 2\varepsilon_p\delta_{ss'}\delta^3(\boldsymbol{p}-\boldsymbol{p}') \tag{B.21}$$

$$\{\hat{\Psi}_\alpha(t,\boldsymbol{x}),\hat{\Psi}_\beta^\dagger(t,\boldsymbol{x}')\}=\delta_{\alpha\beta}\delta^3(\boldsymbol{x}-\boldsymbol{x}') \tag{B.22}$$

其中 α 和 β 是旋量指标, 其他所有的反对易子为 0。

由 (B.21) 式中的产生算符可以产生动量为 $\boldsymbol{p}$、自旋为 s 的单粒子态，这个态可以协变归一化为

$$\langle\boldsymbol{p},s|\boldsymbol{p}',s'\rangle=(2\pi)^3 2\varepsilon_p\delta_{ss'}\delta^3(\boldsymbol{p}-\boldsymbol{p}') \tag{B.23}$$

狄拉克旋量 u 和 v 的归一化与自旋求和由以下两式给出:

$$u_s^\dagger(\boldsymbol{p})u_{s'}(\boldsymbol{p})=2\varepsilon_p\delta_{ss'},\quad v_s^\dagger(\boldsymbol{p})v_{s'}(\boldsymbol{p})=2\varepsilon_p\delta_{ss'} \tag{B.24}$$

$$\sum_{s=1,2}u_s(\boldsymbol{p})\bar{u}_s(\boldsymbol{p})=\not{p}+m,\quad \sum_{s=1,2}v_s(\boldsymbol{p})\bar{v}_s(\boldsymbol{p})=\not{p}-m \tag{B.25}$$

狄拉克旋量和 γ 矩阵的更多性质, 参见 Pokorski(2000) 的附录 A, 它与本书采用了相同定义。

B.3 SU(N) 代数

设 $\mathcal{T}^a(a=1,\cdots,N^2-1)$ 是 SU(N) 群的厄米生成元。它们满足李代数

$$[\mathcal{T}^a,\mathcal{T}^b]=\mathrm{i}f_{abc}\mathcal{T}^c \tag{B.26}$$

其中 f_{abc} 是结构常数, 指标 abc 完全反对称。注意 $(\mathcal{T}^b)^2$ 与每个生成元 $\mathcal{T}^a$ 对易, 被称作 2 阶 Casimir 算符。

对于 $N=2$, f_{abc} 简化为反对称张量 ϵ_{ijk}, 其中 $\epsilon_{123}=1$。对于 $N=3$, f_{abc} 非零分量有

$$f_{123}=1$$

$$f_{147} = -f_{156} = f_{246} = f_{257} = f_{345} = -f_{367} = \frac{1}{2} \tag{B.27}$$
$$f_{458} = f_{678} = \frac{\sqrt{3}}{2}$$

在基础表示中, $\mathcal{T}^a$ 写作 $N \times N$ 矩阵 t^a

$$t^a = \frac{1}{2}\lambda_a \tag{B.28}$$

当 $N=2$ 时, λ_a 简化为在 (B.5) 式中定义的泡利矩阵 σ_i; 当 $N=3$ 时, λ_a 为盖尔曼 (Gell-Mann) 矩阵, 由下式给出:

$$\begin{aligned}
&\lambda_1 = \begin{pmatrix} 0 & 1 & 0 \\ 1 & 0 & 0 \\ 0 & 0 & 0 \end{pmatrix}, \quad \lambda_2 = \begin{pmatrix} 0 & -\mathrm{i} & 0 \\ \mathrm{i} & 0 & 0 \\ 0 & 0 & 0 \end{pmatrix}, \quad \lambda_3 = \begin{pmatrix} 1 & 0 & 0 \\ 0 & -1 & 0 \\ 0 & 0 & 0 \end{pmatrix} \\
&\lambda_4 = \begin{pmatrix} 0 & 0 & 1 \\ 0 & 0 & 0 \\ 1 & 0 & 0 \end{pmatrix}, \quad \lambda_5 = \begin{pmatrix} 0 & 0 & -\mathrm{i} \\ 0 & 0 & 0 \\ \mathrm{i} & 0 & 0 \end{pmatrix}, \quad \lambda_6 = \begin{pmatrix} 0 & 0 & 0 \\ 0 & 0 & 1 \\ 0 & 1 & 0 \end{pmatrix} \\
&\lambda_7 = \begin{pmatrix} 0 & 0 & 0 \\ 0 & 0 & -\mathrm{i} \\ 0 & \mathrm{i} & 0 \end{pmatrix}, \quad \lambda_8 = \frac{1}{\sqrt{3}}\begin{pmatrix} 1 & 0 & 0 \\ 0 & 1 & 0 \\ 0 & 0 & -2 \end{pmatrix}
\end{aligned} \tag{B.29}$$

对于任意 N, t^a 之间的下列关系式:

$$\mathrm{tr}(t^a t^b) = \frac{1}{2}\delta^{ab} \tag{B.30}$$
$$t^a_{ij} t^a_{kl} = \frac{1}{2}\left(\delta_{il}\delta_{jk} - \frac{1}{N}\delta_{ij}\delta_{kl}\right) \tag{B.31}$$
$$(t^a t^a)_{ij} = C_{\mathrm{F}}\delta_{ij}, \quad 其中\ C_{\mathrm{F}} = \frac{N^2-1}{2N} \tag{B.32}$$

在伴随表示中, $\mathcal{T}^a$ 写为 $(N^2-1)\times(N^2-1)$ 阶矩阵 T^a,

$$(T^a)_{bc} = -\mathrm{i}f_{abc} \tag{B.33}$$

其中 T^a 满足下列关系:

$$\mathrm{tr}(T^a T^b) = N\delta_{ab} \tag{B.34}$$
$$(T^a T^a)_{bc} = C_{\mathrm{A}}\delta_{bc}, \quad 其中\ C_{\mathrm{A}} = N \tag{B.35}$$

附录 C　泛函、高斯和 Grassmann 积分

C.1　量子力学中的路径积分

假设一个量子力学粒子位于一维空间的 q 位置, 它从初始位置 $q=q_{\rm I}$ 到末态位置 $q=q_{\rm F}$ 的跃迁振幅可以由费曼传播函数给出:

$$K_{\rm FI}\equiv K(q_{\rm F},t_{\rm F}|q_{\rm I},t_{\rm I})=\langle q_{\rm F}|{\rm e}^{-{\rm i}\hat{H}(t_{\rm F}-t_{\rm I})}|q_{\rm I}\rangle \tag{C.1}$$

其中 $\hat{H}=\hat{T}+\hat{V}$ 是哈密顿算符, $\hat{T}(\hat{V})$ 是厄米动能 (势能) 算符。将 $t_{\rm F}-t_{\rm I}$ 分成步长为 $\epsilon\equiv(t_{\rm F}-t_{\rm I})/n$ 的等长的 n 步, 插入态的完备关系式 $\int{\rm d}q|q\rangle\langle q|=1$, 我们得到

$$K_{\rm FI}=\lim_{n\to\infty}\int\prod_{l=1}^{n-1}{\rm d}q_l\ \langle q_{\rm F}|{\rm e}^{-{\rm i}\hat{T}\epsilon}{\rm e}^{-{\rm i}\hat{V}\epsilon}|q_{n-1}\rangle\cdots\langle q_1|{\rm e}^{-{\rm i}\hat{T}\epsilon}{\rm e}^{-{\rm i}\hat{V}\epsilon}|q_{\rm I}\rangle \tag{C.2}$$

在这里我们使用了 Trotter 公式分解指数算符 (Schulman, 1996)

$$\lim_{n\to\infty}\left[({\rm e}^{-\hat{A}\epsilon}{\rm e}^{-\hat{B}\epsilon})^n-({\rm e}^{-\hat{C}\epsilon})^n\right]=0 \tag{C.3}$$

其中 $\hat{A}={\rm i}\hat{T},\hat{B}={\rm i}\hat{V}$, 并且 $\hat{C}=\hat{A}+\hat{B}={\rm i}\hat{H}$。

使用动量空间的完备集, $\int{\rm d}p|p\rangle\langle p|=1$, 并假设 $\hat{T}=\hat{p}^2/2m$ 与 $\hat{V}=V(\hat{q})$, 我们得到

$$K_{\rm FI}=\lim_{n\to\infty}\int\prod_{l=1}^{n-1}{\rm d}q_l\ \left(\frac{m}{2\pi\epsilon{\rm i}}\right)^{n/2}{\rm e}^{{\rm i}\epsilon\sum\limits_{j=1}^{n}\left[\frac{m}{2}\left(\frac{q_j-q_{j-1}}{\epsilon}\right)^2-V(q_{j-1})\right]} \tag{C.4}$$

这里使用了 $\langle p|q\rangle = \mathrm{e}^{-\mathrm{i}pq}/\sqrt{2\pi}$ 和 Fresnel 积分 $\int_{-\infty}^{+\infty} \mathrm{d}z \exp(-\mathrm{i}az^2/2) = (2\pi/\mathrm{i}a)^{1/2}$。注意 $q_0 \equiv q_{\mathrm{I}}$ 以及 $q_n \equiv q_{\mathrm{F}}$。有时候, (C.4) 式可以近似写为

$$K_{\mathrm{FI}} = \int_{q_{\mathrm{I}}}^{q_{\mathrm{F}}} [\mathrm{d}q]\, \mathrm{e}^{\mathrm{i}S[q(t),\dot{q}(t)]} \tag{C.5}$$

$$S[q,\dot{q}] = \int_{t_{\mathrm{I}}}^{t_{\mathrm{F}}} \mathrm{d}t \left[\frac{m}{2}\left(\frac{\mathrm{d}q}{\mathrm{d}t}\right)^2 - V(q)\right] \tag{C.6}$$

其中 $[\mathrm{d}q]$ 是多维积分测度。(C.5) 式可以解释为对所有轨迹 $q(t)$ 的求和, 每条轨迹的权重因子为 $\mathrm{e}^{\mathrm{i}S[q,\dot{q}]}$, 边界条件为 $q(t_{\mathrm{I}}) = q_{\mathrm{I}}, q(t_{\mathrm{F}}) = q_{\mathrm{F}}$。这就是 (C.5) 式被称作路径积分的原因 (参考 Feynmann and Hibbs, 1965; Schulman, 1996)。需要注意的是, 路径 $q(t)$ 并非必须是 t 的光滑函数 (参考图 C.1)。

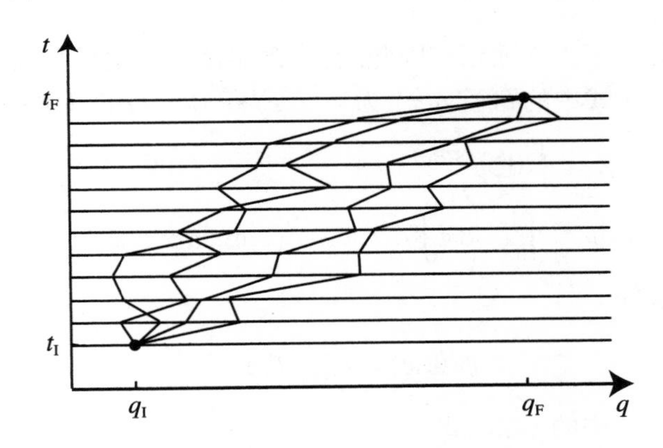

图 C.1 粒子从 $(q_{\mathrm{I}}, t_{\mathrm{I}})$ 点传播到 $(q_{\mathrm{F}}, t_{\mathrm{F}})$ 点的多条路径

一个与热库耦合的单粒子配分函数同样可以写为路径积分的形式, 因为它与费曼传播函数 K 有如下关系:

$$Z = \int \mathrm{d}q\, \langle q|\mathrm{e}^{-\hat{H}/T}|q\rangle = \int \mathrm{d}q\, K(q,-\mathrm{i}/T|q,0) \tag{C.7}$$

$$= \int [\mathrm{d}q]\, \mathrm{e}^{-S_{\mathrm{E}}[q(\tau),\dot{q}(\tau)]} \tag{C.8}$$

其中, 欧氏作用量定义为

$$S_{\mathrm{E}} = \int_0^{1/T} \mathrm{d}\tau \left[\frac{m}{2}\left(\frac{\mathrm{d}q}{\mathrm{d}\tau}\right)^2 + V(q)\right] \tag{C.9}$$

其中 $t = -\mathrm{i}\tau$ 是虚时 $(0 \leqslant \tau < 1/T)$, 并且路径 $q(t)$ 满足周期性边界条件 $q(0) = q(1/T)$。

C.2 场论中的泛函积分

我们简述一下自旋为 0 标量场与自旋 1/2 费米场泛函积分公式的推导。对于详细的推导过程, 参见 Negele and Orland(1998), 以及 Pokorski(2000)。

C.2.1 标量场

场论仅是多体量子力学而已。因此, 在有限温度中的实标量场 ϕ, 其配分函数可以通过替换 (C.8) 式中的路径 $q(\tau)$ 为 $\phi(\tau,\boldsymbol{x})$ 得到。我们马上得到

$$Z=\int[\mathrm{d}\phi]\mathrm{e}^{-S_{\mathrm{E}}[\phi,\partial\phi]} \tag{C.10}$$

$$S_{\mathrm{E}}=\int_0^{1/T}\mathrm{d}\tau\int\mathrm{d}^3x\,\mathcal{L}_{\mathrm{E}}(\phi(\tau,\boldsymbol{x}),\partial\phi(\tau,\boldsymbol{x})) \tag{C.11}$$

使用周期性边界条件

$$\phi(0,\boldsymbol{x})=\phi(1/T,\boldsymbol{x}) \tag{C.12}$$

这些方程对应第 4 章中的 (4.3) 式。

C.2.2 费米场

费米算符 $\hat{\Psi}$ 反映 (B.21) 和 (B.22) 式所给出的泡利不相容原理。因此, 费米场泛函积分使用反对易的 $\psi(\tau,\boldsymbol{x})$ 而不是相互对易的经典变量 $\phi(\tau,\boldsymbol{x})$ 计算。这些 ψ 量被称作 Grassmann 变量。对独立 Grassmann 变量 ψ 和 $\bar{\psi}$ 的泛函积分由下式给出:

$$Z=\int[\mathrm{d}\bar{\psi}\,\mathrm{d}\psi]\,\mathrm{e}^{-S_{\mathrm{E}}[\bar{\psi},\psi,\partial\bar{\psi},\partial\psi]} \tag{C.13}$$

$$S_{\mathrm{E}}=\int_0^{1/T}\mathrm{d}\tau\int\mathrm{d}^3x\,\mathcal{L}_{\mathrm{E}}(\bar{\psi}(\tau,\boldsymbol{x}),\psi(\tau,\boldsymbol{x}),\partial\bar{\psi}(\tau,\boldsymbol{x}),\partial\psi(\tau,\boldsymbol{x})) \tag{C.14}$$

其中反周期性边界条件可由 Grassmann 变量求迹的特殊性质得到:

$$\psi(0,\boldsymbol{x})=-\psi(1/T,\boldsymbol{x}),\quad \bar{\psi}(0,\boldsymbol{x})=-\bar{\psi}(1/T,\boldsymbol{x}) \tag{C.15}$$

C.3 高斯和 Grassmann 积分

基本的高斯与 Grassmann 积分如下:

$$\int_{-\infty}^{+\infty} \frac{\mathrm{d}x}{\sqrt{2\pi}}\, \mathrm{e}^{-ax^2/2} = \frac{1}{\sqrt{a}} \tag{C.16}$$

$$\int \frac{\mathrm{d}z^*\mathrm{d}z}{2\pi\mathrm{i}}\, \mathrm{e}^{-b|z|^2} = \frac{1}{b} \tag{C.17}$$

$$\int \mathrm{d}\bar{\xi}\mathrm{d}\xi\, \mathrm{e}^{-c\bar{\xi}\xi} = c \tag{C.18}$$

这里 $x(z)$ 是实数 (复数), $\bar{\xi}$ 和 ξ 是反对易的 Grassmann 数, 其中 $\{\xi,\bar{\xi}\}=0,\xi^2=\bar{\xi}^2=0$; a 和 b 是正实数, c 是任意复数。(C.17) 式可以通过分别对 z 的实部与虚部积分或者对极坐标积分得到。(C.18) 式使用了 Grassmann 的关系式 $\mathrm{e}^{-c\bar{\xi}\xi}=1-c\bar{\xi}\xi$ 和 $\int \mathrm{d}\xi=\partial/\partial\xi$ (积分 = 微分)。

上面的关系式可以直接推广到多变量情形。对于 $x=(x_1,\cdots,x_n),z=(z_1,\cdots,z_n),\xi=(\xi_1,\cdots,\xi_n)$ 和 $\bar{\xi}=(\bar{\xi}_1,\cdots,\bar{\xi}_n)$, 使用 $\{\xi_k,\xi_l\}=\{\bar{\xi}_k,\bar{\xi}_l\}=\{\xi_k,\bar{\xi}_l\}=0$, 我们得到

$$\int \prod_{l=1}^{n} \frac{\mathrm{d}x_l}{\sqrt{2\pi}}\, \mathrm{e}^{-\frac{1}{2}{}^t xAx} = \frac{1}{\sqrt{\det A}} \tag{C.19}$$

$$\int \prod_{l=1}^{n} \frac{\mathrm{d}z_l^*\mathrm{d}z_l}{2\pi\mathrm{i}}\, \mathrm{e}^{-{}^t z^* Bz} = \frac{1}{\det B} \tag{C.20}$$

$$\int \prod_{l=1}^{n} \mathrm{d}\bar{\xi}_l\, \mathrm{d}\xi_l\, \mathrm{e}^{-{}^t\bar{\xi}C\xi} = \det C \tag{C.21}$$

(C.19)~(C.21) 式中 A 是非奇异实对称矩阵, 其本征值 a_l 对所有 l 满足 $a_l>0$; B 是非奇异复矩阵, 其复本征值 b_l 通过双幺正变换 $(UBV^\dagger)$ 得到并对所有 l 满足 $\mathrm{Re}\, b_l>0$; C 是无限制的任意复矩阵。注意 B 和 C 不必是厄米矩阵。在场论中, l 对所有可能的指标包括自旋、味道、颜色、时空坐标等求和。det 是对所有这些指标的矩阵求行列式。

附录 D 弯曲时空与爱因斯坦方程

D.1 非欧时空

在一般的曲线坐标 $x^\mu = (x^0, x^1, x^2, x^3)$ 下, 不变距离 ds 以对称矩阵 $g_{\mu\nu}(x)$ 的形式表示如下:

$$\mathrm{d}s^2 = g_{\mu\nu}(x)\,\mathrm{d}x^\mu\,\mathrm{d}x^\nu \tag{D.1}$$

一旦坐标系统给出, 相应的度规可以唯一地计算出。如果在闵氏空间, 度规约化为

$$g_{\mu\nu}(x) \to \eta_{\mu\nu} = \mathrm{diag}(+1, -1, -1, -1) \tag{D.2}$$

在一般坐标变换 $x^\mu = x^\mu(x')$ 下, 逆变矢量 $A^\mu(x)$ 像 $\mathrm{d}x^\mu$ 一样变换:

$$A^\mu(x) = \frac{\partial x^\mu}{\partial x'^\nu} A'^\nu(x') \tag{D.3}$$

多指标逆变张量如 $A^{\mu\nu\lambda\cdots}(x)$ 按照类似方法通过对每个时空指标做变换得到。协变矢量和张量通过使用度规 $g_{\mu\nu}$ 对逆变矢量和张量降低时空指标得到, 例如 $A_\mu(x) \equiv g_{\mu\nu} A^\nu(x)$。注意度规 $g_{\mu\nu}$ 是协变张量。

既然 $g_{\mu\nu}(x)$ 是实对称矩阵, 它至少可以被局域对角化。如果对角化的结果给出 1 个正的本征值和 3 个负的本征值, 相应的时空称作洛伦兹流形, 满足 $\det g_{\mu\nu}(x) \equiv g(x) < 0$。

爱因斯坦的等效原理, 一言以蔽之, 人们可以取一个平直度规 $\eta_{\mu\nu}$, 使某个点的局域引力效应与惯性力相互抵消。但是, 在引力场的弯曲时空中, 并不能找到一个这样的全局平直度规。一般坐标变换下的不变体积元是 $\sqrt{-g(x)}\mathrm{d}^4x$。

为了比较两个位于不同点 x 与 x' 的矢量，必须平行移动 x 点的矢量到 x' 点。换言之，一个矢量的简单微分 $\partial_\mu A_\nu(x)$ 并不是张量。考虑了平行移动的协变微分，定义为

$$\nabla_\lambda A_\mu = (g^\nu{}_\mu \partial_\lambda - \Gamma^\nu{}_{\lambda\mu})A_\nu, \quad \nabla_\lambda A^\mu = (g^\mu{}_\nu \partial_\lambda + \Gamma^\mu{}_{\lambda\nu})A^\nu \tag{D.4}$$

后面一个式子要求当 ∇_μ 和 ∂_μ 作用在 $A_\mu A^\mu$ 上时会得到相同的结果。$\Gamma^\lambda{}_{\mu\nu}$ 称作 Christoffel 符号。

从 (D.4) 式得到的协变导数的有用关系式如下：

$$\nabla_\lambda(A_\mu B_\nu) = (\nabla_\lambda A_\mu)B_\nu + A_\mu(\nabla_\lambda B_\nu) \tag{D.5}$$

$$\nabla_\lambda g_{\mu\nu} = 0 \tag{D.6}$$

从公式 (D.6) 我们可以得到 Christoffel 符号关于度规张量的显式表达式

$$\Gamma^\lambda{}_{\mu\nu} = \frac{1}{2}g^{\lambda\rho}(\partial_\mu g_{\nu\rho} + \partial_\nu g_{\rho\mu} - \partial_\rho g_{\mu\nu}) \tag{D.7}$$

如果时间空间平直，$\Gamma^\lambda{}_{\mu\nu}$ 的所有分量为 0。需要注意 Christoffel 符号不是张量。同时，$\Gamma^\lambda{}_{\mu\lambda} = \partial_\mu \ln\sqrt{-\mathrm{g}}$。

协变导数对普通张量的作用是按与 (D.4) 式相同的方式定义的，例如

$$\nabla_\lambda A_{\mu\nu} = (g^\rho{}_\mu g^\sigma{}_\nu \partial_\lambda - g^\sigma{}_\nu \Gamma^\rho{}_{\lambda\mu} - g^\rho{}_\mu \Gamma^\sigma{}_{\lambda\nu})A_{\rho\sigma}, \quad \nabla_\lambda A^\mu{}_\nu = g^{\mu\rho}\nabla_\lambda A_{\rho\nu} \tag{D.8}$$

协变导数彼此不对易，如下：

$$[\nabla_\mu, \nabla_\nu]A^\alpha = (\nabla_\mu\nabla_\nu - \nabla_\nu\nabla_\mu)A^\alpha = R^\alpha{}_{\beta\mu\nu}A^\beta \tag{D.9}$$

其中 $R^\alpha{}_{\beta\mu\nu}$ 称作 Riemann-Christoffel 曲率张量。通过显式计算

$$R^\alpha{}_{\beta\mu\nu} = \partial_\mu \Gamma^\alpha{}_{\nu\beta} - \partial_\nu \Gamma^\alpha{}_{\mu\beta} + \Gamma^\alpha{}_{\mu\lambda}\Gamma^\lambda{}_{\nu\beta} - \Gamma^\alpha{}_{\nu\lambda}\Gamma^\lambda{}_{\mu\beta} \tag{D.10}$$

任意时空点都满足 $R^\alpha{}_{\beta\mu\nu} = 0$ 是确定时空为全局平直时空的充分必要条件。

从雅可比恒等式 $[\nabla_\mu,[\nabla_\nu,\nabla_\lambda]] + [\nabla_\nu,[\nabla_\lambda,\nabla_\mu]] + [\nabla_\lambda,[\nabla_\mu,\nabla_\nu]] = 0$。我们得到

$$R_{\alpha\beta\mu\nu} + R_{\alpha\mu\nu\beta} + R_{\alpha\nu\beta\mu} = 0 \tag{D.11}$$

和比安基恒等式

$$\nabla_\lambda R^\alpha{}_{\beta\mu\nu} + \nabla_\mu R^\alpha{}_{\beta\nu\lambda} + \nabla_\nu R^\alpha{}_{\beta\lambda\mu} = 0 \tag{D.12}$$

另外, 下面的对称关系从 $R_{\alpha\beta\mu\nu}$ 的定义得到

$$R_{\alpha\beta\mu\nu} = -R_{\beta\alpha\mu\nu} = -R_{\alpha\beta\nu\mu} = R_{\mu\nu\alpha\beta} \tag{D.13}$$

这些关系将 $R_{\alpha\beta\mu\nu}$ 的独立分量个数从 256 减少到 20。

里奇张量$R_{\mu\nu}$ 和标曲率R 简单地定义为

$$R_{\mu\nu} = R^{\alpha}{}_{\mu\nu\alpha} = R_{\nu\mu}, \quad R = R^{\mu}{}_{\mu} \tag{D.14}$$

D.2 爱因斯坦方程

爱因斯坦张量 $G_{\mu\nu}$ 定义为

$$G_{\mu\nu} \equiv R_{\mu\nu} - \frac{1}{2} g_{\mu\nu} R \tag{D.15}$$

从比安基恒等式和 (D.5) 式我们可以证明

$$\nabla_{\lambda} G^{\lambda}{}_{\mu} = 0 \tag{D.16}$$

以 $G_{\mu\nu}$ 的形式, 爱因斯坦方程写为

$$G_{\mu\nu} = 8\pi G\, T_{\mu\nu} \tag{D.17}$$

其中 G 是牛顿常数, 在 (A.13) 式中给出。$T_{\mu\nu}$ 是物质、辐射和真空的总能动量张量。使用牛顿势能, 在弱引力场和非相对论动力学近似下, 爱因斯坦方程 (D.17) 将会简化为泊松方程 $\nabla^2\phi_{\mathrm{N}} = 4\pi G\varepsilon$, 这是 (D.17) 式中系数 $8\pi G$ 的来源。在这种情况下, 我们得到 $g_{00} \simeq 1 + 2\phi_{\mathrm{N}}$ 和 $T_{00} = \varepsilon$, 其中 ε 是物质的能量密度 (见习题 8.2)。

爱因斯坦方程 (D.17) 通过引力场 (左手边), 将时空曲率与时空中存在的所有粒子和场的能量动量 (右手边) 联系起来。注意, 通过引入宇宙学常数 Λ, $T_{\mu\nu}$ 经常写作物质场加辐射场贡献以及真空贡献的总和:

$$T_{\mu\nu} = \bar{T}_{\mu\nu} + \Lambda g_{\mu\nu} \tag{D.18}$$

由 (D.16) 式, 守恒的协变能动量张量应该出现在爱因斯坦方程的右手边

$$\nabla_{\lambda} T^{\lambda}{}_{\mu} = \nabla_{\lambda} \bar{T}^{\lambda}{}_{\mu} = 0 \tag{D.19}$$

爱因斯坦方程对于度规 $g_{\mu\nu}(x)$ 是非线性依赖的, 因此并不遵守叠加原理。

当度规是对角矩阵, 即 $g_{\mu\nu}=0(\mu\neq\nu)$ 时, 可以得到 $R_{\mu\nu}$ 和 R 的有用公式。为此我们首先参数化对角元如下:

$$g_{\mu\mu}=e_\mu\exp(2F_\mu),\quad e_0=+1,\quad e_i=-1\ (i=1,2,3) \tag{D.20}$$

这里以及本节下面的公式均不使用重复指标求和规则。使用这种参数化, 显式计算得到里奇张量的非零元 (参考 Landau and Lifshitz(1988) 书中第 92 节):

$$\begin{aligned}R_{\mu\nu}=&\sum_{\alpha\neq(\mu,\nu)}[(\partial_\nu F_\alpha)(\partial_\mu F_\nu)+(\partial_\nu F_\mu)(\partial_\mu F_\alpha)\\&-(\partial_\mu F_\alpha)(\partial_\nu F_\alpha)-\partial_\mu\partial_\nu F_\alpha]\quad(\mu\neq\nu)\end{aligned} \tag{D.21}$$

$$\begin{aligned}R_{\mu\mu}=&\sum_{\alpha\neq\mu}[(\partial_\mu F_\mu)(\partial_\mu F_\alpha)-(\partial_\mu F_\alpha)^2-\partial_\mu\partial_\mu F_\alpha]\\&+\sum_{\alpha\neq\mu}e_\mu e_\alpha \mathrm{e}^{2(F_\mu-F_\alpha)}\times\Bigg[(\partial_\alpha F_\alpha)(\partial_\alpha F_\mu)-(\partial_\alpha F_\mu)^2\\&-\partial_\alpha\partial_\alpha F_\mu-(\partial_\alpha F_\mu)\sum_{\beta\neq(\mu,\alpha)}\partial_\alpha F_\beta\Bigg]\end{aligned} \tag{D.22}$$

D.3 Robertson–Walker 度规

(8.5) 式中的 Robertson-Walker 度规写作

$$\mathrm{d}s^2=\mathrm{d}t^2-a^2(t)\left[\frac{\mathrm{d}r^2}{1-Kr^2}+r^2\left(\mathrm{d}\theta^2+\sin^2\theta\,\mathrm{d}\phi^2\right)\right] \tag{D.23}$$

将导致

$$g_{tt}=1,\quad g_{rr}=\frac{-a^2}{1-Kr^2},\quad g_{\theta\theta}=-a^2r^2,\quad g_{\phi\phi}=-a^2r^2\sin^2\theta \tag{D.24}$$

因此

$$F_t=0,\quad F_r=\ln\frac{a}{\sqrt{1-Kr^2}},\quad F_\theta=\ln(ar),\quad F_\phi=\ln(ar\,\sin\theta) \tag{D.25}$$

将这些关系代入 (D.21) 式与 (D.22) 式中, 我们得到如下关系:

$$R=-6\left[\frac{\ddot{a}}{a}+\frac{\dot{a}^2}{a^2}+\frac{K}{a^2}\right] \tag{D.26}$$

$$R^0{}_0 = -3\frac{\ddot{a}}{a} \tag{D.27}$$

$$R^i{}_i = -\left[\frac{\ddot{a}}{a} + 2\frac{\dot{a}^2}{a^2} + \frac{2K}{a^2}\right] \quad (i=1,2,3) \tag{D.28}$$

$$G^0{}_0 = 3\left[\frac{\dot{a}^2}{a^2} + \frac{K}{a^2}\right] \tag{D.29}$$

$$G^i{}_i = 2\frac{\ddot{a}}{a} + \frac{\dot{a}^2}{a^2} + \frac{K}{a^2} \quad (i=1,2,3) \tag{D.30}$$

D.4 史瓦西度规

让我们寻找爱因斯坦方程 (D.17) 的一个静态各向同性解。使用球坐标 (r,θ,ϕ), 我们可以将史瓦西度规表示为

$$\mathrm{d}s^2 = \mathrm{e}^{a(r)}\,\mathrm{d}t^2 - \mathrm{e}^{b(r)}\,\mathrm{d}r^2 - r^2(\mathrm{d}\theta^2 + \sin^2\theta\,\mathrm{d}\phi^2) \tag{D.31}$$

$$g_{tt} = \mathrm{e}^{a(r)}, \quad g_{rr} = -\mathrm{e}^{b(r)}, \quad g_{\theta\theta} = -r^2, \quad g_{\phi\phi} = -r^2\sin^2\theta \tag{D.32}$$

其中非对角部分总可以通过坐标变换消去; $a(r)$ 和 $b(r)$ 应该通过爱因斯坦方程确定。从 (D.20) 式我们得到

$$F_t = a(r)/2, \quad F_r = b(r)/2, \quad F_\theta = \ln r, \quad F_\phi = \ln(r\sin\theta) \tag{D.33}$$

通过 (D.21) 和 (D.22) 式, 里奇张量和标曲率的非零元为

$$R^0{}_0 = \mathrm{e}^{-b}\left(\frac{a''}{2} + \frac{a'}{r} + \frac{a'^2}{4} - \frac{a'b'}{4}\right) \tag{D.34}$$

$$R^1{}_1 = \mathrm{e}^{-b}\left(\frac{a''}{2} - \frac{b'}{r} + \frac{a'^2}{4} - \frac{a'b'}{4}\right) \tag{D.35}$$

$$R^i{}_i = \mathrm{e}^{-b}\left(\frac{a'-b'}{2r} + \frac{1}{r^2}\right) - \frac{1}{r^2} \tag{D.36}$$

$$R = \mathrm{e}^{-b}\left(a'' + \frac{2(a'-b')}{r} + \frac{a'^2}{2} - \frac{a'b'}{2} + \frac{2}{r^2}\right) - \frac{2}{r^2} \tag{D.37}$$

其中 $i = 2,3$, 另外 $(')$ 表示对 r 的微分。

因此, 爱因斯坦方程的非零组元可以显式地给出:

$$G^0{}_0 = \mathrm{e}^{-b}\left(\frac{b'}{r} - \frac{1}{r^2}\right) + \frac{1}{r^2} = 8\pi G T^0{}_0 \tag{D.38}$$

$$G^1{}_1 = -e^{-b}\left(\frac{a'}{r}+\frac{1}{r^2}\right)+\frac{1}{r^2} = 8\pi G T^1{}_1 \tag{D.39}$$

$$G^i{}_i = -\frac{1}{2}e^{-b}\left(a''+\frac{a'-b'}{r}+\frac{a'^2}{2}-\frac{a'b'}{2}\right) = 8\pi G T^i{}_i \tag{D.40}$$

现在我们将一个总引力质量为 M、半径为 R 的球状物体放入真空。既然对于 $r>R$ 能动量张量 $T^\mu{}_\nu=0$, 将 (D.38) 和 (D.39) 式积分，可以得到

$$e^{b(r)} = \frac{1}{1-c_1/r},\quad e^{a(r)} = c_2(1-c_1/r) \tag{D.41}$$

其中 $c_{1,2}$ 是积分常数。 c_2 可以通过重新定义时间吸收掉, $\sqrt{c_2}t\to t$。另一方面, c_1 通过牛顿势能与 GM 相联系, 在 $r\to\infty$ 处 $\phi_N=-GM/r$, 度规为

$$g_{00} = 1+2\phi_N = 1-\frac{2GM}{r} = 1-\frac{c_1}{r} \tag{D.42}$$

因此我们知道 $c_1=2GM$。最终, 度规可以表示为

$$ds^2 = \left(1-\frac{r_g}{r}\right)dt^2 - \frac{dr^2}{1-\frac{r_g}{r}} - r^2(d\theta^2+\sin^2\theta d\phi^2) \tag{D.43}$$

这就是所谓的星体外爱因斯坦方程的史瓦西解。这里 r_g 称作史瓦西半径或引力半径, 定义为

$$r_g \equiv 2GM \tag{D.44}$$

我们也可以通过将 (D.38) 式积分得到

$$M = \int_0^R 4\pi r^2 T^0{}_0 dr = \int_0^R 4\pi r^2 \varepsilon(r)\, dr \tag{D.45}$$

注意右手边的积分是对 $4\pi r^2 dr$, 而不是使用度规张量得到的空间体积元 $4\pi e^{b(r)/2} r^2 dr$。这是因为 M 不仅包含引力场能, 同样包含物质能量。

D.5　Oppenheimer-Volkoff(OV) 方程

为了计算静态球对称星体内部结构, 我们需要将能动量张量 $T^\mu{}_\nu$ 以理想流体形式参数化 (参考 (9.27) 式):

$$T^\mu{}_\nu = \text{diag}(\varepsilon(r), -P(r), -P(r), -P(r)) \tag{D.46}$$

我们假设状态方程即每个空间点 r 处的压强与能量密度关系为

$$P = P(\varepsilon) \tag{D.47}$$

那么爱因斯坦方程 (D.38)~(D.40) 式变成

$$\mathrm{e}^{-b}\left(\frac{b'}{r} - \frac{1}{r^2}\right) + \frac{1}{r^2} = 8\pi G\varepsilon \tag{D.48}$$

$$\mathrm{e}^{-b}\left(\frac{a'}{r} + \frac{1}{r^2}\right) - \frac{1}{r^2} = 8\pi GP \tag{D.49}$$

$$\frac{\mathrm{e}^{-b}}{2}\left(a'' + \frac{a'-b'}{2} + \frac{a'^2}{2} - \frac{a'b'}{2}\right) = 8\pi GP \tag{D.50}$$

我们有 4 个方程, 因此可以解 4 个未知函数 $a(r)$、$b(r)$、$P(r)$ 和 $\varepsilon(r)$。我们引入一个函数 $\mathcal{M}(r)$:

$$\mathrm{e}^{-b(r)} \equiv 1 - \frac{2G\mathcal{M}(r)}{r} \tag{D.51}$$

星体表面之外, 史瓦西解 (D.43) 式可用, 而 $\mathcal{M}(r)$ 与引力质量 M 相关:

$$\mathcal{M}(r \geqslant R) = M \tag{D.52}$$

将 (D.51) 式代入 (D.48) 式, 我们得到

$$\frac{\mathrm{d}\mathcal{M}(r)}{\mathrm{d}r} = 4\pi r^2 \varepsilon(r) \tag{D.53}$$

或它的积分形式

$$\mathcal{M}(r) = \int_0^r 4\pi r^2 \varepsilon(r)\,\mathrm{d}r \tag{D.54}$$

为了得到压力梯度 $\mathrm{d}P/\mathrm{d}r$, 我们对 (D.49) 式作微分并使用 (D.50) 式消去 a''。另外使用 (D.48) 和 (D.49) 式消去 b' 和 a'^2 得到

$$-\frac{\mathrm{d}P(r)}{\mathrm{d}r} = \frac{\varepsilon + P}{2} a' \tag{D.55}$$

综合 (D.55)、(D.49) 和 (D.51) 式, 我们最终得到如下方程:

$$\begin{aligned} -\frac{\mathrm{d}P(r)}{\mathrm{d}r} =& \frac{G\varepsilon(r)\mathcal{M}(r)}{r^2} \\ & \times \left(1 - \frac{2G\mathcal{M}(r)}{r}\right)^{-1}\left(1 + \frac{P(r)}{\varepsilon(r)}\right)\left(1 + \frac{4\pi r^3 P(r)}{\mathcal{M}(r)}\right) \end{aligned} \tag{D.56}$$

称作 Oppenheimer-Volkoff (OV) 方程 (参考 Oppenheimer 和 Volkoff, 1939; Tolman, 1939)。

为了得到星体状态的数值解, 我们联立状态方程 (D.47) 式, 解一阶微分方程 (D.53) 与 (D.56) 式。微分方程的初始条件如下:

$$\mathcal{M}(0)=0, \quad \varepsilon(0)=\varepsilon_{\text{cent}} \tag{D.57}$$

中心能量密度为 $\varepsilon_{\text{cent}}$ 的星体其半径 R 可以由关系式 $P\ (r=R)=0$ 得到。因此星体的总质量可以通过公式 (D.54) 计算得到, 其中 $r=R$。

在牛顿极限下, 我们可忽略 (D.56) 式右手边的引力半径与压强, 得到

$$-\left(\frac{\mathrm{d}P(r)}{\mathrm{d}r}\right)_{\text{NR}}=\frac{G\varepsilon(r)\mathcal{M}(r)}{r^2} \tag{D.58}$$

表示距离为 r 处的一个小体积微元的内部压强与引力作用的平衡。

附录 E 相对论运动学和变量

E.1 实验室参考系与质心系

考虑如下初态为两体的反应:

$$a+b\to c+d+e+\cdots \tag{E.1}$$

称 a 为入射粒子, b 为靶粒子。在实验室参考系 (靶静止参考系), 靶粒子静止, 入射粒子以能量 E^{lab} 和动量 $\boldsymbol{p}^{\mathrm{lab}}$ 撞击靶粒子。碰撞末态产生的粒子 $c,d,e,\cdots$ 通常处于运动状态。在质心系, 即实际上的动量中心系, 所有初态粒子或者末态粒子的动量矢量求和为 0。这两种参考系定义如下:

- 实验室系

$$\boldsymbol{p}_b^{\mathrm{lab}}=\boldsymbol{0},\quad E_b^{\mathrm{lab}}=m_b \tag{E.2}$$

- 质心系

$$\boldsymbol{p}_a^{\mathrm{cm}}+\boldsymbol{p}_b^{\mathrm{cm}}=\boldsymbol{p}_c^{\mathrm{cm}}+\boldsymbol{p}_d^{\mathrm{cm}}+\boldsymbol{p}_e^{\mathrm{cm}}+\cdots=\boldsymbol{0} \tag{E.3}$$

其中 m_b 是 b 粒子的静止质量。在质心系中, 初态粒子 a 和 b 以大小相同、方向相反的动量彼此靠近。只有质心系能量可以用来产生新粒子或者激发内在的自由度。

为了得到实验室系与质心系能量的关系, 我们利用洛伦兹不变性。我们定义如下洛伦兹标量 s, 它也是 Mandelstam 变量之一,

$$s\equiv(p_a+p_b)^2\equiv(p_a+p_b)_\mu(p_a+p_b)^\mu \tag{E.4}$$

其中 $p_a(p_b)$ 是粒子 $a(b)$ 的四动量。根据定义, s 在所有坐标系统中不变。

考虑两个静止质量都为 m 的粒子发生相对论碰撞, 使用 (E.2)~(E.4) 式, 我们得到

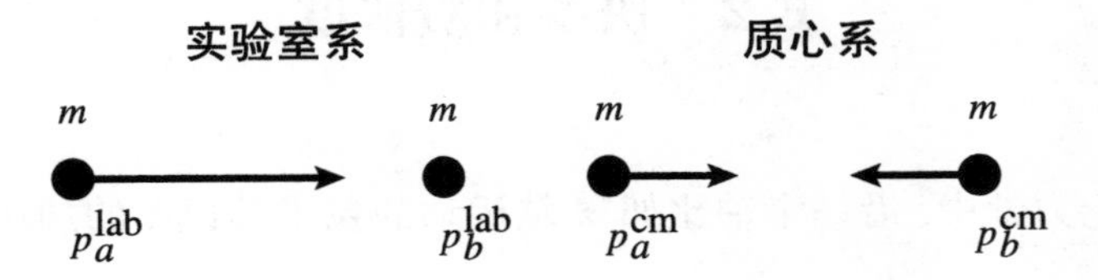

- 实验室系

$$\begin{aligned}
p_a^{\rm lab} &= (E^{\rm lab}, \boldsymbol{p}^{\rm lab}) \\
p_b^{\rm lab} &= (m, \boldsymbol{0}) \\
s &\equiv (p_a + p_b)^2 = (p_a^{\rm lab} + p_b^{\rm lab})^2 \\
&= (E^{\rm lab} + m)^2 - \left(\boldsymbol{p}^{\rm lab}\right)^2 = (E^{\rm lab} + m)^2 - [(E^{\rm lab})^2 - m^2] \\
&= 2mE^{\rm lab} + 2m^2
\end{aligned} \tag{E.5}$$

- 质心系

$$\begin{aligned}
p_a^{\rm cm} &= (E^{\rm cm}/2, \boldsymbol{p}^{\rm cm}) \\
p_b^{\rm cm} &= (E^{\rm cm}/2, -\boldsymbol{p}^{\rm cm}) \\
s &\equiv (p_a + p_b)^2 = (p_a^{\rm cm} + p_b^{\rm cm})^2 = (E^{\rm cm})^2
\end{aligned} \tag{E.6}$$

通过计算 (E.5) 和 (E.6) 式, 我们得到

$$E^{\rm lab} = \frac{(E^{\rm cm})^2}{2m} - m \tag{E.7}$$

考察 $E^{\rm lab} \gg m$, 对应极端相对论或超相对论情形, 能量 $E^{\rm cm}(=\sqrt{s})$ 变为

$$\sqrt{s} = E^{\rm cm} \simeq \sqrt{2mE^{\rm lab}} \tag{E.8}$$

(E.8) 式显示能够产生新粒子的有用的质心能量正比于实验室系相对论能量的平方根。这就是我们要建造相对论对撞机型的加速器装置的原因。

除了 (E.4) 式中的 s, 我们定义了另外两个 Mandelstam 变量:

$$t \equiv (p_a - p_c)^2, \quad u \equiv (p_a - p_d)^2 \tag{E.9}$$

用于两体反应 $a + b \to c + d$。3 个变量 s, t 和 u 不是相互独立的:

$$s + t + u = m_a^2 + m_b^2 + m_c^2 + m_d^2 \tag{E.10}$$

E.2 快度和赝快度

在相对论力学中, 沿一个轴比如 z 轴运动的粒子其速度的加法定律是非线性的,

$$v=\frac{v_1+v_2}{1+\frac{v_1v_2}{c^2}} \quad 或 \quad \beta=\frac{\beta_1+\beta_2}{1+\beta_1\beta_2} \tag{E.11}$$

其中 $\beta\equiv v/c=v$。让我们引入函数 $y\equiv y(\beta)$ 使其在 (E.11) 式定义的 β 下 y 的加法定律是线性的。考虑如下的加法律:

$$\tanh^{-1}\beta_1\pm\tanh^{-1}\beta_2=\tanh^{-1}\frac{\beta_1\pm\beta_2}{1\pm\beta_1\beta_2} \tag{E.12}$$

我们得到

$$y=\tanh^{-1}\beta=\frac{1}{2}\ln\frac{1+\beta}{1-\beta} \tag{E.13}$$

其中我们称 y 为快度。对于小 β, 可知 $y\simeq\beta$, 即快度是速度的相对论对应。如图 E.1 所示, 随着粒子的速度接近光速, 快度增加到无穷大。既然 $\beta=p_z/E$, (E.13) 式也可以表示为

$$y=\tanh^{-1}\beta=\frac{1}{2}\ln\frac{E+p_z}{E-p_z} \tag{E.14}$$

其中 p_z 指的是沿 z 轴的动量分量 (纵向动量)。沿着纵轴从参考系 S 到新参考系 S' 的洛伦兹增速变换, 其快度的改变可以使用简单的加法:

$$y'=y+\tanh^{-1}\beta \tag{E.15}$$

其中 β 是 S' 与 S 的相对速度。如是, 以 y 的函数表示的粒子分布, 在增速变换下形状保持不变。

一个拥有静止质量 m、动量矢量 $\boldsymbol{p}=(p_x,p_y,p_z)$ 的粒子, 其横动量 p_{T} 和纵向动量 p_z 可由下式给出:

$$p_{\mathrm{T}}=\sqrt{p_x^2+p_y^2}=|\boldsymbol{p}|\sin\theta, \quad p_z=|\boldsymbol{p}|\cos\theta \tag{E.16}$$

其中 θ 是矢量 $\boldsymbol{p}$ 相对 z 轴的极角。使用这些变量我们将横向质量 m_{T} 定义为

$$m_{\mathrm{T}}^2 = p_{\mathrm{T}}^2 + m^2, \quad E^2 = p_z^2 + m_{\mathrm{T}}^2 \tag{E.17}$$

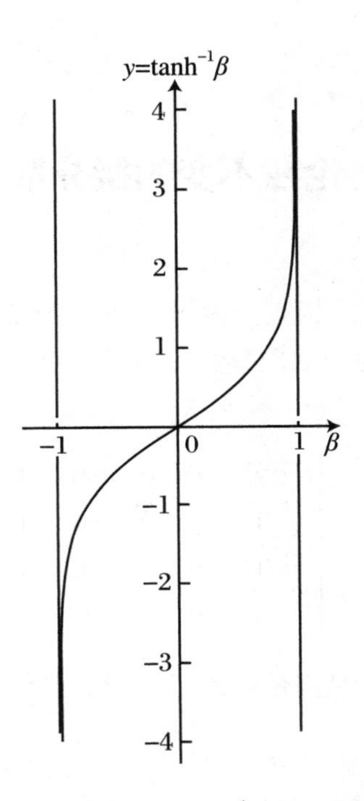

图 E.1　快度 $y = \tanh^{-1}\beta$ 随 β 的依赖

(E.14) 式中的快度可以重新写为

$$y = \ln\frac{E + p_z}{m_{\mathrm{T}}} \tag{E.18}$$

四动量 p^μ 可以方便地参数化为

$$p^\mu = (E, p_x, p_y, p_z) = (m_{\mathrm{T}}\cosh y, p_{\mathrm{T}}\cos\phi_p, p_{\mathrm{T}}\sin\phi_p, m_{\mathrm{T}}\sinh y) \tag{E.19}$$

如果我们定义 $m^2 \equiv p^2$, 此参数化对不在壳的类时粒子同样有效。

接下来我们定义赝快度 η:

$$\eta \equiv -\ln\left(\tan\frac{\theta}{2}\right) \tag{E.20}$$

从 (E.14) 式可见, 如果粒子质量可忽略不计, 比如 $E^2 = \boldsymbol{p}^2 + m^2 \simeq \boldsymbol{p}^2$, 我们有

$$y \simeq \frac{1}{2}\ln\frac{p + p_z}{p - p_z} = \frac{1}{2}\ln\frac{1 + \cos\theta}{1 - \cos\theta} = -\ln\left(\tan\frac{\theta}{2}\right) = \eta \tag{E.21}$$

因此在极高能区 $E \gg m$, 快度 y 和赝快度 η 相等。赝快度很有用, 因为它可以通过粒子出射角 θ 来确定, 而 θ 可以在实验室通过测量出射粒子与束流方向的夹角得到。

E.3 洛伦兹不变的微分散射截面

让我们推导洛伦兹不变的相空间因子。S 坐标系下四动量 (E, p_x, p_y, p_z) 变换到沿 z 轴与 S 相对速度为 β 的 S' 坐标系下新四动量 (E', p'_x, p'_y, p'_z), 对应洛伦兹变换为

$$\begin{bmatrix} E' \\ p'_x \\ p'_y \\ p'_z \end{bmatrix} = \begin{bmatrix} \gamma & 0 & 0 & -\gamma\beta \\ 0 & 1 & 0 & 0 \\ 0 & 0 & 1 & 0 \\ -\gamma\beta & 0 & 0 & \gamma \end{bmatrix} \begin{bmatrix} E \\ p_x \\ p_y \\ p_z \end{bmatrix} \tag{E.22}$$

其中 $\gamma \equiv (1-\beta^2)^{-\frac{1}{2}} = E/m$ 是洛伦兹因子。然后我们得到

$$E' = \gamma(E - \beta p_z), \quad p'_x = p_x, \quad p'_y = p_y, \quad p'_z = \gamma(p_z - \beta E) \tag{E.23}$$

利用 $E^2 - p_x^2 - p_y^2 - p_z^2 = m^2$ 和当 p_x, p_y 固定时 $p_z \mathrm{d}p_z = E\mathrm{d}E$ 的事实, 我们得到

$$\frac{\mathrm{d}p'_z}{E'} = \frac{\gamma(\mathrm{d}p_z - \beta \mathrm{d}E)}{\gamma\left(1 - \beta\dfrac{p_z}{E}\right)E} = \frac{\mathrm{d}p_z}{E} \tag{E.24}$$

所以

$$\frac{\mathrm{d}^3p'}{E} \equiv \frac{\mathrm{d}p'_x\,\mathrm{d}p'_y\,\mathrm{d}p'_z}{E'} = \frac{\mathrm{d}p_x\,\mathrm{d}p_y\,\mathrm{d}p_z}{E} \equiv \frac{\mathrm{d}^3p}{E} \tag{E.25}$$

这也可以通过如下公式直接得到:

$$\frac{\mathrm{d}^3p}{2p^0} = \mathrm{d}^4p\,\theta(p^0)\delta(p^2 - m^2), \quad p^0 = E \tag{E.26}$$

所以产生一个动量为 $\boldsymbol{p}$, 能量为 E, 位于相空间元 d^3p 的粒子的洛伦兹不变微分散射截面为 $E(\mathrm{d}^3\sigma/\mathrm{d}^3p)$。产生粒子的横动量 p_{T}, 方位角 ϕ_p 以及快度 y 与其动量矢量 $\boldsymbol{p}$ 的关系为

$$\mathrm{d}p_x\,\mathrm{d}p_y = \mathrm{d}\phi_p\,p_{\mathrm{T}}\mathrm{d}p_{\mathrm{T}}, \quad \mathrm{d}y = \frac{\mathrm{d}p_z}{E} \tag{E.27}$$

其中我们使用了 (E.14) 式和 $\mathrm{d}E/\mathrm{d}p_z = p_z/E$。因此我们得到

$$E\frac{\mathrm{d}^3\sigma}{\mathrm{d}^3p} = E\frac{\mathrm{d}^3\sigma}{\mathrm{d}p_x\,\mathrm{d}p_y\,\mathrm{d}p_z} = \frac{\mathrm{d}^3\sigma}{p_\mathrm{T}\mathrm{d}p_\mathrm{T}\,\mathrm{d}y\,\mathrm{d}\phi_p} = \frac{\mathrm{d}^3\sigma}{m_\mathrm{T}\mathrm{d}m_\mathrm{T}\,\mathrm{d}y\,\mathrm{d}\phi_p} \tag{E.28}$$

对于一个四动量为 p^μ 且满足 $m^2 \equiv p^2$ 的类时虚粒子, 其散射截面同样可以方便地定义为

$$\frac{\mathrm{d}^4\sigma}{\mathrm{d}^4p} = \frac{\mathrm{d}^4\sigma}{\mathrm{d}p_0\,\mathrm{d}p_x\,\mathrm{d}p_y\,\mathrm{d}p_z} = \frac{\mathrm{d}^4\sigma}{m_\mathrm{T}\mathrm{d}m_\mathrm{T}\,m\mathrm{d}m\,\mathrm{d}y\,\mathrm{d}\phi_p} \tag{E.29}$$

附录 F 散射振幅、光学定理与基本部分子散射

F.1 散射振幅和散射截面

从 $|\alpha\rangle$ 态跃迁到 $|\beta\rangle$ 的 S 矩阵如下 (Weinberg, 1995):

$$\langle\beta|\hat{S}|\alpha\rangle = \langle\beta|\alpha\rangle + \mathrm{i}\langle\beta|\hat{T}|\alpha\rangle \tag{F.1}$$

$$\langle\beta|\hat{T}|\alpha\rangle \equiv (2\pi)^4\delta^4(P_\alpha - P_\beta)M_{\alpha\to\beta} \tag{F.2}$$

其中 $\hat{T}$ 是跃迁算符 ($\hat{S} = 1 + \mathrm{i}\hat{T}$), $M_{\alpha\to\beta}$ 是相应的不变振幅。

对于 $1+2\to 3+4+\cdots+n$ 过程, 不变微分散射截面 $\mathrm{d}\sigma_{\alpha\to\beta}$ 为

$$\mathrm{d}\sigma = \mathrm{d}\beta\frac{|M_{\alpha\to\beta}|^2(2\pi)^4\delta^4(P_\alpha - P_\beta)}{(2\varepsilon_1)(2\varepsilon_2)\bar{v}_{\mathrm{rel}}} \tag{F.3}$$

$$= \mathrm{d}\beta\frac{|M_{\alpha\to\beta}|^2(2\pi)^4\delta^4(P_\alpha - P_\beta)}{2\sqrt{(s-(m_1-m_2)^2)(s-(m_1+m_2)^2)}} \tag{F.4}$$

其中

$$\mathrm{d}\beta \equiv \prod_{j=3}^{n}\frac{\mathrm{d}^3p_j}{2\varepsilon_j(2\pi)^3} \tag{F.5}$$

这里洛伦兹标量流因子定义为

$$\bar{v}_{\mathrm{rel}} = \sqrt{(p_1\cdot p_2)^2 - m_1^2m_2^2}\Big/(\varepsilon_1\varepsilon_2) \tag{F.6}$$

对于共线初态粒子的碰撞, (F.6) 式约化为相对速度 $|\boldsymbol{v}_1 - \boldsymbol{v}_2|$。注意 m_1, m_2 是初态粒子质量, s 是其中一个 Mandelstam 变量 ($s = (p_1+p_2)^2$)(参见 (E.4) 和 (E.9) 式)。总散射截面通过积分得到 $\sigma_\alpha^{\mathrm{tot}} = \int\mathrm{d}\sigma$, 注意末态全同性导致的对称因子。

F.2 光学定理

从概率守恒或 S 矩阵的幺正性 ($\hat{S}^{\dagger}\hat{S}=1$), 我们得到限制条件 $-\mathrm{i}(\hat{T}-\hat{T}^{\dagger})=\hat{T}^{\dagger}\hat{T}$。对此算符取向前散射矩阵元, 我们有

$$\mathrm{Im}\, M_{\alpha\to\alpha}=\frac{1}{2}\int \mathrm{d}\beta\,|M_{\alpha\to\beta}|^2(2\pi)^4\delta^4(P_\alpha-P_\beta) \tag{F.7}$$

$$=2\varepsilon_1\varepsilon_2\bar{v}_{\mathrm{rel}}\sigma_\alpha^{\mathrm{tot}} \tag{F.8}$$

$$=\sqrt{(s-(m_1-m_2)^2)(s-(m_1+m_2)^2)}\,\sigma_\alpha^{\mathrm{tot}} \tag{F.9}$$

这被称作光学定理, 它将向前散射振幅的虚部与散射总截面联系起来。

注意, 2→2 散射过程 ($1+2\to3+4$) 的 $\mathrm{Im}\, M_{\alpha\to\alpha}$ 和 $\sigma_\alpha^{\mathrm{tot}}$ 都只依赖于 s。

F.3 部分子散射振幅

对 2→2 散射过程 ($1+2\to3+4$), 不变振幅 M(为简单起见我们暂时不写指标 α,β) 是分别定义于 (E.4) 和 (E.9) 式的 Mandelstam 变量 s 和 t 的函数。同时, 不变微分散射截面 (F.4) 重写为

$$\frac{\mathrm{d}\sigma}{\mathrm{d}|t|}=\frac{1}{16\pi\,[s-(m_1+m_2)^2]\,[s-(m_1-m_2)^2]}|M(s,t)|^2 \tag{F.10}$$

图 F.1 给出了两体到两体部分子散射的树图级费曼图。这些过程的截面可以通过手算或者计算机程序得到, 这些程序包括 GRACE(Yuasa, et al., 2000), compHEP(Pukhov, et al., 1999) 以及 O'Mega(Moretti, et al., 2001) 等。

作为简单的示例, 我们考虑下列过程的散射截面:

$$\mathrm{q}\{k_1,s_1,i\}+\bar{\mathrm{q}}\{k_2,s_2,k\}\to\mathrm{q}'\{p_1,s_1',j\}+\bar{\mathrm{q}}'\{p_2,s_2',l\} \tag{F.11}$$

即图 F.1(a) 和图 F.2 所示费曼图。这里 q 和 q$'$ 是不同味道的夸克, (k_1,k_2,p_1,p_2) 是夸克的动量, (s_1,s_2,s_1',s_2') 是夸克的自旋, (i,k,j,l) 是夸克的颜色。这个过程除

了色因子，其他与 $e^+e^- \to \mu^+\mu^-$ 非常相近。树图振幅 $\mathcal{M}$，在费曼规范下由 (F.12) 式给出:

$$\mathcal{M} = \frac{(-i)^3 g^2}{s} t^a_{jl} t^a_{ki} \left[\bar{u}(p_1, s_1')\gamma_\mu v(p_2, s_2')\right]\left[\bar{v}(k_2, s_2)\gamma^\mu u(k_1, s_1)\right] \tag{F.12}$$

其中 $s = (k_1 + k_2)^2$, $t^a = \lambda^a/2$ 是 SU(3) 色规范群的生成元 (参见附录 B)。

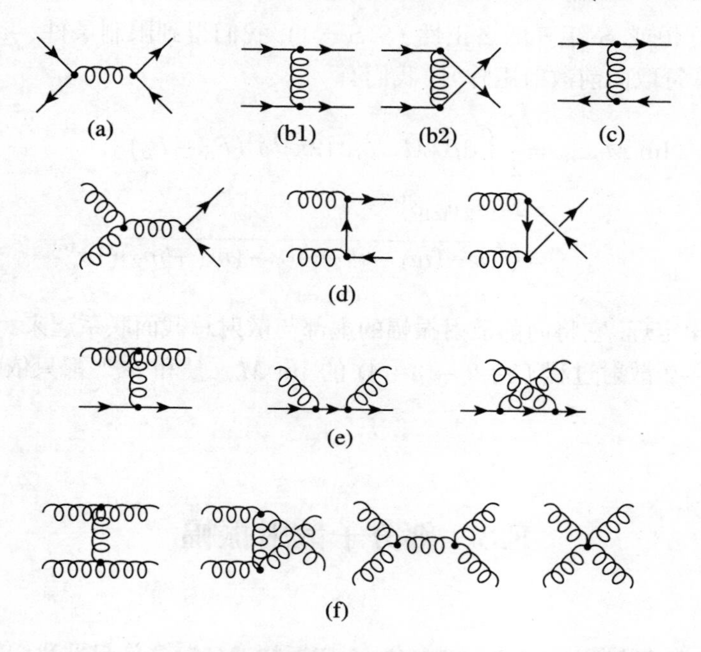

图 F.1　$2 \to 2$ 部分子散射和产生过程最低阶($O(g^2)$)费曼图

振幅平方 $|M|^2$ 定义为对和 $\mathcal{M}$ 相关的色因子和自旋因子初态求平均、末态求和:

$$|M|^2 \equiv \frac{1}{(2\times 3)(2\times 3)} \sum_{\text{spins}} \sum_{\text{colors}} |\mathcal{M}|^2 \tag{F.13}$$

$$= \frac{g^4}{36 s^2} \cdot T_4 \cdot \operatorname{tr}\left[\left(\not{p}_1 + m_{q'}\right)\gamma_\mu\left(\not{p}_2 - m_{q'}\right)\gamma_\nu\right] \times \operatorname{tr}\left[(\not{k}_2 + m_q)\gamma^\mu(\not{k}_1 - m_q)\gamma^\nu\right] \tag{F.14}$$

在 (F.13) 式中，对指标 s_1, s_2, s_1', s_2' 做自旋求和，对指标 i, j, k, l 做颜色求和。在 (F.14) 式中，“tr”作用于洛伦兹指标。同时，颜色部分可以简写为

$$T_4 \equiv t^a_{jl} t^a_{ki} t^b_{ik} t^b_{lj} \tag{F.15}$$

这里我们使用了重复指标求和规则以及 $t^a=(t^a)^\dagger$。为了计算 (F.13) 式中的自旋求和, 我们使用了完备关系 (参见附录 B)

$$\sum_{\text{spin}}\psi_\alpha(p,s)\bar{\psi}_\beta(p,s)=\left(\not{p}\pm m\right)_{\alpha\beta} \tag{F.16}$$

其中右手边的 $+(-)$ 对应 $\psi=u(\psi=v)$。

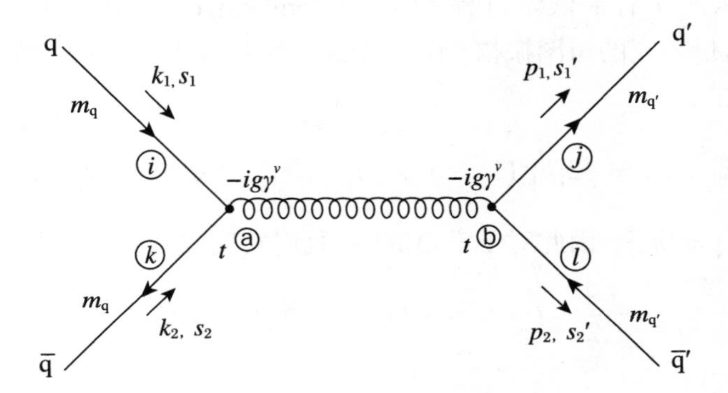

图 F.2　$q\bar{q}\to q'\bar{q}'$ 过程最低阶费曼图

散射振幅计算所需因子均在图中标出; 圆圈中的字母表示粒子的色指标, 正反夸克的色指标取值从 1～3, 胶子的色指标取值从 1～8; 能动量守恒方程为 $k_1+k_2=p_1+p_2$

注意 T_4 计算中使用了颜色求迹的归一化公式, $\text{tr}(t^at^b)=\delta^{ab}/2$:

$$T_4=\text{tr}\left(t^at^b\right)\text{tr}\left(t^bt^a\right)=\frac{1}{4}\sum_{a=1}^{8}1=2 \tag{F.17}$$

(F.14) 式中洛伦兹指标的求迹直接通过 γ 矩阵的性质计算得到 (参考附录 B):

$$\begin{aligned}&\text{tr}\left[(\not{k}_2+m_q)\gamma_\mu(\not{k}_1-m_q)\gamma_\nu\right]\\&=4\left(k_{1\mu}k_{2\nu}+k_{1\nu}k_{2\mu}-(k_1\cdot k_2+m_q^2)g_{\mu\nu}\right)\end{aligned} \tag{F.18}$$

让我们考虑一种情形, 入射部分子 q 质量为零, 即 $m_q=0$, 而出射部分子 q′ 质量 $m_{q'}\neq 0$。一些过程如 $u\bar{u}(\text{或}d\bar{d})\to s\bar{s},c\bar{c}$ 都属于这种情形。能动量守恒导致

$$\begin{aligned}s&\equiv(k_1+k_2)^2=(p_1+p_2)^2=2k_1\cdot k_2=2m_{q'}^2+2(p_1\cdot p_2)\\t&\equiv(k_1-p_1)^2=m_{q'}^2-2(k_1\cdot p_1)=m_{q'}^2-2(k_2\cdot p_2)\\u&\equiv(k_1-p_2)^2=m_{q'}^2-2(k_1\cdot p_2)=m_{q'}^2-2(k_2\cdot p_1)\end{aligned} \tag{F.19}$$

使用 (F.17)～ (F.19) 式, (F.14) 式可以重写为

$$|M|^2=\frac{g^4}{36s^2}\cdot 2\cdot 32\cdot\left[(k_2\cdot p_1)(k_1\cdot p_2)+(k_1\cdot p_1)(k_2\cdot p_2)+m_{q'}^2(k_1\cdot k_2)\right]$$

$$=16\pi^2\alpha_s^2\cdot\frac{4}{9}\frac{1}{s^2}\left[\left(m_{q'}^2-u\right)^2+\left(m_{q'}^2-t\right)^2+2m_{q'}^2s\right] \tag{F.20}$$

其中 $\alpha_s=g^2/(4\pi)$。如果 q′ 的质量可以忽略, 我们得到

$$|M|^2=16\pi^2\alpha_s^2\cdot\frac{4}{9}\frac{u^2+t^2}{s^2},\quad \frac{d\sigma}{d|t|}=\frac{\pi\alpha_s^2}{s^2}\cdot\frac{4}{9}\frac{u^2+t^2}{s^2} \tag{F.21}$$

图 F.1 中所示的所有最低阶过程 $O(g^4)$ (Combridge, et al., 1977; Ellis, et al., 1996), 其无质量夸克的树图振幅 $|M|^2/(16\pi^2\alpha_s^2)$ 列在表 F.1 中。在质心系, 我们有如下关系式:

$$s=4|\boldsymbol{k}|^2,\quad t=-2|\boldsymbol{k}|^2(1-\cos\theta_{cm}),\quad u=-2|\boldsymbol{k}|^2(1+\cos\theta_{cm}) \tag{F.22}$$

其中 $|\boldsymbol{k}|\equiv|\boldsymbol{k}_1|=|\boldsymbol{k}_2|$。因此对于大角散射, 我们发现

$$-\frac{s}{2}=t=u=-2|\boldsymbol{k}|^2,\quad 当\ \theta_{cm}=90^\circ 时 \tag{F.23}$$

表 F.1 最低阶微扰 QCD 中两部分子散射和产生的子过程

过 程	图 F.1	$\lvert M\rvert^2/(16\pi^2\alpha_s^2)$	在 θ_{cm}=90° 处
$q\bar{q}\to q'\bar{q}'$	(a)	$\frac{4}{9}\frac{t^2+u^2}{s^2}$	0.222
$qq'\to qq'$	(b1)	$\frac{4}{9}\frac{s^2+u^2}{t^2}$	2.22
$q\bar{q}'\to q\bar{q}'$	(c)	$\frac{4}{9}\frac{s^2+u^2}{t^2}$	2.22
$q\bar{q}\to q\bar{q}$	(a)(c)	$\frac{4}{9}\left(\frac{t^2+u^2}{s^2}+\frac{s^2+u^2}{t^2}\right)-\frac{8}{27}\frac{u^2}{st}$	2.59
$qq\to qq$	(b1)(b2)	$\frac{4}{9}\left(\frac{s^2+u^2}{t^2}+\frac{s^2+t^2}{u^2}\right)-\frac{8}{27}\frac{s^2}{ut}$	3.26
$gg\to q\bar{q}$	(d)	$\frac{1}{6}\frac{t^2+u^2}{tu}-\frac{3}{8}\frac{t^2+u^2}{s^2}$	0.146
$q\bar{q}\to gg$	(d)	$\frac{32}{27}\frac{t^2+u^2}{tu}-\frac{8}{3}\frac{t^2+u^2}{s^2}$	1.04
$qg\to qg$	(e)	$-\frac{4}{9}\frac{s^2+u^2}{su}+\frac{s^2+u^2}{t^2}$	6.11
$gg\to gg$	(f)	$\frac{9}{2}\left(3-\frac{tu}{s^2}-\frac{su}{t^2}-\frac{st}{u^2}\right)$	30.4

相应的矩阵元平方 $|M|^2/(16\pi^2\alpha_s^2)$, 以及它们在 $\theta_{cm}=90^\circ$ 处的值都在表 F.1 中。对初态 (末态) 的颜色和自旋都求平均 (求和); 注意 q($\bar{q}$) 和 g 指的是无质量夸克 (反夸克) 以及胶子; q 和 q′ 区分不同的味道; 所有的夸克质量设为 0。

将 (F.23) 式代入表 F.1 中第三列, 可以计算出这些过程在 $\theta_{cm}=90^\circ$ 处的相

对重要性, 列在表的最后一列。我们可以看到, 胶子-胶子弹性散射的反应截面远大于其他过程。

两体部分子散射得到的单光子产额 ($O(g^2)$ 阶), 同样可以从图 F.3 中的费曼图中计算得到, 相应结果列在表 F.2 中。

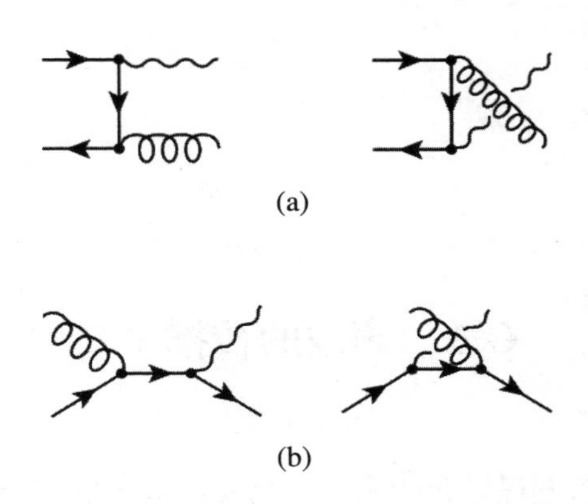

图 F.3 单光子产生的最低阶费曼图

表 F.2 最低阶微扰 QCD 计算双部分子过程的虚光子产生

过 程	图 F.3	$\lvert M\rvert^2/(16\pi^2\alpha_s\alpha Q_q^2)$	在 $\theta_{cm}=90^\circ$ 处
$q\bar{q}\to g\gamma^*$	(a)	$\frac{8}{9}\frac{t^2+u^2+2s(s+t+u)}{tu}$	0.889
$qg\to q\gamma^*$	(b)	$-\frac{1}{3}\frac{s^2+u^2+2t(s+t+u)}{su}$	0.833

表中列出相应的矩阵元平方 $\lvert M\rvert^2$, 除以 $16\pi^2\alpha_s\alpha Q_q^2$, 其中 $\alpha=e^2/(4\pi)$, $Q_q\cdot e$ 是味道为 q 的夸克的电荷数 $Q_q=2/3$ 或 $-1/3$; 对初态 (末态) 颜色和自旋求平均 (求和); 所有夸克质量设为零; 对实光子产生, $s+t+u=0$。

附录 G 声波与横向膨胀

G.1 声波的传播

为了讨论相对论状态方程导致的声音在物质中的传播, 我们考虑在均匀理想流体中的一个小涨落, 其能动量张量可以由 (11.20) 式给出。如果我们只保留相对于涨落的一阶项, 可以得到

$$T^{00} \approx \delta\varepsilon, \quad T^{i0} \approx (\varepsilon+P)v_i, \quad T^{ij} \approx -g^{ij}\delta P \tag{G.1}$$

其中 δ 指的是热力学量的一个小绝热改变。将 (G.1) 式代入运动方程 (11.21) 式我们得到

$$\frac{\partial\delta\varepsilon}{\partial t}+(\varepsilon+P)\boldsymbol{\nabla}\cdot\boldsymbol{v}=0, \quad (\varepsilon+P)\frac{\partial\boldsymbol{v}}{\partial t}+\boldsymbol{\nabla}\delta P=\mathbf{0} \tag{G.2}$$

消去 $\boldsymbol{v}$ 我们发现

$$\frac{\partial^2\delta\varepsilon}{\partial t^2}-\boldsymbol{\nabla}^2\delta P=0 \tag{G.3}$$

假设流体的净重子数密度为零, 我们有 $\delta\varepsilon=(\partial\varepsilon/\partial P)\delta P$, (G.3) 式约化为描述小的压强涨落以声速传播的波动方程, 其中声速为

$$c_{\mathrm{s}}^2=\frac{\partial P}{\partial\varepsilon}=\frac{\partial\ln T}{\partial\ln s} \tag{G.4}$$

这与热力学关系 (3.14) 和 (3.15) 式一致。对于简单的状态方程比如 $P=\lambda\varepsilon$, 我们得到 $c_{\mathrm{s}}=\sqrt{\lambda}$ (参见 (11.56) 式)。

G.2　横向流体力学方程

假定两原子核的碰撞参数 $b=0$ 即对心碰撞, 并且碰撞系统相对于碰撞轴对称。我们采用柱坐标 (r,ϕ,z), 其中 z 是沿碰撞轴的坐标, $r\equiv\sqrt{x^2+y^2}=z=0$ 是碰撞点。另外我们定义纵向固有时 $\tau=\sqrt{t^2-z^2}$。为了得到纵向的增速不变解, 我们推广 Bjorken 流方程 (11.49) 式到如下形式:

$$u^{\mu}=(u_t,u_r,u_{\phi},u_z)=\frac{1}{\sqrt{1-v_r^2}}\left(\frac{t}{\tau},v_r(\tau,r),0,\frac{z}{\tau}\right)\tag{G.5}$$

其中右手边总的因子由归一化条件 $u^{\mu}u_{\mu}=1$ 得到。我们定义横向快度 α 为

$$\alpha=\tanh^{-1}v_r=\frac{1}{2}\ln\frac{1+v_r}{1-v_r}\tag{G.6}$$

给出 $\cosh\alpha=1/\sqrt{1-v_r^2}$ 以及 $\sinh\alpha=v_r/\sqrt{1-v_r^2}$。结合 (11.45) 式, 我们发现

$$u^{\mu}=\cosh\alpha(\cosh Y,\tanh\alpha,0,\sinh Y)\tag{G.7}$$

在流体二维膨胀的框架下, (11.52) 式变为

$$u^{\mu}\partial_{\mu}=\cosh\alpha\frac{\partial}{\partial\tau}+\sinh\alpha\frac{\partial}{\partial r}\tag{G.8}$$

$$\partial_{\mu}u^{\mu}=\frac{1}{\tau r}\left[\frac{\partial}{\partial\tau}(\tau r\cosh\alpha)+\frac{\partial}{\partial r}(\tau r\sinh\alpha)\right]\tag{G.9}$$

熵的方程 (11.53) 式推广到

$$\frac{\partial}{\partial\tau}(\tau rs\cosh\alpha)+\frac{\partial}{\partial r}(\tau rs\sinh\alpha)=0\tag{G.10}$$

这个方程独立于状态方程的选取。

另一个对决定流体横向加速至关重要的方程可以通过 (11.30) 式和 (G.8) 式、(G.9) 式得到

$$-\partial_{\rho}P+u_{\rho}u^{\mu}\partial_{\mu}P+(\varepsilon+P)u^{\mu}\partial_{\mu}u_{\rho}=0\tag{G.11}$$

尤其是当状态方程为 (11.56) 和 (11.57) 式所给出的形式时, (G.11) 式可以简化为

$$\frac{\partial}{\partial\tau}(T\sinh\alpha)+\frac{\partial}{\partial r}(T\cosh\alpha)=0\tag{G.12}$$

(G.10) 和 (G.12) 式为我们提供了在状态方程为 $P=\lambda\varepsilon$ 时, 计算增速不变的柱状膨胀的基础。

G.3 横向质量谱

考虑强子发射, 它们的横向质量谱由 Cooper-Frye 公式 (13.24)(Cooper and Frye, 1974) 联立横向膨胀 (Ruuskanen, 1987; Heinz, et al., 1990) 给出。我们假设冷却发生在 Σ_{f}, 即柱坐标系下的三维冷却超曲面,

$$\Sigma^0 \equiv t_{\mathrm{f}}(r,z), \quad \Sigma^1 = r\cos\phi, \quad \Sigma^2 = r\sin\phi, \quad \Sigma^3 = z \tag{G.13}$$

冷却超曲面的法向矢量由 (Landau and Lifshitz, 1988) 给出:

$$\mathrm{d}\Sigma_\mu = \epsilon_{\mu\nu\lambda\rho}\frac{\partial\Sigma^\nu}{\partial r}\frac{\partial\Sigma^\lambda}{\partial\phi}\frac{\partial\Sigma^\rho}{\partial z}\mathrm{d}r\,\mathrm{d}\phi\,\mathrm{d}z \tag{G.14}$$

$$= \left(1, -\frac{\partial\Sigma^0}{\partial r}\cos\phi, -\frac{\partial\Sigma^0}{\partial r}\sin\phi, -\frac{\partial\Sigma^0}{\partial z}\right) r\mathrm{d}r\,\mathrm{d}\phi\,\mathrm{d}z \tag{G.15}$$

出射强子的四动量可以用动量空间快度 y, 横向质量 m_{T} 如附录中的 (E.19) 式那样表达。因此我们得到

$$p^\mu\,\mathrm{d}\Sigma_\mu = \left[m_{\mathrm{T}}\cosh y - p_{\mathrm{T}}\cos(\phi-\phi_p)\frac{\partial\Sigma^0}{\partial r} - m_{\mathrm{T}}\sinh y\frac{\partial\Sigma^0}{\partial z}\right] r\mathrm{d}r\,\mathrm{d}\phi\,\mathrm{d}z \tag{G.16}$$

膨胀流速 u^μ 通过将 (G.7) 式推广到 $\phi\neq 0$ 的情形得到

$$u^\mu = (u_t, u_x, u_y, u_z) = \cosh\alpha\,(\cosh Y, \tanh\alpha\cos\phi, \tanh\alpha\sin\phi, \sinh Y) \tag{G.17}$$

由此可知

$$p^\mu u_\mu/T = \xi_m\cosh(Y-y) - \xi_p\cos(\phi-\phi_p) \tag{G.18}$$

其中

$$\xi_m \equiv \frac{m_{\mathrm{T}}\cosh\alpha}{T}, \quad \xi_p \equiv \frac{p_{\mathrm{T}}\sinh\alpha}{T} \tag{G.19}$$

对于 (13.25) 式给出的局域热分布, 不变动量谱通过对整个冷却超曲面 Σ_{f} 积分得到

$$E\frac{\mathrm{d}^3N}{\mathrm{d}^3p} = \frac{\mathrm{d}^3N}{m_{\mathrm{T}}\mathrm{d}m_{\mathrm{T}}\,\mathrm{d}y\,\mathrm{d}\phi_p} = \frac{m_{\mathrm{T}}}{(2\pi)^2}\sum_{n=1}^{\infty}(\mp)^{n+1}\int_{\Sigma_{\mathrm{f}}}\mathrm{d}z\,r\,\mathrm{d}r\,\mathrm{e}^{n(\mu/T-\xi_m\cosh(Y-y))}$$

$$\times\left[\left(\cosh y-\sinh y\frac{\partial\Sigma^0}{\partial z}\right)I_0(\xi_p)-\frac{p_{\mathrm{T}}}{m_{\mathrm{T}}}\frac{\partial\Sigma^0}{\partial r}I_1(\xi_p)\right] \tag{G.20}$$

对 ϕ 的积分使用了定义于 (G.25) 式的第一类修正贝塞尔函数 $I_\nu(\xi)$。$(\mp)^{n+1}$ 分别对应玻色子与费米子。

我们再对 ϕ_p 和 y 做积分。对 ϕ_p 的积分很简单; 对 y 积分时, 我们假设探测器系统有完全的 y 接收度, 并将积分变量从 y 平移到 $y-Y$。最终的结果用 (G.26) 式中定义的第二类修正贝塞尔函数 $K_\nu(\xi)$ 表示:

$$\begin{aligned}\frac{\mathrm{d}N}{m_{\mathrm{T}}\mathrm{d}m_{\mathrm{T}}}=&\frac{m_{\mathrm{T}}}{\pi}\sum_{n=1}^{\infty}(\mp)^{n+1}\int_{\Sigma_{\mathrm{f}}}\mathrm{d}z\,r\,\mathrm{d}r\,\mathrm{e}^{n(\mu/T)}\times\left[\left(\cosh Y-\sinh Y\frac{\partial\Sigma^0}{\partial z}\right)\right.\\&\left.K_1(n\xi_m)I_0(n\xi_p)-\frac{p_{\mathrm{T}}}{m_{\mathrm{T}}}\frac{\partial\Sigma^0}{\partial r}K_0(n\xi_m)I_1(n\xi_p)\right]\end{aligned} \tag{G.21}$$

纵向的增速不变性暗示着 $T=T(r,\tau),\mu=\mu(r,\tau)$ 以及 $\alpha=\alpha(r,\tau)$。我们进一步参数化冷却超曲面为 $\Sigma^0(r,z)=t_{\mathrm{f}}(r,z)=\sqrt{\tau_{\mathrm{f}}^2(r)+z^2}$。我们有 $\partial\Sigma^0/\partial z=z/\sqrt{\tau_{\mathrm{f}}^2+z^2}=\tanh Y$ 以及 $\partial\Sigma^0/\partial r=(\mathrm{d}\tau_{\mathrm{f}}/\mathrm{d}r)/\cosh Y$。已知 $\mathrm{d}z=\tau\cosh Y\mathrm{d}Y$, 我们可以对 z 积分得到

$$\begin{aligned}\frac{\mathrm{d}N}{m_{\mathrm{T}}\mathrm{d}m_{\mathrm{T}}}=&\frac{m_{\mathrm{T}}}{\pi}2Y_{\max}\sum_{n=1}^{\infty}(\mp)^{n+1}\int_0^{R_{\mathrm{f}}}r\mathrm{d}r\,\tau_{\mathrm{f}}(r)\mathrm{e}^{n(\mu/T)}\\&\times\left[K_1(n\xi_m)I_0(n\xi_p)-\frac{p_{\mathrm{T}}}{m_{\mathrm{T}}}\frac{\mathrm{d}\tau_{\mathrm{f}}}{\mathrm{d}r}K_0(n\xi_m)I_1(n\xi_p)\right]\end{aligned} \tag{G.22}$$

如果我们再进一步假设在时间 τ_{f} 处独立于 r 的瞬间冷却, (G.22) 式括号里的第二项将会消失。注意冷却时柱状物质的体积 V_{f} 由如下积分给出:

$$V_{\mathrm{f}}\equiv 2Y_{\max}\cdot 2\pi\int_0^{R_{\mathrm{f}}}r\,\tau_{\mathrm{f}}(r)\,\mathrm{d}r \tag{G.23}$$

如果我们再进一步假设 (1) $m_{\mathrm{T}}\gg T$ (即起决定作用的是 $n=1$ 项), (2) 一个瞬间的等温冷却发生在不依赖于 r 的超曲面 $\Sigma^0(z)\equiv t_{\mathrm{f}}(z)=\sqrt{\tau_{\mathrm{f}}^2+z^2}$, (3) T 和 α 不依赖于 r, (G.22) 式被粗糙地约化为一个简单公式:

$$\frac{\mathrm{d}N}{m_{\mathrm{T}}\mathrm{d}m_{\mathrm{T}}}\sim\frac{V_{\mathrm{f}}}{2\pi^2}m_{\mathrm{T}}\,\mathrm{e}^{\mu_{\mathrm{f}}/T_{\mathrm{f}}}\cdot K_1(\xi_m)I_0(\xi_p) \tag{G.24}$$

其中 $T_{\mathrm{f}},\mu_{\mathrm{f}}$ 和 α_{f} 是发生冷却时的温度、化学势和横向快度。

最后我们列出第一类 $I_\nu(\xi)$ 和第二类修正贝塞尔函数 $K_\nu(\xi)$ 的表达式:

$$I_\nu(\xi)=\frac{1}{2\pi}\int_0^{2\pi}\mathrm{d}\phi\,\cos(\nu\phi)\,\mathrm{e}^{\xi\cos\phi} \tag{G.25}$$

$$K_\nu(\xi)=\frac{1}{2}\int_{-\infty}^{+\infty}\mathrm{d}y\,\cosh(\nu y)\,\mathrm{e}^{-\xi\cosh y} \tag{G.26}$$

附录H 粒 子 表

表 H.1 基本粒子的电荷、自旋、宇称和质量

粒子	符号	电荷	J^P	质量 (GeV)
第一代费米子				
上夸克	u	$\frac{2}{3}$	$\frac{1}{2}^+$	$(1.5\sim4.5)\times10^{-3}$
下夸克	d	$-\frac{1}{3}$	$\frac{1}{2}^+$	$(5\sim8.5)\times10^{-3}$
电子	e	-1	$\frac{1}{2}^+$	0.511×10^{-3}
电子中微子	ν_e	0	$\frac{1}{2}^+$	$\leqslant 3\times10^{-9}$
第二代费米子				
粲夸克	c	$\frac{2}{3}$	$\frac{1}{2}^+$	$1.0\sim1.4$
奇异夸克	s	$-\frac{1}{3}$	$\frac{1}{2}^+$	$0.08\sim0.155$
μ 子	μ	-1	$\frac{1}{2}^+$	0.106
μ 子中微子	ν_μ	0	$\frac{1}{2}^+$	$\leqslant 0.19\times10^{-3}$
第三代费米子				
顶夸克	t	$\frac{2}{3}$	$\frac{1}{2}^+$	174.3 ± 5.1
底夸克	b	$-\frac{1}{3}$	$\frac{1}{2}^+$	$4.0\sim4.5$
τ 子	τ	-1	$\frac{1}{2}^+$	1.78
τ 子中微子	ν_τ	0	$\frac{1}{2}^+$	$\leqslant 18.2\times10^{-3}$
规范玻色子				
光子	γ	0	1^-	0
W 玻色子	$W^\pm$	±1	1^-	80.4
Z 玻色子	Z^0	0	1^-	91.2
胶子	g	0	1^-	0

最新一期的《The Review of Partical Physics》(Eidelman, et al., 2004) 中包含更详尽、更新的列表，网址为: http://pdg.lbl.gov/。

表 H.2 一些重子和介子的属性

粒子	质量(MeV)	J^P	价夸克
p	938.3	$\frac{1}{2}^+$	uud
n	939.6	$\frac{1}{2}^+$	udd
Λ	1115.6	$\frac{1}{2}^+$	uds
Σ^+	1189.4	$\frac{1}{2}^+$	uus
Σ^0	1192.6	$\frac{1}{2}^+$	uds
Σ^-	1197.4	$\frac{1}{2}^+$	dds
Ξ^0	1314.8	$\frac{1}{2}^+$	uss
Ξ^-	1321.3	$\frac{1}{2}^+$	dss
Δ^{++}	1232	$\frac{3}{2}^+$	uuu
Δ^+	1232	$\frac{3}{2}^+$	uud
Δ^0	1232	$\frac{3}{2}^+$	udd
Δ^-	1232	$\frac{3}{2}^+$	ddd
Σ^+	1382.8	$\frac{3}{2}^+$	uus
Σ^0	1383.7	$\frac{3}{2}^+$	uds
Σ^-	1387.2	$\frac{3}{2}^+$	dds
Ξ^0	1531.8	$\frac{3}{2}^+$	uss
Ξ^-	1535.0	$\frac{3}{2}^+$	dss
Ω^-	1672.5	$\frac{3}{2}^+$	sss
π^0	135.0	0^-	$(u\bar{u}-d\bar{d})/\sqrt{2}$
π^+,π^-	139.6	0^-	$u\bar{d},d\bar{u}$
K^+,K^-	493.7	0^-	$u\bar{s},s\bar{u}$
$K^0,\bar{K}^0$	497.7	0^-	$d\bar{s},s\bar{d}$

续表

粒子	质量(MeV)	J^P	价夸克
η	547.3	0^-	$(u\bar{u}+d\bar{d})/\sqrt{2}$
η'	957.8	0^-	$s\bar{s}$
ρ^+,ρ^-	767	1^-	$u\bar{d},d\bar{u}$
ρ^0	769	1^-	$(u\bar{u}-d\bar{d})/\sqrt{2}$
K^{*+},K^{*-}	891.7	1^-	$u\bar{s},s\bar{u}$
$K^{*0},\bar{K}^{*0}$	896.1	1^-	$d\bar{s},s\bar{d}$
ω	782.6	1^-	$(u\bar{u}+d\bar{d})/\sqrt{2}$
ϕ	1019.5	1^-	$s\bar{s}$
D^+,D^-	1869.3	0^-	$c\bar{d},d\bar{c}$
$D^0,\bar{D}^0$	1864.5	0^-	$c\bar{u},u\bar{c}$
D_s^+,D_s^-	1968.5	0^-	$c\bar{s},s\bar{c}$
B^+,B^-	5279.0	0^-	$u\bar{b},b\bar{u}$
$B^0,\bar{B}^0$	5279.4	0^-	$d\bar{b},b\bar{d}$
η_c	2979.7	0^-	$c\bar{c}$
J/ψ	3096.9	1^-	$c\bar{c}$
ψ'	3686.0	1^-	$c\bar{c}$
Υ	9460.3	1^-	$b\bar{b}$
Υ'	10023.3	1^-	$b\bar{b}$

参考文献

本书中的程序代码, 如 hep-hp/0310274 in Accardi, et al. (2003), 请到下列预印本文库中查询: http://www.arxiv.org/.

Abbott T, et al. 1990. E802 Collaboration. Nucl. Instrum. and Meth. A290: 41.

Abreu M C, et al. 1996. NA50 Collaboration. Nucl. Phys. A610: 404c.

1999. NA50 Collaboration. Phys. Lett. B450: 456.

2000. NA50 Collaboration. Phys. Lett. B477: 28.

Abrikosov A A, Gor'kov L P, Dzyaloshinskii I E. 1959. Sov. Phys. JETP. 9: 636.

Accardi A, et al. 2003. hep-ph/0310274.

Ackermann K H, et al. 2001. STAR Collaboration. Phys. Lett. 86: 402.

2003. STAR Collaboration. Nucl. Instrum. and Meth. A499: 624.

Adamczyk M, et al. 2003. BRAHMS collaboration. Nucl. Instrum. and Meth. A499: 437.

Adams J, et al. 2003a. STAR Collaboration. Phys. Rev. Lett. 91: 72304

2003b. STAR Collaboration. Phys. Rev. Lett. 91: 172302.

2003c. STAR Collaboration. Phys. Rev. Lett. 90: 032301.

2003d. STAR Collaboration. Phys. Rev. Lett. 93: 012301.

2004a. STAR Collaboration. Phys. Rev. Lett. 92: 182301.

2004b. STAR Collaboration. Phys. Rev. Lett. 92: 052302.

2004c. STAR Coliaboration. Phys. Rev. Lett. 92: 062301.

2004d. STAR Collaboralion. Phys. Rev. Lett. 93: 012301.

2005. STAR Collaboration. Nucl. Phys. A757: 102.

Adcox K, et al. 2001. PHENIX Collaboration. Phys. Rev. Lett. 86: 3500.

2002. PHENIX Collaboration. Phys. Rev. Lett. 89: 212301.

2003. PHENIX Collaboration. Nucl. Instrum. and Meth. A499: 469.

2005. PHENIX Collaboration. Nucl. Phys. A757: 184.

Adler C, et al. 2001a. STAR Collaboration. Phys. Rev. Lett.87: 182301.

2001b. STAR Collaboration. Phys. Rev. Lett. 87: 082301.

2003. STAR Collaboration, Phys. Rev. Lett. 90: 082302.

Adler S S, et al. 2003a. PHENIX Collaboration. Phys. Rev. Lett. 91: 072301.

2003b. PHENIX Collaboration. Phys. Rev. Lett. 91: 072303.

2003c. PHENIX Collaboration. Phys. Rev. Lett. 91: 172301.

2003d. PHENIX Collaboration. Phys. Rev. Lett. 91: 241803.

2003e. PHENIX Collaboration. Phys. Rev. Lett. 91: 182301.

2004a. PHENIX Collaboration. Phys. Rev. C69: 034909.

2004b. PHENIX Collaboration. Phys. Rev. Lett. 93: 152302.

Afanasiev S, et al. 1999. NA49 Collaboration. Nucl. Instrum. and Meth. A430: 210.

Agakichiev G, et al. 1998. CERES/NA45/TAPS Collaboralion. Eur. Phys. J. C4: 231.

1999. CERES Collaboration. Nucl. Phys. A661: 23c.

Aggarwal M M, et al. 1999. WA98 Collaboration. Phys. Rev. Lett. 83: 926.

2000. WA98 Collaboralion. Phys, Rev. Lett. 85: 3595.

Aizawa M, et al. 2003. PHENIX Collaboration. Nucl. Instrum. and Meth. A499: 508.

Akikawa H, et al. 2003. PHENIX Collaboration. Nucl. Instrum. and Meth. A499: 537.

Alam J, Sinha B, Raha S. 1996. Phys. Rept. 273: 243.

Albel T, et al. 1995. NA35 and NA49 Collaboration. Nucl. Phys. A590: 453c.

Albrecht R, et al. 1996. W A80 Collaboration. Phys. Rev. Lett. 76: 3506.

Alexander G. 2003. Rept. Prog. Phys. 66: 481.

Alford M G, Rajagopal K, Wilczek F. 1998. Phys. Lett. B422: 247.

2001. Ann. Rev. Nucl. Part. Sci. 51: 131.

Alpher R A, Bethe H A, Gamow G. 1948. Phys. Rev. 73: 803.

Alt C, et al. 2003. NA49 Collaboration. Phys. Rev. C68: 034903.

Ambjorn J, Hughes R J. 1983. Ann. Phys. 145: 340.

Amit D J. 1984. Field Theory, the Renormalization Group and Critical Phenomena. Singapore: World Scientific.

Andersen E, et al. 1998. WA97 Collaboration. Phys. Lett. B433: 209.

Anderson M, et al. 2003. Nucl. Instrum. and Meth. A499: 659.

Antinori F, et al. 2000. WA97 Collaboration. Eur. Phys. J. C14: 633.

Aoki S, et al. 2000. CP-PACS Collaboration. Phys. Rev. Lett. 84: 238.

2003. CP-PACS Collabration. Phys. Rev. D67: 034503.

Appelshauser H, et al. 1998. NA49 Collaboration. Eur. Phys. J. C2: 661.

Arnold P, Zhai C. 1995. Phys. Rev. D51: 1906.

Arnold P, Moore G D, Yaffe L G. 2003. JHEP. 0305: 051.

Arsene I, et al. 2003. BRAHMS Collaboration. Phys. Rev. Lett. 91: 072305.

2005. BRAHMS Collaborarion. Nucl. Phys. A757: 1.

Asakawa M, Hatsuda T. 1997. Phys. Rev. D55: 4488.

Asakawa M, Yazaki K. 1989. Nucl. Phys. A504: 668.

Asakawa M, Huang Z, Wang X-N. 1995. Phys. Rev. Lett. 74: 3126.

Asakawa M, Heinz U W, Muller B. 2000. Phys. Rev. Lett. 85: 2072.

Asakawa M, Hatsuda T, Nakahara Y. 2001. Prog. Part. Nucl. Phys. 46: 459.

Back B B, et al. 2002. PHOBOS Collaboration. Phys. Rev. Lett. 88: 022302.

2003a. PHOBOS Collaboration. Nucl. Instrum. and Meth. A499: 603.
2003b. PHOBOS Collaboration. Phys. Rev. Lett. 91: 052303.
2003c. PHOBOS Collaboration, nucl-ex/0301017.
2003d. PHOBOS Collaboration. Phys. Rev. Lett. 91: 072302.
2005a. PHOBOS Collaboration, Phys. Rev. Lett. 94: 122303.
2005b. PHOBOS Collaboration. Nucl. Phys. A757: 28.
Baier R, Niégawa A. 1994. Phys. Rev. D49: 4107.
Baier R, Schiff D, Zhaharov B G. 2000. Ann. Rev. Nucl. Part. Sci. 50: 37.
Bailin D, Love A. 1984. Phys. Rept. 107: 325.
Baker G A, Jr., Graves-Morris P. 1996. Padé Approximants, 2nd edn. Cambridge: Cambridge University Press.
Baker M D, et al. 2002. PHOBOS Collaboration. Phys. Rev. Lett. 88: 022302.
2003. PHOBOS Collaboration Nucl. Phys. A715: 65c.
Bali G S. 2001. Phys. Rept. 343: 1.
Baluni V. 1978. Phys. Rev. D17: 2092.
Banks T, Ukawa A. 1983. Nucl. Phys. B225: 145.
Bardeen J, Cooper L N, Schrieffer J R. 1957. Phys. Rev. 108: 1175.
Barrette J, et al. 1997. E877 Collaboralion. Phys. Rev. C55: 1420.
Barkte J, et al. 1977. Nucl. Phys. B120: 14.
Baym G. 1979. Physica 96A: 131.
1998. Acta Phys. Polon. B29: 1839.
Baym G, Chin S A. 1976. Phys. Lett. 62B: 241.
Baym G, Mermin J. 1961. J. Math. Phys. 2: 232.
Baym G, Friman B L, Blaizot J-P, Soyeur M, Czyz W. 1983. Nucl. Phys. A407: 541.
Baym G, Monien H, Pethick C J, Ravenhall D G. 1990. Phys. Rev. Lett. 64: 1867.
Bearden I G, et al. 1997. NA44 Collaboration. Phys. Rev. Lett. 78: 2080.
2004. BRAHMS Collabration. Phys. Rev. Lett. 93: 102301.
Becchi C, Rouet A, Stora R. 1976. Ann. Phys. 98: 287.
Belensky S Z, Landau L D. 1955. Ups. Fiz. Nauk. 56: 309//reprinted 1965 in Collecred Papers of L. D. Landau, ed. D. T. ter Haar. New York: Gordon & Breach: 665.
Benecke J, Chou T T, Yang C-N, Yen E. 1969. Phys. Rev. 188: 2159.
Bennett C L, et al. 2003. WMAP Collaboration. Astrophys. J. Suppl. 148: 1.
Bertch G. 1989. Nucl. Phys. A498: 173c.
Bertlemann R. 1996. Anomalies in Quantum Field Theory. Oxford: Oxford University Press.
Bjorken J D. 1976. In Current Induced Reactions, Lecture Notes in Physics vol. 56. New York: Springer: 93.
1982. http://library.fnal.gov/archive/test-preprint/fermilab-pub-82-059-t.shtml.
1983. Phys. Rev. D27: 140.
1997. Acta Phys. Polon. B28: 2773.

Blaizot J-P, Iancu E. 2002. Phys. Rept. 359: 355.
Blaizot J-P, Ollitrault J-Y. 1990. In Quark-Gluon Plasma, ed. R.C. Hwa. Singapore: World Scientific: 393.
Bodmer A R. 1971. Phys. Rev. D4: 1601.
Bombaci I. 2001. In Physics of Neutron Star Interiors, Lecture Notes in Physics vol. 578. New York: Springer.
Borgs C, Seiler E. 1983a. Nucl. Phys. B215: 125.
1983b. Commun. Math. Phys. 91: 329.
Box G E P, Tiao G C. 1992. Bayesian Inference in Statistical Analysis. New York: John Wiley and Sons.
Braaten E, Nieto A. 1996a. Phys. Rev. D53: 3421.
1996b. Phys. Rev. Lett. 76: 1417.
Braaten E, Pisarski R D. 1990a. Nucl. Phys. B337: 569.
1990b. Phys. Rev. D42: 2156.
1992a. Phys. Rev. D46: 1829.
1992b. Phys. Rev. D45: 1827.
Braun-Munzinger P, Stachel J. 2001. Nucl. Phys. A690: 119.
Braun-Munzinger P, Specht H J, Stock R, Stocker H eds. 1996. Quark Matter '96 Nucl. Phys. A610: 1c.
Braun-Munzinger P, Heppe I, Stachel J. 1999. Phys. Lett. B465: 15.
Braun-Munzinger P, Magestro D, Redlich K, Stachel J. 2001. Phys. Lett. B518: 41.
Braun-Munzinger P, Redlich K, Stachel J. 2004. In Quark-Gluon Plasma 3, eds. R C Hwa, X N Wang. Singapore: World Scientific: 491.
Brown L S. 1995. Quantum Field Theory. Cambridge: Cambridge University Press.
Brown G E, Rho M. 1991. Phys. Rev. Lett. 66: 2720.
1996. Phys. Rept. 269: 333.
Brown L S, Weisberger W I. 1979. Phys. Rev. D20: 3239.
Burnett T H, et al. J 983. Phys. Rev. Lett. 50: 2062.
Busza W, et al. 1975. Phys. Rev. Lett. 34: 836.
Cahn R W, Haasen P, Kramer E J eds. 1991. Phase Transformations in Material Science and Technology, vol. 5. New York: Weinheim.
Casher A, Neuberger H, Nussinov S. 1979. Phys. Rev. D20: 179.
Celik T, Karsch F, Satz H. 1980. Phys. Lett. B97: 128.
Chandrasekhar S. 1931. Astrophys. J. 74: 81.
1943. Rev. Mod. Phys. 15: 1.
Chapman S, Nix J R, Heinz U. 1995. Phys. Rev. C52: 2694.
Chin S A, Kerman A. 1979. Phys. Rev. Lett. 43: 1292.
Chodos A, Jaffe R L, Johnson K, Thorn C B, Weisskopf V F. 1974. Phys. Rev. D9: 3471.
Cleymans J, Satz H. 1993. Z. Phys. C57: 135.
Cohen E G D, Berlin T H. 1960. Physica 26: 95.

Colangelo P, Khodjamirian A. 2001. In At the Frontier of Particle Physics/Handbook of QCD. vol. 3, ed. M. Shifman. Singapore: World Scientific: 1495.

Coleman S. 1973. Commun. Math. Phys. 31: 259.

Coleman S, Gross D J. 1973. Phys. Rev. Lett. 31: 851.

Collins J C, Perry M J. 1975. Phys. Rev. Lett. 34: 1353.

Collins J C, Duncan A, Joglekar S D. 1977. Phys. Rev. D16: 438.

Combridge L, Kripfganz J, Ranft J. 1977. Phys. Lett. B70: 234.

Cooper F, Frye G. 1974. Phys. Rev. D10: 186.

Corless R M, et al. 1996. Adv. Comp. Math. 5: 329.

Creutz M. 1985. Quarks. Gluons and Lattices. Cambridge: Cambridge University Press.

Cronin J W, et al. 1975. Phys. Rev. D11: 3105.

Csernai L P. 1994. Introduction to Relativistic Heavy Ion Collisions. New York: John Wiley & Sons.

De Groot S R, Leeuwen W A van, Weert Ch.G. van. 1980. Relativistic Kinetic Theory. Amsterdam: North-Holland.

De Rujula A, Georgi H, G1ashow S L. 1975. Phys. Rev. D12: 147.

Debye P, Hückel E. 1923. Z. Physik 24: 185.

DeGrand T, Jaffe R L, Johnson K, Kiskis J E. 1975. Phys. Rev. D12: 2060.

Dey M, Eletsky V L, Ioffe B L. 1990. Phys. Lett. B252: 620.

Di Pierro M. 2000. From Monte Carlo Integration to Lattice Quantum Chromodynamics: An Introduction. Lectures at the GSA Summer School on Physics on the Frontiler and in the Future, Batavia, Illinois; hep-lat/0009001.

Drell S D, Yan T-M. 1970. Phys. Rev. Lett. 25: 316.

1971. Ann. Phys. 66: 578.

Ei S-I, Fujii K, Kunihiro T. 2000. Ann. Phys. 280: 236.

Eichten E, Feinberg F. 1981. Phys. Rev. D23: 2724.

Eidelman S, et al. 2004. Particle Dara Group. Phys. Lett. B592: 1.

Ellis R K, Stirling W J, Webber B R. 1996. QCD and Collider Physics. Cambridge: Cambridge University Press.

Elze H T, Heinz U. 1989. Phys. Rept. 183: 81.

Engels J, Karsch F, Satz R, Montvay I. 1981. Phys. Lett. B101: 89.

Eskola K J, Kajantie K, Lindfors J. 1989. Nucl. Phys. B323: 37.

Ezawa R, Tomozawa Y, Umezawa H. 1957. Nuovo Cimento 5: 810.

Faddeev L D, Popov V N. 1967. Phys. Lett. 25B: 29.

Farhi E, Jaffe R L. 1984. Phys. Rev. D30: 2379.

Feinberg E L. 1976. Nuovo Cim. A34: 391.

Fermi E. 1950. Prog. Theor. Phys. 5: 570.

Fetter A, Wa1ecka J. 1971. Quantum Theory of Many-Particle Systems. New York: McGraw-Hill.

Feynman R, Hibbs A R. 1965. Quantum Mechanics and Path Integrals. New York: McGraw-

Hill.

Fixsen D J, et al. 1996. Astrophys. J. 473: 576.

Fowler R H. 1926. Mon. Not. Roy. Astro. Soc. 87: 114.

Fradkin E S. 1959. Sov. Phys. JETP. 9: 912.

Fraga E S, Pisarski R D, Schaffner-Bielich J. 2001. Phys. Rev. D63: 121702.

Frauenfelder R, Henley E M. 1991. Subatomic Physics. New York: Prentice.

Freedman B A, McLerran L D. 1977. Phys. Rev. D16: 1169.

Freedman W L, et al. 2001. Astrophys. J. 553: 47.

Frenkel J, Taylor J C. 1992. Nucl. Phys. B374: 156.

Friedmann A. 1922. Z. Phys. 10: 377.

Fries J B, Müller B, Nonaka C, Bass S A. 2003. Phys. Rev. C68: 044902.

Fujikawa K. 1980a. Phys. Rev. D21: 2848.

1980b. Phys. Rev. D22: 1499.

Fukugita M, Okawa M, Ukawa A. 1989. Phys. Rev. Lett. 63: 1768.

1990. Nucl. Phys. B337: 181.

Gale C, Haglin K L. 2004. In Quark Gluon Plasma 3, eds. R. C. Hwa and X. N. Wang. Singapore: World Scientific: 364.

Gasser J, Leutwyler H. 1984. Ann. Phys. 158: 142.

1985. Nucl. Phys. B250: 465.

Geiger K. 1995. Phys. Rept. 258: 237.

Gell-Mann M, Brueckner K A. 1957. Phys. Rev. 106: 364.

Gerber P, Leutwyler H. 1989. Nucl. Phys. B321: 387.

Gilmore R. 1994. Lie Groups, Lie Algebras and Some of Their Applications. New York: RE Krieger Publishing.

Ginsparg P H, Wilson K G. 1982. Phys. Rev. D25: 2649.

Ginzburg V L. 1961. Sov. Phys. Solid State 2: 1824.

Glauber R J. 1959. Lectures on Theoretical Physics, vol. 1. New York: Interscience: 315.

Glendenning N K. 1992. Phys. Rev. D46: 1274.

2000. Compact Stars: Nuclear Physics, Particle Physics and General Relativity. 2nd edn. New York: Springer-Verlag.

Glendenning N K, Matsui T. 1983. Phys. Rev. D28: 2890.

Goity J L, Leutwyler H. 1989. Phys. Lett. B228: 517.

Goldenfeld N. 1992. Lectures on Phase Transitions and the Renormalization Group. Frontiers in Physics 85. New York: Addison-Wesley.

Goldhaber G, Goldhaber S, Lee W-Y, Pais A. 1960. Phys. Rev. 120: 300.

Greco V, Ko C M, Levai P. 2003. Phys. Rev. Lett. 90: 202302.

Gribov L V, Levin E M, Ryskin M G. 1983. Phys. Rept. 100: 1.

Gross D J. 1981. In Methods in Field Theory. eds. R. Balian and J. Zinn-Justin. Singapore: World Scientific.

Gross D J, Wilczek F. 1973. Phys. Rev. Lett. 30: 1343.

Guettler K, et al. 1976. Phys. Lett. 64: 111.
Gupta R. 1999. In Probing the Standard Model of Particle Interactions. vol. 1, eds. R. Gupta, Morel A, Rafael E de, David F. Amsterdam: Elsevier.
Gutbrod H, Aichelin J, Werner K, eds. 2003. Quark Matter '02. Nucl. Phys. A715: 1c.
Guth A H. 1980 Phvs. Rev. D21: 2291.
1981. Phys. Rev. D23: 347.
Gyulassy M, Iwazaki A. 1985. Phys. Lett. B165: 157.
Gyulassy M, Matsui T. 1984. Phys. Rev. D29: 419.
Gyulassy M, Vitev I, Wang X-N, Zhang B-W. 2004. In Quark-Gluon Plasma 3, eds. R. C. Hwa and X. N. Wang. Singapore: World Scientific: 123.
Hagedorn R. 1985. Lecture Notes Phys. 221: 53.
Hahn H, et al. 2003. Nucl. Instrum. and Meth. A499: 245.
Halasz M A, Jackson A D, Shrock R E, Stephanov M K, Verbaarschot J J M. 1998. Phys. Rev. D58: 096007.
Hallman T J, Kharzee D E, Mitchell J T, Ullrich T, eds. 2002. Quark Matter '01. Nucl. Phys. A698: 1c.
Halperin B I, Lubensky T C, Ma S.-K. 1974. Phys. Rev. Lett. 32: 292.
Hanbury-Brown R, Twiss R Q. 1956. Nature, 178: 1046.
Harada M, Yamawaki K. 2003. Phys. Rept. 381: 1.
Harrison B K, Thorne K S, Wakano M, Wheeler J A. 1965. Gravitation Theory and Gravitational Collapse. Chicago: University of Chicago Press.
Hasenbusch M. 2001. J. Phys. A34: 8221.
Hasenfratz P, Karsch F. 1983. Phys. Lett. B125: 308.
Hashimoto T, Hirose K, Kanki T, Miyamura O. 1986. Phys. Rev. Lett. 57: 2123.
Hashimoto T, Nakamura A, Stamatescu I O. 1993. Nucl. Phys. B400: 267.
Hatsuda T. 1997. Phys. Rev. D56: 8111.
Hatsuda T, Asakawa M. 2004. Phys. Rev. Lett. 92: 012001.
Hatsuda T, Kunihiro T. 1985. Phys. Rev. Lett. 55: 158.
1994. Phys. Rept. 247: 221.
2001. nucl-th/0112027.
Hatsuda T, Lee S H. 1992. Phys. Rev. C46: 34.
Hatsuda T, Koike Y, Lee S H. 1993. Nucl. Phys. B394: 221.
Hatsuda T, Miake Y, Nagamiya S, Yagi K, eds. 1998. Quark Matter '97. Nucl. Phys. A638: 1e.
Hatta Y, Ikeda T. 2003. Phys. Rev. D67: 014028.
Hayashi C. 1950. Prog. Theor. Phys. 5: 224.
Hecke H van, Sorge H, Xu N. 1998. Phys. Rev. Lett. 81: 5764.
Heintz U, Tomášik B, Wiedemann U A, Wu Y.-F. 1996. Phys. Lett. B382: 181.
Heinz U, Lee K S, Schnederrnann E. 1990. In Quark-Gluon Plasma. ed. R. C. Hwa. Singapore: World Scientific: 471.

Heiselberg H, Hjorth-Jensen M. 2000. Phys. Rept. 328: 237.

Heiselberg H, Pandharipande V. 2000. Ann. Rev. Nucl. Part. Sci. 50: 481.

Hewish A, Bell S J, Pilkington J D H, Scott P F, Collins R A. 1968. Nature. 217: 709.

Hirano T. 2004. J. Phys. G30: S845.

Hirano T, Nara Y. 2004. J. Phys. G30: S1139.

Hirata H, et al. 1987. KAMIOKANDE-Ⅱ Collaboration. Phys. Rev. Lett. 58: 1490.

Hoffberg M, Glassgold A E, Richardson R W, Ruderman M. 1970. Phys. Rev. Lett. 24: 775.

1982. Phys. Lett. 118B: 138.

Hove L van. 1982. Phys. Lett. 118B: 138.

Huang K. 1987. Statistical Mechanics. New York: Wiley.

1992. Quarks, Leptons & Gauge Fields, 2nd edn. Singapore: World Scientific, chap. 12.

Hubble E. 1929. Proc. Natl Acad. Sci. USA. 15: 168.

Hughes R J. 1981. Nucl. Phys. B186: 376.

Hulse R A, Taylor J H, 1975. Astrophys. J. L51: 195.

Hung C M, Shuryak E V. 1995. Phys. Rev. Lett. 75: 4003.

Huovinen P, Kolb P F, Heinz U, Ruuskanen P V, Voloshin S A. 2001. Phys. Lett. B503: 58.

Hwa R C, Yang C B. 2003. Phys. Rev. C67: 034902.

Iacobson H H, Amit A D. 1981. Ann. Phys. 133: 57.

Iancu E, Venugopalan R. 2004. In Quark-Gluon Plasma 3. eds. R. C. Hwa and X. N. Wang. Singapore: World Scientific: 249.

Uofa M Z, Tyulin I V. 1976. Theor. Math. Phys. 27: 316.

Isichenko M B. 1992. Rev. Mod. Phys. 64: 961.

Israel W, Stewart J M. 1979. Ann. Phys. 118: 341.

Itoh N. 1970. Prog. Theor. Phys. 44: 291.

Iwasaki M, Iwado T. 1995. Phys. Lett. B350: 163.

Jackson J D. 1999. Classical Electrodynamics, 3rd edn. New York: John Wiley & Sons.

Jeon S, Koch V. 2000. Phys. Rev. Lett. 85: 2076.

2004. In Quark-Gluon Plasma 3, eds. R. C. Hwa and X. N. Wang. Singapore: World Scienlific: 430.

Kadanoff L, Baym G. 1962. Quantum Statistical Mechanics. New York: Benjamin.

Kajantie K, Kurki-Suonio H. 1986. Phys.Rev. D34: 1719.

Kajantie K, Landshoff P V, Lindfors J. 1987. Phys. Rev. Lett. 59: 2527.

Kajantie K, Laine M, Rummukainen K, Schröder Y. 2003. Phys. Rev. D67: 105008.

Kaplan D. 1995. Lectures Given at 7th Summer School in Nuclear Physics Symmetries, Seattle, USA; nucl-th/9506035.

Kaplan D B, Nelson A E. 1986. Phys. Lett. B175: 57.

Kapusta J I. 1979. Nucl. Phys. B148: 461.

1989. Finite-Temperature Field Theory. Cambridge: Cambridge University Press.
2001. In Phase Transitions in the Early Universe: Theory and Observations, eds. H. J. de Vega, Khalatnikov I, Sanchez N. New York: Kluwer.
Kapusta J, Müller B, Rafelski J. 2003. Quark-Gluon Plasma: Theoretical Foundations: An Annotated Reprint Collection. Amsterdam: Elsevier Science.
Karsch F. 2002. Lecture Notes Phys. 583: 209.
Karsch F, Laermann E, Peikert A. 2001. Nucl. Phys. B605: 579.
Karsten L H. 1981. Phys. Lett. 104B: 315.
Kazanas D. 1980. Astrophys. J. Lett. 241: L59.
Kharzeev D, Lourenco C, Nardi M, Satz H. 1997. Z. Phys. C74: 307.
Kharzeev D, Satz H. 1995. In Quark-Gluon Plasma 2, ed. R. C. Hwa. Singapore: World Scientific: 395.
Klein S. 1999. Rev. Mod. Phys. 71: 1501.
Klevansky S P. 1992. Rev. Mod. Phys. 64: 649.
Klimov V V. 1981. Sov. J. Nucl. Phys. 33: 934.
Kniehl B A, Kramer G, Pötter B. 2001. Nucl. Phys. B597: 337.
Kobayashi M, Maskawa T. 1970. Prog. Theor. Phys. 44: 1422.
Kolb E W, Turner M S. 1989. Early Universe, Frontiers in Physics, vol. 69. New York: Perseus Books.
Koshiba M. 1992. Phys. Rept. 220: 229.
Kraemmer U, Rebhan A. 2004. Rept. Prog. Phys. 67: 351.
Kronfeld A S. 2002. In At the Frontiers of Particle Physics: Handbook of QCD, vol. 4, ed. M. Shifman. Singapore: World Scientific.
Kugo T, Ojima I. 1979. Prog. Theor. Phys. Suppl. 66: 1.
Kunihiro T, Muto T, Takatsuka T, Tamagaki R, Tatsumi T. 1993. Prog. Theor. Phys. Suppl. 112: 1.
Kuti J, Polonyi J, Szlachanyi K. 1981. Phys. Lett. B98: 199.
Laermann E, Philipsen O. 2003. Ann. Rev. Nucl. Part. Sci. 53: 163.
Landau L D. 1953. lzv. Akad. Nauk SSSR 17, 51; reprinted 1965 in Collective Papers of L. D. Landau, ed. D. T. ter Haar. New York: Gordon & Breach: 569.
Landau L D, Lifshitz E M. 1980. Statistical Physics, 3rd edn. Oxford: Pergamon.
1987. Fluid Mechanics, 2nd edn. Oxford: Pergamon.
1988. Classical Theory of Fields, 6th edn. Oxford: Pergamon.
Landau L D, Pomeranchuk I J. 1953. Dokl. Akad. Nauk. SSSR 92: 92.
Landsman N P, van Weert G W. 1987. Phys. Rept. 145: 141.
Lattes C M G, Fujimoto Y, Hasegawa S. 1980. Phys. Rept. 65: 151.
Lawrie I, Sarnach S. 1984. In Phase Transitions and Critical Phenomena, vol. 9, eds. C. Domb, Lebowitz J. New York: Academic Press: 1.
Le Bellac M. 1996. Thermal Field Theory. Cambridge: Cambridge University Press.
Le Guillou J C, Zinn-Justin J. 1990. Large-order Behaviour of Perturbation Theory. Cur-

rent Physics-Sources and Comments, vol. 7. Amsterdam: Elsevier Science.
Lee C H. 1996. Phys. Rept. 275: 255.
Lee T D. 1975. Rev. Mod. Phys. 47: 267.
1998. In T. D. Lee: Selected Papers. 1985-1996. eds. H.-C. Ren and Y. Pang. New York: T&F STM: 583.
Lepage G P. 1990. In From Actions to Answers(TASI '89). eds. T. DeGrand and D. Toussiant. Singapore: World Scientific: 483.
Letessier J, Rafelski J. 2002. Hadrons and Quark-Gluon Plasma. Cambridge: Cambridge University Press.
Leutwyler H. 2001a. Nucl. Phys. Proc. Suppl. 94: 108.
2001b. In At the Frontier of Particle Physics/Handbook of QCD, vol. 1, ed. M. Shifman. Singapore: World Scientific: 271.
Leutwyler H, Smilga A V. 1990. Nucl. Phys. B342: 302.
Linde A D. 1980. Phys. Lett. B96: 289.
1990. Parlicle Physics and Inflationary Cosmology. New York: Harwood.
Lüscher M. 2002. In Theory and Experiment Heading for New Physics: Proceedings of the International School of Subnuclear Physics(Subnuclear Series. vol. 38), ed. A. Zichichi. Singapore: World Scientific.
McLerran L D, Svetitsky B. 1981a. Phys. Lett. B98: 195.
1981b. Phys. Rev. D24: 450.
McLerran L D, Venugopalan R. 1994a. Phys. Rev. D49: 3352.
1994b. Phys. Rev. D50: 2225.
Mather J C, et al. 1999. Astrophys. J. 512: 511.
Madsen J. 1999. Lecture Notes Phys, 516: 162.
Matsubara T. 1955. Prog. Theor. Phys. 14: 351.
Matsui T. 1987. Nucl. Phys. A461: 27c.
1990. In Proceedings of the Second Symposium on Nuclear Physics: Intermediate Energy Nuclear Physics, ed. D. P. Min. Korea: Han Lim Won: 150.
Matsui T, Satz H. 1986. Phys. Lett. B178: 416.
Mermin N D, Wagner H. 1966. Phys. Rev. Lett. 17: 1133.
Melropolis N, Rosenbluth A W, Rosenbluth M N, Teller A H, Teller E. 1953. J. Chem. Phys. 21: 1087.
Migdal A B. 1956. Phys. Rev. 103: 1811.
1972. Nucl. Phys. A210: 421.
Mills R. 1969. Propagators for Many Particle Systems. New York: Gordon and Breach.
Mohanty B, Serreau J. 2005. hep-ph/054154.
Molnár D, Voloshin S A. 2003. Phys. Rev. Lett. 91: 092301.
Montvay I, Munster G. 1997. Quantum Fields on a Lattice. Cambridge: Cambridge University Press.
Moretti M, Ohl T, Reuter J. 2001. hep-ph/0102195.

Mueller A H, Qiu J-W. 1986. Nucl. Phys. B268: 427.

Müller B. 2003. Int. J. Mod. Phys. E12: 165

Müller I. 1967. Z. Phys. 198: 329.

Muronga A. 2002. Acta Phys. Hung. Heavy Ion Phys. 15, 337; nucl-th/0105046.

Muroya S, Nakamura A, Nonaka C, Takaishi T. 2003. Prog. Theor. Phys. 110: 615.

Muta T. 1998. Foundation of Quantum Chromodynamics: An Introduction to Perturbative Methods in Gauge Theories, 2nd edn. Singapore: World Scientific.

Nadkarni S. 1986a. Phys. Rev. D33: 3738.

1986b. Phys. Rev. D34: 3904.

Nagano K. 2002. J. Phys. G28: 737.

Nakamura A. 1984. Phys. Lett. B149: 391.

Nakamura A, et al., eds. 2004. Prog. Theor. Phys. Suppl. 153: 1.

Nambu Y. 1960. Phys. Rev. Lett. 4: 380.

1966. In Preludes in Theoretical Physics, in Honor of Weisskopf, V. F., eds. A. de-Shalit, H. Feshbach and L. van Hove. Amsterdam: North-Holland: 133.

Nambu Y, Jona-Lasinio G. 1961a. Phys. Rev. 122: 345.

1961b. Phys. Rev. 124: 246.

Negele J W, Orland H. 1998. Quantum Many-particle Systems. New York: Harper Collins.

Neuberger H. 2001. Ann. Rev. Nucl. Part. Sci. 51: 23.

Nielsen H B, Ninomiya M. 1981a. Nucl. Phys. B185, 20; erratum ibid.: 541.

1981b. Nucl. Phys. B193: 173.

Nielsen N K. 1977. Nucl. Phys. B120: 212.

1981. Am. J. Phys. 49: 1171.

Okamoto M, et al. 1999. CP-PACS Collaboration. Phys. Rev. D60: 094510.

2002. CP-PACS Collaboration. Phys. Rev. D65: 094508.

Ollitrault J Y. 1992. CP-PACS Collaboration. Phys. Rev. D46: 229.

1993. Phys. Rev. D48: 1132.

Oppenheimer J R, Volkoff G. 1939. Phys. Rev. 55: 374.

Osterwalder K, Seiler E. 1978. Ann. Phys. 110: 440.

Patel A. 1984. Nucl. Phys. B243: 411.

Paterson A J. 1981. Nucl. Phys. B190: 188.

Peebles P J E. 1993. Principles of Physical Cosmology. Princeton: Princeton University Press.

Pelissetto A, Vicari E. 2002. Phys. Rept. 368: 549.

Penzias A A, Wilson R W. 1965. Astrophys. J. 142: 419.

Peskin M E, Schroeder D V. 1995. An Introduction to Quantum Field Theory. Reading, MA: Perseus Books.

Pethick C, Smith H. 2001. Bose-Einstein Condensation in Dilute Gases. Cambridge: Cambridge University Press.

Pisarski R D. 1982. Phys. Lett. B110: 155.

Pisarski R D, Wilczek F. 1984. Phys. Rev. D29: 338.
Pokorski S. 2000. Gauge Field Theories, 2nd edn. Cambridge: Cambridge University Press.
Polchinski J. 1992. In Recent Directions in Particle Theory: From Superstrings and Black Holes to the Standard Model (TASI'92), eds. J. Harvey and J. Polchinski. Singapore: World Scientific: 235.
Politzer H. 1973. Phys. Rev. Lett. 30: 1346.
Polyakov A M. 1978. Phys. Lett. B72: 477.
Poskanzer A M, et al. 1999. NA49 Collaboration. Nucl. Phys. A661: 341.
Pratt S. 1984. Phys. Rev. Lett. 53: 1219.
1986. Phys. Rev. D33: 1314.
Pukhov A, et al. 1999. hep-ph/9908288.
Rafelski J, Müller B. 1982. Phys. Rev. Lett. 48: 1066.
Rajagopal K. 1995. In Quark-Gluon Plasma 2, ed. R. C. Hwa. Singapore: World Scientific: 484.
2001. In At the Frontier of Particle Physics: Handbook of QCD, ed. M. Shifman. Singapore: World Scientific.
Rajagopal K, Wilczek F. 2001. In At the Frontiers of Particle Physics: Handbook of QCD, vol. 3, ed. M. Shifman. Singapore: World Scientific: 2061.
Rapp R, Wambach J. 2000. Adv. Nucl. Phys. 25: 1.
Rapp R, Schafer T, Shuryak E V, Velkovsky M. 1998. Phys. Rev. Lett. 81: 53.
Reif F. 1965. Fundamentals of Statistlcal and Thermal Physics. London: McGraw-Hill.
Reisz T. 1989. Nucl. Phys. B318: 417.
Riccati L, Masera M, Vercellin E, eds. 1999. Quark Matter '99. Nucl. Phys. A661: 1c.
Ring P, Schuck P. 2000. The Nuclear Many-body Problem. Berlin: Springer-Verlag.
Rischke D H. 1996. Nucl. Phys. A610: 88c.
1999. In Hadrons in Dense Matter and Hadrosynthesis, eds. J. Cleymans, H. B. Geyer and F. G. Scholtz. Lecture Notes in Physics vol. 516. Berlin: Springer: 21.
Rischke D H, Gyulassy M. 1996. Nucl. Phys. A608: 479.
Ritter H G, Wang X-N, eds. 2004. Quark Matter '04. J. Phys. G30: 633.
Ruuskanen P V. 1987. Acta Phys. Pol. B18: 551.
Sato K. 1981a. Mon. Not. Roy. Astron. Soc. 195: 467.
1981b. Phys. Lett. B99: 66.
Satz H. 1992. Nucl. Phys. A544: 371.
Sawyer R F, Scalapino D J. 1973. Phys. Rev. D7: 953.
Schenk A. 1993. Phys. Rev. D47: 5138.
Schnedermann E, Sollfrank J, Heinz U. 1993. Phys. Rev. C48: 2462.
Schramm D N, Turner M S. 1998. Rev. Mod. Phys. 70: 303.
Schulman L S. 1996. Techniques and Applications of Path Integration. New York: Wiley.
Schwinger J. 1951. Phys. Rev. 82: 664.
Seiler E. 1978. Phys. Rev. D18: 482.

Shankar R. 1994. Rev. Mod. Phys. 66: 129.

Shapiro S L, Teukolsky S A. 1983. Black Holes. White Dwarfs and Neutron Stars: The Physics of Compact Objects. New York: John Wiley & Sons.

Shifman M A, Vainstein A I, Zakharov V I. 1979. Nucl. Phys. B147: 385, 448.

Shuryak E V. 1978a. Sov. Phys. JETP 47: 212.

1978b. Phys. Lett. B78: 150.

Siemens P J, Rasmussen J O. 1979. Phys. Rev. Lett. 42: 880.

Smit J. 2002. Introduction to Quantum Fields on a Lattice. Cambridge: Cambridge University Press.

Stauffer D, Aharony A. 1994. Introduction to Percolation Theory, revised 2nd edn. London: Taylor and Francis.

Stephanov M A, Rajagopal K, Shuryak E V. 1998. Phys. Rev. Lett. 81: 4816.

Sterman G, et al. 1995. CTEQ Collaboration. Rev. Mod. Phys. 67: 157.

Susskind L. 1977. Phys. Rev. D16: 3031.

1979. Phys. Rev. D20: 2610.

Svetitsky B. 1986. Phys. Rept. 132: 1.

Takahashi Y, Umezawa H. 1996. Int. J. Mod. Phys. 810: 1755.

Tamagaki R. 1970. Prog. Theor. Phys. 44: 905.

Terazawa H. 1979. INS-Rep.-336. Tokyo: University of Tokyo.

Thews R L, Schroedter M, Rafelski J. 2001. Phys. Rev. C63: 054905.

Thoma M H. 1995. In Quark-Gluon Plasma 2, ed. R. C. Hwa. Singapore: World Scientific: 51.

't Hooft G. 1972. Unpublished.

1985. Nucl. Phys. B254: 11.

1986. Phys. Rept. 142: 357.

Thorsett S E, Chakrabarty D. 1999. Astrophys. J. 512: 288.

Titchmarsh E C. 1932. The Theory of Functions. Oxford: Oxford University Press.

Tolman R C. 1939. Phys. Rev. 55: 364.

Tomboulis E T, Yaffe L G. 1984. Phys. Rev. Lett. 52: 2115.

1985. Commun. Math. Phys. 100: 313.

Tonks L, Langmuir I. 1929. Phvs. Rev. 33: 195.

Toublan D. 1997. Phys. Rev. D56: 5629.

Tsuruta S. 1998. Phys. Rept. 292: 1.

Tsuruta S, Teter M A, Takatsuka T, Tatsumi T, Tamagaki R. 2002. Astrophys. J. 571: L143.

Turner M S, Tyson J A. 1999. Rev. Mod. Phys. 71: S145.

Tytler D, et al. 2000. Physica Scripta T85: 12.

Ukawa A. 1995. In Phenomenology and Lattice QCD: Proceedings of the 1993 Uehling Summer School, eds. G. Kilcup and S. Sharpe. Singapore: World Scientific.

Vasak D, Gyulassy M, Elze H T. 1987. Ann Phys. 173: 462.

Vogl U, Weise W. 1991 Prog. Part. Nucl. Phys. 27: 195.

Vogt R, Jackson A. 1988. Phys. Lett. B206: 333.

Wang X-N. 1997. Phys. Rept. 280: 287.

Wang X-N, Gyulassy M. 1994. Compo. Phys. Comm. 83: 307.

Weber F. 2005. Prog. Part. Nucl. Phys. 54: 193.

Weinberg S. 1972. Gravitation and Cosmology: Principles and Applications of the General Theory of Relativity. New York: John Wiley & Sons.

1977. First Three Minutes. London: Deutsch and Fontana.

1979. Physica A96: 327.

1995. The Quantum Theory of Fields, Vol 1: Foundations. Cambridge: Cambridge University Press.

1996. The Quantum Theory of Fields, Vol 2: Modern Applications. Cambridge: Cambridge University Press.

Weiner R M. 2000. Phys. Rept. 327: 249.

Weldon H A. 1982. Phys. Rev. D26: 2789.

1990. Phys. Rev. D42: 2384.

Wigner E. 1932. Phys. Rev. 40: 749.

Wilson K. 1974. Phys. Rev. D10: 2445.

Wilson K G, Kogut J B. 1974. Phys. Rept. 12: 75.

Witten E. 1984. Phys. Rev. D30: 272.

Wroblewski A. 1985. Acta Phys. Pol. B16: 379.

Wu N. 1997. The Maximum Enrropy Method. Berlin: Springer.

Yaffe L G, Svetitsky B. 1982. Phys. Rev. D26: 963.

Yagi K. 1980. Nuclei and Radiations. Tokyo: Asakura.

Yang C N, Mills R L. 1954. Phys. Rev. 96: 191.

Ynduráin F J. 1993. Theory of Quark and Gluon Interactions. New York: Springer.

Yuasa F, et al. 2000. Prog. Theor. Suppl. 138: 18.

Zhai C, Kastening B. 1995. Phys. Rev. D52: 7232.

Zinn-Justin J. 2001. Phys. Rept. 344: 159.

2002. Quantum Field Theory and Critical Phenomena, 4th edn. London: Oxford University Press.

索　引

中国科学技术大学出版社
部分引进版图书

物质、暗物质和反物质/罗舒　邢志忠
半导体的故事/姬扬
光的故事/傅竹西　林碧霞
至美无相:创造、想象与理论物理/曹则贤
玩转星球/张少华　苗琳娟　杨昕琦
粒子探测器/朱永生　盛华义
粒子天体物理/来小禹　陈国英　徐仁新
粒子物理和薛定谔方程/刘翔　贾多杰　丁亦兵
宇宙线和粒子物理/袁强　等
高能物理数据分析/朱永生　胡红波
重夸克物理/丁亦兵　乔从丰　李学潜　沈彭年
统计力学的基本原理/毛俊雯　汪秉宏
临界现象的现代理论/马红孺
原子核模型/沈水法
半导体物理学(上、下册)/姬扬
生物医学光学:原理和成像/邓勇　等
地球与行星科学中的热力学/程伟基
现代晶体学(1):晶体学基础/吴自勤　孙霞
现代晶体学(2):晶体的结构/吴自勤　高琛
现代晶体学(3):晶体生长/吴自勤　洪永炎　高琛
现代晶体学(4):晶体的物理性质/何维　吴自勤
材料的透射电子显微学与衍射学/吴自勤　等
夸克胶子等离子体:从大爆炸到小爆炸/王群　马余刚　庄鹏飞
物理学中的理论概念/向守平　等
物理学中的量子概念/高先龙

量子物理学.上册/丁亦兵　等

量子物理学.下册/丁亦兵　等

量子光学/乔从丰　李军利　杜琨

量子力学讲义/张礼　张璟

磁学与磁性材料/韩秀峰　等

无机固体光谱学导论/郭海　郭海中　林机